中国水利教育协会
高等学校水利类专业教学指导委员会 共同组织

全国水利行业"十三五"规划教材（普通高等教育）

水力学

主编 高学平

U0259197

中国水利水电出版社
www.waterpub.com.cn
·北京·

内 容 提 要

本教材内容分为17章，包括：绪论，流体静力学，流体运动学，流体动力学，流动阻力和能量损失，量纲分析与相似原理，孔口管嘴和有压管流，明渠恒定流，水跃，堰流及闸孔出流，渗流，明渠非恒定流，船闸输水系统，泥沙运动，波浪运动，泄水建筑物下游水流的衔接与消能，高速水流。

本教材强调基本概念、基本原理和基本方法，注重培养学生解决实际问题的能力。各章深入浅出，循序渐进，均有一定量的例题，每章有知识点总结，并有一定量的思考题和习题。

本教材是为水利水电工程、港口航道及海岸工程等专业水力学课程编写的教材，也可作为其他相近专业的教材或参考书，并可供有关专业工程技术人员参考使用。

图书在版编目（CIP）数据

水力学 / 高学平主编. -- 北京 ： 中国水利水电出版社，2019.4(2023.12重印)
全国水利行业"十三五"规划教材. 普通高等教育
ISBN 978-7-5170-7544-8

Ⅰ．①水… Ⅱ．①高… Ⅲ．①水力学－高等学校－教材 Ⅳ．①TV13

中国版本图书馆CIP数据核字(2019)第056786号

书　　名	全国水利行业"十三五"规划教材（普通高等教育） **水力学** SHUILIXUE
作　　者	主编　高学平
出版发行	中国水利水电出版社 （北京市海淀区玉渊潭南路1号D座　100038） 网址：www. waterpub. com. cn E - mail：sales@mwr. gov. cn 电话：(010) 68545888（营销中心）
经　　售	北京科水图书销售有限公司 电话：(010) 68545874、63202643 全国各地新华书店和相关出版物销售网点
排　　版	中国水利水电出版社微机排版中心
印　　刷	天津嘉恒印务有限公司
规　　格	184mm×260mm　16开本　30.5印张　723千字
版　　次	2019年4月第1版　2023年12月第3次印刷
印　　数	4001—6000册
定　　价	**77.00元**

前言

本教材是全国水利行业高等教育"十三五"规划教材，适用于水利水电工程、港口航道与海岸工程等专业。

教材内容分为相对独立的三部分，即理论基础（绪论、流体静力学、流体运动学、流体动力学、流动阻力和能量损失、量纲分析与相似理论）、基本应用（孔口管嘴和有压管流、明渠恒定流、水跃、堰流及闸孔出流和渗流）和专业应用（明渠非恒定流、船闸输水系统、泥沙运动、波浪运动、泄水建筑物下游水流的衔接与消能、高速水流）。各部分之间相互呼应，又自成系统，满足不同专业的教学要求。

本教材既保持了理论体系的完整性，又兼顾了后续专业课程的要求，同时考虑了教学课时的限制。在理论基础上保持一定的深度，在应用上留有一定的广度。强调基本概念、基本原理和基本方法的理解和掌握，每章配有思考题，对易于混淆的概念和原理从不同的角度提出问题，便于学生加深理解和掌握。强调启发性，注重分析问题和解决问题能力的培养，各章均列举足够数量的例题，对典型题目进行分类分析阐述，便于举一反三、触类旁通；每章列出知识点，对各章重点分条总结，便于掌握重点；每章配有习题，便于通过练习对所学知识熟练掌握。注重各知识点之间的联系以及内容的系统性，将各知识点有机地联系起来。

本教材参考了相关书籍的部分内容，汲取了其精华，引用了其中的部分插图，在此，编者向有关作者和出版社表示衷心的感谢。

本书采取集体讨论、分工执笔、主编统稿审定的编写方式。参加编写人员为：高学平（第1、2、3、4、6、7、8、9、12章）、李大鸣（第5章）、张晨（第7、8章）、孙博闻（第8、9章）、宋慧芳（第10、11章）、张金凤（第13章）、李绍武（第14章）、张庆河（第15章）、刘昉（第16、17章）。高学平担任本教材主编。

由于编者水平所限，书中不妥之处，恳切希望广大读者批评指正。

编者

2018 年 10 月

目录

第 1 章 绪 论

自然界中的物体一般有三种存在形态：固体、液体和气体。液体和气体统称为流体。固体能维持其固有形状和体积；液体能保持比较固定的体积，但没有一定的形状，随容器的形状而变化，具有自由表面；气体则充满整个容器，没用固定的体积和形状，没有自由表面。因此，区分三种物态的标准，一是体积变化量，即压缩性；二是物体能否流动，即流动性。固体和液体的压缩性小（比气体压缩性要小得多），用压缩性可以把气体和固体或液体区别开来。流动是一种剪切现象，当物体在微小剪切力的作用下不能维持平衡，不断地发生变形，这就是流动。液体和气体在微小剪切力的作用下，很容易发生变形，因而具有流动性；固体在微小剪切力的作用下可以维持平衡，因而不具有流动性。用流动性可以把固体和流体区分开来。

本章主要介绍水力学的任务、流体连续介质概念、液体的主要物理性质以及作用于流体上的力。

1.1 水 力 学 的 任 务

水力学的任务是研究液体（主要是水）的平衡、运动规律及其实际应用。

水力学所研究的基本规律，一是关于液体平衡的规律，它研究液体处于静止或相对静止状态时，作用于液体上各种力之间的关系，这一部分称为流体静力学（水静力学）；二是关于液体的运动规律，它研究液体在运动状态时，作用于液体上的力与运动要素之间的关系，以及液体运动特性与能量转换等，这一部分又可分为流体运动学和流体动力学。实际应用即是利用上述基本规律解决工程中的实际问题。

水力学是许多工程实践的基础，在水力发电、港口航道、农田水利、环境保护、土木建筑、道路桥梁、市政建设等部门，都将遇到大量与液体运动规律有关的问题。例如，水利枢纽的设计、港口设计、航道设计、洪峰预测、河流泥沙、城市供水系统中管路布置、水泵选择等，要解决这些问题必须具备水力学的知识。因此，水力学是一门重要的应用性的技术基础学科。

水力学是研究水流运动的一门学科。因水流运动和其他液体流动以及一部分气体运动具有共同的性质和规律，所以也可以把液流和气流合在一起研究，称为流体力学。一般将侧重于理论方面的流体力学称为理论流体力学，侧重于应用的称为工程流体力学。

水力学以试验起家，以总结经验公式为主要法宝。人类知识的深化，总是以经验上升为理论，用理论取代经验的方式前进的。与过去的水力学相比，现代水力学的理论基础大大加强。因而对水流问题的求解，也从以试验为主转变为理论分析和试验方法并重的途径。即使利用试验方法，也尽可能地用理论指导，避免盲目试验。如果只用过去的水力学知识来阅读现代的水力学文献，会感到困难重重，甚至难以理解。水力学的发展，与其他学科一样，在于不断地用数理分析方法所得出的结论来替换水力学自己暂时的和近似的解答。当前科学技术的发展趋势是学科之间的相互渗透、综合。水力学的研究范围越来越广，并且派生出许多新的学科，如计算水力学、环境水力学、生态水力学等。水力学是一门既古老又富有生机的学科。

本书主要研究以水为代表的液体的平衡和运动规律及其应用，其基本理论也适用于各种液体和忽略压缩性影响的气体。

1.2 连 续 介 质

流体和任何物质一样，都是由分子组成的，分子与分子之间是不连续而有空隙的。例如，常温下每立方厘米水中约含有 3×10^{22} 个水分子，相邻分子间距离约为 3×10^{-8} cm。因而，从微观结构上说，流体是有空隙的、不连续的介质。

但是，我们所关心的不是个别分子的微观运动，而是大量分子"集体"所显示的特性，也就是所谓的宏观特性或宏观量，这是因为分子间的孔隙与实际所研究的流体尺度相比是极其微小的。因此，可以设想把所讨论的流体分割成为无数无限小的基元个体，相当于微小的分子集团，称之为流体的"质点"。从而认为，流体就是由这样的一个紧挨着一个的连续质点所组成的，没有任何空隙的连续体，即所谓的"连续介质"。同时认为，流体的物理力学性质，例如密度、速度、压强和能量等，具有随同位置而连续变化的特性，即视为空间坐标和时间的连续函数。因此，不再从那些永远运动的分子出发，而是在宏观上从质点出发来研究流体的运动规律，从而可以利用连续函数的分析方法。长期的实践和科学实验证明，利用连续介质假定所得出的有关流体运动规律的基本理论与客观实际是符合的。

所谓流体质点，是指微小体积内所有流体分子的总体，而该微小体积是几何尺寸很小（但远大于分子的平均自由行程），但包含足够多分子的特征体积，其宏观特性就是大量分子的统计平均特性，且具有确定性。

1.3 流 体 物 理 量

根据流体连续介质假定，任一时刻流体所在空间的每一点都被相应的流体质点所占据。流体的物理量是指反映流体宏观特性的物理量，如密度、速度、压强、温度和能量等。对于流体物理量，如流体质点的密度，可以定义为微小体积内大量数目分子的统计质量除以该微小体积所得的平均值，即

$$\rho = \lim_{\Delta V \to \Delta V'} \frac{\Delta m}{\Delta V} \tag{1.1}$$

式中 Δm —— 体积 ΔV 中所含流体的质量；

$\Delta V'$ —— 微小体积。

按数学的定义，空间一点的流体密度为

$$\rho = \lim_{\Delta V \to 0} \frac{\Delta m}{\Delta V} \qquad (1.2)$$

由于微小体积 $\Delta V'$ 很小，按式（1.1）定义的流体质点密度可以视为流体质点质心（几何点）的流体密度，这样就应与式（1.2）定义的空间点的流体密度相一致。为把物理概念与数学概念统一起来，方便利用有关连续函数的数学工具，今后均采用如式（1.2）所表达的流体物理量定义。所谓某一瞬时空间任意一点的物理量，是指该瞬时位于该空间点的流体质点的物理量。在任一时刻，空间任一点的流体质点的物理量都有确定的值，它们是坐标点 (x, y, z) 和时间 t 的函数。例如，某一瞬时空间任意一点的密度是坐标点 (x, y, z) 和时间 t 的函数，即

$$\rho = \rho(x, y, z, t) \qquad (1.3)$$

每一个物理量都包括量的数值和量的种类，物理量的种类习惯上称为量纲；量度物理量的基准称为单位。量纲与单位不同，例如河宽 $B = 5\mathrm{m}$，也可以用 $B = 500\mathrm{cm}$ 表示。这里，河宽是表示"长度"的物理量，而"m"或"cm"是该长度的单位。所以，单位不同，量的数值也就不同。但量纲只有一个，即长度，记作 L。

在国际单位制（SI）中，以长度、时间、质量作为基本量，其单位和表示符号分别为米（m）、秒（s）、千克（kg）。力则为导出量，单位为牛顿（N），1 牛顿定义为：在 1 牛顿的力作用下，质量为 1 千克的物体得到 1 米/秒²的加速度，即 $1\mathrm{N} = 1\mathrm{kg \cdot m/s^2}$。

物理量虽然很多，但可以分为两类：一类是有量纲的量，如速度、加速度等；另一类则是无量纲的量，如圆周率 π、摩擦系数等。有量纲的物理量虽然很多，但其量纲也可分为基本量纲与导出量纲。基本量纲是性质完全不同的独立量纲，其中任何一个不能由另外的组合而得。研究以水为代表的流体时，基本量纲有质量 M、时间 T、长度 L 三种。其他物理量的量纲都可以由这三种基本量纲以不同方式组合而成，称为导出量纲，例如速度的量纲为 $\mathrm{LT^{-1}}$，力的量纲为 $\mathrm{MLT^{-2}}$。

1.4 液体的主要物理性质

流体运动的规律与作用于流体的外部因素及条件有关，而外部因素及条件通过流体自身的内在物理性质来表现。一般来说，流体的主要物理性质可归纳为惯性、重力特性、黏滞性、压缩性与膨胀性、表面张力特性。虽然这些物理性质都在不同程度上决定和影响着流体的运动，但每一种性质的影响程度并不相同。一般而言，重力特性、黏滞性对流体运动的影响起着重要作用。

1.4.1 惯性

流体与固体一样，具有惯性。惯性是物体保持原有运动状态的性质。运动状态的任何改变，都必须克服惯性的作用。惯性的大小以质量来度量，质量越大，惯性越大，运动状态越难改变。当流体受外力作用使运动状态发生改变时，由于流体的惯性引起对外界抵抗的反作用力称为惯性力。

设物体的质量为 m，加速度为 a，则惯性力为 $F = -ma$，式中负号表示惯性力的方向与物体加速度方向相反。需要指出，惯性力不是能够引起物体运动或使物体有运动趋势的

主动力，而是为了使物体加速所必须克服的一种力。

流体的质量以密度来反映。单位体积流体所含的质量称为密度，以 ρ 表示。对于均质流体，若体积为 V 的流体具有的质量为 m，则密度为

$$\rho = \frac{m}{V} \tag{1.4}$$

密度的单位为千克/米³（kg/m^3），其量纲为 ML^{-3}。流体的密度随温度和压强的变化而变化。对液体而言，其密度随压强和温度的变化甚微，在实际计算中可视为常数。例如水的密度，实用上以在一个标准大气压强下、温度为 4℃ 时的最大密度作为计算值，其数值为 1000 千克/米³（kg/m^3）。表 1.1 给出了不同温度下水的密度值，由表可知，温度在 0～30℃ 时，其密度较 4℃ 时只减小 0.4%；但当温度在 80～100℃ 时，其密度比 4℃ 时减小 2.8%～4%。因此，在温差较大的热水循环系统中，应设膨胀接头或膨胀水箱以防止管道被水胀裂。此外，当温度为 0℃ 时，冰的密度 $\rho_冰 = 916.7kg/m^3$，水的密度 $\rho_水 = 999.9kg/m^3$，两者的密度不同，冰的体积比水的体积约大 9%，故路基、水管、水泵等在冬季温度过低时应增加防冰冻措施。

在一个标准大气压强下，温度为 20℃ 时，水银（汞）的密度为 $13550kg/m^3$，通常计算时取 $\rho_H = 13.6 \times 10^3 kg/m^3$。在一个标准大气压强下，温度为 20℃ 时，干空气的密度 $\rho_a = 1.2kg/m^3$。

表 1.1　　　　　　　　不同温度下水的物理性质数值表

温度 /℃	密度 ρ /(kg/m³)	动力黏滞系数 μ /(10^{-3} Pa·s)	运动黏滞系数 ν /(10^{-6} m²/s)	体积弹性系数 K /(10^9 N/m²)	表面张力系数 σ /(N/m)
0	999.9	1.787	1.787	2.04	0.0762
4	1000.0	1.568	1.568	—	—
5	1000.0	1.514	1.514	2.06	0.0754
10	999.7	1.304	1.304	2.11	0.0748
15	999.1	1.137	1.138	2.14	0.0741
20	998.2	1.002	1.004	2.20	0.0736
25	997.1	0.891	0.894	2.22	0.0726
30	995.7	0.789	0.802	2.23	0.0718
40	992.3	0.654	0.659	2.27	0.0701
50	988.1	0.548	0.554	2.30	0.0682
60	983.2	0.467	0.475	2.28	0.0668
70	977.8	0.405	0.414	2.25	0.0650
80	971.8	0.355	0.366	2.21	0.0630
90	965.3	0.316	0.327	2.16	0.0612
100	958.4	0.283	0.295	2.07	0.0594

注　表中数据主要引自夏震寰的《现代水力学（一）控制流动的原理》。

1.4.2　重力特性

物体受地球引力的性质称为重力特性。地球对流体的引力即为重力，或称重量。重力

单位是牛顿（N）或千牛顿（kN），$1kN = 10^3 N$。质量为 m 的流体，其所受重力 G 为

$$G = mg \tag{1.5}$$

式中 g——重力加速度。

1.4.3 黏滞性

流体具有易流动性，对于像水这样的流体，无论多么微小的切向作用力一经作用于静止流体时，其原来的静止状态将被破坏而开始变形，即开始流动。但是当流体一旦流动时，流体分子间的作用力立即显示为对流动的阻抗作用，即显示出所谓黏滞性阻力。流体的这种阻抗变形运动的特性称为黏滞性。需要说明的是，当流体运动一旦停止，这种阻力就立即消失。因此，黏滞性在流体静止或相对静止时是不显示作用的。流体运动时的黏滞阻力只能使流动缓慢下来，但不能阻止静止流体在任何微小切向力作用下开始流动。

以图 1.1 说明流体的黏滞性作用，图示流体沿底部壁面作平直的直线运动，且相邻层质点之间互不掺混，即作成层的向前运动。由于流体和壁面的"附着力"，紧邻壁面的流层将黏附在壁面上而静止不动。这样，壁面以上的流层由于受这个不动流层的阻滞，而形成了如图 1.1 所示的流速分布曲线。这就是说，运动较快的流层将作用于运动较

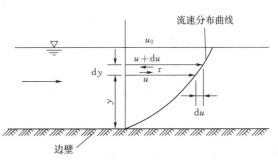

图 1.1 流体沿底部壁面的直线运动

慢的流层上一个切向力，方向与运动方向相同，促其运动加快。反之，运动较慢的流层将作用于运动较快的流层上一个与运动方向相反的切应力，使其运动减慢。这样，流体的黏滞性就使流体内部出现了成对的切力，即内摩擦力。科学实验证明，内摩擦力（切力）T 与下述因素有关：

（1）与两流层间的速度差（即相对速度）du 成正比，和流层间距离 dy 成反比。

（2）与流层的接触面积 A 成正比。

（3）与流体的种类有关。

（4）与接触面上压力的大小无关。

内摩擦力的数学表达式可写为

$$T = \mu A \frac{du}{dy} \tag{1.6}$$

单位面积上的内摩擦力称为切应力，以 τ 表示，则

$$\tau = \mu \frac{du}{dy} \tag{1.7}$$

式中 μ——随流体种类不同而异的比例系数，称为黏滞系数。

两流层间流速差与其距离的比值 du/dy 称为速度梯度。式（1.6）或式（1.7）称为牛顿内摩擦定律。它可以表述为：作层流运动的流体，相邻流层间单位面积上所作用的内摩擦力（或黏滞力）与速度梯度成正比，同时与流体种类有关。

下面对式（1.7）中各项作进一步说明：

（1）速度梯度 du/dy。它表示速度沿垂直于速度方向 y 的变化率，单位为 s^{-1}。

为理解速度梯度的意义，从图 1.1 中将相距为 dy 的两层流体分离出来，并取两流层

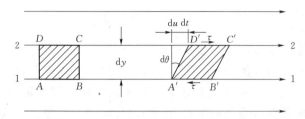

图 1.2　微分流体的剪切变形

间矩形微分流体 $ABCD$ 来研究，即如图 1.2 所示的流层 1—1 和流层 2—2 间流体。设微分体经过 dt 时段后运动至新的位置 $A'B'C'D'$，因流层 2—2 与流层 1—1 间存在流速差 du，微分体除位置改变而引起平移运动之外，还伴随着形状的改变，由原来的矩形变成了平行四边形，也就是产生了剪切变形（角变形），AD 边和 BC 边都发生了角变形 $d\theta$，其剪切变形速度为 $d\theta/dt$。同时，在 dt 时段内，D 点比 A 点多移动的距离为 $du dt$。因 dt 为微小时段，角变形 $d\theta$ 也为微小量，可以认为 $d\theta \approx \tan(d\theta) = du dt/dy$，故

$$\frac{du}{dy} = \frac{d\theta}{dt} \tag{1.8}$$

可见，速度梯度 du/dy 实际上是代表流体微团的剪切变形率（或称剪切变形速度，也称直角变形速度）。所以，牛顿内摩擦定律也可以理解为切应力与剪切变形速度成正比。

（2）切应力 τ，或称单位面积的内摩擦力、单位面积上的黏滞力。单位为 N/m^2，简称 Pa。量纲为 $ML^{-1}T^{-2}$。切应力 τ 不仅有大小，还有方向。现以图 1.2 微分矩形流体变形后的 $A'B'C'D'$ 来说明 τ 的方向：上表面 $D'C'$ 上面的流层运动较快，有带动较慢的 $D'C'$ 流层前进的趋势，故作用于 $D'C'$ 面上的切应力 τ 的方向与运动方向相同。下表面 $A'B'$ 下面的流层运动较慢，有阻抗较快的 $A'B'$ 流层前进的趋势，故作用于 $A'B'$ 面上的切应力 τ 的方向与运动方向相反。对于相接触的两个流层来讲，作用在不同流层上的切应力，必然是大小相等、方向相反。这里需要说明的是，内摩擦力虽然是流体阻抗相对运动的性质，但它不能从根本上制止流动的发生。因此，流体的易流动特性不因有内摩擦力存在而消失。当然，内摩擦力在流体静止或相对静止状态（即流体质点间没有相对运动）时是不显示作用的。

（3）黏滞系数 μ。单位是牛顿·秒/米^2（N·s/m^2）或帕斯卡·秒（Pa·s），量纲为 $ML^{-1}T^{-1}$。黏滞系数 μ 的大小表征流体黏滞性的强弱。不同流体有不同的 μ 值，黏滞性大的流体 μ 值大，黏滞性小的流体 μ 值小。μ 的物理意义可以这样来理解：当取 $du/dy = 1$ 时，则 $\tau = \mu$，即 μ 表征单位速度梯度作用下的切应力，所以它反映了黏滞性的动力特性，因此也称 μ 为动力黏滞系数。

流体的黏滞性常用另一种形式的黏滞系数 ν 来表示，它是动力黏滞系数 μ 和流体密度 ρ 的比值，即

$$\nu = \frac{\mu}{\rho} \tag{1.9}$$

因 ν 不包括力的量纲而仅仅具有运动的量纲 $[L^2/T]$，故称 ν 为运动黏滞系数。常用单位是米^2/秒（m^2/s）或厘米^2/秒（cm^2/s），习惯上把 1 厘米^2/秒称为 1 斯托克斯。同样，运动黏滞系数 ν 表征流体黏滞性的强弱。在相同条件下，ν 值越大，说明黏滞性越大，

流体流动性越低；反之，ν 值越小，说明黏滞性越小，流体流动性越高。

液体的黏滞系数随温度而变化。水的黏滞系数随温度升高而减小（表1.1）。几种常见液体在常温下的运动黏滞系数 ν 值见表1.2。

表 1.2 几种液体的运动黏滞系数

液体名称	温度/℃	$\nu/(cm^2/s)$	液体名称	温度/℃	$\nu/(cm^2/s)$
汽油	18	0.0065	石油	18	0.2500
酒精	18	0.0133	重油	18	1.4000
煤油	18	0.0250	甘油	20	8.7000

最后还须指出，牛顿内摩擦定律只适用部分流体，对于某些特殊流体是不适用的。一般把符合牛顿内摩擦定律（即切应力与剪切变形速度呈线性关系）的流体称为牛顿流体，反之称为非牛顿流体。如水、空气和油类等，在温度不变条件下，这类流体的 μ 值不变，剪切应力与剪切变形速度呈线性关系，是牛顿流体。本书研究的是牛顿流体，非牛顿流体（如泥浆、血浆、油漆、颜料等）可参考有关著作。

1.4.4 压缩性与膨胀性

流体受压时体积缩小、密度增大的性质称为流体的压缩性。流体受热时体积膨胀、密度减小的性质称为流体的膨胀性（也称热胀性）。

液体不能承受拉力，但可以承受压力。液体分子间的距离与气体相比是比较小的，当对液体施加压力时，体积的压缩也即分子间距离的缩短，导致分子之间巨大排斥力的出现，并和外加压力维持平衡状态，如果外加力一旦取消，分子立即恢复原来的相互距离，即液体立即恢复其原来的体积。这正像固体一样，液体呈现了对于压力的弹性抵抗作用。液体的压缩性以体积压缩系数 β 或体积弹性系数 K 来表示。体积压缩系数是液体体积的相对缩小值与压强增值之比。设 V 为液体原来的体积，当加压 dp 后，体积相应地压缩了 dV，则其体积压缩系数为

$$\beta = -\frac{\dfrac{dV}{V}}{dp} \tag{1.10}$$

考虑压力增加时体积相应减小，dV 与 dp 的符号始终是相反的，为保持 β 为正，式中加负号。β 越大，则液体压缩性越大。β 的单位为米^2/牛顿（m^2/N）。

液体被压缩时其质量并不改变，即质量增量 $dm = 0$，故 $dm = \rho dV + V d\rho = 0$ 或 $dV/V = -d\rho/\rho$，因而体积压缩系数又可写为

$$\beta = \frac{1}{\rho} \frac{d\rho}{dp} \tag{1.11}$$

体积弹性系数 K 是体积压缩系数的倒数，即

$$K = \frac{1}{\beta} \tag{1.12}$$

K 的单位为牛顿/米^2（N/m^2），K 越大，表示液体越不容易被压缩。

不同的液体有不同的 β 或 K 值，同一种液体其 β 或 K 值随温度和压强而变化，但这种变化甚微，一般可视为常数。例如，压强每升高 1 个大气压，水的密度约增加 1/

20000；大约增加 1000 个大气压才可使水的体积减小 5%。其他液体也有类似的性质，因而可以认为液体是不可压缩的。只有在某些特殊情况，如水击等问题才需考虑水的压缩性。水的体积弹性系数 K 值列于表 1.1。例如，15℃时水的体积弹性系数 $K=2.14\times10^9\,\mathrm{N/m^2}$。

温度较低时（10～20℃），每增加 1℃，水的密度约减小 1.5/10000；温度较高时（90～100℃），每增加 1℃，水的密度约减小 7/10000，故一般情况下液体的膨胀性可以忽略。只有在某些特殊情况，如热水采暖等问题才考虑水的热胀性。对于气体，虽然温度和压强对 β 和 K 值的影响较液体为显著，但在一般速度不高的流动情况下，也可将其视为不可压缩流体来处理。只有在压强变化过程非常迅速或者速度较高的流动情况下，才必须考虑压缩性。

1.4.5　表面张力特性

表面张力是自由表面上液体分子由于受两侧分子引力不平衡，使自由表面上液体分子受到极其微小的拉力，这种拉力称为表面张力。表面张力不仅在液体与气体接触面上发生，而且还会在液体与固体，或一种液体与另一种液体（如汞和水等）相接触的周界上发生。

因为气体分子的扩散作用，不存在自由表面，故气体不存在表面张力。表面张力是液体的特有性质。即使对液体来讲，表面张力在平面上并不产生附加压力，因为其处于平衡状态，只有在曲面上才产生附加压力以维持平衡。

表面张力的大小，可以用表面张力系数 σ 来度量。表面张力系数是指在自由表面（把这个面看作一个没有厚度的薄膜一样）单位长度上所受拉力的数值，单位为牛顿/米（N/m）。σ 的大小随液体种类、温度和表面接触情况而变化。对于和空气接触的自由面，当温度为 20℃时，水的 $\sigma=0.0725\mathrm{N/m}$，水银的 $\sigma=0.0538\mathrm{N/m}$。

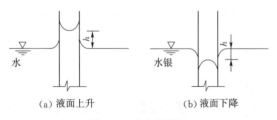

（a）液面上升　　　　（b）液面下降

图 1.3　毛细管现象

如果把两端开口的细玻璃管竖直放进液体中，由于表面张力的影响，使玻璃管中液面和与之相联通容器中的液面不在同一水平面上，液体会在细管中上升或下降 h 高度，如图 1.3 所示，这种现象称为毛细管现象。

毛细管升高或下降值 h 的大小和管径大小及液体种类有关。在一般实验室温度（20℃）下，可用下列近似公式来估算毛细管高度：

$$\text{水的毛细升高} \qquad\qquad h=\frac{30}{d} \qquad\qquad (1.13)$$

$$\text{水银的毛细降低} \qquad\qquad h=\frac{10.15}{d} \qquad\qquad (1.14)$$

式中　d——玻璃管内径。

h 及 d 均以毫米计。可见，管的内径越小，毛细管升高或下降值越大。所以，用来测量压强的玻璃管内径不宜太小，否则就会产生很大的误差。

1.5 作用在流体上的力

流体处于运动或平衡状态时,受到各种力的作用,按其物理性质的不同可以分为惯性力、重力、黏滞力、弹性力和表面张力等。为便于分析流体的运动或平衡规律,作用于流体上的力,按其作用特点又分为表面力和质量力两大类。

1.5.1 表面力

表面力是作用于流体表面并与其面积成比例的力。例如,固体边界对流体的摩擦力、边界对流体的反作用力、一部分流体对相邻流体(在接触面上)产生的压力等,都属于表面力。表面力可分为垂直于作用面的压力和沿作用面方向的切力。表面力的单位为牛顿(N)。

表面力的大小除用总作用力来度量外,常用单位表面力(应力)即单位面积上所受的表面力来表示。单位表面力的单位为牛顿/米^2(N/m^2),量纲为 ML^{-1}T^{-2}。若单位表面力与作用面垂直,称为压应力或压强,若与作用面平行,称为切应力。

1.5.2 质量力

质量力是指通过所研究流体的每一部分质量而作用于流体的、大小与流体的质量成比例的力。质量力又称体积力。重力、惯性力都属于质量力。质量力的单位是牛顿(N)。

质量力除用总作用力来度量外,常用单位质量力来表示。作用在单位质量流体上的质量力称单位质量力。若质量为 m 的均质流体,总质量力为 F,则单位质量力 f 为

$$f = \frac{F}{m} \tag{1.15}$$

单位质量力的量纲和加速度的量纲 LT^{-2} 相同。这一点可以对比牛顿公式 $F = ma$ 或 $a = F/m$ 来理解,其中 a 为加速度。

设总质量力 F 在空间坐标上的投影分别为 F_x、F_y、F_z,则单位质量力 f 在相应坐标轴上的投影为 f_x、f_y、f_z,即

$$f_x = \frac{F_x}{m}, \ f_y = \frac{F_y}{m}, \ f_z = \frac{F_z}{m} \tag{1.16}$$

当液体所受的质量力只有重力时(这是普遍情况),重力 $G = mg$ 在直角坐标系(设 z 轴铅直向上为正)的三个轴向分量分别为 $G_x = 0$、$G_y = 0$、$G_z = -mg$,则单位质量重力的轴向分力为

$$f_x = 0, \ f_y = 0, \ f_z = -g \tag{1.17}$$

1.6 理想流体与不可压缩流体

1.6.1 理想流体

实际流体具有黏滞性,黏滞性的存在使得对流体运动的分析变得非常困难。为使分析问题简化,引入理想流体的概念。所谓理想流体是指没有黏滞性的流体。理想流体只是实际流体在某种条件下的一种近似(简化)。实际流体与理想流体的根本区别在于有无黏滞性。对某些流动问题,若黏滞性不起作用或不起主要作用,采用理想流体可得出符合实际的结果。对某些流动问题,若黏滞性影响很大不能忽略时,应按实际流体处理,或者先按

理想流体处理，再对没有考虑黏滞性而引起的偏差进行修正。

1.6.2　不可压缩流体

实际流体都是可压缩的，如果忽略流体的压缩性，这种流体称不可压缩流体；反之，则称可压缩流体。不可压缩流体只是实际流体在某种条件下的一种近似。液体的压缩性和膨胀性均很小，密度可视为常数，一般按不可压缩流体处理。气体在大多数情况下，也可按不可压缩流体处理。只有在某些情况下，例如速度接近或超过音速，在流动过程中其密度变化很大时，必须按可压缩流体来处理。

1.7　水力学的研究方法

现代水力学的研究方法通常有理论分析、数值计算和科学试验三种方法。由于流体运动的多样性和复杂性，针对不同流体运动问题需采用不同的研究方法。有时，同一问题应同时采用不同方法，以便相互补充，相互验证。

1.7.1　理论分析方法

理论分析方法是建立在流体连续介质假定的基础上，通过研究作用于流体上的力，引用经典力学的基本原理（如牛顿定律、动量定理、动能定理等），来建立流体运动的基本方程（如连续性方程、能量方程和动量方程等），利用数学手段分析求解。由于流体运动的多样性，对于某些复杂流体运动，完全用理论分析方法来解决还存在许多困难。

1.7.2　数值计算方法

数值计算方法是近似求解流体运动的控制方程（如连续性方程、N—S方程等），是把描述流体运动的控制方程离散成代数方程组，在计算机上求解的方法。它是以理论流体力学和计算数学为基础的。数值计算方法可分为有限差分法、有限元法和边界元法等。随着计算机的发展，数值计算方法已成为研究流体运动的一种重要手段，得到了广泛的应用。

1.7.3　科学试验方法

科学试验方法是研究流体运动的一种重要的手段。它可以检验理论分析或数值计算成果的正确性与合理性，也可以直接对理论或数值计算暂时还不能完全求解的流体运动进行研究。科学试验方法可归纳为以下三种方式。

（1）原型观测。对工程中的实际流体运动直接进行观测，收集第一手材料，进行分析研究，为检验理论分析、数值计算成果或总结某些基本规律提供依据。

（2）模型试验。在实验室内，以相似理论为指导，把实际工程缩小为模型，在模型上模拟相应的流体运动，得出模型流体运动的规律。然后，再把模型试验结果按照相似关系还原为原型的结果，以满足实际的工程需要。

（3）系统试验。由于原型观测受到某些条件的局限或因某种流体运动的相似理论还未建立，因而既不能进行原型观测，又不能进行室内模型试验，则可在实验室内小规模地制造某种流体运动，用以进行系统的试验观测，从中找出规律。

理论分析、数值计算、科学试验这三种方法各有利弊，互为补充、相互促进。理论分析能对某些流体运动进行分析求解，并能指导数值计算和科学试验，但对一些复杂的流体运动的求解还存在着相当大的困难。数值计算能对一些复杂的流动现象进行近似求解，便于改变计算条件，具有灵活、经济等优点，但同时也有它本身的困难和局限性，如解的稳定性、收敛性等。科学试验是研究流动的重要手段，它能检验理论分析和数值计算结果的正确性和可靠性，并为简化理论模型提供依据，其作用是理论分析和数值计算方法不可替代的。

本 章 知 识 点

（1）固体、液体和气体是自然界中物质存在的三种形态，液体和气体统称为流体。本书主要研究以水为代表的流体的平衡和运动规律及其实际应用。

（2）把流体视为由一个挨一个的连续的无任何空隙的质点所组成，即所谓连续介质。

（3）物理量的量纲与单位不同。国际单位制中，长度、时间、质量为基本量，而力则为导出量，它们的单位和表示符号分别为：米（m）、秒（s）、千克（kg）和牛顿（N）。$1N = 1kg \cdot m/s^2$。常用基本量纲为长度 L、时间 T、质量 M。

（4）惯性、重力特性、黏滞性、压缩性与膨胀性以及表面张力特性是流体的主要物理性质，其中重力特性、黏滞性对流体运动的影响起着重要作用。

（5）流体的质量以密度来反映。单位体积流体内所具有的质量称为密度，其单位为 kg/m^3，量纲为 ML^{-3}。

（6）当流体处在运动状态时，由于流体分子间的作用力，流体内部质点间或流层间因相对运动而产生内摩擦力以抗抵相对运动的性质称为流体的黏滞性。此内摩擦力称为黏滞力，可由牛顿内摩擦定律来描述。流体的种类、常用动力黏滞系数或运动黏滞系数来表示。动力黏滞系数单位为 $N \cdot s/m^2$，量纲为 $ML^{-1}T^{-1}$；运动黏滞系数单位为 m^2/s，量纲为 L^2T^{-1}。

（7）作用在流体上的力按其作用特点分为质量力和表面力两大类。质量力（又称体积力）的大小与流体的质量成比例。重力、惯性力都属于质量力。质量力常用单位质量力来表示，单位质量力在各坐标轴上的投影分别用 f_x、f_y、f_z 表示。表面力的大小与作用面的面积成比例。表面力常用应力（单位表面力）来表示，若应力与作用面垂直，称为压应力或压强，若与作用面平行，称为切应力。

（8）理想流体只是实际流体（黏性流体）在某种条件下的一种近似。实际流体与理想流体的主要区别在于有无黏滞性。

思 考 题

1.1 固体与流体、液体与气体的主要区别是什么？

1.2 物理量的量纲与单位的概念是否相同？基本量纲是哪些？何谓导出量纲？在国际单位制中，基本单位有哪些？

1.3 水在上下两平板间流动，流速分布如图 1.4 所示。（1）定性画出切应力分布；（2）分析微分矩形水体 A 和 B 的上下两面上所受切应力的方向。

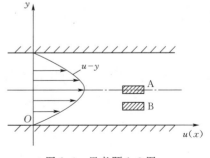

图 1.4 思考题 1.3 图

1.4 试分析图 1.5 中三种情况下水体 A 所受表面力和质量力。

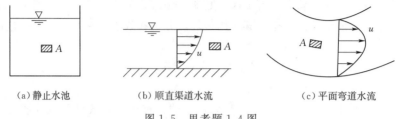

(a)静止水池　　　　　(b)顺直渠道水流　　　　　(c)平面弯道水流

图 1.5 思考题 1.4 图

1.5 为什么可将流体视为连续介质？

1.6 什么是流体的黏滞性？它对流体流动起什么作用？动力黏滞系数 μ 和运动黏滞系数 ν 有什么区别？

1.7 作用于流体上的力按其作用特点可分为哪两类？通常包括哪些具体的力？

1.8 牛顿内摩擦定律是否适用于任何液体？

习 题

1.1 已知某水流流速分布为 $u=0.72y^{1/10}$，u 的单位为 m/s，y 为距底部壁面的距离，单位为 m。(1) 求 $y=0.1$、0.5、1.0m 处的速度梯度；(2)若水的运动黏滞系数 $\nu=0.1010\text{cm}^2/\text{s}$，计算相应的切应力。

1.2 已知温度 20℃时水的密度 $\rho=998.2\text{kg/m}^3$，动力黏滞系数 $\mu=1.002\times10^{-3}$ N·s/m²，求其运动黏滞系数 ν。

1.3 容器内盛有液体，求下述不同情况时该液体所受单位质量力：（1）容器静止时；（2）容器以等加速度 g 垂直向上运动；（3）容器以等加速度 g 垂直向下运动。

1.4 根据牛顿内摩擦定律，推导动力黏滞系数 μ 和运动黏滞系数 ν 的量纲。

1.5 两个平行壁面间距为 25mm，中间为黏滞系数为 $\mu=0.7\text{Pa·s}$ 的油，有一个 250mm×250mm 的平板（忽略平板厚度），在距一个壁面 6mm 处以 150mm/s 的速度拖行。设平板与壁面完全平行，并假设平板两边的流速分布均为线性，求拖行平板的力。

1.6 一底面积为 40cm×45cm 的矩形平板，质量为 5kg，沿涂有润滑油的斜面向下作等速运动，斜面倾角 $\theta=22.62°$，如图 1.6 所示。已知平板运动速度 $u=1\text{m/s}$，油层厚 $\delta=1\text{mm}$，由平板所带动的油层的运动速度是直线分布。求润滑油的动力黏滞系数 μ。

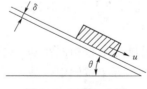

图 1.6 习题 1.6 图

第 2 章　流 体 静 力 学

流体静力学研究流体处于静止或相对静止状态下的力学规律及其在工程上的应用。这里主要研究的是液体。

若流体质点间没有相对运动，认为流体处于静止状态或相对静止状态（统称为平衡状态）。相对于地球不动的流体称为静止状态，而相对于地球虽有运动，但流体质点间没有相对运动的流体称为相对静止状态。例如，地面上固定不动的储油罐内的石油、水池中不动的水处于静止状态。等加速行驶的油罐车中的石油处于相对静止状态。

当流体处于平衡状态时，流体各质点之间均不产生相对运动，因而流体的黏滞性不起作用。因而在研究流体静力学问题时，没有区分理想流体和实际流体的必要。

本章主要研究静止状态流体的力学规律，研究流体静压强的分布规律，进而确定流体对边界的作用力，为实际工程的设计提供依据。例如，闸、坝等建筑物的表面都直接与水接触，在进行这些建筑物的设计时，首先必须计算作用于这些边界上的水压力。

2.1　流体静压强及其特性

2.1.1　流体静压强

液体和固体一样，由于自重而产生压力，但和固体不同的是，因为液体具有易流动性，液体对任何方向的接触面都显示压力。液体对容器壁面、液体内部之间都存在压力。

如图 2.1 所示，涵洞前沿设置一平板闸门。当开启闸门时需很大的拉力，除闸门自重外，其主要原因是水对闸门产生了很大的压力，使闸门紧贴壁面产生摩擦力造成的。静止或相对静止液体对其接触面上所作用的压力称为流体静压力（静水压力），常以符号 P 表示。

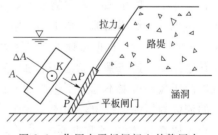

图 2.1　作用在平板闸门上的静压力

如图 2.1 所示平板闸门上，取微小面积 ΔA，若作用于 ΔA 上的流体静压力为 ΔP，则 ΔA 面上单位面积所受的平均流体静压力称为平均流体静压强（平均静水压强），以 $\bar{p}$ 表示，即

$$\bar{p} = \frac{\Delta P}{\Delta A} \tag{2.1}$$

当面积 ΔA 无限缩小至 K 点时，比值 $\Delta P/\Delta A$ 的极限值定义为 K 点的流体静压强（K 点的静水压强），以 p 表示，即

$$p = \lim_{\Delta A \to K} \frac{\Delta P}{\Delta A} \tag{2.2}$$

可以看出，流体静压力和流体静压强（平均压强或点压强）都是压力的一种量度。它

们的区别在于：前者是作用在某一面积上的总压力，后者是作用在单位面积上的平均压力或某一点上的压力。

在国际单位制中，流体静压力的单位为牛顿（N）或千牛顿（kN），量纲为 MLT^{-2}。流体静压强的单位为牛顿/米^2（N/m^2）或千牛顿/米^2（kN/m^2），量纲为 $ML^{-1}T^{-2}$。牛顿/米^{2}又称为帕斯卡（Pa），$1Pa = 1N/m^2$。

2.1.2　静压强的特性

流体静压强有两个重要特性：

（1）静压强的方向是垂直受压面，并指向受压面。

（2）任一点静压强的大小和受压面方位无关，或者说任一点各方向的静压强均相等。

这两个特性可通过下述例子说明。第一种情况，设平衡液体中有一个铅直平板 AB，设平板上有一 C 点，距液面 h，如图 2.2（a）所示；第二种情况，假定 C 点位置固定不动（距液面仍为 h），但平板 AB 绕 C 点转动一个方位，如图 2.2（b）所示。按静压强的第一个特性，两种情况下 C 点压强 p_c 的方向都垂直指向 AB，不论 AB 的方位如何。按静压强的第二个特性，C 点的压强在两种情况下都相等，尽管受压面 AB 的方位发生了变化。另外，若受压面为曲面，则压强垂直受压曲面的切向平面，并指向受压面。

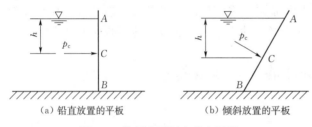

| (a) 铅直放置的平板 | (b) 倾斜放置的平板 |

图 2.2　作用在平板上的点压强

下面分别论证静压强的这两个特性。

第一个特性是说无论受压面是什么方位，静压强的方向总是和受压面垂直，并且只能是压力，不能是拉力。在静止液体内部各部分之间，情况也是这样。这一特性可用反证法来证明。在平衡状态液体中，取出某一体积的液体，先假设作用在这一部分液体表面上的流体静压强的方向不是垂直于作用面的，如图 2.3 中（Ⅰ）所示。这时，可将 p_n 分解为法向应力 p 与切向应力 τ 两个分力。根据流体的易流动性，静止流体在任何微小切向应力作用下将失去平衡而开始流动，这与平衡状态液体的前提相矛盾。因此，流体静压强不可能不垂直于作用面。再假设作用在表面上的流体静压强是拉力，如图 2.3 中（Ⅱ）所示，由于静止流体在拉力作用下也要失去平衡而流动，因而 p 只能是压力。因此，流体静压强的方向必然是垂直并指向受压面，如图 2.3 中（Ⅲ）所示。

静压强的第二个特性是任一点的静压强大小与受压面方位无关。在平衡状态液体中，取出包含任意一点 O

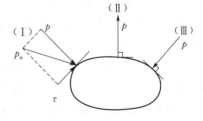

图 2.3　流体静压强的方向

点在内的微小四面体 $OABC$，并将 O 点设于坐标原点，取正交的三个边长分别为 dx、dy、dz，并与 x、y、z 坐标轴重合，如图 2.4 所示。斜平面 ABC 的面积设为 dA_n，它的法线方向为 n。四面体其余三个面的面积分别按其法线方向表示为 dA_x、dA_y 及 dA_z，也即是 dA_n 在各坐标面上的投影。

现在考虑此四面体所受的外力。第一，它受表面力作用，并且只能是压力，分别用 $\mathrm{d}P_n$、$\mathrm{d}P_x$、$\mathrm{d}P_y$ 及 $\mathrm{d}P_z$ 表示，下标表示它们的作用方向，该方向与作用面的法线方向一致。第二，四面体受质量力的作用，用 f_x、f_y 及 f_z 分别表示作用于四面体的单位质量力沿各轴向的投影（习惯上取沿坐标轴方向为正）。该微分四面体的质量为 $\frac{1}{6}\rho\,\mathrm{d}x\mathrm{d}y\,\mathrm{d}z$，其沿各坐标轴的投影分别为

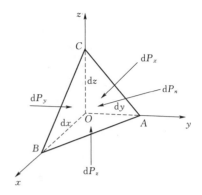

$\frac{1}{6}\rho\,\mathrm{d}x\mathrm{d}y\,\mathrm{d}z f_x$、$\frac{1}{6}\rho\,\mathrm{d}x\mathrm{d}y\,\mathrm{d}z f_y$、$\frac{1}{6}\rho\,\mathrm{d}x\mathrm{d}y\,\mathrm{d}z f_z$。

图 2.4　微小四面体受力分析

微分四面体在这些外力作用下处于平衡状态，即所有作用于微分四面体上的外力在各坐标轴上投影的代数和应分别为零。对 x 轴，有

$$\mathrm{d}P_x + \frac{1}{6}\rho\,\mathrm{d}x\mathrm{d}y\,\mathrm{d}z f_x - \mathrm{d}P_n\cos(n\cdot x) = 0$$

式中，$(n\cdot x)$ 表示倾斜面 ABC 的法向与 x 轴的夹角。由于 $\mathrm{d}y\mathrm{d}z = 2\mathrm{d}A_x$；$\cos(n\cdot x) = \mathrm{d}A_x/\mathrm{d}A_n$，代入上式并加以整理，得

$$\frac{\mathrm{d}P_x}{\mathrm{d}A_x} + \frac{1}{3}\rho f_x\mathrm{d}x = \frac{\mathrm{d}P_n}{\mathrm{d}A_n}$$

取上式极限，使四面体无限缩小至点 O，并注意到 $\mathrm{d}x \to 0$，应用式（2.2）点压强的定义，即得点 O 上的静水压强 p_x 及 p_n 的关系为 $p_x = p_n$。

同理可得 $p_y = p_n$ 及 $p_z = p_n$。由此得

$$p_x = p_y = p_z = p_n \tag{2.3}$$

因斜面的方向是任意选定的，所以当四面体无限缩小至一点时，各个方向的静压强均相等，也即与方向无关。根据这一特性，并应用连续介质的概念，可以得出结论：任一点静压强仅是空间坐标的连续函数而与受压面方向无关，即

$$p = p(x, y, z) \tag{2.4}$$

2.2　流体平衡微分方程及其积分

2.2.1　流体平衡微分方程

流体的平衡微分方程，是表征流体处于平衡状态时作用于流体上各种力之间的关系。下面来建立这一方程。

设想在平衡状态的流体中隔离出一微分正六面体 $abcdefgh$，其各边分别与直角坐标系的坐标轴平行，各边长分别为 $\mathrm{d}x$、$\mathrm{d}y$、$\mathrm{d}z$，形心点在 $A(x, y, z)$，如图 2.5 所示。该六面体应在所有表面力和质量力的作用下处于平衡。下面分析其所受的力。

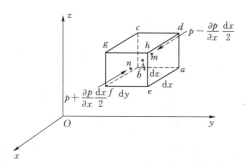

图 2.5　微分正六面体受力分析

1. 作用于微分六面体各表面上的表面力

周围流体对六面体各表面上所作用的静压力即是表面力。设六面体中心点 A 的静压强为 p，根据流体连续性的假定，它应当是空间坐标的连续函数，即 $p = p(x, y, z)$。当空间坐标发生变化时，压强也发生变化。六面体各表面形心点处的压强，以点 A 的压强 p 为基准，用泰勒级数展开并略去高阶微量来求得。沿 x 方向作用在 $abcd$ 面形心点 $m(x - dx/2, y, z)$ 上的压强 p_1 和 $efgh$ 面形心点 $n(x + dx/2, y, z)$ 上的压强 p_2 可分别表述为

$$p_1 = p - \frac{1}{2} \frac{\partial p}{\partial x} dx, \quad p_2 = p + \frac{1}{2} \frac{\partial p}{\partial x} dx$$

$\frac{\partial p}{\partial x}$ 为压强沿 x 方向的变化率，称为压强梯度；$\frac{1}{2} \frac{\partial p}{\partial x} dx$ 为由于 x 方向的位置变化而引起的压强差。视微分六面体各面上的压强分布均匀，并可用面中心上的压强代表该面上的平均压强。因此，作用在边界面 $abcd$ 和 $efgh$ 上的总压力分别为

$$P_{abcd} = \left(p - \frac{1}{2} \frac{\partial p}{\partial x} dx \right) dydz$$

$$P_{efgh} = \left(p + \frac{1}{2} \frac{\partial p}{\partial x} dx \right) dydz$$

同理，对于沿 y 方向和 z 方向作用在相应面上的总压力可写出相应的表达式。

2. 作用于微分六面体的质量力

作用于微分六面体上的质量力在 x 方向的投影为 $\rho dxdydzf_x$，y 方向的投影为 $\rho dxdydzf_y$，z 方向的投影为 $\rho dxdydzf_z$，其中 $\rho dxdydz$ 为微分六面体流体的质量。

3. 列作用于微分六面体的力的平衡方程

当微分六面体处于平衡状态时，所有作用于六面体上的力，在三个坐标轴方向的投影之和应等于零。在 x 方向有

$$\left(p - \frac{1}{2} \frac{\partial p}{\partial x} dx \right) dydz - \left(p + \frac{1}{2} \frac{\partial p}{\partial x} dx \right) dydz + \rho dxdydzf_x = 0$$

用 $\rho dxdydz$ 除上式各项，经简化得 $f_x - \frac{1}{\rho} \frac{\partial p}{\partial x} = 0$。

同理，在 y 方向、z 方向可推出类似结果。从而得微分方程组

$$\begin{cases} f_x - \dfrac{1}{\rho} \dfrac{\partial p}{\partial x} = 0 \\[2mm] f_y - \dfrac{1}{\rho} \dfrac{\partial p}{\partial y} = 0 \\[2mm] f_z - \dfrac{1}{\rho} \dfrac{\partial p}{\partial z} = 0 \end{cases} \tag{2.5}$$

式（2.5）即流体平衡微分方程，又称欧拉（Euler）平衡微分方程。它表达了处于平衡状

态的流体中任一点压强与作用于流体的质量力之间的普遍关系。

2.2.2 流体平衡微分方程的积分

1. 流体平衡微分方程的全微分形式

将式（2.5）中三个分量式依次乘以 dx、dy 和 dz，并将它们相加，得

$$\frac{\partial p}{\partial x}dx + \frac{\partial p}{\partial y}dy + \frac{\partial p}{\partial z}dz = \rho(f_x dx + f_y dy + f_z dz)$$

因为 $p = p(x,y,z)$，所以上式左边是压强 p 的全微分 dp，从而得到流体平衡微分方程的全微分表达式

$$dp = \rho(f_x dx + f_y dy + f_z dz) \tag{2.6}$$

式（2.6）是流体平衡微分方程的另一种表达式。当单位质量力已知时，利用该方程可以导出平衡液体压强分布规律。

2. 力势函数

对于不可压缩均质流体来说，其密度 ρ 是个常量。在这种情况下，由于式（2.6）等号左端是一个坐标函数 p 的全微分，因而该式等号右端括号内三项之和也应是某一函数 $W(x,y,z)$ 的全微分。即

$$dW = f_x dx + f_y dy + f_z dz \tag{2.7}$$

而 $dW = \frac{\partial W}{\partial x}dx + \frac{\partial W}{\partial y}dy + \frac{\partial W}{\partial z}dz$。因此，得

$$\begin{cases} f_x = \dfrac{\partial W}{\partial x} \\[2mm] f_y = \dfrac{\partial W}{\partial y} \\[2mm] f_z = \dfrac{\partial W}{\partial z} \end{cases} \tag{2.8}$$

满足式（2.8）的函数 $W(x,y,z)$ 称为力势函数（或势函数），而具有这样力势函数的质量力称为有势力（或保守力）。例如，重力和惯性力都是有势力。

上述讨论表明：流体只有在有势的质量力作用下才能维持平衡。

3. 流体平衡微分方程的积分形式

将式（2.7）代入式（2.6），得

$$dp = \rho dW \tag{2.9}$$

式（2.9）积分可得

$$p = \rho W + C \tag{2.10}$$

式中 C——积分常数，可由已知条件确定。

如果已知平衡流体边界或内部任意点处的压强 p_0 和力势函数 W_0，则由式（2.10）可得 $C = p_0 - \rho W_0$。将 C 值代入式（2.10），得

$$p = p_0 + \rho(W - W_0) \tag{2.11}$$

式（2.11）即为流体平衡微分方程的积分形式。因力势函数仅为空间坐标的函数，所以，$W - W_0$ 也仅是空间坐标的函数而与 p_0 无关。因此，由式（2.11）可得出结论：处于平衡状态的不可压缩流体中，作用在其边界上的压强 p_0 将等值地传递到流体内的一切点

上，即当 p_0 增大或减小时，流体内任意点的压强也相应地增大或减小同样数值。这就是物理学中著名的巴斯加原理。该原理在水压机、水力起重机等简单水力机械的工作原理中有广泛的应用。

2.2.3 等压面

所谓等压面即液体中压强相等的点所组成的面。例如，静止液体与大气相接触的自由表面就是一个等压面，因为自由表面上各点的压强都等于大气压强。此外，处于静止状态的不同流体的交界面也是等压面。

等压面具有两个重要性质：①在平衡液体中等压面即是等势面；②等压面与质量力正交。只有重力作用下的静止液体，其等压面必然是水平面。在应用等压面时，必须保证所讨论的流体是静止的同一种连续介质。等压面的概念对以后分析和计算静压强问题将提供方便。

下面从流体平衡微方程对这两个性质进行分析。

1. 在平衡液体中等压面即是等势面

因等压面上 p 为常数，即 $\mathrm{d}p = 0$，由式（2.9）得 $\rho \mathrm{d}W = 0$。但密度 $\rho \neq 0$，因此 $\mathrm{d}W = 0$，即 W 为常数。故在平衡液体中等压面同时也是等势面。

2. 等压面与质量力正交

因在等压面上 $\mathrm{d}p = 0$ 或 $\mathrm{d}W = 0$，由式（2.6）或式（2.7）可得等压面方程

$$f_x \mathrm{d}x + f_y \mathrm{d}y + f_z \mathrm{d}z = 0 \tag{2.12}$$

式（2.12）中，$\mathrm{d}x$、$\mathrm{d}y$、$\mathrm{d}z$ 可设想为液体质点在等压面上的任意微小位移 $\mathrm{d}s$ 在相应坐标轴上的投影。因此式（2.12）表明，当液体质点沿等压面移动 $\mathrm{d}s$ 距离时，质量力作的微功等于零。但是因质量力和 $\mathrm{d}s$ 都不为零，所以，必然是等压面与质量力正交。

根据等压面与质量力正交的这一重要性质，若已知质量力的方向便可确定等压面的形状；反之，若已知等压面的形状便可确定质量力的方向。例如，只有重力作用下的静止液体，因重力为铅垂方向，其等压面必然是水平面。如果作用在液体上除重力外还有其他质量力，那么等压面就应与质量力的合力正交。此时，由于质量力的合力不一定是铅垂方向的，因而等压面也就不一定是水平面。由以上分析可知，等压面既可以是平面也可能是曲面。

在以上讨论等压面的过程中，把密度 ρ 作为常数看待，把力势函数 W 视为空间坐标的连续函数。因此，在应用有关等压面的特性时，必须保证所讨论的流体介质是同一种连续介质。

等压面的概念在分析计算流体静压强时经常用到，应当正确判断等压面。静止液体，质量力只有重力时，等压面必为水平面；平衡液体与大气接触的自由面为等压面；不同液体的交界面为等压面；同种连续介质才可能是等压面。

图 2.6 给出了不同情况的等压面。应当注意，静止液体，质量力只有重力时，等压面必为水平面；但反过来，水平面即是等压面，这一结论只适用于静止的质量力只有重力的同一种连续介质。如果不是同种液体或不连续，同一水平面上各点压强并不一定相等，即同一水平面并不一定是等压面。如图 2.6 (d) 所示，玻璃管与容器中的水是连通的，因此任何一个水平面都是等压面；而图 2.6 (e) 中，1—1 虽然是水平面，但由于此平面通过两种液体，因而不是等压面，只有 2—2 平面以下的水平面才是等压面。

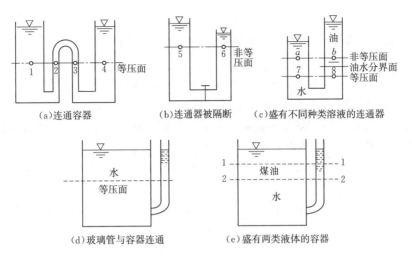

(a)连通容器　　　(b)连通器被隔断　　(c)盛有不同种类溶液的连通器

(d)玻璃管与容器连通　　　(e)盛有两类液体的容器

图 2.6　不同情况的等压面

2.3　流体静压强分布规律

在实际工程中经常遇到只有重力作用下处于静止状态的液体平衡问题，此时所受的质量力只有重力。下面分析质量力只有重力情况下静止液体中各点静压强的分布规律。

2.3.1　流体静压强公式

图 2.7 所示为静止液体，将直角坐标系的 z 轴取为铅直方向，原点选在底面。液面上的压强为 p_0。此时，作用在单位质量液体的质量力（即重力）在各坐标轴上的投影分别为 $f_x = 0$、$f_y = 0$、$f_z = -g$，代入液体平衡微分方程式（2.6），则有

$$\mathrm{d}p = \rho(f_x \mathrm{d}x + f_y \mathrm{d}y + f_z \mathrm{d}z) = -\rho g \, \mathrm{d}z$$

即

$$\mathrm{d}z + \frac{\mathrm{d}p}{\rho g} = 0$$

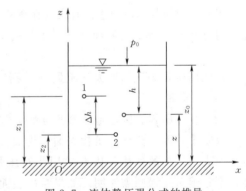

图 2.7　流体静压强公式的推导

对不可压缩均质流体 ρ 为常数。对上式积分，得

$$z + \frac{p}{\rho g} = C \tag{2.13}$$

式中　C——常数。

式（2.13）表明：在静止液体中，任一点的 $z + \dfrac{p}{\rho g}$ 总是一个常数。对液体内任意两点，式（2.13）可写为

$$z_1 + \frac{p_1}{\rho g} = z_2 + \frac{p_2}{\rho g} \tag{2.14}$$

在液面上 $z = z_0$，$p = p_0$，代入式（2.13），则 $C = z_0 + \dfrac{p_0}{\rho g}$，将 C 值代入式（2.13），得

$$p = p_0 + \rho g(z_0 - z) \tag{2.15}$$

令 $h = z_0 - z$ 表示该点在液面以下的淹没深度，则式（2.15）可写为

$$p = p_0 + \rho g h \tag{2.16}$$

式（2.16）即为计算流体静压强的基本公式，也称流体静力学基本方程。它表明，静止液体内任意点的压强 p 由两部分组成，一部分是表面压强 p_0，它遵从巴斯加原理，等值地传递到液体内部；另一部分是 $\rho g h$，即该点到液体表面单位面积上的液体重量。而且压强随淹没深度按线性规律变化。

当液面与大气相通时，$p_0 = p_a$，p_a 为当地大气压强，则式（2.16）可写为

$$p = p_a + \rho g h \tag{2.17}$$

又如在同一连通的静止液体中，已知某点的压强，则应用式（2.16）可推求任一点的压强，即

$$p_2 = p_1 + \rho g \Delta h \tag{2.18}$$

式中　Δh——两点间深度差，当点 1 高于点 2 时为正，反之为负（图 2.7）。

对于气体来说，因 ρ 值较小，常忽略不计，由式（2.18）可知，气体中任意两点的静压强，在两点间深度差不大时，可以认为相等。

2.3.2　压强的计量基准和表示法

1. 压强的计量基准

流体静压强有两种计量基准，即绝对压强和相对压强。

（1）绝对压强。以设想没有大气存在的绝对真空状态作为零点计量的压强，称为绝对压强，用符号 p' 表示。若液面绝对压强为 p'_0，根据式（2.16）液体内某点绝对压强 p' 可写为

$$p' = p'_0 + \rho g h \tag{2.19}$$

若液面压强等于当地大气压强 p_a，则

$$p' = p_a + \rho g h \tag{2.20}$$

（2）相对压强。以当地大气压强作为零点计量的压强称为相对压强，以 p 表示。在水工建筑物中，因水流和建筑物表面均受大气压强作用，所以在计算建筑物的水压力时，不需考虑大气压强的作用，因此常用相对压强来表示。在以后的讨论中，一般都指相对压强，若指绝对压强则需注明。如果自由表面压强 $p_0 = p_a$，则式（2.16）可写为

$$p = \rho g h \tag{2.21}$$

（3）绝对压强与相对压强的关系。绝对压强和相对压强是按两种不同基准计算的压强，它们之间相差一个当地大气压强。若以 p_a 表示当地大气压强，则绝对压强 p' 和相对压强 p 的关系为

$$p' = p + p_a \tag{2.22}$$

或

$$p = p' - p_a \tag{2.23}$$

绝对压强和相对压强的关系也可用图 2.8 来说明，由图看出，绝对压强总是正值，而相对压强可能是正值，也可能是负值。

（4）真空及真空压强。当液体中某点的绝对压强 p' 小于当地大气压强 p_a，即其相对压强为负值时，则称该点存在真空（负压）。真空的大小常用真空压强 p_k 表示。真空压强是指该点绝对压强小于当地大气压强的数值，即

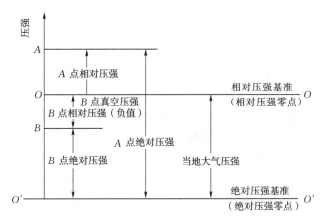

图 2.8 压强图示

$$p_k = p_a - p'$$ (2.24)

由真空及真空压强的定义可知,相对压强为负值时即存在真空;相对压强的绝对值等于真空压强。

2. 压强的表示法

(1) 用应力单位表示。即从压强的定义出发,用单位面积上的力来表示,如牛顿/米²（N/m²）、千牛顿/米²（kN/m²）、牛顿/厘米²（N/cm²）等。

(2) 用大气压的倍数表示。国际上规定一个标准大气压（温度为 0℃,纬度为 45°时海平面上的压强）为 101.325kPa,用 atm 表示,即 1atm=101.325kPa。工程界中,常用工程大气压来表示压强,一个工程大气压（相当于海拔 200m 处的正常大气压）等于 98kPa,用 at 表示,即 1at=98kPa。

(3) 用液柱高度表示。由式（2.21）得

$$h = \frac{p}{\rho g}$$ (2.25)

即对于任一点的静压强 p 可以应用式（2.25）表示为密度为 ρ 的液体的液柱高度。常用水柱高度或汞柱高度表示,其单位为 mH_2O、mmH_2O 或 mmHg。

上述三种压强表示法之间的关系为:

$98kN/m^2 = 1at = 10mH_2O = 736mmHg$

$101.325kN/m^2 = 1atm = 10.33mH_2O = 760mmHg$

【**例 2.1**】 一封闭水箱（图 2.9）,水面上压强 $p_0 = 85kN/m^2$,求水面下 $h=1m$ 点 C 的绝对压强、相对压强和真空压强。已知当地大气压 $p_a = 98kN/m^2$, $\rho = 1000kg/m^3$。

解: 由压强公式（2.20）或式（2.16）, C 点绝对压强为

$p' = p_0 + \rho g h = 85 + 1000 \times 9.8 \times 1 \times 10^{-3} = 94.8 \ (kN/m^2)$

由式（2.23）, C 点的相对压强

$$p = p' - p_a = 94.8 - 98 = -3.2 \ (kN/m^2)$$

相对压强为负值,说明 C 点存在真空。相对压强的绝对值等于真空压强,即

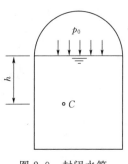

图 2.9 封闭水箱

$$p_k = 3.2 \text{kN/m}^2$$

或根据式（2.24）得

$$p_k = p_a - p' = 3.2 \ (\text{kN/m}^2)$$

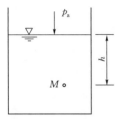

图 2.10 开敞水箱

【例 2.2】 图 2.10 为一开敞水箱，已知当地大气压强 $p_a = 98 \text{kN/m}^2$，水的密度 $\rho = 1000 \text{kg/m}^3$，重力加速度 $g = 9.8 \text{m/s}^2$。求水面下 $h = 0.68 \text{m}$ 处 M 点的相对压强和绝对压强，并分别用应力单位、工程大气压和水柱高度来表示。

解： 应用式（2.21），得 M 点相对压强

$$p = \rho g h = 1000 \times 9.8 \times 0.68 = 6.66 \ (\text{kN/m}^2)$$

$$p = 0.068 \text{at}$$

$$h = \frac{p}{\rho g} = \frac{6.66}{1000 \times 9.8} = 0.68 \ (\text{mH}_2\text{O})$$

应用式（2.20），得 M 点绝对压强

$$p' = p_a + \rho g h = 98 + 1000 \times 9.8 \times 0.68 = 104.7 \ (\text{kN/m}^2)$$

$$p' = 1.068 \text{at}$$

$$h = \frac{p'}{\rho g} = \frac{104.7}{1000 \times 9.8} = 10.68 \ (\text{mH}_2\text{O})$$

2.3.3 静压强分布图

根据静压强公式中 $p' = p'_0 + \rho g h$ 或 $p = \rho g h$ 以及静压强方向垂直指向受压面的特点，可用图形来表示静压强的大小和方向，称此图形为静压强分布图。

静压强分布图绘制规则是：

（1）按一定比例用线段长度代表该点静压强的大小。

（2）用箭头表示静压强的方向，并与受压面垂直。

下面举例说明不同情况下压强分布图的画法。

（1）图 2.11（a）为一铅直放置的平板闸门 AB。A 点在自由水面上，其相对压强 $p_A = 0$；B 点在水面下 h，故其相对压强 $p_B = \rho g h$。作带箭头线段 CB，线段长度为 $\rho g h$，并垂直指向 AB。连接直线 AC，并在三角形 ABC 内作数条平行于 CB 带箭头的线段，则 ABC 即表示 AB 面上的相对压强分布图。

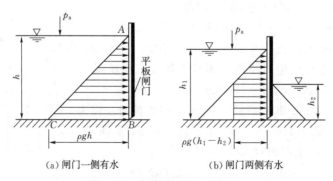

(a) 闸门一侧有水　　　　　　(b) 闸门两侧有水

图 2.11 平板闸门静压强分布图

如闸门两边同时承受不同水深的静压力作用，如图 2.11（b）所示。这种情况因闸门

受力方向不同，可先分别绘出左右受压面的压强分布图，然后两图叠加，消去大小相同方向相反的部分，余下的梯形即为静压强分布图。

（2）图 2.12 为一折面的静压强分布图，画法同前。

（3）图 2.13 中有上、下两种密度不同的液体作用在平面 AC，两种液体分界面在 B 点。B 点压强 $p_B = \rho_1 g h_1$，C 点压强 $p_C = \rho_1 g h_1 + \rho_2 g (h_2 - h_1)$，压强分布如图所示。

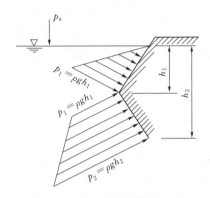
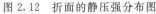

图 2.12　折面的静压强分布图

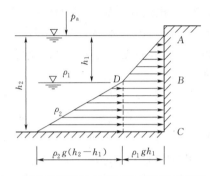

图 2.13　两种密度液体作用下受压面的静压强分布图

（4）图 2.14 为作用在弧形闸门上的压强分布图。因为闸门为一圆弧面，所以面上各点压强只能逐点算出，各点压强都沿半径方向，指向圆弧的中心。

2.3.4　位置水头、压强水头和测压管水头

式（2.13）表明，在静止液体中，任一点的 $z + \dfrac{p}{\rho g}$ 总是一个常数。其中，z 为该点的位置相对于基准面的高度，称为位置水头；$\dfrac{p}{\rho g}$ 是该点在压强作用下沿测压管所能上升的高度，称为压强水头。所谓测压管是一端和大气相通，另一端和液体中某点相连的细玻璃管，如图 2.15 所示。位置水头和压强水头之和 $z + \dfrac{p}{\rho g}$ 称为测压管水头，它表示测压管水面相对于基准面的高度。式（2.13）表明，同一容器静止液体中，所有各点的测压管水头均相等，即使各点的位置水头和压强水头互不相同，但各点的测压管水头必然相等。

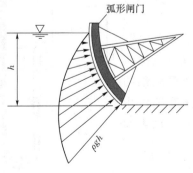

图 2.14　弧形闸门上的压强分布图

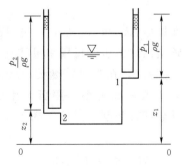

图 2.15　测压管水头

23

2.4　压 强 的 量 测

工程实际中经常需要量测流体的压强，如在水流模型实验中经常需要直接量测水流中某点的压强或两点的压强差；水泵、风机、压缩机、锅炉等均装有压力表和真空表，以便随时观测压强的大小来监测其工作状况。量测压强的仪器常用的有弹簧金属式（如压力表、真空表等）、电测式（如应变电阻丝式压力传感器、电容式压力传感器等）和液柱式三类。这里只介绍利用流体静力学原理设计的液柱式测压计，这些测压计构造简单、直观、方便和经济，因而在工程上得到广泛的应用。

2.4.1　测压管

1. 直接由同一液体引出的液柱高度来测量压强的测压管

简单的测压管即一根玻璃管，一端和所要测量压强之处相连接，另一端开口，和大气相通，如图 2.16 所示。由于 A 点压强的作用，使测压管中液面升至某一高度 h_A，于是液体在 A 点的相对压强 $p_A = \rho g h_A$。测压管通常用来测量较小的压强，当相对压强 $p = 1/5$ 大气压时，对于水来说，液柱高 $h = 2m$ 水柱，即需要 2m 以上的测压管，这在使用上很不方便。为此改用 U 形水银测压管。

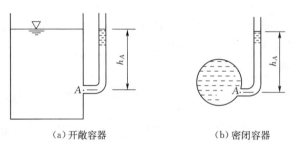

（a）开敞容器　　　　　　　（b）密闭容器

图 2.16　测压管

2. U 形水银测压管

通常是用 U 形的玻璃管制成（图 2.17），管内弯曲部分装有水银（或其他密度较大而又不会混合的液体）。管的一端与测点连接，另一端开口与大气相通。由于点 A 压强的作用，使右管中的水银柱面较左管的水银柱面高出 Δh_2，测点距左管液面的高度 Δh_1。

设容器中液体的密度为 ρ，水银的密度为 ρ_H。根据流体静力学基本方程，并应用等压面的概念可以求出 A 点压强 p_A。

U 形管中 1、2 两点是在连通的同一液体（水银）的同一水平面上（图 2.17），因 1—2 是等压面，则 $p_1 = p_2$。根据式 (2.18) 有 $p_1 = p_A + \rho g \Delta h_1$，$p_2 = \rho_H g \Delta h_2$。因 $p_1 = p_2$，故得

$$p_A = \rho_H g \Delta h_2 - \rho g \Delta h_1 \qquad (2.26)$$

可见，在量得 Δh_1 和 Δh_2 后，即可根据上式求出点 A 的压强。

应该指出，测压管可用来量测正压强或负压强（真空压强）。还应指出，在观测精度要求较高或所用测压管较细的情况下，需要考虑毛细作用所产生的影响。因受毛细作用后，测压管液面形状将因液体的种类、温度及管径等因素而不同。

2.4.2　比压计（压差计）

比压计是量测两点压强差的仪器。常用的比压计有空气

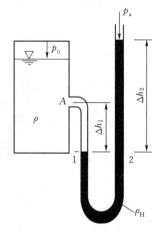

图 2.17　U 形水银测压管

比压计、水银比压计和斜式比压计等。各种比压计多用 U 形管制成。在用各种比压计量测压差时，都是根据静压强规律来计算压强差的。

1. 空气比压计

图 2.18 所示为一种空气比压计。由于 A、B 两点的压强不等，所以 U 形管中的水面高度不同。因空气的密度较小，因此可认为 U 形管中液面上压强 p_0 均相等，设两管水面高差为 Δh。根据式 (2.16) 可写出 $p_A = p_0 + \rho g [\Delta h + (h_B - z_A)]$，$p_B = p_0 + \rho g h_B$，所以

$$p_A - p_B = \rho g(\Delta h - z_A) \tag{2.27}$$

若管水平，A、B 两点在同一水平面上，即 $z_A = 0$，则

$$p_A - p_B = \rho g \Delta h \tag{2.28}$$

2. 水银比压计

当所测两点的压差较大时使用水银比压计。图 2.19 为一种水银比压计。

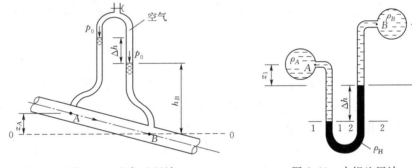

图 2.18　空气比压计　　　　图 2.19　水银比压计

设 A、B 两点处液体密度为 ρ_A 和 ρ_B。两点的相对位置及 U 形管中水银面之高差如图 2.19 所示。根据等压面的概念，断面 1—1 和断面 2—2 处压强相等，即 $p_1 = p_2$。根据式 (2.18)，$p_1 = p_A + \rho_A g(z_1 + \Delta h)$，$p_2 = p_B + \rho_B g z_2 + \rho_H g \Delta h$，又 $p_1 = p_2$，故得

$$p_A - p_B = (\rho_H g - \rho_A g)\Delta h + \rho_B g z_2 - \rho_A g z_1 \tag{2.29}$$

如 A、B 两点处为同一种液体，即 $\rho_A = \rho_B = \rho$，则

$$p_A - p_B = (\rho_H g - \rho g)\Delta h + \rho g(z_2 - z_1) \tag{2.30}$$

如 A、B 两点处为同一种液体，且在同一高程，即 $z_2 - z_1 = 0$，则

$$p_A - p_B = (\rho_H g - \rho g)\Delta h = \rho g\left(\frac{\rho_H}{\rho} - 1\right)\Delta h \tag{2.31}$$

如 A、B 两点处的液体都是水，因为水银与水的密度之比 $\rho_H/\rho = 13.6$，则

$$p_A - p_B = 12.6 \rho g \Delta h \tag{2.32}$$

在这种情况下，只需测读水银柱面的高差即可求出两点的压强差。

3. 倾斜式比压计

当量测很小的压差时，为了提高量测精度，有时采用倾斜式比压计。一般所用的倾斜式比压计是将空气比压计中的 U 形管倾斜放置，如图 2.20 所示，这样可将铅垂空气比压计中的液面高差 Δh 增大为 $\Delta h'(\Delta h' = \Delta h/\sin\theta)$。于是，所测两点的压差为

$$p_A - p_B = \rho g \Delta h = \rho g \Delta h' \sin\theta \tag{2.33}$$

当 $\theta = 90°$，$\sin\theta = 1$ 时，$\Delta h' = \Delta h$，即成为铅垂的空气比压计。θ 角一般为 $10° \sim 30°$，这样使压差的读数增大 2～5 倍，从而可提高量测精度。

【例 2.3】 在某供水管路上装一复式 U 形水银测压计，如图 2.21 所示。已知测压计显示的各液面的标高和 A 点的标高为：

$$\nabla_1 = 1.8\text{m}, \nabla_2 = 0.6\text{m}, \nabla_3 = 2.0\text{m}, \nabla_4 = 0.8\text{m}, \nabla_A = \nabla_5 = 1.5\text{m}.$$

试确定管中 A 点压强。（$\rho_H = 13.6 \times 10^3 \text{kg/m}^3$，$\rho = 1 \times 10^3 \text{kg/m}^3$）。

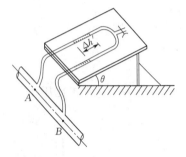
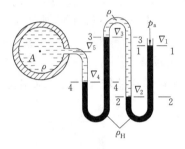

图 2.20　倾斜式比压计　　　　　图 2.21　复式 U 形水银测压计

解：已知断面 1—1 上作用着大气压，因此可以从点 1 开始，通过等压面，并应用流体静力学基本方程，逐点推算，最后便可求得 A 点压强。因 2—2、3—3、4—4 为等压面，根据式（2.17）可得，$p_2 = \rho_H g(\nabla_1 - \nabla_2)$，$p_3 = p_2 - \rho g(\nabla_3 - \nabla_2)$，$p_4 = p_3 + \rho_H g(\nabla_3 - \nabla_4)$，$p_5 = p_4 - \rho g(\nabla_5 - \nabla_4)$，又 $p_A = p_5$。联立求得

$$p_A = \rho_H g(\nabla_1 - \nabla_2) - \rho g(\nabla_3 - \nabla_2) + \rho_H g(\nabla_3 - \nabla_4) - \rho g(\nabla_5 - \nabla_4)$$

将已知值代入上式，得

$$p_A = 298.5\text{kPa}$$

从上述分析和本例题的计算过程，可以归纳出计算压强及压强差的基本方法，即以 $p = p_0 + \rho g h$ 作为基本计算公式；用等压面作为关联条件；逐次推算即可方便地求解。

2.5　作用于平面上的静水总压力

上面讨论的都是静止液体内任一点压强的计算方法。在工程实践中，常需确定静止液体作用于整个受压面上的静压力，即液体总压力。对于以水为代表的液体，习惯上称为静水总压力。例如闸门等结构设计，必须计算结构物所受的静水总压力，它是水工建筑物结构设计时必须考虑的主要荷载。

静水总压力包括其大小、方向和作用点（总压力作用点也称压力中心）。

本节主要讲述求解作用在平面上的静水总压力的两种方法：图解法和解析法。这两种方法都是以流体静压强的特性及静压强公式为依据的。

2.5.1　图解法

图解法是利用压强分布图计算静水总压力的方法。该方法用于计算作用在矩形平面上所受的静水总压力最为方便。工程上常常遇到的是矩形平面问题，所以此方法被普遍采用。

作用于平面上静水总压力的大小，应等于分布在平面上各点静水压强的总和。因而，作用在单位宽度上的静水总压力，应等于静压强分布图的面积；整个矩形平面的静水总压力，则等于平面的宽度乘以压强分布图的面积。

图 2.22 为一任意倾斜放置的矩形平面 $ABEF$，平面长为 l 宽为 b，并令其压强分布图的面积为 Ω，则作用于该矩形平面上的静水总压力为

$$P = b\Omega \qquad (2.34)$$

因为压强分布图为梯形，其面积 $\Omega = \frac{1}{2}(\rho g h_1 + \rho g h_2)l$，故

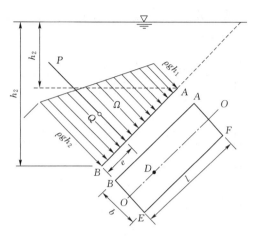

图 2.22 倾斜放置矩形平面静水总压力

$$P = \frac{\rho g}{2}(h_1 + h_2)bl \qquad (2.35)$$

矩形平面有纵向对称轴，P 的作用点 D 必位于纵向对称轴 O—O 上，同时，总压力 P 的作用点还应通过压强分布图的形心点 Q。

当压强分布为三角形时，压力中心 D 与底部的距离为 $e = l/3$；当压强为梯形分布时，压力中心与底部的距离 $e = \dfrac{l(2h_1 + h_2)}{3(h_1 + h_2)}$，如图 2.23 所示。

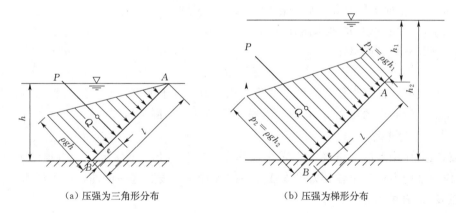

(a) 压强为三角形分布 　　　　　 (b) 压强为梯形分布

图 2.23 压力中心位置

2.5.2 解析法

当受压面为任意形状，即为无对称轴的不规则平面时，静水总压力的计算较为复杂，因此常用解析法求解其静水总压力的大小和作用点位置。解析法根据力学和数学分析方法来求解作用于平面上的静水总压力。

有一任意形状平面 EF，倾斜置放于水中，与水平面的夹角为 α，平面面积为 A，平面形心点为 C（图 2.24）。下面研究作用于该平面上静水总压力的大小和压力中心位置。

为了分析方便，选平面 EF 的延展面与水面的交线 Ob，以及与 Ob 相垂直的 Ol 为一组参考坐标系。

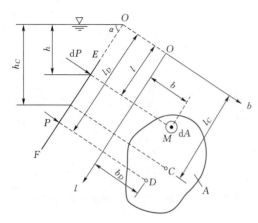

图 2.24　任意形状平面上的静水总压力

1. 总压力的大小

因为静水总压力是由每一部分面积上的静水压力所构成，先在 EF 平面上任选一点 M，围绕点 M 取一微分面积 dA。设 M 点在液面下的淹没深度为 h，故 M 点的静水压强 $p = \rho g h$，微分面 dA 上各点压强可视为与 M 点相同，故作用于 dA 面上静水压力为 $dP = p dA = \rho g h dA$；整个 EF 平面上的静水总压力则为

$$P = \int_A dP = \int_A \rho g h \, dA$$

设 M 点在 bOl 参考坐标系上的坐标为 (b, l)，由图可知 $h = l\sin\alpha$，于是

$$P = \rho g \sin\alpha \int_A l \, dA \tag{2.36}$$

式（2.36）中 $\int_A l \, dA$ 表示平面 EF 对 Ob 轴的静面矩，并且 $\int_A l \, dA = l_C A$，其中 l_C 表示平面 EF 形心点 C 至 Ob 轴的距离。代入式（2.36），得

$$P = \rho g \sin\alpha \cdot l_C A = \rho g h_C A \tag{2.37}$$

式中　h_C——平面 EF 形心点 C 在液面下的淹没深度，$h_C = l_C \sin\alpha$；

　　　$\rho g h_C$——形心点 C 的静水压强 p_C。

故式（2.37）又可写作

$$P = p_C A \tag{2.38}$$

式（2.38）表明：作用于任意平面上的静水总压力，等于平面形心点上的静水压强与平面面积的乘积。形心点的压强 p_C 可理解为整个平面的平均静水压强。

2. 总压力的作用点

设总压力作用点的位置在 D，它在坐标系中的坐标值为 (l_D, b_D)。由理论力学可知，合力对任一轴的力矩等于各分力对该轴力矩的代数和。按照这一原理，考查静水压力分别对 Ob 轴及 Ol 轴的力矩。

对 Ob 轴，$P l_D = \int_A l p \, dA$，因 $p = \rho g h = \rho g l \sin\alpha$，则

$$P l_D = \rho g \sin\alpha \int_A l^2 \, dA \tag{2.39}$$

令 $I_b = \int_A l^2 \, dA$，I_b 表示平面 EF 对 Ob 轴的惯性矩。由平行移轴定理：$I_b = I_C + l_C^2 A$，I_C 表示平面 EF 对于通过其形心 C 且与 Ob 轴平行的轴线的惯性矩。代入式（2.39）得

$$P l_D = \rho g \sin\alpha I_b = \rho g \sin\alpha (I_C + l_C^2 A)$$

于是有

$$l_D = \frac{\rho g \sin\alpha (I_C + l_C^2 A)}{P} = \frac{\rho g \sin\alpha (I_C + l_C^2 A)}{\rho g l_C \sin\alpha \cdot A}$$

化简后得

$$l_D = l_C + \frac{I_C}{l_C A} \tag{2.40}$$

式（2.40）中，因 $I_C > 0, l_C > 0, A > 0$，所以 $I_C/(l_C A) > 0$，则 $l_D > l_C$，即总压力作用点 D 在平面形心点 C 下方。

同理得 b_D 的表达式为

$$b_D = \frac{I_{bl}}{l_C A} \tag{2.41}$$

式中，$I_{bl} = \int_A bl\,\mathrm{d}A$ 表示平面 EF 对 Ob 及 Ol 轴的惯性积。

只要根据式（2.40）及式（2.41）求出 l_D 及 b_D，则压力中心 D 的位置即可确定。显然，若平面 EF 有纵向对称轴，则不必计算 b_D 值，因为 D 点必在纵向对称轴上。对于矩形平面，$I_C = \frac{1}{12}bl^3$；对于圆形平面，$I_C = \frac{1}{64}\pi d^4$；符号见表 2.1，可方便地利用式（2.40）计算出 l_D。

表 2.1 列出了几种有纵向对称轴的常见平面静水总压力及压力中心位置的计算式。

表 2.1　几种有纵向对称轴的常见平面静水总压力及作用点位置计算表

平面在水中位置	平面形式		静水总压力 P 值	压力中心与水面的斜距
	矩形		$P = \dfrac{\rho g}{2} lb(2l_1 + l)\sin\alpha$	$l_D = l_1 + \dfrac{(3l_1 + 2l)l}{3(2l_1 + l)}$
	等腰梯形		$P = \rho g \sin\alpha \dfrac{3l_1(B+b) + l(B+2b)}{6}$	$l_D = l_1 + \dfrac{[2(B+2b)l_1 + (B+3b)l]l}{6(B+b)l_1 + 2(B+2b)l}$
	圆形		$P = \dfrac{\pi}{8}d^2(2l_1 + d)\rho g \sin\alpha$	$l_D = l_1 + \dfrac{d(8l_1 + 5d)}{8(2l_1 + d)}$
	半圆形		$P = \dfrac{d^2}{24}(3\pi l_1 + 2d)\rho g \sin\alpha$	$l_D = l_1 + \dfrac{d(32l_1 + 3\pi d)}{16(3\pi l_1 + 2d)}$

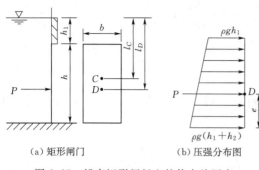

（a）矩形闸门　　　（b）压强分布图

图 2.25　铅直矩形闸门上的静水总压力

【**例 2.4**】　一矩形闸门铅直放置，如图 2.25（a）所示，闸门顶淹没水深 $h_1=1$m，闸门高 $h=2$m，宽 $b=1.5$m，试用解析法和图解法求静水总压力 P 的大小及作用点。

解：（1）解析法，如图 2.25（a）所示。

1）求静水总压力：

由图知 $h_c=h_1+h/2=2$（m），$A=bh=1.5\times2=3$（m³），代入式（2.37）得

$$P=\rho gh_cA=1\times9.8\times2\times3=58.8\ (\text{kN})$$

2）求压力中心：

因 $l_c=h_c=2$m，$I_c=\dfrac{1}{12}bh^3=\dfrac{1}{12}\times1.5\times2^3=1$（m⁴），代入式（2.40）得

$$l_D=l_c+\frac{I_c}{l_cA}=2+\frac{1}{2\times1.5\times2}=2.17\ (\text{m})$$

而且压力中心 D 在矩形的对称轴上。

（2）图解法。

先绘相对压强分布图，如图 2.25（b）所示。

压强分布图的面积 $\Omega=\dfrac{1}{2}\big[\rho gh_1+\rho g(h_1+h)\big]h=\dfrac{1}{2}\rho gh(2h_1+h)=39.2$（kN/m），闸门宽 $b=1.5$m，代入式（2.34）得

$$P=b\Omega=1.5\times39.2=58.8\ (\text{kN})$$

因压强为梯形分布，压力中心 D 与底的距离（参见 2.5.1 图解法）为

$$e=\frac{h\big[2h_1+(h_1+h)\big]}{3\times\big[h_1+(h_1+h)\big]}=\frac{2\times\big[2\times1+(1+2)\big]}{3\times\big[1+(1+2)\big]}=0.83\ (\text{m})$$

如图 2.25（b）所示，或 $l_D=(h_1+h)-e=2.17$（m），而且压力中心 D 在矩形的对称轴上。

【**例 2.5**】　如图 2.26 所示为置于桌面上的各种不同形状的容器。各容器的底面积均相同，并等于 A。容器中均盛有同一密度 ρ 的液体，水深均为 h。试分析各容器底上所受静水总压力的大小、容器对桌面的压力。容器重量忽略不计。

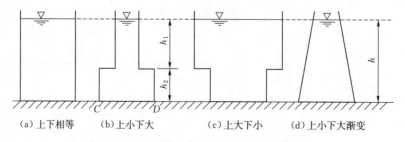

（a）上下相等　　（b）上小下大　　（c）上大下小　　（d）上下大渐变

图 2.26　不同形状容器底上所受静水总压力

解：根据计算平面上静水总压力公式（2.37），$P = \rho g h_c A$，由于在各容器底面形心点上的水深 h_c 相同，并等于 h，因此作用在底面积相同的各容器底上的总压力相同，并且 $P = \rho g h A$。

至于各容器对桌面的压力，只需将各容器视为隔离体，按力的平衡原理，在不计容器重量的情况下，各容器对桌面的压力自然就等于容器中所盛液体的重量。

【例 2.6】 如图 2.27 所示为一平板闸门，水压力经闸门的面板传到三个水平横梁上，为了使各个横梁的负荷相等，三水平横梁距自由表面的距离 y 应等于多少？已知水深 $h = 3\text{m}$。

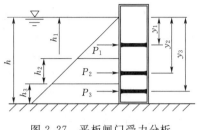

图 2.27 平板闸门受力分析

解：首先画出平板闸门所受的静水压强分布图。单位宽闸门上所受的静水总压力可以由图解法计算静水压强分布图的面积求出，即

$$P = \frac{1}{2}\rho g h h \times 1 = \frac{1}{2} \times 1000 \times 9.8 \times 3 \times 3 \times 1 = 44100 \text{ (N)}$$

若使三个横梁上的负荷相等，则每个梁上所承受的水压力应相等，即

$$P_1 = P_2 = P_3 = \frac{1}{3}P = 14700 \text{ (N)}$$

将压强分布图分成三等分，则每部分的面积代表 $\frac{1}{3}P$。

以 h_1、h_2、h_3 表示这三部分压强分布图的高度，则

$$P_1 = \frac{1}{2}\rho g h_1^2$$

因此

$$h_1 = \sqrt{\frac{2P_1}{\rho g}} = 1.73 \text{ (m)}$$

同理

$$2P_1 = \frac{1}{2}\rho g (h_1 + h_2)^2$$

则

$$h_1 + h_2 = 2.45 \text{ (m)}$$

因此

$$h_2 = h - h_1 = 2.45 - 1.73 = 0.72 \text{ (m)}$$

所以

$$h_3 = H - h = 3 - 2.45 = 0.55 \text{ (m)}$$

每根横梁要承受上述三部分压强分布面积的压力，横梁安装位置应在各相应压力的压力中心 y_1、y_2 及 y_3 上。对于三角形压强分布，压力中心与底部的距离 $e = h_1/3$，则

$$y_1 = h_1 - e = \frac{2}{3}h_1 = \frac{2}{3} \times 1.73 = 1.16 \text{ (m)}$$

对于中间的梯形压强分布，其压力中心与下底的距离 $e = \dfrac{h_2[2h_1 + (h_1 + h_2)]}{3[h_1 + (h_1 + h_2)]}$（参见 2.5.1 图解法），则

$$y_2 = h_1 + h_2 - e$$
$$= 2.45 - \frac{0.72}{3} \times \frac{2 \times 1.73 + 2.45}{1.73 + 2.45} = 2.11 \text{ (m)}$$

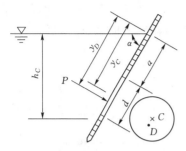

图 2.28　圆形闸门受力分析图

对于下部的梯形压强分布，同理

$$y_3 = 2.72\text{m}$$

【例 2.7】　如图 2.28 所示，水池壁面设一圆形闸门，当闸门关闭时，求作用在圆形闸门上静水总压力和作用点的位置。已知闸门直径 $d = 0.5\text{m}$，距离 $a = 1.0\text{m}$，闸门与自由水面间的倾斜角 $\alpha = 60°$。

解：闸门形心点的淹没深度为

$$h_C = y_C \sin\alpha = \left(a + \frac{d}{2}\right)\sin\alpha$$

故作用在闸门上的静水总压力

$$P = \rho g h_C \frac{\pi d^2}{4} = 1000 \times 9.8 \times \left(1 + \frac{0.5}{2}\right)\sin 60° \times \frac{3.14 \times 0.5^2}{4} = 2065\ (\text{N})$$

设总压力的作用点离水面的倾斜距离为 y_D，则由式（2.40）得

$$y_D = y_C + \frac{I_C}{y_C A} = \left(a + \frac{d}{2}\right) + \frac{\dfrac{\pi d^4}{64}}{\left(a + \dfrac{d}{2}\right)\dfrac{\pi d^2}{4}} = 1.25 + 0.013 = 1.26\ (\text{m})$$

2.6　作用于曲面上的静水总压力

工程中常遇到受压面为曲面，例如弧形闸门、输水管及圆形的储油设备等，这些曲面一般为柱形曲面（二向曲面）。下面着重讨论这种柱形曲面上的总压力计算问题。

在计算平面上静水总压力大小时，可以把各部分面积上所受压力直接求其代数和，这相当于求一个平行力系的合力。然而对于曲面，根据静压强的特性，作用于曲面上各点的静压强都是沿曲面上各点的内法线方向。因此，曲面上各部分面积上所受压力的大小和方向均各不相同，故不能用求代数和的方法计算总压力。为了把它变成一个求平行力系的合力问题，先分别计算作用在曲面上总压力的水平分力 P_x 和铅直分力 P_z，最后合成总压力 P。

下面以水下一个柱形曲面 AB（垂直于纸面为单位宽度）为例，如图 2.29 所示，说明

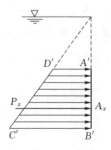
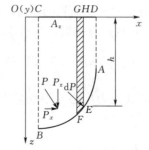

(a) 铅直投影面 A_x 压强分布　　(b) 柱形曲面 AB 及其水平投影面 A_z　　(c) 微小曲面 EF 受力分析

图 2.29　作用于柱形曲面上的静水总压力

求解作用于曲面上的静水总压力的大小和方向的方法。

2.6.1 总压力的水平分力和铅直分力

在曲面 AB 上任取一微小曲面 EF，并视为平面，其面积为 dA（图 2.29），作用在此微小平面 dA 上的静水总压力为 $dP = \rho g h\, dA$，其中 h 为 dA 面的形心在液面下的淹没深度，dP 垂直于平面 dA，与水平面的夹角为 α。此微小总压力 dP 可分解为水平和铅直两个分力

$$\begin{cases} dP_x = dP\cos\alpha = \rho g h\, dA\cos\alpha \\ dP_z = dP\sin\alpha = \rho g h\, dA\sin\alpha \end{cases} \tag{2.42}$$

式中，$dA\cos\alpha$ 是 dA 在铅直平面上的投影面，具有沿 x 向的法线，以 dA_x 表示；$dA\sin\alpha$ 是 dA 在水平面上的投影面，具有沿 z 向的法线，以 dA_z 表示，于是式（2.42）可写为

$$\begin{cases} dP_x = \rho g h\, dA_x \\ dP_z = \rho g h\, dA_z \end{cases} \tag{2.43}$$

对式（2.43）进行积分，即可求得作用在 AB 曲面上静水总压力的水平分力和铅直分力。

1. 水平分力

对式（2.43）中的第一式进行积分，得水平分力

$$P_x = \rho g \int_{A_x} h\, dA_x \tag{2.44}$$

式中铅直投影面 A_x 如图 2.29 所示，脚标 x 表示投影面的法向方向。

显然，求水平分力即转化为求作用在铅直投影面 A_x 上的力。由作用在平面上静水总压力公式（2.37）可得

$$P_x = \rho g h_C A_x \tag{2.45}$$

式中 h_C ——铅直投影面的形心点在液面下的淹没深度。

水平分力 P_x 的作用线应通过 A_x 平面的压力中心，其方向垂直指向该平面。作用在投影面上的压强分布图如图 2.29（a）中的梯形 $A'B'C'D'$ 所示。

2. 铅直分力

由式（2.43）第二式积分，得铅直分力

$$P_z = \rho g \int_{A_z} h\, dA_z \tag{2.46}$$

式中水平投影面 A_z 如图 2.29 所示，脚标 z 表示投影面的法线方向。

分析式（2.46）右边的积分式，$h\,dA_z$ 为作用在微小曲面 EF 上的水体体积，如图 2.29 中的 $EFGH$ 所示。所以 $\int_{A_z} h\, dA_z$ 为作用在曲面 AB 上的水体体积，如图 2.29 中的 $ABCD$ 所示。令

$$V = \int_{A_z} h\, dA_z \tag{2.47}$$

柱体 $ABCD$ 称为压力体。该体积乘以 ρg 即为作用于曲面上的液体 $ABCD$ 的重量。将式（2.47）代入式（2.46），得

$$P_z = \rho g V \tag{2.48}$$

式（2.48）表明：作用于曲面上总压力 P 的铅直分力 P_z 等于压力体内的水体重量。

显然，铅直分力 P_z 的作用线应通过液体 $ABCD$ 的重心。

压力体只是作为计算曲面上铅直分力的一个数值当量，它不一定是由实际液体所构成。对于图 2.29 所示的曲面，压力体被液体充实，称为实压力体；但在另外一些情况下，如图 2.30 所示的曲面，其相应的压力体（图中阴影部分）内并无液体，称为虚压力体。

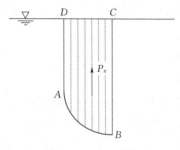

图 2.30　虚压力体

压力体应由下列周界面所围成：

（1）受压曲面本身；

（2）受压曲面在自由液面（如图 2.29 所示）或自由液面的延展面（如图 2.30 所示）上的投影面；

（3）从曲面的边缘向自由液面或自由液面的延展面所作的铅直面。

关于铅直分力 P_z 的方向，则应根据曲面与压力体的关系而定：当液体和压力体位于曲面的同侧（图 2.29）时，P_z 向下；当液体和压力体各在曲面的一侧（图 2.30）时，P_z 向上。

当曲面为凹凸相间的复杂柱面时，可在曲面与铅直面相切处将曲面分开，分别绘出各部分的压力体，并定出各部分铅直压力的方向，然后合成起来，即可得出总的铅直压力的方向。图 2.31 曲面 $ABCD$，可分成 AC 及 CD 两部分，其压力体及相应铅直压力的方向如图 2.31（b）、（c）所示，合成后的压力体则如图 2.31（d）所示。曲面 $ABCD$ 所受总压力的铅直分力的大小和方向不难由图 2.31（d）定出。

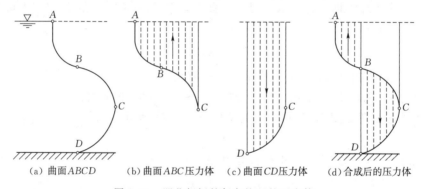

（a）曲面 $ABCD$　　（b）曲面 ABC 压力体　　（c）曲面 CD 压力体　　（d）合成后的压力体

图 2.31　凹凸相间的复杂柱面的压力体

2.6.2　总压力

当总压力的水平分力 P_x 和铅直分力 P_z 求得后，则作用在曲面上静水总压力的大小为

$$P = \sqrt{P_x^2 + P_z^2} \tag{2.49}$$

2.6.3　总压力的方向

为了确定总压力 P 的方向，可以求出 P 与水平面的夹角为

$$\alpha = \arctan \frac{P_z}{P_x} \tag{2.50}$$

总压力的作用线必通过 P_x 与 P_z 的交点，这个交点不一定位于曲面上。

【例 2.8】　如图 2.32 所示为一溢流坝上的弧形闸门 ed。已知：$R = 10\text{m}$，闸门宽 $b =$

8m，$\theta=30°$。求作用在该弧形闸门上的静水总压力的大小和方向。

解：（1）水平分力。

铅直投影面如图 2.32 所示，面积 $A_x=bh=8R\sin 30°=40.00$（m^2），投影面形心点淹没深度

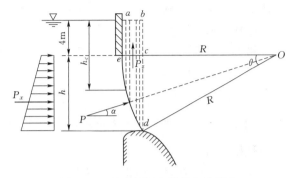

$$h_c=4+\frac{h}{2}=4+\frac{R\sin 30°}{2}=6.50\ (m)$$

所以 $P_x=\rho gh_cA_x=1000\times 9.8\times 6.50\times 40=2548.00$（kN），方向向右。

（2）铅直分力。

压力体如图中 $abcde$，压力体体积

图 2.32 弧形闸门上的静水总压力

$V=A_{abcde}b$，因为

$$A_{abcde}=A_{abce}+A_{cde}$$

$$A_{cde}=A_{ocde}-A_{ocd}=\pi R^2\frac{30°}{360°}-\frac{1}{2}R\sin 30°\cdot R\cos 30°=4.52\ （m^2）$$

$$A_{abce}=4\times(R-R\cos 30°)=5.36\ （m^2）$$

所以 $\qquad A_{abcde}=5.36+4.52=9.88\ （m^2）$

故 $\qquad P_z=\rho gV=1000\times 9.8\times 9.88\times 8=774.59\ （kN）$

方向向上。

（3）总压力。

$$P=\sqrt{P_x^2+P_z^2}=2663.14\ （kN）$$

（4）作用力的方向。

总压力指向曲面，其作用线与水平方向的夹角

$$\alpha=\mathrm{acrtan}\frac{P_z}{P_x}=\mathrm{acrtan}\frac{774.59}{2548.00}=16.91°$$

【例 2.9】 图 2.23 中是相同的弧形闸门 AB，圆弧半径 $R=2m$，水深 $h=R=2m$，不同的是图 2.23（a）中水在左侧，而图 2.23（b）中水在右侧。求作用在闸门 AB 上的静水总压力大小和方向（垂直于图面的闸门宽度按 $b=1m$ 计算）。

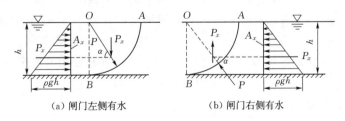

（a）闸门左侧有水　　　　　　（b）闸门右侧有水

图 2.33 圆柱形闸门受力分析

解： 很显然，在图 2.33（a）和图 2.33（b）中总压力 P 的大小是相同的，仅作用方向相反而已。

由于 AB 是个圆弧面，所以弧面上各点的静水压强都沿半径方向通过圆心 O 点，因而总压力 P 也必通过圆心 O。

（1）先求总压力 P 的水平分力 P_x。

铅直投影面的面积 $A_x = bh = 1 \times 2 = 2\text{m}^2$，投影面形心点淹没深度 $h_C = h/2 = 1\text{m}$。根据式（2.45），则

$$P_x = \rho g h_C A_x = 1000 \times 9.8 \times 1 \times 2 = 19600 \ (\text{N})$$

P_x 的作用线位于水面以下 $\dfrac{2}{3}h$ 深度。在图 2.33（a）和图 2.33（b）中的 P_x 数值相同，但方向是相反的。

（2）求总压力 P 的铅直分力 P_z。

在图 2.33（a）中压力体 V 是实际水体 OAB 的体积，即实压力体，但在图 2.33（b）中 V 是虚拟的水体 OAB 的体积，即虚压力体，它们的形状、体积是相同的。根据式（2.48），则

$$P_z = \rho g V = \rho g \left(\frac{\pi R^2}{4} \times 1\right) = 1000 \times 9.8 \times \frac{3.14 \times 2^2}{4} \times 1 = 30772 \ (\text{N})$$

P_z 的作用线通过水体 OAB 的重心，对于所研究的均质液体，也即通过压力体体积 OAB 的形心，在图 2.33（a）中 P_z 的方向向下，而在图 2.33（b）中 P_z 的方向向上。

（3）求总压力及作用力的方向。

$$P = \sqrt{P_x^2 + P_z^2} = \sqrt{19600^2 + 30772^2} = 36484 \ (\text{N})$$

$$\alpha = \arctan \frac{P_z}{P_x} = \arctan \frac{30772}{19600} = 57.5°$$

即总压力 P 的作用线与水平面的夹角 $\alpha = 57.5°$。

【例 2.10】　有一个薄壁金属压力管，管中受均匀水压力作用（如图 2.34 所示），其压强 $p = 4903.5\text{kPa}$，管内直径 $d = 1\text{m}$，管壁允许拉应力 $[\sigma] = 147.1\text{MPa}$，求管壁厚度 δ（不计管道自重及水重所产生的应力）。

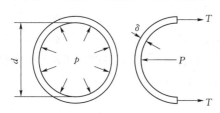

图 2.34　管壁受均匀水压力作用

解： 水管在水压力作用下，管壁将受到拉应力，此时外荷载为水管内壁（曲面）上的水压力。

为分析水管内力与外荷载的关系，沿管轴方向取长度 $l = 1\text{m}$ 管道，并沿直径方向将管子剖开，取一半来分析受力情况，如图 2.34 所示。

设管壁上的拉应力为 σ，剖面处管壁所受总内力为 $2T$，则 $2T = 2l\delta\sigma = 2\delta\sigma$。

作用在半环内表面的水压力沿 T 方向的分力，由曲面总压力的水平分力公式得

$$P = pA = pdl = pd$$

根据力的平衡，有

$$2\delta\sigma = pd$$

令管壁所受拉应力恰好等于其允许拉应力 $[\sigma]$，则所需管壁厚度为

$$\delta = \frac{pd}{2[\sigma]} = \frac{4903500 \times 1}{2 \times 147100000} = 0.0166 \ (\text{m})$$

2.7 浮力、潜体及浮体的稳定性

在实际工程中经常需要求解淹没于静止液体中或漂浮在液面的物体所受的静水总压力，即所谓浮力问题。

2.7.1 浮力

漂浮在水面或淹没于水中的物体受到静水压力的作用，其值等于物体表面上各点静水压强的总和。

如图 2.35 所示为一个淹没于水下的任意形状物体。计算该物体上的静水总压力时，与计算曲面静水总压力一样，假设整个物体表面（看做是三向曲面）上的静水总压力可分为三个方向的分力 P_x、P_y、P_z。

先计算水平分力 P_x 和 P_y。以平行于 Ox 轴的直线与物体表面相切，其切点构成一根封闭曲线 $abdc$，曲线 $abdc$ 将物体表面分成左右两半，作用于物体表面静水总压力的水平分力 P_x，应为这两部分的水平分力 P_{x1} 和 P_{x2} 之和。显然，左半部曲面和右半部曲面在 yOz 平面上的投影面积相等，因而 P_{x1} 和 P_{x2} 大小相等，方向相反，合成后在 Ox 方向合力 P_x 为零。同理，整个表面所受 Oy 方向的静水压力 P_y 也等于零。

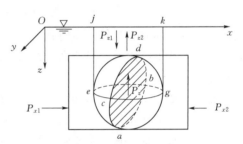

图 2.35 淹没于水中的任意形状
物体的受力分析

再讨论铅直分力 P_z。以与 Oz 轴平行的直线与物体表面相切，切点形成一条封闭曲线 $ebgc$，曲线把物体表面分成上、下两部分，则作用于物体上的铅直分力 P_z 是上下两部分曲面的铅直分力的合力。分别画两部分曲面的压力体，曲面 deg 上的铅直分力 P_{z1}，方向向下；曲面 aeg 的铅直分力 P_{z2}，方向向上；抵消部分压力体 $edgkj$ 后，得出的压力体的形状即为物体本身，其体积为 V，方向向上。因此，垂直分力 P_z 为

$$P_z = \rho g V \tag{2.51}$$

以上讨论表明：淹没物体上的静水总压力只有一个铅直向上的力，其大小等于该物体所排开的同体积的水重。这就是阿基米德（Archimedes）原理。

液体对淹没物体上的作用力称为浮力，浮力的作用点在物体被淹没部分体积的形心，该点称为浮心。

在证明阿基米德原理的过程中，假定物体全部淹没于水下，但所得结论对部分淹没于水中的物体也完全适用。

物体在静止液体中，除受重力作用外还受到浮力的作用。若物体在空气中的自重为 G，其体积为 V，则物体全部淹没于水下时，物体所受的浮力为 $\rho g V$。

当 $G > \rho g V$ 时，物体会下沉，直至沉到底部才会停止下来，这样的物体称为沉体。

当 $G < \rho g V$ 时，物体会上浮，一直浮出水面，当物体所受浮力和自重刚好相等时，才保持平衡状态，这样的物体称为浮体。

当 $G = \rho g V$ 时，物体可以潜没于水中的任何位置而保持平衡，这样的物体称为潜体。物体的沉浮是由它所受重力和浮力的相互关系决定的。

2.7.2　潜体的平衡及其稳定性

潜体的平衡，是指潜体在水中既不发生上浮或下沉，也不发生转动的平衡状态。图 2.36 为一个潜体，为使讨论具有普遍性，假定物体内部质量不均匀，重心 C 和浮心 D 并不在同一位置。这时，潜体在浮力及重力作用下保持平衡的条件如下：

(1) 作用于潜体上的浮力和重力相等，即 $G = \rho g V$。

(2) 重力和浮力对任意点的力矩代数和为零。要满足这一条件，必须使重心和浮心位于同一铅垂线上，如图 2.36 (a) 所示。

其次再来分析一下潜体平衡的稳定性。所谓平衡的稳定性是指已经处于平衡状态的潜体，如果因为某种外来干扰使之脱离平衡位置时，潜体自身恢复平衡的能力。

图 2.36 (b) 是一个重心位于浮心之下的潜体，原来处于平衡状态，由于外来干扰，使潜体向左或向右侧倾斜，因而有失去平衡的趋势。当倾斜以后，由重力和浮力形成的力偶可以反抗其继续倾斜。当外来干扰撤除后，自身有恢复平衡的能力，这样的平衡状态称为稳定平衡。

相反，如图 2.36 (c) 所示，一个重心位于浮心之上的潜体，原来处于平衡状态，由于外来干扰使潜体发生倾斜。当倾斜以后，由重力和浮力所构成的力偶有使潜体继续扩大其倾覆的趋势，即使在干扰撤除以后，平衡状态仍可以遭到破坏，因而为不稳定平衡。

综上所述，潜体平衡的稳定条件是使重心位于浮心之下。

当潜体的重心与浮心重合时，潜体处于任何位置都是平衡的，这种平衡为随遇平衡。

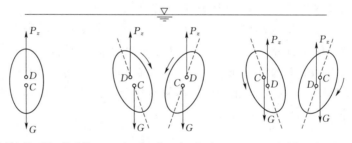

　　(a) 重心和浮心位于同一铅垂线　　　(b) 重心位于浮心之下　　　(c) 重心位于浮心之上

图 2.36　潜体的平衡及稳定

2.7.3　浮体的平衡及其稳定性

一部分淹没于水下，另一部分暴露于水上的物体称为浮体。浮体的平衡条件与潜体的相同，但浮体平衡的稳定要求与潜体有所不同。浮体重心在浮心之上时，其平衡仍有可能是稳定的。

如图 2.37 所示一横向对称的浮体，重心 C 位于浮心 D 之上。通过浮心 D 和重心 C 的直线 0—0 称为浮轴，在平衡状态下，浮轴为一条铅垂直线。当浮体受到外来干扰（如风吹、浪打）发生倾斜时，浮体被淹没部分的几何形状改变，从而使浮心 D 移至新的位置 D'，此时浮力 P_z 与浮轴有一交点 M，M 称为定倾中心，MD 的距离称为定倾半径，以 ρ 表示。在倾角 α 不大的情况下，实用上近似认为 M 点位置不变。

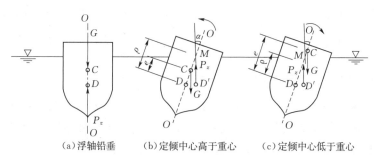

（a）浮轴铅垂　　（b）定倾中心高于重心　　（c）定倾中心低于重心

图 2.37　浮体的平衡及其稳定

假定浮体的重心 C 点也不变，令 C、D 之间的距离为 e，称 e 为重心与浮心的偏心距。由图 2.37 不难看出，当 $\rho > e$（即定倾中心高于重心）时，浮体平衡是稳定的，此时浮力与重力所产生的力偶可以使浮体平衡恢复，故此力偶称为正力偶。若当 $\rho < e$（即定倾中心低于重心）时，浮力与重力构成了倾覆力偶，使浮体有继续倾斜的趋势。

综上所述，浮体平衡的稳定条件为定倾中心高于重心，或者说定倾半径大于偏心距。

本 章 知 识 点

（1）静止或相对静止的液体对其接触面上所作用的力称为流体静压力（静水压力），其单位为牛顿（N）或千牛顿（kN）。单位面积上所受的平均流体静压力称为平均流体静压强（平均静水压强），用 $\bar{p}$ 表示。当受压面的面积无限缩小至一点时，则该受压面所受的力与受压面面积的比值的极限称为该点的点压强。压强的单位是牛顿/米²（N/m²）或千牛顿/米²（kN/m²），其量纲为 $ML^{-1}T^{-2}$。

流体静压强有两个特性，一是方向，即静压强的方向是垂直指向受压面；二是大小，即任一点静压强的大小与受压面方位无关，只与该点在液面下的位置有关。

（2）流体平衡微分方程表达了处于静止或相对静止状态的液体中任一点压强与作用于流体的质量力之间的普遍关系。流体平衡微分方程的积分形式表明，处于平衡状态的不可压缩流体中，作用在其边界上的压强 p_0 将等值地传递到流体的任一点上。

（3）液体中压强相等的点所组成的面称为等压面。它有两个特性：在平衡液体中等压面即等势面，等压面与质量力正交。单纯重力作用下的静止液体，其等压面必然是水平面。在应用等压面时，必须保证所讨论的流体是静止的同种连续介质。等压面（尤其是水平等压面）在计算压强时经常会用到。

（4）液体中任一点的压强可用静压强的基本公式 $p = p_0 + \rho g h$ 来计算。压强随淹没深度 h 按线性规律变化。

（5）绝对压强是以绝对真空状态作为零点计量的压强，用 p' 表示。相对压强是以当地大气压强作为零点计量的压强，用 p 表示。两者之间相差一个当地大气压强 p_a。压强的计量单位有三种表示法，即用应力单位表示、用大气压的倍数表示、用液柱高度表示。

（6）根据静压强公式以及静压强垂直并指向受压面的特点，可利用图形来表示静压强的大小和方向，此图形称为静压强分布图。静压强分布图的绘制规则，一是按比例用线段长度表示点压强的大小；二是用箭头表示压强的方向，并使之垂直于受压面。

（7）$z+\dfrac{p}{\rho g}$ 称为测压管水头，其中 z 为位置水头，$\dfrac{p}{\rho g}$ 为压强水头。同一静止液体中，所有各点的测压管水头均相等，即 $z+\dfrac{p}{\rho g}=C$。

（8）作用于平面上的静水总压力的计算，包括总压力的大小、方向和作用点。对于矩形受压面，利用图解法求解较为方便，因而要正确绘出静压强分布图。对于受压面为任意形状，常用解析法求解其静水总压力的大小和作用点位置。

（9）作用于曲面上静水总压力的计算，先求其水平分力 P_x 和铅直分力 P_z，再求合力 P。水平分力 P_x 等于作用于该曲面的铅直投影面积上的静水总压力，其方向垂直指向投影面。铅直分力 P_z 等于压力体内水体重量，其方向视受压曲面与压力体的关系而定。压力体由受压曲面、受压曲面在自由液面或其延展面上的投影面以及从受压曲面边缘向自由液面或其延展面所作的铅直面所围成。

思 考 题

2.1 静水压强有哪些特性？静水压强随淹没深度的分布规律如何？

2.2 同一容器中装两种液体，且 $\rho_1<\rho_2$，在容器侧壁装了两根测压管。试问：图 2.38 中所标明的测压管中液面位置对吗？为什么？

2.3 如图 2.39 所示的三种不同情况，试问：$A—A$、$B—B$、$C—C$、$D—D$ 中哪个是等压面？哪个不是等压面？为什么？

2.4 如图 2.40 所示的管路，在 A、B、C 三点装上测压管。当阀门关闭时，试问：（1）各测压管中的水面高度如何？（2）标出各点的位置水头、压强水头和测压管水头。

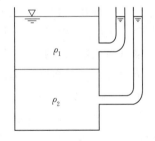

图 2.38 思考题 2.2 图

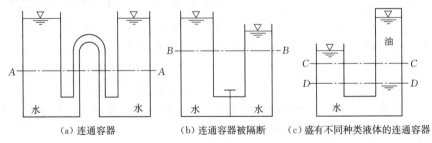

(a) 连通容器　　　(b) 连通容器被隔断　　　(c) 盛有不同种类液体的连通容器

图 2.39 思考题 2.3 图

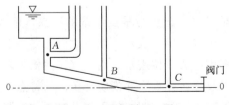

图 2.40 思考题 2.4 图

2.5 如图 2.41 所示，三个开敞容器中的水深 h 相等。试分析侧面 AB 上的压强分布有何变化。

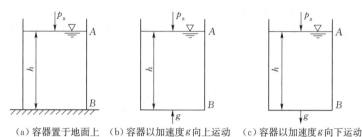

(a)容器置于地面上　(b)容器以加速度g向上运动　(c)容器以加速度g向下运动

图 2.41　思考题 2.5 图

2.6 如图 2.42 所示，一平板闸门 AB 斜置于水中，当上、下游水位均上升 1m（虚线位置）时，试问：图 2.42 中（a）和（b）中闸门 AB 上所受的静水总压力及作用点是否改变？（提示：可画压强分布图来分析）

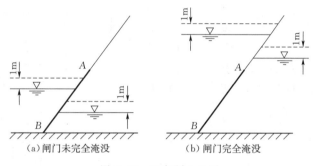

(a)闸门未完全淹没　　　　　(b)闸门完全淹没

图 2.42　思考题 2.6 图

2.7 如图 2.43 所示，一个封闭容器装水（密度 ρ_1），两测压管内为水银（密度 ρ_2）。试问：同一水平线上 1、2、3、4、5 各点的压强哪点最大？哪点最小？哪些点相等？

2.8 如图 2.44 所示，封闭水箱中的水面与筒 1、筒 3、筒 4 中的水面同高，筒 1 可以升降，借以调解箱中水面压强。如将：（1）筒 1 下降一定高度；（2）筒 1 上升一定高度，试分别说明各液面哪个最高？哪个最低？哪些同高？

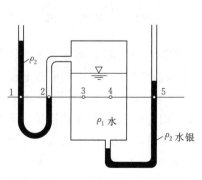

图 2.43　思考题 2.7 图

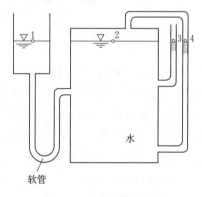

图 2.44　思考题 2.8 图

2.9 压力体由哪些周界面所围成？其方向如何确定？

2.10 绝对压强、相对压强和真空压强之间有什么关系？

2.11 等压面是水平面的条件是什么？

2.12 同一容器静止液体中，所有各点的测压管水头是否相等？各点的位置水头是否相等？各点的压强水头是否相等？

<h1 style="text-align:center">习　题</h1>

2.1 如图 2.45 所示，一封闭水箱自由面上气体压强 $p_0 = 25\mathrm{kN/m^2}$，$h_1 = 5\mathrm{m}$，$h_2 = 2\mathrm{m}$。求 A、B 两点的静水压强。

2.2 已知某点绝对压强为 $80\mathrm{kN/m^2}$，当地大气压强 $p_a = 98\mathrm{kN/m^2}$。试用水柱及水银柱表示该点绝对压强、相对压强和真空压强。

2.3 如图 2.46 所示为一个复式水银测压计，已知 $\nabla_1 = 2.3\mathrm{m}$，$\nabla_2 = 1.2\mathrm{m}$，$\nabla_3 = 2.5\mathrm{m}$，$\nabla_4 = 1.4\mathrm{m}$，$\nabla_5 = 3.5\mathrm{m}$。求水箱液面上的绝对压强 p_0。

2.4 某压差计如图 2.47 所示，已知 $h_A = h_B = 1\mathrm{m}$，$\Delta h = 0.5\mathrm{m}$。求 $p_A - p_B$。

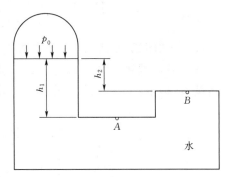

图 2.45 习题 2.1 图

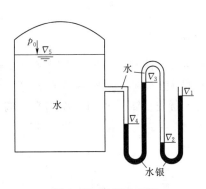

图 2.46 习题 2.3 图

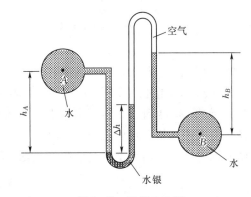

图 2.47 习题 2.4 图

2.5 如图 2.48 所示，利用三组串联的 U 形水银测压计测量高压水管中的压强，测压计顶端盛水。当 M 点压强等于大气压强时，各支水银面均位于 0—0 水平面上。当最末一组测压计右支水银面在平面 0—0 以上的读数为 h 时，求 M 点的压强？

2.6 如图 2.49 所示，盛同一种液体的两容器，用两根 U 形差压计连接。上部差压计 A 内盛密度为 ρ_A 的液体，液面高差为 h_A；下部差压计内盛密度为 ρ_B 的液体，液面高差为 h_B。求容器内液体的密度 ρ（用 ρ_A、ρ_B、h_A、h_B 表示）。

2.7 画出图 2.50 中各标有字母的受压面上的静水压强分布图。

2.8 画出图 2.51 中各标有字母曲面上的压力体图，并标出垂直压力的方向。

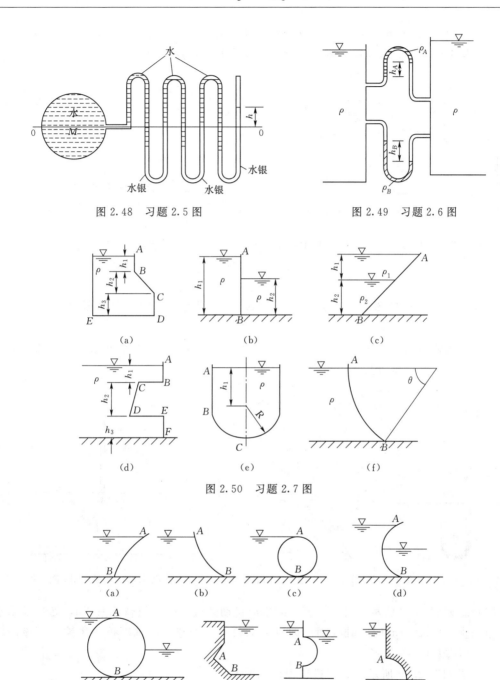

图 2.48　习题 2.5 图　　　　　　图 2.49　习题 2.6 图

图 2.50　习题 2.7 图

图 2.51　习题 2.8 图

2.9　如图 2.52 所示，水闸两侧都受水的作用，左侧水深 3m，右侧水深 2m。求作用在单位宽度闸门上静水总压力的大小及作用点位置（用图解法和解析法分别求解）。

2.10　如图 2.53 所示，$h_1=0.6m$，$h_2=1.0m$，$\rho_1=80kg/m^3$，$\rho_2=100kg/m^3$，$\alpha=60°$。求承受两层液体的斜壁上的液体总压力（以 1m 宽计）。

2.11 如图 2.54 所示，一弧形闸门 AB，宽 $b=4m$，圆心角 $\theta=45°$，半径 $r=2m$，闸门转轴恰与水面齐平。求作用于闸门的静水总压力及作用点。

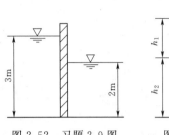

图 2.52 习题 2.9 图

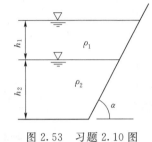

图 2.53 习题 2.10 图

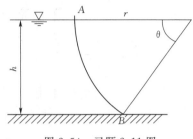

图 2.54 习题 2.11 图

2.12 两水池隔墙上装有一个半球形堵头，如图 2.55 所示。球形堵头半径 $R=1m$，测压管读数 $h=200mm$。（1）求水位差 ΔH；（2）求半球形堵头的总压力的大小和方向。

2.13 求作用在如图 2.56 所示宽 4m 的矩形涵管闸门上的静水总压力 P 及压力中心 h_D。

2.14 圆弧门如图 2.57 所示，门长 2m。（1）求作用于闸门的水平总压力；（2）求垂直总压力；（3）求总压力及其作用线。

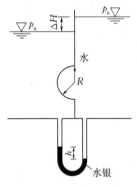

图 2.55 习题 2.12 图

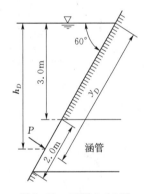

图 2.56 习题 2.13 图

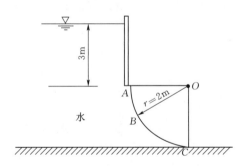

图 2.57 习题 2.14 图

2.15 如图 2.58 所示，有一个直立的矩形自动翻板闸门，门高 $H=3m$，如果要求水面超过门顶高度 $h=1m$ 时，翻板闸门即可自动打开，若忽略门轴摩擦的影响，问该门转动轴 0—0 应放在什么位置？

2.16 如图 2.59 所示，涵洞进口设圆形平板闸门，其直径 $d=1m$，闸门与水平面成 $\alpha=60°$ 倾角并铰接于 B 点，闸门中心点位于水下 4m，门重 $G=980N$。当门后无水时，求启门力 T（不计摩擦力）。

2.17 为校核如图 2.60 所示的混凝土重力坝的稳定性，对于下游无水和有水两种情况，分别

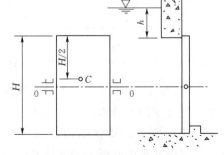

图 2.58 习题 2.15 图

计算作用于单位长度坝体上的水平水压力和铅直水压力。

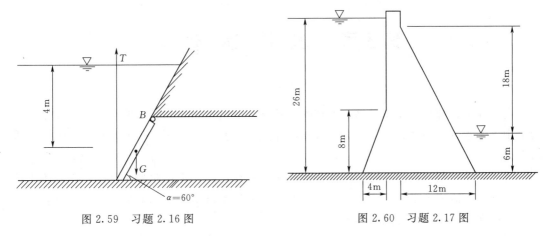

图 2.59　习题 2.16 图　　　　　　　　　　图 2.60　习题 2.17 图

2.18　如图 2.61 所示，一弧形闸门 AB，门前水深 $H=3\text{m}$，$\alpha=45°$，半径 $R=4.24\text{m}$，试计算 1m 宽的门面上所受的静水总压力并确定其方向。

2.19　如图 2.62 所示，直径 $D=3.0\text{m}$ 的圆柱堰，长 6m。求作用于圆柱堰的总压力及其方向。

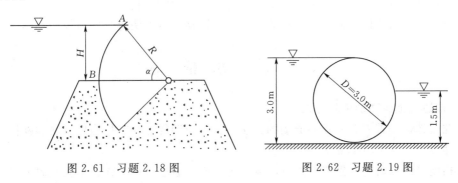

图 2.61　习题 2.18 图　　　　　　　　图 2.62　习题 2.19 图

第3章 流体运动学

自然界中，静止的流体只是一种特殊的状态，而运动的流体是普遍存在的。例如，在管道中（输水管、输油管等）液体的流动、河道中的水流运动、船闸中的水流运动、渗流等。

流体运动与刚体运动不同。刚体在运动时各质点之间处于相对静止状态，表现为整体一致的运动。流体则不然，各质点之间有相对运动，不再是整体一致的运动。例如，水在河道中流动时，沿水深各点的速度是不同的。

根据流体连续介质的假定，可以把流体运动看作是充满一定空间、由无数流体质点组成的连续介质运动。运动流体所占的空间叫作流场。不同时刻，流场中的质点都有它一定的空间位置、流速、加速度、压强等。在流场内表征流体运动状态的物理量有速度、加速度、动水压强（即流体运动时某点的压强）、切应力、密度等，统称为运动要素。研究流体运动的规律，就是分析流体的运动要素随空间和时间的变化。

本章主要分析流体如何运动、流动的特点、流动表示方法等，即流体运动学。

3.1 流 动 描 述

3.1.1 描述流体运动的两种方法

研究流体运动首先要有描述流动的方法。描述流动的方法有拉格朗日法和欧拉法。

1. 拉格朗日（Lagrange）法

拉格朗日法以研究个别流体质点的运动为基础，通过对每个流体质点运动规律的研究来获得整个流体的运动规律。这种方法又称为质点系法。

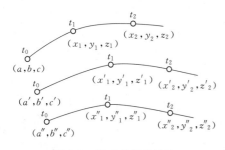

图 3.1 质点的运动轨迹

将 $t = t_0$ 时的某流体质点在空间的位置坐标 (a,b,c) 作为该质点的标记。在此后的瞬间 t，该质点 (a,b,c) 已运动到空间位置 (x,y,z)。不同的质点在 t_0 时，具有不同的位置坐标，如 (a',b',c')、(a'',b'',c'')……这样就把不同的质点区别开来。同一质点在不同瞬间处于不同位置；各个质点在同一瞬间 t 也位于不同的空间位置，如图 3.1 所示。因而，任一瞬时 t 质点 (a,b,c) 的空间位置 (x,y,z) 可表示为

$$\begin{cases} x = x(a,b,c,t) \\ y = y(a,b,c,t) \\ z = z(a,b,c,t) \end{cases} \tag{3.1}$$

式中 a、b、c ——拉格朗日变数，若给定式中的 a、b、c 值，则可以得到某一特定质点的轨迹方程。

将式 (3.1) 对时间 t 取偏导数，可得任一流体质点在任意瞬间的速度 u 在 x、y、z 轴向的分量

$$\begin{cases} u_x = \dfrac{\partial x}{\partial t} = u_x(a,b,c,t) \\[2mm] u_y = \dfrac{\partial y}{\partial t} = u_y(a,b,c,t) \\[2mm] u_z = \dfrac{\partial z}{\partial t} = u_z(a,b,c,t) \end{cases} \tag{3.2}$$

同理，将式 (3.2) 对时间取偏导数可得流体质点的加速度 a 在各轴向的投影

$$\begin{cases} a_x = \dfrac{\partial^2 x}{\partial t^2} = a_x(a,b,c,t) \\[2mm] a_y = \dfrac{\partial^2 y}{\partial t^2} = a_y(a,b,c,t) \\[2mm] a_z = \dfrac{\partial^2 z}{\partial t^2} = a_z(a,b,c,t) \end{cases} \tag{3.3}$$

对于某一特定质点，给定 a、b、c 值，就可利用式 (3.1) ~式 (3.3) 确定不同时刻流质点的坐标、速度和加速度。

拉格朗日法的基本特点是追踪单个质点的运动，概念上简明易懂，与研究固体运动的方法一致。但是，由于流体质点的运动轨迹非常复杂，要寻求为数众多的不同质点的运动规律，实际上难于实现，因而，除研究某些问题（如波浪运动等）外，一般不采用拉格朗日法。而且，绝大多数的工程问题并不需要追踪质点的来龙去脉，而是着眼于固定空间或固定断面的流动。例如，扭开水龙头，水从管中流出，此时并不需要追踪某个水质点自管中流出到哪里去，只要知道水从管中以多大的速度流出即可，也就是要知道某固定断面（水龙头处）的流动状况。下面介绍被普遍采用的欧拉法。

2. 欧拉（Euler）法

欧拉法是以考察不同流体质点通过固定空间的运动情况来了解整个流动空间内的流动情况，即着眼于研究各种运动要素的分布场。这种方法又叫作流场法。

采用欧拉法，流场中任何一个运动要素可以表示为空间坐标和时间的函数。在直角坐标系中，流速是随空间坐标 (x,y,z) 和时间 t 而变化的。因而，流体质点的流速在各坐标轴上的投影可表示为

$$\begin{cases} u_x = u_x(x,y,z,t) \\ u_y = u_y(x,y,z,t) \\ u_z = u_z(x,y,z,t) \end{cases} \tag{3.4}$$

若令式 (3.4) 中 x,y,z 为常数，t 为变数，即可求得在某一空间点 (x,y,z) 上，流体质点在不同时刻通过该点的流速变化情况。若令 t 为常数，x,y,z 为变数，则可求得在同一时刻，通过不同空间点上的流体质点的流速分布情况（即流速场）。

在流场中，同一空间点上不同流体质点通过该点时流速是不同的，即在同一空间点上

流速随时间而变化。另外，在同一瞬间不同空间点上流速也是不同的。因此，欲求某一流体质点在空间点上的加速度，应同时考虑以上两种变化。在一般情况下，任一流体质点在空间点上的加速度在三个坐标轴上的投影为

$$\begin{cases} a_x = \dfrac{\mathrm{d}u_x}{\mathrm{d}t} \\[2ex] a_y = \dfrac{\mathrm{d}u_y}{\mathrm{d}t} \\[2ex] a_z = \dfrac{\mathrm{d}u_z}{\mathrm{d}t} \end{cases} \tag{3.5}$$

因 u_x, u_y, u_z 是 x, y, z 的连续函数，经微分时段 $\mathrm{d}t$ 后流体质点将运动到新的位置，所以 x, y, z 又是 t 的函数。利用复合函数微分规则，并考虑 $\dfrac{\mathrm{d}x}{\mathrm{d}t} = u_x, \dfrac{\mathrm{d}y}{\mathrm{d}t} = u_y, \dfrac{\mathrm{d}z}{\mathrm{d}t} = u_z$ ，则加速度表达式为

$$\begin{cases} a_x = \dfrac{\mathrm{d}u_x}{\mathrm{d}t} = \dfrac{\partial u_x}{\partial t} + u_x \dfrac{\partial u_x}{\partial x} + u_y \dfrac{\partial u_x}{\partial y} + u_z \dfrac{\partial u_x}{\partial z} \\[2ex] a_y = \dfrac{\mathrm{d}u_y}{\mathrm{d}t} = \dfrac{\partial u_y}{\partial t} + u_x \dfrac{\partial u_y}{\partial x} + u_y \dfrac{\partial u_y}{\partial y} + u_z \dfrac{\partial u_y}{\partial z} \\[2ex] a_y = \dfrac{\mathrm{d}u_z}{\mathrm{d}t} = \dfrac{\partial u_z}{\partial t} + u_x \dfrac{\partial u_z}{\partial x} + u_y \dfrac{\partial u_z}{\partial y} + u_z \dfrac{\partial u_z}{\partial z} \end{cases} \tag{3.6}$$

式（3.6）中等号右边第一项 $\dfrac{\partial u_x}{\partial t}$、$\dfrac{\partial u_y}{\partial t}$、$\dfrac{\partial u_z}{\partial t}$ 表示在每个固定点上流速对时间的变化率，称为时变加速度（当地加速度）。等号右边的第二项～第四项之和 $u_x \dfrac{\partial u_x}{\partial x} + u_y \dfrac{\partial u_x}{\partial y} + u_z \dfrac{\partial u_x}{\partial z}$、$u_x \dfrac{\partial u_y}{\partial x} + u_y \dfrac{\partial u_y}{\partial y} + u_z \dfrac{\partial u_y}{\partial z}$、$u_x \dfrac{\partial u_z}{\partial x} + u_y \dfrac{\partial u_z}{\partial y} + u_z \dfrac{\partial u_z}{\partial z}$ 是表示流速随坐标的变化率，称为位变加速度（迁移加速度）。因此，一个流体质点在空间点上的全加速度应为上述两加速度之和。

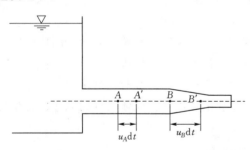

图 3.2 时变加速度与位变加速度

这两种加速度的具体含义可以通过下述例子加以说明：如图 3.2 所示，自水箱引出的变直径圆管中有 A、B 两点，在放水过程中，某水流质点位于 A 点，另一水流质点位于 B 点，经 $\mathrm{d}t$ 时间后，一个质点从 A 移到 A'；另一个质点从 B 移动到 B'。如果水箱水面保持不变，管内流动不随时间变化，则 A 和 B 的时变加速度都是零。在管径不变处，A 和 A' 的流速相同，位变加速度也是零，这时就可以说 A 点没有加速度；而在管径改变处，B' 的流速大于 B，B 点的位变加速度不等于零。如果水箱水面随着放水过程不断下降，则管内流速也随着时间改变，各处的流速都会逐渐减小。这时，即使在管径不变的 A 处，其位变加速度为零，但也还有负的加速度存在，这个加速度就是时变加速度；而在管径改变的 B 处，除了有时变加速度以外，还有位

变加速度，B 点的加速度是这两部分的和。

3.1.2 迹线与流线

在研究流动时，常用某些线族图像表示流动情况。拉格朗日法是研究流体中各个质点在不同时刻的运动情况；欧拉法则是在同一时刻研究不同质点的运动情况。前者引出了迹线的概念；后者建立了流线的概念。

1. 迹线

某一流体质点在运动过程中，不同时刻所流经的空间点所连成的线称为迹线，或者迹线就是流体质点运动时所走过的轨迹线。

下面推导迹线的微分方程，图 3.3 中的曲线 AB 代表某一流体质点 (a,b,c) 的迹线，在迹线 AB 上取一微分段 ds 代表流体质点在此时间内的位移。因 ds 无限小，可以看成直线，则位移 ds 在坐标轴上的投影 dx、dy、dz 可表示为

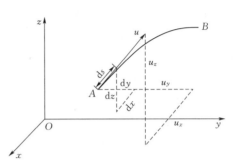

图 3.3 质点的迹线

$$\begin{cases} dx = u_x(a,b,c,t)dt \\ dy = u_y(a,b,c,t)dt \\ dz = u_z(a,b,c,t)dt \end{cases} \tag{3.7}$$

由此可得迹线微分方程式为

$$\frac{dx}{u_x(a,b,c,t)} = \frac{dy}{u_y(a,b,c,t)} = \frac{dz}{u_z(a,b,c,t)} = dt \tag{3.8}$$

式中　u_x、u_y、u_z——a、b、c、t 的函数，a、b、c 是质点的标记，是不变的参数；时间 t 是自变量。

将式（3.8）对 t 积分可求得该质点 (a,b,c) 的迹线方程。

2. 流线

流线是某瞬间在流场中绘出的曲线，在此曲线上所有点的流速矢量都和该线相切。流线的绘制方法如下：在流场中任取一点 1，如图 3.4（a）所示，绘出在某时刻通过该点的流体质点的流速矢量 u_1，再在该矢量上取距点 1 很近的点 2 处，标出同一时刻通过该处的流体质点的流速矢量 u_2……如此继续下去，得一折线 123……若折线上相邻各点的间距无限接近，其极限就是某时刻流场中经过点 1 的流线。如果绘出在同一瞬时各空间点的一族流线，就可以清晰地表示出整个空间在该瞬时的流动图像，如图 3.4（b）和（c）所示。可以证明，流线密处流速大，流线稀处流速小。流线是欧拉法分析流动的重要概念。

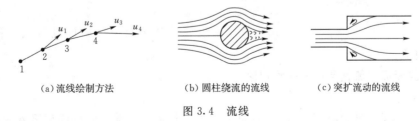

（a）流线绘制方法　　　（b）圆柱绕流的流线　　　（c）突扩流动的流线

图 3.4　流线

下面建立流线的微分方程式。设图 3.3 中的曲线 AB 代表一流线，若在流线 AB 上取

一微分段 ds，因其无限小，可看作是直线。由流线定义可知流速矢量 u 与此流线微分段 ds 相重合。速度 u 在各坐标轴上投影为 u_x,u_y,u_z，ds 在各坐标轴上的投影为 dx,dy,dz，由于 ds 和 u 的方向余弦相等，则

$$\frac{dx}{ds}=\frac{u_x}{u}，\frac{dy}{ds}=\frac{u_y}{u}，\frac{dz}{ds}=\frac{u_z}{u} \tag{3.9}$$

改写上式为 ds/u 的形式，则得

$$\frac{dx}{u_x}=\frac{dy}{u_y}=\frac{dz}{u_z}=\frac{ds}{u} \tag{3.10}$$

这就是流线的微分方程。式中，u_x、u_y、u_z 都是变量 x、y、z 和 t 的函数，所以流线只是对某一瞬间而言的。一般情况，t 的变化会引起流速的变化，因而流线的位置、形状也是时间 t 的函数。只有当流速不随时间变化时，流线才不随时间变化。若已知流速分布，利用式（3.10）可求得流线方程。

流线具有以下特性：

（1）流线不能相交。如果流线相交，那么交点处的流速矢量应同时与这两条流线相切。显然，一个流体质点在同一瞬间只能有一个流动方向，而不能有两个流动方向，所以流线不能相交。

（2）流线是一条光滑曲线或直线，不会发生转折。因为假定流体为连续介质，所以各运动要素在空间的变化是连续的，流速矢量在空间的变化也应是连续的。若流线存在转折点，同样会出现有两个流动方向的矛盾现象。

（3）流线表示瞬时流动方向。因流体质点沿流线的切线方向流动，在不同瞬时，当流速改变时，流线即发生变化。

3.2　描述流体运动的基本概念

3.2.1　流管、元流和总流

1. 流管

在流动中，沿与流动方向相交的平面，任意取一条微小的封闭曲线 C（图 3.5），通过该曲线 C 上的每一个点作流线，这些流线所形成的一个封闭管状曲面称为流管。

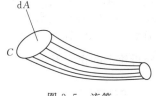

图 3.5　流管

2. 元流

充满流管中的流体称为元流或微小流束。

3. 总流

由无数元流组成的整个流体（如通过河道、管道的水流）称为总流。

3.2.2　过流断面、流量和断面平均流速

1. 过流断面

垂直于流线族所取的断面，称为过流断面（过水断面）。过流断面的面积用 A 表示。当流线族彼此不平行时，过流断面为曲面，如图 3.6（a）所示；当流线族为彼此平行直线时，过流

断面为一平面，如图 3.6 (b) 所示。例如，等直径管道中的流动，其过流断面为平面。

2. 流量

单位时间内通过某一过流断面的流体体积称为流量，用 Q 表示，单位是 $\mathrm{m^3/s}$。

对元流，过流断面 $\mathrm{d}A$ 上各点流速可认为相等，令 $\mathrm{d}A$ 面上的流速为 u，因过流断面与流速矢量垂直，故元流的流量 $\mathrm{d}Q$ 为

$$\mathrm{d}Q = u\mathrm{d}A \qquad (3.11)$$

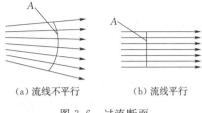

(a) 流线不平行 　　 (b) 流线平行

图 3.6　过流断面

对总流，流量 Q 应等于所有元流的流量之和，设总流的过流断面面积为 A，则

$$Q = \int_A \mathrm{d}Q = \int_A u\,\mathrm{d}A \qquad (3.12)$$

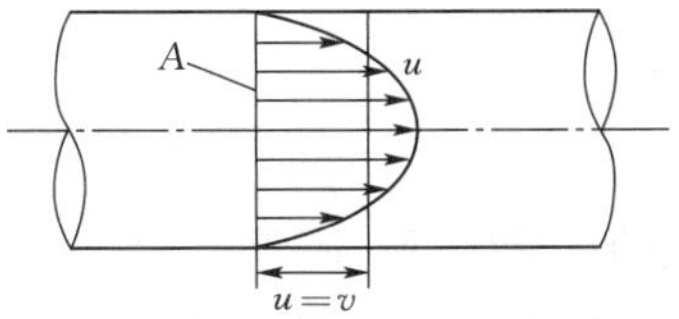

3. 断面平均流速

因为总流过流断面上各点的流速是不等的，例如管道中靠近管壁处流速小，而中间流速大，如图 3.7 所示，所以常用一个平均值来代替各点的实际流速，称该平均值为断面平均流速，用 v 表示。断面平均流速是一个假想的速度，其值与过流断面面积 A 的乘积应等于实际流速

图 3.7　断面平均流速

为不均匀分布时通过的流量，即

$$Q = \int_A u\,\mathrm{d}A = vA$$

或

$$v = \frac{Q}{A} \qquad (3.13)$$

总流的流量 Q 就是断面平均流速 v 与过流断面面积 A 的乘积。引入断面平均流速的概念，可以使流动的分析得到简化，因为在实际应用中，有时并不一定需要知道总流过流断面上的流速分布，仅仅需要了解断面平均速度沿流程和时间的变化情况。

3.2.3　一元流、二元流和三元流

采用欧拉法描述流动时，流场中的任何要素可表示为空间坐标和时间的函数。例如，在直角坐标系中，流速是空间坐标 x、y、z 和时间 t 的函数。按运动要素随空间坐标变化的关系，可把流动分为一元流、二元流和三元流（也称一维流动、二维流动和三维流动）。

流体的运动要素仅随空间一个坐标（包括曲线坐标流程 s）变化的流动称为一元流。运动要素随空间两个坐标变化的流动称为二元流（即平面流动）。运动要素随空间三个坐标变化的流动称为三元流（即空间流动）。

严格地说，实际流体运动都属于三元流动。但按三元流分析，需考虑运动要素在空间三个坐标方向的变化，问题非常复杂，还会遇到许多数学上的困难。河渠、管道、闸、坝的水流属于三元流，但有时可按一元流或二元流考虑。例如，当不考虑河渠和管道中的流速在断面内的变化，只考虑断面平均流速沿流程 s 的变化，此时河渠和管道中的流动可视为一元流。显然，元流就是一元流。对于总流，若把过流断面上各点的流速用断面平均流速代替，这时总流可视为一元流。又如，矩形断面的顺直明渠，当渠道宽度很大，两侧边界影响可以忽略不计时，可以认为沿宽度方向每一断面的水流情况是相同的，水流中任一

点的流速与两个坐标有关,一个是决定断面位置的流程,另一个是该点在断面上与渠底的铅直距离。

3.2.4　恒定流与非恒定流

1. 恒定流

如果在流场中任何空间点上所有的运动要素都不随时间改变,这种流动称为恒定流。也就是说,在恒定流的情况下,任一空间点上无论哪个流体质点通过,其运动要素都是不变的,运动要素仅仅是空间坐标的连续函数,而与时间无关。例如对流速而言,有

$$\begin{cases} u_x = u_x(x,y,z) \\ u_y = u_y(x,y,z) \\ u_z = u_z(x,y,z) \end{cases} \tag{3.14}$$

因此,流速对时间的偏导数应等于零,即

$$\frac{\partial u_x}{\partial t} = \frac{\partial u_y}{\partial t} = \frac{\partial u_z}{\partial t} = 0 \tag{3.15}$$

所以,对恒定流来说,在式(3.6)中时变加速度(当地加速度)等于零。

恒定流时,流线的形状和位置不随时间而变化,这是因为整个流场内各点流速向量均不随时间而改变。恒定流时,迹线与流线重合,因为流线不随时间改变,于是质点就一直沿着这条流线运动而不离开它,这也说明恒定流动中质点的迹线与流线重合。

2. 非恒定流

如果流场中任何空间点上有任何一个运动要素是随时间而变化的,这种流动称为非恒定流。例如对流速而言

$$\begin{cases} u_x = u_x(x,y,z,t) \\ u_y = u_y(x,y,z,t) \\ u_z = u_z(x,y,z,t) \end{cases} \tag{3.16}$$

这里,流速不仅仅是空间坐标的函数,也是时间的函数。

实际上,大多数流动为非恒定流。但是,对于某些工程上所关心的流动可以视为恒定流动。研究每一个流动时,首先要分清流动属于恒定流还是非恒定流。在恒定流问题中,不包括时间变量,流动的分析比较简单;而非恒定流问题中,由于增加了时间变量,流动的分析比较复杂。

3.2.5　均匀流与非均匀流

1. 均匀流

如果流动过程中运动要素不随坐标位置(流程)而变化,这种流动称为均匀流。例如,直径不变的直线管道中的水流就是均匀流的典型例子。基于上述定义,均匀流具有以下特性。

(1)均匀流的流线彼此是平行的直线,其过流断面为平面,且过流断面的形状和尺寸沿程不变。

(2)均匀流中,同一流线上不同点的流速应相等,从而各过流断面上的流速分布相同,断面平均流速相等,即流速沿程不变。在式(3.6)中位变加速度等于零。

（3）均匀流过流断面上的动水压强分布规律与静水压强分布规律相同，即在同一过流断面上各点测压管水头为一常数。如图3.8所示，在管道均匀流中，任意选择1—1及2—2两过流断面，分别在两过流断面上安装测压管，则同一断面上各测压管水面必上升至同一高程，即 $z + \dfrac{p}{\rho g} = C$。但不同断面上测压管水面升至的高程是不同的，断面1—1上 $\left(z + \dfrac{p}{\rho g}\right)_1 = C_1$，断面2—2上 $\left(z + \dfrac{p}{\rho g}\right)_2 = C_2$。为了证明这一特性，在均匀流过流断面上取一微分柱体，其轴线 n—n 与流线正交，并与铅垂线成夹角 α，如图3.9所示。微分柱体两端的面形心点距基准面高度分别为 z 及 $z + \mathrm{d}z$，其动水压强分别为 p 及 $p + \mathrm{d}p$。作用在微分柱体上的力在 n 方向的投影有柱体两端的面上的动水压力 $p\mathrm{d}A$ 与 $(p + \mathrm{d}p)\mathrm{d}A$，以及柱体自重沿 n 方向的投影 $\mathrm{d}G\cos\alpha = \rho g\,\mathrm{d}A\mathrm{d}n\cos\alpha = \rho g\,\mathrm{d}A\mathrm{d}z$。柱体侧面上的动水压力以及水流的内摩擦力与 n 轴正交，故沿 n 方向投影为零。在均匀流中，与流线成正交的 n 方向无加速度，也即无惯性力存在。上述诸力在 n 方向投影的代数和为零，于是

$$p\mathrm{d}A - (p + \mathrm{d}p)\mathrm{d}A - \rho g\,\mathrm{d}A\mathrm{d}z = 0$$

简化后得 $\rho g\,\mathrm{d}z + \mathrm{d}p = 0$，积分得

$$z + \frac{p}{\rho g} = C \tag{3.17}$$

式（3.17）表明，均匀流过流断面上的动水压强分布规律与静水压强分布规律相同。因而过流断面上任一点动水压强或断面上动水总压力都可以按静水压强以及静水总压力的公式来计算。

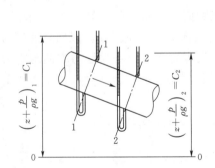

图 3.8 均匀流过流断面上的测压管水头

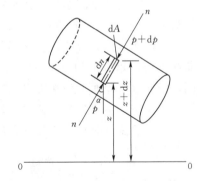

图 3.9 均匀流过流断面上微分柱体的平衡

2. 非均匀流

如果流动过程中运动要素随坐标位置（流程）而变化，这种流动称为非均匀流。非均匀流的流线不是互相平行的直线。如果流线虽然互相平行但不是直线（如管径不变的弯管中水流），或者流线虽为直线但不互相平行（如管径沿程缓慢均匀扩散或收缩的渐变管中水流），都属于非均匀流。

按照流线不平行和弯曲的程度，可将非均匀流分为以下两类。

（1）渐变流。流线虽然不是互相平行的直线，但近似于平行直线时的流动称为渐变流（或缓变流）。所以渐变流的极限情况就是均匀流。如果一个实际水流，其流线之间夹角很小，或流线曲率半径很大，则可将其视为渐变流。但究竟夹角要小到什么程度、曲率半径

要大到什么程度才能视为渐变流，一般无定量标准，要看对于一个具体问题所要求的精度。由于渐变流的流线近似于平行直线，在过流断面上动水压强的分布规律，可近似地看作与静水压强分布规律相同。如果实际水流的流线不平行程度和弯曲程度太大，在过流断面上，沿垂直于流线方向就存在着离心惯性力，这时，再把过流断面上的动水压强按静水压强分布规律看待所引起的偏差就会很大。

　　流动是否可视为渐变流与流动的边界有密切的关系，当边界为近于平行的直线时，流动往往是渐变流。管道转弯、断面扩大或收缩以及明渠中由于建筑物的存在使水面发生急剧变化的水流都是急变流的例子（图 3.10）。

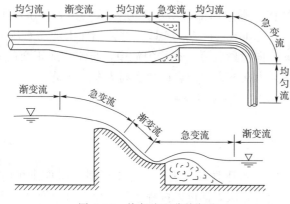

图 3.10　均匀流和非均匀流

　　（2）急变流。若流线之间夹角很大或者流线的曲率半径很小，这种流动称为急变流。

　　现在来简要地分析一下在急变流情况下，过流断面上动水压强分布特性。如图 3.11（a）所示为一个流线向上凸起的急变流，为简单起见，设流线为一族互相平行的同心圆弧曲线。如果仍然像分析渐变流过流断面上动水压强分布方法那样，沿过流断面取一微分柱体来研究它的受力情况。很显然，急变流与渐变流相比，在平衡方程式中多了一个离心惯性力。离心惯性力的方向与重力沿 $n-n$ 轴方向的分力相反，因此使过流断面上动水压强比静水压强要小，图中虚线部分表示静水压强分布图，实线部分为实际的动水压强分布情况。假如急变流为一向下凹的曲线流动，如图 3.11（b）所示，由于流体质点所受的离心惯性力方向与重力作用方向相同，因此过流断面上动水压强比按静水压强计算所得的数值要大，图中虚线部分代表静水压强分布图，实线为实际动水压强分布图。

　　由上述可知，急变流时动水压强分布规律与静水压强分布规律不同。

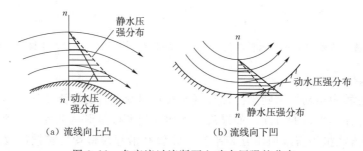

（a）流线向上凸　　　　　　　　（b）流线向下凹

图 3.11　急变流过流断面上动水压强的分布

3.2.6　有压流与无压流

　　过流断面的全部周界与固体边壁接触、无自由表面的流动称为有压流或者有压管流。如自来水管中的水流属于有压流。在有压流中，由于流体受到固体边界条件约束，流量变化只会引起压强、流速的变化，但过流断面的大小、形状不会改变。

具有自由表面的流动称为无压流或明渠流。如河渠中的水流属于无压流，流体在管道中未充满整个管道断面的流动也属于无压流。在无压流中，自由表面的压强为大气压强，其相对压强为零。当流量变化时，过流断面的大小、形状可随之改变，故流速和压强的变化表现为流速和水深的变化。

3.3 流体运动的连续性方程

因流体被视为连续介质，若在流场中任意划定一个封闭曲面，在某一给定时段中流入封闭曲面的流体质量与流出的流体质量之差应等于该封闭曲面内因密度变化而引起的质量总变化，即流动必须遵循质量守恒定律，其数学表达式即为流体运动的连续性方程。

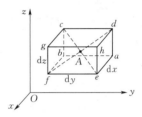

图 3.12　微分平行六面体

3.3.1 流体运动的连续性微分方程

设想在流场中取一空间微分平行六面体（图 3.12），六面体的边长为 $\mathrm{d}x$、$\mathrm{d}y$、$\mathrm{d}z$，其形心为 $A(x,y,z)$，A 点的流速在各坐标轴的投影为 u_x、u_y、u_z，A 点的密度为 ρ。

下面研究六面体流体质量的变化。经一微小时段 $\mathrm{d}t$：

$$自后面流进的流体质量 = \left(\rho - \frac{\partial \rho}{\partial x}\frac{\mathrm{d}x}{2}\right)\left(u_x - \frac{\partial u_x}{\partial x}\frac{\mathrm{d}x}{2}\right)\mathrm{d}y\mathrm{d}z\mathrm{d}t$$

$$自前面流出的流体质量 = \left(\rho + \frac{\partial \rho}{\partial x}\frac{\mathrm{d}x}{2}\right)\left(u_x + \frac{\partial u_x}{\partial x}\frac{\mathrm{d}x}{2}\right)\mathrm{d}y\mathrm{d}z\mathrm{d}t$$

故 $\mathrm{d}t$ 时段内沿 x 方向流进与流出六面体的流体质量差为

$$-\left(u_x\frac{\partial \rho}{\partial x} + \rho\frac{\partial u_x}{\partial x}\right)\mathrm{d}x\mathrm{d}y\mathrm{d}z\mathrm{d}t = -\frac{\partial(\rho u_x)}{\partial x}\mathrm{d}x\mathrm{d}y\mathrm{d}z\mathrm{d}t$$

同理，在 $\mathrm{d}t$ 时段内沿 y 和 z 方向流进与流出六面体的流体质量之差分别为

$$-\frac{\partial(\rho u_y)}{\partial y}\mathrm{d}x\mathrm{d}y\mathrm{d}z\mathrm{d}t \ 和 -\frac{\partial(\rho u_z)}{\partial z}\mathrm{d}x\mathrm{d}y\mathrm{d}z\mathrm{d}t$$

因此，在 $\mathrm{d}t$ 时段内流进与流出六面体总的流体质量的变化为

$$-\left[\frac{\partial(\rho u_x)}{\partial x} + \frac{\partial(\rho u_y)}{\partial y} + \frac{\partial(\rho u_z)}{\partial z}\right]\mathrm{d}x\mathrm{d}y\mathrm{d}z\mathrm{d}t$$

因六面体内原来的平均密度为 ρ，总质量为 $\rho\mathrm{d}x\mathrm{d}y\mathrm{d}z$；经 $\mathrm{d}t$ 时段后平均密度变为 $\rho + \frac{\partial \rho}{\partial t}\mathrm{d}t$，总质量变为 $\left(\rho + \frac{\partial \rho}{\partial t}\mathrm{d}t\right)\mathrm{d}x\mathrm{d}y\mathrm{d}z$，故经过 $\mathrm{d}t$ 时段后六面体内质量总变化为

$$\left(\rho + \frac{\partial \rho}{\partial t}\mathrm{d}t\right)\mathrm{d}x\mathrm{d}y\mathrm{d}z - \rho\mathrm{d}x\mathrm{d}y\mathrm{d}z = \frac{\partial \rho}{\partial t}\mathrm{d}x\mathrm{d}y\mathrm{d}z\mathrm{d}t$$

在同一时段内，流进与流出六面体总的流体质量的差值应与六面体内因密度变化所引起的总的质量变化相等，即

$$\frac{\partial \rho}{\partial t}\mathrm{d}x\mathrm{d}y\mathrm{d}z\mathrm{d}t = -\left[\frac{\partial(\rho u_x)}{\partial x} + \frac{\partial(\rho u_y)}{\partial y} + \frac{\partial(\rho u_z)}{\partial z}\right]\mathrm{d}x\mathrm{d}y\mathrm{d}z\mathrm{d}t$$

等式两边同时除以 $\mathrm{d}x\mathrm{d}y\mathrm{d}z\mathrm{d}t$，得

$$\frac{\partial \rho}{\partial t} + \left[\frac{\partial(\rho u_x)}{\partial x} + \frac{\partial(\rho u_y)}{\partial y} + \frac{\partial(\rho u_z)}{\partial z}\right] = 0 \tag{3.18}$$

式（3.18）为可压缩流体非恒定流的连续性微分方程，它表达了任何可实现的流体运动所必须满足的连续性条件。其物理意义是：流体在单位时间流经单位体积空间时，流进与流出的质量差与其内部质量变化的代数和为零。对不可压缩均质流体 ρ 为常数，上式简化为

$$\frac{\partial u_x}{\partial x} + \frac{\partial u_y}{\partial y} + \frac{\partial u_z}{\partial z} = 0 \tag{3.19}$$

式（3.19）即为不可压缩均质流体的连续性微分方程。它说明，对于不可压缩的流体，单位时间流经单位体积空间，流进和流出的流体体积之差等于零，即流体体积守恒。以矢量表示为

$$\mathrm{div}\vec{u} = 0 \tag{3.20}$$

即速度 $\vec{u}$ 的散度为零。

对不可压缩流体二元流，连续性微分方程可写为

$$\frac{\partial u_x}{\partial x} + \frac{\partial u_y}{\partial y} = 0 \tag{3.21}$$

连续性微分方程中没有涉及任何力，描述的是流体运动学规律。它对理想流体与实际流体、恒定流与非恒定流、均匀流与非均匀流、渐变流与急变流、有压流与无压流等都适用。

3.3.2　总流的连续性方程

不可压缩均质流体的总流连续性方程可由式（3.20）导出。由式（3.20）可得

$$\iiint_V \mathrm{div}\vec{u}\,\mathrm{d}V = \iiint_V \left(\frac{\partial u_x}{\partial x} + \frac{\partial u_y}{\partial y} + \frac{\partial u_z}{\partial z}\right)\mathrm{d}x\mathrm{d}y\mathrm{d}z = 0 \tag{3.22}$$

根据高斯定理，式（3.22）的体积积分可用曲面积分来表示，即

$$\iiint_V \mathrm{div}\vec{u}\,\mathrm{d}V = \iint_S u_n\mathrm{d}S \tag{3.23}$$

式中　S——体积 V 的封闭表面；

u_n——封闭表面上各点处流速在其外法线方向的投影；

$\iint_S u_n\mathrm{d}S$——通过封闭表面的速度通量。

由式（3.22）及式（3.23）可得

$$\iint_S u_n\mathrm{d}S = 0 \tag{3.24}$$

恒定流时，流管的全部表面积 S 包括两端断面和四周侧表面。在流管的侧表面上 $u_n=0$，于是式（3.24）的曲面积分简化为

$$-\iint_{A_1} u_1\mathrm{d}A_1 + \iint_{A_2} u_2\mathrm{d}A_2 = 0$$

式中　A_1——流管的流进断面面积；

A_2——流管的流出断面面积。

上式第一项取负号是因为流速 u_1 的方向与 $\mathrm{d}A_1$ 的外法线的方向相反。由此可得

$$\iint_{A_1} u_1 \, dA_1 = \iint_{A_2} u_2 \, dA_2$$

$$v_1 A_1 = v_2 A_2 \tag{3.25}$$

或 $$Q_1 = Q_2$$

式（3.25）就是不可压缩流体恒定总流的连续性方程。式中 v_1 及 v_2 分别是总流过流断面 A_1 及 A_2 的断面平均流速。该式说明，在不可压缩流体总流中，任意两个过流断面所通过的流量相等。也就是说，上游断面流进多少流量，下游任何断面也必然流出多少流量。

将式（3.25）改写为

$$\frac{v_2}{v_1} = \frac{A_1}{A_2} \tag{3.26}$$

式（3.26）说明，在不可压缩流体总流中，任意两个过流断面，其平均流速的大小与过流断面面积成反比。断面大的地方流速小，断面小的地方流速大。

若沿程有流量流进或流出，如图 3.13（a）和（b）所示，则总流连续性方程可分别写为

$$Q_1 + Q_2 = Q_3 \tag{3.27}$$

$$Q_1 = Q_2 + Q_3 \tag{3.28}$$

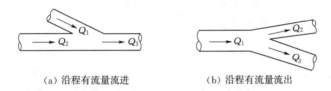

（a）沿程有流量流进　　　　　　　　（b）沿程有流量流出

图 3.13　流动的汇流与分流

恒定总流的连续性方程是水力学中三大基本方程之一，是用以解决水力学问题的重要公式，应用广泛。上述不可压缩流体恒定总流的连续性方程式（3.25）是从连续性微分方程入手，通过积分推导得出的。该恒定总流的连续性方程也可直接利用质量守恒定律得出。至于非恒定总流的连续性方程，可利用质量守恒定律导出（参见明渠非恒定流）。

下面利用质量守恒定律推导恒定总流的连续性方程。

如图 3.14 所示，在恒定流中取流管，四周均为流线，只有两端过水断面有质点流进流出，而且流管形状不随时间改变。在 dt 时段内，从 dA_1 流进的质量为 $\rho_1 u_1 \, dA_1 \, dt$，从 dA_2 流出的质量为 $\rho_2 u_2 \, dA_2 \, dt$，因为是恒定流，管内的质量不随时间变化，根据质量守恒定律，流进的质量必与流出的质量相等，可得

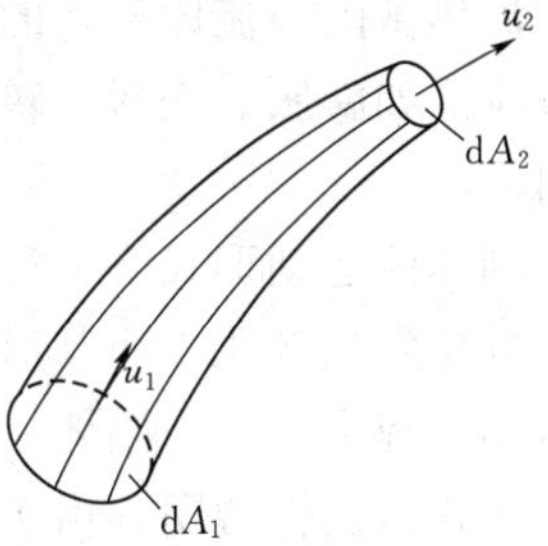

$$\rho_1 u_1 \, dA_1 \, dt = \rho_2 u_2 \, dA_2 \, dt$$

考虑流体不可压缩，即 $\rho_1 = \rho_2$，则

$$u_1 \, dA_1 = u_2 \, dA_2$$

或 $$dQ = u_1 \, dA_1 = u_2 \, dA_2 = 常数$$

对于总流，将上式积分，得

图 3.14　恒定总流连续性方程

$$\int_Q dQ = \int_{A_1} u_1 \, dA_1 = \int_{A_2} u_2 dA_2$$

从而得到

$$Q = v_1 A_1 = v_2 A_2$$

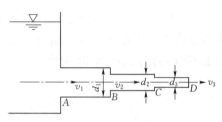

图 3.15 水流自水箱流出

【例 3.1】 水流自水箱经管径 $d_1 = 200\text{mm}$，$d_2 = 100\text{mm}$，$d_3 = 50\text{mm}$ 的管路后流入大气中，出口断面的流速 $v_3 = 4\text{m/s}$，如图 3.15 所示。求流量及各管段的断面平均流速。

解： (1) $Q = v_3 A_3 = v_3 \times \dfrac{\pi d_3^2}{4} = 4 \times 0.785 \times 0.05^2 = 0.00785$ （m^3/s）。

(2) 由连续性方程。

$$v_1 = v_3 \frac{A_3}{A_1} = v_3 \frac{d_3^2}{d_1^2} = 4 \times \left(\frac{0.05}{0.2}\right)^2 = 0.25 \ (\text{m/s})$$

$$v_2 = v_3 \frac{A_3}{A_2} = v_3 \frac{d_3^2}{d_2^2} = 4 \times \left(\frac{0.05}{0.1}\right)^2 = 1.0 \ (\text{m/s})$$

【例 3.2】 设有两种不可压缩的二元流动，其流速为：(1) $u_x = 2x$，$u_y = -2y$；(2) $u_x = 0$，$u_y = 3xy$，试检查流动是否符合连续条件。

解： 代入连续性方程，看其是否满足。

(1) $\dfrac{\partial(2x)}{\partial x} + \dfrac{\partial(-2y)}{\partial y} = 2 - 2 = 0$，符合连续条件。

(2) $\dfrac{\partial(0)}{\partial x} + \dfrac{\partial(3xy)}{\partial y} = 0 + 3x \neq 0$，不符合连续条件，说明该流动不存。

3.4 流体微团运动分析

流体运动的类型、特性等与流体微团运动的形式有关，为进一步探讨流体运动规律，需对流体微团运动加以分析。

流体微团与流体质点的概念不同。在连续介质的概念中，流体质点是可以忽略线性尺度效应（如膨胀、变形、转动等）的最小单元，而流体微团则是考虑尺度效应的微小流体团。

刚体的运动形式有平移和旋转，如一个微小六面体的刚体平移和旋转后，只是空间位置及方位发生变化，而其形状保持不变。流体因具有易流动性而极易变形，所以流体微团在运动过程中，除与刚体一样发生平移和旋转外，微团本身还发生变形。如在流场中任取一微小正六面体微团，由于流体微团上各点的速度不同，经过 dt 时段后，该流体微团不仅空间位置及方位发生了变化，而且形状也将发生变化，由原来的微小正六面体变成了斜六面体。一般情况下，流体微团的运动由下列四种形式组成：平移、线变形、角变形、旋转。线变形和角变形统称变形。实际上，最简单的流体微团的运动形式可能只是这四种中的某一种，而较复杂的运动形式则总是这几种形式的合成。下面以二维情况为例加以分析，然后推广到三维普通情况。

在 xOy 平面取一方形流体微团 $ABCD$ ，如图 3.16 所示。若经过 dt 时段后，流体微团移动到图 3.16 （a）中 $A_1B_1C_1D_1$ 的位置，其形状和各边方位都与原来相同，这就是一种单纯的平移运动。若经 dt 时段后，原来的正方形变成了矩形，而各边方位不变，A 点的位置也没有移动，如图 3.16 （b）所示，则微团发生了单纯的线变形。若经过 dt 时段后，A 点位置不变，各边长也不变，但原来相互垂直的两边各有转动，转动方向相反，转角大小相等，如图 3.16 （c）所示，则是一种单纯的角变形。若经过 dt 时段后，A 点位置不变，各边长也不变，但两条垂直边都作方向相同、转角大小相等的转动，如图 3.16 （d）所示，则是一种单纯的旋转运动。

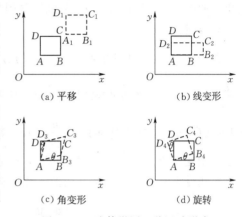

图 3.16　流体微团四种运动形式

现在来分析这些运动形式和流速变化之间的关系。设在 xOy 平面矩形流体微团 $ABCD$ 的边长分别为 dx 和 dy ，A 点在各坐标轴上的速度分量为 u_x 和 u_y ，B、C、D 各点的速度分量假设都与 A 点不同，其间的变化可按泰勒级数表达，各点的速度分量如图 3.17 所示。经过 dt 时段后，该微团运动到新位置而变成 $A_1B_4C_4D_4$ 的形状。它的整个变化过程可以看成是平移、线变形、角变形和旋转运动形式的组合。

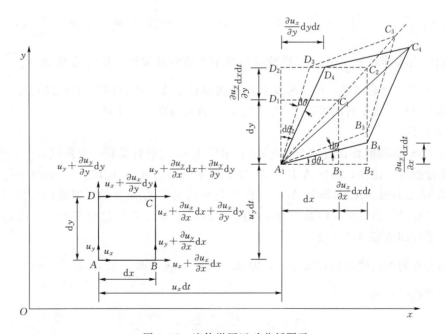

图 3.17　流体微团运动分析图示

3.4.1　平移

A 点的速度分量 u_x、u_y 是矩形其他各点 B、C、D 相应分速的组成部分。若暂不考虑

B、C、D 各点的分速与 A 点的差值，则经过 dt 时段后整个矩形 $ABCD$ 将沿 x 方向移动 $u_x dt$，沿 y 方向移动 $u_y dt$，发生平移运动，到达 $A_1 B_1 C_1 D_1$ 的位置，但其形状和大小没有改变，如图 3.17 所示。u_x、u_y 是流体微团在 x、y 方向的平移速度。

3.4.2　线变形

由于矩形 $ABCD$ 各角点在 x 方向的分速不同，B 点比 A 点快 $\frac{\partial u_x}{\partial x} dx$，$C$ 点比 D 点也快 $\frac{\partial u_x}{\partial x} dx$，所以经过 dt 时段后，边线 AB 和 DC 在 x 方向均伸长了 $\frac{\partial u_x}{\partial x} dx dt$。同理，边线 AD 和 BC 在 y 方向上均伸长了 $\frac{\partial u_y}{\partial y} dy dt$。因此，经过时段 dt 后，矩形 $ABCD$ 因平移及线变形运动变成矩形 $A_1 B_2 C_2 D_2$，如图 3.17 所示。流体微团沿各坐标轴方向单位时间、单位长度的线变形称为线变形率。由此，流体微团沿 x、y 方向的线变形率分别为

$$\frac{\frac{\partial u_x}{\partial x} dx dt}{dx dt} = \frac{\partial u_x}{\partial x} \ , \ \frac{\frac{\partial u_y}{\partial y} dy dt}{dy dt} = \frac{\partial u_y}{\partial y}$$

3.4.3　角变形和旋转

因矩形 $ABCD$ 各角点上与边线垂直方向的分速度不同，各边线将发生偏转。B 点在 y 方向的分速度比 A 点在 y 方向的分速度大 $\frac{\partial u_y}{\partial x} dx$，因此，经 dt 时段后 B 点将比 A 点向上多移动 $\frac{\partial u_y}{\partial x} dx dt$，致使 AB 发生逆时针偏转，偏转角度为 $d\theta_1$。由图 3.17 可知，$d\theta_1 \approx \tan(d\theta_1) = \left(\frac{\partial u_y}{\partial x} dx dt \right) \big/ \left(dx + \frac{\partial u_x}{\partial x} dx dt \right)$，略去分母中的高阶微量，得 $d\theta_1 = \frac{\partial u_y}{\partial x} dt$。同理 D 点比 A 点向右多移动了 $\frac{\partial u_x}{\partial y} dy dt$，致使 AD 发生了顺时针偏转，偏转角度 $d\theta_2 = \frac{\partial u_x}{\partial y} dt$。最后，矩形 $ABCD$ 经过平移、线变形及上述边线偏转变成了平行四边形 $A_1 B_4 C_4 D_4$。显然，矩形 $A_1 B_2 C_2 D_2$ 变成平行四边形 $A_1 B_4 C_4 D_4$ 的过程可分解为以下两步。

1. 角变形

首先使 $A_1 D_2$ 顺时针偏转一个角度 $d\theta_2 - d\theta$，$A_1 B_2$ 逆时针偏转一个角度 $d\theta_1 + d\theta$，且令该偏转角度相等，这样，矩形 $A_1 B_2 C_2 D_2$ 将变成平行四边形 $A_1 B_3 C_3 D_3$，此时平行四边形 $A_1 B_3 C_3 D_3$ 的等分线 $A_1 C_3$ 与矩形 $A_1 B_2 C_2 D_2$ 的等分线 $A_1 C_2$ 是重合的，因此矩形只有直角纯变形，没有旋转运动发生。因此，经过时间 dt 后，矩形 $ABCD$ 经过平移、线变形及角变形变成了平行四边形 $A_1 B_3 C_3 D_3$。

因角变形时两边线的偏转角相等，即 $d\theta_2 - d\theta = d\theta_1 + d\theta$，故 $d\theta = \frac{d\theta_2 - d\theta_1}{2}$，则每一直角边线的偏转角为

$$d\theta_1 + d\theta = d\theta_1 + \frac{d\theta_2 - d\theta_1}{2} = \frac{d\theta_1 + d\theta_2}{2}$$

则 xOy 平面流体微团绕 z 轴的角变形率为

$$\theta_z = \frac{d\theta_1 + d\theta}{dt} = \frac{1}{2} \left(\frac{d\theta_1 + d\theta_2}{dt} \right) = \frac{1}{2} \left(\frac{\partial u_y}{\partial x} + \frac{\partial u_x}{\partial y} \right)$$

2. 旋转

将整个平行四边形 $A_1B_3C_3D_3$ 绕 A_1 点顺时针旋转一个角度 $\mathrm{d}\theta$, 此时 $A_1B_3C_3D_3$ 的等分线 A_1C_3 将与 A_1C_4 重合, 从而变成平行四边形 $A_1B_4C_4D_4$。因此, 矩形 $ABCD$ 经过平移、线变形、角变形及旋转变成了平行四边形 $A_1B_4C_4D_4$。

旋转是由于 $\mathrm{d}\theta_1$ 与 $\mathrm{d}\theta_2$ 不相等所产生的, 矩形 $ABCD$ 的纯旋转角为 $\mathrm{d}\theta$, 故 xOy 平面流体微团绕 z 轴的旋转角速度为

$$\omega_z = \frac{\mathrm{d}\theta}{\mathrm{d}t} = \frac{1}{2}\frac{\mathrm{d}\theta_2 - \mathrm{d}\theta_1}{\mathrm{d}t} = \frac{1}{2}\left(\frac{\partial u_y}{\partial x} - \frac{\partial u_x}{\partial y}\right)$$

推广到三维的普通情况, 可写出流体微团运动的基本形式与速度变化的关系式:

平移速度

$$u_x, u_y, u_z$$

线变形率

$$\varepsilon_{xx} = \frac{\partial u_x}{\partial x}, \ \varepsilon_{yy} = \frac{\partial u_y}{\partial y}, \ \varepsilon_{zz} = \frac{\partial u_z}{\partial z} \tag{3.29}$$

角变形率

$$\begin{cases} \theta_x = \frac{1}{2}\left(\frac{\partial u_z}{\partial y} + \frac{\partial u_y}{\partial z}\right) \\ \theta_y = \frac{1}{2}\left(\frac{\partial u_x}{\partial z} + \frac{\partial u_z}{\partial x}\right) \\ \theta_z = \frac{1}{2}\left(\frac{\partial u_y}{\partial x} + \frac{\partial u_x}{\partial y}\right) \end{cases} \tag{3.30}$$

旋转角速度

$$\begin{cases} \omega_x = \frac{1}{2}\left(\frac{\partial u_z}{\partial y} - \frac{\partial u_y}{\partial z}\right) \\ \omega_y = \frac{1}{2}\left(\frac{\partial u_x}{\partial z} - \frac{\partial u_z}{\partial x}\right) \\ \omega_z = \frac{1}{2}\left(\frac{\partial u_y}{\partial x} - \frac{\partial u_x}{\partial y}\right) \end{cases} \tag{3.31}$$

3.5 无涡流与有涡流

3.5.1 无涡流与有涡流的概念

按流体微团是否绕自身轴旋转, 将流体运动分为有涡流 (有旋流) 和无涡流 (无旋流)。

若流体运动时有流体微团绕自身轴旋转, 即旋转角速度 ω_x、ω_y、ω_z 中有不等于零的, 则这样的流体运动为有涡流或有旋流。自然界中的实际流体几乎都是有涡流动。

若流体运动时每个流体微团都不绕自身轴旋转, 即旋转角速度 $\omega_x = \omega_y = \omega_z = 0$, 则称此种运动为无涡流或无旋流。

涡是指流体微团绕其自身轴旋转的运动, 不能把涡与通常的旋转运动混淆起来。例如图 3.18 (a) 所示的运动, 流体微团相对于 O 点作圆周运动, 其轨迹是一圆周, 但仍是无涡的,

因为流体微团本身并没有旋转运动，只是它移动的轨迹是圆。如图 3.18（b）所示的运动，流体微团除绕 O 点沿圆周运动外，自身又有旋转运动，这种运动才是有涡的。所以流体运动是否有涡不能单从流体微团运动的轨迹来看，而要视流体微团本身是否有旋转运动而定。

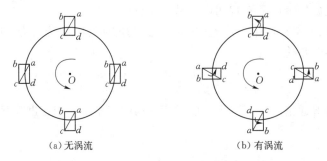

(a)无涡流　　　　　　　　　　　(b)有涡流

图 3.18　无涡流与有涡流

3.5.2　无涡流的条件

无涡流时 $\omega_x = \omega_y = \omega_z = 0$，即应满足下述条件

$$\omega_x = \frac{1}{2}\left(\frac{\partial u_z}{\partial y} - \frac{\partial u_y}{\partial z}\right) = 0, \quad \omega_y = \frac{1}{2}\left(\frac{\partial u_x}{\partial z} - \frac{\partial u_z}{\partial x}\right) = 0, \quad \omega_z = \frac{1}{2}\left(\frac{\partial u_y}{\partial x} - \frac{\partial u_x}{\partial y}\right) = 0$$

即

$$\begin{cases} \dfrac{\partial u_z}{\partial y} = \dfrac{\partial u_y}{\partial z} \\[2mm] \dfrac{\partial u_x}{\partial z} = \dfrac{\partial u_z}{\partial x} \\[2mm] \dfrac{\partial u_y}{\partial x} = \dfrac{\partial u_x}{\partial y} \end{cases} \tag{3.32}$$

由高等数学知道，式（3.32）是使 $u_x \mathrm{d}x + u_y \mathrm{d}y + u_z \mathrm{d}z$ 成为某一函数 φ 的全微分的必要和充分条件。因此，对无涡流必然存在下列关系

$$u_x \mathrm{d}x + u_y \mathrm{d}y + u_z \mathrm{d}z = \mathrm{d}\varphi = \frac{\partial \varphi}{\partial x}\mathrm{d}x + \frac{\partial \varphi}{\partial y}\mathrm{d}y + \frac{\partial \varphi}{\partial z}\mathrm{d}z \tag{3.33}$$

由此可知

$$\frac{\partial \varphi}{\partial x} = u_x, \quad \frac{\partial \varphi}{\partial y} = u_y, \quad \frac{\partial \varphi}{\partial z} = u_z \tag{3.34}$$

所以，无涡流中必然存在着一个标量场 $\varphi(x, y, z)$；若非恒定流，这个标量场应为 $\varphi(x, y, z, t)$，其中 t 为时间参数。这个标量场和速度场的关系式（3.34）与力场中的力势相比有同样形式的关系，故称函数 φ 为流速势函数（或流速势）。

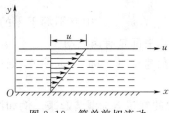

图 3.19　简单剪切流动

以上分析表明，如果流场中所有流体微团的旋转角速度都等于零，即无涡流，则必有流速势函数存在，所以无涡流又称为势流。

【**例 3.3**】　设有两块平板，一块固定不动，一块在保持平行条件下作直线等速运动。在两块平板之间装有黏性液体。这时的液体流动称为简单剪切流动，如图 3.19 所示。其流速分布为 $u_x = cy$，$u_y = 0$，其中 $c \neq 0$。试判别这个流动是势流还是有涡流。

解：$\omega_z = \dfrac{1}{2}\left(\dfrac{\partial u_y}{\partial x} - \dfrac{\partial u_x}{\partial y}\right) = -\dfrac{1}{2}c \neq 0$

故该流动为有涡流，尽管质点都作直线运动，流线也都是平行直线，在表观上看不出有旋转的迹象。

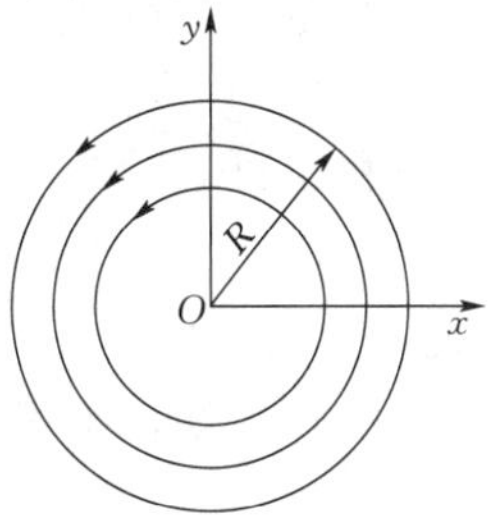

【**例 3.4**】 从水箱底部小孔排水时，在箱内形成圆周运动，其流线为同心圆，如图 3.20 所示，流速分布可表示为

$$u_x = -\frac{cy}{x^2 + y^2}, \quad u_y = \frac{cx}{x^2 + y^2}, \quad c \neq 0$$

试判断该流体运动是势流还是有涡流。

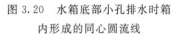

图 3.20 水箱底部小孔排水时箱内形成的同心圆流线

解：$\omega_z = \dfrac{1}{2}\left(\dfrac{\partial u_y}{\partial x} - \dfrac{\partial u_x}{\partial y}\right) = \dfrac{c}{2}\left[\dfrac{y^2 - x^2}{(x^2 + y^2)^2} - \dfrac{y^2 - x^2}{(x^2 + y^2)^2}\right]$

除原点 $(x = 0, y = 0)$ 外 $\omega_z = 0$，该流动为势流。尽管质点沿圆周运动，但微团并无绕其自身轴的转动。

3.6 恒 定 平 面 势 流

势流是一种理想流动，一般实际流体的运动都不是势流。但势流在研究实际问题时可使分析流动的过程简化，故在很多流动问题的研究中得到了广泛的应用。例如闸孔出流、高坝溢流、波浪、渗流等问题都可以应用势流理论来求解，其正确性已得到了验证。本节将介绍恒定平面（二维）势流的基本知识。

3.6.1 流速势与流函数

1. 流速势与等势线

势流必有流速势函数 $\varphi(x, y, z)$ 存在，对于平面势流，流速势 $\varphi(x, y)$ 与流速的关系为

$$\begin{cases} u_x = \dfrac{\partial \varphi}{\partial x} \\[2mm] u_y = \dfrac{\partial \varphi}{\partial y} \end{cases} \tag{3.35}$$

将上式代入平面（二维）流动的连续性微分方程（3.21）得

$$\frac{\partial^2 \varphi}{\partial x^2} + \frac{\partial^2 \varphi}{\partial y^2} = 0 \quad \text{或} \quad \nabla^2 \varphi = 0 \tag{3.36}$$

式（3.36）是拉普拉斯（Laplace）方程式。从而得到流速势的一个重要性质，即 φ 是一调和函数。

由于平面势流的流速场完全可以通过式（3.35）由流速势 φ 来确定，而这个流速势必须满足式（3.36）。因此，平面势流问题就归结为在特定边界条件求解拉普拉斯方程。

在恒定平面势流中，φ 是位置 (x, y) 的函数，在 x—y 平面内每个点 (x, y) 都给出一个数值，把 φ 值相等的点连起来所得的曲线称为等势线。所以等势线方程为

$$\varphi(x, y) = 常数 \quad \text{或} \quad \mathrm{d}\varphi = 0 \tag{3.37}$$

给予不同的常数值就可得到一组等势线。

由式（3.33）知流速势 $\varphi(x, y)$ 的全微分为

$$\mathrm{d}\varphi = u_x \mathrm{d}x + u_y \mathrm{d}y \tag{3.38}$$

则等势线方程也可表示为

$$\mathrm{d}\varphi = u_x \mathrm{d}x + u_y \mathrm{d}y = 0 \tag{3.39}$$

2. 流函数及其性质

由式（3.10）知，平面流动的流线微分方程为

$$\frac{\mathrm{d}x}{u_x} = \frac{\mathrm{d}y}{u_y}$$

或

$$u_x \mathrm{d}y - u_y \mathrm{d}x = 0 \tag{3.40}$$

不可压缩均质流体平面运动的连续方程为

$$\frac{\partial u_x}{\partial x} + \frac{\partial u_y}{\partial y} = 0$$

由高等数学知，上式是使 $u_x \mathrm{d}y - u_y \mathrm{d}x$ 能成为某一函数 ψ 的全微分的必要和充分条件。函数 $\psi(x, y)$ 的全微分为

$$\mathrm{d}\psi = u_x \mathrm{d}y - u_y \mathrm{d}x \tag{3.41}$$

积分可得

$$\psi(x, y) = \int (u_x \mathrm{d}y - u_y \mathrm{d}x) \tag{3.42}$$

此函数 $\psi(x, y)$ 称为平面流动的流函数。因此，满足连续性方程的任何不可压缩均质流体的平面运动必然存在流函数。

因流函数 ψ 是两个自变量的函数，它的全微分可写为

$$\mathrm{d}\psi = \frac{\partial \psi}{\partial x}\mathrm{d}x + \frac{\partial \psi}{\partial y}\mathrm{d}y \tag{3.43}$$

比较式（3.41）和式（3.43），得

$$\begin{cases} u_x = \dfrac{\partial \psi}{\partial y} \\[2mm] u_y = -\dfrac{\partial \psi}{\partial x} \end{cases} \tag{3.44}$$

这就是流函数 $\psi(x, y)$ 与流速的关系，也可以看作是流函数的定义。

因此，在研究平面流动时，如能求出流函数，即可求得任一点的两个速度分量，这样可简化分析过程。所以，流函数是研究平面流动的一个重要且有用的概念。

流函数具有以下性质：

（1）同一流线上各点的流函数为常数，或流函数相等的点连成的曲线为流线。

在某一确定时刻，ψ 是平面位置 (x, y) 的函数，在 x—y 平面内，每个点 (x, y) 都给出 ψ 的一个数值，把 ψ 相等的点连接起来所得曲线其方程式为

$$\psi(x, y) = 常数 \qquad 或 \qquad \mathrm{d}\psi = 0 \tag{3.45}$$

由式（3.41）、式（3.43）及式（3.45）可知

$$\mathrm{d}\psi = \frac{\partial \psi}{\partial x}\mathrm{d}x + \frac{\partial \psi}{\partial y}\mathrm{d}y = u_x \mathrm{d}y - u_y \mathrm{d}x = 0 \tag{3.46}$$

式（3.46）即为流线方程式（3.40）。由此可知，流函数相等的点连接起来的曲线为流线。若流函数方程能找出，则令 $\psi=$ 常数，即可求得流线方程式，不同的常数代表不同的流线。

（2）两流线间所通过的单宽流量等于该两流线的流函数值之差。

如图 3.21 所示，在平面流中任意两根流线上各取点 a 和 b，过两点连一曲线 $\widehat{ab}$，在该曲线上任意取一点 M，M 点的流速分量为 u_x、u_y；通过 M 点在 $\widehat{ab}$ 上取一微分段 $\mathrm{d}n$，其分量为 $\mathrm{d}x$、$\mathrm{d}y$。由图看出，通过 $\mathrm{d}n$ 段的微小流量为 $\mathrm{d}q=u_x\mathrm{d}y-u_y\mathrm{d}x$。故通过曲线 $\widehat{ab}$ 的流量 $q_{\widehat{ab}}=\int_b^a\mathrm{d}q=\int_b^a(u_x\mathrm{d}y-u_y\mathrm{d}x)$。由式（3.41）可知 $u_x\mathrm{d}y-u_y\mathrm{d}x=\mathrm{d}\psi$，则

$$q_{\widehat{ab}}=\int_b^a\mathrm{d}\psi=\psi_a-\psi_b \tag{3.47}$$

由此可得出结论：任何两条流线之间通过的单宽流量等于这两条流线流函数值之差。

（3）平面势流的流函数是一个调和函数。

上述两个性质不管是有涡流还是势流都是适用的。当平面流为势流时，则

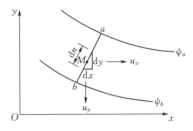

图 3.21 单宽流量与流函数的关系

$$\omega_z=\frac{1}{2}\left(\frac{\partial u_y}{\partial x}-\frac{\partial u_x}{\partial y}\right)=0 \quad 或 \quad \frac{\partial u_y}{\partial x}-\frac{\partial u_x}{\partial y}=0$$

将式（3.44）代入上式得

$$\frac{\partial^2\psi}{\partial x^2}+\frac{\partial^2\psi}{\partial y^2}=0$$

上式就是拉普拉斯方程。所以平面势流的流函数与流速势一样是一个调和函数。

3. 流函数与流速势的关系

（1）流函数与流速势为共轭函数。

因流函数 ψ 及流速势 φ 分别满足式（3.35）和式（3.44），则有

$$\begin{cases} u_x=\dfrac{\partial\varphi}{\partial x}=\dfrac{\partial\psi}{\partial y} \\[2mm] u_y=\dfrac{\partial\varphi}{\partial y}=-\dfrac{\partial\psi}{\partial x} \end{cases} \tag{3.48}$$

在高等数学中满足这种关系的两个函数称为共轭函数。所以在平面势流中流函数 ψ 与流速势 φ 是共轭函数。利用式（3.48），已知 u_x、u_y 可推求 ψ 及 φ，或已知其中一个函数就可推求另一个函数。

（2）流线与等势线相正交。

等流函数线为流线，其方程式（3.46）为 $\mathrm{d}\psi=u_x\mathrm{d}y-u_y\mathrm{d}x=0$，因此，流线上任意一定点的斜率

$$m_1=\frac{\mathrm{d}y}{\mathrm{d}x}=\frac{u_y}{u_x}$$

等流速势线就是等势线，其方程式（3.39）为 $\mathrm{d}\varphi=u_x\mathrm{d}x-u_y\mathrm{d}y=0$，因此，在同一定点上等势线的斜率 $m_2=\dfrac{\mathrm{d}y}{\mathrm{d}x}=-\dfrac{u_x}{u_y}$。

所以，$m_1m_2=-1$，即流线与等势线在该定点上是相正交的。

【例 3.5】　设平面流场中的速度为 $u_x = U$, $u_y = 0$, U 为常数。试判断该流动是否存在流函数和速度势函数，若存在则求出它们的表达式，并绘出相应的流线和等势线。

解：（1）求流函数：

因 $\dfrac{\partial u_x}{\partial x} = 0$, $\dfrac{\partial u_y}{\partial y} = 0$, 所以 $\dfrac{\partial u_x}{\partial x} + \dfrac{\partial u_y}{\partial y} = 0$, 满足连续性方程，故存在流函数 ψ。

由式（3.41）得 $\mathrm{d}\psi = u_x \mathrm{d}y - u_y \mathrm{d}x = U\mathrm{d}y$, 积分得 $\psi = U_y + C_1$。

流线 $\psi = $ 常数，即 $U_y = $ 常数。故流线是平行于 x 轴的直线（图 3.22）。

（2）求速度势函数：

因 $\dfrac{\partial u_x}{\partial y} = 0$, $\dfrac{\partial u_y}{\partial x} = 0$, 所以 $\omega_z = \dfrac{1}{2}\left(\dfrac{\partial u_y}{\partial x} - \dfrac{\partial u_x}{\partial y}\right) = 0$, 故存在速度势函数 φ。

由式（3.38）得 $\mathrm{d}\varphi = u_x \mathrm{d}x + u_y \mathrm{d}y = U\mathrm{d}x$, 积分得 $\varphi = U_x + C_2$。

等势线 $\varphi = $ 常数，即 $U_x = $ 常数。故等势线是平行于 y 轴的直线（图 3.22）。

此流动即为平行于 Ox 轴的均匀直线流动。

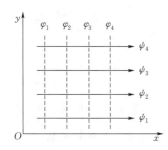

图 3.22　均匀直线流动

【例 3.6】　平面势流的流函数为 $\psi = Ax + By$, A、B 为常数。试求流速 u_x, u_y 及速度势函数 φ。

解：（1）求流速：

$$u_x = \frac{\partial \psi}{\partial y} = B, \quad u_y = -\frac{\partial \psi}{\partial x} = -A$$

（2）求速度势函数：

由式（3.38）得

$$\mathrm{d}\varphi = u_x \mathrm{d}x + u_y \mathrm{d}y = B\mathrm{d}x - A\mathrm{d}y$$

积分得 $\varphi = Bx - Ay + C$, C 为积分常数。

3.6.2　求解平面势流的方法

平面势流的求解问题，关键在于根据给定的边界条件，求解拉普拉斯方程的势函数或流函数。其求解方法有流网法、势流叠加法、复变函数法、数值计算法等。下面介绍流网法和势流叠加法的原理。

1. 流网法

在平面势流中，$\varphi(x, y) = D_i$ 代表一族等势线；$\psi(x, y) = C_i$ 代表一族流线。等势线族与流线族所成的网状图形称为流网，如图 3.23 所示。

流网具有以下特征：

（1）流网中的流线与等势线是相互正交的。在介绍流函数与速度势的关系时已予以证明。

（2）流网中流速势 φ 的增值方向与流速方向一致；将流速方向逆时针旋转 90° 所得方向即为流函数 ψ 的增值方向。因此，只要知道流动方向就可确定 φ 及 ψ 的增值方向。

在平面势流的流速场中任意选取一点 A，通过 A 点必可做出一根等势线 φ 和一根流线 ψ，并绘出其相邻的等势线 $\varphi + \mathrm{d}\varphi$ 和流线 $\psi + \mathrm{d}\psi$，令两等势线之间的距

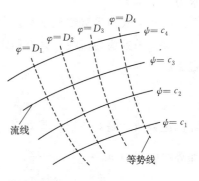

图 3.23　流网

离为 $\mathrm{d}s$，两流线之间的距离为 $\mathrm{d}n$，如图 3.24 所示。

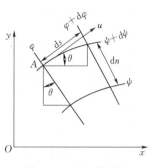

A 点流速 u 的方向必为该点流线的切线方向，也一定是该点等势线的法线方向。若以流速 u 的方向作为 s 的增值方向，将 s 的增值方向逆时针旋转 $90°$ 作为 n 的增值方向，则

$$\mathrm{d}\varphi = u_x \mathrm{d}x + u_y \mathrm{d}y$$
$$= u\cos\theta \cdot \mathrm{d}s\cos\theta + u\sin\theta \cdot \mathrm{d}s\sin\theta$$
$$= u\mathrm{d}s(\cos^2\theta + \sin^2\theta) = u\mathrm{d}s \tag{3.49}$$

图 3.24 流网的特征

由式（3.49）可知，当 $\mathrm{d}s$ 为正值时，$\mathrm{d}\varphi$ 也为正值，即流速势 φ 的增值方向与 s 的增值方向是相同的，流速势 φ 的增值方向与流速方向一致。

$$\mathrm{d}\psi = u_x \mathrm{d}y - u_y \mathrm{d}x = u\cos\theta \cdot \mathrm{d}n\cos\theta - u\sin\theta(-\mathrm{d}n\sin\theta) = u\mathrm{d}n(\cos^2\theta + \sin^2\theta) = u\mathrm{d}n \tag{3.50}$$

式（3.50）表明，流函数 ψ 的增值方向与 n 的增值方向是相同的，流函数 ψ 的增值方向即流速方向逆时针旋转 $90°$ 的方向。

（3）流网中每一网格的边长之比 $\mathrm{d}s/\mathrm{d}n$ 等于 φ 与 ψ 的增值之比 $\mathrm{d}\varphi/\mathrm{d}\psi$；如取 $\mathrm{d}\varphi = \mathrm{d}\psi$，则网格成正方形。

由式（3.49）得

$$u = \frac{\mathrm{d}\varphi}{\mathrm{d}s} \tag{3.51}$$

由式（3.50）得

$$u = \frac{\mathrm{d}\psi}{\mathrm{d}n} \tag{3.52}$$

故

$$\frac{\mathrm{d}\varphi}{\mathrm{d}\psi} = \frac{\mathrm{d}s}{\mathrm{d}n} \tag{3.53}$$

在绘制流网时，各等势线之间的 $\mathrm{d}\varphi$ 值和各流线之间的 $\mathrm{d}\psi$ 值各为一个固定的常数，因此网格的边长 $\mathrm{d}s$ 与 $\mathrm{d}n$ 之比就应该不变。若取 $\mathrm{d}\varphi = \mathrm{d}\psi$，则 $\mathrm{d}s = \mathrm{d}n$。这样，所有的网格都为正方形。在实用上绘制流网时，不可能绘制无数的流线及等势线，因此式（3.53）改为差分式，即

$$\frac{\Delta\varphi}{\Delta\psi} = \frac{\Delta s}{\Delta n} \tag{3.54}$$

若取所有的 $\Delta\varphi = \Delta\psi = $ 常数，则 $\Delta s = \Delta n$，即每个网格将成为各边顶点正交、各边长度近似相等的正交曲线方格；每一网格对边中点距离相等，所以 Δs 及 Δn 应看作是网格对边中点的距离。

根据上述流网性质，若边界轮廓为已知，使每一网格接近正交曲线方格，试绘几次就可绘出流网，进而求得流场的速度分布。因为任何两条相邻流线之间的流量 Δq 是一常数，根据流函数的性质 $\Delta\psi = \Delta q$，所以任何网格中的速度为

$$u = \frac{\Delta\varphi}{\Delta n} = \frac{\Delta q}{\Delta n} \tag{3.55}$$

在绘制流网时，各网格中的 Δq 为一常数，所以流速 u 与 Δn 成反比，即两处的流速之比为

$$\frac{u_1}{u_2} = \frac{\Delta n_2}{\Delta n_1} \tag{3.56}$$

在流网中可以直接量出各处的 Δn，根据上式，就可以得出速度的相对变化关系。如一点的速度为已知，就可按上式求得其他各点的速度。式（3.56）表明，两条流线的间距越大，速度越小；间距越小，速度越大。流网可以清晰地表示出速度分布的情况。

由上可知，流网可以解决恒定平面势流问题。流网之所以能给出恒定平面势流的流场情况，是因为流网就是拉普拉斯方程在一定边界条件下的图解。在特定边界条件下，拉普拉斯方程只能有一个解。根据流网特征，针对特定的边界条件，只能绘出一个流网，所以流网能给出正确的答案。根据流网能较简捷地掌握流场中的流动情况，得出流速分布和压强分布的近似解。

绘制流网是求解平面势流问题的一种方法，是数值计算方法普遍应用之前工程界比较通用的方法。流网理论是完全正确的，但流网法的精度依赖于流网的绘制。对于工程需要来讲，流网法的精度是可以满足要求的。例如，工程上常见的水流问题（见图 3.25 和图 3.26）和渗流问题（见图 3.27）均可用流网法求解。应当指出，有压平面势流流网的绘制相对简单，而具有自由表面的平面势流流网的绘制相对复杂，这是因为自由水面的位置、形状是未知的。

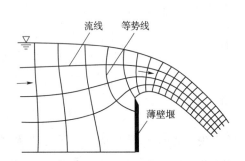

图 3.25　具有自由面的薄壁堰流网

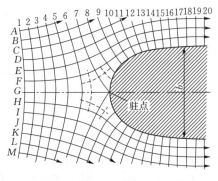

图 3.26　圆头物体绕流流网

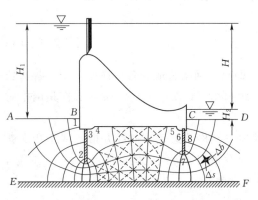

图 3.27　有压渗流流网

2. 势流叠加法

势流的一个重要特性是可叠加性。设有两势流，流速势分别为 φ_1 和 φ_2，它们的连续性条件应分别满足拉普拉斯方程，即

$$\frac{\partial^2 \varphi_1}{\partial x^2} + \frac{\partial^2 \varphi_1}{\partial y^2} = 0, \quad \frac{\partial^2 \varphi_2}{\partial x^2} + \frac{\partial^2 \varphi_2}{\partial x^2} = 0$$

而这两个流速势之和 $\varphi = \varphi_1 + \varphi_2$ 也将满足拉普拉斯方程，因为

$$\frac{\partial^2 \varphi}{\partial x^2} + \frac{\partial^2 \varphi}{\partial y^2} = \frac{\partial^2 \varphi_1}{\partial x^2} + \frac{\partial^2 \varphi_1}{\partial y^2} + \frac{\partial^2 \varphi_2}{\partial x^2} + \frac{\partial^2 \varphi_2}{\partial y^2} = 0$$

这就是说，两流速势之和形成新的流速势

代表新的流动。新流动的流速为

$$u_x = \frac{\partial \varphi}{\partial x} = \frac{\partial \varphi_1}{\partial x} + \frac{\partial \varphi_2}{\partial x} = u_{x1} + u_{x2}$$

$$u_y = \frac{\partial \varphi}{\partial y} = \frac{\partial \varphi_1}{\partial y} + \frac{\partial \varphi_2}{\partial y} = u_{y1} + u_{y2}$$

新流动的流速是原来两势流流速的叠加，也即在平面点上将两流速几何相加的结果。同样可以证明，新流动的流函数等于原来两流动流函数的代数和，即 $\psi = \psi_1 + \psi_2$。显然，以上的结论可以推广到两个以上流动。

一些简单的平面势流，如均匀直线流动、源流和汇流等，其流函数和流速势的表达式不难求出。利用势流叠加原理，通过已知简单势流的恰当叠加可合成一种符合给定边界条件的复杂流动，得到其流速分布，进而利用势流的伯努利能量方程求得压强分布，如均匀流绕桥墩时的流动、圆柱绕流等。

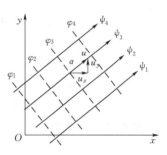

图 3.28　与 x 轴成夹角 α 的
均匀直线流动

（1）均匀直线流动。

流线相互平行且速度处处相等的流动叫均匀直线流动。设一平面均匀直线流动的速度 u 与 x 轴的夹角为 α，如图 3.28 所示。

下面求其流函数 ψ 和速度势 φ。

图 3.28 中的速度 u 沿 x 和 y 轴的分量为

$$u_x = u\cos\alpha, \quad u_y = u\sin\alpha$$

由式（3.41）得 $\mathrm{d}\psi = u_x \mathrm{d}y - u_y \mathrm{d}x = u\cos\alpha \mathrm{d}y - u\sin\alpha \mathrm{d}x$，积分得

$$\psi = u\cos\alpha \mathrm{d}y - u\sin\alpha \mathrm{d}x + C_1$$

由式（3.38）得 $\mathrm{d}\varphi = u_x \mathrm{d}x + u_y \mathrm{d}y = u\cos\alpha \mathrm{d}x + u\sin\alpha \mathrm{d}y$，积分得

$$\varphi = u\cos\alpha \mathrm{d}x + u\sin\alpha \mathrm{d}y + C_2$$

令积分常数 $C_1 = C_2 = 0$，则得

$$\psi = u(y\cos\alpha - x\sin\alpha) \tag{3.57}$$

$$\varphi = u(x\cos\alpha + y\sin\alpha) \tag{3.58}$$

显然，若均匀直线流流速平行于 x 轴，则 $\alpha = 0$，$u_x = u$，$u_y = 0$，此时

$$\psi = uy \tag{3.59}$$

$$\varphi = ux \tag{3.60}$$

即流线与 x 轴平行，等势线与 y 轴平行（见图 3.22）。

若均匀直线流流速平行于 y 轴，则 $\alpha = 90°$，$u_x = 0$，$u_y = u$，此时

$$\psi = -ux \tag{3.61}$$

$$\varphi = uy \tag{3.62}$$

即流线与 y 轴平行，等势线与 x 轴平行。

（2）源流和汇流。

设在水平的无限平面内，液体从某一点 O 沿径向均匀地向四周流动，其流线是从源点

O 发出的一族射线,如图 3.29 所示,这种流动称为源流,O 点称为源点。

源流中只有径向流速 u_r,所以

$$u_r = \frac{Q}{2\pi r} = \frac{Q}{2\pi \sqrt{x^2 + y^2}} \tag{3.63}$$

$$u_\theta = 0 \tag{3.64}$$

及

$$u_x = u_r\cos\theta = \frac{Q}{2\pi r}\frac{x}{r} = \frac{Qx}{2\pi(x^2 + y^2)} \tag{3.65}$$

$$u_y = u_r\sin\theta = \frac{Q}{2\pi r}\frac{y}{r} = \frac{Qy}{2\pi(x^2 + y^2)} \tag{3.66}$$

式中 Q——沿源点流出的流量,称为源流强度。

当 $r \to 0$,$u_r \to \infty$,因此 $r = 0$(即源点)这一点为奇点。除奇点外,实际流动中有些流动与平面流动类似,例如,泉水从泉眼向外均匀流出的情况就是源流的近似。源流这一概念的重要意义还在于,许多复杂的实际流型可通过源流和其他简单流型的组合得到。

要求解源流的流函数和流速势函数,采用极坐标系比较方便。在极坐标系中,流速分量与流函数、流速势函数的关系,与直角坐标系中的类似,即

$$u_r = \frac{\partial \psi}{r\partial \theta},\ u_\theta = -\frac{\partial \psi}{\partial r} \tag{3.67}$$

$$u_r = \frac{\partial \varphi}{\partial r},\ u_\theta = \frac{\partial \varphi}{r\partial \theta} \tag{3.68}$$

因源流 $u_\theta = 0$,故得

$$\frac{\partial \psi}{\partial r} = 0,\ \frac{\partial \psi}{r\partial \theta} = \frac{\mathrm{d}\psi}{r\mathrm{d}\theta} = u_r,\ \mathrm{d}\psi = ru_r\mathrm{d}\theta = \frac{Q}{2\pi}\mathrm{d}\theta \tag{3.69}$$

$$\frac{\partial \varphi}{r\partial \theta} = 0,\ \frac{\partial \varphi}{\partial r} = \frac{\mathrm{d}\varphi}{\mathrm{d}r} = u_r,\ \mathrm{d}\varphi = u_r\mathrm{d}r = \frac{Q}{2\pi r}\mathrm{d}r \tag{3.70}$$

分别对上两式积分,得

$$\psi = \frac{Q}{2\pi}\theta + C_1,\ \varphi = \frac{Q}{2\pi}\ln r + C_2 \tag{3.71}$$

因取积分常数 C_1 和 C_2 等于零并不改变流函数和流速势的性质,于是得到源流的流函数 ψ 及流速势 φ 的表达式

$$\psi = \frac{Q}{2\pi}\theta = \frac{Q}{2\pi}\arctan\frac{y}{x} \tag{3.72}$$

$$\varphi = \frac{Q}{2\pi}\ln r = \frac{Q}{2\pi}\ln \sqrt{x^2 + y^2} \tag{3.73}$$

分析上述两式,可知源流的流线是一族从源点出发的径向射线,等势线则是一族以源点为中心的同心圆,两族线相互正交,构成流网,如图 3.29 所示。

如把液体的源点改为汇集液体的汇聚点,则四周液体将均匀地流向 O 点,这种流动称为汇流,O 点称为汇点,如图 3.30 所示。汇流的流函数和流速势的表达式与源流的形式一样,只是符号相反,即

$$\psi = -\frac{Q}{2\pi}\theta = -\frac{Q}{2\pi}\arctan\frac{y}{x} \tag{3.74}$$

$$\varphi = -\frac{Q}{2\pi}\ln r = -\frac{Q}{2\pi}\ln\sqrt{x^2+y^2} \tag{3.75}$$

式中　　Q——自四周流入汇点的流量，称为汇流强度。

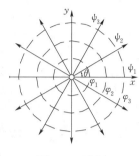

图 3.29　源流

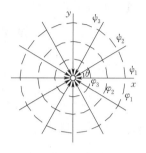

图 3.30　汇流

汇流和源流一样，原点也是一个奇点，若将原点附近除外，则实际流动中地下水从四周均匀流入水井的流动，可以作为汇流的近似。

（3）等强度源流和汇流的叠加：偶极流。

如图 3.31 所示，A_1 为源点而 A_2 为汇点，对称于 y 轴，坐标原点 O 位于 A_1 与 A_2 中间，取 A_1A_2 作为 x 轴。该源点和汇点叠加后，任一 $P(x,y)$ 点的流函数为

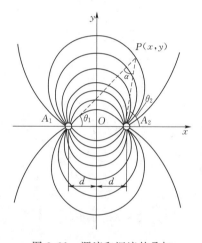

$$\psi = \frac{Q}{2\pi}\theta_1 - \frac{Q}{2\pi}\theta_2 = -\frac{Q}{2\pi}(\theta_2-\theta_1)$$

或
$$\psi = \frac{Q}{2\pi}\alpha$$

式中　　θ_1——$\angle xA_1P$；

　　　　θ_2——$\angle xA_2P$；

　　　　α——$\angle A_1PA_2$。

图 3.31　源流和汇流的叠加

等流函数线（流线）上的 $\psi=$ 常数，即 $\alpha = \theta_2-\theta_1=$ 常数。由几何学知，该流线是圆心在 y 轴上通过 A_1 及 A_2 点的一组圆，如图 3.31 所示。

若源点和汇点的间距为 $2d$，则

$$\tan\theta_1 = \frac{y}{x+d}，\quad \tan\theta_2 = \frac{y}{x-d}$$

而
$$\tan\alpha = \tan(\theta_1-\theta_2) = \frac{\tan\theta_1-\tan\theta_2}{1+\tan\theta_1\tan\theta_2} = \frac{-2yd}{x^2+y^2-d^2}$$

于是
$$\psi = \frac{Q}{2\pi}\arctan\frac{-2yd}{x^2+y^2-d^2}$$

若假定
$$2Qd=M$$

则得流函数为

$$\psi = \frac{M}{4\pi d}\arctan\frac{-2yd}{x^2+y^2-d^2}$$

当源点与汇点无限接近，即 d 趋近于零，而 M 维持有限值时，源点与汇点的结合称

71

为强度为 M 的偶极流。则此时的流函数将趋近于

$$\psi = -\frac{M}{2\pi} \frac{y}{x^2+y^2} \tag{3.76}$$

等流函数线，即流线方程为

$$-\frac{M}{2\pi} \frac{y}{x^2+y^2} = C_1$$

改写为

$$x^2 + \left(y + \frac{M}{4\pi C_1}\right)^2 = \left(\frac{M}{4\pi C_1}\right)^2 \tag{3.77}$$

式（3.77）表明流线是一族圆心在 y 轴上 $\left(0, -\frac{M}{4\pi C_1}\right)$、半径为 $\frac{M}{4\pi C_1}$ 的圆族，并在坐标原点与 x 轴相切，如图 3.32 中实线所示。流体由坐标原点流出，沿上述圆周重新又流入原点。

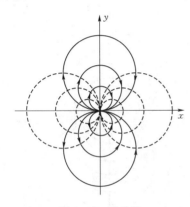

图 3.32　偶极流

同理，其势函数为

$$\varphi = \frac{M}{2\pi} \frac{x}{x^2+y^2} \tag{3.78}$$

等势线方程为

$$\frac{M}{2\pi} \frac{x}{x^2+y^2} = C_2$$

改写为

$$\left(x - \frac{M}{4\pi C_2}\right)^2 + y^2 = \left(\frac{M}{4\pi C_2}\right)^2 \tag{3.79}$$

式（3.79）表明等势线是一族圆心在 x 轴上 $\left(\frac{M}{4\pi C_2}, 0\right)$、半径为 $\frac{M}{4\pi C_2}$ 的圆族，并在坐标原点与 y 轴相切，如图 3.32 中的虚线所示。

（4）均匀流动和偶极流的叠加：圆柱绕流。

圆柱绕流可由均匀直线流和偶极流的叠加得到。设均匀直线流沿 x 轴方向，速度为 $u_x = u$；偶极流的偶极点置于坐标原点，如图 3.33 所示。

均匀直线流和偶极流叠加所得新势流的流函数和速度势为

$$\psi = u_y - \frac{M}{2\pi} \frac{\sin\theta}{r} = \left(u_r - \frac{M}{2\pi} \frac{1}{r}\right)\sin\theta \tag{3.80}$$

$$\varphi = u_x - \frac{M}{2\pi} \frac{\cos\theta}{r} = \left(u_r + \frac{M}{2\pi} \frac{1}{r}\right)\cos\theta \tag{3.81}$$

对于 $\psi = 0$ 的流线，其方程为

$$\left(u_r - \frac{M}{2\pi} \frac{1}{r}\right)\sin\theta = 0$$

这个方程的解为

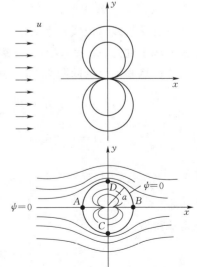

图 3.33　圆柱绕流

1) $\sin\theta = 0$，则 $\theta = 0$，$\theta = \pi$，即 x 轴为流线；

2) $u_r - \dfrac{M}{2\pi}\dfrac{1}{r} = 0$，则 $r^2 = \dfrac{M}{2\pi u}$，即 $r = \sqrt{\dfrac{M}{2\pi u}} = a$ 的圆也是流线。以固体边界代替此流线时，其外部的流动图形不变。若将 $M/2\pi = a^2 u$ 代入式（3.81）和式（3.82），则得到半径为 a 的圆柱在流速为 u 的均匀直线流中绕流的流函数和流速势

$$\psi = u_r \sin\theta\left(1 - \frac{a^2}{r^2}\right) \tag{3.82}$$

$$\varphi = u_r \cos\theta\left(1 + \frac{a^2}{r^2}\right) \tag{3.83}$$

相应的速度分布为

$$u_r = \frac{\partial\psi}{r\partial\theta} = u\cos\theta\left(1 - \frac{a^2}{r^2}\right) \tag{3.84}$$

$$u_\theta = -\frac{\partial\psi}{\partial r} = -u\sin\theta\left(1 + \frac{a^2}{r^2}\right) \tag{3.85}$$

由此可得圆柱表面上的速度分布，即 $r = a$ 时，由式（3.84）、式（3.85）得

$$u_r = 0 \tag{3.86}$$

$$u_\theta = -2u\sin\theta \tag{3.87}$$

即圆柱表面上的速度分布沿圆周的切线方向。当 $r = a$ 和 $\theta = 0$，$\theta = \pi$ 时，$u_r = 0$，$u_\theta = 0$，即为驻点，如图 3.33 所示 A 和 B 的位置；当 $r = a$ 和 $\theta = \pm\pi/2$ 时，$\sin\theta = \pm 1$，速度的绝对值达到最大，即 $|u_{\theta\max}| = 2u$，如图 3.33 所示 C 和 D 的位置。

本 章 知 识 点

（1）描述流体运动的方法有拉格朗日法和欧拉法，其中欧拉法是普遍采用的方法。拉格朗日法是通过研究单个质点的运动规律来获得整个流体的运动规律；欧拉法是以研究不同质点通过固定空间位置的运动情况来了解整个流动空间内的流动，其运动要素是空间坐标和时间的函数，欧拉法又称流场法。

（2）用欧拉法描述流体运动时，质点加速度等于时变加速度和位变加速度之和。

（3）迹线和流线是两个不同概念。流线是欧拉法分析流动的重要概念。流线上所有各质点的流速矢量都与之相切。流线不能相交，不能转折，是一条光滑的曲线，它表示瞬间的流动方向。流线族可以清晰地表示出整个空间在某一瞬间的流动情况。恒定流时，流线的形状和位置不随时间变化；流线与迹线重合。流线可以通过流线方程求出。

（4）总流、过流断面、流量、断面平均流速是实际工程中常用的概念。

（5）恒定流与非恒定流、均匀流与非均匀流、渐变流与急变流是不同的概念，千万不要混淆。恒定流与非恒定流是以运动要素是否随时间变化来区分。均匀流与非均匀流是以流动过程中运动要素是否随坐标位置（流程）而变化来区分，也可根据流线族是否为彼此平行的直线来判断。非均匀流按流线不平行和弯曲程度分为渐变流和急

变流。

（6）流体连续性方程是根据质量守恒定律导出的，它是流体运动所必须满足的连续条件，对于不可压缩流体的总流，连续性方程表述为任意两个过流断面所通过的流量相等，$v_1 A_1 = v_2 A_2$，即过流断面的平均流速与过流断面的面积成反比。

（7）流体微团运动的基本形式分为平移、变形（线变形、角变形）和旋转。平移速度、线变形率、角变形率、旋转角速度可分别求出。其中旋转角速度可以用来判别流体运动是有涡流还是无涡流。

（8）若流体运动时每个流体微团都不存在绕自身轴的旋转运动，即旋转角速度 $\omega_z = \omega_y = \omega_x = 0$，则称此运动为无涡流或无旋流；反之则称为有涡流或有旋流。无涡流又称有势流（简称势流）。

（9）势流必存在流速势函数 φ，流速势 φ 是一调和函数。已知流速势 φ，可得流速场。因此，求解平面势流问题归结为求解特定边界条件下的拉普拉斯方程。流函数 ψ 也是调和函数，若已知流函数 ψ，可求流速场。流函数与势函数为共轭函数。流线与等势线正交。

（10）流网的特征包括：流网中流线与等势线是相互正交的；流网中流速势 φ 的增值方向与流速方向一致，将流速方向逆时针旋转 90° 所得方向即为流函数 ψ 的增值方向；流网中若取 $\mathrm{d}\varphi = \mathrm{d}\psi$，则网格呈正方形。势流的一个重要特性是可叠加性，利用势流叠加原理，均匀直线流动、源流和汇流等简单平面势流的恰当叠加，可得到符合给定边界条件的复杂流动。

思 考 题

3.1　如图 3.34 所示，水流通过由两段等截面及一段变截面组成的管道，试问：

（1）当阀门开度一定，上游水位保持不变，各段管中是恒定流还是非恒定流？是均匀流还是非均匀流？（2）当阀门开度一定，上游水位随时间下降，这时管中是恒定流还是非恒定流？（3）恒定流情况下，当判别第 Ⅱ 段管中是渐变流还是急变流时，与该段管长有无关系？

3.2　均匀流和渐变流一定是恒定流，急变流一定是非恒定流，此说法对吗？为什么？

3.3　恒定流和非恒定流、均匀流和非均匀流、渐变流和急变流、有压流和无压流，各种流动分类的原则是什么？试举出具体的例子。

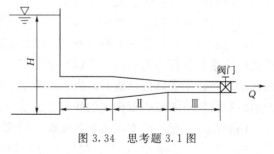

图 3.34　思考题 3.1 图

3.4　有涡流和无涡流的基本特征是什么？如何判断有涡流和无涡流？

3.5　流体微团运动的基本形式有哪些？写出它们分别与速度变化的关系式。

习　　题

3.1　恒定二维流动的速度场为 $u_x = ax$，$u_y = -ay$，其中 $a = 1s^{-1}$。（1）论证流线方程为 $xy = C$；（2）绘出 $C = 0$、$1m^2$、$4m^2$ 的流线；（3）写出质点加速度的表达式。

3.2　试检验下述不可压缩流体的运动是否存在？（1）$u_x = 2x^2 + y$，$u_y = 2y^2 + z$，$u_z = -4(x + y)z + xy$；（2）$u_x = yzt$，$u_y = xzt$，$u_z = xyt$。

3.3　圆管中流速为轴对称分布（图 3.35），$u = \dfrac{u_{max}}{r_0^2}(r_0^2 - r^2)$，$u$ 是距管轴中心为 r 处的流速。若已知 $r_0 = 0.03m$，$u_{max} = 0.15m/s$，求通过圆管的流量 Q 及断面平均流速。

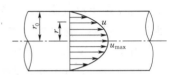

图 3.35　习题 3.3 图

3.4　水流从水箱经管径分别为 $d_1 = 10cm$，$d_2 = 5cm$，$d_3 = 2.5cm$ 的管道流出，出口流速 $v = 1m/s$，如图 3.36 所示。求流量及各管道的断面平均流速。

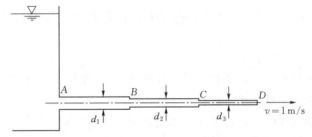

图 3.36　习题 3.4 图

3.5　如图 3.37 所示铅直放置的有压管道，已知 $d_1 = 200mm$，$d_2 = 100mm$，断面 1—1 处的流速 $v_1 = 1m/s$。求：（1）输水流量 Q；（2）断面 2—2 处的平均流速 v_2；（3）若此管水平放置，输水流量 Q 及断面 2—2 处的速度 v_2 是否发生变化？（4）若图 3.37（a）中的水自下而上流动，Q 及 v_2 是否会发生变化？

3.6　已知某流场的流速势为 $\varphi = \dfrac{a}{2}(x^2 - y^2)$，$a$ 为常数，试求 u_x 及 u_y。

3.7　对于 $u_x = 2xy$，$u_y = a^2 + x^2 - y^2$ 的平面流动，a 为常数。试分析判断该流动：（1）是恒定流还是非恒定流？（2）是均匀流还是非均匀流？（3）是有旋流还是无旋流？

3.8　已知流速分布为 $u_x = -x$，$u_y = y$，试判别流动是否有势。

3.9　已知 $u_x = 4x$，$u_y = 4y$，试求该流动的速度势函数和流函数。

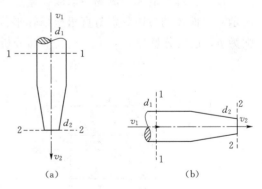

图 3.37　习题 3.5 图

第4章 流 体 动 力 学

第3章讨论了流体运动的表述方法，分析了流体如何运动，但研究的只是流体运动本身，而没有涉及流体为什么会这样运动，即没有涉及引起流体运动的原因和条件。本章将回答这个问题，探讨外力作用而引起流体运动的规律，即流体动力学问题。

由于实际流体具有黏滞性，致使问题复杂；而理想流体因不考虑黏滞性，将使问题大大简化。虽然实际上并不存在理想流体，但有些流动问题，当黏滞性的影响很小可以忽略不计时，对理想流体运动研究所得的结果可用于实际流体。本章将对理想流体和实际流体运动分别进行讨论。

4.1 理想流体运动微分方程及其积分

4.1.1 理想流体动水压强的特性

因为理想流体不具有黏性，所以流体运动时不产生切应力，在作用表面上只有压应力，即动水压强。理想流体动水压强具有下述两个特性：

（1）理想流体动压强的方向总是沿着作用面的内法线方向。

（2）理想流体中任一点动水压强的大小与其作用面的方位无关。即任一点动水压强的大小在各方向上均相等，只是位置坐标和时间的函数。

上述结论可用分析静水压强特性的方法得到证明。显然，理想流体动水压强的特性与静水压强的特性完全一样。

4.1.2 理想流体运动微分方程

设想在理想流体的流场中取以任意点 $M(x,y,z)$ 为中心的微分平行六面体，如图 4.1 所示。六面体的各边分别与直角坐标轴平行，边长分别为 dx，dy，dz。设 M 点的动水压强为 p，速度分量为 u_x，u_y，u_z。下面分析作用于微分六面体上的力。

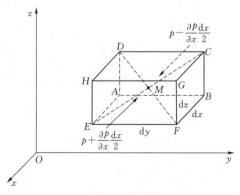

图 4.1 理想流体的微分六面体

1. 表面力

表面力只有动水压力。沿 x 轴方向作用于六面体的后表面上的动水压强为 $p-\dfrac{\partial p}{\partial x}\dfrac{dx}{2}$，作用于前表面上的动水压强为 $p+\dfrac{\partial p}{\partial x}\dfrac{dx}{2}$。由此得作用于微分六面体的后表面、前表面上的动水压力分别为 $\left(p-\dfrac{\partial p}{\partial x}\dfrac{dx}{2}\right)dydz$ 和 $\left(p+\dfrac{\partial p}{\partial x}\dfrac{dx}{2}\right)dydz$。

同理，沿 y 轴方向作用于边界面上的动水压力为 $\left(p - \dfrac{\partial p}{\partial y}\dfrac{dy}{2}\right)dzdx$ 和 $\left(p + \dfrac{\partial p}{\partial y}\dfrac{dy}{2}\right)dzdx$；沿 z 轴方向作用于边界面上的动水压力为 $\left(p - \dfrac{\partial p}{\partial z}\dfrac{dz}{2}\right)dxdy$ 和 $\left(p + \dfrac{\partial p}{\partial z}\dfrac{dz}{2}\right)dxdy$。

2. 质量力

作用于微分六面体上的质量力在 x、y、z 轴上的分量分别为 $f_x \rho dxdydz$、$f_y \rho dxdydz$、$f_z \rho dxdydz$，其中 f_x、f_y、f_z 分别为沿 x、y、z 轴上的单位质量力。

3. 平衡方程

根据牛顿第二定律，作用于微分六面体上的力在 x 轴上的分量的代数和应等于微分六面体的质量与加速度在 x 方向分量的乘积，即

$$f_x \rho dxdydz + \left(p - \frac{\partial p}{\partial x}\frac{dx}{2}\right)dydz - \left(p + \frac{\partial p}{\partial x}\frac{dx}{2}\right)dydz = \rho dxdydz \frac{du_x}{dt}$$

化简后得 $f_x - \dfrac{1}{\rho}\dfrac{\partial p}{\partial x} = \dfrac{du_x}{dt}$。同理可得沿 y、z 方向的关系式，并写在一起，即

$$\begin{cases} f_x - \dfrac{1}{\rho}\dfrac{\partial p}{\partial x} = \dfrac{du_x}{dt} \\[2mm] f_y - \dfrac{1}{\rho}\dfrac{\partial p}{\partial y} = \dfrac{du_y}{dt} \\[2mm] f_z - \dfrac{1}{\rho}\dfrac{\partial p}{\partial z} = \dfrac{du_z}{dt} \end{cases} \tag{4.1}$$

上式就是理想流体运动微分方程，又称欧拉（Euler）运动微分方程。它表述了流体质点运动和作用在它身上的力的关系，适用于可压缩和不可压缩流体的恒定流和非恒定流、有势流和有涡流。

因加速度为时变加速度与位变加速度之和，故理想流体运动微分方程（4.1）可写为

$$\begin{cases} f_x - \dfrac{1}{\rho}\dfrac{\partial p}{\partial x} = \dfrac{\partial u_x}{\partial t} + u_x\dfrac{\partial u_x}{\partial x} + u_y\dfrac{\partial u_x}{\partial y} + u_z\dfrac{\partial u_x}{\partial z} \\[2mm] f_y - \dfrac{1}{\rho}\dfrac{\partial p}{\partial y} = \dfrac{\partial u_y}{\partial t} + u_x\dfrac{\partial u_y}{\partial x} + u_y\dfrac{\partial u_y}{\partial y} + u_z\dfrac{\partial u_y}{\partial z} \\[2mm] f_z - \dfrac{1}{\rho}\dfrac{\partial p}{\partial z} = \dfrac{\partial u_z}{\partial t} + u_z\dfrac{\partial u_z}{\partial x} + u_y\dfrac{\partial u_z}{\partial y} + u_z\dfrac{\partial u_z}{\partial z} \end{cases} \tag{4.2}$$

显然，当恒定流时，式（4.2）中 $\dfrac{\partial u_x}{\partial t} = \dfrac{\partial u_y}{\partial t} = \dfrac{\partial u_z}{\partial t} = 0$。

对于静止流体，$u_x = u_y = u_z = 0$，理想流体运动微分方程式（4.1）变为流体静力学理想流体平衡微分方程式（2.5）。

理想流体运动微分方程中共有八个物理量。对于不可压缩均质流体来说，密度 ρ 为常数，单位质量力 f_x、f_y、f_z 通常是已知的，所以只有 u_x、u_y、u_z、p 4 个未知数。显然，式（4.1）中 3 个方程不能求解 4 个未知数，还需另一个方程，即不可压缩均质流体连续性微分方程式（3.19）。从理论上讲，任何一个流动问题，只要联立求解这 4 个方程式，并满足该问题的起始条件和边界条件，就可以求得该问题的解。这些方程的建立为研究流

动问题奠定了理论基础。但是，由于数学上的困难，采用这种方法求解边界条件比较复杂的流动问题时会遇到很大的困难。

4.1.3　理想流体运动微分方程的积分

为便于应用，可将理想流体运动微分方程进行积分。由于数学上的困难，目前还无法在一般情况下对运动微分方程进行普遍积分。为便于积分，葛罗米柯（Громеко）将理想流体运动微分方程进行了变换，得到了葛罗米柯方程。葛罗米柯方程也只有在质量力是有势的条件下才能积分。

葛罗米柯对理想流体运动微分方程进行了如下变换：

因流速 $u^2 = u_x^2 + u_y^2 + u_z^2$，由此可得

$$\frac{\partial}{\partial x}\left(\frac{u^2}{2}\right) = u_x \frac{\partial u_x}{\partial x} + u_y \frac{\partial u_y}{\partial x} + u_z \frac{\partial u_z}{\partial x}$$

将上式与理想流体运动微分方程式（4.2）的第一式相减，得

$$f_x - \frac{1}{\rho}\frac{\partial p}{\partial x} - \frac{\partial}{\partial x}\left(\frac{u^2}{2}\right) = \frac{\partial u_x}{\partial t} + u_z\left(\frac{\partial u_x}{\partial z} - \frac{\partial u_z}{\partial x}\right) - u_y\left(\frac{\partial u_y}{\partial x} - \frac{\partial u_x}{\partial y}\right)$$

将式（3.31）中 $\omega_z = \frac{1}{2}\left(\frac{\partial u_y}{\partial x} - \frac{\partial u_x}{\partial y}\right)$，$\omega_y = \frac{1}{2}\left(\frac{\partial u_x}{\partial z} - \frac{\partial u_z}{\partial x}\right)$ 代入上式，得

$$f_x - \frac{1}{\rho}\frac{\partial p}{\partial x} - \frac{\partial}{\partial x}\left(\frac{u^2}{2}\right) = \frac{\partial u_x}{\partial t} + 2(u_z\omega_y - u_y\omega_z)$$

将理想流体运动微分方程式（4.2）的第二式、第三式进行相同运算，整理后理想流体运动微分方程可写为

$$\begin{cases} f_x - \dfrac{1}{\rho}\dfrac{\partial p}{\partial x} - \dfrac{\partial}{\partial x}\left(\dfrac{u^2}{2}\right) - \dfrac{\partial u_x}{\partial t} = 2(u_z\omega_y - u_y\omega_z) \\[2mm] f_y - \dfrac{1}{\rho}\dfrac{\partial p}{\partial y} - \dfrac{\partial}{\partial y}\left(\dfrac{u^2}{2}\right) - \dfrac{\partial u_y}{\partial t} = 2(u_x\omega_z - u_z\omega_x) \\[2mm] f_z - \dfrac{1}{\rho}\dfrac{\partial p}{\partial z} - \dfrac{\partial}{\partial z}\left(\dfrac{u^2}{2}\right) - \dfrac{\partial u_z}{\partial t} = 2(u_y\omega_x - u_x\omega_y) \end{cases} \tag{4.3}$$

式（4.3）是葛罗米柯（Громеко）在 1881 年推导出来的，称葛罗米柯方程。它只是理想流体运动微分方程的另一种数学表达式，在物理上并没有什么变化，仅把旋转角速度引入方程式中。对于无涡流（势流），令 ω_z、ω_y、ω_x 等于零，应用葛罗米柯方程十分方便。

若作用在流体上的质量力是有势的，由物理学知，势场中的力在 x、y、z 三个轴上的分量可用力势函数 $W(x,y,z)$ 的相应坐标轴的偏导数来表示，参见式（2.8），即

$$f_x = \frac{\partial W}{\partial x}, \ f_y = \frac{\partial W}{\partial y}, \ f_z = \frac{\partial W}{\partial z}$$

对不可压缩的均质流体，ρ＝常数。将上述关系代入式（4.3），稍加整理得

$$\begin{cases} \dfrac{\partial}{\partial x}\left(W - \dfrac{p}{\rho} - \dfrac{u^2}{2}\right) - \dfrac{\partial u_x}{\partial t} = 2(u_z\omega_y - u_y\omega_z) \\[2mm] \dfrac{\partial}{\partial y}\left(W - \dfrac{p}{\rho} - \dfrac{u^2}{2}\right) - \dfrac{\partial u_y}{\partial t} = 2(u_x\omega_z - u_z\omega_x) \\[2mm] \dfrac{\partial}{\partial z}\left(W - \dfrac{p}{\rho} - \dfrac{u^2}{2}\right) - \dfrac{\partial u_z}{\partial t} = 2(u_y\omega_x - u_x\omega_y) \end{cases} \tag{4.4}$$

式 (4.4) 为作用于不可压缩均质理想流体的质量力是有势的条件下的葛罗米柯方程，它适用于理想液体的恒定流与非恒定流、有涡流与无涡流。

下面仅对葛罗米柯方程在恒定流条件下进行积分，得出恒定流的伯努利积分，即理想流体恒定流的能量方程。

对于恒定流，$\frac{\partial u_x}{\partial t} = \frac{\partial u_y}{\partial t} = \frac{\partial u_z}{\partial t} = 0$，则式 (4.4) 简化为

$$\begin{cases} \frac{\partial}{\partial x}\left(W - \frac{p}{\rho} - \frac{u^2}{2}\right) = 2(u_z \omega_y - u_y \omega_z) \\ \frac{\partial}{\partial y}\left(W - \frac{p}{\rho} - \frac{u^2}{2}\right) = 2(u_x \omega_z - u_z \omega_x) \\ \frac{\partial}{\partial z}\left(W - \frac{p}{\rho} - \frac{u^2}{2}\right) = 2(u_y \omega_x - u_x \omega_y) \end{cases}$$

因恒定流时各运动要素与时间无关，所以 $W - \frac{p}{\rho} - \frac{u^2}{2}$ 的全微分可写为

$$d\left(W - \frac{p}{\rho} - \frac{u^2}{2}\right) = \frac{\partial}{\partial x}\left(W - \frac{p}{\rho} - \frac{u^2}{2}\right)dx + \frac{\partial}{\partial y}\left(W - \frac{p}{\rho} - \frac{u^2}{2}\right)dy + \frac{\partial}{\partial z}\left(W - \frac{p}{\rho} - \frac{u^2}{2}\right)dz$$

将上两式整理后用行列式的形式表示为

$$d\left(W - \frac{p}{\rho} - \frac{u^2}{2}\right) = 2\begin{vmatrix} dx & dy & dz \\ \omega_x & \omega_y & \omega_z \\ u_x & u_y & u_z \end{vmatrix} \tag{4.5}$$

显然，当 $\begin{vmatrix} dx & dy & dz \\ \omega_x & \omega_y & \omega_z \\ u_x & u_y & u_z \end{vmatrix} = 0$ 时，上式是可积分的，积分后得

$$W - \frac{p}{\rho} - \frac{u^2}{2} = 常数$$

或

$$\frac{p}{\rho} + \frac{u^2}{2} - W = 常数 \tag{4.6}$$

式 (4.6) 称为伯努利积分。

根据上述讨论和推导过程可知，应用伯努利积分必须满足下列条件：

（1）恒定流体；

（2）流体是不可压缩均质理想流体，密度 ρ = 常数；

（3）作用于流体上的质量力是有势的；

（4）行列式 $\begin{vmatrix} dx & dy & dz \\ \omega_x & \omega_y & \omega_z \\ u_x & u_y & u_z \end{vmatrix} = 0$。

根据行列式的性质，具备下列条件的流体运动，均能满足上述行列式等于零的要求，即

1）$u_x = u_y = u_z = 0$，这是静止流体的条件，说明式 (4.6) 适用于静止流体；

2）$\omega_x = \omega_y = \omega_z = 0$，这是无涡流（势流）的条件，说明式 (4.6) 适用于整个势流，不限于同一根流线；

3) $\dfrac{\mathrm{d}x}{u_x} = \dfrac{\mathrm{d}y}{u_y} = \dfrac{\mathrm{d}z}{u_z}$，这是流线方程，说明在有涡流中，式（4.6）适用于同一根流线；

4) $\dfrac{\mathrm{d}x}{\omega_x} = \dfrac{\mathrm{d}y}{\omega_y} = \dfrac{\mathrm{d}z}{\omega_z}$，这是涡线方程，说明在有涡流中，式（4.6）适用于同一根涡线；

5) $\dfrac{u_x}{\omega_x} = \dfrac{u_y}{\omega_y} = \dfrac{u_z}{\omega_z}$，这是指恒定流中以流线与涡线相重合为特征的螺旋流，即式（4.6）适用于恒定螺旋流。所谓螺旋流是指液体质点既沿流线方向运动，同时在运动过程中又绕流线旋转。

当质量力只有重力时，

$$f_x = 0 \, , \, f_y = 0 \, , \, f_z = -g$$

由式（2.7），$\mathrm{d}W = f_x \mathrm{d}x + f_y \mathrm{d}y + f_z \mathrm{d}z$，得

$$\mathrm{d}W = -g\,\mathrm{d}z$$

积分得 $W = -gz$（取积分常数等于零），代入式（4.6）得

$$gz + \frac{p}{\rho} + \frac{u^2}{2} = 常数$$

或

$$z + \frac{p}{\rho g} + \frac{u^2}{2g} = 常数 \tag{4.7}$$

对于同一条流线上的任意两点 1 和 2，上式可写为

$$z_1 + \frac{p_1}{\rho g} + \frac{u_1^2}{2g} = z_2 + \frac{p_2}{\rho g} + \frac{u_2^2}{2g} \tag{4.8}$$

这就是伯努利（Bernoulli）方程式。D. Bernoulli 于 1738 年应用动能原理求解了一些具体问题，但在他有关水动力学的著作里并没有提出这个公式。他的父亲 J. Bernoulli 于 1743 年出版的水力学书中也没有提出这个公式，只是对管道流动写出作用力与质量力乘加速度的平衡，并得出了与现在的伯努利方程式类似的形式。Euler（1755）在上面的基础上得出了这个公式。后来为了纪念伯努利的贡献，该方程式用他的名字命名。应当指出，该式仅适用于流体的固体边界对地球没有相对运动，即作用在流体上的质量力只有重力而没有其他惯性力的情况。

由于流线是元流的极限情况，所以沿流线的伯努利方程式（4.8）可视为理想流体元流能量方程。

理想流体元流能量方程也可以利用牛顿第二定律或能量守恒定理直接推导得到。在理想流体恒定流中取一微小流束，研究断面 1—1 与断面 2—2 之间的 $\mathrm{d}s$ 微分流段（图 4.2），微分流段 $\mathrm{d}s$ 的横断面积为 $\mathrm{d}A$。根据牛顿第二定律，作用在 $\mathrm{d}s$ 流段上的外力沿 s 方向的

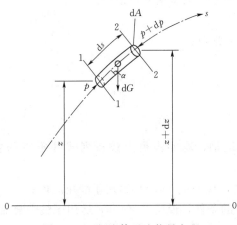

图 4.2　理想流体元流能量方程

合力，应等于该流段质量 $\rho \mathrm{d}A\mathrm{d}s$ 与其加速度 $\dfrac{\mathrm{d}u}{\mathrm{d}t}$ 的乘积。

作用在微分流段上沿 s 方向的外力有：过水断面 1—1 及断面 2—2 上的动水压力；重力沿 s 方向的分力 $\mathrm{d}G \cdot \cos\alpha = \rho g\mathrm{d}A\mathrm{d}s\cos\alpha$；流段侧壁上的动水压力在 s 方向的分力为零，对理想流体，侧壁上摩擦力为零。令在断面 1—1 上动水压强为 p，其动水压力为 $p\mathrm{d}A$，断面 2—2 上的动水压强为 $(p+\mathrm{d}p)$，其动水压力为 $(p+\mathrm{d}p)\mathrm{d}A$。若以 0—0 为基准面，断面 1—1 及断面 2—2 的形心点距基准面高分别为 z 及 $z+\mathrm{d}z$，则 $\cos\alpha = \dfrac{\mathrm{d}z}{\mathrm{d}s}$，故重力沿 s 方向的分力为 $\rho g\mathrm{d}A\mathrm{d}s\dfrac{\mathrm{d}z}{\mathrm{d}s} = \rho g\mathrm{d}A\mathrm{d}z$。

对微分流段沿 s 方向应用牛顿第二定律，则有

$$p\mathrm{d}A - (p+\mathrm{d}p)\mathrm{d}A - \rho g\mathrm{d}A\mathrm{d}z = \rho \mathrm{d}A\mathrm{d}s\frac{\mathrm{d}u}{\mathrm{d}t}$$

对恒定一元流，$u = u(s)$，则有 $\dfrac{\mathrm{d}u}{\mathrm{d}t} = \dfrac{\mathrm{d}u}{\mathrm{d}s}\dfrac{\mathrm{d}s}{\mathrm{d}t} = u\dfrac{\mathrm{d}u}{\mathrm{d}s} = \dfrac{\mathrm{d}}{\mathrm{d}s}\left(\dfrac{u^2}{2}\right)$，代入上式并整理得

$$\frac{\mathrm{d}}{\mathrm{d}s}\left(z + \frac{p}{\rho g} + \frac{u^2}{2g}\right) = 0$$

即得式（4.7），$z + \dfrac{p}{\rho g} + \dfrac{u^2}{2g} =$ 常数。

4.1.4 伯努利方程式的意义

z 是某点距选定基准面的高度，称位置水头，表示单位重量流体的位置势能，简称位能。

$\dfrac{p}{\rho g}$ 是某点在压强的作用下使流体沿测压管所能上升的高度，称为压强水头，表示压力做功所能提供的单位能量，简称压能。

$\dfrac{u^2}{2g}$ 是以点流速 u 为初速度的铅直上升射流所能达到的理论高度，称为流速水头（速度头），表示单位重量的动能，简称动能。

将前两项相加，以 H_p 表示，即

$$H_\mathrm{p} = z + \frac{p}{\rho g} \tag{4.9}$$

式中　H_p——某点测压管水面相对于基准面的高度，称为测压管水头，表示单位重量流体所具有的总势能。

将三项相加，以 H 表示，即

$$H = z + \frac{p}{\rho g} + \frac{u^2}{2g} \tag{4.10}$$

式中　H——总水头，表示单位重量流体的总能量或总机械能。

伯努利方程式表明，单位重量流体所具有的位能、压能和动能之和沿同一流线保持不变；或者，总水头沿流程保持不变，位能、压能、动能之间可以相互转化。

4.1.5 伯努利方程式的应用

以毕托管（Pitot tube）为例说明伯努利方程式的应用。毕托管是用于测量水流和气

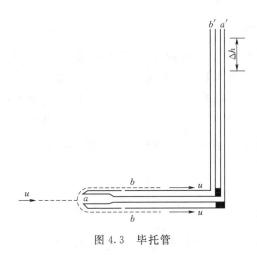

图 4.3 毕托管

流流速的一种仪器，如图 4.3 所示。管前端开口 a 正对水流或气流运动方向。a 端内部有流体通路与上部 a' 端相通。管侧有多个孔口 b，它的内部也有流体通路与上部 b' 相通。当测定水流时，a'、b' 两管水面差 Δh 即反映 a、b 两处压差。当测定气流时，a'、b' 两端接液柱压差计，以测定 a、b 两处的压差。

当毕托管放入流体中，流体最初从端口 a 处流入，并沿内部通路进入 a' 管上升直至停止，此时端口 a 处压强因受上升水柱的作用而升高，其压强为 p_a，该处质点流速降低到零。此后由 a 分流后流经 b 孔，同时沿内部通道流入 b' 管上升直至停止，b 处流速恢复原有速度 u，压强也降至原有压强 p_b。

沿 ab 流线写伯努利方程式 $z_a + \dfrac{p_a}{\rho g} + 0 = z_b + \dfrac{p_b}{\rho g} + \dfrac{u^2}{2g}$，忽略 a 点位置 z_a 和 b 点位置 z_b 的差，得出 $u = \sqrt{2g\dfrac{p_a - p_b}{\rho g}}$。因 $\dfrac{p_a - p_b}{\rho g}$ 即为 a'、b' 两管水面差 Δh，则速度

$$u = \varphi \sqrt{2g\Delta h} \tag{4.11}$$

式中 φ——经试验校正的流速系数，它与管的构造和加工情况有关，其值近似等于 1。

4.2 实际流体运动微分方程及其积分

4.2.1 实际流体质点应力分析

实际流体具有黏滞性，由于黏滞性的存在，有相对运动的各层流体之间将产生切应力。因此，在运动的实际流体中，不但有压应力，而且还有切应力。如在运动流体中任一点 A 取垂直于 z 轴的平面（图 4.4），则作用在该平面上 A 点的表面应力 P_n 并非沿内法线方向，而是倾斜方向的，其在 x、y、z 三个轴向都有分量：一个与 z 平面成法向的压应力 p_{zz}，即动压强；两个与 z 平面成切向的切应力 τ_{zx} 及 τ_{zy}。压应力和切应力的第一个下标表示作用面的法线方向，即表示应力作用面与哪个轴垂直；第二个下标表示应力的作用方向，即表示应力作用方向与哪个轴平行。同样在垂直于 y 轴平面上，作用的应力有 p_{yy}、τ_{yx}、

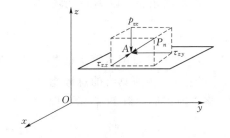

图 4.4 垂直于 z 轴的平面上 A 点的表面应力

τ_{yz}；在垂直于 x 轴的平面上，作用的应力有 p_{xx}、τ_{xy}、τ_{xz}。这样，任一点在 3 个互相垂直的作用面上的应力共有 9 个分量，即 3 个压应力 p_{xx}、p_{yy}、p_{zz} 和 6 个切应力 τ_{xy}、τ_{xz}、τ_{yx}、τ_{yz}、τ_{zx}、τ_{zy}。

下面讨论切应力和动水压强的性质和大小。

1. 切应力的特性和大小

（1）切应力互等定律，即作用在两互相垂直平面上且与该两平面的交线相垂直的切应力大小都是相等的。表述如下

$$\tau_{xy} = \tau_{yx} , \tau_{yz} = \tau_{zy} , \tau_{zx} = \tau_{xz} \tag{4.12}$$

对式（4.12）证明如下：在实际流体中取一微小六面体，边长 dx、dy、dz，各表面的应力如图 4.5 所示。对通过六面体中心点 S 并平行于 x 轴的轴线取力矩，因质量力通过中心点 S，则得

$$\tau_{zy} dx dy \frac{1}{2} dz + \left(\tau_{zy} + \frac{\partial \tau_{zy}}{\partial z} dz\right) dx dy \frac{1}{2} dz - \tau_{yz} dx dz \frac{1}{2} dy - \left(\tau_{yz} + \frac{\partial \tau_{yz}}{\partial y} dy\right) dx dz \frac{1}{2} dy = 0$$

忽略三阶以上的微量，则

$$\tau_{zy} dx dy dz - \tau_{yz} dx dy dz = 0$$

于是得

$$\tau_{zy} = \tau_{yz}$$

同理，可以证明 $\tau_{xy} = \tau_{yx}$ 及 $\tau_{zx} = \tau_{xz}$ 。

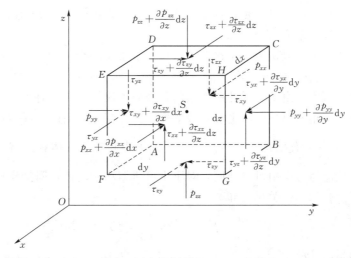

图 4.5 实际流体微小六面体各表面的应力分量

（2）切应力与流速变化的关系。因变形和速度变化有关，所以切应力与流速变化有关。

在绪论中曾介绍了牛顿内摩擦定律，在平行直线流动中，切应力的大小表述为

$$\tau = \mu \frac{du}{dy} = \mu \frac{d\theta}{dt}$$

即切应力与剪切变形速度（即角变形率）成比例。这个结论可以推广到三维情况。根据 3.4.3 中介绍的流体微团运动的基本形式，xOy 平面上的角变形率为

$$\theta_z = \frac{1}{2} \left(\frac{\partial u_y}{\partial x} + \frac{\partial u_x}{\partial y}\right)$$

这是微团的角变形率，而实际上的直角变形率应为上式的两倍，所以

$$\tau_{yx} = \mu \left(\frac{\partial u_y}{\partial x} + \frac{\partial u_x}{\partial y}\right)$$

同理，对三个互相垂直的平面上均可得出

$$\begin{cases} \tau_{yx} = \tau_{xy} = \mu\left(\dfrac{\partial u_y}{\partial x} + \dfrac{\partial u_x}{\partial y}\right) \\[2mm] \tau_{zy} = \tau_{yz} = \mu\left(\dfrac{\partial u_z}{\partial y} + \dfrac{\partial u_y}{\partial z}\right) \\[2mm] \tau_{xz} = \tau_{zx} = \mu\left(\dfrac{\partial u_x}{\partial z} + \dfrac{\partial u_z}{\partial x}\right) \end{cases} \tag{4.13}$$

这就是黏性流体中切应力的普遍表达式，称为广义的牛顿内摩擦定律。

2. 压应力的特性和大小

（1）压应力的大小与其作用面的方位有关，三个相互垂直方向的压应力一般是不相等的，即 $p_{xx} \neq p_{yy} \neq p_{zz}$。但从几何关系上可以证明，同一点上，三个相互垂直面的压应力之和与该组垂直面的方位无关，即 $p_{xx} + p_{yy} + p_{zz}$ 值总保持不变。在实际流体中，任何三个互相垂直面上的压应力的平均值定义为动水压强，以 p 表示，则

$$p = \frac{1}{3}(p_{xx} + p_{yy} + p_{zz}) \tag{4.14}$$

因此，实际流体的动水压强也只是位置坐标和时间的函数，即 $p = p(x,y,z,t)$。

（2）压应力与线变形率的关系。

各个方向的压应力可以认为等于这个动水压强 p 加上一个附加应力，即

$$p_{xx} = p + p'_{xx}, \ p_{yy} = p + p'_{yy}, \ p_{zz} = p + p'_{zz}$$

这些附加应力可以认为是由于黏滞性所引起的，因而和流体的变形有关。因为黏滞性的作用，流体微团除发生角变形外同时也发生线变形，即在流体微团的法线方向上有相对的线变形率 $\dfrac{\partial u_x}{\partial x}$、$\dfrac{\partial u_y}{\partial y}$、$\dfrac{\partial u_z}{\partial z}$，使法向应力（压应力）的大小与理想流体相比有所改变，产生附加压应力。在理论流体力学中可以证明，对于不可压缩均质流体，附加压应力与线变形率之间有类似于式（4.13）的关系，即

$$p'_{xx} = -2\mu\frac{\partial u_x}{\partial x}, \ p'_{yy} = -2\mu\frac{\partial u_y}{\partial y}, \ p'_{zz} = -2\mu\frac{\partial u_z}{\partial z}$$

式中，负号是因为当 $\dfrac{\partial u_x}{\partial x}$ 为正值时，流体微团是伸长变形，周围流体对它作用的是拉力，p'_{xx} 应为负值；反之，当 $\dfrac{\partial u_x}{\partial x}$ 为负值时 p'_{xx} 应为正值。因此，在 $\dfrac{\partial u_x}{\partial x}$、$\dfrac{\partial u_y}{\partial y}$、$\dfrac{\partial u_z}{\partial z}$ 的前面需加负号，与流体微团的拉伸与压缩相适应。因此，压应力与线变形率的关系为

$$\begin{cases} p_{xx} = p - 2\mu\dfrac{\partial u_x}{\partial x} \\[2mm] p_{yy} = p - 2\mu\dfrac{\partial u_y}{\partial y} \\[2mm] p_{zz} = p - 2\mu\dfrac{\partial u_z}{\partial z} \end{cases} \tag{4.15}$$

将式（4.15）中三式相加后平均得

$$\frac{p_{xx} + p_{yy} + p_{zz}}{3} = p - \frac{2}{3}\mu\left(\frac{\partial u_x}{\partial x} + \frac{\partial u_y}{\partial y} + \frac{\partial u_z}{\partial z}\right)$$

考虑不可压缩均质流体的连续性微分方程（3.19），于是得

$$p = \frac{1}{3}(p_{xx} + p_{yy} + p_{zz})$$

正好验证了式（4.14）。

根据以上分析，在实际流体中任一点的应力状态可由一个动水压强 p 和三个切应力 τ_{xy}、τ_{yz}、τ_{zx} 来表示。

4.2.2 以应力表示的实际流体运动微分方程

以图 4.5 所示的流体中的微小六面体作为隔离体进行分析。微小六面体的质量为 $\rho dxdydz$。作用在六面体上的表面力每面有三个：一个法向应力和两个切应力。法向应力都是沿内法线方向。假设包含 A 点的三个面上的切应力为负向，则包含 H 点的三个面上的切应力必为正向。

根据牛顿第二定律写出 x 方向的动力平衡方程式

$$\rho f_x dxdydz + p_{xx}dydz - \left(p_{xx} + \frac{\partial p_{xx}}{\partial x}dx\right)dydz - \tau_{yx}dxdz + \left(\tau_{yx} + \frac{\partial \tau_{yx}}{\partial y}dy\right)dxdz$$

$$- \tau_{zx}dxdy + \left(\tau_{zx} + \frac{\partial \tau_{zx}}{\partial z}dz\right)dxdy = \rho dxdydz\frac{du_x}{dt}$$

化简后得 x 方向的方程。同理可得 y、z 方向的方程，则

$$\begin{cases} f_x - \frac{1}{\rho}\left(\frac{\partial p_{xx}}{\partial x}\right) + \frac{1}{\rho}\left(\frac{\partial \tau_{yx}}{\partial y} + \frac{\partial \tau_{zx}}{\partial z}\right) = \frac{du_x}{dt} \\ f_y - \frac{1}{\rho}\left(\frac{\partial p_{yy}}{\partial y}\right) + \frac{1}{\rho}\left(\frac{\partial \tau_{zy}}{\partial x} + \frac{\partial \tau_{yx}}{\partial z}\right) = \frac{du_y}{dt} \\ f_z - \frac{1}{\rho}\left(\frac{\partial p_{zz}}{\partial z}\right) + \frac{1}{\rho}\left(\frac{\partial \tau_{zy}}{\partial x} + \frac{\partial \tau_{yz}}{\partial y}\right) = \frac{du_z}{dt} \end{cases} \quad (4.16)$$

式（4.16）就是以黏性应力表示的实际流体运动微分方程。

4.2.3 纳维埃—斯托克斯（Navier—Stokes）方程

将式（4.13）和式（4.15）代入式（4.16），得 x 方向的方程式为

$$f_x + \frac{1}{\rho}\left[-\frac{\partial}{\partial x}\left(p - 2\mu\frac{\partial u_x}{\partial x}\right) + \mu\frac{\partial}{\partial y}\left(\frac{\partial u_y}{\partial x} + \frac{\partial u_x}{\partial y}\right) + \mu\frac{\partial}{\partial z}\left(\frac{\partial u_x}{\partial z} + \frac{\partial u_z}{\partial x}\right)\right] = \frac{du_z}{dt}$$

整理后得

$$f_x - \frac{1}{\rho}\frac{\partial p}{\partial x} + \frac{\mu}{\rho}\left(\frac{\partial^2 u_x}{\partial x^2} + \frac{\partial^2 u_x}{\partial y^2} + \frac{\partial^2 u_x}{\partial z^2}\right) + \frac{\mu}{\rho}\frac{\partial}{\partial x}\left(\frac{\partial u_x}{\partial x} + \frac{\partial u_x}{\partial y} + \frac{\partial u_x}{\partial z}\right) = \frac{du_x}{dt}$$

把不可压缩均质流体的连续性方程式（3.19）代入上式，并将加速度项展开，得 x 方向的方程。同理可得 y、z 方向的方程。将液体动力黏滞系数 μ 换为运动黏滞系数 ν，则

$$\begin{cases} f_x - \frac{1}{\rho}\frac{\partial p}{\partial x} + \nu\nabla^2 u_x = \frac{\partial u_x}{\partial t} + u_x\frac{\partial u_x}{\partial x} + u_y\frac{\partial u_x}{\partial y} + u_z\frac{\partial u_x}{\partial z} \\ f_y - \frac{1}{\rho}\frac{\partial p}{\partial y} + \nu\nabla^2 u_y = \frac{\partial u_y}{\partial t} + u_x\frac{\partial u_y}{\partial x} + u_y\frac{\partial u_y}{\partial y} + u_z\frac{\partial u_y}{\partial z} \\ f_z - \frac{1}{\rho}\frac{\partial p}{\partial z} + \nu\nabla^2 u_z = \frac{\partial u_z}{\partial t} + u_x\frac{\partial u_z}{\partial x} + u_y\frac{\partial u_z}{\partial y} + u_z\frac{\partial u_z}{\partial z} \end{cases} \quad (4.17)$$

式（4.17）即为不可压缩均质流体运动微分方程，称纳维埃—斯托克斯（Navier—Stokes）

方程，简称 N—S 方程。它表述了流体质点运动时，质量力、压力、黏滞力和惯性力的平衡关系。如果流体为理想流体，$\nu = 0$，式（4.17）即成为理想流体的运动微分方程；如果流体为静止或相对静止流体，式（4.17）即成为流体平衡微分方程。所以，N—S 方程是不可压缩均质流体的普遍方程。式中，$\nabla^2 = \dfrac{\partial^2}{\partial x^2} + \dfrac{\partial^2}{\partial y^2} + \dfrac{\partial^2}{\partial z^2}$ 为拉普拉斯算符。

N—S 方程中有四个未知数 p、u_x、u_y、u_z，因 N—S 方程组和连续性微分方程共有四个方程式，所以从理论上讲是可求解的，但实际上由于数学上的困难，N—S 方程尚不能求出普遍解。一般只能在简单的边界条件下，略去一些次要因素时才能求得解析解。随着计算技术的发展，一些复杂的流体运动的数值求解日渐完善。

【例 4.1】 如图 4.6 所示为一宽浅渠道中的恒定均匀层流运动，试用 N—S 方程求解其流速分布。

解：取单位宽度来研究，则可视为二维问题，即 $u_y = u_z = 0$。因为又是恒定流，$\dfrac{\partial u_x}{\partial t} = \dfrac{\partial u_y}{\partial t} = \dfrac{\partial u_z}{\partial t} = 0$，于是，N—S 方程和连续方程可变成如下形式。

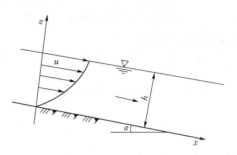

图 4.6 明渠层流运动

由连续方程：

$$\frac{\partial u_x}{\partial x} = 0 \tag{a}$$

由 N—S 方程：

$$\begin{cases} f_x - \dfrac{1}{\rho}\dfrac{\partial p}{\partial x} + \nu\left(\dfrac{\partial^2 u_x}{\partial z^2}\right) = 0 \\[2mm] f_y - \dfrac{1}{\rho}\dfrac{\partial p}{\partial z} = 0 \end{cases} \tag{b}$$

单位质量力 $f_x = g\sin\alpha$，$f_z = -g\cos\alpha$。由式（b）的第二式得

$$-\rho g\cos\alpha - \frac{\partial p}{\partial z} = 0$$

当 $z = h$ 时，$p = p_a$，于是可得

$$p = p_a + \rho g(h - z)\cos\alpha$$

说明在恒定均匀层流中，断面上动水压强符合静水压强分布规律。因此，$\dfrac{\partial p}{\partial x} = 0$。

由式（b）的第一式得

$$\rho g\sin\alpha + \rho\nu\frac{\partial^2 u_x}{\partial z^2} = 0$$

以下用 u 来替代 u_x，则

$$\frac{\partial^2 u}{\partial z^2} = -\frac{g}{\nu}\sin\alpha$$

积分得

$$u = -\frac{g}{2\nu}\sin\alpha\, z^2 + C_1 z + C_2$$

结合边界条件：

当 $z=0$，$u=0$（在渠底处）

$$z=h, \quad \frac{\partial u}{\partial z}=0 \text{（在自由表面处）}$$

则有

$$C_1 = \frac{gh}{\nu}\sin\alpha$$

$$C_2 = 0$$

$$u = \frac{g}{2\nu}\sin\alpha(2zh - z^2)$$

即明渠恒定均匀层流的断面流速为抛物线规律分布。在自由表面 $z=h$，速度有最大值

$$u_{\max} = \frac{gh^2}{2\nu}\sin\alpha$$

【例 4.2】　试用 N—S 方程求直圆管层流运动的流速表达式（图 4.7）。

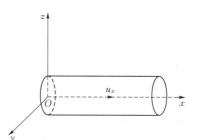

图 4.7　圆管层流运动

解：取圆管中心轴为 x 轴。圆管层流运动时，液体质点只有沿轴向的流动而无横向运动，则 $u_x \neq 0$，$u_y = u_z = 0$。N—S 方程第一式

$$f_x - \frac{1}{\rho}\frac{\partial p}{\partial x} + \nu\left(\frac{\partial^2 u_x}{\partial x^2} + \frac{\partial^2 u_x}{\partial y^2} + \frac{\partial^2 u_x}{\partial z^2}\right) = \frac{\partial u_x}{\partial t} + u_x\frac{\partial u_x}{\partial x} + u_y\frac{\partial u_x}{\partial y} + u_z\frac{\partial u_x}{\partial z}$$

恒定流时，$\frac{\partial u_x}{\partial t}=0$。质量力只有重力时，$f_x=0$。因 $u_y = u_z = 0$，所以 $u_y\frac{\partial u_x}{\partial y}=0$，$u_z\frac{\partial u_x}{\partial z}=0$，$\frac{\partial u_y}{\partial y}=0$，$\frac{\partial u_z}{\partial z}=0$。由连续方程式 $\frac{\partial u_x}{\partial x} + \frac{\partial u_y}{\partial y} + \frac{\partial u_z}{\partial z}=0$，可知 $\frac{\partial u_x}{\partial x}=0$，所以，$u_x\frac{\partial u_x}{\partial x}=0$，$\frac{\partial^2 u}{\partial x^2}=0$。则 N—S 方程第一式可简化为

$$\frac{\partial p}{\partial x} = \rho\nu\left(\frac{\partial^2 u_x}{\partial y^2} + \frac{\partial^2 u_x}{\partial z^2}\right) \tag{a}$$

因 $\frac{\partial u_x}{\partial x}=0$，所以 u_x 并不沿 x 方向而变化，由式（a）可知 $\frac{\partial p}{\partial x}$ 与 x 无关，即动水压强沿 x 轴方向的变化率 $\frac{\partial p}{\partial x}$ 是一个常数，可写成

$$\frac{\partial p}{\partial x} = \text{常数} = -\frac{\Delta p}{l} \tag{b}$$

式中　Δp——沿 x 方向长度为 l 的管段上的压强降落。因压强是沿水流方向下降的，故应在 Δp 前加一个负号。

因为圆管中的流动是轴对称的，所以 $\frac{\partial^2 u_x}{\partial y^2}$ 与 $\frac{\partial^2 u_x}{\partial z^2}$ 相同，而且 y 和 z 都是沿半径方向

的，故 y 和 z 可换成 r。而 u_x 与 x 无关，仅为 r 的函数，所以 u_x 对 r 的偏导数可以直接写成全导数

$$\frac{\partial^2 u_x}{\partial y^2} = \frac{\partial^2 u_x}{\partial z^2} = \frac{\partial^2 u_x}{\partial r^2} = \frac{\mathrm{d}^2 u_x}{\mathrm{d} r^2} \tag{c}$$

将式（b）及式（c）代入式（a）并整理可得

$$\frac{\mathrm{d}^2 u_x}{\mathrm{d} r^2} = -\frac{\Delta p}{2\mu l}$$

将上式积分，得

$$\frac{\mathrm{d} u_x}{\mathrm{d} r} = -\frac{\Delta p}{2\mu l} r + C_1$$

利用轴心处的条件 $r = 0$，$\dfrac{\mathrm{d} u_x}{\mathrm{d} r} = 0$，得 $C_1 = 0$，因此

$$\frac{\mathrm{d} u_x}{\mathrm{d} r} = -\frac{\Delta p}{2\mu l} r$$

再积分，得

$$u_x = -\frac{\Delta p}{4\mu l} r^2 + C_2$$

利用管壁处的条件 $r = r_0$，$u_x = 0$，得 $C_2 = \dfrac{\Delta p}{4\mu l} r_0^2$，因此

$$u_x = \frac{\Delta p}{4\eta l} (r_0^2 - r^2)$$

即圆管层流过流断面上的流速是按抛物线的规律分布的。

4.2.4 实际流体运动微分方程的积分

在一定条件下，可以对实际液体运动微分方程（N—S 方程）进行积分。

不可压缩均质实际流体的运动微分方程，即 N—S 方程

$$\begin{cases} f_x - \dfrac{1}{\rho} \dfrac{\partial p}{\partial x} + \nu \nabla^2 u_x = \dfrac{\partial u_x}{\partial t} + u_x \dfrac{\partial u_x}{\partial x} + u_y \dfrac{\partial u_x}{\partial y} + u_z \dfrac{\partial u_x}{\partial z} \\[2mm] f_y - \dfrac{1}{\rho} \dfrac{\partial p}{\partial y} + \nu \nabla^2 u_y = \dfrac{\partial u_y}{\partial t} + u_x \dfrac{\partial u_y}{\partial x} + u_y \dfrac{\partial u_y}{\partial y} + u_z \dfrac{\partial u_y}{\partial z} \\[2mm] f_z - \dfrac{1}{\rho} \dfrac{\partial p}{\partial z} + \nu \nabla^2 u_z = \dfrac{\partial u_z}{\partial t} + u_x \dfrac{\partial u_z}{\partial x} + u_y \dfrac{\partial u_z}{\partial y} + u_z \dfrac{\partial u_z}{\partial z} \end{cases}$$

因流速 $u^2 = u_x^2 + u_y^2 + u_z^2$，由此可得

$$\frac{\partial}{\partial x} \left(\frac{u^2}{2} \right) = u_x \frac{\partial u_x}{\partial x} + u_y \frac{\partial u_y}{\partial x} + u_z \frac{\partial u_z}{\partial x}$$

将上式与 N—S 方程的第一式相减，得

$$f_x - \frac{1}{\rho} \frac{\partial p}{\partial x} + \nu \nabla^2 u_x - \frac{\partial}{\partial x} \left(\frac{u^2}{2} \right) = \frac{\partial u_x}{\partial t} + u_z \left(\frac{\partial u_x}{\partial z} - \frac{\partial u_z}{\partial x} \right) - u_y \left(\frac{\partial u_y}{\partial x} - \frac{\partial u_x}{\partial y} \right)$$

将式（3.31）中 $\omega_z = \dfrac{1}{2} \left(\dfrac{\partial u_y}{\partial x} - \dfrac{\partial u_x}{\partial y} \right)$，$\omega_y = \dfrac{1}{2} \left(\dfrac{\partial u_x}{\partial z} - \dfrac{\partial u_z}{\partial x} \right)$ 代入上式，得

$$f_x - \frac{1}{\rho} \frac{\partial p}{\partial x} + \nu \nabla^2 u_x - \frac{\partial}{\partial x} \left(\frac{u^2}{2} \right) = \frac{\partial u_x}{\partial t} + 2(u_z \omega_y - u_y \omega_z)$$

将 N—S 方程的第二式、第三式进行相同运算，经整理后，则 N—S 方程可写为

$$\begin{cases} f_x - \dfrac{1}{\rho}\dfrac{\partial p}{\partial x} + \nu\,\nabla^2 u_x - \dfrac{\partial}{\partial x}\left(\dfrac{u^2}{2}\right) - \dfrac{\partial u_x}{\partial t} = 2(u_z\omega_y - u_y\omega_z) \\[2mm] f_y - \dfrac{1}{\rho}\dfrac{\partial p}{\partial y} + \nu\,\nabla^2 u_y - \dfrac{\partial}{\partial y}\left(\dfrac{u^2}{2}\right) - \dfrac{\partial u_y}{\partial t} = 2(u_x\omega_z - u_z\omega_x) \\[2mm] f_z - \dfrac{1}{\rho}\dfrac{\partial p}{\partial z} + \nu\,\nabla^2 u_z - \dfrac{\partial}{\partial z}\left(\dfrac{u^2}{2}\right) - \dfrac{\partial u_z}{\partial t} = 2(u_y\omega_x - u_x\omega_y) \end{cases} \qquad (4.18)$$

若作用在流体上的质量力是有势的，则势场中的力在 x、y、z 三个轴上的分量可用力势函数 $W(x,y,z)$ 的相应坐标轴的偏导数来表示，参见式（2.8），即

$$f_x = \frac{\partial W}{\partial x}\ ,\ f_y = \frac{\partial W}{\partial y}\ ,\ f_z = \frac{\partial W}{\partial z}$$

对不可压缩的均质流体，$\rho =$ 常数，将上述关系代入式（4.18），稍加整理得

$$\begin{cases} \dfrac{\partial}{\partial x}\left(W - \dfrac{p}{\rho} - \dfrac{u^2}{2}\right) + \nu\,\nabla^2 u_x - \dfrac{\partial u_x}{\partial t} = 2(u_z\omega_y - u_y\omega_z) \\[2mm] \dfrac{\partial}{\partial y}\left(W - \dfrac{p}{\rho} - \dfrac{u^2}{2}\right) + \nu\,\nabla^2 u_y - \dfrac{\partial u_y}{\partial t} = 2(u_z\omega_z - u_z\omega_x) \\[2mm] \dfrac{\partial}{\partial z}\left(W - \dfrac{p}{\rho} - \dfrac{u^2}{2}\right) + \nu\,\nabla^2 u_z - \dfrac{\partial u_z}{\partial t} = 2(u_y\omega_x - u_x\omega_y) \end{cases} \qquad (4.19)$$

将式（4.19）沿流线积分。为此，将方程式（4.19）的左端分别乘以 $\mathrm{d}x$、$\mathrm{d}y$、$\mathrm{d}z$，而在右端乘以和它们相等的值 $u_x\mathrm{d}t$、$u_y\mathrm{d}t$、$u_z\mathrm{d}t$，并把它们相加起来。很容易证明，等式右端的总和恰好等于零，因而得到

$$-\left(\frac{\partial u_x}{\partial t}\mathrm{d}x + \frac{\partial u_y}{\partial t}\mathrm{d}y + \frac{\partial u_z}{\partial t}\mathrm{d}z\right) + \frac{\partial}{\partial s}\left(W - \frac{p}{\rho} - \frac{u^2}{2}\right)\mathrm{d}s + \nu(\nabla^2 u_x\mathrm{d}x + \nabla^2 u_y\mathrm{d}y + \nabla^2 u_z\mathrm{d}z) = 0$$

$$(4.20)$$

式中，$\nu\nabla^2 u_x$、$\nu\nabla^2 u_y$ 和 $\nu\nabla^2 u_z$ 诸项是对液体单位质量而言的切应力在相应坐标轴上的投影，则 $\nu(\nabla^2 u_x\mathrm{d}x + \nabla^2 u_y\mathrm{d}y + \nabla^2 u_z\mathrm{d}z)$ 表示这些切应力在液体作微小位移中所做的功。

在黏性液体运动中，这些切应力的合力总是和液体流动的方向相反，并且总是表现为阻止液体运动的摩阻力。因此

$$\nu(\nabla^2 u_x\mathrm{d}x + \nabla^2 u_y\mathrm{d}y + \nabla^2 u_z\mathrm{d}z) = -\frac{\partial R_w}{\partial s}\mathrm{d}s$$

液体在运动过程中要克服阻力，就有一部分机械能转变为热能。在水力学中，把这部分机械能称为能量损失。这是因为机械能转变为热能的过程在流动过程中是不可逆的。

此外，因为

$$u_x = u\cos(\overset{\wedge}{ux})\ ,\ u_y = u\cos(\overset{\wedge}{uy})\ ,\ u_z = u\cos(\overset{\wedge}{uz})$$

$$\mathrm{d}x = \mathrm{d}s\cos(\overset{\wedge}{ux})\ ,\ \mathrm{d}y = \mathrm{d}s\cos(\overset{\wedge}{uy})\ ,\ \mathrm{d}z = \mathrm{d}s\cos(\overset{\wedge}{uz})$$

所以

$$\frac{\partial u_x}{\partial t}\mathrm{d}x + \frac{\partial u_y}{\partial t}\mathrm{d}y + \frac{\partial u_z}{\partial t}\mathrm{d}z = \frac{\partial u}{\partial t}\mathrm{d}s$$

因此，式（4.20）可写为

$$\frac{\partial}{\partial s}\left(W - \frac{p}{\rho} - \frac{u^2}{2} - R_{\mathrm{w}}\right)\mathrm{d}s - \frac{\partial u}{\partial t}\mathrm{d}s = 0 \tag{4.21}$$

若作用在流体上的质量力只有重力，即 $W = -gz$，将其代入式（4.21），等号两端各项除以 g，于是得

$$\frac{\partial}{\partial s}\left(z + \frac{p}{\rho g} + \frac{u^2}{2g} + \frac{R_{\mathrm{w}}}{g}\right)\mathrm{d}s + \frac{1}{g}\frac{\partial u}{\partial t}\mathrm{d}s = 0 \tag{4.22}$$

式中 R_{w}/g ——对单位质量液体切应力（摩阻力）所做的功，即单位质量液体在运动过程中为克服阻力所消耗的能量，用符号 h'_{w} 表示，即 $h'_{\mathrm{w}} = R_{\mathrm{w}}/g$。

式（4.22）可写为

$$\frac{\partial}{\partial s}\left(z + \frac{p}{\rho g} + \frac{u^2}{2g} + h'_{\mathrm{w}}\right)\mathrm{d}s + \frac{1}{g}\frac{\partial u}{\partial t}\mathrm{d}s = 0 \tag{4.23}$$

式（4.23）称为实际流体非恒定流的运动方程。

对于流线上任意两点，将式（4.23）沿流线积分得式（4.24），即实际流体非恒定流动沿流线的能量方程

$$z_1 + \frac{p_1}{\rho g} + \frac{u_1^2}{2g} = z_2 + \frac{p_2}{\rho g} + \frac{u_2^2}{2g} + h'_{\mathrm{w}} + h_{\mathrm{i}} \tag{4.24}$$

其中
$$h_{\mathrm{i}} = \frac{1}{g}\int_1^2 \frac{\partial u}{\partial t}\mathrm{d}s$$

式中 h'_{w} ——单位质量液体沿流线从 1 点到 2 点所损失的能量（或称水头损失）；

h_{i} ——惯性水头。

对于恒定流，$\dfrac{\partial u}{\partial t} = 0$，因此 $h_{\mathrm{i}} = 0$，式（4.24）变为

$$z_1 + \frac{p_1}{\rho g} + \frac{u_1^2}{2g} = z_2 + \frac{p_2}{\rho g} + \frac{u_2^2}{2g} + h'_{\mathrm{w}} \tag{4.25}$$

式（4.25）即是实际流体恒定流沿流线的能量方程。

对于理想流体，水头损失 $h'_{\mathrm{w}} = 0$，式（4.25）变为

$$z_1 + \frac{p_1}{\rho g} + \frac{u_1^2}{2g} = z_2 + \frac{p_2}{\rho g} + \frac{u_2^2}{2g} \tag{4.26}$$

式（4.26）即是理想流体恒定流沿流线的能量方程，即伯努利方程式（4.8）。

4.3 实际流体恒定总流能量方程

从实用上，所考虑的流动一般都是总流。要把能量方程用于解决实际问题，还必须将沿流线的能量方程对总流过流断面积分，从而推广为总流的能量方程式。

4.3.1 实际流体恒定总流能量方程的推导

由于流线是元流的极限情况，所以沿流线的实际流体能量方程可视为元流的能量方程。对于恒定流，式（4.25）可视为实际流体元流的能量方程，即

$$z_1 + \frac{p_1}{\rho g} + \frac{u_1^2}{2g} = z_2 + \frac{p_2}{\rho g} + \frac{u_2^2}{2g} + h'_{\mathrm{w}} \tag{4.27}$$

设元流流量为 $\mathrm{d}Q$，则单位时间通过元流过流断面的流体重量为 $\rho g\,\mathrm{d}Q$，将式（4.27）

各项乘以 $\rho g\,\mathrm{d}Q$，并分别在总流的两个过流断面 A_1 及 A_2 上积分，即

$$\int_Q\left(z_1+\frac{p_1}{\rho g}\right)\rho g\,\mathrm{d}Q+\int_Q\frac{u_1^2}{2g}\rho g\,\mathrm{d}Q=\int_Q\left(z_2+\frac{p_2}{\rho g}\right)\rho g\,\mathrm{d}Q+\int_Q\frac{u_2^2}{2g}\rho g\,\mathrm{d}Q+\int_Q h'_{\mathrm{w}}\rho g\,\mathrm{d}Q$$

$$(4.28)$$

在式（4.28）中共含有三种类型积分，现分别讨论。

1. $\int_Q\left(z+\dfrac{p}{\rho g}\right)\rho g\,\mathrm{d}Q$

若所取的过流断面为渐变流，则断面上 $\left(z+\dfrac{p}{\rho g}\right)=$ 常数，因而积分是可能的，即

$$\int_Q\left(z+\frac{p}{\rho g}\right)\rho g\,\mathrm{d}Q=\left(z+\frac{p}{\rho g}\right)\rho g\int_Q\mathrm{d}Q=\left(z+\frac{p}{\rho g}\right)\rho gQ \qquad (4.29)$$

2. $\int_Q\dfrac{u^2}{2g}\rho g\,\mathrm{d}Q$

因 $\mathrm{d}Q=u\,\mathrm{d}A$，故 $\int_Q\dfrac{u^2}{2g}\rho g\,\mathrm{d}Q=\int_A\rho g\dfrac{u^3}{2g}\mathrm{d}A=\dfrac{\rho g}{2g}\int_A u^3\mathrm{d}A$。它是每秒钟通过过流断面面积为 A 的流体动能的总和。若采用断面平均流速 v 来代替 u，由于 u 的立方和大于 v 的立方，即 $\int_A u^3\mathrm{d}A>\int_A v^3\mathrm{d}A$，故不能直接把动能积分符号内 u 换成 v，而需要乘以一个修正系数 α 才能使之相等，因此

$$\int_Q\frac{u^2}{2g}\rho gQ=\frac{\rho g}{2g}\int_A u^3\mathrm{d}A=\frac{\rho g}{2g}\alpha v^3A=\rho gQ\frac{\alpha v^2}{2g} \qquad (4.30)$$

$$\alpha=\frac{\displaystyle\int_A u^3\mathrm{d}A}{v^3A} \qquad (4.31)$$

式中　α——动能修正系数，其大小取决于过流断面上的流速分布情况，流速分布越均匀，α 越接近于 1；不均匀分布时，$\alpha>1$；在渐变流时，一般 $\alpha=1.05\sim1.1$。通常取 $\alpha\approx1$。

3. $\int_Q h'_{\mathrm{w}}\rho g\,\mathrm{d}Q$

假定各个元流单位重量流体所损失的能量 h'_{w} 都用某一个平均值 h_{w} 来代替，则有

$$\int_Q h'_{\mathrm{w}}\rho g\,\mathrm{d}Q=\rho g h_{\mathrm{w}}\int_Q\mathrm{d}Q=\rho gQh_{\mathrm{w}} \qquad (4.32)$$

将上述三类积分结果代入式（4.28），各项同除以 ρgQ，则

$$z_1+\frac{p_1}{\rho g}+\frac{\alpha_1 v_1^2}{2g}=z_2+\frac{p_2}{\rho g}+\frac{\alpha_2 v_2^2}{2g}+h_{\mathrm{w}} \qquad (4.33)$$

式中　z_1、z_2——1—1、2—2 过流断面选定点相对于选定基准面的高程；

　　　　p_1、p_2——1—1、2—2 过流断面选定点的压强，同时用相对压强或同时用绝对压强；

　　　　v_1、v_2——1—1、2—2 过流断面的平均流速；

　　　　α_1、α_2——1—1、2—2 过流断面的动能修正系数；

　　　　h_{w}——1—1、2—2 过流断面间的单位重量流体的能量损失（或称水头损失）。

式（4.33）即为不可压缩实际流体恒定总流的能量方程。

能量损失一般分为沿流程均匀发生的损失（称沿程水头损失）和因局部障碍（如弯头、闸阀等）引起的损失（称局部水头损失）。

式（4.33）中各项（除 h_w 外）的意义类似于伯努利方程式中的对应项，所不同的是方程中各项均指过流断面的平均值。恒定总流能量方程表明，总流各过流断面单位流体所具有的总机械能平均值沿流程减小；各项能量之间可以相互转化。或者，总流各过流断面平均总水线沿程下降，所下降的高度即为平均水头损失；各项水头之间可以相互转化。

4.3.2　恒定总流能量方程的应用条件及需注意的问题

1. 应用条件

总流的能量方程是在一定条件下导出的，因此在应用时应注意其应用条件：

（1）流体运动是恒定流。

（2）流体是不可压缩均质流体。

（3）作用于流体上的质量力只有重力。

（4）所选取的两个过流断面应符合渐变流或均匀流条件，即符合断面上各点测压管水头等于常数的条件。但所取两断面之间的流体可以不是渐变流。但应当指出，在实际应用中，有时对不符合渐变流条件的过流断面也建立能量方程，这时要对该断面上的动水压强分布进行讨论。

（5）方程的推导中假定流量沿程不变，即在两个断面间没有流量汇入或分出。由于总流能量方程中每一项都是单位重量流体所具有的能量，因此，对于两断面间有流量汇入或分出的情况，可以分别对每支流动建立能量方程。

对有流量汇入的情况，如图 4.8（a）所示，有：

断面 1—1 和断面 3—3 间

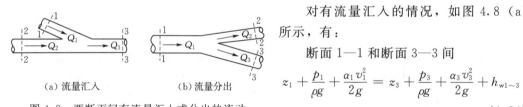

（a）流量汇入　　　（b）流量分出

图 4.8　两断面间有流量汇入或分出的流动

$$z_1 + \frac{p_1}{\rho g} + \frac{\alpha_1 v_1^2}{2g} = z_3 + \frac{p_3}{\rho g} + \frac{\alpha_3 v_3^2}{2g} + h_{w1\sim3}$$

$$(4.34)$$

断面 2—2 和断面 3—3 间

$$z_2 + \frac{p_2}{\rho g} + \frac{\alpha_2 v_2^2}{2g} = z_3 + \frac{p_3}{\rho g} + \frac{\alpha_3 v_3^2}{2g} + h_{w2\sim3} \tag{4.35}$$

对于有流量分出的情况，如图 4.8（b）所示，有

断面 1—1 和断面 2—2 间

$$z_1 + \frac{p_1}{\rho g} + \frac{\alpha_1 v_1^2}{2g} = z_2 + \frac{p_2}{\rho g} + \frac{\alpha_2 v_2^2}{2g} + h_{w1\sim2} \tag{4.36}$$

断面 1—1 和断面 3—3 间

$$z_1 + \frac{p_1}{\rho g} + \frac{\alpha_1 v_1^2}{2g} = z_3 + \frac{p_3}{\rho g} + \frac{\alpha_3 v_3^2}{2g} + h_{w1\sim3} \tag{4.37}$$

可见，两断面间虽有分出或汇入流量，但写能量方程时，只考虑断面间各支流的能量损失，而不考虑分出流量的能量损失。

2. 应用时需注意的问题

(1) 选好过流断面。所取断面须符合渐变流或均匀流条件。

(2) 基准面的选择。基准面可以任意选择，但在同一个能量方程中只能采用同一个基准面。基准面的选择要便于问题的求解，如以通过管道出口断面中心的平面作为基准面，则出口断面的 $z=0$，这样可以简化能量方程。

(3) 能量方程中压强可以用相对压强，也可以用绝对压强，但对同一问题必须采用相同的标准。计算中通常采用相对压强。

(4) 应尽量选择未知量较少的过流断面。例如，水箱水面、管道出口等，因为这些地方的相对压强等于零，可以简化能量方程。

(5) 因渐变流同一过流断面上任何点的测压管水头 $z+\dfrac{p}{\rho g}$ 都相等，所以测压管水头可以选取过流断面上任意点来计算。对管道，一般选管轴中心点计算较为方便；对于明渠，一般选在自由表面上，此处相对压强为零，自由表面到基准面的高度就是测压管水头。

(6) 动能修正系数 α。不同过流断面上的动能修正系数 α_1 与 α_2 严格来讲是不相等的，且不等于 1，实用上对渐变流的多数情况可令 $\alpha_1=\alpha_2=1$。对流速分布特别不均匀的流动，α 需根据具体情况确定。

(7) 两断面间的水头损失 h_w 要正确计算，它应包括沿程水头损失和局部水头损失。而且要注意水头损失项 h_w 在能量方程式中的位置，如流体从断面 1—1 流向断面 2—2，则 h_w 应与断面 2—2 的量一起写在方程的同一端；如流体反过来从断面 2—2 流向断面 1—1，则 h_w 应与断面 1—1 的量一起写在方程的同一端。

4.3.3 有能量输入或输出的能量方程

推导能量方程时没有考虑两断面间能量输入或输出情况。如果两断面间有能量输入或输出，则可以将输入的单位能量 H_i 或输出的单位能量 H_0 直接加到能量方程中。

有能量输入时，方程为

$$z_1+\frac{p_1}{\rho g}+\frac{\alpha_1 v_1^2}{2g}+H_i=z_2+\frac{p_2}{\rho g}+\frac{\alpha_2 v_2^2}{2g}+h_{w1\sim2} \tag{4.38}$$

有能量输出时，方程为

$$z_1+\frac{p_1}{\rho g}+\frac{\alpha_1 v_1^2}{2g}=z_2+\frac{p_2}{\rho g}+\frac{\alpha_2 v_2^2}{2g}+H_0+h_{w1\sim2} \tag{4.39}$$

下面以水泵管路系统为例说明有能量输入的能量方程。

图 4.9 为一水泵管路系统，通过水泵向水流提供能量把水扬到高处。断面 1—1 和断面 2—2 间的能量方程如式 (4.38)。H_i 是单位重量的水流通过水泵后增加的能量，称为管路所需要的水泵扬程。取低处水面为基准面，则能量方程 (4.38) 中 $z_1+\dfrac{p_1}{\rho g}=0$，$z_2+\dfrac{p_2}{\rho g}=z$。相对

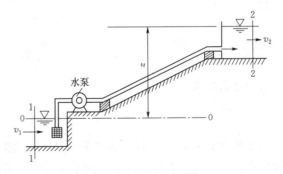

图 4.9 水泵管路系统

于管路中的流速来说，v_1 和 v_2 均较小，流速水头可以忽略，即 $\dfrac{\alpha_1 v_1^2}{2g} \approx \dfrac{\alpha_2 v_2^2}{2g} \approx 0$，则式 (4.38) 可写为

$$H_i = z + h_{w1\sim2} \tag{4.40}$$

式中 z——上下游水面高差，称为水泵的提水高度；

$h_{w1\sim2}$——整个管路中的水头损失，但不包括水泵内的水头损失。

如水泵的抽水量为 Q，则单位时间内通过水泵的水流重量为 $\rho g Q$，所以，单位时间内水流从泵中获得总能量为 $\rho g Q H_i$。由于水泵本身的各种损失，如漏损、水头损失、机械摩擦损失等，所以水泵所做的功大于水流实际获得的能量。用一个小于 1 的水泵效率 η_p 来反映这些影响，则单位时间原动机给予水泵的功即水泵的轴功率 N_p 为

$$N_p = \frac{\rho g Q H_i}{\eta_p} \tag{4.41}$$

式中，ρ 的单位是 kg/m^3，g 的单位是 m/s^2，Q 的单位是 m^3/s，H_i 的单位是 m，N_p 的单位是 $N \cdot m/s$，称为瓦（W）。

图 4.10 为一个水电站发电系统，应用能量方程时应考虑能量输出。

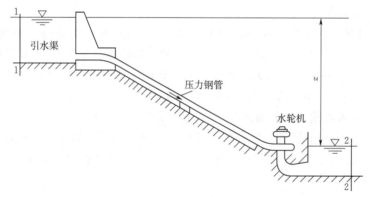

图 4.10　水电站有压管路系统

4.3.4　总水头线与测压管水头线

由于能量方程各项均是单位重量流体具有的各种机械能，都具有长度的量纲，因此可以用几何线段表示各物理量的大小，从而形象地反映总流沿程各断面上能量的变化规律。

总水头

$$H = z + \frac{p}{\rho g} + \frac{\alpha v^2}{2g} \tag{4.42}$$

测压管水头

$$H_p = z + \frac{p}{\rho g} \tag{4.43}$$

把各断面的总水头 H 和测压管水头 H_p 的数值，以它们与基准面的铅直距离，按一定比例在图中标出，各断面总水头的端点沿流程的连线即为总水头线；各断面测压管水头的端点沿流程的连线即为测压管水头线（图 4.11）。

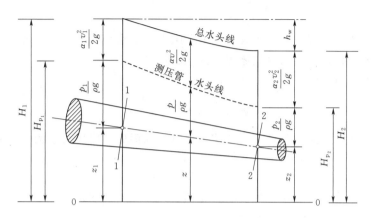

图 4.11 总水头线和测压管水头线

1. 总水头线的绘制

流体从断面 1—1 流向断面 2—2 时能量方程可写为

$$H_1 = H_2 + h_{w1\sim 2} \qquad \text{或} \qquad H_2 = H_1 - h_{w1\sim 2} \tag{4.44}$$

即每一个断面的总水头是上游断面总水头减去两断面之间的水头损失。根据这个关系，从上游断面起沿流程依次减去水头损失，求出各断面的总水头，一直到流动结束。由此可见，总水头线可以沿流程逐段减去水头损失绘出。在绘制总水头线时，要注意区分沿程水头损失和局部水头损失在总水头线上表现形式的不同。沿程水头损失沿流程均匀发生，表现为沿流程倾斜下降的直线；局部水头损失为局部障碍处集中作用，表现为在障碍处铅直下降的直线。

显然，对于理想流体，由于水头损失为零，故 $H_1 = H_2$，即总流中任何过流断面上总水头保持不变，即总水头线为一条水平线。

2. 测压管水头线的绘制

测压管水头又可表示为同一断面总水头与流速水头之差，即

$$H_p = H - \frac{\alpha v^2}{2g} \tag{4.45}$$

根据这个关系，从断面的总水头减去同一断面的流速水头，即得该断面的测压管水头。因此，测压管水头线可以根据总水头线逐断面减去流速水头绘出。

在河渠渐变流中，自由水面上的相对压强处处为零，因此其位置水头就等于断面上的测压管水头。所以，河渠中的水面线就是测压管水头线；而总水头线可以通过测压管水头线逐断面加上流速水头绘出，如图 4.12 所示。

由能量方程的物理意义不难得出，实际流体总流的总水头线必定是一条逐渐下降的线（直线或曲线），因为总水头总是沿程减小的。而测压管水头线则可能是下降的线（直线或曲线），也可能是上升的线（直线或曲线），甚至可能是一条水平线，这要视总流的几何边界沿程变化情况而

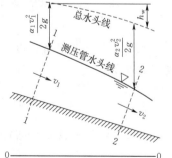

图 4.12 河渠渐变流的测压
管水头线和总水头线

具体分析。

总水头线沿流程的降低值与流程长度 l 之比称为总水头线坡度，也称水力坡度，常以 J 表示。总水头线坡度 J 表示单位流程上的水头损失。

当总水头线为直线时

$$J = \frac{H_1 - H_2}{l} = \frac{h_w}{l} \tag{4.46}$$

当总水头线为曲线时，其坡度为变值，在某一断面处坡度可表示为

$$J = -\frac{\mathrm{d}H}{\mathrm{d}l} = \frac{\mathrm{d}h_w}{\mathrm{d}l} \tag{4.47}$$

因总水头增量 $\mathrm{d}H$ 始终为负值，为使 J 为正值，式（4.47）中加"—"号。

4.3.5　恒定总流能量方程的应用

恒定总流能量方程是水力学中最重要的方程之一，它与恒定总流的连续性方程联合运用，可以解决很多实际流动问题。下面通过举例说明如何应用能量方程解决工程中的实际流动问题。

文丘里（Veturi）流量计是测量管道中流量的一种装置，它由两段锥形管和一段较细的管相连接而组成，如图 4.13（a）所示。前面部分称为收缩段，中间段为喉管，后面部分为扩散段。若欲测量某管中通过的流量，则把文丘里流量计连接在管段当中，在收缩段前的管道和喉管上分别设置测压管（也可直接设置差压计），用以测得该两断面（图中的断面 1—1 和断面 2—2 符合渐变流条件）的测压管水头差 Δh。当已知测压管水头差 Δh 时，运用能量方程即可计算出通过管中的流量，下面分析其原理。

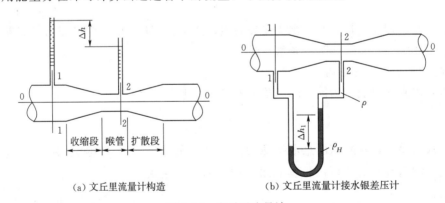

　　（a）文丘里流量计构造　　　　　　　（b）文丘里流量计接水银差压计

图 4.13　文丘里流量计

假定管段水平放置，以管轴线为基准面，对安装测压管的断面 1—1 和断面 2—2 写总流的能量方程式

$$z_1 + \frac{p_1}{\rho g} + \frac{\alpha_1 v_1^2}{2g} = z_2 + \frac{p_2}{\rho g} + \frac{\alpha_2 v_2^2}{2g} + h_w$$

图 4.13（a）显示，断面 1—1 和断面 2—2 的测压管水头差为 Δh，则 $\left(z_1 + \frac{p_1}{\rho g}\right) - \left(z_2 + \frac{p_2}{\rho g}\right) = \Delta h$；设 $\alpha_1 = \alpha_2 = 1$；因断面 1—1 和断面 2—2 相距很近，暂时不计水头损失，即 $h_w = 0$，此时能量方程变为

$$\Delta h = \frac{v_2^2 - v_1^2}{2g}$$

由连续性方程可得

$$\frac{v_1}{v_2} = \frac{A_2}{A_1} = \frac{d_2^2}{d_1^2} \quad \text{或} \quad v_2 = v_1 \left(\frac{d_1}{d_2}\right)^2$$

上式中 d_1、d_2 分别为断面 1—1 及断面 2—2 处管道的直径。把 v_2 与 v_1 的关系代入前式，可得

$$\Delta h = \frac{v_1^2}{2g}\left[\left(\frac{d_1}{d_2}\right)^4 - 1\right] \quad \text{或} \quad v_1 = \sqrt{\frac{2g\Delta h}{\left(\dfrac{d_1}{d_2}\right)^4 - 1}}$$

因此，通过文丘里流量计的流量为

$$Q = A_1 v_1 = \frac{\pi d_1^2}{4}\sqrt{\frac{2g\Delta h}{\left(\dfrac{d_1}{d_2}\right)^4 - 1}}$$

令

$$K = \frac{\pi d_1^2}{4}\sqrt{\frac{2g}{\left(\dfrac{d_1}{d_2}\right)^4 - 1}}$$

则

$$Q = K\sqrt{\Delta h} \tag{4.48}$$

显然，当管道直径 d_1 及喉管直径 d_2 确定以后，K 为一定值，可以预先算出。由式（4.48）可见，只要测得管道断面与喉部断面的测压管水头差 Δh，即可求得流量 Q 值。

　　由于在上面的分析计算中没有考虑水头损失，而水头损失将会使流量减小，因而实际流量比按式（4.48）算得的为小，对于这个误差一般也用一个修正系数 μ（称为文丘里流量系数）来改正，则实际流量

$$Q = \mu K\sqrt{\Delta h} \tag{4.49}$$

流量系数 μ 一般约为 $0.97 \sim 0.99$。

　　如果文丘里流量计上直接安装水银差压计，如图 4.13（b）所示，由差压计原理可知

$$\left(z_1 + \frac{p_1}{\rho g}\right) - \left(z_2 + \frac{p_2}{\rho g}\right) = \frac{\rho_H - \rho}{\rho}\Delta h_1 = 12.6\Delta h_1$$

式中　Δh_1——水银差压计两支水银面高差。此时文丘里流量计的流量为

$$Q = \mu K\sqrt{12.6\Delta h_1} \tag{4.50}$$

　　【例 4.3】　某水库的溢流坝如图 4.14 所示。已知坝下游河床高程为 105.0m，当水库水位为 120.0m 时（断面 1—1 处），坝趾处过水断面 2—2 的水深 $h_2 = 1.2$m。设水流过溢流坝的水头损失 $h_{w1\sim2} = 0.1\dfrac{v_2^2}{2g}$，求断面 2—2 处的平均流速。忽略断面 1—1 流速水头。

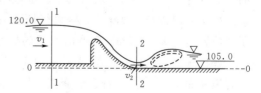

图 4.14　溢流坝过流

　　解：以下游河床为 0—0 为基准面，列

出坝前渐变流断面 1—1 和坝下游断面 2—2（此处流线较平直）间总流能量方程

$$z_1 + \frac{p_1}{\rho g} + \frac{\alpha_1 v_1^2}{2g} = z_2 + \frac{p_2}{\rho g} + \frac{\alpha_2 v_2^2}{2g} + h_w$$

因为渐变流断面上各点的 $(z + p/\rho g)$ 等于常数，可选断面上任一点来计算。方便起见，选水面上一点，该点相对压强为零，即 $p_1 = p_2 = 0$。由于断面 1—1 处的速度较小可以忽略，故流速水头 $\frac{\alpha_1 v_1^2}{2g} \approx 0$。而 $z_1 = 120 - 105 = 15$（m），$z_2 = h_2 = 1.2\text{m}$。取 $\alpha_1 = \alpha_2 = 1$，代入总流能量方程，得

$$15 + 0 + 0 = 1.2 + 0 + \frac{v_2^2}{2g} + 0.1\frac{v_2^2}{2g}$$

解得坝趾处的流速 $v_2 = \sqrt{\dfrac{2g(15 - 1.2)}{1.1}} = 15.68$（m/s）。

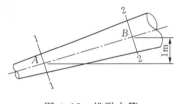

图 4.15 锥形水管

【例 4.4】 有一个直径缓慢变化的锥形水管（如图 4.15 所示），断面 1—1 处直径 $d_1 = 0.15\text{m}$，中心点 A 的相对压强为 7.2kN/m^2，断面 2—2 处直径 $d_2 = 0.3\text{m}$，中心点 B 的相对压强为 6.1kN/m^2，断面平均流速 $v_2 = 1.5\text{m/s}$，A、B 两点高差为 1m。试判别管中水流方向，并求 1—1、2—2 两断面间的水头损失。

解： 首先利用连续性方程求断面 1—1 的平均流速。

因 $v_1 A_1 = v_2 A_2$，故

$$v_1 = \frac{A_2}{A_1}v_2 = \left(\frac{d_2}{d_1}\right)^2 v_2 = \left(\frac{0.30}{0.15}\right)^2 v_2 = 4v_2 = 6.0(\text{m/s})$$

因水管直径变化缓慢，断面 1—1 及断面 2—2 水流可看作渐变流，以过 A 点水平面为基准面分别计算两断面的总能量。两断面的总水头分别为

$$H_1 = z_1 + \frac{p_1}{\rho g} + \frac{\alpha_1 v_1^2}{2g} = 0 + \frac{7.2}{1 \times 9.8} + \frac{6^2}{2 \times 9.8} = 2.57\ (\text{m})$$

$$H_2 = z_2 + \frac{p_2}{\rho g} + \frac{\alpha_2 v_2^2}{2g} = 1 + \frac{6.1}{1 \times 9.8} + \frac{1.5^2}{2 \times 9.8} = 1.74\ (\text{m})$$

因 $H_1 > H_2$，管中水流应从 A 流向 B。

水头损失

$$h_w = H_1 - H_2 = 2.57 - 1.74 = 0.83\ (\text{m})$$

【例 4.5】 如图 4.16 所示为测定水泵扬程的装置。已知水泵吸水管直径为 200mm，压水管直径为 150mm，测得流量为 60L/s，水泵进口真空表读数为 4m 水柱，水泵出口压力表读数为 2at（工程大气压）。两表连接的测压孔位置高差 $h = 0.5\text{m}$。问此时水泵的扬程 H_t 为多少？

解： 选真空表所在的管道断面为 1—1，压力表所在的管道断面为 2—2，均符合渐变流条件。选断面 1—1 为基准面，写出断面 1—1 和断面 2—2 的能量方程。因两

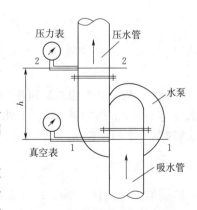

图 4.16 测定水泵扬程的装置

个断面之间有水泵做功，应选用有能量输入的方程。考虑断面 1—1 和断面 2—2 位于水泵进出口，它们之间的能量损失只是流经水泵的损失，已考虑在水泵效率之内，故 $h_{w1\sim2}=0$，则能量方程可写成

$$z_1+\frac{p_1}{\rho g}+\frac{\alpha_1 v_1^2}{2g}+H_i=z_2+\frac{p_2}{\rho g}+\frac{\alpha_2 v_2^2}{2g}$$

式中，$z_2-z_1=h=0.5\text{m}$，$\dfrac{p_1}{\rho g}=-4\text{m}$，$p_2=2\text{at}$，即 $\dfrac{p_2}{\rho g}=20\text{m}$。

流速水头计算如下：

令 $\alpha_1=\alpha_2=1.0$，已知 $Q=60\text{L/s}=0.06\text{m}^3/\text{s}$，则

$$A_1=\frac{1}{4}\pi d_1^2=\frac{1}{4}\times3.14\times0.2^2=0.0314\ (\text{m}^2)$$

$$v_1=\frac{Q}{A}=\frac{0.06}{0.0314}=1.91\ (\text{m/s})$$

$$\frac{v_1^2}{2g}=\frac{1.91^2}{2\times9.8}=0.186\ (\text{m})$$

$$A_2=\frac{1}{4}\pi d_2^2=\frac{1}{4}\times3.14\times0.15^2=0.0177\ (\text{m}^2)$$

$$v_2=\frac{Q}{A_2}=\frac{0.06}{0.0177}=3.39\ (\text{m/s})$$

$$\frac{v_2^2}{2g}=\frac{3.39^2}{2\times9.8}=0.586\ (\text{m})$$

代入能量方程，得水泵扬程 $H_i=24.9\text{m}$。

4.4　实际流体非恒定总流的能量方程

由于流线是元流的极限情况，所以式（4.23）对元流同样适用，即

$$\frac{\partial}{\partial s}\left(z+\frac{p}{\rho g}+\frac{u^2}{2g}+h'_w\right)\text{d}s+\frac{1}{g}\frac{\partial u}{\partial t}\text{d}s=0 \qquad (4.51)$$

将该结果推广应用到总流上，假定总流的断面为"渐变流断面"，应用总流平均量的表示方法，引入动能修正系数 α 及动量修正系数 β（见 4.5 节），即可求得非恒定流的一般方程式。

将式（4.51）各项乘以在单位时间内通过任一元流过流断面 dA 的液体重量 $\rho g\text{d}Q$，其中 $\text{d}Q=u\text{d}A$，u 是元流过流断面的速度，然后在整个过流断面 A 内积分此式，即

$$\int_A\frac{\partial}{\partial s}\left(z+\frac{p}{\rho g}+\frac{u^2}{2g}+h'_w\right)\rho gu\text{d}A\text{d}s+\int_A\frac{1}{g}\frac{\partial u}{\partial t}\rho gu\text{d}A\text{d}s=0 \qquad (4.52)$$

将上式除以 ρgQ 得

$$\frac{1}{Q}\int_A\frac{\partial}{\partial s}\left(z+\frac{p}{\rho g}+\frac{u^2}{2g}+h'_w\right)u\text{d}A\text{d}s+\frac{1}{gQ}\int_A\frac{\partial u}{\partial t}u\text{d}A\text{d}s=0 \qquad (4.53)$$

根据"渐变流断面"上 $z+\dfrac{p}{\rho g}=$ 常数的条件，于是式（4.53）变为

$$\frac{1}{Q}\frac{\partial}{\partial s}\left(z+\frac{p}{\rho g}\right)\int_A u\mathrm{d}A\mathrm{d}s+\frac{1}{2gQ}\frac{\partial}{\partial s}\int_A u^3\mathrm{d}A\mathrm{d}s+\frac{1}{Q}\frac{\partial}{\partial s}\int_A h'_w u\mathrm{d}A\mathrm{d}s+\frac{1}{gQ}\frac{\partial}{\partial t}\int_A u^2\mathrm{d}A\mathrm{d}s=0$$

$$(4.54)$$

考虑到

$$\int_A u\mathrm{d}A=Av=Q$$

$$\int_A u^3\mathrm{d}A=\alpha v^3 A=\alpha v^2 Q$$

$$\int_A u^2\mathrm{d}A=\beta v^2 A=\beta v Q$$

又 $h_w=\dfrac{1}{Q}\displaystyle\int_A h'_w u\mathrm{d}A$ 表示单位质量液体总流的平均能量损失，所以式（4.54）可写为

$$\frac{\partial}{\partial s}\left(z+\frac{p}{\rho g}+\frac{\alpha v^2}{2g}+h_w\right)\mathrm{d}s+\frac{\beta}{g}\frac{\partial v}{\partial t}\mathrm{d}s=0 \qquad (4.55)$$

式（4.55）即为不可压缩实际流体非恒定流总流的基本微分方程式。它是实际流体非恒定流总流的一般方程式，是解决明渠非恒定流问题的基本方程式，也是解决有压管路非恒定流问题的基本方程式。

在任意两断面 1—1 与断面 2—2（渐变流断面）积分此式，则有

$$z_1+\frac{p_1}{\rho g}+\frac{\alpha_1 v_1^2}{2g}=z_2+\frac{p_2}{\rho g}+\frac{\alpha_2 v_2^2}{2g}+h_{w1\sim2}+h_i \qquad (4.56)$$

$$h_{w1\sim2}=\int_1^2\frac{\partial h_w}{\partial s}\mathrm{d}s \qquad (4.57)$$

$$h_i=\frac{\beta}{g}\int_1^2\frac{\partial v}{\partial t}\mathrm{d}s \qquad (4.58)$$

式中　$h_{w1\sim2}$ ——单位质量液体在断面 1—1 及断面 2—2 之间的平均能量损失；

　　　h_i ——断面 1—1 及断面 2—2 流段中单位质量液体的动能随着时间的变化，也可以说，它是该单位质量液体由于克服惯性所应具有的能量，故又称为惯性水头。

式（4.56）是实际流体非恒定流总流能量方程式，它和恒定总流能量方程式的区别仅在于 h_i 一项，z、$\dfrac{p}{\rho g}$、$\dfrac{\alpha v^2}{2g}$ 及 $h_{w1\sim2}$ 诸项的物理意义和恒定总流能量方程式逐项相同。但应指出，在非恒定流中各水力要素是随着时间而变化的。

应注意，惯性水头 h_i 和水头损失 $h_{w1\sim2}$ 不同，$h_{w1\sim2}$ 系克服阻力而消耗的能量（转化为热能），而 h_i 则是被水流所蕴藏而没有消耗的能量。当 $\dfrac{\partial v}{\partial t}$ 为正值时，即流速随着时间而增大，则 h_i 是负值。因此，h_i 是一个可正可负的量。

4.5　实际流体恒定总流的动量方程

前面已经介绍了恒定总流的连续性方程和能量方程，它们对分析流体运动极为有用。但是它们没有反映运动流体与边界上作用力之间的关系，分析运动流体对边界上的作用力

时无法应用；同时，对于水头损失难以确定但又不能忽略的流动问题，能量方程的应用也将受到限制。为此需要利用动量方程，该方程将运动流体与固体边界相互作用力直接与运动流体的动量变化联系起来，它的优点是不需要知道流动范围内部的流动情况，而只需要知道边界面上的流动状况。

应用动量方程计算运动流体对固体边界作用力的实例很多。例如：通过弯管的水流对弯管的作用力；水流对喷嘴的作用力；射流的冲击力；泄流时水流对闸或溢流坝的作用力等。

流体力学中的动量方程是动量守恒定律在流体运动中的具体表现，反映了流体在运动过程中动量的改变与作用力之间的关系。下面根据动量定律，建立流体运动的动量方程，并举例说明动量方程的应用。

4.5.1　恒定总流动量方程的推导

单位时间内物体的动量变化等于作用于该物体上外力的总和，这就是动量定律。动量等于物体的质量 m 乘以它的速度 $\vec{v}$，用 $\vec{K}$ 表示动量向量，即 $\vec{K} = m\vec{v}$。$\sum \vec{F}$ 表示作用于该物体上的各外力的合力向量。动量定律可写为

$$\sum \vec{F} = \frac{\mathrm{d}\vec{K}}{\mathrm{d}t} \tag{4.59}$$

下面推导流体运动的动量方程，并限于恒定流情况。

在恒定总流中取出某一流段，两端过流断面为1—1和2—2，如图4.17所示。以该流段为隔离体，分析它的动量变化和作用于其上的外力之间的关系。

1. 该流段的动量变化

经过微小时段 $\mathrm{d}t$，两个过流断面间流段由1—2位置移动到 $1'$—$2'$ 位置，在流动的同时，流段的动量发生改变。这个动量的改变应等于流段在 $1'$—$2'$ 位置和1—2位置所有的动量之差。然而，由于流动是不可压缩流体恒定流，故处于流段 $1'$—2间的流体，其质量和流速均保持不变，即动

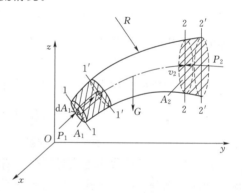

图4.17　流段的动量变化和作用于其上的外力

量不变。所以，在 $\mathrm{d}t$ 时段内，所讨论流段动量的变化等于2—$2'$段和1—$1'$段流体动量之差。

1—$1'$段的动量 $\vec{K}_{1-1'}$ 可以确定如下。

在断面1—1取一微小面积 $\mathrm{d}A_1$，其流速为 $\vec{u}_1$，则1—$1'$段的长度为 $u_1\mathrm{d}t$。1—$1'$段微小体积的质量为 $\rho u_1 \mathrm{d}t \mathrm{d}A_1$，动量为 $\rho u_1 \mathrm{d}t \mathrm{d}A_1 \vec{u}_1$。对整个断面1—1 A_1 积分，得1—$1'$段的动量为

$$\vec{K}_{1-1'} = \int_{A_1} \rho u_1 \vec{u}_1 \mathrm{d}t \mathrm{d}A_1 = \rho \mathrm{d}t \int_{A_1} u_1 \vec{u}_1 \mathrm{d}A_1 \tag{4.60}$$

因为断面上的流速分布一般是未知的，所以需用断面平均流速 $\vec{v}$ 代替 $\vec{u}_1$，所造成的误差以动量修正系数 β 来修正，则式（4.60）写为

$$\vec{K}_{1-1'} = \rho \mathrm{d}t \beta_1 \vec{v}_1 \int_{A_1} u_1 \mathrm{d}A_1 = \rho \mathrm{d}t \beta_1 \vec{v}_1 Q \tag{4.61}$$

比较式（4.60）与式（4.61），为说明普遍意义略去下标，得

$$\beta = \frac{\int_A \vec{u} \, u \mathrm{d}A}{\vec{v} Q} \tag{4.62}$$

若过流断面为渐变流，断面上点流速 $\vec{u}$ 与断面平均流速 $\vec{v}$ 基本平行，则式（4.62）写为

$$\beta = \frac{\int_A u^2 \mathrm{d}A}{v^2 A} \tag{4.63}$$

动量修正系数 β 表示单位时间内通过断面的实际动量与单位时间内以相应的断面平均流速通过的动量的比值。在一般渐变流中，β 值为 1.02～1.05。为方便计，通常取 $\beta = 1.0$。

同理，2—2′流段的动量为

$$\vec{K}_{2-2'} = \rho \mathrm{d}t \beta_2 \, \vec{v}_2 Q \tag{4.64}$$

则该流段的动量差为

$$\vec{K}_{2-2'} - \vec{K}_{1-1'} = \rho Q (\beta_2 \, \vec{v}_2 - \beta_1 \, \vec{v}_1) \mathrm{d}t \tag{4.65}$$

2. 作用于该流段上的力

作用在断面 1—1 至断面 2—2 流段上的外力包括：上游流体作用于断面 1—1 上的动水压力 $\vec{P}_1$；下游流体作用在断面 2—2 上的动水压力 $\vec{P}_2$；重力 $\vec{G}$；以及四周边界对这段流体的总作用力 $\vec{R}$。所有这些外力的合力以 $\sum \vec{F}$ 表示。

3. 动量方程

将以上分析结果代入式（4.59），得恒定总流动量方程为

$$\rho Q (\beta_2 \, \vec{v}_2 - \beta_1 \, \vec{v}_1) = \sum \vec{F} \tag{4.66a}$$

或

$$\rho Q \beta_2 \, \vec{v}_2 - \rho Q \beta_1 \, \vec{v}_1 = \sum \vec{F} \tag{4.66b}$$

式（4.66）左端代表单位时间内所研究流段通过下游断面流出的动量和通过上游断面流入的动量之差，右端则代表作用于总流流段上所有外力的代数和。

在直角坐标系中，恒定总流的动量方程式可以写成三个投影表达式，即

$$\begin{cases} \rho Q (\beta_2 v_{2x} - \beta_1 v_{1x}) = \sum F_x \\ \rho Q (\beta_2 v_{2y} - \beta_1 v_{1y}) = \sum F_y \\ \rho Q (\beta_2 v_{2z} - \beta_1 v_{1z}) = \sum F_z \end{cases} \tag{4.67a}$$

或

$$\begin{cases} \rho Q \beta_2 v_{2x} - \rho Q \beta_1 v_{1x} = \sum F_x \\ \rho Q \beta_2 v_{2y} - \rho Q \beta_1 v_{1y} = \sum F_y \\ \rho Q \beta_2 v_{2z} - \rho Q \beta_1 v_{1z} = \sum F_z \end{cases} \tag{4.67b}$$

式中　v_{2x}、v_{2y}、v_{2z}——下游过流断面 2—2 的断面平均流速在三个坐标方向的投影；

v_{1x}、v_{1y}、v_{1z}——上游过流断面 1—1 的断面平均流速在三个坐标方向的投影；

$\sum F_x$、$\sum F_y$、$\sum F_z$——作用在断面 1—1 与断面 2—2 间流体上的所有外力在三个坐标方向的投影代数和。

4.5.2 应用动量方程的注意点及步骤

恒定总流动量方程是水力学中最重要的方程之一，应用较为广泛。应用时，除满足恒定流条件，还应注意以下几点：

（1）动量方程是矢量式，式中流速和作用力都是有方向的量。因此，首先要选定坐标轴并标明其正方向，然后把流速和作用力向该坐标轴投影。凡是和坐标轴指向一致的流速和作用力均为正值；反之为负值。坐标的选择以方便计算为宜。

（2）动量方程式的左端是单位时间内所取流段的动量变化值，必须是流出的动量减去流进的动量，两者不可颠倒。

（3）所选择的两个过流断面应符合渐变流条件，这样便于计算两端断面上的动水压力。因为渐变流断面上的动水压强可按静水压强公式计算。由运动流体与固体边界均受当地大气压的作用，压强一律采用相对压强。

（4）根据问题的要求，选定两个渐变流断面间的流体作为隔离体，作用在隔离体上的外力应包括：两断面上的流体压力、固体边界对流体的作用力及流体本身的重力。

（5）当所求未知作用力的方向不能事先确定时，可任意假定一个方向，若计算结果值为正，说明假定方向正确；若值为负，说明与假定方向相反。

（6）动量方程只能求解一个未知数，若方程中未知数多于一个时，必须借助于能量方程或（和）连续性方程联合求解。

（7）虽然动量方程的推导是在无流量汇入与流出条件下进行的，但它可以应用于有流量汇入与流出的情况。

图 4.18 为一分叉管流。当对叉管段流体应用动量方程时，可以把沿管壁以及上下游过流断面所组成的封闭体作为控制体（图中虚线所示）。设 $\sum \vec{F}$ 为作用在分叉流段的外力，$\vec{v}_1$、$\vec{v}_2$、$\vec{v}_3$ 分别为三个断面上的平均流速，单位时间内该段总流的动量变化等于流出控制体的动量（$\rho Q_2 \beta_2 \vec{v}_2 + \rho Q_3 \beta_3 \vec{v}_3$）与流入控制体的动量 $\rho Q_1 \beta_1 \vec{v}_1$ 之差。则动量方程表示为

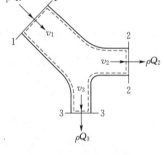

图 4.18 有流量汇入与流出的图示

$$\rho Q_2 \beta_2 \vec{v}_2 + \rho Q_3 \beta_3 \vec{v}_3 - \rho Q_1 \beta_1 \vec{v}_1 = \sum \vec{F} \qquad (4.68)$$

用动量方程求解流体对固体边界的作用力时，以下步骤可供参考：

（1）分析流体运动，找出渐变流断面，围取控制体。建立坐标，设定正方向。

（2）分析作用在控制体上所有外力，并假设固体边界对流体作用力 $\vec{R}$ 的方向。

（3）建立动量方程。若动量方程中的未知数多于一个，则应联合能量方程或（和）连续性方程，求解边界对流体的作用力 $\vec{R}$。

（4）根据作用力与反作用力大小相等、方向相反的原则，确定流体对固体边界的作用力 $\vec{R}'$。

4.5.3　恒定总流动量方程的应用

1. 水流对溢流坝面的水平总作用力

如图 4.19 所示溢流坝，水流经坝体时，流线弯曲较剧烈，故坝面上动水压强分布不符合静水压强分布规律，不能按静水压力计算方法来确定坝面上的动水总压力。因此，需用动量方程求解。

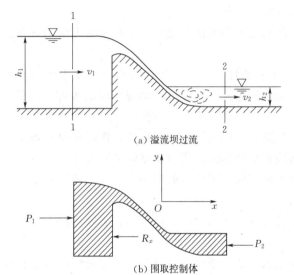

(a) 溢流坝过流

(b) 围取控制体

图 4.19　水流对溢流坝面的水平总作用力

（1）围取控制体，建立坐标。

设河道横断面为矩形，其宽度为 b，坝上游水深为 h_1，坝下游水深为 h_2。断面 1—1 和断面 2—2 符合渐变流条件，断面 1—1 的平均流速为 v_1，断面 2—2 的平均流速为 v_2。选取断面 1—1 与断面 2—2 及沿坝面（包括上下游部分河床边界）与水流自由表面所围成的空间（图中阴影部分所示）作为控制体。

若上、下游河床均为平底，断面 1—1 和断面 2—2 的流速与 x 轴方向平行，该两断面上水流仅有沿 x 方向的流动，应用动量方程时只研究沿 x 轴方向的动量变化。

（2）分析作用于控制体上的外力。

作用于控制体上的外力在 x 轴方向的投影，包括断面 1—1 上的动水压力 $P_1 = \frac{1}{2}\rho gbh_1^2$，断面 2—2 上的动水压力 $P_2 = \frac{1}{2}\rho gbh_2^2$，坝体对水流的反作用力（水平方向）$R_x$，$R_x$ 包含了水流与坝面的摩擦力在 x 方向的投影。流体的重力在 x 方向投影为零。则

$$\sum F_x = P_1 - P_2 - R_x = \frac{1}{2}\rho gb(h_1^2 - h_2^2) - R_x$$

（3）列动量方程，求总作用力。

动量方程

$$\rho Q(\beta_2 v_{2x} - \beta_1 v_{1x}) = \sum F_x$$

因 $v_{1x} = v_1 = \dfrac{Q}{bh_1}$，$v_{2x} = v_2 = \dfrac{Q}{bh_2}$，令 $\beta_1 = \beta_2 = \beta$，于是动量方程为

$$\beta \rho Q^2 \left(\frac{1}{bh_2} - \frac{1}{bh_1}\right) = \frac{1}{2}\rho gb(h_1^2 - h_2^2) - R_x$$

由上式可解出

$$R_x = \frac{1}{2}b\left[\rho gh_1^2 - \rho gh_2^2 - \frac{2\beta \rho Q^2}{b^2}\left(\frac{1}{h_2} - \frac{1}{h_1}\right)\right]$$

因此，水流对坝体在水平方向的总作用力的大小与 R_x 相等，它包括了上游坝面和下游坝面水平作用力的总和，而方向与之相反。

2. 水流对弯管的作用力

如图 4.20 所示转角为 α 的弯管，管轴线位于铅垂平面上，弯管两端过水断面面积分别为 A_1 和 A_2，断面平均流速为 v_1 和 v_2，断面形心点压强为 p_1 和 p_2，弯管内通过流量 Q，分析水流对弯管的作用力。

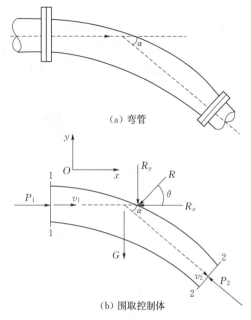

(a) 弯管

弯管内的水流是急变流，不能用静水压强的计算方法求管内水流对管壁的作用力。因此，应用动量方程求解。

(1) 围取控制体，建立坐标。

在弯管进、出口水流为渐变流处，取断面 1—1 和断面 2—2，并取两断面间的总流作为控制体。选取坐标如图 4.20 所示。

(2) 分析作用于控制体上的外力。

作用在此水体上的外力包括：

1) 两端断面上的动水压力。因断面 1—1、断面 2—2 均是渐变流断面，动水压力分别为

(b) 围取控制体

图 4.20 水流对弯管的作用力

$$P_1 = p_1 A_1, \ P_2 = p_2 A_2$$

弯管对水流的反作用力为 R。为计算方便，将其分解成 x 方向的 R_x 和 y 方向的 R_y，并假定其方向如图 4.20 所示。

2) 重力。因弯管的轴线是在铅垂面内，重力 G 应该考虑。$G = \rho g V$，V 为控制体内水的体积。

(3) 列动量方程，求作用力。

将所有的外力和流速在坐标轴上投影，令 $\beta_1 = \beta_2 = 1$，则 x 方向动量方程

$$\rho Q(v_2 \cos\alpha - v_1) = P_1 - P_2 \cos\alpha - R_x$$

得

$$R_x = p_1 A_1 - p_2 A_2 \cos\alpha - \rho Q^2 \left(\frac{\cos\alpha}{A_2} - \frac{1}{A_1} \right)$$

y 方向动量方程

$$\rho Q(-v_2 \sin\alpha - 0) = P_2 \sin\alpha - R_y - G$$

得

$$R_y = p_2 A_2 \sin\alpha + \frac{\rho Q^2 \sin\alpha}{A_2} - G$$

弯管对水流作用力的合力为

$$R = \sqrt{R_x^2 + R_y^2}$$

R 与水平轴的夹角为

$$\theta = \arctan \frac{R_y}{R_x}$$

水流对弯管的作用力大小与 R 相等，方向相反。

3. 射流冲击固定表面的作用力

如图 4.21 所示，水流从水平管道末端的喷嘴射出，垂直冲击在距离很近的一块铅垂放置的平板上，水流随即在平板上向四周散开（转了 90°的方向），射流速度为 v，射流流量为 Q。下面试分析射流冲击平板的作用力。

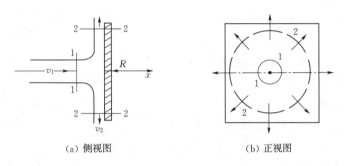

(a) 侧视图   (b) 正视图

图 4.21 射流冲击平板的作用力

（1）围取控制体，建立坐标。

取射流转向以前的断面 1—1 和水流完全转向以后的断面 2—2（注意断面 2—2 是一个圆周面，它应截取全部散射的水流）之间的水流隔离体为对象进行研究。

（2）分析作用于控制体上的外力。

由于射流四周及冲击转向后的水流表面都是大气压，即断面 1—1 和断面 2—2 上的压强都等于大气压，则 $P_1=P_2=0$。流体所受重力铅直向下。设平板对水流的作用力为 R。

（3）列动量方程，求作用力。

因平板对水流的作用力 R 为水平沿 x 轴方向，写 x 方向的动量方程

$$\rho Q(\beta_2 v_{2x}-\beta_1 v_{1x})=\sum F_x$$

因断面 2—2 的速度在 x 轴的投影 v_{2x} 为零，断面 1—1 的速度即为沿 x 轴的速度，则

$$\rho Q(0-v_1)=-R$$

因断面 1—1 的速度 v_1 即为射流速度为 v，所以

$$R=\rho Q v$$

因此，射流对平板的冲击力与 R 大小相等，方向相反。

【例 4.6】 一个沿铅垂放置的弯管如图 4.22 所示，弯头转角为 90°，起始断面 1—1 与终止断面 2—2 间的轴线长度 $L=3.14\mathrm{m}$，两断面中心高差 $\Delta z=2\mathrm{m}$，已知断面 1—1 中心处动水压强 $p_1=117.6\mathrm{kN/m^2}$，两断面之间水头损失 $h_w=0.1\mathrm{m}$，管径 $d=0.2\mathrm{m}$。试求当管中通过流量 $Q=0.06\mathrm{m^3/s}$ 时水流对弯头的作用力。

解：（1）围取控制体，建立坐标。

以断面 1—1 和断面 2—2 之间的流体作为控制体，选定坐标方向，如图 4.22（b）所示。

（2）分析作用于控制体上的外力。

针对控制体内的水体，分析受力。包括作用于断面 1—1 和断面 2—2 的动水压力、控制体内水体的重力、管壁对水体的作用力。

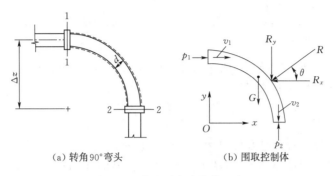

（a）转角90°弯头　　　　　　（b）围取控制体

图 4.22　水流对弯头的作用力

1）作用于断面 1—1 上的动水压力：

$$P_1 = p_1 \frac{\pi d^2}{4} = 117.6 \times \frac{3.14 \times 0.2^2}{4} = 3.69 \text{ (kN)}$$

2）作用于断面 2—2 上的动水压力：

因断面 2—2 的动水压强 p_2 未知，需要利用能量方程进行求解。

以断面 2—2 为基准面，对断面 1—1 与断面 2—2 写能量方程

$$\Delta z + \frac{p_1}{\rho g} + \frac{\alpha v^2}{2g} = 0 + \frac{p_2}{\rho g} + \frac{\alpha v^2}{2g} + h_w$$

于是

$$\frac{p_2}{\rho g} = \Delta z + \frac{p_1}{\rho g} - h_w$$

将 $h_w = 0.1\text{m}$，$p_1 = 117.6\text{kN/m}^2$，$\Delta z = 2\text{m}$ 代入上式，得 $p_2 = 136.2\text{kN/m}^2$。

因此，作用于断面 2—2 上的动水压力

$$P_2 = p_2 \frac{\pi d^2}{4} = 136.2 \times \frac{3.14 \times 0.2^2}{4} = 4.28 \text{ (kN)}$$

3）控制体内水体的重力：

$$G = \rho g V = \rho g L \frac{\pi}{4} d^2 = 1 \times 9.8 \times 3.14 \times \frac{3.14}{4} \times 0.2^2 = 0.97 \text{ (kN)}$$

4）管壁对水体的作用力。设管壁对水体的作用力为 R，其在水平和铅垂方向的分力分别为 R_x 和 R_y。

（3）列动量方程，求作用力。

对弯头内水流沿 x、y 方向分别写动量方程。

沿 x 方向动量方程为

$$\rho Q(0 - \beta v) = P_1 - R_x$$

管中流速 $v = \dfrac{Q}{A} = \dfrac{0.06}{\pi d^2/4} = \dfrac{0.06}{3.14 \times 0.2^2/4} = 1.91 \text{ (m/s)}$，将 P_1 代入，取 $\beta = 1$，得

$$R_x = P_1 + \beta \rho Q v = 3.69 + 1 \times 1 \times 0.06 \times 1.91 = 3.80 \text{ (kN)}$$

沿 y 方向动量方程为

$$\rho Q(-\beta v - 0) = P_2 - G - R_y$$

107

将 P_2、G 代入，取 $\beta=1$，得

$$R_y = P_2 - G + \beta\rho Qv = 4.28 - 0.97 + 1 \times 1 \times 0.06 \times 1.91 = 3.42 \text{ (kN)}$$

管壁对水体的总作用力

$$R = \sqrt{R_y^2 + R_x^2} = \sqrt{3.80^2 + 3.42^2} = 5.11 \text{ (kN)}$$

作用力 R 与水平轴 x 的夹角

$$\theta = \arctan\frac{R_y}{R_x} = 41.99°$$

因此，水流对管壁的作用力与 R 大小相等，方向相反。

上述解法是按照用动量方程求解流体对固体边界的作用力的一般步骤进行的，即：①围取控制体，建立坐标；②分析作用于控制体上的外力；③列动量方程，求作用力。在每一步中，当遇到未知待求的物理量，随时求解。

此外，也可以先把未知量提前求出，然后再按上述一般步骤进行。下面按这种方法求解。

解：（1）求管中流速。

$$v = \frac{Q}{A} = \frac{0.06}{\pi d^2/4} = \frac{0.06}{3.14 \times 0.2^2/4} = 1.91 \text{ (m/s)}$$

（2）求断面 2—2 中心处动水压强 p_2。

以断面 2—2 为基准面，对断面 1—1 与断面 2—2 写能量方程

$$\Delta z + \frac{p_1}{\rho g} + \frac{\alpha v^2}{2g} = 0 + \frac{p_2}{\rho g} + \frac{\alpha v^2}{2g} + h_w$$

于是

$$\frac{p_2}{\rho g} = \Delta z + \frac{p_1}{\rho g} - h_w$$

将 $h_w = 0.1\text{m}$，$p_1 = 117.6\text{kN/m}^2$，$\Delta z = 2\text{m}$ 代入上式，得 $p_2 = 136.2\text{kN/m}^2$。

上述即是求出了所有即将用到的量。下面利用动量方程求解。

（3）围取控制体，建立坐标。

以断面 1—1 和断面 2—2 之间的流体作为控制体，选定坐标方向，如图 4.22 （b）所示。

（4）分析作用于控制体上的外力。

针对控制体内的水体，分析受力。包括作用于断面 1—1 和断面 2—2 的动水压力、控制体内水体的重力、管壁对水体的作用力。

1）作用于断面 1—1 上动水压力：

$$P_1 = p_1\frac{\pi d^2}{4} = 117.6 \times \frac{3.14 \times 0.2^2}{4} = 3.69 \text{ (kN)}$$

2）作用于断面 2—2 上动水压力：

$$P_2 = p_2\frac{\pi d^2}{4} = 136.2 \times \frac{3.14 \times 0.2^2}{4} = 4.28 \text{ (kN)}$$

3）弯头内水重：

$$G = \rho g V = \rho g L\frac{\pi}{4}d^2 = 1 \times 9.8 \times 3.14 \times \frac{3.14}{4} \times 0.2^2 = 0.97 \text{ (kN)}$$

4）管壁对水体的作用力：

设管壁对水体的作用力为 R，其在水平和铅垂方向的分力分别为 R_x 和 R_y。

（5）列动量方程，求作用力。

对弯头内水流沿 x、y 方向分别写动量方程式。

沿 x 方向动量方程为

$$\rho Q(0 - \beta v) = P_1 - R_x$$

得

$$R_x = P_1 + \beta \rho Q v = 3.69 + 1 \times 1 \times 0.06 \times 1.91 = 3.80 \text{（kN）}$$

沿 y 方向动量方程为

$$\rho Q(-\beta v - 0) = P_2 - G - R_y$$

得

$$R_y = P_2 - G + \beta \rho Q v = 4.28 - 0.97 + 1 \times 1 \times 0.06 \times 1.91 = 3.42 \text{（kN）}$$

管壁对水流的总作用力

$$R = \sqrt{R_y^2 + R_x^2} = \sqrt{3.80^2 + 3.42^2} = 5.11 \text{（kN）}$$

作用力 R 与水平轴 x 的夹角

$$\theta = \arctan \frac{R_y}{R_x} = 41.99°$$

因此，水流对管壁的作用力与 R 大小相等，方向相反。

【例 4.7】 图 4.23 为水流从坝脚厂房顶上挑射鼻坎反弧段流过的情况。由于反弧的引导，水流从鼻坎射出时仰角 $\theta = 30°$（假定出流方向和鼻坎挑射角一致）。反弧半径 $r = 20\text{m}$，坝顶单宽流量（每米宽度的流量）$q = 80\text{m}^3/(\text{s·m})$，反弧前的流速 $v_1 = 30\text{m/s}$，射出流速 $v_2 = 29\text{m/s}$。求水流对鼻坎的作用力。

解： 水流从坝面流下，经过反弧段转变方向，则动量发生变化。在此范围内，水流对边界的作用力可以用动量方程进行分析。

（1）围取控制体，建立坐标。

取反弧进口段面 1—1 和出口断面 2—2 如图 4.23 所示。以两个断面之间的水流为隔离体，选 x 轴和 y 轴方向，并取坝顶 1m 宽的水流来进行分析。

（2）分析作用于控制体上的外力。

作用在这段水流上的外力有两断面的动水压力 P_1 和 P_2、重力 G 以及鼻坎对水流的作用力 R。忽略坡面阻力和空气阻力。

1）断面 1—1 的动水压力：水深 $h_1 = \dfrac{q}{v_1} = 2.67\text{m}$，该断面动水压力近似按静水压强公式计

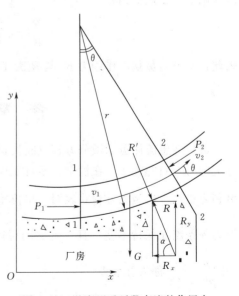

图 4.23 溢流面反弧段水流的作用力

算，即

$$P_1 = \frac{1}{2}\rho g h_1^2 \times 1 = \frac{1}{2} \times 1000 \times 9.8 \times 2.67^2 \times 1 = 35 \text{ (kN)}$$

2）断面 2—2 的动水压力：因出口流入大气，可以认为断面 2—2 上的压强为大气压强，所以 $P_2 = 0$。

3）断面 1—1 至断面 2—2 的水重：反弧段水流平均弧长 $s = 2\pi \left(r - \frac{h_1}{2}\right) \times \frac{30}{360} = 2 \times$ $3.14 \times \left(20 - \frac{2.67}{2}\right) \times \frac{30}{360} = 9.77$ （m），则该段水重 G 近似为

$$G = \rho g s h_1 \times 1 = 1000 \times 9.8 \times 9.77 \times 2.67 \times 1 = 256 \text{ (kN)}$$

4）鼻坎对水流的作用力：设鼻坎对水流的作用力为 R，将 R 分成 R_x 和 R_y。

（3）列动量方程，求作用力。

x 方向 $\qquad \rho Q(\beta_2 v_{2x} - \beta_1 v_{1x}) = P_1 - R_x$

y 方向 $\qquad \rho Q(\beta_2 v_{2y} - \beta_1 v_{1y}) = R_y - G$

依题意，$Q = q \times 1 = 80 \times 1 = 80 \text{m}^3/\text{s}$；$v_1 = 30\text{m/s}$，$v_{1x} = v_1 = 30\text{m/s}$，$v_{1y} = 0$；$v_2 = 29\text{m/s}$，$v_{2x} = v_2 \cos 30° = 25.1\text{m/s}$，$v_{2y} = v_2 \sin 30° = 14.5\text{m/s}$。

代入动量方程，令 $\beta_1 = \beta_2 = 1.0$，则

$$R_x = P_1 - \rho Q(v_{2x} - v_{1x}) = 35 - 1 \times 80 \times (25.1 - 30) = 427 \text{ (kN)}$$

$$R_y = G + \rho Q(v_{2y} - v_{1y}) = 256 + 1 \times 80 \times (14.5 - 0) = 1416 \text{ (kN)}$$

所以鼻坎对水流的作用力

$$R = \sqrt{R_x^2 + R_y^2} = \sqrt{427^2 + 1416^2} = 1480 \text{ (kN)}$$

R 与水平轴 x 的夹角 α

$$\tan\alpha = \frac{R_y}{R_c} = \frac{1416}{427} = 3.32, \ \alpha = 73.3°$$

因此，水流对鼻坎的作用力 R' 与 R 大小相等，方向相反。

本 章 知 识 点

（1）理想流体运动微分方程（欧拉运动微分方程）表达了流体质点运动和作用在它本身上的力之间的关系。在恒定、不可压缩、质量力只有重力条件下沿流线对其积分得到伯努利方程式。伯努利方程式表明，单位重量流体所具有的位能 z、压能 $\frac{p}{\rho g}$ 和动能 $\frac{u^2}{2g}$ 之和沿同一条流线保持不变，且三者之间可以相互转化。$H_p = z + \frac{p}{\rho g}$ 称为测压管水头；$H = z + \frac{p}{\rho g} + \frac{u^2}{2g}$ 称为总水头。

（2）理想流体动水压强的特性与静水压强相同。

（3）因实际流体具有黏滞性，因而运动着的实际流体中不但有压应力（动压强）还有切应力。实际流体运动微分方程（N—S方程）是不可压缩均质流体的普遍方程。

（4）实际流体恒定总流的能量方程是水力学中最重要的方程之一，它与总流连续性方程联合运用，可以解决许多实际流动问题。恒定总流能量方程反映了流体在流动过程中，断面上的平均位能、平均压能、平均动能和平均水头损失之间的能量转化与守恒关系。

应用时，要特别注意其应用条件。所选过流断面要符合渐变流条件，基准面的选择应方便计算。对恒定总流能量方程应通过例题的学习和习题的练习，深刻理解，熟悉掌握。

（5）实际流体非恒定流总流的基本微分方程式是实际流体非恒定流总流的一般方程式，既是解决明渠非恒定流问题的基本方程式，也是解决有压管路非恒定流问题的基本方程式。实际流体非恒定流总流能量方程式和实际流体恒定总流能量方程式的区别，仅在于惯性水头 h_i 一项。水力学中某些方程之间是相互联系的。

（6）实际流体恒定总流的动量方程是水力学中最重要的方程之一，它将运动流体与固体边界相互作用力直接与运动流体的动量变化联系起来。应用时，要注意动量方程是一矢量方程，式中流速和作用力都是有方向的矢量。方程式中的动量变化必须是流出控制体的动量减去流进控制体的动量之差，两者不可颠倒。应用动量方程时要注意步骤：围取控制体、建立坐标；分析作用于控制体上的所有外力；建立动量方程。当动量方程中的未知数多于一个时，则应联合能量方程和连续性方程求解。

思 考 题

4.1　运动着的实际流体与理想流体的质点应力有什么区别？

4.2　N—S方程表述了作用于流体质点上的哪些力之间的关系？

4.3　应用恒定总统能量方程时，为什么把过流断面选在渐变流段或均匀流段？

4.4　在写总流能量方程时，过流断面上的代表点、基准面是否可以任意选取？为什么？

4.5　关于水流流向问题有如下一些说法："水一定由高处向低处流""水是从压强大向压强小的地方流""水是从流速大的地方向流速小的地方流"。这些说法是否正确？为什么？如何正确描述？

4.6　总水头线和测压管水头线的沿程变化规律如何？均匀流的测压管水头线和总水头线的关系如何？明渠流的水面线和测压管水头线的关系如何？

4.7　用能量方程推导文丘里流量计的流量公式 $Q = \mu K \sqrt{\Delta h}$ 时，管道水平放置与倾斜放置其结果是否相同？

4.8　如图 4.24 所示的输水管道，水箱内水位保持不变，试问：（1）A 点的压强能否比 B 点低？为什么？（2）C 点的压强能否比 D 点低？为什么？（3）E 点的压强能否比 F 点低？为什么？

4.9　如图 4.25 所示，两个分叉管流，下面列出的两个动量方程是否正确？

对于图 4.25（a）：$\sum \vec{F} = \rho Q (\beta_2 \vec{v}_2 - \beta_1 \vec{v}_1)$

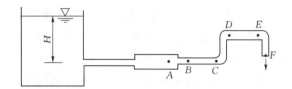

图 4.24 思考题 4.8 图

对于图 4.25（b）：$\sum \vec{F} = \rho Q [(\beta_2 \vec{v}_2 + \beta_3 \vec{v}_3) - \beta_1 \vec{v}_1]$

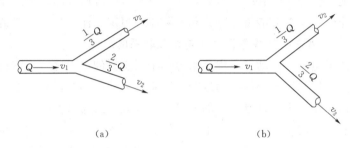

（a）   （b）

图 4.25 思考题 4.9 图

4.10 恒定总流的动量方程为 $\rho Q (\beta_2 \vec{v}_2 - \beta_1 \vec{v}_1) = \sum \vec{F}$，试问：（1）$\sum \vec{F}$ 中包括哪些力？（2）如果由动量方程求得的力为负值说明什么问题？

习 题

4.1 如图 4.26 所示，在一管路上测得过流断面 1—1 的测压管高度 $\dfrac{p_1}{\rho g} = 1.5\text{m}$，过流面积 $A_1 = 0.05\text{m}^2$；过流断面 2—2 的面积 $A_2 = 0.02\text{m}^2$；两断面间水头损失 $h_w = 0.5 \dfrac{v_1^2}{2g}$；管中流量 $Q = 20\text{L/s}$；$z_1 = 2.5\text{m}$，$z_2 = 2.0\text{m}$。求断面 2—2 的测压管高度 $\dfrac{p_2}{\rho g}$（提示：注意流动方向）。

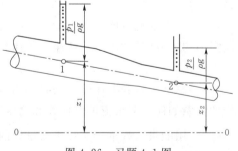

图 4.26 习题 4.1 图

4.2 如图 4.27 所示，从水面保持恒定不变的水池中引出一管路，水流在管路末端流入大气。管路由三段直径不等的管道组成，其过水面积分别是 $A_1 = 0.05\text{m}^2$，$A_2 = 0.03\text{m}^3$，$A_3 = 0.04\text{m}^2$。水池容积很大，行近流速可以忽略（$v_0 \approx 0$）。不计管路的水头损失。（1）求出口流速 v_3 和流量 Q；（2）绘出管路的测压管水头线及总水头线。

4.3 在水塔引出的水管末端连接一个消防喷水枪，将水枪置于和水塔液面高差 $H = 10\text{m}$ 的地方，如图 4.28 所示。若水管及喷水枪系统的水头损失为 3m，试问喷水枪所喷出

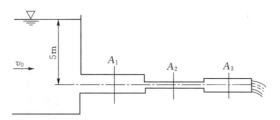

图 4.27 习题 4.2 图

的水最高能达到的高度 h 为多少（不计在空气中的能量损失）？

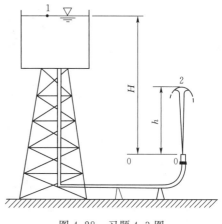

4.4 如图 4.29 所示的一管路，A、B 两点的高差 $\Delta z = 1\mathrm{m}$，点 A 处直径 $d_A = 0.25\mathrm{m}$，压强 $p_A = 7.84\mathrm{N/cm^2}$，点 B 处直径 $d_B = 0.5\mathrm{m}$，压强 $p_B = 4.9\mathrm{N/cm^2}$，断面平均流速 $V_B = 1.2\mathrm{m/s}$。判断管中水流方向。

4.5 如图 4.30 所示平底渠道，断面为矩形，宽 $b = 1\mathrm{m}$，渠底坎高 $P = 0.5\mathrm{m}$，坎前渐变流断面处水深 $H = 1.8\mathrm{m}$，坎后水面跌落 $\Delta Z = 0.3\mathrm{m}$，坎顶水流为渐变流，忽略水头损失，求渠中流量 Q。

图 4.28 习题 4.3 图

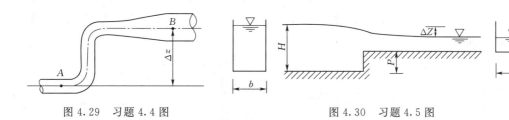

图 4.29 习题 4.4 图   图 4.30 习题 4.5 图

4.6 如图 4.31 所示，在水平安装的文丘里流量计上，直接用水银压差计测出水管与喉部压差 $\Delta h = 20\mathrm{cm}$，已知水管直径 $d_1 = 15\mathrm{cm}$，喉部直径 $d_2 = 10\mathrm{cm}$，当不计水头损失时，求通过流量 Q。

4.7 为将水库中水引至堤外灌溉，安装一根直径 $d = 15\mathrm{cm}$ 的虹吸管（如图 4.32 所示），当不计水头损失时，问通过虹吸管的流量 Q 为多少？在虹吸管顶部 s 点处的压强为多少？

4.8 水流通过如图 4.33 所示管路流入大气，已知：U 形测压管中水银柱高差 $\Delta h_{\mathrm{Hg}} = 0.2\mathrm{m}$，$h_1 = 0.72\mathrm{m}\ \mathrm{H_2O}$，管径 $d_1 = 0.1\mathrm{m}$，管嘴出口直径 $d_2 = 0.05\mathrm{m}$，不计管中水头损

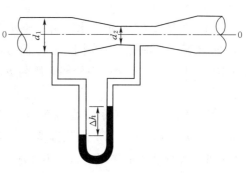

图 4.31 习题 4.6 图

失。求管中流量 Q。

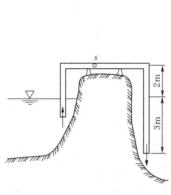

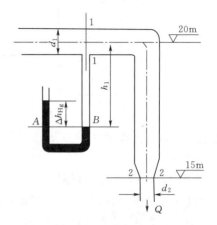

图 4.32　习题 4.7 图　　　　　　　　　　图 4.33　习题 4.8 图

4.9　如图 4.34 所示分叉管路，已知断面 1—1 处的过水断面积 $A_1 = 0.1\text{m}^2$，高程 $z_1 = 75\text{m}$，流速 $v_1 = 3\text{m/s}$，压强 $p_1 = 98\text{kN/m}^2$；断面 2—2 处 $A_2 = 0.05\text{m}^2$，$z_2 = 72\text{m}$；断面 3—3 处 $A_3 = 0.08\text{m}^2$，$z_3 = 60\text{m}$，$p_3 = 196\text{kN/m}^2$；断面 1—1 至断面 2—2 和断面 3—3 的水头损失分别为 3m 和 5m。试求：（1）断面 2—2 和断面 3—3 处的流速 v_2 和 v_3；（2）断面 2—2 处的压强 p_2。

4.10　如图 4.35 所示为嵌入支座内的一段输水管。管径 $d_1 = 1.5\text{m}$，$d_2 = 1\text{m}$，支座前断面的相对压强 $p_1 = 400\text{kN/m}^2$，管中通过流量 $Q = 1.8\text{m}^3/\text{s}$。若不计水头损失，试求支座所受的轴向力。

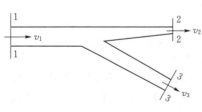

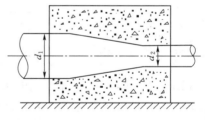

图 4.34　习题 4.9 图　　　　　　　　　　图 4.35　习题 4.10 图

4.11　如图 4.36 所示，水流由直径 d_A 为 20cm 的 A 管经一渐缩的弯管流入直径 $d_B = 15\text{cm}$ 的 B 管，管轴中心线在同一水平面内，A 管与 B 管之间的夹角 $\theta = 60°$。已知通过的流量 $Q = 0.1\text{m}^3/\text{s}$，$A$ 端中心处相对压强 p_A 为 120kN/m²，不计水头损失。求水流对弯管的作用力。

4.12　如图 4.37 所示，直径为 $d_1 = 700\text{mm}$ 的管道在支承水平面上分支为 $d_2 = 500\text{mm}$ 的两支管，断面 $A—A$ 压强为 70kN/m²，管道流量 $Q = 0.6\text{m}^3/\text{s}$，两支管流量相等。不考虑螺栓连接的作用。（1）不计水头损失，求支墩所受水平推力。（2）水头损失为支管流速水头的 5 倍，求支墩所受水平推力。

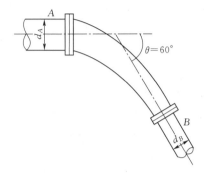

图 4.36　习题 4.11 图

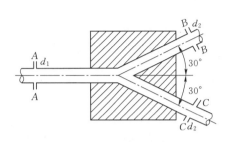

图 4.37　习题 4.12 图

4.13　如图 4.38 所示，一个四通叉管，其轴线均位于同一水平面，两端输入流量 $Q_1 = 0.2\text{m}^3/\text{s}$，$Q_3 = 0.1\text{m}^3/\text{s}$，相应断面动水压强 $p_1 = 20\text{kPa}$，$p_3 = 15\text{kPa}$，两侧叉管内流体直接流入大气，已知各管直径 $d_1 = 0.3\text{m}$，$d_3 = 0.2\text{m}$，$d_2 = 0.15\text{m}$，$\theta = 30°$。试求交叉处水流对管壁的作用力（忽略摩擦力不计）。

4.14　如图 4.39 所示，一平板闸门宽 $b = 2\text{m}$，当通过流量 $Q = 8\text{m}^3/\text{s}$ 时闸前水深 $h = 4\text{m}$，闸孔后收缩断面水深 $h_c = 0.5\text{m}$。求作用于平板闸门上的动水总压力（不计摩擦力）。

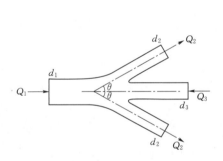

图 4.38　习题 4.13 图

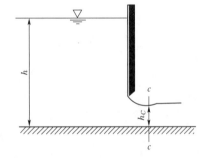

图 4.39　习题 4.14 图

4.15　如图 4.40 所示溢流坝，上游断面水深 $h_1 = 1.5\text{m}$，下游断面水深 $h_2 = 0.6\text{m}$，略去水头损失；求水流对 2m 坝宽（垂直纸面）的水平作用力（注：上、下游河床为平底，河床摩擦力不计，为方便计算取 $\rho = 1000\text{kg/m}^3$，$g = 10\text{m/s}^2$）。

4.16　如图 4.41 所示为闸下底板上的消力墩，已知：跃前水深 $h_1 = 0.6\text{m}$，

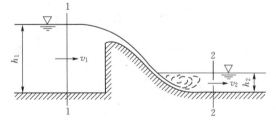

图 4.40　习题 4.15 图

流速 $v_1 = 15\text{m/s}$，跃后水深 $h_2 = 4\text{m}$，墩宽 $b = 1.6\text{m}$。求水流对消力墩的作用力。

4.17　如图 4.42 所示，两平行板间的层流运动，上下两平行平板间充满了黏滞系数为 μ 的不可压缩流体，两平板间距离为 $2h$。下板固定，上平板以速度 U 相对于下平板运动，并带动流体流动；取 x 轴方向与平板运动方向一致，y 轴垂直于平板，坐标原点位于两板中间。此时，水流速度只有 x 方向的分量 u_x，而且 $u_x = u_x(y)$，在其余两轴上的速

度分量为零。试用 N—S 方程式求两平行板间的层流运动的流速表达式。

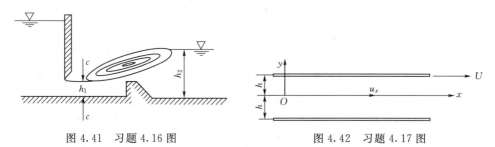

图 4.41　习题 4.16 图　　　　　　图 4.42　习题 4.17 图

第5章 流动阻力和能量损失

在第4章已经讨论了理想流体和实际流体的能量方程。理想流体和实际流体的差异在于是否考虑流体的黏滞性，因为实际流体具有黏滞性，在流动过程中会产生流动阻力，克服阻力要消耗一部分能量，转化为热能，即存在着能量损失。在水力学中能量损失的多少可以用几何高度表示，所以，能量损失也称水头损失。对于实际流体，应用能量方程时需要同时考虑水头损失。因此，必须弄清流动阻力和水头损失的规律，从而寻求出在各种具体情况下计算水头损失 h_w 的关系式或表达式。

水头损失与液体的物理特性和边界特征有密切关系，同时，水头损失的变化规律与液流形态密切相关。本章首先对这些基本问题进行讨论，进而介绍水头损失的变化规律及其计算方法。

5.1 液流形态及其判别标准

5.1.1 雷诺实验

1883年，英国物理学家雷诺（Reynolds）通过著名的雷诺实验，发现了流体运动有层流和紊流两种性质不同的液流形态，它们的内在结构有很大差别。

雷诺实验装置如图5.1（a）所示，由恒定水位的水箱 A 引出光滑玻璃管 B。阀门 C 用来调节管 B 的流量。容器 D 内装有与实验水体密度相近的颜色水，经细管 E 流入管 B 中。阀门 F 用来控制颜色水的流动。在管 B 上游过流断面 1—1 处设有测压管 G，下游过流断面 2—2 处设有测压管 H。

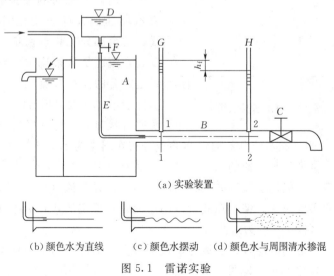

(a) 实验装置

(b) 颜色水为直线   (c) 颜色水摆动   (d) 颜色水与周围清水掺混

图5.1 雷诺实验

实验时，轻轻开启阀门 C，管 B 内流速不要过大；再打开阀门 F，可以看到管 B 内颜色水形成一股纤细的直线流束，各流层间流体质点互不掺混，这种液流形态称为层流。颜色水的流动如图 5.1（b）所示。同时记录下管 B 的流量及 G 和 H 测压管读数。而后徐徐增加阀门 C 开度，使管中流速不断增加，当流速增加至某一值时，颜色水出现摆动，如图 5.1（c）所示。此时的流速被称为从层流向紊流过渡的上临界流速 v'_c；继续增加阀门 C 开度，则颜色水迅速与周围清水掺混，如图 5.1（d）所示。这时液体质点的运动轨迹是极不规则的，各流层间的流体质点相互剧烈掺混，这种液流形态称为紊流。以上现象为从层流过渡到紊流。

若管中水流已处于紊流状态，按相反顺序进行实验，即阀门 C 从大开度逐渐向小开度变化，使管中流速缓慢下降，流体由紊流运动转化为层流运动。由紊流转变为层流时的流速称为下临界流速 v_c。

以 B 管轴线为基准面，列出断面 1—1 和断面 2—2 间的总流能量方程

$$z_1 + \frac{p_1}{\rho g} + \frac{\alpha_1 v_1^2}{2g} = z_2 + \frac{p_2}{\rho g} + \frac{\alpha_2 v_2^2}{2g} + h_f$$

式中　　h_f——沿程水头损失。

因管路为等直径圆管，$\dfrac{\alpha_1 v_1^2}{2g} = \dfrac{\alpha_2 v_2^2}{2g}$，令 h_G 为 G 测压管读数，h_H 为 H 测压管读数，则

$$h_f = \left(z_1 + \frac{p_1}{\rho g}\right) - \left(z_2 + \frac{p_2}{\rho g}\right) = h_G - h_H$$

上式表明，通过观测 G 和 H 的测压管读数，可以确定断面 1—1 和断面 2—2 间的沿程水头损失。

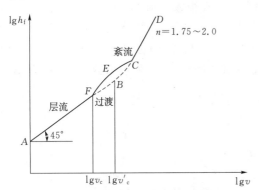

图 5.2　能量损失与流态关系图

实验是逐步进行的，测定管 B 中流速并读取 G、H 测压管水头的实验数据，即可以给出 h_f 和 v 的变化过程，在双对数坐标上点绘曲线，如图 5.2 所示。其中，FBC 表示流速由小向大变化时的实验点平均曲线，CEF 表示流速由大向小变化时的实验点平均曲线，其余部分实验点稳定，不管是从层流过渡到紊流还是从紊流过渡到层流，其实验曲线是重合的。在层流状态，实验点在双对数坐标上形成斜线 AF 与横坐标轴成 45°角，表明层流状态下，能量损失与流速的 1 次方成

正比，即 $h_f \propto v$。当处在紊流状态时，实验点分布在斜率为 1.75～2.0 的曲线 CD 上，表明紊流形态下，能量损失与流速的 1.75～2.0 次方成正比，即 $h_f \propto v^{1.75\sim 2.0}$。在 F 与 C 之间液流形态不稳定，可能是层流（如 FBC 段），也可能是紊流（如 CEF 段），这要取决于液流的原来形态和实验条件。但是在此阶段的层流是不稳定的，在有干扰的情况下，层流状态会遭到破坏，区间 FC 称为过渡区。

雷诺实验揭示了运动流体存在层流与紊流两种液流形态，对应不同液流形态，能量损失与流速间的变化规律不同，说明能量损失与液流形态密切相关。

5.1.2 液流形态的判别

雷诺实验及其以后的大量实验发现，受实验条件影响（如扰动量、管壁光滑程度、水流入口平顺程度等），从层流过渡到紊流时，上临界流速 v_c' 的大小变化较大，具有不确定性；从紊流过渡到层流时，下临界流速 v_c 的值相对比较稳定。对流速小于下临界流速 v_c 的层流遇扰动可能变为紊动，但解除扰动总能转变为层流，而对流速高于下临界流速 v_c 的层流均属于不稳定层流，稍有扰动，即转变为紊流。在实际工程中流体运动受到扰动是不可避免的，通常把下临界流速 v_c 作为判断流态的流速界限。

实验还发现，管径、流体密度和流体黏滞系数不同会得到不同的临界流速 v_c。采用管径 d、流体密度 ρ、黏滞系数 μ 或 ν、流速 v 组合的无量纲数来区分液流形态。这个无量纲数称为雷诺数，用 Re 表示，其表达式为

$$Re = \frac{\rho v d}{\mu} = \frac{v d}{\nu} \tag{5.1}$$

式（5.1）表明，雷诺数的大小与流速、特征长度管径及流体的运动黏滞系数 ν 有关。

对应于 $v = v_c$ 的雷诺数，称为临界雷诺数，表示为 Re_c。若实际雷诺数 Re 大于临界雷诺数 Re_c 为紊流；小于临界雷诺数 Re_c 为层流。

实验表明，对于牛顿流体，临界雷诺数 $Re_c = 2000 \sim 2300$，即

$$Re_c = \frac{v_c d}{\nu} = 2000 \sim 2300 \tag{5.2}$$

对于明渠和天然河道，其特征长度量用水力半径 R 表征，水力半径的当量直径为 $d = 4R$，临界雷诺数

$$Re_c = \frac{v_c R}{\nu} = 500 \sim 575 \tag{5.3}$$

雷诺数之所以能判别液流形态，是因为它反映了流体惯性力和黏滞力的对比关系。当黏滞力起主导作用时，扰动就受到黏性的阻滞而衰减，流体质点有序运动，流体呈层流状态。当惯性力起主导作用时，黏性的作用无法使扰动衰减下来，流体质点无序随机运动，流动失去稳定性，发展为紊流。

【例 5.1】 水温为 $T = 15℃$，管径为 20mm 的输水管，水流平均流速为 8.0cm/s，试确定管中液流形态；若水温不变，求液流形态转化时的临界流速？若水流平均流速不变，求液流形态转化时的临界水温是多少？

解：（1）已知水温 $T = 15℃$，查表得水的运动黏滞系数 $\nu = 0.0114\text{cm}^2/\text{s}$，求得水流雷诺数为

$$Re = \frac{v d}{\nu} = \frac{8 \times 2}{0.0114} = 1403 < 2000$$

因此，水流为层流。

（2）选取临界雷诺数 $v_c = 2000$，计算临界流速

$$v_c = \frac{Re_c \nu}{d} = \frac{2000 \times 0.0114}{2} = 11.4 \text{（cm/s）}$$

当若水温不变，v 增大到 11.4cm/s 以上时，水流形态由层流转变为紊流。

如果不改变 $v = 8.0\text{cm/s}$，增加水温，使水的运动黏滞系数 ν 减小，液流形态同样可

以由层流转变为紊流。选取临界雷诺数计算运动黏滞系数

$$\nu = \frac{vd}{Re_c} = \frac{8 \times 2}{2000} = 0.0080 \ (\text{cm}^2/\text{s})$$

查表得，当水温增大到 30℃ 以上时，$\nu = 0.0080\text{cm}^2/\text{s}$，水流形态由层流转变为紊流。所以 $t_c = 30℃$ 为其液流形态转换的临界水温。

5.2 水头损失的分类

由于实际流体具有黏滞性，流体内部剪切阻力作用会产生流动阻力；流体与固体边界相互作用也会产生流动阻力，造成能量损失。按固体边界沿流动方向的变化，可将水头损失分为沿程水头损失和局部水头损失两大类。

5.2.1 沿程阻力与沿程水头损失

在固体边界沿程不变的均匀流中，只存在沿程剪切阻力（出现在流体与边界或流体内部），这种阻力称为沿程阻力，克服沿程阻力引起的能量损失称为沿程水头损失，用 h_f 表示，其通用公式为

$$h_f = \lambda \frac{l}{4R} \frac{v^2}{2g} \tag{5.4}$$

式中　h_f——单位重量流体的沿程水头损失，m；

　　　λ——沿程阻力系数，无量纲；

　　　l——流程长度，m；

　　　R——水力半径，m；

　　　v——断面平均流速，m/s。

式（5.4）也称为达西（Darcy）公式。

这里介绍湿周和水力半径的概念。液流过流断面与固体边界接触的周界线称为湿周，用 χ 表示。过流断面的面积 A 与湿周 χ 的比值称为水力半径，即 $R = A/\chi$。

5.2.2 局部阻力与局部水头损失

在固体边界形状或尺寸急剧变化的区域，流体内部的流速分布急剧变化形成漩涡区，在局部区域出现集中的流动阻力，这种阻力称为局部阻力，克服局部阻力造成的能量损失称为局部水头损失，记为 h_j，如固体边界突然扩大、突然收缩、弯道、弯管、闸门、阀门处都会造成局部水头损失。局部水头损失的计算公式为

$$h_j = \zeta \frac{v^2}{2g} \tag{5.5}$$

式中　h_j——单位重量流体的局部水头损失，m；

　　　ζ——局部阻力系数。

总水头损失是沿程水头损失和局部水头损失之和，表示为 $h_w = \sum h_f + \sum h_j$。沿程水头损失反映了流程的影响；局部水头损失反映了边界突变的影响。如图 5.3 所示的管道流动，左侧水池内流速为 0，ab、bc、cd 管段存在沿程水头损失，a 处存在进口突然收缩的局部水头损失，b 处存在管道突然收缩的局部水头损失，c 处存在阀门引起的局部水头损失；沿程水头损失 $\sum h_f = h_{fab} + h_{fbc} + h_{fcd}$，局部水头损失 $\sum h_j = h_{ja} + h_{jb} + h_{jc}$。

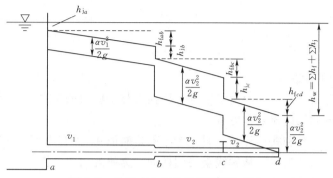

图 5.3 沿程水头损失和局部水头损失

5.3 均匀流基本方程

图 5.4 为圆管均匀流动。选定基准面 0—0，对于两过流断面 1—1 和断面 2—2 列能量方程

$$z_1 + \frac{p_1}{\rho g} + \frac{\alpha_1 v_1^2}{2g} = z_2 + \frac{p_2}{\rho g} + \frac{\alpha_2 v_2^2}{2g} + h_{w1\sim 2} \qquad (5.6)$$

根据均匀流定义有 $v_1 = v_2$，$\alpha_1 = \alpha_2$。在均匀流情况下只存在沿程水头损失，即 $h_{w1\sim 2} = h_f$。由式（5.6）得

$$h_f = \left(z_1 + \frac{p_1}{\rho g}\right) - \left(z_2 + \frac{p_2}{\rho g}\right) \qquad (5.7)$$

式（5.7）表明，对于均匀流，两过流断面间的沿程水头损失等于两过流断面测压管水头差。

对断面 1—1 和断面 2—2 间整个流段进行受力分析。断面 1—1 上的动水压力为 $P_1 = p_1 A$，断面 2—2 上的动水压力为 $P_2 = p_2 A$，流段重力沿管轴线（流向）的投影为 $G\cos\alpha$，流段表面切向力为 $T = \tau_0 \chi l$。列出水流运动方向上各力的平衡方程

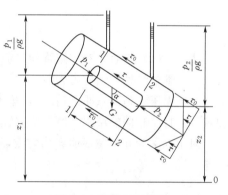

图 5.4 圆管均匀流动

$$p_1 A - p_2 A + \rho g A l \cos\alpha - \tau_0 \chi l = 0 \qquad (5.8)$$

式中　A——过流断面面积；

　　　l——流段长；

　　　χ——湿周；

　　　τ_0——管壁上的切应力；

　　　α——倾角。

从几何关系得 $l\cos\alpha = z_1 - z_2$，用 $\rho g A$ 除以式（5.8），则

$$\left(z_1 + \frac{p_1}{\rho g}\right) - \left(z_2 + \frac{p_2}{\rho g}\right) = \frac{\tau_0}{\rho g}\frac{\chi}{A}l = \frac{\tau_0}{\rho g}\frac{l}{R} \qquad (5.9)$$

由式（5.7）和式（5.9）得

$$h_f = \frac{\tau_0}{\rho g}\frac{l}{R} \qquad (5.10)$$

或 $$\tau_0 = \rho g R J \tag{5.11}$$

其中 $$J = \frac{h_f}{l}$$

式中 J——水力坡度。

式 (5.10) 和式 (5.11) 给出了沿程水头损失与切应力的关系，它是研究沿程水头损失的基本公式，或称均匀流基本方程。

在推导式 (5.10) 和式 (5.11) 时，考虑的是断面 1—1 和断面 2—2 间整个流段。如果只取流段内的一圆柱流体（从轴线至小圆柱面）为研究对象（图 5.4），作用于圆柱体表面上切应力为 τ，按上述方法也可得出

$$\tau = \rho g \frac{r}{2} J \tag{5.12}$$

由式 (5.11) 管壁上的切应力可表示为

$$\tau_0 = \rho g \frac{r_0}{2} J \tag{5.13}$$

比较式 (5.12) 和式 (5.13)，得

$$\frac{\tau}{\tau_0} = \frac{r}{r_0} \quad 或 \quad \tau = \frac{\tau_0}{r_0} r \tag{5.14}$$

式 (5.14) 表明，对于圆管均匀流，过流断面上的切应力呈直线分布，管壁处的切应力最大，管轴线处的切应力为零。

对于无压均匀流（明渠情况），按上面的方法，列力的平衡方程，可得出与式 (5.10) 和式 (5.11) 相同的结果。所以式 (5.10) 和式 (5.11) 对有压流和无压流均适用。

对于水深为 h 的宽浅明渠均匀流，距渠底为 y 处的切应力 τ 的分布规律为

$$\tau = \left(1 - \frac{y}{h}\right)\tau_0 \tag{5.15}$$

式 (5.15) 表明，宽浅明渠均匀流过流断面上切应力的分布仍为线性分布，水面上的切应力为零，渠底处为 τ_0。

欲应用上述公式求切应力 τ 或求沿程水头损失 h_f，必须知道 τ_0。根据实验研究结果，由量纲分析可得

$$\tau_0 = \frac{\lambda}{8} \rho v^2 \tag{5.16}$$

将式 (5.16) 代入式 (5.10)，得

$$h_f = \lambda \frac{l}{4R} \frac{v^2}{2g}$$

即为式 (5.4)。对于圆管，水力半径 $R = d/4$，故达西公式 (5.4) 也可写作

$$h_f = \lambda \frac{l}{d} \frac{v^2}{2g} \tag{5.17}$$

【例 5.2】 输水管 $d = 250 \text{mm}$，管长 $l = 200 \text{m}$，管壁切应力 $\tau_0 = 40 \text{N/m}^2$，试求：（1）在 200m 管长上的水头损失；（2）在圆管半径 $r = 100 \text{mm}$ 处的切应力。

解：（1）由式（5.10）得

$$h_f = \frac{4\tau_0 l}{\rho g d} = \frac{4 \times 40 \times 200}{1000 \times 9.8 \times 0.25} = 13.1 \ (\text{m})$$

（2）由式（5.14）得

$$\tau = \tau_0 \frac{r}{r_0} = 40 \times \frac{100}{125} = 32 \ (\text{N/m}^2)$$

5.4 层 流 运 动

5.4.1 层流运动的流速分布

由均匀流基本方程建立沿程水头损失的计算公式，须研究切应力与速度之间的关系，对于层流，由牛顿内摩擦定律 $\tau = \mu \dfrac{du}{dy}$，作 $y = r_0 - r$ 的变换（如图5.5所示，y 为某点与管壁的距离），得

$$\tau = -\mu \frac{du}{dr} \tag{5.18}$$

将式（5.18）代入式（5.12），整理后得

$$du = -\frac{\rho g J}{2\mu} r \, dr$$

积分上式得

$$u = -\frac{\rho g J}{4\mu} r^2 + C$$

由边界条件，当 $r = r_0$ 时，$u = 0$，得 $C = \dfrac{\rho g J}{4\mu} r_0^2$，则

$$u = \frac{\rho g J}{4\mu}(r_0^2 - r^2) \tag{5.19}$$

式（5.19）表明，圆管中层流的流速分布为抛物线形分布（如图5.5所示）。在管壁上，$r = r_0$，流速为零；当 $r = 0$ 时，轴线上流速取得最大值为

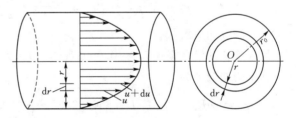

图 5.5　圆管中层流的流速分布

$$u_{\max} = \frac{\rho g J}{4\mu} r_0^2 \tag{5.20}$$

5.4.2 层流的沿程水头损失

圆管层流的断面平均流速为

$$v = \frac{Q}{A} = \frac{\int_A u \, dA}{A} = \frac{\int_0^{r_0} u 2\pi r \, dr}{A} = \frac{\rho g J}{8\mu} r_0^2 = \frac{\rho g J}{32\mu} d^2 = \frac{u_{\max}}{2} \tag{5.21}$$

将式（5.21）整理，得到

$$J = \frac{32\mu v}{\rho g d^2} \quad 或 \quad h_{\mathrm{f}} = \frac{32\mu v l}{\rho g d^2} \tag{5.22}$$

式（5.22）即为计算圆管层流沿程水头损失的公式，表明圆管层流的沿程水头损失与管流平均流速的一次方成正比，与雷诺实验完全一致。

如用达西公式 $h_{\mathrm{f}} = \lambda \dfrac{l}{d} \dfrac{v^2}{2g}$ 的形式来表示，式（5.22）可写为

$$h_{\mathrm{f}} = \frac{64\mu}{\rho d v} \frac{l}{d} \frac{v^2}{2g}$$

因 $Re = \dfrac{\rho v d}{\mu}$，故有

$$\lambda = \frac{64}{Re} \tag{5.23}$$

式（5.23）表明圆管层流的阻力系数 λ 与 Re 成反比，与管壁粗糙程度无关。

【例 5.3】 管径为 100mm，$\nu = 0.18\mathrm{cm}^2/\mathrm{s}$ 和 $\rho = 0.85\mathrm{g/cm}^3$ 的油在管内以平均流速 $v = 6.35\mathrm{cm/s}$ 的速度作层流运动。求：管中心处的流速；沿程阻力系数 λ；每米管长的沿程水头损失及管壁切应力 τ_0；$r = 2\mathrm{cm}$ 处的流速。

解：（1）管中心流速为：$u_{\max} = 2v = 2 \times 6.35 = 12.7$（cm/s）

（2）沿程阻力系数 λ：

雷诺数
$$Re = \frac{vd}{\nu} = \frac{10 \times 6.35}{0.18} = 353$$

沿程阻力系数
$$\lambda = \frac{64}{Re} = \frac{64}{353} = 0.181$$

（3）每米管长的沿程损失：

$$h_{\mathrm{f}} = \lambda \frac{l}{d} \frac{v^2}{2g} = 0.181 \times \frac{1}{0.1} \times \frac{0.0635^2}{2 \times 9.8} = 0.00037 \text{（m）}$$

（4）管壁切应力 τ_0：

每米管长的沿程损失 $h_{\mathrm{f}} = 0.00037\mathrm{m}$，即水力坡度 $J = 0.00037$。

管壁的切应力为

$$\tau_0 = \rho g R J = \rho g \frac{d}{4} J = 850 \times 9.8 \times \frac{0.1}{4} \times 0.00037 = 0.0771 \left[\mathrm{kg/(m \cdot s^2)}\right]$$
$$= 0.0771(\mathrm{N/m}^2)$$

（5）$r = 2\mathrm{cm}$ 处的流速：

当 $r = 2\mathrm{cm}$ 时，由式（5.19）有

$$u = \frac{\rho g J}{4\mu}(r_0^2 - r^2) = \frac{\rho g J}{4\mu} r_0^2 \left(1 - \frac{r^2}{r_0^2}\right) = u_{\max}\left(1 - \frac{r^2}{r_0^2}\right) = 12.7 \times \left(1 - \frac{2^2}{5^2}\right) = 10.7 \text{（cm/s）}$$

5.5 紊 流 运 动

5.5.1 紊流运动的分析方法

紊流与层流不同，紊流中流体质点的速度、压强等运动要素在空间和时间上都具有随机性的脉动。如图 5.6 所示，在恒定均匀流流场中，采用激光测速仪测得质点通过某固定

空间点 x 方向的瞬时流速随时间变化的曲线 $u_x(t)$，可以看出，流体质点的速度随时间变化，但在足够长的时段内，它始终在某一平均值不断跳动，这种跳动叫脉动。上下跳动的值 u'_x 叫脉动流速。图中直线 AB 即在 T 时段内质点沿 x 方向的时均流速 $\overline{u_x}$，用数学关系式可表示为

$$\overline{u_x} = \frac{1}{T} \int_T u_x(t) \, \mathrm{d}t \tag{5.24}$$

显然，瞬时流速是由时均流速和脉动流速两部分组成，在三维空间表示为

$$\begin{cases} u_x = \overline{u_x} + u'_x \\ u_y = \overline{u_y} + u'_y \\ u_z = \overline{u_z} + u'_z \end{cases} \tag{5.25}$$

由式（5.25）可知，瞬时流速与时均流速之差为脉动流速，对于 x 方向，即

$$u'_x = u_x - \overline{u_x} \tag{5.26}$$

现在讨论脉动流速的时均值，对式（5.26）进行时间平均

$$\overline{u'_x} = \frac{1}{T} \int_0^T u'_x \, \mathrm{d}t = \frac{1}{T} \int_0^T u_x \, \mathrm{d}t - \frac{1}{T} \int_0^T \overline{u_x} \, \mathrm{d}t$$

由式（5.24）知 $\frac{1}{T} \int_0^T u_x \, \mathrm{d}t = \overline{u_x}$，因 $\overline{u_x}$ 为常数，所以 $\frac{1}{T} \int_0^T \overline{u_x} \, \mathrm{d}t = \overline{u_x} \frac{1}{T} \int_0^t \mathrm{d}t = \overline{u_x}$，故

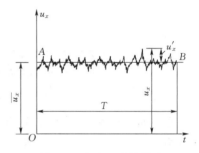

图 5.6　紊流运动的脉动

$$\overline{u'_x} = \frac{1}{T} \int_0^T u'_x \, \mathrm{d}t = \overline{u_x} - \overline{u_x} = 0 \tag{5.27}$$

式（5.27）表明紊流运动的脉动流速 u'_x 的时均值为 0，同理 $\overline{u'_y} = 0$，$\overline{u'_z} = 0$。上述将瞬时流速分解为时均流速和脉动流速的方法，被称为时均法。时均法是研究紊流运动和化简紊流瞬时运动方程的主要手段。同理，瞬时压强也可以表示为 $p = \bar{p} + p'$，性质与瞬时流速相同。只要时均流速和时均压强不随时间变化，可以按时均意义上的恒定流动处理。建立时均的概念后，对于恒定流与非恒定流、均匀流与非均匀流、流线与迹线等概念都适用，对于紊流则具有了时均的含义。

5.5.2　紊流附加切应力

基于时均法的研究思路，紊流运动的瞬时切应力 τ 也可以表示为时均流速引起的黏性切应力 $\overline{\tau_1}$ 与脉动流速引起的附加切应力（惯性切应力）$\overline{\tau_2}$ 之和，即 $\bar{\tau} = \overline{\tau_1} + \overline{\tau_2}$。其中黏性切应力 $\overline{\tau_1}$ 由牛顿内摩擦定律确定，即

$$\overline{\tau_1} = \mu \frac{\mathrm{d}\,\overline{u_x}}{\mathrm{d}y} \tag{5.28}$$

对于附加切应力可用普朗特动量传递学说来建立，这一学说认为流体质点在横向脉动过程中瞬时流速保持不变，其动量也保持不变，而到达新位置后，其动量突然改变为和新

位置上流体质点相同的动量，这样，在流层之间就发生了质量交换，从而产生了动量的改变。由动量定理可知，这种流体质点动量的变化在流层分界面上产生了附加切应力 $\overline{\tau_2}$，即

$$\overline{\tau_2} = -\overline{\rho u'_x u'_y} \tag{5.29}$$

现用动量方程说明式（5.29），图 5.7 为明渠二元均匀流中流体质点沿 y 向脉动示意图。

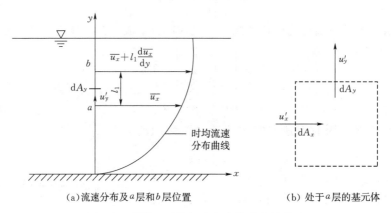

（a）流速分布及 a 层和 b 层位置　　　　　　（b）处于 a 层的基元体

图 5.7　明渠二元均匀流中流体质点的脉动

在空间 a 点处，流体质点具有脉动流速 u'_y，在 dt 时段内，通过微小面积 dA_y 的脉动质量为

$$\Delta m = \rho dA_y u'_y dt \tag{5.30}$$

处于 a 层的流体质点具有 x 向的瞬时流速 u_x，若运移过程中 u_x 保持不变，当它进入 b 层就显示出脉动流速 u'_x，脉动流速 u'_x 的大小等于 u_x 与原层流体质点时均流速的差。这些流体质点到达 b 层的动量变化为

$$\Delta m u'_x = \rho dA_y u'_y u'_x dt$$

此动量等于紊流附加切应力的冲量，即

$$\Delta T dt = \rho dA_y u'_y u'_x dt$$

所以，紊流附加切应力 $\tau_2 = \dfrac{\Delta T}{dA_y} = \rho u'_y u'_x$，取时均值得

$$\overline{\tau_2} = \rho \overline{u'_x u'_y} \tag{5.31}$$

现在取基元体（图 5.7），分析横向脉动流速 u'_x 和纵向脉动流速 u'_y 的关系。根据连续性原理，在 dt 时段内，在 dA_x 面流入的质量为 $\rho dA_x u'_x dt$，则必有质量 $\rho dA_y u'_y dt$ 从 dA_y 面流出，即 $\rho dA_x u'_x dt + \rho dA_y u'_y dt = 0$，于是

$$u'_x = -\frac{dA_y}{dA_x} u'_y \tag{5.32}$$

由式（5.32）可知，横向脉动流速 u'_x 和纵向脉动流速 u'_y 成比例，dA_x 与 dA_y 为正值，因此 u'_x 与 u'_y 符号相反。为使紊流附加切应力以正值出现，在式（5.31）中加负号得

$$\overline{\tau_2} = -\rho \overline{u'_x u'_y} \tag{5.33}$$

式（5.33）为用脉动流速表示的紊流附加切应力基本表达式。它表明附加切应力与黏性切应力不同，它与流体的黏性无直接关系，只与流体密度和脉动强度有关，是由流体微

团惯性引起，因此又称 $\overline{\tau_2}$ 为惯性切应力或雷诺应力。

在紊流状态下，紊流切应力为黏性切应力与附加切应力之和，即

$$\tau = \mu \frac{\mathrm{d}\,\overline{u_x}}{\mathrm{d}y} + (-\rho\,\overline{u_x'u_y'}) \tag{5.34}$$

式（5.34）两部分切应力的大小与流动情况有关，雷诺数较小时，黏滞性占主导，前者占主要地位；雷诺数增大，脉动加剧，后者逐渐增大，充分紊流时前者可略去不计。

普朗特设想流体质点的紊流运动与气体分子运动相类似，即流体质点由某流速的流层脉动到另一流速的流层，也需运行一段与时均流速垂直的距离 l_1 后才与周围的质点发生动量交换，l_1 被称为混合长度（图 5.7）。由图 5.7 可知，处于 a 层的流体质点具有 x 向的时均流速 $\overline{u_x}$，当它进入 b 层就显示出脉动流速 u_x'，脉动流速 u_x' 的大小与 a、b 两层流体质点时均流速的差有关，且与两层流体质点时均流速的差成比例，即

$$u_x' = \pm c_1 l_1 \frac{\mathrm{d}\,\overline{u_x}}{\mathrm{d}y}$$

由式（5.32）知 u_x' 和 u_y' 具有同一量级，且符号相反，故

$$u_y' = \mp c_2 l_1 \frac{\mathrm{d}\,\overline{u_x}}{\mathrm{d}y}$$

所以

$$\tau_2 = -\rho\,\overline{u_x'u_y'} = \rho c_1 c_2\,(l_1)^2 \left(\frac{\mathrm{d}\,\overline{u_x}}{\mathrm{d}y}\right)^2$$

令 $c_1 c_2 l_1^2 = l^2$，得紊流附加切应力表达式

$$\tau_2 = \rho l^2 \left(\frac{\mathrm{d}\,\overline{u_x}}{\mathrm{d}y}\right)^2 \tag{5.35}$$

式（5.35）中 l 也叫混合长度，它正比于质点到壁面的距离 y，即 $l = ky$，k 为一常数，称为卡门（Karman）通用常数，实验得出，$k \approx 0.4$。

为方便起见，以后时均值不再加横杠，同时略去下标，则紊流切应力公式为

$$\tau = \mu \frac{\mathrm{d}u}{\mathrm{d}y} + \rho l^2 \left(\frac{\mathrm{d}u}{\mathrm{d}y}\right)^2 \tag{5.36}$$

5.5.3 紊流黏性底层

由于流体具有黏滞性，有一极薄层的流体附着在固体边壁上，流速为零。在紧靠固体边界附近的地方，脉动流速很小，由式（5.36）可知，混合长度 l 很小时附加切应力很小，黏性占主导地位，流速梯度却很大，其流态属于层流。在紧靠固体边界附近的这一薄层称为黏性底层。黏性底层以外为紊流流核，在黏性底层与紊流之间存在很薄的过渡层，因其意义不大，可不考虑（图 5.8）。

黏性底层的厚度 δ_0，可由层流流速分析和牛顿内摩擦定律及实验资料求得。由式（5.19）得知，当 $r \to r_0$ 时，则有

$$u = \frac{\rho g J}{4\mu}(r_0^2 - r^2) = \frac{\rho g J}{4\mu}(r_0 + r)(r_0 - r) \approx \frac{\rho g J}{2\mu}r_0(r_0 - r)$$

令 $y = r_0 - r$，y 是某点到固体边界的距离，上式可写为

$$u = \frac{\rho g J r_0}{2\mu}y \tag{5.37}$$

式（5.37）表明厚度很小的黏性底层中流速近似为直线分布。由牛顿内摩擦定律固体边壁上的切应力为 $\tau_0 = \mu \dfrac{\mathrm{d}u}{\mathrm{d}y} \approx \mu \dfrac{u}{y}$，即

$$\frac{\tau_0}{\rho} = \nu \frac{u}{y}$$

由于 $\sqrt{\dfrac{\tau_0}{\rho}} = u_*$ 的量纲与速度的量纲相同，所以 u_* 被称为摩阻流速。则上式可写为

$$\frac{u_* y}{\nu} = \frac{u}{u_*} \tag{5.38}$$

式中，$\dfrac{u_* y}{\nu}$ 为雷诺数，当 $y \rightarrow \delta_0$ 时，$\dfrac{u_* \delta_0}{\nu}$ 为临界雷诺数。由尼古拉兹实验资料可得，$\dfrac{u_* \delta_0}{\nu} = 11.6$，所以

$$\delta_0 = 11.6 \frac{\nu}{u_*} \tag{5.39}$$

因为 $\tau_0 = \dfrac{\lambda}{8} \rho v^2$，将其代入 $\sqrt{\dfrac{\tau_0}{\rho}} = u_*$，则得

$$u_* = \sqrt{\frac{\lambda}{8}} v \tag{5.40}$$

将式（5.40）代入式（5.39），得

$$\delta_0 = \frac{32.8d}{Re\sqrt{\lambda}} \tag{5.41}$$

式（5.41）即为黏性底层厚度的公式。

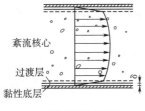 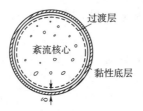

（a）顺流向的剖面图　　（b）垂直流向的截面图

图 5.8　黏性底层与紊流核心

黏性底层的厚度虽很薄，一般仅有十分之几毫米，但它对水流阻力有重大影响。因为任何固体边界受加工条件和水流运动的影响总会粗糙不平，粗糙表面平均凸起高度叫绝对粗糙度 Δ。

由式（5.41）可知，黏性底层的厚度 δ 与 λ 有关，即与液流形态有关。当 Re 较小时，黏性底层的厚度 δ 可以大于绝对粗糙度 Δ 若干倍，粗糙凸起高度完全被黏性底层掩盖，粗糙度对紊流不起作用，从水力学观点看，水流像在光滑面上运动一样，此种情况称为"水力光滑面"，如图 5.9（a）所示。

反之，当 Re 较大时，黏性底层很薄，粗糙凸起高度几乎全部暴露，粗糙凸起高度对紊流有重大影响，当紊流流核绕过凸起高度时将形成小漩涡，如图 5.9（c）所示。从而加剧紊流的脉动作用，水流阻力增大，这种情况称为"水力粗糙面"。

介于两者之间称为过渡粗糙面。

依据黏性底层厚度 δ 覆盖绝对粗糙度 Δ 的程度，紊流壁面分类规定为：

水力光滑面：$\Delta < 0.3\delta_0$

过渡粗糙面：$0.3\delta_0 < \Delta < 6\delta_0$

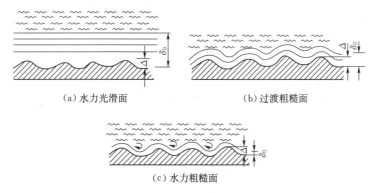

图 5.9 紊流壁面的分类

水力粗糙面：$\Delta > 6\delta_0$。

以上是紊流壁面分类的一般方法，现仍在研究探讨中。所谓水力光滑、水力粗糙并非完全取决于固体边界的几何光滑或粗糙，而是绝对粗糙度与黏性底层厚度两者的结合。

5.5.4 紊流速度分布

紊流过流断面上的流速分布是推导紊流阻力系数计算公式的理论基础。现根据紊流混合长度理论推导紊流的流速分布。

由式（5.36）知，当充分紊流，雷诺数足够大时，附加切应力占主导地位，黏性切应力可略去不计，则

$$\tau = \rho l^2 \left(\frac{\mathrm{d}u}{\mathrm{d}y}\right)^2 \tag{5.42}$$

又根据式（5.14）得

$$\tau = \tau_0 \left(1 - \frac{y}{r_0}\right) \tag{5.43}$$

由萨特克维奇整理尼古拉兹实验资料提出的公式，混合长度为

$$l = ky \sqrt{1 - \frac{y}{r_0}} \tag{5.44}$$

于是，将式（5.44）和式（5.43）代入式（5.42）得 $\tau_0 \left(1 - \frac{y}{r_0}\right) = \rho k^2 y^2 \left(1 - \frac{y}{r_0}\right)\left(\frac{\mathrm{d}u}{\mathrm{d}y}\right)^2$，

利用上面提到的摩阻流速 $u_* = \sqrt{\dfrac{\tau_0}{\rho}}$，经整理得 $\mathrm{d}u = \dfrac{u_*}{k}\dfrac{\mathrm{d}y}{y}$，积分后得

$$u = \frac{u_*}{k}\ln y + c_1$$

将 $k = 0.4$ 代入上式，并利用换底公式，得

$$u = 5.75u_*\lg y + c_1 \tag{5.45}$$

式（5.45）表明，紊流过流断面上的流速分布是按对数规律分布的（图 5.10）。因为紊流中由于流体质点相互掺混、碰撞，从而产生流体质点动量的传递，动量传递的结果使得流体质点的动量趋于一致，从而使紊流流速分布均匀化（图 5.10），这也是在工程中动能修正系数 α、动量修正系数 β 取 1.0 的原因。显然，式（5.45）不符合 $y = 0$ 边界条件及 $y = r_0$ 的零速度梯度条件，无法用边界条件确定待定常数 c_1，但式（5.45）

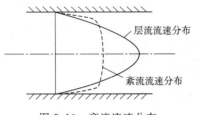

图 5.10　紊流流速分布

变化趋势与大量实验结果符合良好，说明混合长度理论是一个"半假设"的经验理论，对工程实践具有重要意义。

或由 $\mathrm{d}u = \dfrac{u_*}{k}\dfrac{\mathrm{d}y}{y}$ 转换为 $\dfrac{\mathrm{d}u}{u_*} = \dfrac{1}{k}\dfrac{\mathrm{d}\left(\dfrac{u_* y}{\nu}\right)}{\dfrac{u_* y}{\nu}}$，积分得

$$u = u_*\left(\frac{1}{k}\ln\frac{u_* y}{\nu} + c_2\right) \tag{5.46}$$

换成常用对数

$$u = u_*\left(\frac{2.3}{k}\lg\frac{u_* y}{\nu} + c_2\right) \tag{5.47}$$

根据尼古拉兹实验（5.6 节）在人工加糙管实验资料得出，水力光滑管和粗糙管流速分布公式。

（1）水力光滑管流速分布。

根据尼古拉兹实验资料 $c_2 = 5.5$，卡门常数 $k = 0.4$，代入式（5.47）得

$$\frac{u}{u_*} = 5.75\lg\frac{u_* y}{\nu} + 5.5 \tag{5.48}$$

将上式对整个圆管断面进行积分，可得断面平均流速公式

$$\frac{v}{u_*} = 5.75\lg\frac{u_* r_0}{\nu} + 1.75 \tag{5.49}$$

（2）水力粗糙管流速分布公式。

$$\frac{u}{u_*} = 5.75\lg\frac{y}{\Delta} + 8.5 \tag{5.50}$$

将上式对整个圆管断面进行积分，可得断面平均流速公式

$$\frac{v}{u_*} = 5.75\lg\frac{y}{\Delta} + 4.75 \tag{5.51}$$

普朗特和卡门还根据实验资料提出了紊流流速分布的指数公式

$$\frac{u}{u_{\max}} = \left(\frac{y}{r_0}\right)^{\frac{1}{n}} \tag{5.52}$$

式中　n——指数，与雷诺数有关，列于表 5.1。

式（5.52）适用范围 $4\times10^3 < Re < 3.2\times10^6$。

表 5.1　　　　　　　　　　　　　　紊流流速分布的指数

Re	4.0×10^3	2.3×10^4	1.1×10^5	1.1×10^6	2.0×10^6	3.2×10^6
n	6.0	6.6	7.0	8.8	10	10

对于明渠水流，目前还缺乏系统的实验资料，由于均匀管流与二元明渠均匀流有一定相似性，故式（5.48）～式（5.52）也适用于二元明渠均匀紊流。式中 r_0 改为 y 即可，y 为自床面算起的垂向距离。

【例 5.4】 用流速分布公式（5.50），求二元明渠均匀流流速分布曲线上与断面平均流速相等点的位置。

解： 由式（5.50）得

$$u = u_* \left(5.75 \lg \frac{y}{\Delta} + 8.5 \right)$$

二元明渠均匀流平均流速为

$$v = \frac{1}{h} \int_0^h u \mathrm{d}y = \frac{u_*}{h} \int_0^h \left(5.75 \lg \frac{y}{\Delta} + 8.5 \right) \mathrm{d}y$$

积分得

$$v = u_* \left(5.75 \lg \frac{h}{\Delta} + 6 \right)$$

设距渠底高度 $y = y_c$ 处流速分布曲线上的点与平均流速相等，即 $u = v$，得

$$u_* \left(5.75 \lg \frac{y_c}{\Delta} + 8.5 \right) = u_* \left(5.75 \lg \frac{h}{\Delta} + 6 \right)$$

解出

$$\lg \frac{h}{y_c} = 0.435，\text{即 } y_c = 0.367h$$

将距渠底高度变换为水面下位置，得

$$h - y_c = 0.633h$$

即在水面下 $0.633h$ 处的流速与平均流速相等。所以，对于实际渠道，常将水面下 $0.633h$ 处测量的流速近似作为断面平均流速。

5.6 沿程阻力系数的变化规律及其影响因素

5.6.1 尼古拉兹实验

为了探索沿程阻力系数 λ 的变化规律，尼古拉兹于 1932—1933 年采用人工加糙的方法，将多种粒径的砂粒，分别粘贴在不同管径的管道内壁上，得到了 $\frac{\Delta}{d} = \frac{1}{1014} \sim \frac{1}{30}$ 六种不同的相对粗糙度的实验管道，如图 5.11 所示，其中 Δ 为砂子粒径，称为绝对粗糙度，Δ/d 称为相对粗糙度，d/Δ 称为相对光滑度。尼古拉兹实验在类似图 5.1 的装置中进行实验，量测不同流量时的断面平均流速 v、沿程水头损失 h_f 及水温。

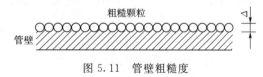

图 5.11 管壁粗糙度

根据 $Re = \dfrac{vd}{\nu}$ 和 $h_f = \lambda \dfrac{l}{d} \dfrac{v^2}{2g}$ 两式，即可算出 Re 和 λ。把实验结果点绘在双对数坐标纸上，得到图 5.12，称为尼古拉兹实验曲线。

根据 $Re—\lambda$ 的变化特征，图 5.12 的曲线可分为五个区：

第 I 区为层流区。当 $Re < 2300$ 时，所有的实验点，无论其相对粗糙度如何，都集中

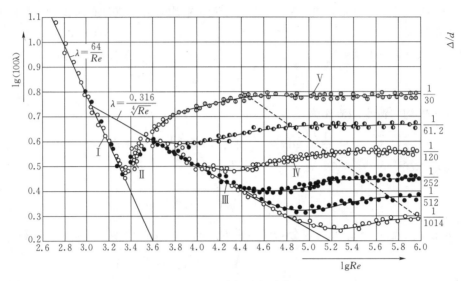

图 5.12　尼古拉兹实验曲线

在一根直线上，且 $\lambda = \dfrac{64}{Re}$，表明 λ 仅随 Re 变化，而与相对粗糙度 Δ/d 无关。因此，尼古拉兹实验证实了由理论分析得到的层流沿程水头损失计算公式。

第 Ⅱ 区为层流向紊流的过渡区。在 $2300 < Re < 4000$ 范围内 λ 随 Re 的增大而增大，而与相对粗糙度 Δ/d 无关。此区域雷诺数范围很窄，实用意义不大。

第 Ⅲ 区为水力光滑区。不同相对粗糙度的实验点起初都集中在直线 Ⅲ 上，随着 Re 的加大，相对粗糙度较大的实验点，在较低的 Re 时就偏离了直线 Ⅲ，而相对粗糙度较小的实验点，要在较大的 Re 时才偏离光滑区，即不同相对粗糙度的管道其水力光滑的区域不同。在水力光滑区，λ 只与 Re 有关，而与相对粗糙度 Δ/d 无关。

第 Ⅳ 区为过渡粗糙区。在直线 Ⅲ 与虚线之间的范围内，不同相对粗糙度的实验点各自分散成一条波状的曲线。说明，λ 既与 Re 有关，又与相对粗糙度 Δ/d 有关。

第 Ⅴ 区为粗糙区。为虚线以右的范围，不同相对粗糙度的实验点，分别落在与横坐标平行的直线上。说明，λ 只与相对粗糙度 Δ/d 有关，而与 Re 无关。在粗糙区 λ 为常数，由达西公式（5.4）可知，沿程损失与流速的平方成正比。因此，第 Ⅴ 区又称为阻力平方区。

沿程阻力系数的变化规律可归纳如下：

（1）层流区 $\lambda = f_1(Re)$；

（2）过渡区 $\lambda = f_2(Re)$；

（3）水力光滑区 $\lambda = f_3(Re)$；

（4）过渡粗糙区 $\lambda = f_4(Re, \Delta/d)$；

（5）粗糙区（阻力平方区）$\lambda = f_5(\Delta/d)$。

尼古拉兹实验虽然是在人工加糙的管道中完成的，但是，它全面揭示了不同流态下沿程阻力系数 λ 与雷诺数 Re 和相对粗糙度 Δ/d 的关系。从而说明，确定 λ 的各种经验公式和半经验公式在一定范围内适用。

1938 年蔡克斯达在人工加糙的矩形明渠中进行了沿程阻力实验，得出了与尼古拉兹实验类似的实验曲线（图 5.13），图中雷诺数 $Re = \dfrac{vR}{\nu}$，R 为水力半径。

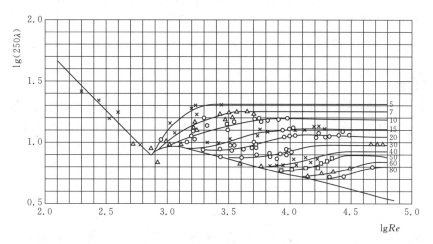

图 5.13 明渠沿程阻力实验曲线

5.6.2 人工加糙管的沿程阻力系数的半经验公式

综合尼古拉兹实验成果和普朗特理论，紊流分区及沿程阻力系数的半经验公式如下：

1. 水力光滑区

当 $Re_* = \dfrac{\Delta u_*}{\nu} < 3.5$，即 $\dfrac{\Delta}{\delta_0} < 0.3$ 时，为水力光滑区。

（1）尼古拉兹光滑管公式：

$$\frac{1}{\sqrt{\lambda}} = 2\lg(Re\sqrt{\lambda}) - 0.8 \tag{5.53}$$

该式适用范围 $Re = 5 \times 10^4 \sim 3 \times 10^6$。

（2）布劳修斯公式：

$$\lambda = \frac{0.316}{Re^{1/4}} \tag{5.54}$$

该式适用条件 $4000 < Re < 10^5$。

2. 过渡粗糙区

当 $3.5 \leqslant Re_* \leqslant 70$，即 $0.3 \leqslant \dfrac{\Delta}{\delta_0} \leqslant 6$ 时，为过渡粗糙区。

$$\frac{1}{\sqrt{\lambda}} = -2\lg\left(\frac{\Delta}{3.7d} + \frac{2.51}{Re\sqrt{\lambda}}\right) \tag{5.55}$$

该式是柯列勃洛克—怀特提出的，其适用范围 $3000 < Re < 10^6$。

3. 粗糙区

当 $Re_* > 70$，即 $\dfrac{\Delta}{\delta_0} > 6$ 时，为粗糙区，即阻力平方区，则

$$\lambda = \frac{1}{\left(2\lg\dfrac{r_0}{\Delta} + 1.74\right)^2} \tag{5.56}$$

此式为尼古拉兹粗糙管公式，适用范围 $Re > \dfrac{383}{\sqrt{\lambda}}\left(\dfrac{r_0}{\Delta}\right)$ 。

实际上，式（5.55）为水力光滑区公式和粗糙区公式的结合。当 Re 值较小时，公式右边括号内第二项很大，第一项相对很小，可略去不计，这样，此式就接近光滑区公式（5.53）。反之，当 Re 值很大时，括号内第二项很小，可略去不计，此式就接近粗糙区公式（5.56）。

5.6.3 莫迪图

工业管道壁面的粗糙是凹凸不平的，它不像人工加糙的管道壁面那样有明显的凸起高度。工业管道与人工加糙的管道沿程阻力系数类似，在光滑区和粗糙区它们的 λ 值与实验结果相符。因此，式（5.53）和式（5.56）也可以用于工业管道。莫迪根据已有的研究成果以及通过柯列勃洛克—怀特公式计算，于 1944 年发表了他绘制的沿程阻力系数 λ 与雷诺数 Re 的关系曲线，通常称为莫迪图，见图 5.14。

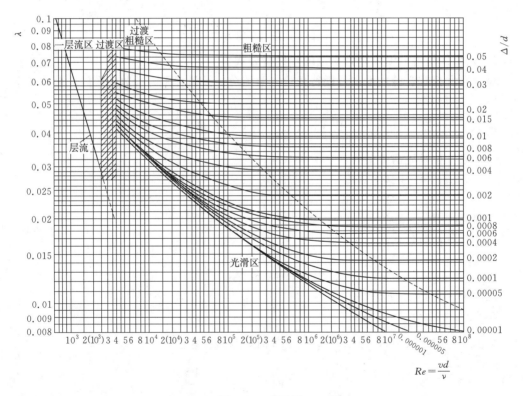

图 5.14 莫迪图

在水力学中，把人工加糙的管道壁面的粗糙程度作为度量管壁粗糙的基本标准，提出当量粗糙高度的概念。当量粗糙高度是指通过工业管道在紊流粗糙区沿程水头损失实验，对实验结果与人工加糙管道实验结果进行比较，把 λ 值相等的同直径的沙粒粗糙高度作为此类工业管道的当量粗糙高度，仍以符号 Δ 来表示，各种壁面当量粗糙度 Δ 值列于表 5.2。为了叙述方便，"当量"两字可省略。

表 5.2　　　　　　　　　　　　　　各种壁面的当量粗糙高度

壁面材料	Δ /mm	壁面材料	Δ /mm
铜管、玻璃管	0.0015~0.01	具有光滑接头钢模一般工艺混凝土管	0.1
有机玻璃管	0.0025	具有明显木模痕迹、明显磨蚀混凝土管	0.5
新钢管	0.025	具有光滑接头的金属板制成的管材	0.025
离心法涂釉钢管	0.025	金属镀锌的一般光洁度管材	0.15
轻度锈蚀钢管	0.25	金属镀锌的光滑光洁度管材	0.025
大量涂刷沥青、珐琅、焦油钢管	0.5	铸铁管	0.15
一般结垢水管	1.2	石棉水泥管	0.025
具有光滑接头新的光滑的混凝土管	0.025	光华内壁的柔性橡皮管	0.025
具有光滑接头钢模最佳工艺混凝土管	0.025		

图 5.15 为人工加糙管道和工业管道 λ 曲线的比较。图中实线 A 为人工加糙管道实验曲线，虚线 B 和 C 为工业管道实验曲线。由图 5.15 可知：

（1）在紊流光滑区，两种管道的实验曲线是重合的。由于工业管道的粗糙高度不一致，在较小雷诺数时，会有一些较大的凸起暴露于紊流流核，使实际的 λ 曲线较早的脱离紊流光滑区。

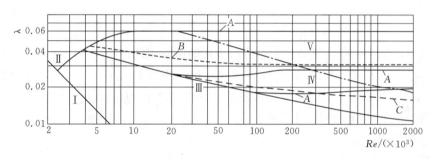

图 5.15　人工加糙管道和工业管道 λ 曲线的比较

（2）在过渡粗糙区，两种管道的实验曲线存在较大差异。当 Re 增加时，工业管道的阻力曲线平滑下降，而人工加糙管道的阻力曲线则有上升部分。这是由于人工加糙管的粗糙是均匀的，随着 Re 的增大黏性底层厚度减小，达到一定程度时，它们同时伸入紊流流核。使从光滑区到粗糙区的过渡比较突然。同时，暴露在紊流流核内的粗糙部分随着 Re 的增长而不断增大，因而过渡区阻力曲线变化剧烈，沿程损失急剧上升。而工业管道的粗糙是不均匀的，使这种过渡逐渐进行，因此，过渡区阻力曲线变化比较平缓。

（3）在粗糙区，两种管道的实验曲线都与横坐标轴平行。这一特征给出了将工业管道的不均匀粗糙换算为当量粗糙度的可能性。从而可以定量度量工业管道的粗糙高度，并且也可以将人工加糙管在光滑区和粗糙区整理出来的有关公式直接应用于工业管道。

通过对尼古拉兹实验曲线与莫迪图比较，可将人工加糙管实验结果和工业管的莫迪图有机地联系起来。莫迪图可用来确定工业管道的沿程阻力系数 λ，根据管材由表 5.2 查出其当量粗糙度 Δ 值，再计算出相对粗糙度 Δ/d 及雷诺数，据此查图 5.14 得 λ 值。

工程上也会用到非圆管道输送流体的情况，如通风管道等。应用上述半经验公式时，只需把非圆管道换算为当量直径 d_e 即可，所有圆形管道的公式、图表仍然适用。当量直径 d_e 是指在圆管与非圆管水力半径相等的条件下，圆管的直径被定义为非圆管的当量直径。

【例 5.5】 某供水管道，输送水温 20℃，已知管内流速 $v = 0.6 \text{m/s}$，管长 $l = 100 \text{m}$，直径 $d = 50 \text{mm}$，管壁粗糙度 $\Delta = 0.2 \text{mm}$，试求该管道的沿程水头损失。

解：（1）利用莫迪图。

20℃水温时，水的运动黏滞系数为 $\nu = 0.010 \text{cm}^2/\text{s}$，则雷诺数 $Re = \dfrac{vd}{\nu} = \dfrac{60 \times 5}{0.0101} = 29703 > 2300$，为紊流。

用莫迪图查 λ 值，$\dfrac{\Delta}{d} = \dfrac{0.2}{50} = 0.004$ 时，得 $\lambda = 0.0290$，流动处于粗糙区。

$$h_f = \lambda \frac{l}{d} \frac{v^2}{2g} = 0.029 \times \frac{100}{0.05} \times \frac{0.6^2}{2 \times 9.8} = 1.065 \text{（m）}$$

（2）利用半经验公式。

因流动处于粗糙区，利用式（5.56）

$$\lambda = \frac{1}{\left(2 \lg \dfrac{r_0}{\Delta} + 1.74\right)^2} = \frac{1}{\left(2 \lg \dfrac{2.5}{0.02} + 1.74\right)^2} = 0.0284$$

$$h_f = \lambda \frac{l}{d} \frac{v^2}{2g} = 0.0284 \times \frac{100}{0.05} \times \frac{0.6^2}{2 \times 9.8} = 1.043 \text{（m）}$$

上述两方法结果表明，莫迪图和半经验公式的结果相近。

【例 5.6】 管径 $d = 300 \text{mm}$ 的管道输水，相对粗糙度 $\Delta/d = 0.002$，管中平均流速 3m/s，其运动黏滞系数 $\nu = 10^{-6} \text{m}^2/\text{s}$，密度 $\rho = 999.23 \text{kg/m}^3$，试求：

（1）管长 $l = 300 \text{m}$ 的沿程水头损失 h_f。

（2）边壁切应力 τ_0。

（3）黏性底层厚度 δ。

（4）距管壁 $y = 50 \text{mm}$ 处的切应力。

解：（1）求沿程水头损失 h_f：

$$Re = \frac{vd}{\nu} = \frac{3 \times 0.3}{10^{-6}} = 9 \times 10^5$$

由 Re 和 Δ/d 查莫迪图得 $\lambda = 0.0238$，流动处于粗糙区。

$$h_f = \lambda \frac{l}{d} \frac{v^2}{2g} = 0.0235 \times \frac{300}{0.3} \times \frac{3^2}{2 \times 9.8} = 10.8 \text{（m）}$$

（2）求管壁切应力 τ_0：

水力坡度 $J = h_f/l = 10.8/300 = 0.036$

由式（5.11）得 $\tau_0 = \rho g R J = 999.23 \times 9.81 \times \dfrac{0.3}{4} \times 0.036 = 26.47 \text{（N/m}^2\text{）}$

或由式（5.16）得 $\tau_0 = \lambda \dfrac{\rho v^2}{8} = 0.0235 \times \dfrac{999.23 \times 3^2}{8} = 26.42 \text{（N/m}^2\text{）}$

（3）求层流底层厚度 δ：

由式 (5.41)，得

$$\delta = \frac{32.8d}{Re\sqrt{\lambda}} = \frac{32.8 \times 300}{9 \times 10^5 \times \sqrt{0.0235}} = 0.071 \text{ (mm)}$$

（4）离管壁 $y = 50$mm 处的切应力：

由式 (5.15)，得

$$\tau = \tau_0 \frac{r_0 - y}{r_0} = 26.42 \times \frac{150 - 50}{150} = 17.61 \text{ (N/m}^2\text{)}$$

5.7 沿程损失的经验公式——谢齐公式

对于天然河道，其表面粗糙度极其复杂，通常采用表征影响流动阻力的各种因素的综合系数 n，即粗糙系数，简称糙率。

1775 年法国工程师谢齐（Chezy）根据明渠均匀流大量实测资料，提出了计算恒定均匀流的经验公式，称为谢齐公式，即

$$v = C\sqrt{RJ} \tag{5.57}$$

式中 C——谢齐系数，$\text{m}^{1/2}/\text{s}$；

R ——水力半径，m；

J ——水力坡度。

实际上，谢齐公式与达西公式是一致的，将 $\lambda = \frac{8g}{C^2}$ 代入达西公式即可推导出谢齐公式。所以，谢齐公式既适用于明渠流也适用于管流。谢齐公式是根据粗糙区的大量资料总结出来的，只适用于粗糙区。

谢齐系数是反映沿程阻力变化规律的系数，常用的经验公式有：

（1）曼宁（Manning）公式。

$$C = \frac{1}{n}R^{1/6} \tag{5.58}$$

式中 n——壁面粗糙系数（糙率），管道和明渠的 n 值列于表 5.3。

（2）巴甫洛夫斯基（巴氏）公式。

$$C = \frac{1}{n}R^y \tag{5.59}$$

其中，$y = 2.5\sqrt{n} - 0.13 - 0.75\sqrt{R}(\sqrt{n} - 0.1)$。

公式适用范围为 $0.1\text{m} \leqslant R \leqslant 3.0\text{m}$，$0.011 \leqslant n \leqslant 0.04$。

上述各公式中水力半径的单位均采用 m。

表 5.3 粗糙系数（糙率）n 值

序号	壁面种类及状况	n	$\frac{1}{n}$
1	特别光滑的表面：涂有珐琅质或釉质的表面	0.009	111.1
2	精细刨光的木板、纯水泥精致抹面、清洁（新的）瓦管	0.010	100.0

续表

序号	壁面种类及状况	n	$\dfrac{1}{n}$
3	铺设、安装、接合良好的铸铁管、钢管	0.011	90.9
4	拼接良好的未刨木板、未显著生锈的输水管、清洁排水管、极好的混凝土面	0.012	83.3
5	优良砌石、极好砌砖体，正常排水管，略有积污的输水管	0.013	76.9
6	积污的输水管、排水管，一般情况的混凝土面，一般砖砌体	0.014	71.4
7	中等砖砌体、中等砌石面，积污很多的排水管	0.015	66.7
8	普通块石砌体，旧的（不规则）砖砌体，较粗糙的混凝土面，开凿极为良好的、光滑的崖面	0.017	58.8
9	覆盖有固定的厚淤泥层的渠道，在坚实黄土、细小砾石中复有整片薄淤泥的渠道（并无不良情况）	0.018	55.6
10	很粗糙的块石砌体，大块石干砌体，卵石砌面，岩石中开挖的清洁的渠道，在黄土、密实砾石、坚实泥土中负有薄淤泥层的渠道（情况正常）	0.020	50.0
11	尖角大块石铺筑，表面经过处理崖面渠槽，在黄土、砾石和泥土中负有非整片（由断裂）的薄淤泥层的渠道，养护条件中等以上的大型土渠	0.0225	44.4
12	养护条件中等的大型土渠和养护条件良好的小型土渠，极好条件的河道（河床顺直、水流顺畅、没有塌岸和深潭）	0.025	40.0
13	养护条件中等以下的大型土渠和养护条件中等的小型土渠	0.0275	36.4
14	条件较坏的渠道（部分渠底有杂草、卵石或砾石），杂草丛生，边坡局部塌陷，水流条件较好的河道	0.030	33.3
15	条件极坏的渠道（具有不规则断面、显著受石块和杂草淤阻），条件较好但有少许石子和杂草的河道	0.035	28.6
16	条件特别坏的渠道（有崩崖巨石、芦草丛生，很多深潭和塌坡），水草和石块数量多、深潭和浅滩为数不多的弯曲河道	>0.040	<25.0

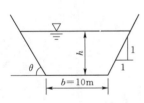

图 5.16　等腰梯形渠道

【例 5.7】　有一混凝土衬砌的等腰梯形渠道（图 5.16），已知底宽 $b=10$m，水深 $h=3$m，渠道边坡比为 1：1，水流为均匀流，流动处于紊流粗糙区。试分别用曼宁公式和巴氏公式求谢齐系数 C。

解：梯形渠道的过流面积 $A=\dfrac{h}{2}[(2h+b)+b]=\dfrac{3}{2}[(2\times 3+10)+10]=39$（$m^2$）

湿周 $\chi=b+2\sqrt{h^2+h^2}=10+2\sqrt{3^2+3^2}=18.49$（m）

水力半径 $R=\dfrac{A}{\chi}=\dfrac{39}{18.49}=2.11$（m）

由表 5.3 查得混凝土衬砌面的糙率 $n=0.014$。

代入曼宁公式得

$$C = \frac{1}{n}R^{1/6} = \frac{1}{0.014} \times 2.11^{1/6} = 80.89 \ (\text{m}^{1/2}/\text{s})$$

巴氏公式的指数

$$y = 2.5\sqrt{n} - 0.13 - 0.75\sqrt{R}(\sqrt{n} - 0.1)$$
$$= 2.5\sqrt{0.014} - 0.13 - 0.75\sqrt{2.11} \times (\sqrt{0.014} - 0.1)$$
$$= 0.146$$

代入巴氏公式

$$C = \frac{1}{n}R^y = \frac{1}{0.014} \times 2.11^{0.146} = 79.67 \ (\text{m}^{1/2}/\text{s})$$

上述结果表明，用曼宁公式和巴氏公式求得的谢齐系数 C 基本相等。

5.8　边界层与边界层分离现象简介

5.8.1　边界层的基本概念

1904 年德国科学家普朗特提出了边界层的概念，认为黏性较小的流体，当其绕物体流动时，黏性的影响仅限于贴近物面的薄层中，而在这一薄层之外，黏性的影响可以忽略。这一薄层称为边界层。对任意曲面的绕流流场可分为边界层和外部势流区，如图 5.17 所示。外部势流区速度梯度小，黏性力可忽略不计，可作为无旋流动的理想流体处理；边界层内，速度由物面的零值沿物面外法线方向迅速增加至外部势流区速度，一般速度梯度很大，黏性力不可忽略，是产生摩擦阻力的原因。尾流区（尾涡区）是边界层内的有旋流体，被带到物体后部形成的涡旋流动，涡旋流动使部分流体与物面脱离，减小了局部的流体压力，是导致压差阻力（或形状阻力）的主要原因。边界层的厚度，取决于惯性力与黏性力之比，即取决于雷诺数，雷诺数越大，边界层越薄，但沿着流动方向边界层厚度是逐渐增加的。

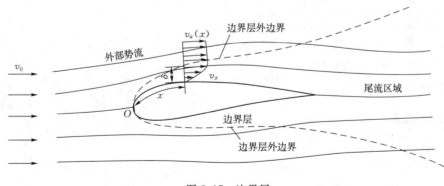

图 5.17　边界层

5.8.2　平板上的边界层和曲面上的边界层分离现象

平板上的边界层内可出现层流边界层、紊流边界层、黏性底层和层流到紊流的过渡区，如图 5.18 所示。层流边界层转化为紊流边界层的临界雷诺数为

$$Re_c = \frac{v_0 x_c}{\nu} = 5 \times 10^5 \sim 3 \times 10^6 \qquad (5.60)$$

式中　　v_0 ——势流区来流速度；

　　　　x_c ——平板前缘至流态转捩点的距离；

　　　　ν ——流体运动黏性系数。

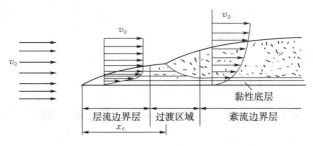

图 5.18　平板上的边界层

当 Re 较小时，不会出现紊流边界层；当 Re 较大时，层流边界层会转化为紊流边界层，但边界层与平板不会发生分离。显然，平板上的边界层只产生摩擦阻力。

长直管道中的边界层与平板上的边界层相似，只是其边界层的发展受到管径的限制。如图 5.19（a）所示为管道中层流边界层自管端的发展过程，图 5.19（b）为管道中紊流边界层自管端的发展过程，说明长直管道中只存在摩擦阻力。

在曲面上，当 Re 较小时，只存在层流边界层，沿曲面的摩擦阻力远大于由曲面凸起构成的形状阻力。当 Re 较大时，曲面上的层流边界层首先在曲面背流面上发展为紊流边界层，同时形成涡旋流动。随雷诺数增加，旋涡将脱离物面，构成尾流区。使迎流面与背流面形成压差阻力（如图 5.20 所示）。物体壁面所受的摩擦阻力是黏性直接作用的结果，所受的压差阻力（形状阻力）是黏性间接作用的结果。边界层分离点 S 称为转捩点。

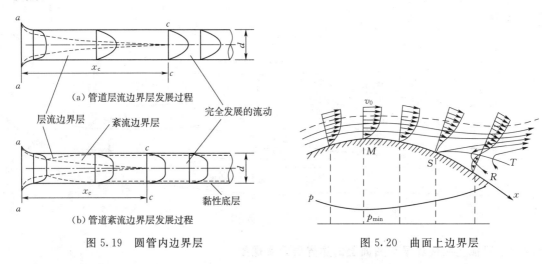

图 5.19　圆管内边界层　　　　　图 5.20　曲面上边界层

5.8.3　绕流运动

流体绕过物体流动所产生的绕流阻力可以分为摩擦阻力和压差阻力，对其形成的物理过程,可依据曲面上边界层发展理论来解释。

下面以圆柱绕流为例,描述圆柱绕流运动的流态变化规律,其中 $Re = \dfrac{v_0 d}{\nu}$,d 是圆柱体直径。

(1)在 $Re \leqslant 1$ 的范围内,流动如图 5.21(a)所示。边界层没有分离,其特点为圆柱两侧及迎流面和背流面流动对称且为层流状态。

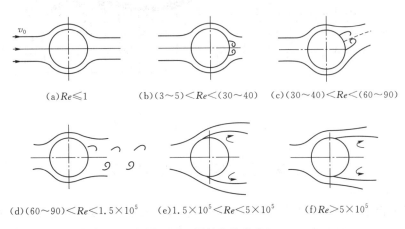

(a)$Re \leqslant 1$ (b)$(3 \sim 5) < Re < (30 \sim 40)$ (c)$(30 \sim 40) < Re < (60 \sim 90)$

(d)$(60 \sim 90) < Re < 1.5 \times 10^5$ (e)$1.5 \times 10^5 < Re < 5 \times 10^5$ (f)$Re > 5 \times 10^5$

图 5.21 圆柱绕流流态

(2)在 $(3 \sim 5) < Re < (30 \sim 40)$ 的范围内,流动如图 5.21(b)所示。其特点为圆柱背流面发生边界层分离且形成对称稳定旋涡(尾流)区。

(3)在 $(30 \sim 40) < Re < (60 \sim 90)$ 的范围内,随着 Re 的增加,圆柱背流面分离区逐渐变宽,对称稳定旋涡区出现摆动,如图 5.21(c)所示。

(4)在 $(60 \sim 90) < Re < 1.5 \times 10^5$ 的范围内,圆柱背流面旋涡交替脱落,形成两排向下游运动的涡列,如图 5.21(d)所示。

(5)在 $1.5 \times 10^5 < Re < 5 \times 10^5$ 的范围内,随着 Re 的增加,边界层分离点前移至圆柱迎流面,形成绕流的亚临界状态,如图 5.21(e)所示。

(6)在 $Re > 5 \times 10^5$ 的范围内,随着 Re 的增加,分离点前的边界层由层流转变为紊流,紊流边界层的混合效应使分离点后移,尾涡区变窄如图 5.21(f)所示。

绕流阻力与流体动能成正比,绕流阻力计算公式为

$$F_D = C_D A \frac{\rho v_0^2}{2} \tag{5.61}$$

其中

$$C_D = f(Re)$$

式中 A ——物体在来流方向上的投影面积;

      C_D ——绕流阻力系数。圆柱绕流运动的阻力系数与雷诺数之间的关系如图 5.22 所示。

边界层理论揭示了流动阻力受流动状态和流动过程两方面影响的物理图案,为研究流动中能量损失奠定了理论基础。

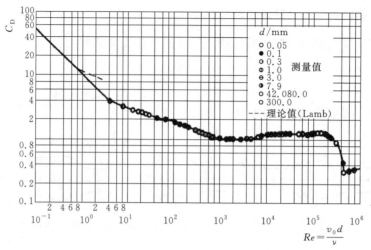

图 5.22　圆柱绕流阻力系数

5.9　局 部 水 头 损 失

在实际工程中，管道往往有许多管径不同的管段组成，连接形式有串联、并联，即使是等直径管道，也可能有弯管、阀门。渠道中也常有弯道、渐变段、拦污栅等。在流体流经这些局部突变处时，水流内部的流速分布、压强会发生改变，即水流内部结构发生改变，形成漩涡区，造成形状阻力（压差阻力），伴随着能量损失。

局部阻力系数的计算应用理论求解相当困难，主要是水流条件复杂，固体边界上的动水压强不易确定，一般情况下通过实验确定。只有少数几种情况可以用理论作近似分析，下面以圆管突然扩大的局部水头损失为例予以介绍。

5.9.1　突然扩大处的局部损失

如图 5.23 所示为圆管突然扩大处的流动，以图中 0—0 为基准面，取扩大前的断面 1—1 和扩大后流速分布已接近渐变流的断面 2—2 列能量方程，如忽略两断面间的沿程水头损失，则

$$z_1 + \frac{p_1}{\rho g} + \frac{\alpha_1 v_1^2}{2g} = z_2 + \frac{p_2}{\rho g} + \frac{\alpha_2 v_2^2}{2g} + h_j$$

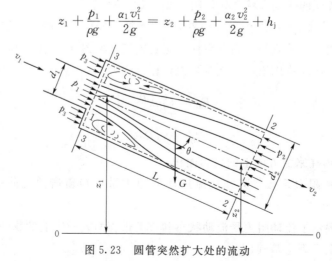

图 5.23　圆管突然扩大处的流动

得到局部水头损失

$$h_{\mathrm{j}} = \left(z_1 + \frac{p_1}{\rho g} \right) - \left(z_2 + \frac{p_2}{\rho g} \right) + \left(\frac{\alpha_1 v_1^2}{2g} - \frac{\alpha_2 v_2^2}{2g} \right) \qquad (5.62)$$

再选取断面 1—1 和断面 2—2 与管壁所包围的流体为控制体（图中虚线部分），沿流向，列动量方程

$$\rho Q(\beta_2 v_2 - \beta_1 v_1) = \sum F \qquad (5.63)$$

式中 $\sum F$——作用在所选控制体上的全部轴向外力之和，包括以下几种。

(1) 作用在断面 1—1 及环形断面 1—3 上的动水压力 P_1。应指出，环形断面 1—3 部分位于旋涡区，其动水压强 p_3 无法计算，据实验结果可近似按 $p_3 = p_1$ 计算。环形部分面积为 $A_2 - A_1$，断面 1—1 面积 A_1，则该断面 3—1—1—3 的面积为 A_2，压强 p_1，所以 $P_1 = p_1 A_2$。

(2) 在断面 2—2 上的动水压力 $P_2 = p_2 A_2$。

(3) 重力在管轴上的投影 $G\cos\theta = \rho g A_2 L \dfrac{z_1 - z_2}{L} = \rho g A_2 (z_1 - z_2)$。

(4) 管壁的摩擦阻力忽略不计。

将上面的数值代入动量方程式 (5.63)，得

$$\rho Q(\beta_2 v_2 - \beta_1 v_1) = p_1 A_2 - p_2 A_2 + \rho g A_2 (z_1 - z_2)$$

将 $Q = v_2 A_2$ 代入，化简后得

$$\left(z_1 + \frac{p_1}{\rho g} \right) - \left(z_2 + \frac{p_2}{\rho g} \right) = \frac{v_2}{g}(\beta_2 v_2 - \beta_1 v_1) \qquad (5.64)$$

将式 (5.64) 代入能量方程式 (5.62)，得

$$h_{\mathrm{j}} = \frac{\alpha_1 v_1^2}{2g} - \frac{\alpha_2 v_2^2}{2g} + \frac{v_2}{g}(\beta_2 v_2 - \beta_1 v_1)$$

近似取 $\alpha_1 = \alpha_2 = 1$，$\beta_1 = \beta_2 = 1$，则上式简化为

$$h_{\mathrm{j}} = \frac{(v_1 - v_2)^2}{2g} \qquad (5.65)$$

式 (5.65) 表明，突然扩大处的局部损失等于以平均流速差计算的流速水头。将式 (5.65) 变换成以某一流速水头表示的局部水头损失，并将连续方程 $A_1 v_1 = A_2 v_2$ 代入式 (5.65)，则有

$$\begin{cases} h_{\mathrm{j}} = \left(1 - \dfrac{A_1}{A_2} \right)^2 \dfrac{v_1^2}{2g} = \zeta_1 \dfrac{v_1^2}{2g} \\[4mm] h_{\mathrm{j}} = \left(\dfrac{A_2}{A_1} - 1 \right)^2 \dfrac{v_2^2}{2g} = \zeta_2 \dfrac{v_2^2}{2g} \end{cases} \qquad (5.66)$$

突然扩大的局部阻力系数表示为

$$\begin{cases} \zeta_1 = \left(1 - \dfrac{A_1}{A_2} \right)^2 \\[4mm] \zeta_2 = \left(\dfrac{A_2}{A_1} - 1 \right)^2 \end{cases} \qquad (5.67)$$

突然扩大前后断面有不同的断面平均流速，因而，有相应的局部阻力系数。计算时选用的阻力系数必须与流速相适应。当流体从管道流入断面很大的水域时，$A_1/A_2 \approx 0$，$\zeta_1 = 1$。

应当指出,圆管突扩的局部阻力系数是为数不多的由理论推导得出并在推导过程中用到了总流的能量方程、动量方程和连续性方程。

5.9.2 局部阻力系数

构成局部阻力的边界条件可以有多种多样,局部水头损失通常需要通过实验数据或经验公式确定。工程上计算局部水头损失用流速水头的倍数来表示,即

$$h_{\mathrm{j}} = \zeta \frac{v^2}{2g} \tag{5.68}$$

可见,求 h_{j} 的问题可转变为求局部阻力系数 ζ 的问题,一般来说,ζ 值取决于流动的雷诺数及产生局部阻力处的几何形状。但由于局部阻碍处的流动受到很大干扰,很容易进入阻力平方区,所以 ζ 值往往只取决于几何形状,而与 Re 无关,也就是说,计算局部水头损失时一般无需判断流态。表 5.4~表 5.6 列出了部分管件、明渠收缩及扩散段、水工构件的局部阻力系数。

表 5.4 管路的局部阻力系数 ζ 值

名称	示意图	局部阻力系数					
折管		α	20°	40°	60°	80°	90°
		ζ	0.05	0.14	0.36	0.74	0.99
90°弯头(零件)		d /mm	15	20	25	32	40	≥50
		ζ	2.0	2.0	1.5	1.5	1.0	1.0
90°弯头(煨弯)		d /mm	15	20	25	32	40	≥50
		ζ	1.5	1.5	1.0	1.0	0.5	0.5
缓弯管(圆形或方形断面)		$\zeta = \left[0.131 + 0.1632 \left(\dfrac{d}{R} \right)^{3.5} \right] \left(\dfrac{\theta}{90°} \right)^{1/2}$					
逐渐扩大		$\zeta_1 = \dfrac{\lambda_1}{8\sin\frac{\theta}{2}} \left[1 - \left(\dfrac{A_1}{A_2} \right)^2 \right] + k \left(\tan\dfrac{\theta}{2} \right)^{1.25} \left(1 - \dfrac{A_1}{A_2} \right)^2$ 当 $\theta = 10° \sim 40°$ 时,圆锥管 $k = 4.8$,方锥管 $k = 9.3$;当 $\theta < 10°$ 时,$k = 0$					

名称	示 意 图	局 部 阻 力 系 数				
逐渐收缩		$\zeta_2 = \dfrac{\lambda_2}{8\sin\frac{\theta}{2}}\left[1-\left(\dfrac{A_2}{A_1}\right)^2\right]$ $\quad(\theta < 30°)$				
出口	（流入水库 $\zeta_1 = 1$，流入明渠 ζ_1 取表中值）	A_1/A_2	0.1	0.2	0.3	0.4	0.5
		ζ_1	0.81	0.64	0.49	0.36	0.25
		A_1/A_2	0.6	0.7	0.8	0.9	
		ζ_1	0.16	0.09	0.04	0.01	
进口	喇叭口 $\zeta=0.01$ ~ 0.05　直角 $\zeta=0.5$　圆角 $\zeta=0.1$　切角 $\zeta=0.25$　内插 $\zeta=1.0$　斜角 $\zeta=0.5+0.3\cos\alpha+0.2\cos^2\alpha$					

表 5.5　　　　　　　　　　　**明渠收缩、扩散的局部阻力系数**

名称	示意图及计算公式	局 部 阻 力 系 数
渠道收缩	$h_j = \zeta\left(\dfrac{v_2^2}{2g} - \dfrac{v_1^2}{2g}\right)$	圆弧　突然收缩 $\zeta=0.20$
		扭曲面　逐渐收缩 $\zeta=0.10$
		直角　$\zeta=0.40$
		楔形　$\zeta=0.20$

续表

名称	示意图及计算公式	局部阻力系数
渠道扩散	$h_j = \zeta\left(\dfrac{v_1^2}{2g} - \dfrac{v_2^2}{2g}\right)$	直角 $\zeta = 0.75$ 圆弧 $\zeta = 0.5$ 扭曲面 $\zeta = 0.3$ 楔形 $\zeta = 0.5$

表 5.6　　　　　　　　　　　　　　**水工构件的局部阻力系数**

名称	示意图及计算公式	局部阻力系数及相关参数						
闸板式阀门	$h_j = \zeta\dfrac{v^2}{2g}$	a/d	0.2	0.4	0.5	0.6	0.7	0.8	1.0
		ζ	35.0	4.60	2.06	0.98	0.44	0.17	0.0
滤水阀（莲蓬头）	$h_j = \zeta\dfrac{v^2}{2g}$	无底阀	$\zeta = 2 \sim 3$						
		有底阀 d/mm	50	100	150	200	300	400	500
		ζ	10.0	7.0	6.0	5.2	3.7	3.1	2.5
蝶阀	全开 $h_j = \zeta\dfrac{v^2}{2g}$	a/d	0.1		0.15		0.20		0.25
		ζ	$0.05 \sim 0.10$		$0.10 \sim 0.16$		$0.17 \sim 0.24$		$0.25 \sim 0.35$

名称	示意图及计算公式	局部阻力系数及相关参数
拦污栅	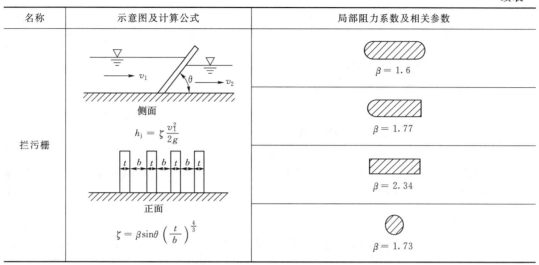	$\beta = 1.6$ $\beta = 1.77$ $\beta = 2.34$ $\beta = 1.73$

【例 5.8】 两水箱通过两段不同直径的管道相连接（图 5.24），1—3 管段长 $l_1 = 10\text{m}$ ，直径 $d_1 = 200\text{mm}$ ，$\lambda_1 = 0.019$ ；3—6 管段长 $l_2 = 10\text{m}$ ，$d_2 = 100\text{mm}$ ，$\lambda_2 = 0.018$ 。管路中的局部阻力有：1 为管道进口；2 和 5 为 $90°$ 煨弯弯头；3 为渐缩管（$\theta = 8°$）；4 为闸阀；6 为管道出口。若输送流量 $Q = 20\text{L/s}$ ，求水箱水面的高差 H 应为多少？

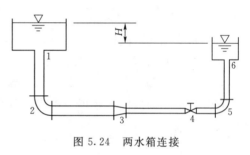

图 5.24　两水箱连接

解：两管段中的流速为

$$v_1 = \frac{4Q}{\pi d_1^2} = \frac{4 \times 20 \times 10^{-3}}{3.14 \times 0.2^2} = 0.64 \ (\text{m/s})$$

$$v_2 = v_1 \left(\frac{d_1}{d_2}\right)^2 = 0.64 \times \left(\frac{200}{100}\right)^2 = 2.56 \ (\text{m/s})$$

速度水头为

$$\frac{v_1^2}{2g} = \frac{0.64^2}{2 \times 9.8} = 0.02(\text{m}), \quad \frac{v_2^2}{2g} = \frac{2.56^2}{2 \times 9.8} = 0.33 \ (\text{m})$$

以右端水箱水面为基准面，列出两水箱水面的能量方程

$$H = (h_f + \textstyle\sum h_j)_{1-3} + (h_f + \textstyle\sum h_j)_{3-6}$$

$$= \left(\lambda_1 \frac{l_1}{d_1} + \zeta_1 + \zeta_2\right)\frac{v_1^2}{2g} + \left(\lambda_2 \frac{l_2}{d_2} + \zeta_3 + \zeta_4 + \zeta_5 + \zeta_6\right)\frac{v_2^2}{2g}$$

由表 5.4 查得 $\zeta_1 = 0.5, \zeta_2 = \zeta_5 = 0.5, \zeta_4 = 0.5, \zeta_6 = 1.0$。对逐渐收缩管道由表5.4得

$$\zeta_3 = \frac{\lambda_2}{8\sin\frac{\theta}{2}}\left[1 - \left(\frac{A_2}{A_1}\right)^2\right] = \frac{0.018}{8\sin\frac{8}{2}}\left[1 - \left(\frac{100}{200}\right)^4\right] = 0.030$$

将数据代入，得

$$H = \left(0.019 \times \frac{10}{0.2} + 0.5 + 0.5\right) \times 0.02 + \left(0.018 \times \frac{10}{0.1} + 0.030 + 0.5 + 0.5 + 1.0\right) \times 0.33$$

$$= 0.039 + 1.264 = 1.303 \text{（m）}$$

所以，两水箱水面高差为 1.303m。

本　章　知　识　点

（1）流体运动存在两种不同的液流形态——层流和紊流。层流的特征是，流体质点作规则运动，质点间互不掺混。紊流的特征是，流体质点作不规则运动，质点间相互碰撞、掺混。

（2）层流和紊流用雷诺数来判别。对于管流，雷诺数 $Re = \dfrac{vd}{\nu}$，$Re < 2000$ 为层流，$Re > 2000$ 为紊流。对于明渠，$Re = \dfrac{vR}{\nu}$，$Re < 500$ 为层流，$Re > 500$ 为紊流。

（3）水头损失（能量损失）分为两类：沿程水头损失和局部水头损失，总水头损失为沿程水头损失和局部水头损失之和。

（4）均匀流基本方程 $\tau_0 = \rho g R J$，既适合有压管流也适合无压明渠水流。

（5）层流的断面流速分布为抛物线分布，对于管流，最大流速 $u_{\max}$ 出现在管轴线上，断面平均流速 $v = \dfrac{1}{2} u_{\max}$。

（6）紊流运动要素随时间在某一平均值上下的波动，称为运动要素的脉动。瞬时运动要素的值可表示为时均值与脉动值之和。例如，瞬时流速等于时均流速与脉动流速之和。

（7）紊流内部切应力与层流内部切应力不同，层流仅有黏滞性引起的切应力，而紊流内部切应力有两项组成，即 $\tau = \mu \dfrac{\mathrm{d}u}{\mathrm{d}y} + \rho l^2 \left(\dfrac{\mathrm{d}u}{\mathrm{d}y}\right)^2$，前一项由黏滞性引起，后一项由脉动流速引起。

（8）紊流断面流速分布为对数曲线分布，由于质点动量的传递，流速分布均匀化。工程中一般的流动以紊流形态出现，这也是在工程中动能修正系数 α、动量修正系数 β 取 1.0 的原因。

（9）尼古拉兹实验全面揭示了沿程阻力系数的变化规律，并发现了沿程阻力系数与雷诺数和相对粗糙度 Δ/d 的关系：层流 $\lambda = f(Re)$，水力光滑区 $\lambda = f(Re)$，过渡粗糙区 $\lambda = f\left(Re, \dfrac{\Delta}{d}\right)$，粗糙区 $\lambda = f\left(\dfrac{\Delta}{d}\right)$。沿程阻力系数 λ 可由经验公式、莫迪图或查相关水力手册得到。

（10）沿程水头损失的计算公式为 $h_f = \lambda \dfrac{l}{4R} \dfrac{v^2}{2g}$（达西公式），计算 λ 值时应注意紊流分区。

（11）谢齐公式 $v = C\sqrt{RJ}$ 仅适用于粗糙区，谢齐系数 C 的单位是 $\mathrm{m}^{1/2}/\mathrm{s}$，水力半径只能以 m 计，谢齐公式广泛应用于明渠均匀流的水力计算。

（12）局部水头损失计算公式为 $h_\mathrm{j} = \zeta \dfrac{v^2}{2g}$，$\zeta$ 为局部阻力系数。应用时，注意 ζ 的取值对应于流速水头，ζ 值查相关水力手册。

思　考　题

5.1　能量损失有几种形式？产生能量损失的物理原因是什么？

5.2　雷诺数 Re 有什么物理意义？它为什么能判别液流形态？

5.3　当输水管直径一定时，随流量增大，雷诺数是增大还是减小？当输水管流量一定时，随管径加大，雷诺数是增大还是减小？

5.4　两个不同管径的管道，通过不同黏滞性的液体，它们的临界雷诺数是否相同？

5.5　紊流中瞬时流速、脉动流速、时均流速、断面平均流速怎么区分？

5.6　紊流中存在脉动现象具有非恒定性质，但是又是恒定流，其中有无矛盾？为什么？

5.7　绝对粗糙度为一定值的管道，为什么当 Re 较小时，可能是水力光滑管，而当 Re 较大时又可能是水力粗糙管？是否壁面光滑的管一定是水力光滑管，壁面粗糙的一定是水力粗糙管，为什么？

5.8　试述尼古拉兹实验沿程阻力系数 λ 的变化规律。

5.9　有两根管道，直径 d、长度 l 和绝对粗糙度 Δ 均相同，一根输送水，另一根输送油。试问：（1）当两管道中液流的流速相等，其沿程水头损失 h_f 是否相等？（2）两管道中液流的 Re 相等，其沿程水头损失 h_f 是否相等？

5.10　（1）在图 5.25（a）及（b）中水流方向分别由小管到大管和由大管到小管，它们的局部水头损失是否相等？为什么？（2）图 5.25（c）和（d）为两个突然扩大管，粗管直径均为 D，但两细管直径不相等，$d_A > d_B$，两者通过的流量 Q 相同，哪个局部水头损失大？为什么？

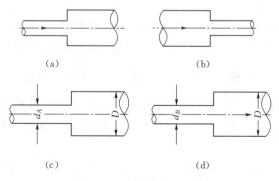

（a）　　　　　　　　　　　（b）

（c）　　　　　　　　　　　（d）

图 5.25　思考题 5.10 图

习　　题

5.1　圆管直径 $d=10\text{mm}$，管中水流流速 $v=0.2\text{m/s}$，水温 $T=10\text{℃}$，（1）判别其液流形态；（2）若流速与水温不变，管径改变为 30mm，管中水流形态又如何？（3）若流速与水温不变，管流由层流转变为紊流时，管直径为多大？

5.2　圆管直径 $d=100\text{mm}$，管中水流流速 $v=100\text{cm/s}$，水温 $T=10\text{℃}$，判别其液流形态，并求液流形态变化时的流速。

5.3　断面为矩形的排水沟，沟底宽 $b=20\text{cm}$，水深 $h=15\text{cm}$，流速 $v=0.15\text{m/s}$，水温 $T=15\text{℃}$，判别其液流形态。

5.4　某油管输送流量 $Q=5.67\times10^{-3}\text{m}^3/\text{s}$ 的中等燃料油，其运动黏滞系数 $v=6.08\times10^{-6}\text{m}^2/\text{s}$，求保持为层流状态的最大管径 d。

5.5　有一管道，已知：半径 $r_0=15\text{cm}$，层流时水力坡度 $J=0.15$，紊流时水力坡度 $J=0.2$，试求：（1）管壁处的切应力 τ_0；（2）离管轴 $r=10\text{cm}$ 处的切应力 τ。

5.6　有一圆管，在管内通过 $\nu=0.013\text{cm}^2/\text{s}$ 的水，测得通过的流量为 $Q=35\text{cm}^2/\text{s}$，在管长 15m 的管段上测得水头损失为 2cm，试求该圆管内径 d。

5.7　某管路直径 $d=200\text{mm}$，流量 $Q=0.094\text{m}^3/\text{s}$，水力坡度 $J=4.6\%$，试求该管道的沿程阻力系数 λ 值。

5.8　做沿程水头损失实验的管道直径 $d=1.5\text{cm}$，量测段长度 $l=4\text{m}$，水温 $T=5\text{℃}$，试求：（1）当流量 $Q=0.03\text{L/s}$ 时，管中的液流形态；（2）此时的沿程阻力系数 λ；（3）量测段沿程水头损失 h_f；（4）为保持管中为层流，量测段的最大测压管水头差 $\dfrac{p_1-p_2}{\rho g}$。

5.9　有一直径 $d=200\text{mm}$ 的新的铸铁管，其当量粗糙度 $\Delta=0.35\text{mm}$，水温 $T=15\text{℃}$，试求：（1）维持水力光滑管水流的最大流量；（2）维持粗糙管水流的最小流量。

5.10　有一旧的生锈铸铁管路，直径 $d=300\text{mm}$，长度 $l=200\text{m}$，流量 $Q=0.25\text{m}^3/\text{s}$，当量粗糙度 $\Delta=0.6\text{mm}$，水温 $T=10\text{℃}$，试分别用公式法和查图法求沿程水头损失 h_f。

5.11　如图 5.26 所示，水从密闭水箱 A 沿垂直管路压送到上面的敞口水箱 B 中，已知 $d=25\text{mm}$，$l=3\text{m}$，$h=0.5\text{m}$，$Q=1.5\text{L/s}$，阀门 C 的阻力系数 $\zeta=9.3$，壁面绝对粗糙度 $\Delta=0.2\text{mm}$，流动处于粗糙区，$\lambda=0.11\left(\dfrac{\Delta}{d}\right)^{0.25}$。求压力表读数。

5.12　明渠中水流为均匀流，水力坡度 $J=0.0009$，明渠底宽为 $b=2\text{m}$，水深 $h=1\text{m}$，粗糙系数 $n=0.014$。计算明渠中通过的流量（分别用曼宁公式和巴氏公式计算）。

5.13　如图 5.27 所示，油在管路中以 $v=1\text{m/s}$ 的速度流动，油的密度 $\rho=920\text{kg/m}^3$，$l=3\text{m}$，$d=25\text{mm}$，水银压差计测得 $h=9\text{cm}$，试求：（1）油在管路中的液流形态；（2）油的运动黏滞系数；（3）若以相同的平均流速反向流动，压差计的读数有何变化？

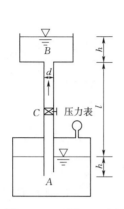

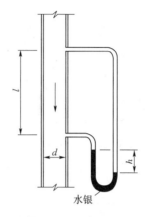

图 5.26　习题 5.11 图　　　　　　　图 5.27　习题 5.13 图

　　5.14　如图 5.28 所示，水箱侧壁接出一根由两段不同管径所组成的管路。已知 $d_1 = 150\text{mm}$，$d_2 = 75\text{mm}$，$l = 50\text{m}$，管道的当量粗糙度 $\Delta = 0.6\text{mm}$，水温为 $20℃$。若管道的出口流速 $v_2 = 2\text{m/s}$，试求：（1）水位 H；（2）绘出总水头线和测压管水头线。

　　5.15　如图 5.29 所示的实验装置，用来测定管路的沿程阻力系数 λ 和当量粗糙度 Δ。已知管径 $d = 200\text{mm}$，管长 $l = 10\text{m}$，水温 $T = 20℃$，测得流量 $Q = 0.15\text{m}^3/\text{s}$，水银压差计读数 $h = 0.1\text{m}$。试求：（1）沿程阻力系数；（2）管壁的当量粗糙度 Δ。

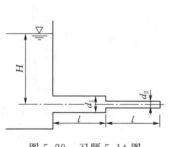

图 5.28　习题 5.14 图　　　　　　　图 5.29　习题 5.15 图

　　5.16　如图 5.30 所示 A、B、C 三个水箱，由两段钢管相连接，经过调节使管中产生恒定流动，已知：A、C 箱水面差 $H = 10\text{m}$，$l_1 = 50\text{m}$，$l_2 = 40\text{m}$，$d_1 = 250\text{mm}$，$d_2 = 200\text{mm}$，$\zeta_{弯} = 0.25$，设流动处于粗糙区，$\lambda = 0.11 \left(\dfrac{\Delta}{d}\right)^{0.25}$，管壁 $\Delta = 0.2\text{mm}$。试求：（1）管中流量 Q；（2）h_1 和 h_2 的值。

　　5.17　如图 5.31 所示，某一水池通过一根管径 $d = 100\text{mm}$、管长 $l = 800\text{m}$ 的管道恒定地放水。已知水池水面和管道出口高差 $H = 20\text{m}$，管道上有两个弯头，每个弯头的局部阻力系数 $\zeta = 0.3$，管道进口是直角进口（$\zeta = 0.5$），管道全长的沿程阻力系数 $\lambda = 0.025$。试求通过管道的流量。

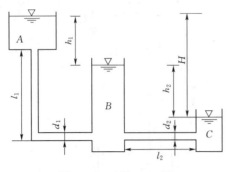

图 5.30　习题 5.16 图

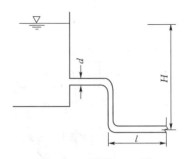

图 5.31　习题 5.17 图

5.18　为测定 90°弯头的局部阻力系数 ζ，采用如图 5.32 所示的装置。已知 AB 段管长 $l=10\mathrm{m}$，管径 $d=50\mathrm{mm}$，$\lambda=0.03$。实测数据为：（1）AB 两断面测压管水头差 $\Delta h=0.629\mathrm{m}$；（2）经 2min 流入量水箱的水量为 $0.329\mathrm{m}^3$。求弯头的局部阻力系数 ζ。

5.19　如图 5.33 所示，一直立的突然扩大水管，已知 $d_1=150\mathrm{mm}$，$d_2=300\mathrm{mm}$，$h=1.5\mathrm{m}$，$v_2=3\mathrm{m/s}$，试确定水银比压计中的水银液面哪一侧较高，差值为多少。

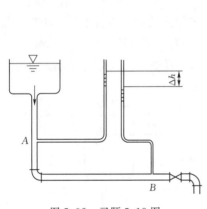

图 5.32　习题 5.18 图

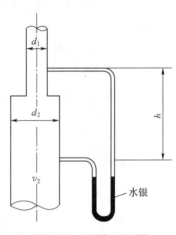

图 5.33　习题 5.19 图

第6章　量纲分析与相似原理

在流体运动学和流体动力学的章节里，推导了描述流体运动的基本方程。研究流体运动的主要途径之一是借助各种数学运算，利用这些基本方程求解未知的函数关系，这种方法即为绪论中提到的理论分析法。但是由于流体运动及边界条件的复杂性，使得某些导出的微分方程无法求解；对于一些极其复杂的流动，甚至连数学表达式也难于导出。在这种情况下，常常先要进行定性的理论分析，或通过实验找出各种变量之间的内在的关系。此时，量纲分析与相似原理可以提供定性分析和正确提出实验方案和处理数据的方法。在量纲分析与相似原理指导下的科学实验，不仅可以验证理论分析，弥补理论分析的不足，有时还可解决理论分析难于解决的问题。

本章主要介绍量纲分析方法、流动相似、相似准则以及模型设计。

6.1　量　纲　分　析

6.1.1　量纲和量纲一的量

在绪论中已经谈到，每一个物理量都包括量的数值及量的种类（如长度、时间、质量……），而物理量的种类习惯上就称为量纲（或因次）。量纲就其基本性质而论，可以分为两类，即基本量纲与导出量纲。在水力学中，常用质量 M、长度 L 及时间 T 作为基本量纲（它们之间是彼此独立的），其他量的量纲则为导出量纲，它们都可以由这三种量纲以不同方式组合而成。例如速度 v、运动黏滞系数 ν、流量 Q 等的量纲可以表示为 $\dim v = LT^{-1}$；$\dim \nu = L^2T^{-1}$；$\dim Q = L^3T^{-1}$……表 6.1 列出了水力学中常见物理量的量纲。

表 6.1　　　　　　　　　　水力学中常见物理量的量纲

物　理　量	量纲（LTM 制）		单位（国际单位制 SI）
几何学的量	长度	L	m
	面积	L^2	m^2
	体积	L^3	m^3
	水头	L	m
	面积矩	L^4	m^4
运动学的量	时间	T	s
	流速	LT^{-1}	m/s
	加速度	LT^{-2}	m/s^2
	角速度	T^{-1}	s^{-1}
	流量	L^3T^{-1}	m^3/s

续表

物 理 量	量纲（LTM 制）		单位（国际单位制 SI）
运动学的量	单宽流量	$L^2 T^{-1}$	m^2/s
	环量	$L^2 T^{-1}$	m^2/s
	流函数	$L^2 T^{-1}$	m^2/s
	速度势	$L^2 T^{-1}$	m^2/s
	运动黏度	$L^2 T^{-1}$	m^2/s
动力学的量	质量	M	kg
	力	MLT^{-2}	N
	密度	ML^{-3}	kg/m^3
	动力黏度	$ML^{-1} T^{-1}$	Pa·s
	压强	$ML^{-1} T^{-2}$	Pa
	切应力	$ML^{-1} T^{-2}$	Pa
	弹性模量	$ML^{-1} T^{-2}$	Pa
	表面张力系数	MT^{-2}	N/m
	动量	MLT^{-1}	kg·m/s
	功、能	$ML^2 T^{-2}$	N·m
	功率	$ML^2 T^{-3}$	W

量纲一的量即无量纲的量，也称纯数。例如，水力坡度 $J = h_w/l$，其量纲 $\dim J = L/L = 1$，就是一个量纲一的量，它反映流体的总水头沿程减小的情况，无论所选用的长度单位是米还是英尺，只要形成该水力坡度的条件不变，其值将不变。再例如，判断液流形态的雷诺数 $Re = \dfrac{vd}{\nu}$，其量纲 $\dim Re = \dfrac{LT^{-1}L}{L^2 T^{-1}} = L^0 T^0 M^0 = 1$，故 Re 为量纲一的量。量纲一的量可以避免因选用的单位不同而引起数值不同，应用十分方便。

6.1.2　量纲和谐原理

大量事实证明，凡是正确反映客观规律的物理方程式，必然是一个齐次量纲式（即式中各项的量纲是相同的），此即量纲和谐原理。

例如，连续性方程 $v_1 A_1 = v_2 A_2$，方程中各项的量纲均为 $L^3 T^{-1}$；动量方程 $\rho Q (\beta_2 \vec{v}_2 - \beta_1 \vec{v}_1) = \sum \vec{F}$，方程中各项的量纲均为 LMT^{-2}；能量方程 $z_1 + \dfrac{p_1}{\rho g} + \dfrac{\alpha_1 v_1^2}{2g} = z_2 + \dfrac{p_2}{\rho g} + \dfrac{\alpha_2 v_2^2}{2g}$，方程中各项的量纲均为 L。

利用量纲和谐原理可以检验某一物理方程式的正确性。当发现经验公式的量纲不一致时，必须根据量纲和谐原理，定出式中各项所采用的单位，在应用这类公式时要注意采用所规定的单位，不得更换。例如，水力学中普遍采用的谢齐—曼宁公式

$$v = \frac{1}{n} R^{2/3} J^{1/2}$$

式中　　v——平均流速，量纲为 LT^{-1}；

R ——水力半径，具有长度量纲 L；

n ——糙率；

J ——水力坡度。

上式右端 J 是无量纲的，数值"1"也不应有量纲，如果上式的量纲是和谐的，则糙率 n 必须具有 $TL^{-1/3}$ 的量纲，但表示壁面粗糙程度的 n 具有时间的量纲显然是不合理的。所以，上述公式在量纲上是不和谐的。因此应用上述公式时，规定流速 v 的单位为 m/s，水力半径 R 的单位必须是 m。

6.1.3 π 定理

任一物理过程，不仅各物理量之间关系有规律性，而且这些物理量相应的量纲之间也存在规律性。利用量纲之间的规律性去推求各物理量之间的规律性的方法称为量纲分析法。π 定理是具有普遍性的量纲分析法，它首先由布金汉（Buckingham，1914）提出，所以也叫布金汉定理。

π 定理可表述如下：任何一物理过程，包括 $k+1$ 个有量纲的物理量，如果选择其中 m 个作为基本物理量，那么该物理过程可以由 $[(k+1)-m]$ 个量纲一的量所组成的关系式来描述。

设某一物理过程含有 $k+1$ 个物理量（其中 1 个因变量 N，k 个自变量 $N_1, N_2, N_3, \cdots, N_k$），其数学表达式可写为

$$N = f(N_1, N_2, N_3, \cdots, N_k) \qquad (6.1)$$

假设选用 N_1, N_2, N_3 三个物理量作为基本物理量（应分别为几何学的量、运动学的量和动力学的量），则其余物理量 $N, N_4, \cdots, N_k$ 的量纲均可用这三个物理量的量纲来表示，其相应的量纲一的量为 $\pi, \pi_4, \cdots, \pi_k$，那么该物理过程可由量纲一的量所组成的关系式来描述：

$$\pi = f(\pi_4, \pi_5, \pi_6, \cdots, \pi_k) \qquad (6.2)$$

式中

$$\pi = \frac{N}{N_1^x N_2^y N_3^z} \qquad (6.3a)$$

$$\pi_k = \frac{N_k}{N_1^{x_k} N_2^{y_k} N_3^{z_k}} \qquad (6.3b)$$

其中 x, y, z 以及 x_k, y_k, z_k 可由分子分母的量纲相等来确定。

利用 π 定理，可以推求某一物理过程的函数关系。但应当指出，不要误认为可以把 π 定理作为万能工具，通过推导演算即可找到表达任何物理过程的方程式。恰恰相反，π 定理的应用，必须依赖于通过理论分析或实验研究对所研究的物理过程的深入了解，正确地确定影响该物理过程的主要物理量。否则，即使量纲分析本身完全正确，也可能导致错误结论。

【例 6.1】 已知有压管流两断面的压强差 Δp 受下列因素影响：断面平均流速 v、圆管直径 d、运动黏滞系数 ν、管道长度 l、管壁面粗糙度 Δ 及液体密度 ρ。试用 π 定理推求压强差 Δp 的表达式。

解：依题意，可写成如下的函数关系

$$\Delta p = f(v, d, \rho, \nu, l, \Delta)$$

今选 v，d，ρ 作为基本物理量，由式（6.3）可得

$$\pi = \frac{\Delta p}{v^x d^y \rho^z} = \frac{ML^{-1}T^{-2}}{(LT^{-1})^x (L)^y (ML^{-3})^z}$$

上式等号右边分子分母的量纲应相等，则

$$\dim \Delta p = \dim(v^x d^y \rho^z)$$

即

$$ML^{-1}T^{-2} = (LT^{-1})^x (L)^y (ML^{-3})^z$$

由量纲和谐原理，对于 M，$1 = z$；

对于 T，$-2 = -x$，解出 $x = 2$；

对于 L，$-1 = x + y - 3z$，解出 $y = 0$。

则 $\pi = \dfrac{\Delta p}{\rho v^2}$。

同理

$$\pi_4 = \frac{\nu}{v^{x_4} d^{y_4} \rho^{z_4}}$$

$$\dim \nu = \dim(v^{x_4} d^{y_4} \rho^{z_4})$$

$$L^2 T^{-1} = (LT^{-1})^{x_4} (L)^{y_4} (ML^{-3})^{z_4}$$

解出 $x_4 = 1$，$y_4 = 1$，$z_4 = 0$，所以，$\pi_4 = \dfrac{\nu}{vd}$。

同理可解出 $\pi_5 = \dfrac{l}{d}$；$\pi_6 = \dfrac{\Delta}{d}$。

根据式（6.2），上述物理过程可表示为

$$\frac{\Delta p}{\rho v^2} = f\left(\frac{\nu}{vd}, \frac{l}{d}, \frac{\Delta}{d}\right)$$

大量实验表明，压强损失与管长 l 成正比，与管径 d 成反比，而 $\dfrac{\nu}{vd} = \dfrac{1}{Re}$，$Re$ 为雷诺数。所以上式可写为

$$\frac{\Delta p}{\rho v^2} = f_1\left(Re, \frac{\Delta}{d}\right)\frac{l}{d} \quad \text{或} \quad \frac{\Delta p}{\rho g} = f_2\left(Re, \frac{\Delta}{d}\right)\frac{l}{d}\frac{v^2}{2g}$$

令 $f_2\left(Re, \dfrac{\Delta}{d}\right) = \lambda$，上式可写为

$$\frac{\Delta p}{\rho g} = \lambda \frac{l}{d}\frac{v^2}{2g}$$

如以水头损失 h_f 表示，则上式可写为

$$h_f = \lambda \frac{l}{d}\frac{v^2}{2g} \tag{6.4}$$

上式即为达西（Darcy）公式，其中 λ 称为沿程阻力系数，与 $\left(Re, \dfrac{\Delta}{d}\right)$ 有关。

【例 6.2】　实验研究表明，壁面切应力 τ_0 与下列各因素有关：断面平均流速 v、水力半径 R、液体密度 ρ、液体的动力黏滞系数 μ 及壁面粗糙度 Δ。试用 π 定理推求

τ_0 的表达式。

解：依题意，可写成如下的函数关系

$$\tau_0 = f(R, v, \rho, \mu, \Delta)$$

今选择 ρ, v, R 三个物理量作为基本物理量，由式（6.3）可得

$$\pi = \frac{\tau_0}{\rho^x v^y R^z}$$

上式等号右边分子分母的量纲应相等，则

$$\dim \tau_0 = \dim(\rho^x v^y R^z)$$

即

$$ML^{-1}T^{-2} = (ML^{-3})^x (LT^{-1})^y L^z$$

由量纲和谐原理，上式等号两边相同量纲的指数应相等

对于 M $\qquad$ $\begin{cases} 1 = x \\ -1 = -3x + y + z \\ -2 = -y \end{cases}$
对于 L
对于 T

解方程组，得

$$\begin{cases} x = 1 \\ y = 2 \\ z = 0 \end{cases}$$

代入 π 的表达式，得

$$\pi = \frac{\tau_0}{\rho v^2}$$

用同样方法可求得

$$\pi_4 = \frac{\mu}{\rho v R} = \frac{\nu}{v R} = \frac{1}{Re}$$

$$\pi_5 = \frac{\Delta}{R}$$

式中 $Re = \dfrac{vR}{\nu}$ ，称为雷诺数。将所求得的 π, π_4, π_5 代入式（6.2），得

$$\frac{\tau_0}{\rho v^2} = f\left(\frac{1}{Re}, \frac{\Delta}{R}\right) \quad \text{或} \quad \tau_0 = f\left(\frac{1}{Re}, \frac{\Delta}{R}\right)\rho v^2$$

令 $\lambda = 8f\left(\dfrac{1}{Re}, \dfrac{\Delta}{R}\right)$ ，则

$$\tau_0 = \frac{\lambda}{8}\rho v^2 \qquad\qquad (6.5)$$

式中 λ 称为沿程阻力系数，与 $\left(Re, \dfrac{\Delta}{R}\right)$ 有关。

6.2 流动相似的概念

模型实验方法是研究流体运动的重要手段之一。水力模型实验的实质就是针对要

研究的水流现象，按工程设计（原型）制作成模型（一般是缩小），然后进行实验研究，模拟水流现象，研究探讨工程实际问题。如何制作一个模型，在实验中做到模型与原型的水流现象相似，如何将模型中的实验成果应用到原型中去，均须借助于相似理论。

要做到模型与原型的水流现象相似，并且把模型实验结果应用于原型，则模型与原型需做到几何相似、运动相似及动力相似，初始条件及边界条件也应相似。在下面的叙述中，原型中的物理量注以下标 p，模型中的物理量注以下标 m。

6.2.1　几何相似

几何相似是指原型和模型的线性变量间存在着固定的比例关系，即对应的线性长度的比值相等。设 l_p 为原型的线性长度，l_m 为模型的线性长度，则长度比尺（或称线性比尺，或称几何比尺）为

$$\lambda_l = \frac{l_p}{l_m} \tag{6.6}$$

由此可推导出面积比尺和体积比尺，即

$$\lambda_A = \frac{A_p}{A_m} = \frac{l_p^2}{l_m^2} = \lambda_l^2 \tag{6.7}$$

$$\lambda_V = \frac{V_p}{V_m} = \frac{l_p^3}{l_m^3} = \lambda_l^3 \tag{6.8}$$

6.2.2　运动相似

运动相似是指原型和模型两个流动中的相应质点，沿着几何相似的轨迹运动，而且运动相应线段的相应时间比值相等。或者说，当两个流动的速度场（或加速度场）几何相似，则两个流动就运动相似。因此，时间比尺、速度比尺、加速度比尺可分别表示为

$$\lambda_t = \frac{t_p}{t_m} \tag{6.9}$$

$$\lambda_u = \frac{u_p}{u_m} = \frac{l_p/t_p}{l_m/t_m} = \frac{\lambda_l}{\lambda_t} \tag{6.10}$$

$$\lambda_a = \frac{a_p}{a_m} = \frac{u_p/t_p}{u_m/t_m} = \frac{\lambda_u}{\lambda_t} = \frac{\lambda_l^2}{\lambda_t} \tag{6.11}$$

6.2.3　动力相似

动力相似是指原型和模型中相应点处流体质点所受的同名力的方向相同且具有同一比值。

当动力相似时，原型与模型相应点处质点的同名力 F（如重力 G、黏滞力 T、压力 P、表面张力 S、弹性力 E、惯性力 I）的比值相等，则力的比尺可表示为

$$\lambda_F = \frac{F_p}{F_m} = \frac{G_p}{G_m} = \frac{T_p}{T_m} = \frac{P_p}{P_m} = \frac{S_p}{S_m} = \frac{E_p}{E_m} = \frac{I_p}{I_m} \tag{6.12}$$

或 $$\lambda_F = \lambda_G = \lambda_T = \lambda_P = \lambda_S = \lambda_E = \lambda_I \tag{6.13}$$

以上三种相似是模型和原型流动保持完全相似的重要特征。几何相似是运动相似和动力相似的前提，动力相似是决定模型和原型流动相似的主导因素，运动相似是几何相似和动力相似的具体表现。

6.2.4 初始条件和边界条件的相似

任何流动过程的发展都受到初始状态的影响。如初始时刻的流速、加速度、密度、温度等运动要素是否随时间变化对其后的流动过程起重要作用，因此要使模型与原型中的流动相似，应使其初始状态的运动要素相似。在非恒定流中，必须保证流动各运动要素初始条件的相似；在恒定流中，初始条件则失去意义。

边界条件同样是影响流动过程的重要因素。边界条件是指模型和原型中对应的边界的性质相同、几何尺度成比例。如原型中是固体壁面，则模型中对应的部分也应是固体壁面；原型中是自由液面，则模型中对应部分也应是自由液面。

6.3 相 似 准 则

6.3.1 一般相似准则

对于相似流动，各比尺（λ_l、λ_t、λ_u、…）的选择并不是任意的，它们之间有着一定的关系，可以通过牛顿相似定律表述。

作用于流体中任一质点上诸力的合力可以用质量和加速度的乘积来表示，即牛顿第二定律 $F = ma$。于是，力的比尺可表示为

$$\lambda_F = \frac{F_p}{F_m} = \frac{(ma)_p}{(ma_m)} = \frac{(\rho Va)_p}{(\rho Va)_m} = \lambda_\rho \lambda_l^3 \lambda_l \lambda_t^{-2} = \lambda_\rho \lambda_l^2 \lambda_u^2$$

或写为

$$\frac{\lambda_F}{\lambda_\rho \lambda_l^2 \lambda_u^2} = 1 \tag{6.14}$$

式（6.14）也可改写为

$$\frac{F_p}{\rho_p l_p^2 u_p^2} = \frac{F_m}{\rho_m l_m^2 u_m^2} \tag{6.15}$$

式中，$\dfrac{F}{\rho l^2 u^2}$ 为量纲一的量（无量纲纯数），称为牛顿数（或牛顿相似准数），以 Ne 表示。

式（6.15）表明，两流动的动力相似，归结为牛顿数相等，即

$$(Ne)_p = (Ne)_m \tag{6.16}$$

式（6.16）称为牛顿相似准则，它是流动相似的一般准则。

自然界的水流运动一般都受到多种力的作用（如重力、黏滞力等），但在不同的流动现象中，这些力的影响程度有所不同。要使流动完全满足牛顿相似准则，就要求作用在相应点上各种同名力具有同一力的比尺。但由于各种力的性质不同，影响它们的因素不同，实际上很难做到这一点。在某一具体流动中占主导地位的力往往只有一种，因此在模型实验中只要让这种力满足相似条件即可。这种相似虽然是近似的，但实践证明，结果是令人满意的。下面分别介绍只考虑一种主要作用力的相似准则。

6.3.2 重力相似准则（弗劳德准则）

当作用在流体上的外力主要为重力时，只要将重力代替牛顿相似准则中的 F，就可求出只有重力作用下的流动相似准则。重力 $G = mg = \rho g V$，作用于模型和原型的两

流动相应质点的重力成比例，则

$$\lambda_G = \frac{G_p}{G_m} = \frac{m_p g_p}{m_m g_m} = \frac{\rho_p l_p^3 g_p}{\rho_m l_m^3 g_m} = \lambda_\rho \lambda_l^3 \lambda_g$$

根据式（6.13）和式（6.14），则

$$\lambda_\rho \lambda_l^3 \lambda_g = \lambda_\rho \lambda_l^2 \lambda_u^2$$

即

$$\frac{\lambda_u^2}{\lambda_g \lambda_l} = 1 \tag{6.17}$$

或

$$\frac{u_p^2}{g_p l_p} = \frac{u_m^2}{g_m l_m}$$

开方后有

$$\frac{u_p}{\sqrt{g_p l_p}} = \frac{u_m}{\sqrt{g_m l_m}} \tag{6.18}$$

式中，$\dfrac{u}{\sqrt{gl}}$ 为量纲一的量，称为弗劳德数，以 Fr 表示，即

$$Fr = \frac{u}{\sqrt{gl}}$$

所以，式（6.18）可写为

$$(Fr)_p = (Fr)_m \tag{6.19}$$

式（6.19）表明，在重力作用下的相似系统，其弗劳德数应该是相等的，称为重力相似准则或弗劳德准则。

6.3.3　黏滞力相似准则（雷诺准则）

当作用力主要为黏滞力时，则作用于模型和原型的流动相应的黏滞力成一固定比例，根据牛顿内摩擦定律，黏滞力 $T = \mu A \dfrac{\mathrm{d}u}{\mathrm{d}y}$，又 $\mu = \rho \nu$，则

$$\lambda_T = \frac{T_p}{T_m} = \lambda_\rho \lambda_\nu \lambda_l^2 \lambda_u \lambda_l^{-1} = \lambda_\rho \lambda_\nu \lambda_l \lambda_u$$

根据式（6.13）和式（6.14），则 $\lambda_\rho \lambda_\nu \lambda_l \lambda_u = \lambda_\rho \lambda_l^2 \lambda_u^2$，即

$$\frac{\lambda_u \lambda_l}{\lambda_\nu} = 1 \tag{6.20}$$

或写成

$$\frac{u_p l_p}{\nu_p} = \frac{u_m l_m}{\nu_m}$$

式中 $\dfrac{ul}{\nu}$ 为量纲一的量，称为雷诺数，以 Re 表示，即

$$(Re)_p = (Re)_m \tag{6.21}$$

式（6.21）表明，在单一黏滞力作用下的相似系统，其雷诺数应该相等，称为黏滞力相似准则或雷诺准则。

6.3.4　欧拉准则

当作用力主要为压力时，作用于模型和原型相应质点上的动水压力成一固定比

例。压力 $P = pA$，p 为压强，A 为面积。所以

$$\lambda_P = \frac{p_p A_p}{p_m A_m} = \lambda_p \lambda_L^2$$

根据式（6.13）和式（6.14），则 $\lambda_p \lambda_L^2 = \lambda_\rho \lambda_L^2 \lambda_u^2$，即

$$\frac{\lambda_p}{\lambda_u^2 \lambda_\rho} = 1 \tag{6.22}$$

或写成

$$\frac{p_p}{u_p^2 \rho_p} = \frac{p_m}{u_m^2 \rho_m}$$

式中，$\dfrac{p}{u^2 \rho} = Eu$，为欧拉数，则

$$(Eu)_p = (Eu)_m \tag{6.23}$$

式（6.23）表明，在单一动水压力作用下的相似系统，其欧拉数应该是相等的，称为欧拉准则。

6.3.5 表面张力相似准则

当作用力主要为表面张力时，根据表面张力 $S = \sigma l$，则力比尺写为

$$\lambda_S = \lambda_\sigma \lambda_l$$

根据式（6.13）和式（6.14），则 $\lambda_\sigma \lambda_l = \lambda_\rho \lambda_l^2 \lambda_u^2$，即

$$\frac{\lambda_\rho \lambda_l \lambda_u^2}{\lambda_\sigma} = 1 \tag{6.24}$$

或写成

$$\frac{\rho_p l_p u_p^2}{\sigma_p} = \frac{\rho_m l_m u_m^2}{\sigma_m}$$

式中，$\dfrac{\rho l u^2}{\sigma} = We$，为韦伯数，所以

$$(We)_p = (We)_m \tag{6.25}$$

式（6.25）表明，在单一表面张力作用下的相似系统，其韦伯数相等，称为韦伯准则。

6.3.6 弹性力相似准则

当作用主要为弹性力时，因弹性力 E 可表示为 $E = Kl^2$，K 为体积弹性系数，则有

$$\lambda_E = \lambda_K \lambda_l^2$$

根据式（6.13）和式（6.14），则 $\lambda_K \lambda_l^2 = \lambda_\rho \lambda_l^2 \lambda_u^2$，即

$$\frac{\lambda_\rho \lambda_u^2}{\lambda_K} = 1 \tag{6.26}$$

或写成

$$\frac{\rho_p u_p^2}{K_p} = \frac{\rho_m u_m^2}{K_m}$$

式中，$\dfrac{\rho u^2}{K} = Ca$，为柯西数，所以

$$(Ca)_p = (Ca)_m \tag{6.27}$$

式（6.27）表明，在单一弹性力作用下的相似系统，其柯西数应该相等，称为柯西准则。

6.4　模　型　设　计

在进行水力模型实验之前，应首先依据相似理论进行模型设计，计算模型各种比尺。当长度比尺 λ_l 确定后，根据占主导地位的作用力去选择相应的相似准则，确定模型中各物理量的比尺。例如，当重力为主时，选择弗劳德准则设计模型；当黏滞力为主时，选择雷诺准则设计模型。

6.4.1　重力起主导作用的水力模型

对于重力起主导作用的流动，应保证模型和原型的弗劳德数相等，即按弗劳德相似准则设计模型。式（6.17）可得出流速比尺

$$\lambda_u = \sqrt{\lambda_g \lambda_l}$$

通常 $\lambda_g = 1$，所以

$$\lambda_u = \lambda_l^{1/2} \tag{6.28}$$

流量比尺　　　　　$\lambda_Q = \lambda_A \lambda_u = \lambda_l^2 \lambda_l^{1/2} = \lambda_l^{5/2} \tag{6.29}$

时间比尺　　　　　$\lambda_t = \lambda_l / \lambda_u = \lambda_l / \lambda_l^{1/2} = \lambda_l^{1/2} \tag{6.30}$

力的比尺　　　$\lambda_F = \lambda_\rho \lambda_l^2 \lambda_u^2 = \lambda_\rho \lambda_l^2 (\lambda_l^{1/2})^2 = \lambda_\rho \lambda_l^3 \tag{6.31}$

当模型和原型的流体相同时，$\lambda_\rho = 1$，则上式为 $\lambda_F = \lambda_l^3$。

其他量的比尺列于表 6.2。

【例 6.3】　某溢流坝的最大下泄流量为 $1000 \mathrm{m^3/s}$，选定模型长度比尺 $\lambda_l = 60$。求模型中最大流量。如在模型中测得坝上水头 $H_m = 8\mathrm{cm}$，测得模型坝趾处收缩断面流速 $v_m = 1\mathrm{m/s}$，求原型坝上水头和收缩断面流速各为多少？

解：为了使模型水流能与原型水流相似，首先必须做到几何相似。由于溢流现象中起主导作用的是重力，其他作用力如黏滞力和表面张力等均可忽略，必须满足重力相似准则。

根据重力相似准则，流量比尺为

$$\lambda_Q = \lambda_l^{5/2} = 60^{5/2} = 27900$$

则模型中流量

$$Q_m = \frac{Q_p}{\lambda_Q} = \frac{1000}{27900} = 0.0358 \quad (\mathrm{m^3/s})$$

因为长度比尺 $\lambda_l = \dfrac{H_p}{H_m}$，所以原型坝上水头为

$$H_p = H_m \lambda_l = 8 \times 60 = 480 \quad (\mathrm{cm}) = 4.8 \quad (\mathrm{m})$$

流速比尺为 $\lambda_v = \lambda_l^{1/2} = 7.75$，则收缩断面处原型流速为

$$v_p = v_m \lambda_v = 1 \times 7.75 = 7.75 \ (\text{m/s})$$

6.4.2 黏滞力起主导作用的水力模型

对于黏滞力起主导作用的流动，应保证模型和原型的雷诺数相等，即按雷诺相似准则设计模型。由式（6.20）可得流速比尺为

$$\lambda_u = \lambda_v \lambda_l^{-1} \tag{6.32}$$

流量比尺、时间比尺和力的比尺分别为

$$\lambda_Q = \lambda_v \lambda_l \tag{6.33}$$

$$\lambda_t = \lambda_l^2 \lambda_v^{-1} \tag{6.34}$$

$$\lambda_F = \lambda_\rho \lambda_v^2 \tag{6.35}$$

若实验时模型中采用与原型相同介质，$\lambda_v = 1$，$\lambda_\rho = 1$，则

$$\lambda_u = \lambda_l^{-1}，\lambda_Q = \lambda_l，\lambda_t = \lambda_l^2，\lambda_F = 1，\cdots$$

其他量的比尺列于表 6.2。

表 6.2　　　　各相似准则的模型比尺关系（$\lambda_\rho = 1$，$\lambda_v = 1$）

名　称	比　尺			
	弗劳德准则（重力）	雷诺准则（黏滞力）	韦伯准则（表面张力）	柯西准则（弹性力）
线性比尺 λ_L	λ_l	λ_l	λ_l	λ_l
面积比尺 λ_A	λ_l^2	λ_l^2	λ_l^2	λ_l^2
体积比尺 λ_V	λ_l^3	λ_l^3	λ_l^3	λ_l^3
流速比尺 λ_v	$\lambda_l^{1/2}$	λ_l^{-1}	$\lambda_\sigma^{1/2} \lambda_l^{-1/2}$	$\lambda_K^{1/2}$
流量比尺 λ_Q	$\lambda_l^{5/2}$	λ_l	$\lambda_\sigma^{1/2} \lambda_l^{2/3}$	$\lambda_K^{1/2} \lambda_l^2$
时间比尺 λ_t	$\lambda_l^{1/2}$	λ_l^2	$\lambda_\sigma^{1/2} \lambda_l^{2/3}$	$\lambda_K^{-1/2} \lambda_l$
力的比尺 λ_F	λ_l^3	$\lambda_l^0 = 1$	$\lambda_\sigma \lambda_l$	$\lambda_K \lambda_l^2$
压强比尺 λ_p	λ_l	λ_l^{-2}	$\lambda_\sigma \lambda_l^{-1}$	λ_K
功的比尺 λ_W	λ_l^4	λ_l	$\lambda_\sigma \lambda_l^2$	$\lambda_K \lambda_l^3$
功率比尺 λ_N	$\lambda_l^{3.5}$	λ_l^{-1}	$\lambda_\sigma^{3/2} \lambda_l^{1/2}$	$\lambda_K^{3/2} \lambda_l^2$

6.4.3 同时考虑重力和黏滞力的水力模型

对于重力和黏滞力同时起主要作用的水流，若保证模型和原型中的重力和黏滞力同时相似，应同时满足弗劳德准则和雷诺准则。

由弗劳德准则可知，重力作用要求流速比尺 $\lambda_u = \lambda_l^{1/2}$；由雷诺准则可知，黏滞力作用要求流速比尺 $\lambda_u = \lambda_v \lambda_l^{-1}$。重力和黏滞力同时作用，上述流速比尺必须同时成立，则有

$$\lambda_l^{1/2} = \lambda_v \lambda_l^{-1}$$

或写成

$$\lambda_v = \lambda_l^{1.5} \quad \text{或} \quad \nu_m = \frac{\nu_p}{\lambda_l^{1.5}} \tag{6.36}$$

式（6.36）表明，要实现重力与黏滞力同时相似，则要求模型液体运动黏滞系数 ν_m 是原型液体运动黏滞系数 ν_p 的 $\lambda_l^{1.5}$ 分之一，这显然是难于实现或很不经济的。若模型与原型为同一介质，即 $\lambda_\nu = 1$，只有当 $\lambda_l = 1$ 时式（6.34）才能满足，即为原型。因此，一般来说，同时满足上述两个相似准则的模型是不易做到的。

但在水流处于紊流阻力平方区时，情况则有所不同。雷诺数 Re 是判别流动形态的标准，Re 不同，流动形态就不同。不同的流动形态，黏滞力对流动阻力的影响是不同的。当 Re 超过某一数值以后进入紊流阻力平方区，阻力系数就不再随 Re 而变化。也就是在一定的 Re 范围内，阻力的大小与 Re 无关，这个流动范围称为自模区。在这种情况下，只要维持模型水流处于阻力平方区，就只需保持重力相似（Fr 数相等），即可获得相似的水流。

许多实际流动通常处于自模区，在这个区的阻力相似就不必要求 Re 相等。明渠流动大都属于自模区，因此河流模型都按弗劳德准则设计，同时只要求模型中的水流进入自模区，不要求 Re 相等。

6.4.4　模型设计应注意的问题

在进行水力模型实验时，首先确定该水力现象中起主要作用的力，进而选定相似准则。选择模型长度比尺时，除了应当考虑实验周期、经费、占用场地面积、实验室所能提供的流量及量测技术精度等外，还应注意以下事项：

（1）流态相似。大多数水工建筑物模型实验、波浪模型实验及河工模型实验中均采用弗劳德准数。当按弗劳德准则设计模型时，模型长度比尺的选择要确保模型中水流的流态与原型中流态相似，否则就不能达到水流相似的目的。

（2）糙率相似。在水工建筑物水力模型实验的许多情况中（例如研究溢流坝的流量系数、上下游水流的衔接形式等），由于结构物纵向长度较短（高溢流坝除外），局部阻力起主导作用，保证模型的几何相似即可近似达到阻力相似（因紊流中局部阻力仅与几何形状有关）。此外，在港工模型实验中，由于在波浪运动中黏滞力的影响较小，通常可不考虑。因此，在以上所提到的情况中，重力占主要的作用，按弗劳德准则设计的模型可以不必严格考虑粗糙方面的相似，对水力模型实验的结果不致产生太大的影响。

但是在河工模型、高坝溢流及船闸输水廊道等的实验中，则必须考虑沿程阻力的影响，即在模型中应当保证粗糙方面的相似。

欲实现水流的阻力相似，须使模型与原型中的水流阻力系数相等。在紊流中的阻力系数根据曼宁公式

$$C = \frac{1}{n} R^{1/6}$$

即

$$\lambda_C = \lambda_n^{-1} \lambda_R^{1/6}$$

对正态模型（即水平比尺与垂向比尺相同），$\lambda_R = \lambda_l$，则上式变为

$$\lambda_C = \lambda_n^{-1} \lambda_l^{1/6}$$

若保证相似，则 $\lambda_C = 1$，故

$$\lambda_n = \lambda_l^{1/6} \qquad\qquad (6.37a)$$

或
$$n_m = \frac{n_p}{\lambda_l^{1/6}} \qquad\qquad (6.37b)$$

式（6.37）说明，欲使模型与原型粗糙方面保持相似，则模型糙率 n_m 应较原型糙率 n_p 缩小 $\lambda_l^{1/6}$。例如，原型混凝土溢流道表面糙率 $n_p = 0.012$，若模型长度比尺 $\lambda_l = 40$ 时，糙率比尺 $\lambda_n = \lambda_l^{1/6} = 1.85$，则模型溢流道表面糙率 $n_m = 0.0065$，有机玻璃糙率约为 0.008，因此可以采用有机玻璃制作模型溢流道。

（3）对主导作用力为重力的流动，采用按弗劳德准则设计模型，忽略黏性力。但实际上黏性力确实存在，它对实验结果有一定影响，故在模型设计时必须考虑。一般要求模型中雷诺数达到某一定值，以保证模型中液流在阻力平方区把黏性力的影响限制在可忽略的范围，这也是模型几何比尺选择的限制条件。

（4）对模型中最小水深还有一些限制条件，如模型水深 $h_m > 0.05m$，否则应考虑表面张力的影响。

（5）实验时，应遵守相关的模型实验规范。

下面举例说明模型设计及应注意的问题。

【例 6.4】 河道过流能力验证水力模型实验，具体情况如下：

（1）工程资料：现状河道，该河道长 $L_p = 1000m$，矩形断面，平均河宽 $B_p = 169.7m$，平均水深 $H_p = 4.1m$，流量 $Q_p = 1600m^3/s$，河堤高 $D_p = 4.6m$，河道糙率 $n = 0.025$。拟在河中央修一桥墩，桥墩长 $l_p = 24m$，桥墩宽 $b_p = 4.3m$，桥墩面及桥下混凝土的糙率 $n = 0.014$；

（2）实验内容：验证建桥后河道的过流能力；

（3）实验室条件：场地足够大，供水能力为 $Q = 0.17m^3/s$。

解：（1）模型相似准则及几何比尺的确定：

河道水流运动属重力流，采用重力相似准则设计模型。因为场地足够大，初拟几何比尺 $\lambda_l = 40$，计算其他量比尺。

流速比尺　　　　　　　　$\lambda_v = \lambda_l^{1/2} = 40^{1/2} = 6.32$

流量比尺　　　　　　　　$\lambda_Q = \lambda_l^{2.5} = 10119.29$

糙率比尺　　　　　　　　$\lambda_n = \lambda_l^{1/6} = 1.85$

校核实验室供水能力：$Q_m = \dfrac{Q_p}{\lambda_Q} = \dfrac{1600}{10119} = 0.158(m^3/s) < Q = 0.17 (m^3/s)$，满足供水能力。

校核糙率的相似性：对于桥墩，模型糙率 $n_m = n_p/\lambda_n = 0.014/1.85 = 0.0076$，有机玻璃 $n = 0.008$，用有机玻璃可以做到糙率 n 相似。对于河道，模型糙率 $n_m = n_p/\lambda_n = 0.025/1.85 = 0.014$，采用砂浆抹面可以做到糙率 n 相似。

（2）验算水流流态：

原型中流速　　　　　　　$v_p = \dfrac{Q_p}{B_p h_p} = 2.30 (m/s)$

模型中流速　　　　　　　$v_m = \dfrac{v_p}{\lambda_v} = \dfrac{2.3}{6.32} = 0.36 (m/s)$

原型水力半径 $\quad R_{\mathrm{p}} = \dfrac{A_{\mathrm{p}}}{x_{\mathrm{p}}} = \dfrac{B_{\mathrm{p}} h_{\mathrm{p}}}{B_{\mathrm{p}} + 2 h_{\mathrm{p}}} = \dfrac{169.7 \times 4.1}{169.7 + 2 \times 4.1} = 3.926 \ (\mathrm{m})$

模型水力半径 $\quad\quad\quad R_{\mathrm{m}} = \dfrac{R_{\mathrm{p}}}{\lambda_{\mathrm{l}}} = \dfrac{3.926}{40} = 0.098 \ (\mathrm{m})$

水温取 20℃，$\nu = 0.010105 \mathrm{cm}^2/\mathrm{s}$，则模型水流雷诺数为

$$Re_{\mathrm{m}} = \frac{v_{\mathrm{m}} R_{\mathrm{m}}}{\nu} = \frac{0.36 \times 10^2 \times 0.098 \times 10^2}{0.010105} = 3.6 \times 10^4 > 1 \times 10^4$$

模型水流在阻力平方区。

（3）模型设计与制作：

由几何比尺计算其他几何量：

模型河道长 $\quad\quad\quad L_{\mathrm{m}} = \dfrac{L_{\mathrm{p}}}{\lambda_{\mathrm{l}}} = \dfrac{1000}{40} = 25 \ (\mathrm{m})$

河道宽度 $\quad\quad\quad B_{\mathrm{m}} = \dfrac{B_{\mathrm{p}}}{\lambda_{\mathrm{l}}} = \dfrac{169.7}{40} = 4.24 \ (\mathrm{m})$

河堤高度 $\quad\quad\quad D_{\mathrm{m}} = \dfrac{D_{\mathrm{p}}}{\lambda_{\mathrm{l}}} = \dfrac{4.6}{40} = 0.115 \ (\mathrm{m})$

模型桥墩长 $\quad\quad\quad l_{\mathrm{m}} = \dfrac{l_{\mathrm{p}}}{\lambda_{\mathrm{l}}} = \dfrac{24}{40} = 0.60 \ (\mathrm{m})$

模型桥墩宽 $\quad\quad\quad b_{\mathrm{m}} = \dfrac{b_{\mathrm{p}}}{\lambda_{\mathrm{l}}} = \dfrac{4.3}{40} = 0.11 \ (\mathrm{m})$

按上述尺寸，材料用有机玻璃，按图加工。

（4）实验与实验报告：

量测模型流量 Q_{m} 及桥前壅水深度 h_{m}，并换算到原型，分析实验结果，撰写实验报告。

本 章 知 识 点

（1）在水力学中，一般以质量 M、长度 L 及时间 T 作为基本量纲，其他物理量的量纲均可由基本量纲的组合来表示。凡是正确反映客观规律的物理方程式，必然是一个齐次量纲式，即量纲和谐原理。

（2）量纲分析方法是基于量纲和谐原理建立的，π 定理是常用的量纲分析方法。在应用 π 定理时，所选的三个基本物理量应分属于几何学的量、运动学的量和动力学的量。

（3）要做到模型与原型的水流现象相似，模型与原型须做到几何相似、运动相似及动力相似，初始条件及边界条件也应相似。几何相似是运动相似和动力相似的前提，运动相似是几何相似和动力相似的具体表现，而动力相似是决定流动相似的主导因素。

（4）流动相似的一般准则为牛顿相似准则。水流运动一般同时受多种力的作用，但在不同的流动现象中，这些力的影响程度有所不同，故在某一具体流动中应保证主导作用力的相似，而略去居次要地位力的相似。针对不同的主导作用力，有不同的相

似准则。水力模型常用的相似准则为重力相似准则（弗劳德准则）。

（5）在进行水力模型设计时，应首先确定该水力现象中起主要作用的力，进而选定相似准则，当模型长度比尺确定后，计算各物理量的模型比尺。同时，注意模型与原型的流态相似、糙率相似等。

思　考　题

6.1　作为一个正确反映客观规律的物理方程式，在量纲上有何特征？

6.2　在应用 π 定理时如何选择基本物理量？

6.3　什么是 π 定理？π 定理有何用途？

6.4　解释流动相似的概念。

6.5　在什么情况下采用弗劳德准则设计模型？写出其流速比尺、流量比尺、时间比尺与长度比尺的关系。

6.6　原型和模型中采用同一种液体，能否同时满足重力相似和黏滞力相似？

习　题

6.1　以 L、MT 为基本量纲，推出密度 ρ、动力黏滞系数 μ、运动黏滞系数 ν、表面张力系数 σ、体积压缩系数 β 的量纲。

6.2　试分析流体平衡微分方程 $f_x - \dfrac{1}{\rho}\dfrac{\partial p}{\partial x} = 0$ 是否符合量纲和谐原理。

6.3　已知通过薄壁矩形堰的流量 Q 与堰口宽度 b、堰上水头 H、密度 ρ、重力加速度 g、动力黏滞系数 μ 和表面张力系数 σ 等有关。试用 π 定理推求薄壁矩形堰的流量计算公式。

6.4　已知物体在液体中所受阻力 F 与液体密度 ρ、液体动力黏滞系数 μ、物体的运动速度 u 及物体的大小（用线性长度 l）有关。试用 π 定理推物体运动时所受阻力 F 的计算公式。

6.5　弧形闸门闸下出流。现采用模型长度比尺 $\lambda_l = 20$ 的模型来研究，试求：（1）如原型闸门前水深 $H_p = 8m$，模型中相应水深为多少？（2）如模型中测得的收缩断面平均流速 $v_m = 2.3m/s$，流量 $Q_m = 45L/s$，则原型中的相应流速和流量各为多少？

第 7 章　孔口管嘴和有压管流

前面几章介绍了流体运动学、流体动力学以及流动阻力和能量损失的基本内容，探讨了水流运动的规律。从本章开始，将工程上的水流现象归纳为各种类型进行介绍。

在容器壁上开孔，水经孔口流出的水流现象称之为孔口出流。在孔口上接一个 3～4 倍孔径的短管，水经过短管并在其出口断面形成满管出流的水力现象称之为管嘴出流。在实际工程中常用管道输送液体，如自来水管、输油管、水工建筑物的输水廊道、管道等，则属于有压管流。

本章的任务是根据流体运动的基本规律，分析孔口出流、管嘴出流、有压管流的水力特征，研究其水力计算的基本问题及其工程应用。

7.1　薄壁孔口恒定出流

7.1.1　孔口出流的分类

根据孔口出流的水力特征，可以把孔口出流分为以下几种类型。

1. 薄壁孔口出流和厚壁孔口出流

按孔壁厚度对出流的影响，分为薄壁孔口出流和厚壁孔口出流。若孔口有锐缘，流经孔口的流体与孔口周界只有线的接触，孔壁厚度对水流没有影响，称为薄壁孔口出流。若流经孔口的流体与孔壁接触的是面而不是线，孔壁厚度促使流体先收缩后扩张，称为厚壁孔口出流。当孔壁厚度达到孔径或孔口高度的 3～4 倍时，出流充满孔壁的全部边界，则为管嘴出流。

2. 孔口自由出流与淹没出流

如图 7.1 所示，孔口流出的水体直接进入大气中称为孔口自由出流；如孔口淹没在下游水面以下，孔口流出的水体进入另一部分水体（图 7.2），则称为孔口淹没出流。

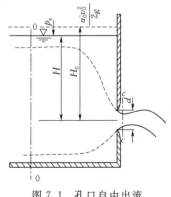

图 7.1　孔口自由出流

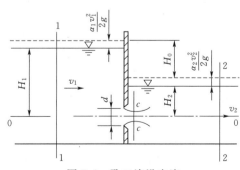

图 7.2　孔口淹没出流

3. 小孔口出流与大孔口出流

一般来说，孔口的上下缘在上游水面下的淹没深度有所不同，如果孔口形心的淹没深度 H 远远大于孔口的直径 d（或高度 e），则可认为孔口断面上各点的作用水头相等，而忽略其差异。因此，按 H/d 的比值将孔口分为小孔口与大孔口。

若 $H/d \geqslant 10$，定义为小孔口，认为孔口断面上各点的作用水头相等。若 $H/d < 10$，则定义为大孔口（如闸孔），孔口断面沿垂向各点的作用水头有差别。

4. 孔口恒定出流与非恒定出流

如图 7.1 所示，水箱内的水能及时得到补充，其水面不变，此为孔口恒定出流；若水箱内的水面随时间变化（升高或降低），孔口的流量也随时间变化，称为孔口非恒定出流，或称孔口变水头出流。

7.1.2 薄壁小孔口恒定自由出流

如图 7.1 所示，开敞水箱边壁上开一孔口，孔口锐缘，水箱水位不变，$H/d \geqslant 10$，形成薄壁小孔口恒定自由出流。水箱中水流流线自上游从各个方向趋近孔口，由于水流运动的惯性，流线呈连续、光滑、弯曲形状，在经过孔口后继续收缩，在距孔口约 $d/2$ 处收缩完毕，而后扩散，断面 c—c 称为收缩断面，该断面上流线近似是平行的（图 7.3）。设孔口的断面面积为 A，收缩断面的面积为 A_c，令 $A_c/A = \varepsilon$，ε 称为孔口收缩系数。

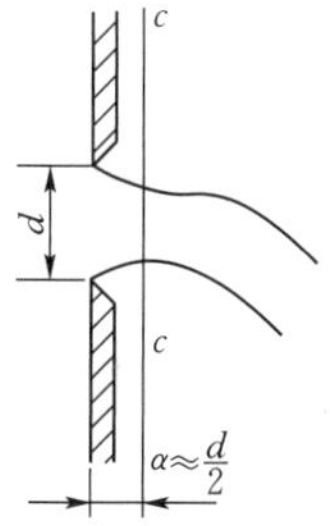

对于图 7.1，取孔口形心的水平面为基准面，取水箱内符合渐变流条件的断面 0—0 和收缩断面 c—c，列能量方程

$$H + \frac{p_a}{\rho g} + \frac{\alpha_0 v_0^2}{2g} = 0 + \frac{p_c}{\rho g} + \frac{\alpha_c v_c^2}{2g} + h_w$$

式中 h_w 只计水流经孔口处的局部水头损失，忽略水箱内的水头损失，即

$$h_w = h_j = \zeta_0 \frac{v_c^2}{2g}$$

图 7.3 孔口收缩断面

对于小孔口自由出流，断面 c—c 上压强 $p_c = p_a$，于是能量方程写为

$$H + \frac{\alpha_0 v_0^2}{2g} = (\alpha_c + \zeta_0) \frac{v_c^2}{2g}$$

令 $H_0 = H + \frac{\alpha_0 v_0^2}{2g}$，代入上式整理后，孔口流速为

$$v_c = \frac{1}{\sqrt{\alpha_c + \zeta_0}} \sqrt{2gH_0} = \varphi \sqrt{2gH_0} \tag{7.1}$$

其中 $$H_0 = H + \frac{\alpha_0 v_0^2}{2g}, \quad \varphi = \frac{1}{\sqrt{\alpha_c + \zeta_0}}$$

式中 H_0 ——包含行近流速在内的作用水头（全水头）；

ζ_0 ——孔口的局部阻力系数；

φ ——流速系数。

一般情况下 $\alpha_c = 1.0$，对于圆形孔口，由实验测得流速系数 $\varphi = 0.97 \sim 0.98$，因此，

可计算出孔口的局部阻力系数 $\zeta_0 = \dfrac{1}{\varphi^2} - 1 = 0.04 \sim 0.06$ 。

孔口出流的流量为

$$Q = A_c v_c = A \varepsilon \varphi \sqrt{2gH_0} = \mu A \sqrt{2gH_0} \tag{7.2}$$

其中
$$\mu = \varepsilon \varphi = \varepsilon \frac{1}{\sqrt{\alpha_c + \zeta_0}}$$

式中　μ——孔口流量系数。

对于薄壁小孔口，$\mu = 0.60 \sim 0.62$ ，由 $\varphi = 0.97 \sim 0.98$ ，可计算出孔口收缩系数 $\varepsilon = 0.62 \sim 0.63$ 。

若水箱水体很大，$v_0 \approx 0$ ，$H_0 \approx H$ ，则式（7.2）可写为

$$Q = \mu A \sqrt{2gH} \tag{7.3}$$

式（7.2）和式（7.3）为薄壁小孔口恒定自由出流的计算公式。

通过以上公式的推导可知，流量系数 μ 的大小取决于局部阻力系数 ζ_0 和收缩系数 ε 。局部阻力系数和收缩系数与雷诺数和边界条件有关，工程上经常遇到的孔口出流，一般流速较大，即雷诺数 Re 足够大，可认为在阻力平方区，局部阻力与 Re 无关，视为常数，因此可以认为 μ 只受边界条件的影响。

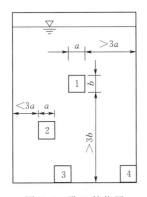

图 7.4　孔口的位置

孔口的形状可以是圆形、方形、三角形等。实验发现，不同形状孔口的流量系数差别不大。

孔口边界条件在于孔口所在壁面上的位置，如图 7.4 所示，当孔口边界不与相邻侧壁（底）重合时，此种孔口成为全部收缩孔口。若孔口全部边界与相邻侧壁（底）的距离大于孔口尺寸的 3 倍（$l > 3a, l > 3b$）时，孔口周边流线都有收缩，叫完善收缩孔口（图 7.4 中 1）；当孔口与相邻侧壁（图 7.4 中 2）不满足上述条件为不完善收缩孔口。当孔口与相邻侧壁（底）重合时叫做部分收缩孔口（图 7.4 中 3、4）。不完善收缩孔口、部分收缩孔口的流量系数大于完善收缩孔口的流量系数，可查水力计算手册或按经验公式估算。

7.1.3　薄壁小孔口恒定淹没出流

如图 7.2 所示，孔口淹没在下游水面以下，孔口流出的水体直接进入另一部分水体，则称为孔口淹没出流。与小孔口自由出流相同，由于惯性作用，水流经孔口，流线也会收缩，而后扩散。以孔口形心点所在的水平面为基准面，列出断面 1—1 和断面 2—2 的能量方程（图 7.2）：

$$H_1 + \frac{p_1}{\rho g} + \frac{\alpha_1 v_1^2}{2g} = H_2 + \frac{p_2}{\rho g} + \frac{\alpha_2 v_2^2}{2g} + \zeta_0 \frac{v_c^2}{2g} + \zeta_{se} \frac{v_c^2}{2g}$$

令 $H_{01} = H_1 + \dfrac{\alpha_1 v_1^2}{2g}$，$H_{02} = H_2 + \dfrac{\alpha_2 v_2^2}{2g}$ ，则 $H_0 = H_{01} - H_{02}$ 。H_0 称为孔口作用水头。

上式可写为

$$H_0 = (\zeta_0 + \zeta_{se}) \frac{v_c^2}{2g}$$

式中　ζ_0——孔口处局部阻力系数；

　　　ζ_{se}——从孔口收缩断面扩大到断面 2—2（图 7.2）的突然扩大局部阻力系数，由式（5.67）可知，$A_2 \gg A_c$，则 $\zeta_{se} = 1.0$。

整理上式，得流速

$$v_c = \frac{1}{\sqrt{1 + \zeta_0}} \sqrt{2gH_0} = \varphi \sqrt{2gH_0} \tag{7.4}$$

其中

$$\varphi = \frac{1}{\sqrt{1 + \zeta_0}}$$

式中　φ——孔口淹没出流的流速系数。

流量为

$$Q = v_c A_c = \varphi \varepsilon A \sqrt{2gH_0} = \mu A \sqrt{2gH_0} \tag{7.5}$$

其中

$$\mu = \varepsilon\varphi = \varepsilon \frac{1}{\sqrt{1 + \zeta_0}}$$

式中　μ——孔口淹没出流的流量系数。

当上下游水体较大时，$v_1 \approx v_2 \approx 0$，$H_0 \approx H$，$H$ 即上下游水位差。式（7.5）可写为

$$Q = \mu A \sqrt{2gH} \tag{7.6}$$

这里需要指出的是，比较式（7.3）与式（7.6）可知，自由出流与淹没出流的流量公式形式上相同，流量系数相等，这是因为自由出流时出口保留一个流速水头，$\alpha_c = 1.0$；淹没出流时这个流速水头在水流突然扩大时损失，$\zeta_{se} = 1.0$。不同的是，作用水头的算法不同，对于忽略上下游水域的行近流速的情况，自由出流的作用水头为孔口形心点的淹没深度 H，而淹没出流的作用水头为两水面高差。

7.2 管 嘴 恒 定 出 流

7.2.1 圆柱形外延管嘴恒定出流

在孔口断面处接出一根与孔口直径相同，其长度 $l = (3 \sim 4)d$ 的短管，则构成圆柱形外延管嘴（图 7.5）。当水流进入管嘴后也形成收缩断面，在断面 c—c 处水流与边壁脱离，形成旋涡区，而后扩散形成满管流，直接流入大气中，称为管嘴自由出流。下面讨论圆柱形外延管嘴自由出流的流量计算。

以管中心线所在的水平面为基准面，如图 7.5 所示，列出断面 1—1 至断面 2—2 的能量方程

$$H + \frac{\alpha_0 v_0^2}{2g} = \frac{\alpha v^2}{2g} + h_w$$

其中

$$h_w = \zeta_n \frac{v^2}{2g}$$

式中　h_w——管嘴的水头损失，忽略其沿程水头损失，仅为进口和收缩断面后的突然放大所造成的局部损失；

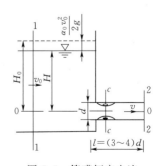

图 7.5　管嘴恒定出流

ζ_n——管嘴局部阻力系数。

令 $H_0 = H + \dfrac{\alpha_0 v_0^2}{2g}$ ，则上式写为

$$H_0 = (\alpha + \zeta_n) \frac{v^2}{2g}$$

整理后，管嘴流速为

$$v = \frac{1}{\sqrt{\alpha + \zeta_n}} \sqrt{2gH_0} = \varphi_n \sqrt{2gH_0} \tag{7.7}$$

管嘴流量为

$$Q = Av = \varphi_n A \sqrt{2gH_0} = \mu_n A \sqrt{2gH_0} \tag{7.8}$$

其中

$$\varphi_n = \frac{1}{\sqrt{\alpha + \zeta_n}}$$

式中　φ_n——流速系数；

μ_n——流量系数，这里 $\mu_n = \varphi_n$。

对于管嘴局部阻力系数 ζ_n，由第 5 章可知直角进口 $\zeta_n = 0.5$，所以管嘴流速系数 $\varphi_n = \dfrac{1}{\sqrt{\alpha + \zeta_n}} = \dfrac{1}{\sqrt{1 + 0.5}} = 0.82$。因此，管嘴流量系数 $\mu_n = \varphi_n = 0.82$。

比较式（7.8）与式（7.3）可知，管嘴出流与孔口出流的流量公式形式相同，但 $\mu_n = 1.32\mu$，即相同的管（孔）径，作用水头相等，管嘴出流的流量是孔口出流流量的 1.32 倍。管嘴出流的流量大于孔口出流，管嘴常用作泄水设施。

对于管嘴出流，与孔口出流相比，局部阻力增加了，而流量却增大了，这是因为在收缩断面处形成了真空，管嘴出流实际上提高了作用水头。

7.2.2　圆柱形外延管嘴的真空压强

求解断面 c—c 真空压强，由图 7.5 可列出断面 1—1 和断面 c—c 或断面 c—c 至断面 2—2 间的能量方程。

这里以管中心线所在的水平面为基准面，对断面 c—c 至断面 2—2 列出能量方程

$$\frac{p_c}{\rho g} + \frac{\alpha_c v_c^2}{2g} = \frac{p_a}{\rho g} + \frac{\alpha v^2}{2g} + h_j$$

其中　　$h_j = \zeta_{se} \dfrac{v^2}{2g} = \left(\dfrac{A_c}{A} - 1\right)^2 \dfrac{v^2}{2g} = \left(\dfrac{1}{\varepsilon} - 1\right)^2 \dfrac{v^2}{2g}$，$\varepsilon = \dfrac{A_c}{A}$

式中　h_j——收缩断面向满管流扩大的局部水头损失；

ε——收缩系数。

由式（7.7）可得 $\dfrac{v^2}{2g} = \varphi_n^2 H_0$；因 $A_c v_c = Av$，所以 $v_c = \dfrac{1}{\varepsilon} v$，则 $\dfrac{\alpha v_c^2}{2g} = \dfrac{\alpha_c}{\varepsilon^2} \dfrac{v^2}{2g}$。将其代入上式，得

$$\frac{p_c}{\rho g} = \frac{p_a}{\rho g} - \left[\frac{\alpha_c}{\varepsilon^2} - \alpha - \left(\frac{1}{\varepsilon} - 1\right)^2\right]\varphi_n^2 H_0$$

取 $\alpha_c = \alpha = 1$，$\varepsilon = 0.64$，$\varphi_n = 0.82$，代入上式得

$$\frac{p_c}{\rho g} = \frac{p_a}{\rho g} - 0.75 H_0$$

因此，圆柱形外延管嘴收缩断面的真空压强

$$\frac{p_k}{\rho g} = \frac{p_a - p_c}{\rho g} = 0.75 H_0 \tag{7.9}$$

式（7.9）表明，圆柱形外延管嘴的真空压强可达到作用水头的 75%，相当于作用水头增加了 0.75 倍，这就是同等条件下管嘴比孔口出流流量增大的原因。

7.2.3 圆柱形外延管嘴的工作条件

从以上分析可知，作用水头越大，收缩断面处的真空压强越大。然而，当流体内部压强低于饱和蒸汽压时（水在 $15\sim25℃$ 饱和蒸汽压为 $-8\sim-7m$ 水柱），将发生气化（空化）现象。再则，收缩断面处的真空压强过大时，管嘴也会吸入空气，破坏原有真空压强，失去流动的稳定性。因此，管嘴正常出流对作用水头有一定限制。即

$$[H_0] \leqslant \frac{7}{0.75} \approx 9 \text{（mH}_2\text{O）}$$

另外，对短管的长度也有要求，其长度太短，管嘴出口不能形成满管流，其流态如同孔口，流量不会增加；其长度过大，则会增加水流阻力，降低流量。因此，圆柱形外延管嘴的工作条件是：

（1）作用水头 $\qquad\qquad H_0 \leqslant 9mH_2O$

（2）管嘴长度 $\qquad\qquad l = (3\sim4)d$

7.2.4 其他形式的管嘴

在实际工程中，管嘴也分为自由出流与淹没出流，其计算方法与孔口出流相同，这里不做介绍。由于使用的目的、要求不同，管嘴的形式各异，其流量计算公式相同。现将几种常用的管嘴介绍如下（表 7.1）。

表 7.1   几种常用的管嘴特征值

管嘴形式		流速系数 φ	流量系数 μ	备 注
	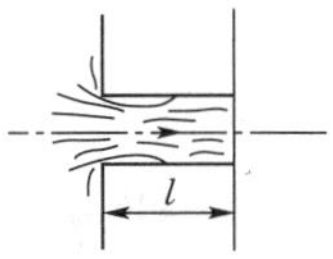 圆柱形 外管嘴 $l = (3\sim4)d$	0.82	0.82	作用水头小于 $8\sim9mH_2O$
	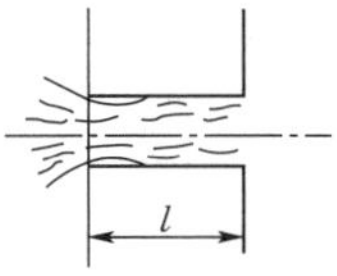 圆柱形 内管嘴 $l < (3\sim4)d$ $l > (3\sim4)d$	0.97 0.71	0.51 0.71	作用水头小于 $8\sim9mH_2O$
	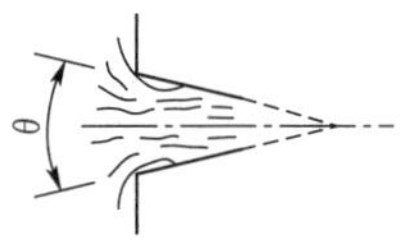 圆锥形 收缩管嘴 $\theta = 13°24'$	0.945	0.945	μ 与 θ 有关，$\theta = 13°24'$ 时，μ 最大，此管嘴为较大流速的密实射流。常用于救火水龙头、射流泵、水轮喷嘴、喷射器、蒸汽射流泵等

173

续表

管嘴形式		流速系数 φ	流量系数 μ	备 注
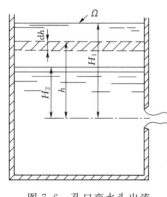	圆锥形扩散管嘴 $\theta = 5° \sim 7°$	$0.45 \sim 0.50$	$0.45 \sim 0.50$	这种管嘴由于收缩断面后的扩大损失，流速系数小于孔口，但出口面积大，故流量大于孔口。当要求大流量而不希望流速大时，可采用。如射流泵、喷射器、水轮机尾水管等
	流线型管嘴	$0.97 \sim 0.98$	$0.97 \sim 0.98$	按孔口出流边缘轮廓设计管嘴形状，由于此种管嘴外形的复杂性，在工程上常采用圆弧代替，如大坝底孔

7.3 孔口（管嘴）的变水头出流

对于孔口（管嘴）出流，若容器中水面随时间变化（上升或下降），孔口（管嘴）的流量也随时间变化，这种情况称之为变水头出流。变水头出流实质是非恒定流，工程上一般水体很大，水位变化缓慢，在微小时段内可视为恒定流，即认为水位恒定，可以用恒定流公式计算流量，把非恒定流转化为恒定流处理。如沉淀池放空、船坞船闸灌泄水、水库流量调节等。

如图 7.6 所示孔口出流，水箱中不再补水，为孔口变水头出流，设水箱水面表面积为 Ω，初始时刻孔口淹没深度为 H_1。孔口面积为 A。下面介绍求解水位降至孔口淹没深度为 H_2 或水箱放空的时间。

设在某时刻，孔口的水头为 h，经过 dt 时段，则孔口流出的水体为 $Qdt = \mu A \sqrt{2gh}\, dt$，同时，水箱内水面下降了 dh，水箱内水体增量为 $dV = -\Omega dh$，水箱内流出的水体也就是水箱内水体减少的体积，所以

图 7.6 孔口变水头出流

$$-\Omega dh = \mu A \sqrt{2gh}\, dt$$

于是

$$dt = -\frac{\Omega}{\mu A \sqrt{2g}} \frac{dh}{\sqrt{h}}$$

对上式积分，则可得出水面降至某水位所需时间

$$t = \int_{H_1}^{H_2} -\frac{\Omega}{\mu A \sqrt{2g}} \frac{dh}{\sqrt{h}} = \frac{2\Omega}{\mu A \sqrt{2g}} (\sqrt{H_1} - \sqrt{H_2}) \tag{7.10}$$

若泄空时定为 $H_2 = 0$，则泄空时间

$$t = \frac{2\Omega\sqrt{H_1}}{\mu A \sqrt{2g}} = \frac{2\Omega H_1}{\mu A \sqrt{2gH_1}} = \frac{2V}{Q_{max}} \tag{7.11}$$

式中 V ——水箱泄空时排出的水体;

      Q_{max} ——孔口初始流量。

式（7.11）表明，水箱泄空所需时间是在水位为 H_1 恒定流情况下流出相同水体所需时间的 2 倍。

7.4 短管的水力计算

在工程中通常用管道输送流体，流体充满管道，无自由液面，管道内压强不等于大气压强，故称为有压管流。为了方便水力计算，把管路分为长管与短管。所谓短管是指管路的水头损失中，局部水头损失与沿程水头损失以及流速水头都占有相当比重，水力计算时都不可忽略的管路，如水泵的吸水管、虹吸管、倒虹吸管、输水廊道等。长管是指管路的水头损失中，沿程水头损失占绝对比重，水力计算时可略去局部水头损失和流速水头的管路，如给水管路等。

短管的水力计算有自由出流与淹没出流之分。本节讨论的水力计算在恒定流范畴。

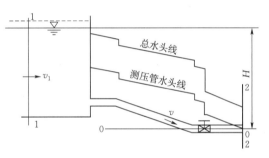

图 7.7 短管自由出流

7.4.1 短管自由出流

如图 7.7 所示，水箱内水面恒定，水经过管路直接流入大气，即短管恒定自由出流。管长为 l，管径为 d，具有两个弯头和一个阀门。以管道出口中心所在的水平面为基准面，列出断面 1—1 和断面 2—2 的能量方程

$$H + \frac{p_a}{\rho g} + \frac{\alpha_1 v_1^2}{2g} = 0 + \frac{p_a}{\rho g} + \frac{\alpha_2 v_2^2}{2g} + h_w$$

其中 $$h_w = h_f + \sum h_j = \lambda \frac{l}{d} \frac{v^2}{2g} + \sum \zeta \frac{v^2}{2g}, \quad \sum \zeta = \zeta_1 + 2\zeta_2 + \zeta_3 \tag{7.12}$$

式中 p_a ——大气压强；

      h_w ——沿程水头损失与局部水头损失之总和；

      $\sum \zeta$ ——局部阻力系数之和，本例中包含局部阻力系数有 ζ_1（进口）、$2\zeta_2$（两个弯头）及 ζ_3（阀门）。

令 $H_0 = H + \frac{\alpha_1 v_1^2}{2g}$，同时令 $\alpha_2 = \alpha$，代入上述能量方程式，得

$$H_0 = \left(\alpha + \lambda \frac{l}{d} + \sum \zeta \right) \frac{v^2}{2g} \tag{7.13}$$

取 $\alpha = 1.0$，管出口流速为

$$v = \frac{1}{\sqrt{1 + \lambda \dfrac{l}{d} + \sum \zeta}} \sqrt{2gH_0}$$

流量为

$$Q = \frac{A}{\sqrt{1 + \lambda \dfrac{l}{d} + \Sigma \zeta}} \sqrt{2gH_0} = \mu_c A \sqrt{2gH_0} \tag{7.14}$$

其中

$$\mu_c = \frac{1}{\sqrt{1 + \lambda \dfrac{l}{d} + \Sigma \zeta}}$$

式中　μ_c——管路流量系数。

7.4.2　短管淹没出流

图 7.8 为短管淹没出流，取下游水面为基准面，列出断面 1—1 至断面 2—2 间的能量方程

$$H + \frac{p_a}{\rho g} + \frac{\alpha_1 v_1^2}{2g} = 0 + \frac{p_a}{\rho g} + \frac{\alpha_2 v_2^2}{2g} + h_w$$

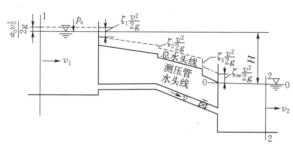

图 7.8　短管淹没出流

令 $H_0 = H + \dfrac{\alpha_1 v_1^2}{2g}$；同时考虑下游水域较大，$A_2 \gg A$，可认为 $v_2 \approx 0$，故上式可写为

$$H_0 = h_w$$

式中　h_w——沿程水头损失与局部水头损失之和，局部水头损失包含有进口、一个弯头、一个阀门及出口的局部水头损失，即

$$h_w = h_f + \Sigma h_j = \lambda \frac{l}{d} \frac{v^2}{2g} + \Sigma \zeta \frac{v^2}{2g}$$

代入上式得

$$H_0 = \left(\lambda \frac{l}{d} + \Sigma \zeta \right) \frac{v^2}{2g}$$

所以，管中流速为

$$v = \frac{1}{\sqrt{\lambda \dfrac{l}{d} + \Sigma \zeta}} \sqrt{2gH_0} \tag{7.15}$$

管中流量

$$Q = \frac{A}{\sqrt{\lambda \dfrac{l}{d} + \Sigma \zeta}} \sqrt{2gH_0} = \mu_c A \sqrt{2gH_0} \tag{7.16}$$

其中

$$\mu_c = \frac{1}{\sqrt{\lambda \dfrac{l}{d} + \Sigma \zeta}}$$

式中　μ_c——管路流量系数。

若上游水体较大，$v_1 \approx 0$，也可以用 H 代替 H_0。

比较式（7.14）和式（7.16）发现，两公式形式相同，若管路系统一样，作用水头相

176

同，自由出流与淹没出流的管路流量系数也是相同的，这是因为，虽然淹没出流中少一个 $\alpha = 1.0$ 系数，但多一个 ζ_{se} 出口局部损失系数，而 $A_2 \gg A$ ，故 $\zeta_{se} = 1.0$ 。不同的是，作用水头的算法不同，对于忽略上下游水域的行近流速的情况，自由出流的作用水头为管中心点与上游水面的高差 H ，而淹没出流的作用水头为上下游水面高差 H 。

7.4.3 短管水力计算类型

在实际工程中，短管水力计算主要有三种类型。

（1）已知作用水头、管的长度、管径、管材以及管路布置（局部阻力），确定流量。

（2）已知流量、管的长度、管径、管材以及管路布置（局部阻力），确定作用水头。

（3）已知作用水头、流量、管的长度、管材以及管路布置（局部阻力），确定管径。

求解上述问题，可直接用前面推导的公式，也可列能量方程求解，关键是合理选择局部阻力系数。下面以虹吸管、水泵装置以及倒虹吸管的水力计算为例进行说明。

1. 虹吸管的水力计算

虹吸管是跨越高地的一种输水管路（图7.9），其工作原理是：管道的进、出口均淹没在水下，在顶部装有真空泵，工作时先开启真空泵抽气，管内形成负压，水沿管道徐徐上升，当确定管道内无空气时，关闭真空泵，水在重力作用下沿管道流动，此时管道内仍为负压，在两侧水位差和大气压的作用下，水通过管道连续流出，这种管道叫虹吸管。

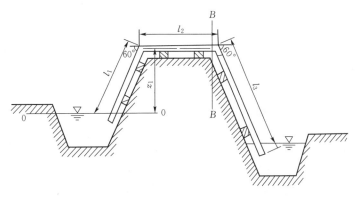

图 7.9 虹吸管

虹吸管的水力计算主要有：过流能力（流量）、最大真空压强。因为虹吸管内的真空压强有一定限制，一般不超过 $7 \sim 8 \text{m H}_2\text{O}$ ，超过此值，管内的水会发生气化，破坏水流的连续性，甚至发生气蚀，造成管道破坏。此时需要调整安装高度或加大局部阻力，保证工程安全。

【例7.1】 如图7.9所示，虹吸管跨越高地引水，上下游水域宽阔，上下游水位差 $H = 2.0 \text{m}$ ，管长 $l_1 = 7 \text{m}$ ，$l_2 = 5 \text{m}$ ，$l_3 = 20 \text{m}$ ，管径 $d = 0.25 \text{m}$ ，选用铸铁管，粗糙系数 0.011 ，局部阻力系数为：弯头 $\zeta_1 = \zeta_2 = 0.3$ ，进口 $\zeta_e = 4.0$ ，出口 $\zeta_{se} = 1.0$ ，虹吸管顶部管中心线与上游水面高差 $h_{z1} = 5.0 \text{m}$ ，试求：（1）虹吸管流量？（2）虹吸管最大真空压强？（3）若允许真空压强 $[h_V] \leqslant 7.0 \text{m H}_2\text{O}$ ，安装高度是否合理？

解：（1）求虹吸管流量。

依题意，该虹吸管属短管淹没出流。

因上下游水域宽阔，故不计行近流速，则作用水头即为上下游水头差，即

$$H_0 = H = 2.0\mathrm{m}$$

按淹没出流流量公式，有

$$Q = \mu_c A \sqrt{2gH}$$

其中

$$\mu_c = \frac{1}{\sqrt{\sum \lambda \dfrac{l}{d} + \sum \zeta}}$$

对于给定管壁粗糙系数的情况，可通过计算谢齐系数 C，进而得到沿程阻力系数 λ，即

$$C = \frac{1}{n} R^{1/6} = \frac{1}{0.011} \left(\frac{0.25}{4} \right)^{1/6} = 57.27 \ (\mathrm{m^{1/2}/s})$$

$$\lambda = \frac{8g}{C^2} = 0.0239$$

局部阻力系数　$\sum \zeta = \zeta_e + \zeta_1 + \zeta_2 + \zeta_{se} = 4.0 + 0.3 + 0.3 + 1.0 = 5.6$

代入流量系数公式，得到

$$\mu_c = \frac{1}{\sqrt{\sum \lambda \dfrac{l}{d} + \sum \zeta}} = \frac{1}{\sqrt{0.0239 \dfrac{7+5+20}{0.25} + 5.6}} = 0.340$$

代入流量公式，得

$$Q = \mu_c A \sqrt{2gH} = 0.340 \times \frac{\pi \times 0.25^2}{4} \sqrt{2 \times 9.81 \times 2.0} = 0.104 \ (\mathrm{m^3/s})$$

或者通过列上下游水域断面的能量方程进行求解。

（2）虹吸管最大真空压强。

由上述计算结果，管中流速

$$v = \frac{Q}{A} = \frac{4Q}{\pi d^2} = \frac{4 \times 0.104}{3.14 \times 0.25^2} = 2.12 \ (\mathrm{m/s})$$

最大真空压强出现在管道最高和管段最长的位置，以上游水面为基准面，列上游断面和 $B-B$ 断面间的能量方程，有

$$0 + 0 + 0 = h_{z1} + \frac{p_B}{\rho g} + \frac{\alpha v^2}{2g} + h_w$$

$$\frac{p_B}{\rho g} = -h_{z1} - \frac{\alpha v^2}{2g} - \left(\lambda \frac{l_1 + l_2}{d} + \zeta_e + \zeta_1 \right) \frac{v^2}{2g}$$

$$= -5.0 - \left(1 + 0.0239 \times \frac{7+5}{0.25} + 4.0 + 0.3 \right) \times \frac{2.12^2}{2 \times 9.81}$$

$$= -6.48 \ (\mathrm{m})$$

最大真空压强 $h_V = 6.48\mathrm{m}$

（3）判断安装高度合理性。

因为 $h_V = 6.48\mathrm{m} < [h_V] = 7.0\mathrm{m}$，所以安装高度合理。

2. 水泵装置的水力计算

离心水泵是工程中常用的水泵之一，如图 7.10 所示为一单机离心水泵的构件简图。离心水泵由蜗壳、工作轮、泵轴、电机、吸水管、压水管等组成。

水泵的进水阀（莲蓬头）起拦污作用并带有底阀，工作前先充水，水面淹没蜗壳，然后启动电机，工作轮高速运转，叶槽内的水在离心力的作用下甩出蜗壳，进入压水管，将机械能转化为压能，把水送到水箱（水池、水塔）。水泵工作时，水泵进口及吸水管会产生真空，在大气压作用下水则顺进水阀进入吸水管，连续供水。水泵进口处的真空压强有一定限制，由厂家提供，一般允许吸水真空压强为 $[h_V] \leqslant 4 \sim 7 mH_2O$，真空压强大于该值，水发生气化，破坏水流的连续性，甚至发生气蚀。离心水泵的水力计算主要有以下几种。

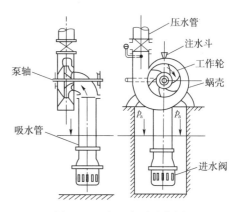

图 7.10 离心水泵示意图

（1）流量（校核供水能力，选择水泵型号）。

（2）扬程，扬程可表示为

$$H = z_g + h_w \tag{7.17}$$

式中　H——总扬程；

　　　　z_g——提升水的几何高度；

　　　　h_w——管路系统的水头损失。

（3）水泵的安装高度（控制真空压强在允许范围）。

【例 7.2】 如图 7.11 所示离心水泵，抽水流量 $Q = 0.02 m^3/s$，吸水管为铸铁管，管长 $l = 8m$，管径 $d = 0.1m$，沿程阻力系数 $\lambda = 0.032$，进水阀局部阻力系数 $\zeta_e = 6.0$，弯头局部阻力系数 $\zeta = 0.53$，允许吸水真空压强为 $[h_V] = 7 mH_2O$，安装高度 $h_s = 3.0m$，试校核水泵的安装是否合理？最大安装高度是多少？

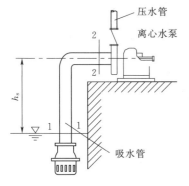

图 7.11 离心水泵吸水管

解：（1）管中流速。

$$v = \frac{4Q}{\pi d^2} = \frac{4 \times 0.02}{3.14 \times 0.1^2} = 2.548 \ (m/s)$$

（2）以断面 1—1 为基准面，列断面 1—1 和断面 2—2 的能量方程，忽略行近流速，有

$$0 + 0 + 0 = h_s + \frac{p_2}{\rho g} + \frac{\alpha v^2}{2g} + h_w$$

$$
\begin{aligned}
\frac{p_2}{\rho g} &= -\left[h_s + \left(\alpha + \lambda \frac{l}{d} + \zeta_e + \zeta \right) \frac{v^2}{2g} \right] \\
&= -3 - \left(1 + 0.032 \times \frac{8}{0.1} + 6 + 0.53 \right) \times \frac{2.548^2}{2 \times 9.81} \\
&= -6.34 \ (m)
\end{aligned}
$$

允许吸水真空压强为 $[h_V] = 7 m H_2O$，安装高度 $h_s = 3.0m$，安装是合理的，偏于安全。

（3）最大安装高度。

由上面能量方程，有

$$h_{smax} = [h_V] - \left(\alpha + \lambda\frac{l}{d} + \zeta_e + \zeta\right)\frac{v^2}{2g}$$

$$= 7 - \left(1 + 0.032 \times \frac{8}{0.1} + 6 + 0.53\right) \times \frac{2.548^2}{2 \times 9.81}$$

$$= 3.66 \text{ (m)}$$

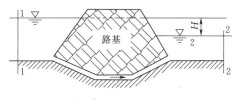

图 7.12　倒虹吸管

3. 倒虹吸管的水力计算

当路基横跨河道时，路基下要铺设过流管道，或输水管道横穿河道，或在河道下铺设管道，这种管道称为倒虹吸管，如图 7.12 所示。

倒虹吸管的水力计算可分为两类：一类是当管径、管材确定时，计算上下游水面差；另一类是上下游水面差确定时，计算（设计）管径。

【例 7.3】 如图 7.12 所示，路基下铺设一条圆形涵管，管长 $l = 30$m，工程上水流一般为紊流粗糙区，混凝土管沿程阻力系数 $\lambda = 0.032$，上下游水位差 $H = 0.6$m，局部阻力系数为 $\zeta_{进} = 0.5$，$\zeta_{弯} = 0.3$，出口 $\zeta_{se} = 1.0$，若过流流量为 $Q = 2$m³/s，试确定管径。

解： 以下游水面为基准面，列断面 1—1 至断面 2—2 间的能量方程，忽略上下游水域的行近流速，则

$$H + \frac{p_a}{\rho g} + 0 = 0 + \frac{p_a}{\rho g} + 0 + h_w$$

$$H = h_w = \left(\lambda\frac{l}{d} + \zeta_{进} + 2\zeta_{弯} + \zeta_{se}\right)\left(\frac{4Q}{\pi d^2}\right)^2 \frac{1}{2g}$$

代入数据，得

$$0.6 = \left(0.032\frac{30}{d} + 0.5 + 2 \times 0.5 + 1.0\right)\left(\frac{4 \times 2}{3.14d^2}\right)^2 \times \frac{1}{2 \times 9.81}$$

整理得

$$0.6d^5 - 0.8275d - 0.318 = 0$$

经试算得到 $d = 1.16$m，取标准管径 $d = 1.20$m。

7.5　长管的水力计算

长管的管路布置比较复杂，按组合情况分为简单管路、串联管路、并联管路、管网等类型。本节讨论在恒定流情况下长管的水力计算。与短管水力计算的类型相似，长管水力计算也可按三种类型进行，即流量、作用水头和管径的计算。

7.5.1　简单管路

管径、流量沿程不变的管道称为简单管路。如图 7.13 所示，由水箱引出一条长度为 l，直径为 d 的管道，管道出口距水面高差为 H。下面对其水力计算进行分析。

由于长管的水力计算略去局部水头损失、流速水头，所以水面至管道出口的连线即总

水头线，也是测压管水头线。

以管道出口断面形心点所在的水平面为
基准面，列断面 1—1 至断面 2—2 的能量
方程

$$H + \frac{p_a}{\rho g} + \frac{\alpha_1 v_1^2}{2g} = 0 + \frac{p_a}{\rho g} + \frac{\alpha_2 v_2^2}{2g} + h_w$$

略去局部水头损及流速水头，上式化
简为

$$H = h_f \qquad (7.18)$$

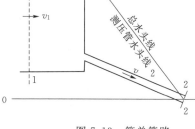

图 7.13 简单管路

式（7.18）表明，在进行长管的水力计算时，其作用水头完全用来克服沿程水头损失。

1. 比阻法

根据沿程水头损失的达西公式 $h_f = \lambda \frac{l}{d} \frac{v^2}{2g}$，式（7.18）可写为

$$H = \lambda \frac{l}{d} \frac{v^2}{2g}$$

将 $v = \frac{4Q}{\pi d^2}$ 代入上式，得

$$H = \frac{8\lambda}{g \pi^2 d^5} l Q^2$$

令

$$S_0 = \frac{8\lambda}{g \pi^2 d^5} \qquad (7.19)$$

得

$$H = S_0 l Q^2 \qquad (7.20)$$

式（7.20）为简单管路的计算公式，称为比阻法。S_0 称为比阻（s^2/m^6），它是管道
单位长度上通过单位流量时所需水头。由式（7.19）可知，比阻 S_0 取决于管径及沿程
阻力系数 λ，而沿程阻力系数 λ 与流态和流区有关，因此，比阻的取值也与流态和流区
有关。

利用比阻法即式（7.20），进行简单长管路的水力计算时，关键是计算比阻 S_0，因式
（7.19）中的 λ 与流态和流区有关，因此应先按第 5 章的内容判别流态和流区，然后选用
相应的公式计算阻力系数。比阻法是给水排水、供热通风等工程中常用的方法，在应用于
管网时可节省计算工作量。这里介绍常用的两种计算比阻的方法。

（1）按曼宁公式求比阻。

对于圆管，当流动处于紊流粗糙区（阻力平方区）时，沿程阻力系数通过谢齐系数求
出，代入式（7.19）计算比阻。

沿程阻力系数 $\lambda = \frac{8g}{C^2}$，其中谢齐系数由曼宁公式 $C = \frac{1}{n} R^{1/6}$ 计算，再代入式
（7.19），得

$$S_0 = \frac{10.3n^2}{d^{5.33}} \tag{7.21}$$

表 7.2 给出了曼宁公式 $C=\frac{1}{n}R^{1/6}$ 计算的不同管径不同糙率的管道比阻值 S_0，方便计算时直接查表。

计算 S_0 的式 (7.21) 也适用于非圆管道的水力计算，只需换成当量直径 d_e 即可。应用式 (7.21) 时，水流应处于紊流粗糙区。

表 7.2　　按曼宁公式 $C=\frac{1}{n}R^{1/6}$ 计算的管道比阻 S_0 值（流量 Q 以 m^3/s 计）

管道直径 d/mm	S_0/(s²/m⁶)			管道直径 d/mm	S_0/(s²/m⁶)		
	$n=0.012$	$n=0.013$	$n=0.014$		$n=0.012$	$n=0.013$	$n=0.014$
100	319.00	375.0	434.0	450	0.105	0.123	0.143
150	36.70	43.0	49.9	500	0.0598	0.0702	0.0815
200	7.92	9.30	10.8	600	0.0226	0.0265	0.0307
250	2.41	2.83	3.28	700	0.00993	0.0117	0.0135
300	0.911	1.07	1.24	800	0.00487	0.00573	0.00663
350	0.401	0.471	0.545	900	0.00260	0.00305	0.00354
400	0.196	0.230	0.267	1000	0.00148	0.00174	0.00201

（2）按舍维列夫公式求比阻。

对于旧钢管、旧铸铁管，沿程阻力系数 λ 采用舍维列夫公式求出，再代入式 (7.19) 计算比阻。1953 年舍维列夫根据钢管和铸铁管的实测资料提出了紊流粗糙区和紊流粗糙过渡区的沿程阻力系数公式。该公式在我国给水排水工程设计中被采用，详细内容请参考相关文献。

当管内流速 $v \geqslant 1.2 m/s$ 时，可以认为属于紊流粗糙区，其比阻 S_0 为

$$S_0 = \frac{0.001736}{d^{5.3}} \tag{7.22}$$

当管内流速 $v < 1.2 m/s$ 时，可以认为属于紊流过渡粗糙区，其比阻 S_0' 为

$$S_0' = kS_0 \tag{7.23}$$

其中

$$k = 0.852 \times \left(1 + \frac{0.867}{v}\right)^{0.3}$$

式中　k——修正系数，当水温在 10℃ 时，不同流速下的修正系数 k 值列于表 7.3，水力计算时可直接查出 k 值。

表 7.4 和表 7.5 为按式 (7.22) 计算的不同管径的比阻 S_0 值，水力计算时可直接查出。这里指出，表 7.4 为铸铁管的比阻 S_0 值，采用的是管的内径，计算时当 $d < 300mm$ 时 d 减去 1mm 代入式 (7.22) 计算；当 $d \geqslant 300mm$ 时将 d 直接代入式 (7.22) 计算。表 7.5 为钢管的比阻 S_0 值，采用的是公称直径。

表 7.3   旧钢管、旧铸铁管比阻的修正系数

$v/(m/s)$	k	$v/(m/s)$	k	$v/(m/s)$	k	$v/(m/s)$	k
0.20	1.41	0.45	1.175	0.70	1.085	1.00	1.03
0.25	1.33	0.50	1.15	0.75	1.07	1.10	1.015
0.30	1.28	0.55	1.13	0.80	1.06	$\geqslant 1.20$	1.00
0.35	1.24	0.60	1.115	0.85	1.05	—	
0.40	1.20	0.65	1.10	0.90	1.04		

表 7.4   铸铁管的比阻 S_0 值（流量 Q 以 m³/s 计）

内径 d/mm	$S_0/(s^2/m^6)$	内径 d/mm	$S_0/(s^2/m^6)$	内径 d/mm	$S_0/(s^2/m^6)$	内径 d/mm	$S_0/(s^2/m^6)$
50	15190	200	9.029	450	0.1195	900	0.003034
75	1709	250	2.752	500	0.06839	1000	0.001736
100	365.3	300	1.025	600	0.02602		
125	110.8	350	0.4529	700	0.01150		
150	41.85	400	0.2232	800	0.005665		

表 7.5   钢管的比阻 S_0 值（流量 Q 以 m³/s 计）

水煤气管		中 等 管 径		大 管 径	
公称直径 D/mm	比阻 $S_0/$ (s^2/m^6)	公称直径 D/mm	比阻 $S_0/$ (s^2/m^6)	公称直径 D/mm	比阻 $S_0/$ (s^2/m^6)
8	225500000	125	106.2	400	0.2062
10	32950000	150	44.95	450	0.1089
15	8809000	175	18.96	500	0.06222
20	1643000	200	9.273	600	0.02384
25	436000	225	4.822	700	0.01150
32	93860	250	2.583	800	0.005665
40	44530	275	1.535	900	0.003034
50	11080	300	0.9392	1000	0.001736
70	2893	325	0.6088	1200	0.0006605
80	1168	350	0.4078	1300	0.0004322
100	267.4			1400	0.0002918
125	86.23				
150	33.95				

2. 流量模数法

与比阻法类似，下面介绍以流量模数 K 进行长管水力计算的方法，该方法在水利工程

的管路水力计算时习惯被采用。

根据第 5 章的介绍,当管路流动处于紊流粗糙区(阻力平方区)时,沿程水头损失 $h_f = \lambda \dfrac{l}{d} \dfrac{v^2}{2g}$,而沿程阻力系数 λ 可由谢齐系数 C 表示,$\lambda = \dfrac{8g}{C^2}$,则有

$$H = h_f = \frac{8g}{C^2} \frac{l}{d} \frac{v^2}{2g} = \frac{8gl}{C^2 4R} \frac{Q^2}{2gA^2} = \frac{Q^2}{A^2 C^2 R} l$$

令 $K = AC\sqrt{R}$,则

$$H = h_f = \frac{Q^2}{K^2} l \tag{7.24a}$$

或

$$Q = K \sqrt{\frac{h_f}{l}} = K\sqrt{J} \tag{7.24b}$$

其中

$$K = AC\sqrt{R}$$

式中　K——流量模数,具有流量的量纲。

式(7.24a)式(7.24b)既适用管路的水力计算,也适用于明渠均匀流的水力计算。

对比式(7.20),流量模数与比阻的关系是 $K^2 = \dfrac{1}{S_0}$。计算流量模数 K 时,谢齐系数可由曼宁公式 $C = \dfrac{1}{n} R^{1/6}$ 计算。表 7.6 给出了按曼宁公式计算的不同管径不同糙率的流量模数 K 值,方便计算时直接查表。

表 7.6　　　　　　　　　　按曼宁公式 $C = \dfrac{1}{n} R^{1/6}$ 计算的管道流量模数 K 值

管道直径 d /mm	流量模数 K 值/($\times 10^{-3}$ m³/s)		
	$n = 0.012$	$n = 0.013$	$n = 0.014$
100	55.989	51.640	48.002
150	165.070	152.599	141.563
200	355.335	327.913	304.290
250	644.157	594.438	552.158
300	1047.709	966.736	898.027
350	1579.166	1457.101	1354.571
400	2258.770	2085.144	1935.282
450	3086.067	2851.330	2644.429
500	4089.304	3773.427	3502.847
600	6651.901	6142.951	5707.301
700	10035.184	9245.003	8606.630
800	14329.648	13210.604	12282.269
900	19611.613	18107.149	16807.316
1000	25993.762	23973.165	22304.987

【例 7.4】 如图 7.14 所示，水塔通过一简单管路供水，沿程管道有一个弯头，已知管路总长 $l=$ 1300m，管径 $d=400$mm，管道为铸铁管 $n=0.012$，流量 $Q=0.2\text{m}^3/\text{s}$。要求管道末端的服务水头（剩余水头）$H_z=10.0$m，管道末端高程 $\nabla_0=0.0$m，求水塔水面高程 ∇_w。

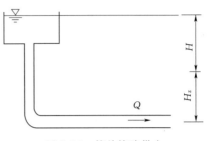

图 7.14 简单管路供水

解：（1）解法一：视为长管，按比阻法计算。

1）求管路的流速。

$$v=\frac{Q}{A}=\frac{0.2}{\frac{1}{4}\pi d^2}=\frac{0.2}{0.1256}=1.59\ (\text{m/s})$$

2）求管道的比阻。

查表 7.2 得，$S_0=0.196\text{s}^2/\text{m}^6$。也可通过式（7.21）计算得出。

3）求作用水头即总的水头损失。

$$H=h_f=S_0lQ^2=0.196\times1300\times0.20^2=10.19\ (\text{m})$$

4）求水塔水面高程。

$$\nabla_w=\nabla_0+H+H_z=0+10.19+10=20.19\ (\text{m})$$

（2）解法二：视为长管，按流量模数计算。

1）求管路的流速。

$$v=\frac{Q}{A}=\frac{0.2}{\frac{1}{4}\pi d^2}=\frac{0.2}{0.1256}=1.59\ (\text{m/s})$$

2）求管道的流量模数。

查表 7.6 得，$K=2258.770\times10^{-3}\text{m}^3/\text{s}$。也可通过 $K=AC\sqrt{R}$ 计算得出。

3）求作用水头即总的水头损失。

$$H=h_f=\frac{Q^2}{K^2}l=\frac{0.2^2}{2.258770^2}\times1300=10.19\ (\text{m})$$

4）求水塔水面高程。

$$\nabla_w=\nabla_0+H+H_z=0+10.19+10=20.19\ (\text{m})$$

（3）解法三：视为短管，列能量方程进行计算。

以管路末端出口中心线为基准面，列水塔水面 1—1 和管路末端出口断面 2—2 能量方程，有

$$H+H_z+\frac{p_1}{\rho g}+\frac{\alpha_1 v_1^2}{2g}=0+\frac{p_2}{\rho g}+\frac{\alpha_2 v_2^2}{2g}+h_f+h_j$$

忽略水塔内的行近流速，则 $\frac{\alpha_1 v_1^2}{2g}=0$；而且，$\frac{p_1}{\rho g}=0$；$\frac{p_2}{\rho g}=H_z$。

$v_2=v=\frac{Q}{A}=\frac{0.2}{\frac{1}{4}\pi d^2}=1.59\ (\text{m/s})$，则流速水头 $\frac{v^2}{2g}=\frac{1.59^2}{2\times9.8}=0.129\ (\text{m})$。

对于给定管壁粗糙系数的情况，可通过计算谢齐系数 C，进而得到沿程阻力系数

λ，有

$$C = \frac{1}{n}R^{1/6} = \frac{1}{0.012} \times \left(\frac{0.40}{4}\right)^{1/6} = 56.774\ (\mathrm{m^{1/2}/s}),\ \lambda = \frac{8g}{C^2} = 0.0243。所以，沿程$$

水头损失 $h_{\mathrm{f}} = \lambda\dfrac{l}{d}\dfrac{v^2}{2g} = 0.0243 \times \dfrac{1300}{0.4} \times 0.129 = 10.188$（m）。

局部水头损失包括进口和弯头损失，进口局部阻力系数 $\zeta_{\mathrm{e}} = 0.5$，弯头局部阻力系数 $\zeta_1 = 0.3$。所以，局部水头损失 $h_{\mathrm{j}} = \sum\zeta\dfrac{v^2}{2g} = (0.5+0.3) \times 0.129 = 0.103$（m）。

将上述数据代入能量方程，得

$$H = 0.129 + 10.188 + 0.103 - 10 = 10.42\ (\mathrm{m})$$

所以，水塔水面高程

$$\nabla_{\mathrm{w}} = \nabla_0 + H + H_z = 0 + 10.42 + 10 = 20.42\ (\mathrm{m})$$

计算结果表明，该题按长管计算的结果与按短管计算的结果基本一样。这是因为该管路以沿程水头损失为主，局部水头损失可以忽略不计。沿程水头损失占总水头的百分数为 $h_{\mathrm{f}}/H = 10.19/10.42 = 98\%$。

7.5.2 串联管路的水力计算

由于供水管路沿程有流量分出，管径也会有变化，由管径不同的多个管段首尾顺次连接组成的管路叫做串联管路（图 7.15），不同管径管段的连接处叫做节点。串联管路各段的管径、流量、流速均不相同，所以应分段计算其沿程水头损失。计算原则：

（1）节点流量，若流进为正，流出为负，满足连续性方程，即

$$\sum_{i=1}^{n} Q_i = 0 \tag{7.25}$$

（2）总的水头损失为各段水头损失之和，即

$$H = \sum h_{\mathrm{f}} = h_{\mathrm{f1}} + h_{\mathrm{f2}} + h_{\mathrm{f3}} + \cdots + h_{\mathrm{fn}} \tag{7.26}$$

下面通过图 7.15 所示串联管路供水系统为例进行说明。

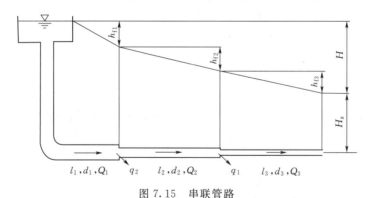

图 7.15 串联管路

【例 7.5】 如图 7.15 所示，由 3 条管段组成的供水系统，已知 $l_1 = 500\mathrm{m}$，$d_1 = 400\mathrm{mm}$；$l_2 = 450\mathrm{m}$，$d_2 = 350\mathrm{mm}$；$l_3 = 350\mathrm{m}$，$d_3 = 300\mathrm{mm}$，管道为铸铁管 $n = 0.012$，$Q_3 = 0.1\mathrm{m^3/s}$，转输流量（即在该点集中泄出的流量）$q_1 = 0.05\mathrm{m^3/s}$，$q_2 = 0.05\mathrm{m^3/s}$。管道末端高程 $\nabla_0 = 0.0\mathrm{m}$，服务水头（剩余水头）$H_z = 10.0\mathrm{m}$，求水塔水面高程 ∇_{w}。

解：（1）求各管段的流量、流速。

根据节点流量满足连续性方程，则各段流量为

$$Q_2 = Q_3 + q_2 = 0.10 + 0.05 = 0.15 \text{（m}^3\text{/s）}$$

$$Q_1 = Q_2 + q_1 = 0.15 + 0.05 = 0.20 \text{（m}^3\text{/s）}$$

则各管段的流速为

$$v_1 = 1.59 \text{m/s}, \quad v_2 = 1.56 \text{m/s}, \quad v_3 = 1.42 \text{m/s}$$

（2）求各管段的比阻。

查表 7.2 得，$S_{01} = 0.196 \text{s}^2/\text{m}^6$，$S_{02} = 0.401 \text{s}^2/\text{m}^6$，$S_{03} = 0.911 \text{s}^2/\text{m}^6$。也可通过式（7.21）计算得出。

（3）求总的水头损失。

$$\begin{aligned}
H &= \sum h_f = S_{01} l_1 Q_1^2 + S_{02} l_2 Q_2^2 + S_{03} l_3 Q_3^2 \\
&= 0.196 \times 500 \times 0.20^2 + 0.401 \times 450 \times 0.15^2 + 0.911 \times 350 \times 0.10^2 \\
&= 3.92 + 4.06 + 3.19 = 11.17 \text{（m）}
\end{aligned}$$

（4）求水塔水面高程。

$$\nabla_w = \nabla_0 + H + H_z = 0 + 11.17 + 10 = 21.17 \text{（m）}$$

7.5.3 并联管路的水力计算

串联管路的特点是节省管材，但供水的可靠性低，若某条管段出现问题，则不能正常供水。为了提高供水的可靠性可在节点处并联几条管道，组成并联管路，如图 7.16 所示。

如图 7.16 所示，假定在 A、B 两点分别设一个测压管，其测压管水头差 h_{fAB} 为 A、B 两点间的水头损失，由于这三条管道具有公共节点，即

$$h_{fAB} = h_{f1} = h_{f2} = h_{f3} \tag{7.27}$$

也就是说，对于每一条管道，单位重量流体从 A 点流到 B 点沿程水头损失是相同的。并联管段一般按长管计算，每条管段均为简单管路，用比阻法表示为

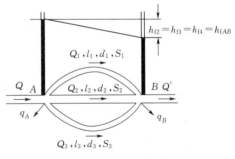

图 7.16 并联管路

$$S_{01} l_1 Q_1^2 = S_{02} l_2 Q_2^2 = S_{03} l_3 Q_3^2 \tag{7.28}$$

一般情况下，并联管段的管长、管径、管材不同，各管中的流量也不相同，各管段流量分配满足节点流量平衡条件，流进节点的流量等于由该节点流出的流量。总流量为各管流量之和，即

$$Q = \sum_{i=1}^{n} Q_i \tag{7.29}$$

如图 7.16 所示管路，对于 A 点

$$Q = Q_2 + Q_3 + Q_4 + q_A \tag{7.30}$$

并联管路的水力计算满足能量方程和连续性方程的条件，式（7.28）和式（7.30）联立可求解管道中的流量分配。

需要指出的是，式（7.27）表示的是单位重量流体从 A 点流到 B 点沿任何一条管道产

生的沿程水头损失相同，但不意味着各管道上总的能量损失相等，总的能量损失与通过的流量有关。

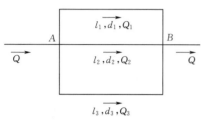

图 7.17　并联管路供水

【例 7.6】　如图 7.17 所示，三条并联的铸铁管道，已知总流量 $Q = 0.25 \text{m}^3/\text{s}$，管道粗糙系数 $n = 0.012$，管长及管径如下：$l_1 = 300\text{m}$，$d_1 = 200\text{mm}$；$l_2 = 200\text{m}$，$d_2 = 150\text{mm}$；$l_3 = 350\text{m}$，$d_3 = 250\text{mm}$。求各管中流量及水头损失。

解：（1）求管道比阻。

已知管道粗糙系数，按曼宁公式求比阻，$S_0 = \dfrac{8\lambda}{g\pi^2 d^5}$，$\lambda = \dfrac{8g}{C^2}$，$C = \dfrac{1}{n}R^{1/6}$；或查表 7.2，得

$$S_{01} = 7.92\text{s}^2/\text{m}^6,\quad S_{02} = 36.7\text{s}^2/\text{m}^6,\quad S_{03} = 2.41\text{s}^2/\text{m}^6$$

（2）计算流量。

由式（7.28）$S_{01}l_1Q_1^2 = S_{02}l_2Q_2^2 = S_{03}l_3Q_3^2$，得

$$7.92 \times 300 \times Q_1^2 = 36.7 \times 200 \times Q_2^2 = 2.41 \times 350 \times Q_3^2$$

$$2.376Q_1^2 = 7.34Q_2^2 = 0.8435Q_3^2$$

则

$$Q_1 = 0.596Q_3,\quad Q_2 = 0.339Q_3$$

由式（7.29），$Q = Q_1 + Q_2 + Q_3$

$$0.25 = 0.596Q_3 + 0.339Q_3 + Q_3$$

解之得

$$Q_3 = 0.129\text{m}^3/\text{s}$$

$$Q_2 = 0.0434\text{m}^3/\text{s}$$

$$Q_1 = 0.0769\text{m}^3/\text{s}$$

（3）计算水头损失。

由于

$$v_1 = \frac{4Q_1}{\pi d_1^2} = \frac{4 \times 0.0769}{3.14 \times 0.2^2} = 2.45\ (\text{m/s})$$

$$h_{f1} = h_{f2} = h_{f3} = 7.92 \times 300 \times 0.0769^2 = 14.05\ (\text{m})$$

7.5.4　分叉管路的水力计算

工程上常常遇到分叉管路布置，如水电站引水系统中，往往由一根总管从压力前池引水，再分为几条支管，每条支管连接一台水轮机。

图 7.18 是一分叉管路，总管从水池引水，在 B 点分叉，水从 C、D 点流入大气。C 点的作用水头为 H_1，D 点的作用水头为 H_2，各管流量为 Q、Q_1、Q_2。按长管计算，AB、BC、BD 各段水头损失为 h_f、h_{f1}、h_{f2}，管道 ABC 可视为并联管路，管道 ABD 也一样，即

$$H_1 = S_0lQ^2 + S_{01}l_1Q_1^2 \tag{7.31}$$

$$H_2 = S_0lQ^2 + S_{02}l_2Q_2^2 \tag{7.32}$$

根据连续性条件

$$Q = Q_1 + Q_2 \tag{7.33}$$

从式（7.31）和式（7.32）解出 Q_1 和 Q_2，代入式（7.33）得

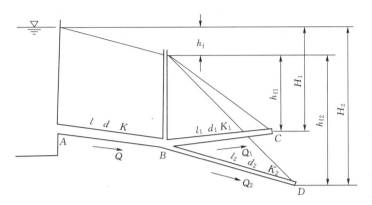

图 7.18 分叉管路

$$Q = \sqrt{(H_1 - S_0 l Q^2)/S_{01} l_1} + \sqrt{(H_2 - S_0 l Q^2)/S_{02} l_2} \quad\quad (7.34)$$

求出 Q 后，代入式（7.30）和式（7.31）解出 Q_1 和 Q_2 。

【例 7.7】 如图 7.18 所示分叉管路，在 B 点分叉，水从 C、D 点流入大气。管道糙率 $n = 0.012$ 。管长及管径分别为 $l = 300\mathrm{m}$，$d = 400\mathrm{mm}$；$l_1 = 600\mathrm{m}$，$d_1 = 300\mathrm{mm}$；$l_2 = 800\mathrm{m}$，$d_2 = 350\mathrm{mm}$ 。$H_1 = 12\mathrm{m}$，$H_2 = 15\mathrm{m}$ 。求各管的流量。

解：（1）求各管的比阻。

查表 7.2 得

$$S_0 = 0.196\mathrm{s^2/m^6}, \quad S_{01} = 0.911\mathrm{s^2/m^6}, \quad S_{02} = 0.401\mathrm{s^2/m^6}$$

（2）求各管流量。

由式（7.31），得

$$12 = 0.196 \times 300 \times Q^2 + 0.911 \times 600 \times Q_1^2 \quad\quad (\mathrm{a})$$

由式（7.32），得

$$15 = 0.196 \times 300 \times Q^2 + 0.401 \times 800 \times Q_2^2 \quad\quad (\mathrm{b})$$

由式（7.33），得

$$Q = Q_1 + Q_2 \quad\quad (\mathrm{c})$$

联立求解式（a）、式（b）、式（c），得到

$$Q = 0.29\mathrm{m^3/s}, \quad Q_1 = 0.113\mathrm{m^3/s}, \quad Q_2 = 0.177\mathrm{m^3/s}$$

7.5.5 沿程均匀泄流管路的水力计算

前面讨论的管道流量在某一段范围内沿程不变，流量集中在管段端点泄出，这种流量称为通过流量（传输流量）。在工程中还会遇到从侧面连续泄流的管路，如沉淀池中的冲洗管、冷却塔的配水管、船闸灌水廊道等。这种管路除通过流量外，在管道侧面还连续向外泄出流量 q，这种流量称为途泄流量（沿线流量），单位是 $\mathrm{m^3/(s \cdot m)}$ 。最简单的情况是单位长度上的流量相等，这种管路称为沿程均匀泄流管路，如图 7.19 所示。

管路 AB 长度为 l，作用水头为 H，管

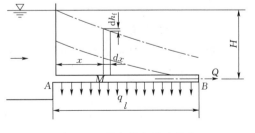

图 7.19 沿程均匀泄流管路

路出口的通过流量为 Q，单位长度上的途泄流量为 q，在 M 点过流断面处，流量为 $Q_M = Q + (l-x)q$，由于流量沿程变化，此水流为变流量而且是非均匀流。但在微分流段 dx 内，可以认为流量不变，并作均匀流处理。于是，微分流段 dx 的沿程水头损失为

$$dh_f = S_0 [Q + (l-x)q]^2 dx$$

沿管长积分，可得全管路的沿程水头损失

$$H = h_{fAB} = \int_0^l S_0 [Q + (l-x)q]^2 dx = S_0 l \left(Q^2 + Qql + \frac{1}{3} q^2 l^2 \right)$$

可近似地写为

$$h_{fAB} = S_0 l (Q + 0.55ql)^2 = S_0 l Q_r^2 \tag{7.35}$$

其中
$$Q_r = Q + 0.55ql$$

式中　　Q_r——折算流量。

由式（7.35）可知，引入折算流量 Q_r，便可把沿程均匀泄流的管道按通过流量不变的管道计算。

当通过流量 $Q = 0$ 时，沿程均匀泄流管路的水头损失为

$$H = h_{fAB} = S_0 l Q_r^2 = \frac{1}{3} S_0 l (ql)^2 \tag{7.36}$$

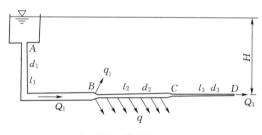

图 7.20　管路沿程供水

式（7.36）表明，长度、管径相等的管路，当通过同样的流量时，沿程均匀泄流管路的水头损失是流量集中在管路末端出流的水头损失的 1/3。

【**例 7.8**】　如图 7.20 所示的由水塔供水的管路，由三段铸铁管段组成，其中第二段为沿程均匀泄流管段。铸铁管糙率 $n = 0.012$。管长和管径分别为 $l_1 = 450m$，$d_1 = 250mm$；$l_2 = 200m$，$d_2 = 200mm$；$l_3 = 300m$，$d_3 = 150mm$。节点 B 转输流量 $q_1 = 0.015m^3/s$，途泄流量 $q = 0.0001m^3/(s \cdot m)$，管路末端流量 $Q_3 = 0.02m^3/s$。求水塔高度 H。

解：（1）计算各管流量。

$$Q_1 = Q_3 + q_1 + ql_2 = 0.02 + 0.015 + 0.0001 \times 200 = 0.055 \ (m^3/s)$$

第二段管道为沿程均匀泄流管段，折算流量为

$$Q_2 = Q_3 + 0.55ql_2 = 0.02 + 0.55 \times 0.0001 \times 200 = 0.031 \ (m^3/s)$$

（2）求各管的比阻。

查表 7.2 得　$S_{01} = 2.41s^2/m^6$，$S_{02} = 7.92s^2/m^6$，$S_{03} = 36.7s^2/m^6$

（3）计算水塔高度。

$$H = h_{f1} + h_{f2} + h_{f3}$$
$$= 2.41 \times 450 \times 0.055^2 + 7.92 \times 200 \times 0.031^2 + 36.7 \times 300 \times 0.02^2$$
$$= 3.28 + 1.52 + 4.40 = 9.20 \ (m)$$

7.6 有压管路中的水击

水电站水轮机开启或关闭过程中压力钢管中的水流属非恒定流。本节仅讨论有压管中一种重要的水流现象——水击（水锤）。

在前面各章的讨论中，均把流体看做是不可压缩的，但在水击发生时，必须考虑流体的可压缩性，同时还要考虑管壁的弹性变形，因为水的可压缩性和管壁的弹性均对水击压强和水击波的传播速度有重要影响。

7.6.1 水击描述

1. 水击现象

在有压管路中，由于外界原因（如阀门突然关闭、水泵突然停机、水电站水轮机增甩负荷等）使管中的水流发生突然变化，从而引起压强急剧升高或降低的交替变化，压强升高时可使管道的压强为正常工作时的几十倍甚至几百倍，这种交替变化的压强使得管壁、阀门等部件就像受到锤击一样，此种现象被称为水击。

水击发生时往往引起管道系统强烈振动甚至管道开焊、爆裂、阀门破坏等事故，在工程上必须要对此十分注意。

2. 水击产生的原因

图 7.21 所示为长度为 l，管径与壁厚沿程不变的简单管道。管道的 M 点与水池相接，管道末端 N 点设一阀门，为使问题简化，在讨论中略去沿程水头损失及流速水头，恒定流时测压管水头线与静水头线重合。设管中压强为 p_0，断面平均流速为 v_0。若阀门突然关闭，紧靠阀门处的那一层水会突然停止流动，流速由 v_0 瞬间变为零。由动量定理可知，动量的变化是由外

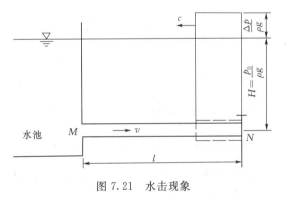

图 7.21　水击现象

力促成的，所以管中动量的改变必然伴随着管中压强的急剧变化。因外力作用，紧靠阀门的这一层水的压强会突然升至 $p_0 + \Delta p$，升高的压强 Δp 则称为水击压强。

假定水和管道都是刚体，当阀门突然关闭时，整个管道中水的流速会立刻变为零，整个管道的压强会升至无穷大。而实际上，水具有可压缩性（弹性），管壁具有弹性，在关阀门的瞬间，由于水击压强的作用，仅仅是紧靠阀门的这一层水先被压缩，管壁膨胀，由于产生这种变形，管中的水就不会在同一时刻全部停止运动。而是第一层水先停止流动，压强增加 Δp，随后与之相接的第二层水及其后续各层相继逐层停止流动，同时压强逐层升高，以弹性波的形式由阀门迅速传到管道进口，此时整个管道的压强都增加了 Δp。这种水击产生的弹性波称为水击波。

综上所述，水击产生的原因是存在引起管道水流速度突然改变的外部条件，水流本身具有惯性和可压缩性是内在因素。

3. 水击的传播过程

水击波的传播速度很快，相当于水中声波的传播速度，所以水击的发生及传播过程是在瞬间完成的，为讨论问题方便，把它分为几个阶段。水击传播过程的第一周期如图 7.22 所示。

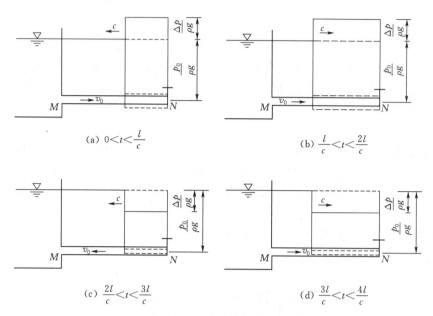

图 7.22 水击传播过程

第一阶段：如上所述，当阀门关闭时，水击波自阀门向管道进口传播，传播方向与来流方向相反，称之为增压逆波。当 $t = \dfrac{l}{c}$ 这一瞬间，全管道流体处于被压缩状态，$0 < t < \dfrac{l}{c}$ 为第一阶段，如图 7.22（a）所示。

第二阶段：由于上游水库（水池）面积很大，水位基本不变，管内压强（$p_0 + \Delta p$）大于水库（水池）静压（p_0），在此压差的作用下（管道储存的弹性能开始释放），管道内的水开始以（$0 \sim v_0$）的速度向水库流动，开始了第二阶段。此过程为增速减压，水和管道恢复原状，水击波自进口逐层向阀门传播，层层解压，水击波传播方向与恒定流时方向相同，故称为降压顺波。在 $t = \dfrac{2l}{c}$ 时，全管道流体和管道恢复原状，$\dfrac{l}{c} < t < \dfrac{2l}{c}$ 称为第二阶段。$t = \dfrac{2l}{c}$ 是水击波由阀门至水库来回所需时间，在水击计算中称为相长，以 T 表示，即 $T = \dfrac{2l}{c}$，如图 7.22（b）所示。

第三阶段：由于惯性作用，当水击波传播到阀门时水流运动并不会停止，继续以反向流速 $-v_0$ 运动，由于阀门关闭，无流体补充，此时阀门处这一层流体流速由 $-v_0$ 变为零，从而引起压强又降低 Δp，并使流体膨胀，密度减小，管壁收缩。水击波自阀门逐层向进口传播，层层降压，这一阶段中的水击波称为降压逆波。在 $t = \dfrac{3l}{c}$ 时，全管道流体膨胀，管道收缩，$\dfrac{2l}{c} < t < \dfrac{3l}{c}$ 称为第三阶段，如图 7.22（c）所示。

第四阶段：在 $t = \dfrac{3l}{c}$ 瞬间仍存在压差 Δp，水流运动还不会停止，水又以速度 v_0 向阀门流动，水击波自进口逐层向阀门传播，层层解压，从而使水的密度和管道恢复原状。这一阶段中的水击波称为增压顺波。在 $t = \dfrac{4l}{c}$ 时，全管道流体和管道恢复原状，$\dfrac{3l}{c} < t < \dfrac{4l}{c}$ 称为第四阶段，如图 7.22（d）所示。

在 $t > \dfrac{4l}{c}$ 以后，由于阀门仍处于关闭状态，流动受阻，其条件和水击开始的第一阶段一样，水击现象将重复上述四个阶段，周期循环。实际上，由于流动阻力存在，水击波是逐渐衰减的。

从阀门关闭 $t = 0$ 算起，到 $t = \dfrac{2l}{c}$ 时，称为第一相，由 $t = \dfrac{2l}{c}$ 至 $t = \dfrac{4l}{c}$ 称为第二相。经过两个相长，全管内压强、流速、流体和管壁都恢复到水击发生时的状态，所以，把 $t = 0$ 至 $t = \dfrac{4l}{c}$ 称为一个周期。水击过程的运动特征列于表 7.7。

表 7.7   水击过程的运动特征

过程	时 段	流速变化	流动方向	压强变化	水击波的传播方向	运动特征	流体状态
增压逆波	$0 < t < \dfrac{l}{c}$	$v_0 \to 0$	$M \to N$	增高 Δp	$N \to M$	减速增压	压 缩
减压顺波	$\dfrac{l}{c} < t < \dfrac{2l}{c}$	$0 \to -v_0$	$N \to M$	恢复原状	$M \to N$	增速减压	恢复原状
减压逆波	$\dfrac{2l}{c} < t < \dfrac{3l}{c}$	$-v_0 \to 0$	$N \to M$	降低 Δp	$N \to M$	减速减压	膨 胀
增压顺波	$\dfrac{3l}{c} < t < \dfrac{4l}{c}$	$0 \to v_0$	$M \to N$	恢复原状	$M \to N$	增速增压	恢复原状

4. 直接水击与间接水击

前面的分析中认为阀门是瞬间关闭的，这是为了分析问题方便而作出的一种假定，事实上，阀门总是逐渐关闭的，要有一定的时间才能完成。关闭阀门的时间用 T_s 表示。

从图 7.23 可以看出，若阀门关闭时间 $T_s = 0$ 在水击发生的第一阶段末，全管道的压强增加 $\dfrac{\Delta p}{\rho g}$，如图 7.23（a）所示；若阀门关闭时间 $\dfrac{l}{c} < T_s < \dfrac{2l}{c}$，第一阶段水击波的反射波已从管道进口传播回来，与第二阶段的水击波叠加，如图 7.23（b）所示；若阀门关闭时间 $T_s = \dfrac{2l}{c}$，第二阶段的水击波传播回来，阀门恰好关闭，水击波叠加的结果如图 7.23（c）所示。以上三种情况任何一种都会造成阀门处产生最大水击压强。

若阀门关闭时间大于一个相长，即 $T_s > \dfrac{2l}{c}$，第二阶段的水击波传播回来，阀门还未

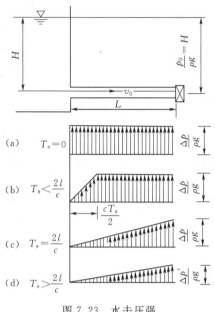

图 7.23 水击压强

关闭水击波叠加的结果如图 7.23（d）所示，阀门处的水击压强为 $\frac{\Delta p'}{\rho g}$，小于最大水击压强 $\frac{\Delta p}{\rho g}$。

通过以上分析可知，只要阀门关闭时间 $T_s < \frac{2l}{c}$，对阀门处来说产生的水击压强和 $T_s = 0$ 的情况是一样的，都达到水击压强最大值。因此把阀门关闭时间 $T_s < \frac{2l}{c}$ 产生的水击称为直接水击。

若阀门关闭时间 $T_s > \frac{2l}{c}$，阀门处产生的水击压强要小于直接水击产生的水击压强，故把关闭时间 $T_s > \frac{2l}{c}$ 产生的水击叫做间接水击。

5. 水击波的传播速度

当水击发生时，流体被压缩，管壁膨胀，考虑水的可压缩性和管壁的弹性变形，应用质量守恒定律可以推导出水击波传播速度 c，推导过程可参考相关文献。

$$c = \frac{c_0}{\sqrt{1 + \dfrac{E_0}{E} \dfrac{D}{\delta}}} \tag{7.37}$$

式中　c_0——声波在水中的传播速度，在水温 10℃ 左右，压强为 1～25 个大气压时，$c_0 = 1435\text{m/s}$；

　　　E_0——水的弹性模量（体积弹性系数），一般取 $E_0 = 2.04 \times 10^9 \text{N/m}^2$；

　　　E——管壁的弹性模量（应用时查相关资料）；

　　　D——管的直径；

　　　δ——管的壁厚。

例如，一般钢管弹性模量为 $2.06 \times 10^{11} \text{N/m}^2$，$E_0/E \approx 0.01$，$D/\delta = 100$，代入式（7.37）的得 $c \approx 1000\text{m/s}$，可见水击波的传播速度之快。

式（7.37）只能用于薄壁均匀圆管，当管道不是圆管或管壁不均匀（如钢筋混凝土或各种衬砌隧洞等）时，其水击波传播速度的计算公式可查阅相关资料。

7.6.2　水击压强的计算

水击发生时，管道中为非恒定流，不能直接用恒定流的动量方程推导，现采用动量定理推导水击压强的计算公式。如图 7.24 所示，取管段 Δl 为研究对象，Δl 两端为断面 m—m 和断面 n—n。设原先速度为 v_0，密度为 ρ，压强 p_0，管面积为 A。水击发生后，经 Δt 时段，水击

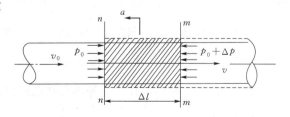

图 7.24　水击压强计算公式推导

波以速度 c 从断面 m—m 传播到断面 n—n，此时，此流段内的水体速度变为 v，压强变为 $p_0 + \Delta p$，密度变为 $\rho + \Delta \rho$，管面积变为 $A + \Delta A$。

在 Δt 时段内沿管周方向的动量变化为：$(\rho + \Delta \rho)(A + \Delta A)v\Delta l - \rho A v_0 \Delta l$，略去二阶微量，得 $\rho A \Delta l (v - v_0)$。

因 $\Delta l = c\Delta t$，则

$$\rho A \Delta l (v - v_0) = \rho A (v - v_0) c \Delta t \tag{7.38}$$

在 Δt 时段内，外力（两端面压力差）在管轴方向的冲量为：$[p_0 (A + \Delta A) - (p_0 + \Delta p)(A + \Delta A)]\Delta t$，略去二阶微量，并考虑到 $p_0 \Delta A$ 远比 $\Delta p A$ 小得多，略去 $p_0 \Delta A$，则

$$[p_0(A + \Delta A) - (p_0 + \Delta p)(A + \Delta A)]\Delta t = -\Delta p A \Delta t \tag{7.39}$$

根据动量定理，Δt 时段内动量的变化等于所受外力在同一时段内的冲量，由式（7.38）和式（7.39）得

$$\rho A (v - v_0) c \Delta t = -\Delta p A \Delta t$$

于是

$$\Delta p = \rho c (v_0 - v) \tag{7.40a}$$

或写为

$$\Delta H = \frac{\Delta p}{\rho g} = \frac{c}{g}(v_0 - v) \tag{7.40b}$$

当阀门瞬间完全关闭，$v = 0$，则水击压强的计算公式为

$$\Delta p = \rho c v_0 \tag{7.41a}$$

或写为

$$\Delta H = \frac{c v_0}{g} \tag{7.41b}$$

式（7.40）称为儒可夫斯基公式，可计算阀门突然关闭或突然开启时的水击压强。

例如，一般引水钢管内水击波的传播速度为 $c \approx 1000\text{m/s}$，设管道恒定流时流速 $v_0 = 5\text{m/s}$，阀门突然关闭，应用式（7.41）计算

$$\Delta H = \frac{1000 \times 5}{9.8} \approx 500 \ (\text{m H}_2\text{O})$$

这相当于管道内压强突然增加了 50 个大气压，可见其破坏力之大，若设计时未考虑水击问题其后果严重。

对于间接水击，由于存在正水击波和反射波的相互作用，计算比较复杂，间接水击压强可近似用下式计算

$$\Delta p = \rho c v_0 \frac{T}{T_s} \tag{7.42a}$$

或

$$\Delta H = \frac{c v_0}{g} \frac{T}{T_s} = \frac{v_0}{g} \frac{2l}{T_s} \tag{7.42b}$$

应当指出，对于复杂水击问题的求解，通常求解水击基本微分方程组，包括水击的运动方程和水击的连续方程，其求解方法比较复杂，这里不予介绍。

7.6.3　水击危害的预防措施

通过以上讨论可知，水击压强巨大，虽然水击的传播过程有能量损失，水击压强衰减迅速，但是在水击发生的初始瞬间，也足以造成严重破坏，因此必须采取有效措施。

1. 停泵水击

离心水泵因误操作或突然停电，会造成水泵突然停止，水沿管路倒流，底阀突然关闭，产生水击，这种水击称为停泵水击。

停泵水击也会造成严重损失，应严格按操作规程操作，即在需要停泵之前，先关闭出口阀门，实行闭阀停泵。为防止突然断电造成事故，可在压水管安装水击消除阀或回止阀。离心水泵在正常运行和正常停泵时，供水系统不会发生水击。

2. 水电站压力管道水击

当水电站增负荷（开机）或甩负荷（关机）时会发生水击。从上面分析和式（7.42）可知，间接水击可大大消弱水击压强。若在压力管道适当部位，修建调压室（图7.25），当水轮机开启或关闭时，由于压强的变化，一部分水会流入（出）调压室，惯性能得以释放，相当于缩短了水击波的传播长度，可减小水击压强并缩小水击的影响范围。

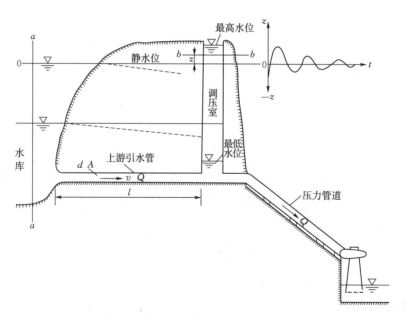

图 7.25　水电站调压室

本　章　知　识　点

（1）孔口出流在实际工程上有广泛的应用，如闸孔出流、沉淀池泄水、船坞、船闸的灌泄水、船坞灌水等。

（2）孔口出流分为自由出流与淹没出流，要注意其流动特点及流速系数 φ、流量系数

μ 的区别，以及公式的应用条件。

（3）管嘴出流在实际工程中的应用也相当广泛，如大坝导流底孔、涵管泄流、消防水龙头、水电站尾水管等，要注意区别不同管嘴出流的水力特征。

（4）管嘴出流与孔口出流的最大区别在于，在作用水头、孔径等相同的情况下，管嘴出流的流量要大于孔口出流的流量，这是因为管嘴出流的出口被流体充满，收缩断面处形成了真空（负压），相当于提高了作用水头的缘故。

（5）圆柱形外延管嘴工作条件有一定限制：①管长为直径的 $3\sim4$ 倍，即 $l=(3\sim4)d$，管嘴短了，管嘴出口不能被流体充满，收缩断面处不能形成真空；管嘴长了会增加沿程阻力，降低流量。②对水而言，作用水头小于 9m H_2O。

（6）对于有压管流，为简化计算分为长管和短管。若沿程水头损失、局部水头损失、流速水头各占相当比重，在进行水力计算时三项都必须考虑，这种管路叫"短管"；若在管路中沿程水头损失占绝对比重，局部水头损失和流速水头所占比重较小可略去不计，这种管路叫"长管"。

（7）短管水力计算公式 $Q=\mu_c A\sqrt{2gH_0}$，式中 μ_c 为管路系统的流量系数，对于自由出流 $\mu_c=\dfrac{1}{\sqrt{1+\lambda\dfrac{l}{d}+\sum\zeta}}$，它包含沿程阻力系数 $\lambda\dfrac{l}{d}$ 和局部阻力系数 $\sum\zeta$。对于淹没出流 $\mu_c=\dfrac{1}{\sqrt{\lambda\dfrac{l}{d}+\sum\zeta}}$，虽然少了一个 1，但 $\sum\zeta$ 中多了个出口局部阻力系数也是 1。H_0 为全水头，对于自由出流和淹没出流，在进行水力计算时，要注意作用水头的区别。

（8）简单长管水力计算公式 $H=S_0lQ^2$ 或 $H=\dfrac{Q^2}{K^2}l$，式中 S_0 为比阻，$S_0=\dfrac{8\lambda}{g\pi^2 d^5}$，$K$ 为流量模数，$K=AC\sqrt{R}$，简单长管水力计算公式是进行长管水力计算的基础。

（9）串联管路是由多条管径不同的管段依次连接组成，其总水头损失为各段水头损失之和。即 $H=\sum\limits_{i=1}^{n}h_{fi}=\sum\limits_{i=1}^{n}S_{0i}l_iQ_i^2$ 或 $H=\sum\limits_{i=1}^{n}h_{fi}=\sum\limits_{i=1}^{n}\dfrac{Q_i^2}{K_i^2}l_i$。

（10）并联管路是由两条或多条管径不同的管段并接组成，它们有公共节点，节点流量满足连续性方程，即 $\sum\limits_{i=1}^{n}Q_i=0$，其含义是流入的流量等于流出的流量。两节点间的水头损失对于每条管道其值相等，即 $h_{f1}=h_{f2}=h_{f3}=\cdots=h_{fn}$。

（11）沿程均匀泄流管路其水头损失的水力计算，可以按折算流量 Q_r 计算，折算流量 $Q_r=Q+0.55ql$，若管道末端转输流量 $Q=0$ 时，均匀泄流管段总的水头损失 $H=h_{fAB}=S_0lQ_r^2=\dfrac{1}{3}S_0l(ql)^2$。

（12）在有压管路中，由于外界原因使管中的水流发生突然变化，从而引起压强急剧升高或降低的交替变化，这种特殊的水力种现象被称为水击。

（13）水击波传播速度用 c 表示，$c=\dfrac{c_0}{\sqrt{1+\dfrac{E_0}{E}\dfrac{D}{\delta}}}$。水击波传播时间为 t，$t=\dfrac{2l}{c}$ 为一

个相长，从 $t=0$ 至 $t=\dfrac{4l}{c}$ 称为一个周期。

（14）根据阀门（水轮机导叶）关闭时间，分为直接水击与间接水击，关闭阀门的时间用 T_{s} 表示，若阀门关闭时间 $T_{\mathrm{s}}<\dfrac{2l}{c}$ ，产生的水击称为直接水击。若阀门关闭时间 $T_{\mathrm{s}}>\dfrac{2l}{c}$ ，产生的水击称为间接水击。

（15）直接水击压强可用 $\Delta p=\rho c v_0$ 或 $\Delta H=\dfrac{c v_0}{g}$ 计算；间接水击，由于存在正水击波和反射波的相互作用，计算比较复杂，间接水击压强可近似用 $\Delta p=\rho c v_0\dfrac{T}{T_{\mathrm{s}}}$ 或 $\Delta H=\dfrac{v_0}{g}\dfrac{2l}{T_{\mathrm{s}}}$ 计算。

（16）水击危害的预防措施有：对于停泵水击，要严格按照操作规程操作，为防止突然断电造成事故，可在压水管安装水击消除阀或回止阀；对于水电站压力管道水击，可在压力管道适当部位修建调压室，可大大减弱水击的危害。

思 考 题

7.1　在水箱侧壁的同一高程，设置孔径相同的一个孔口与一个外延管嘴，二者哪个流量大？为什么？

7.2　在壁厚为 0.8m，水面以下 3.0m 处开设孔径分别为 $d_1=0.4$m，$d_2=0.2$m 的两个孔。试问，计算其泄水流量时，选用的计算公式是否相同？

7.3　为什么总水头线沿程不可以上升？在什么情况下短管的测压管水头线会沿程上升？

7.4　如图 7.26 所示的等厚隔墙上设两条管材、管径相同的短管，上游水位不变。试比较当下游水位为 ∇_A、∇_B、∇_C 时两管流量的大小。

7.5　如图 7.27 所示坝内式水电站，图中①、②为两个设计方案，若两方案的管径、管材及水轮机型号相同，试问：（1）两方案中水轮机的有效水头是否相同？为什么？（2）两方案中水轮机前后相应点的压强是否相同？

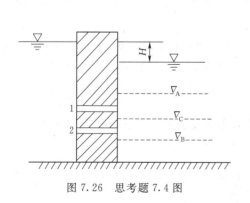

图 7.26　思考题 7.4 图

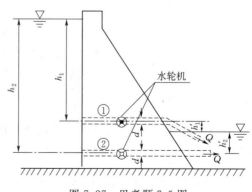

图 7.27　思考题 7.5 图

7.6　如图 7.28 所示的分叉管路，若管 A、管 B 的流量为 Q_1、Q_2。若把管 B 接长（图中虚线所示），试问，在其他条件不变的情况下，两管流量是否变化？为什么？

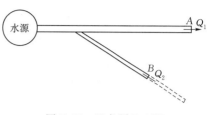

图 7.28　思考题 7.6 图

7.7　什么叫间接水击？为什么直接水击压强比间接水击压强大？

7.8　水击波的传播速度与哪些因素有关？

7.9　避免水击危害的措施有哪些？

习　题

7.1　如图 7.29 所示，水流由水箱 A 经孔口流入水箱 B，孔口直径 $d=10\text{cm}$，已知 $H=3.0\text{m}$，水箱 A 水面相对压强 $p=3\text{kPa}$，孔口流量系数 $\mu=0.62$，试计算通过孔口的流量。

7.2　如图 7.30 所示，水箱分为 A、B 两室，隔墙上设一孔口，$d_1=5\text{cm}$，B 室底部有一圆柱形外延管嘴，$d_2=4\text{cm}$。已知 $H=3.5\text{m}$，$h_3=0.8\text{m}$，试求，在水流恒定时：（1）h_1 和 h_2 的值；（2）流量的值。

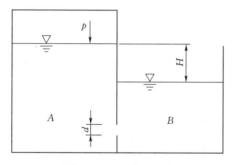

图 7.29　习题 7.1 图

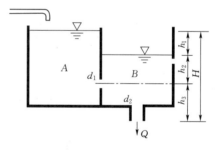

图 7.30　习题 7.2 图

7.3　如图 7.31 所示，水箱侧壁的同一垂线上开两个孔径相同的薄壁孔口，上孔口与水面的距离为 a，下孔口与地面的距离为 c，试证明两孔口的水落在地面同一点。

7.4　如图 7.32 所示密闭容器侧壁上有一薄壁孔口，$d=2\text{cm}$，孔口中心距水面 $H=2\text{m}$，试比较下列三种情况时孔口的流量：（1）水面压强 $p_0=p_a$；（2）水面压强 $p_0=0.95p_a$；（3）水面压强 $p_0=1.05p_a$。

7.5　如图 7.33 所示两水池用虹吸管连通，上下游水位差 $H=2\text{m}$，管长 $l_1=2\text{m}$，$l_2=6\text{m}$，$l_3=3\text{m}$，管径 $d=200\text{mm}$，上游水面至顶部管中心线 $Z=1.0\text{m}$，沿程损失系

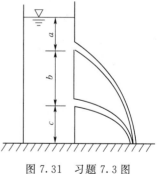

图 7.31　习题 7.3 图

数 $\lambda_1=\lambda_2=\lambda_3=0.025$，进口拦污栅局部损失系数 $\zeta_1=6.0$，一个弯头损失系数 $\zeta_2=2.0$。（1）求虹吸管的过流流量；（2）压强最低点的位置及其真空值。

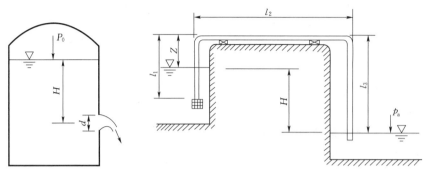

图 7.32　习题 7.4 图　　　　　　　　图 7.33　习题 7.5 图

7.6　如图 7.34 所示为直径为 d、管长为 $2l$ 的管路，若在管路中间位置并连接出管径管材相同、管长为 l 的管道（虚线所示）。假定上下游水位不变，试问并联后流量增加了多少？

7.7　如图 7.35 所示为一串联管路，已知上下游水深 H_1、H_2，管长 $l_1 = l_2 = l_3 = l$，管径 $d_1 = 1.5d_3$，$d_2 = 2d_3$，沿程损失系数 $\lambda_1 = \lambda_2 = \lambda_3 = \lambda$，试推导该管路的流量表达式。

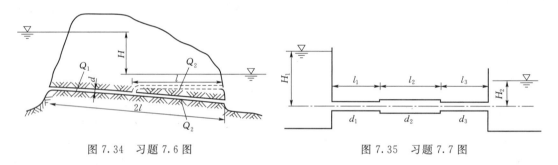

图 7.34　习题 7.6 图　　　　　　　　图 7.35　习题 7.7 图

7.8　一水泵向两水池供水（图 7.36），管长及管径分别为，$l_1 = 200\text{m}$，$d_1 = 0.25\text{m}$；$l_2 = 200\text{m}$，$d_2 = 0.20\text{m}$；$l_3 = 150\text{m}$，$d_3 = 0.15\text{m}$，已知供水管为铸铁管（$n = 0.012$），$Z_A = 15\text{m}$，$Z_B = 10\text{m}$，A 池的供水流量 $Q_2 = 0.12\text{m}^3/\text{s}$，求 B 池的供水量 Q_3 及水泵的出口压强（提示：按长管计算，y 为该节点的虚拟测压管水头）。

7.9　如图 7.37 所示，有一铸铁管路 $ABCD$，$l_{AB} = l_{BC} = l_{CD} = 500\text{m}$，$d_{AB} = d_{BC} = d_{CD} = 250\text{mm}$；转输流量 $Q_B = 20\text{L/s}$，$Q_C = 45\text{L/s}$，$Q_D = 50\text{L/s}$；BC 段为均匀途泄管路总泄量为 30L/s，CD 段也为均匀途泄管路总泄量为 40L/s，求水池中水头 H。

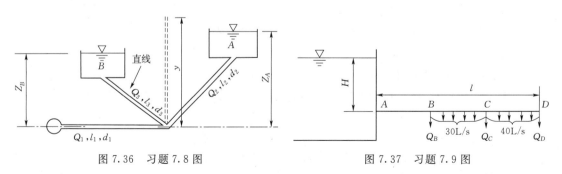

图 7.36　习题 7.8 图　　　　　　　　图 7.37　习题 7.9 图

7.10　某输水钢管，管长 500m，直径 $d=200$mm，管壁厚 $\delta=10$mm，管中恒定流时流速 $v_0=2.0$m/s，试问若末端阀门突然关闭，最大水击压强为多少？若关闭阀门的时间 $T_s=2.0$s，最大水击压强又为多少（水的弹性模量 $E_0=2.04\times10^5$N/cm^2，钢管弹性模量为 $E=2.06\times10^7$N/cm^2，声波在水中的传播速度 $c_0=1435$m/s）。

第8章 明渠恒定流

明渠是指人工修建的渠道或自然形成的河道。明渠流具自由表面，自由表面上各点压强均为大气压强，相对压强为零，故又称为无压流。天然河道、输水渠道、无压隧洞、渡槽以及涵洞中的水流都属明渠水流。

当明渠中水流的运动要素不随时间变化时，称为明渠恒定流，否则称为明渠非恒定流。在明渠恒定流中，如果水流运动要素不随流程变化，称为明渠均匀流，否则称为明渠恒定非均匀流。在明渠非均匀流中，若流线接近于相互平行的直线，称为明渠渐变流，否则称为明渠急变流。

本章仅限于明渠恒定流，首先讨论明渠恒定均匀流，而后讨论明渠恒定非均匀流。重点研究明渠恒定均匀流的基本特征、输水能力的计算；明渠恒定非均匀流渐变的基本方程、水深沿程变化规律、水面线变化规律及其计算。

8.1 明渠的类型

明渠的断面形状、尺寸以及底坡的变化对明渠水流运动有十分重要的影响，通常把明渠分为以下类型。

8.1.1 顺坡、平坡和逆坡渠道

明渠的底为一斜面，在纵剖面上，渠底为一长斜线，其纵向的倾斜程度称为底坡，用符号 i 表示。i 的大小用底坡线与水平面夹角的正弦表示，即 $i = \sin\theta = \dfrac{\Delta z}{l}$，$\theta$ 为渠底坡线与水平面的夹角。通常土渠的底坡 i 不大，即 θ 很小，故常常用 $i \approx \dfrac{\Delta z}{l_x} = \tan\theta$，式中 l_x 为渠底坡线的水平投影长度，如图 8.1（a）所示。

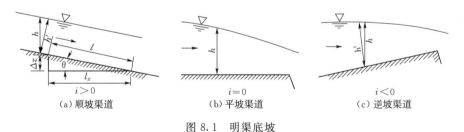

| (a) 顺坡渠道 | (b) 平坡渠道 | (c) 逆坡渠道 |

图 8.1 明渠底坡

当渠底沿程降低时称为顺坡渠道，即 $i > 0$，如图 8.1（a）所示；当渠底水平时称为平坡渠道，即 $i = 0$，如图 8.1（b）所示；当渠底沿程升高时称为逆坡渠道，即 $i < 0$，如图 8.1（c）所示。

应当指出，明渠水流的水深应在垂直于底坡线的过流断面上量取，为 h'。对于底坡较

小的渠道，水流的水深可近似取其铅垂方向 h ，如图 8.1（a）和（c）所示。当 $i \leqslant 0.1(\theta \leqslant 6°)$ 时，水深的误差均小于 1%。对于底坡较大的渠道，其误差明显。

8.1.2 棱柱形渠道与非棱柱形渠道

按纵向几何条件，凡断面形状、尺寸及底坡沿程不变的长直渠道，称为棱柱形渠道。否则，称为非棱柱形渠道。棱柱形渠道的过流断面面积仅随水深变化，即 $A = f(h)$ ；而非棱柱形渠道上过流断面面积，不仅随水深改变，而且沿流程改变，即 $A = f(h,s)$ 。

断面规则的人工渠道、渡槽、涵洞是典型的棱柱形渠道。对于断面形状尺寸变化不大的顺直河段，在进行水力计算时往往按棱柱形渠道处理。

8.1.3 明渠的横断面

人工明渠的横断面通常是对称的几何形状，常见的有梯形、矩形、半圆形、圆形。若横断面为梯形称之为梯形断面渠道，其他以此类推。

矩形断面渠道通常是在岩石上开凿或两侧用条石砌成，或是混凝土渠道。圆形断面通常是指无压隧洞、涵洞或排水管道。另外，天然河道断面一般是不规则的，可近似用图 8.2（e）表示，称为复式断面渠道。

渠道断面水力要素如图 8.2 所示，图中 b 为底宽，h 为水深，B 为水面宽度。

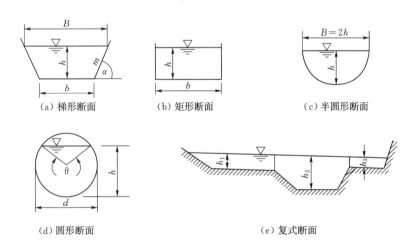

（a）梯形断面   （b）矩形断面   （c）半圆形断面

（d）圆形断面   （e）复式断面

图 8.2 渠道断面

对于梯形断面渠道，工程中应用最广，其过水断面的水力要素的关系如下：

水面宽度 $$B = b + 2mh \tag{8.1}$$

过水断面面积 $$A = (b + mh)h \tag{8.2}$$

湿周 $$\chi = b + 2h\sqrt{1 + m^2} \tag{8.3}$$

水力半径 $$R = \frac{A}{\chi} = \frac{(b + mh)h}{b + 2h\sqrt{1 + m^2}} \tag{8.4}$$

式中　m ——梯形渠道两侧边坡的斜倾程度，称为边坡系数，$m = \cot\alpha$ 。

边坡系数 m 可理解为河宽方向扩宽 m、铅直方向升高 1 时所形成的坡面。边坡系数 m 的大小根据土的种类或护面材料以及维护情况确定，列于表 8.1。

表 8.1　　　　　　　　　　　边 坡 系 数 表

土 壤 种 类	边坡系数 m	土 壤 种 类	边坡系数 m
粉砂	3.0～3.5	砾石、砂砾土、砌石	1.25～1.5
砂壤土	2.0～2.5	风化岩	0.25～0.5
密实砂壤土、黄土、黏壤土	1.25～1.5	未风化岩石	0～0.25

8.2　明渠均匀流的特征及形成条件

8.2.1　明渠均匀流的水力特征

明渠均匀流的流线是与底坡平行的一族平行直线，故有以下水力特征：

（1）过流断面面积、水深沿程不变。

（2）过流断面平均流速、过流断面上流速分布沿程不变。

（3）底坡线、总能头线、水面线三线平行，即 $i = J = J_p$，如图 8.3 所示。

（4）水体的重力沿水流方向的分力等于阻碍水流运动的摩阻力。

对于第（4）水力特征，证明如下。由于明渠均匀流是等速等深直线流动，水体没有加速度，所以作用在水体上的力是平衡的。如图 8.4 所示，取断面 1—1 和断面 2—2 间的水体为研究对象。作用于水体的力有：断面 1—1 上的动水压力 P_1，断面 2—2 上的动水压力 P_2，水体重力沿水流方向的分力 $G\sin\theta$ 以及摩阻力 F。沿水流方向，根据力的平衡原理有

$$P_1 + G\sin\theta - P_2 - F = 0 \tag{8.5}$$

因为明渠均匀流水深沿程不变，其过水断面上的动水压强又符合静水压分布规律，所以 $P_1 = P_2$，又因为二力方向相反，互相抵消，故式（8.5）写为

$$G\sin\theta = F \tag{8.6}$$

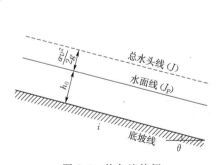

图 8.3　均匀流特征

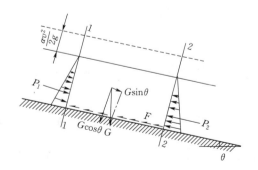

图 8.4　均匀流水体受力分析

式（8.6）表明，明渠均匀流中阻碍水流运动的摩阻力与水体重力沿水流方向的分力相平衡。

8.2.2 明渠均匀流形成的条件

根据明渠均匀流以上水力特征，不难得出其形成的条件。

（1）明渠中水流必须是恒定流。若为非恒定流，水面波动，流线不可能为平行直线，必然形成非均匀流。

（2）渠道必须是长直棱柱形渠道，糙率 n 沿程不变，且无闸、坝、桥、涵等水工建筑物。

（3）明渠中的流量沿程不变，即无支流汇入或流出。

（4）渠道必须是顺坡，即 $i>0$，否则，水体重力沿水流方向的分力不等于摩阻力。

实际工程中的渠道很难严格满足上述条件，而且渠道一般建有水工建筑物。因此，明渠水流多为非均匀流。对于天然河道，由于其断面形状、尺寸坡度、粗糙系数一般沿程是变化的，所以常形成非均匀流，但对于较为顺直、整齐的河段也常按均匀流进行近似计算。对于顺直的棱柱形渠道，只要有足够的长度，在离开进口或离开建筑物一定距离后，总是有形成均匀流的趋势，在实际工程中可按均匀流处理。人工明渠一般都顺直，基本上可满足均匀流形成的条件。

8.3 明渠均匀流基本公式

明渠水流一般都属于紊流粗糙区（阻力平方区），其水力计算公式为

$$Q = Av = 常数 \tag{8.7}$$

$$v = C\sqrt{RJ} \tag{8.8}$$

式（8.7）是明渠流的连续性方程，流量为常数；式（8.8）为明渠均匀流基本公式，也称谢齐公式，C 为谢齐系数。

由于明渠均匀流中，水力坡度 J 与底坡 i 相等，所以式（8.8）可改写为

$$v = C\sqrt{Ri} \tag{8.9}$$

将式（8.9）代入式（8.7）得

$$Q = AC\sqrt{Ri} \tag{8.10}$$

或写为

$$Q = K\sqrt{i} \tag{8.11}$$

其中

$$K = AC\sqrt{R}$$

式中 K——明渠水流的流量模数，$\mathrm{m^3/s}$，它综合反映明渠的断面形状尺寸和糙率对过流能力的影响。

在明渠均匀流情况下，渠中水深定义为正常水深，用 h_0 表示，相应的过流断面面积为 A_0，水力半径为 R_0，谢齐系数为 C_0，流量模数为 K_0，加脚注 0 是为了与明渠非均匀流中的水力要素相区别。通常谈到某一渠道的输水能力时，指的是在一定正常水深时通过的流量。

谢齐系数 C 与明渠的断面形状、尺寸、糙率 n 有关，即 $C = f(R, n)$，通常采用曼宁公式和巴甫洛夫斯基公式进行计算，可参见第 5 章。

曼宁（Manning）公式

$$C = \frac{1}{n}R^{1/6} \tag{8.12}$$

曼宁公式适用于明渠和管道，水流应处于粗糙区，在 $n < 0.020$ 及 $R < 0.5\text{m}$ 范围内应用较好。

巴甫洛夫斯基（Павловский）公式

$$C = \frac{1}{n}R^y \tag{8.13}$$

其中 $\qquad\qquad y = 2.5\sqrt{n} - 0.13 - 0.75\sqrt{R}(\sqrt{n} - 0.1)$

指数 y 也可用近似公式确定，当 $R < 1\text{m}$ 时，$y = 1.5\sqrt{n}$；当 $R > 1\text{m}$ 时，$y = 1.3\sqrt{n}$。巴氏公式适用范围 $0.1\text{m} < R < 3.0\text{m}$，管道、明渠均可采用，水流应在粗糙区。

这里特别指出，由式（8.12）和式（8.13）可知，水力半径 R 对谢齐系数 C 影响要比糙率 n 对 C 的影响小得多（n 在分母，且 $n \ll 1.0$），所以在设计渠道的断面尺寸，计算明渠输水能力时，正确地选用合适的 n 值就显得十分重要。若 n 值估计小了，即运行时的水流阻力也估计小了，而实际水流阻力要大，这样流量就达不到设计要求，或造成渠道水流漫溢或泥沙淤积。反之，设计断面尺寸偏大会造成建设费用的浪费，还可能因实际流速过大而引起渠道冲刷。

鉴于粗糙系数（糙率）n 的重要性，这里给出不同情况下的取值。实际应用时可参考这些资料选取 n 值。当然，有条件时应通过实测来确定 n 值。表 8.2 给出了渠道及天然河道的粗糙系数（糙率）n 值。第 5 章表 5.3 也给出了部分情况的 n 值。

表 8.2　　　　　　　　　　　渠道及天然河道的粗糙系数（糙率）n 值

渠 槽 类 型 及 状 况			n		
			最小值	正常值	最大值
一、渠道	敷面或衬砌渠道				
	金属	光滑钢表面			
		1. 不油漆的	0.011	0.012	0.014
		2. 油漆的	0.012	0.013	0.017
		皱纹的	0.021	0.025	0.030
	非金属	水泥			
		1. 净水泥表面	0.010	0.011	0.013
		2. 灰浆	0.011	0.013	0.015
		木材			
		1. 未处理，表面刨光	0.010	0.012	0.014
		2. 用木馏油处理，表面刨光	0.011	0.012	0.015
		3. 表面未刨光	0.011	0.013	0.015
		4. 用狭木条拼成的木板	0.012	0.015	0.018
		5. 铺满焦油纸	0.010	0.014	0.017
		混凝土			
		1. 用刮泥刀做平	0.011	0.013	0.015
		2. 用板刮平	0.013	0.015	0.016
		3. 磨光，底部有卵石	0.015	0.017	0.020

渠槽类型及状况			n		
			最小值	正常值	最大值
一、渠道	非金属	混凝土	4. 喷浆，表面良好	0.016	0.019	0.023

渠槽类型及状况				n 最小值	n 正常值	n 最大值
一、渠道	非金属	混凝土	4. 喷浆，表面良好	0.016	0.019	0.023
			5. 喷浆，表面波状	0.018	0.022	0.025
			6. 在开凿良好的岩石上喷浆	0.017	0.020	
			7. 在开凿不好的岩石上喷浆	0.022	0.027	
		用板刮平的混凝土底，边壁为	1. 灰浆中嵌有排列整齐的石块	0.015	0.017	0.020
			2. 灰浆中嵌有排列不规则的石块	0.017	0.020	0.024
			3. 粉饰的水泥块石圬工	0.016	0.020	0.024
			4. 水泥块石圬工	0.020	0.025	0.035
			5. 干砌块石	0.020	0.030	0.035
		卵石底，边壁为	1. 用木板浇筑的混凝土	0.017	0.020	0.025
			2. 灰浆中嵌乱石块	0.020	0.023	0.026
			3. 干砌块石	0.023	0.033	0.036
		砖	1. 加釉的	0.011	0.013	0.015
			2. 在水泥灰浆中	0.012	0.015	0.018
		圬工	1. 浆砌块石	0.017	0.025	0.030
			2. 干砌块石	0.023	0.032	0.035
		修整的方石		0.013	0.015	0.017
		沥青	1. 光滑	0.013	0.013	
			2. 粗糙	0.016	0.016	
		槽内有植物生长		0.030		0.050
	开凿或挖掘而不敷面的渠道					
	渠线顺直，断面均匀的土渠		1. 清洁，最近完成	0.016	0.018	0.020
			2. 清洁，经过风雨侵蚀	0.018	0.022	0.025
			3. 清洁，有卵石	0.022	0.025	0.030
			4. 有牧草和杂草	0.022	0.027	0.033
	渠线弯曲，断面变化的土渠		1. 没有植物	0.023	0.025	0.030
			2. 有牧草和一些杂草	0.025	0.030	0.033
			3. 有茂密的杂草或在深槽中有水生植物	0.030	0.035	0.040
			4. 土底，碎石边壁	0.028	0.030	0.035
			5. 块石底，边壁为杂草	0.025	0.035	0.040
			6. 圆石底，边壁清洁	0.030	0.040	0.050
	用挖土机开凿或挖掘的渠道		1. 没有植物	0.025	0.028	0.033
			2. 渠岸有稀疏的小树	0.035	0.050	0.060

续表

渠 槽 类 型 及 状 况			n		
			最小值	正常值	最大值
一、渠道	石渠	1. 光滑而均匀	0.025	0.035	0.040
		2. 参差不齐而不规则	0.035	0.040	0.050
	没有加以维护的渠道，杂草和小树未清除	1. 有与水深相等高度的浓密杂草	0.050	0.080	0.120
		2. 底部清洁，两侧壁有小树	0.040	0.050	0.080
		3. 在最高水位时，情况同上	0.045	0.070	0.110
		4. 高水位时，有稠密的小树	0.080	0.100	0.140
二、天然河道	小河流（洪水位的水面宽＜30m）				
	平原河流	1. 清洁，顺直，无沙滩和深潭	0.025	0.030	0.033
		2. 清洁，顺直，多石及杂草	0.030	0.035	0.040
		3. 清洁，弯曲，有深潭和浅滩	0.033	0.040	0.045
		4. 清洁，弯曲，但有些杂草和石块	0.035	0.045	0.050
		5. 清洁，弯曲，水深较浅，河底坡度多变，平面上回流区较多	0.040	0.048	0.055
		6. 清洁，弯曲，但有较多的石块	0.045	0.050	0.060
		7. 流动很慢的河段，多草，有深潭	0.050	0.070	0.080
		8. 多杂草的河段，多深潭，或林木滩地上的过洪	0.075	0.100	0.150
	山区河流（河槽无草树，河岸较陡，岸坡树丛过洪时淹没）	1. 河底，砾石、卵石间有孤石	0.030	0.040	0.050
		2. 河底，卵石和大孤石	0.040	0.050	0.070
	大河流（洪水位的水面宽＞30m）相应于上述小河各种情况，由于河岸阻力较小，n 值略小				
	a. 断面比较规整，无孤石或丛木		0.025		0.060
	b. 断面不规整，床面粗糙		0.035		0.100
	洪水时期滩地漫流				
	草地，无丛木	1. 短草	0.025	0.030	0.035
		2. 长草	0.030	0.035	0.050
	耕种面积	1. 未熟禾稼	0.020	0.030	0.040
		2. 已熟成行禾稼	0.025	0.035	0.045
		3. 已熟密植禾稼	0.030	0.040	0.050
	矮丛木	1. 稀疏，多杂草	0.035	0.050	0.070
		2. 不密，夏季情况	0.040	0.060	0.080
		3. 茂密，夏季情况	0.070	0.100	0.160

渠槽类型及状况			n		
			最小值	正常值	最大值
二、天然河道	树木	1. 平整田地，干树无枝	0.030	0.040	0.050
		2. 平整田地，干树多新枝	0.050	0.060	0.080
		3. 密林，树下少植物，洪水位在枝下	0.080	0.100	0.120
		4. 密林，树下少植物，洪水位淹及树枝	0.100	0.120	0.160

注　摘译自 Ven Te Chow. Open Channel Hydraulics, 1959.

8.4　明渠均匀流水力计算

对于明渠，首先应明确明渠断面形式以及保证渠道不被冲刷或淤积的允许流速，在此基础上，再进行明渠均匀流水力计算。因此，本节先介绍水力最优断面、允许流速，然后再以梯形断面、圆形断面为例介绍明渠均匀流的水力计算。

8.4.1　水力最优断面

从明渠均匀流的计算公式可知，明渠的输水能力取决于明渠断面的形状、尺寸、底坡和粗糙系数的大小。在设计渠道时，底坡一般依地形条件，粗糙系数取决于渠道的土质、护面材料及维护情况。当 i、n 和 A 一定的前提下，渠道输水能力最大的那种断面形状称为水力最优断面。

将曼宁公式代入式（8.10）得

$$Q = Av = AC\sqrt{Ri} = \frac{1}{n}AR^{2/3}i^{1/2} = \frac{1}{n}\frac{A^{5/3}i^{1/2}}{\chi^{2/3}}$$

上式表明，当 i、n 和 A 一定时，湿周 χ 越小，其过水能力越大。显然，当面积 A 一定时，边界最小的几何图形是圆形，即湿周最小。对于明渠，半圆形断面是水力最优的。但是，半圆形断面不易施工，仅在混凝土制作的渡槽等水工建筑物中使用。一般明渠为梯形断面，那么梯形断面有无水力最优的条件呢？

梯形断面的面积大小由底宽 b、水深 h 及边坡系数 m 决定，边坡系数取决于边坡稳定和施工条件，在已确定边坡系数的前提下，面积 $A = (b + mh)h$，则底宽

$$b = \frac{A}{h} - mh \tag{8.14}$$

将其代入湿周 $\chi = b + 2h\sqrt{1 + m^2}$，得

$$\chi = \frac{A}{h} - mh + 2h\sqrt{1 + m^2} \tag{8.15}$$

根据水力最优断面的定义，若面积一定，则湿周应最小。对式（8.15）求导，解出极小值，即水力最优的条件

$$\frac{\mathrm{d}\chi}{\mathrm{d}h} = -\frac{A}{h^2} - m + 2\sqrt{1+m^2} \tag{8.16}$$

再求二阶导数得 $\dfrac{\mathrm{d}\chi^2}{\mathrm{d}h^2} = 2\dfrac{A}{h^3} > 0$，二阶导数大于零，这说明湿周存在极小值。

令
$$-\frac{A}{h^2} - m + 2\sqrt{1+m^2} = 0 \tag{8.17}$$

将 $A = (b+mh)h$ 代入式（8.17），整理可得

$$\frac{b}{h} = 2(\sqrt{1+m^2} - m) = f(h) \tag{8.18}$$

式中 b/h 称为宽深比。用 β_h 表示水力最优断面的宽深比，$\beta_h = (b/h)_h$，用脚标 h 表示水力最优断面时的宽深比。式（8.18）表明，β_h 仅仅为边坡系数 m 的函数，也就是说，若 m 值确定后，按上式计算可得出宽深比的值，按此值设计的渠道断面是水力最优断面。

矩形断面是梯形断面的一个特例，即 $m=0$，其水力最优的宽深比为 $\beta_h = (b/h)_h = 2$，说明矩形渠道水力最优断面的底宽应是水深的 2 倍，即 $b = 2h$；同时，其水力半径等于水深的一半，即 $R = h/2$。

在一般土渠中，边坡系数 m 一般大于 1，按式（8.18）解出的 β_h 都小于 1（表 8.3），即梯形渠道的水力最优断面是窄深型的。按水力最优断面设计的渠道工程量虽小，但不便于施工和维护，所以水力断面最优不一定是工程上最优的。一般来讲，对于小型土渠可采用水力最优断面，因为它施工容易，维护相对简便，费用不高；无衬护的大中型渠道一般不用水力最优断面。实际工程中，必须按工程造价、施工技术、输水要求及维护等诸方面条件综合比较，选定技术先进、经济合理的断面。

综上所述，水力最优断面是依据水力学原理得到的，但对明渠断面形状的确定，要依据工程实际进行分析。

表 8.3 水力最优断面的宽深比

$m = \mathrm{ctan}\alpha$	1.00	1.25	1.50	1.75	2.00	3.00
$\beta_h = \left(\dfrac{b}{h}\right)_h$	0.83	0.79	0.61	0.53	0.47	0.32

8.4.2 允许流速

对于设计合理的渠道，除考虑过流能力和工程造价等因素外，还应保证渠道不被冲刷或淤积。因此设计流速不应大于允许流速 v'，否则渠道将被冲刷。v' 指渠道免遭冲刷的最大允许流速，简称不冲流速。相反渠道中的流速也不要过小，否则悬浮的固体颗粒下沉造成淤积，或滋生杂草，v'' 指渠道免遭淤积的最小允许流速，简称不淤流速。

渠道不冲流速的确定，取决于土质、渠道有无衬砌及衬砌的材料。设计时可参考表8.4、表8.5、表8.6或查有关水力手册。不淤流速的大小还与水流条件及挟沙特性等因素有关，设计时可查有关手册。

表8.4   坚硬岩石和人工护面渠道的不冲允许流速

岩石或护面种类 $v'/(\text{m/s})$	流量/(m^3/s)		
	<1	$1\sim10$	>10
软质沉积岩（泥灰岩、页岩、软砾岩）	2.5	3.0	3.5
中等硬质沉积岩（致密砾岩、多孔石灰岩、层状石灰岩、白云石灰岩、灰质砂岩）	3.5	4.25	5.0
硬质水成岩（白云砂岩、硬质石灰岩）	5.0	6.0	7.0
结晶岩、火成岩	8.0	9.0	10.0
单层块石铺砌	2.5	3.5	4.0
双层块石铺砌	3.5	4.5	5.0
混凝土护面（水流中不含砂和砾石）	6.0	8.0	10.0

表8.5   黏性土质渠道的不冲允许流速

土质	不冲流速/(m/s)	说　明
轻壤土	0.60～0.80	（1）均质黏性土质渠道中各种土质的干容重为 $1300\sim1700\text{kg/m}^3$。
中壤土	0.65～0.85	（2）表中所列为水力半径 $R=1.0$m 的情况，如 $R\neq1.0$m 时，则应将表
重壤土	0.70～1.00	中数值乘以 R^a 才得相应的不冲允许流速值，对于砂、砂石、卵石、疏松
黏土	0.75～0.95	的壤土、黏土 $a=\frac{1}{4}\sim\frac{1}{3}$；对于密实的壤土黏土 $a=\frac{1}{5}\sim\frac{1}{4}$

表8.6   无黏性均质土质渠道的不冲允许流速

土质	粒径/mm	不冲流速/(m/s)	土质	粒径/mm	不冲流速/(m/s)	说　明
细砂	0.05～0.25	0.17～0.40	中砾石	5.0～10.0	0.65～1.20	表中流速与水深有关，应用时查相关手册
中砂	0.25～1.0	0.27～0.70	粗砾石	10.0～20.0	0.80～1.40	
粗砂	1.0～2.5	0.46～0.80	小卵石	20.0～40.0	0.95～1.80	
细砾石	2.5～5.0	0.53～0.95	中卵石	25.0～40.0	1.20～2.20	

注　表8.4、表8.5、表8.6引自陕西水利电力厅勘测设计院陕西省灌溉渠系设计规范和编写说明，1965年7月。

8.4.3　梯形断面明渠均匀流水力计算

输水工程中应用最广泛的是梯形断面渠道。现以梯形断面渠道为例，讨论明渠均匀流的水力计算。

对于梯形断面，各水力要素的关系可表述为

$$Q = AC\sqrt{Ri} = f(m,b,h,n,i)$$

式中有6个变量，一般情况下，边坡系数 m、粗糙系数 n 根据土质条件确定，其余4个变量再按工程条件预先确定3个变量，然后求解另一个变量。

1. 校核渠道的输水能力

此类问题大多数是对已建工程进行校核性水力计算。已知渠道的断面尺寸、底坡、粗糙系数，求通过流量或断面平均流速。因为6个变量中有5个已知，即 m、b、h、i、n 确定，仅流量未知，可用式（8.10）直接求解流量，在计算时，A、χ 的单位均为 m。

2. 确定渠道的底坡

此类问题相当于根据水文资料和地质条件确定了设计流量、断面形状、尺寸、粗糙系

数 n 及边坡系数 m，即 6 个变量中有 5 个已知。设计渠道的底坡 i，可以利用式（8.11）求解，即

$$i = \frac{Q^2}{K^2} \tag{8.19}$$

3. 确定渠道断面尺寸

若根据水文资料及地质条件已确定流量、底坡、边坡系数、粗糙系数，即 4 个变量已知，可能有多组解 (h, b) 满足方程式 $Q = f(m, h, b, i, n)$，一般要根据工程条件先确定 b 或 h，即求解 b 或 h。

（1）确定渠道的水深。

若已确定渠道的底宽 b，将 $A = (b + mh)h$，$\chi = b + 2h\sqrt{1 + m^2}$，$R = \dfrac{A}{\chi}$，$C = \dfrac{1}{n}R^{1/6}$ 代入 $Q = AC\sqrt{Ri}$，整理可得

$$Q = \frac{1}{n} \frac{\left[(b + mh)h \right]^{5/3} i^{1/2}}{(b + 2h\sqrt{1 + m^2})^{2/3}}$$

这是一个关于未知量 h 的高次方程，求解十分困难，可以用试算—图解法。即，先假定水深 h 一系列值，代入上式求出流量 Q，然后绘制 h—Q 的关系曲线，根据已知流量，在曲线上查出所要求的值。也可以用图解法求解，附录 B（制表原理略）为梯形断面和矩形断面渠道水深求解图，横坐标为 $\dfrac{b^{2.67}}{nK}$，纵坐标为 $\dfrac{h}{b}$，图中曲线对应边坡系数 m。根据已知条件计算出 $\dfrac{b^{2.67}}{nK}$ 的值，向上做垂线与 m 所对应的曲线相交，而后做水平线，与纵坐标相交得 $\dfrac{h}{b}$ 的值，解出 h。

（2）确定渠道的底宽。

已知渠道的设计流量 Q，水深 h，底坡 i，粗糙系数 n，求底宽 b。此类问题与水深求解的方法类似，也采用试算—图解法。不同的是假定底宽 b 的一系列值，求出各物理量，绘制 b—Q 关系曲线图，根据已知流量在曲线上查找对应的底宽 b。也可以用图解法求解，附录 C 为底宽求解图，方法与求水深相同。

【例 8.1】 某输水渠道为梯形断面，土质为沙壤土，底宽 $b = 2\text{m}$，通过流量为 $0.8\text{m}^3/\text{s}$，岸边有杂草，粗糙系数 $n = 0.027$，底坡 $i = 0.0012$，求正常水深 h_0。

解：（1）用试算—图解法。

查表 8.1 取 $m = 2.2$。设一系列水深，列下表计算：

h /m	$A = (b + mh)h$ /m²	$\chi = b + 2h\sqrt{1 + m^2}$ /m	$R = \dfrac{A}{\chi}$ /m	$c = \dfrac{1}{n}R^{1/6}$ /(m$^{1/2}$/s)	$Q = Ac\sqrt{Ri}$ /(m³/s)
0.3	0.789	3.450	0.231	29.01	0.385
0.4	1.152	3.934	0.293	30.18	0.652
0.5	1.55	4.417	0.315	31.11	0.99

由上表数据绘 Q—h 的关系曲线，根据已知流量在图 8.5 中求出正常水深 $h_0 = 0.45\text{m}$。

（2）图解法。

$$K = \frac{Q}{\sqrt{i}} = \frac{0.8}{\sqrt{0.0012}} = 23.09,$$

$$\frac{b^{2.67}}{nK} = \frac{2^{2.67}}{0.027 \times 23.09} = 10.2$$

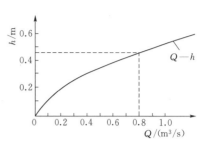

图 8.5　水深与流量关系图

由附录 B 在横轴上找到 10.2，向上做垂线与 $m = 2.2$ 的曲线相交而后作水平线交纵坐标得 $b/h = 0.22$，则 $h = 0.22b = 0.22 \times 2 = 0.44$（m）。

两种方法计算结果基本相同。

【例 8.2】　有一梯形断面小型渠道，土质为砂壤土，边坡系数 $m = 2.0$，粗糙系数 $n = 0.025$，流量 $Q = 2.5\text{m}^3/\text{s}$，底坡 $i = 0.0016$。试确定渠道的断面底宽 b 和水深 h，并校核是否满足不冲刷条件，是否需要衬护？

解：因为是小型渠道，可用水力最优断面条件求解。

宽深比

$$\beta_h = \left(\frac{b}{h} \right)_h = 2(\sqrt{1+m^2} - m) = 2(\sqrt{1+2^2} - 2) = 0.472$$

则　　　　　　　　　　　　　　$b = 0.472h$

断面面积　　　$A = (b+mh)h = (0.472h + 2h)h = 2.472h^2$

湿周　　　$\chi = b + 2h\sqrt{1+m^2} = 0.472h + 2h\sqrt{1+2^2} = 4.944h$

水力半径　　　　　　　　　　　$R = 0.5h$

所以 $Q = AC\sqrt{Ri} = A\frac{1}{n}R^{1/6}R^{1/2}i^{1/2} = \frac{A}{n}R^{2/3}i^{1/2} = \frac{2.472h^2}{0.025}(0.5h)^{2/3} \times 0.0016^{1/2} = 2.492h^{8/3}$

水深　　　　　　　$h = \left(\frac{Q}{2.492} \right)^{3/8} = \left(\frac{2.5}{2.492} \right)^{3/8} = 1.00$（m）

所以，底宽　　　$b = 0.472h = 0.472 \times 1.0 = 0.472$（m）

校核流速　　　$v = C\sqrt{Ri} = \frac{1}{n}R^{2/3}i^{1/2} = \frac{1}{0.025} \times 0.50^{2/3} \times 0.0016^{1/2} = 1.01$（m/s）

由表 8.5 可知，$v' = 0.7\text{m/s}$（取中值），显然 $v > v'$，所以不满足不冲流速条件，该渠道需要衬护。若用单层块石铺砌，允许流速可提高到 3.5m/s。若衬护则重新确定边坡系数，再按水力最优断面设计断面尺寸。

对于渠道断面形状、尺寸的确定，小型渠道或有衬砌的渠道可按水力最优断面设计。或是按技术要求先给定宽深比 β，补充这一条件后，也可用解析的方法求解底宽 b 或水深 h，对于大、中型渠道的设计则通过经济比较，有通航条件的渠道按通航的要求设计。

8.4.4　圆形断面无压均匀流的水力计算

如图 8.2（d）所示，排水管渠、涵管在不满流时有自由液面，也属明渠水流，θ 为充满角，水深与管径的比值称为充满度，用 α 表示，$\alpha = h/d$，通常排水管道、涵管采用圆形断面，一方面考虑了水力最优的条件，另一方面还考虑到施工方便，若流量较大时从结构的角度考虑采用城门洞型断面。本节仅分析讨论圆形断面管道、涵管。

如上所述，管道不满流也属明渠水流，若管道有足够长，管径不变，底坡不变，流量恒定，也产生均匀流，具有明渠均匀流的特征，此外它还具有另外一种特征，即在未达到满管流之前流量达到最大值，流速也达到最大值。现在引入 Q_0 和 v_0 与 Q、v 进行比较。Q_0 和 v_0 分别是刚达到满流时的流量、流速，Q、v 是不满流时的流量和流速。不同的充满度对应一个流量和流速，采用无量纲的结合量，表示充满度与流量、流速的关系，如图 8.6 所示。

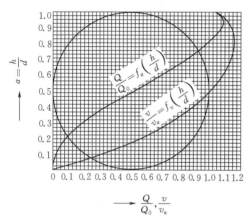

图 8.6　管道满流与不满流关系

从图 8.6 可知，当 $\alpha = \dfrac{h}{d} = 0.95$ 时，$\dfrac{Q}{Q_0} = 1.075$，即 Q 达到最大值，是满流的 1.075 倍。当 $\dfrac{h}{d} = 0.81$ 时，$v/v_0 = 1.16$，v 达到最大值。这是因为在水深超过半径后，过水断的面积随水深增长缓慢，而湿周相对增加要快些，即当 $\alpha = 0.81$ 时水力半径 R 达到最大值，其后 R 相对减小，所以流速达到最大值。当 $\alpha > 0.81$ 后，A 继续增大，由 $Q = Av$ 可知，流量还在增加，当 $\alpha = 0.95$ 时流量达到最大，当 $\alpha > 0.95$ 后，随着水力半径 R 的减小流速也变小，而流量也相对变小。

1. 圆形断面无压均匀流水力要素公式

断面面积

$$A = \frac{d^2}{8}(\theta - \sin\theta) \tag{8.20}$$

湿周

$$\chi = \frac{d}{2}\theta \tag{8.21}$$

水力半径

$$R = \frac{d}{4}\left(1 - \frac{\sin\theta}{\theta}\right) \tag{8.22}$$

水面宽

$$B = d\sin\frac{\theta}{2} \tag{8.23}$$

充满度

$$\alpha = \frac{h}{d} = \sin^2\frac{\theta}{4} \tag{8.24}$$

式中 θ 以弧度计。

为了避免上式的繁杂计算，可以用查表的方法计算，列于表 8.7。

表 8.7 不同充满度的圆形管道的水力要素（d 以 m 计）

充满度 α	过水断面面积 A/m^2	水力半径 R/m	充满度 α	过水断面面积 A/m^2	水力半径 R/m
0.05	$0.014\ 7d^2$	$0.032\ 6d$	0.55	$0.442\ 2d^2$	$0.264\ 9d$
0.10	$0.040\ 0d^2$	$0.063\ 5d$	0.60	$0.492\ 0d^2$	$0.277\ 6d$
0.15	$0.073\ 9d^2$	$0.092\ 9d$	0.65	$0.540\ 4d^2$	$0.288\ 1d$
0.20	$0.111\ 8d^2$	$0.120\ 6d$	0.70	$0.587\ 2d^2$	$0.296\ 2d$
0.25	$0.153\ 5d^2$	$0.146\ 6d$	0.75	$0.631\ 9d^2$	$0.301\ 7d$
0.30	$0.198\ 2d^2$	$0.170\ 9d$	0.80	$0.673\ 6d^2$	$0.304\ 2d$
0.35	$0.245\ 0d^2$	$0.193\ 5d$	0.85	$0.711\ 5d^2$	$0.303\ 3d$
0.40	$0.293\ 4d^2$	$0.214\ 2d$	0.90	$0.744\ 5d^2$	$0.298\ 0d$
0.45	$0.342\ 8d^2$	$0.233\ 1d$	0.95	$0.770\ 7d^2$	$0.286\ 5d$
0.50	$0.392\ 7d^2$	$0.250\ 0d$	1.00	$0.785\ 4d^2$	$0.250\ 0d$

2. 圆形断面无压均匀流的水力计算的类型

（1）已知 α、d、i、n，求 Q。

（2）已知 Q、α、d、n，求 i。

（3）已知 Q、h、i、n，求 d。

进行上述水力计算，仍应用公式 $Q = AC\sqrt{Ri}$ 和 $Q = \dfrac{A}{n}R^{2/3}i^{1/2}$。

8.5　明渠非均匀流特征及流动描述

上面介绍的是明渠均匀流，实际上人工渠道或天然河道中的水流，绝大多数为非均匀流。这是因为天然河道并非棱柱形渠道，即使是人工渠道其断面形状、尺寸可能改变，底坡也可能改变；即使是长直棱柱形渠道，其上也往往建有闸、涵等水工建筑物，因此一般明渠很难满足均匀流的形成条件。

显然，明渠非均匀流比明渠均匀流复杂。因此明渠非均匀流重点研究内容是：明渠非均匀流的水力要素（重点是水深）的变化规律及其水力计算，分析水面曲线形式及其位置，确定明渠的边墙高度和建筑物（闸、坝、桥、涵）前的壅水深度及回水淹没的范围。

8.5.1　明渠非均匀流特征

如图 8.7 所示，与明渠均匀流相比，明渠非均匀流有以下特征。

（1）断面平均流速、水深沿程改变，即 $h = f(s)$，$A = f(h,s)$。

（2）水力坡度 J、水面线 J_p、底坡 i 三

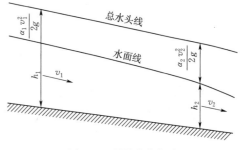

图 8.7　明渠非均匀流

者不再相等，即底坡线、水面线、总水头线不再平行。

8.5.2 急流、缓流、临界流

仔细观察明渠中水流遇到障碍物时的流动现象，可以发现，在不同的条件下明渠流动表现出不同的流动形态。例如，在底坡较陡水流湍急的溪涧，若涧底有大块孤石阻水，则水流漫过孤石，孤石的存在对上游的水流没有影响，这是一种流动形态，称为急流。在平原地区河道中，底坡平坦，水流徐缓，若河底有大块孤石阻水，来流遇孤石时，孤石上游水面壅高，即孤石的存在对上游水流有影响，向上游传播，使孤石上游较长一段距离的水流受到影响，这是另一种流动形态，称为缓流。显然，这是两种不同的流动形态。

为此，明渠水流分为三种流动形态：急流、缓流、临界流。

通过下面的实例进一步明确认识这三种形态。假定将小石子投向湖水中，小石子会激起微小的波动（称为微波），以小石子落点为中心向四周传播，微波传播如图 8.8（a），其传播速度用 C 表示，称为波速。$C = \sqrt{gh_m}$，式中 h_m 为平均水深。若把小石子投向渠道水流中，微波传播如图 8.8（b）、（c）和（d）所示。

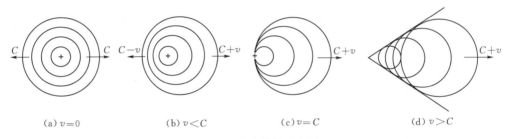

(a) $v = 0$　　　　(b) $v < C$　　　　(c) $v = C$　　　　(d) $v > C$

图 8.8　微波传播示意图

图 8.8（c）所表示的是水流流速等于波速 C，微波仅向下游传播，向上游传播速度 $C - v = 0$，这种水流称为临界流；如图 8.8（b）所示，渠道中水流流速小于波速 C，微波向下游传播的速度为 $v + C$，向上游传播速度为 $C - v > 0$，这种水流称为缓流；如图 8.8（d）所示，渠道中水流流速大于波速 C，微波不能向上游传播，向上传播的速度为 $C - v < 0$，向下游传播速度为 $C + v$。这种水流称为急流。根据以上定义，缓流、急流、临界流就有了判别标准。

当 $v < C$ 时，为缓流，微波向上游传播；

当 $v = C$ 时，为临界流，微波不能向上游传播；

当 $v > C$ 时，为急流，微波不能向上游传播。

对于临界流 $v = C = \sqrt{gh_m}$，可以改写为无量纲数，用 Fr 表示，称为弗劳德（Froude）数，即 $Fr = \dfrac{v}{\sqrt{gh_m}} = 1$，$Fr$ 就成为急流、缓流的另一个判别标准。

$Fr < 1$ 为缓流，$Fr = 1$ 为临界流，$Fr > 1$ 为急流。

8.5.3 断面单位能量（断面比能）

明渠水流的流动形态也可以从能量角度进行分析和判别。

1. 断面单位能量（断面比能）定义

如图 8.9 所示，明渠渐变流的过流断面上，以 0—0 为基准面，其单位重量液体总的

机械能为

$$E = z + \frac{p}{\rho g} + \frac{\alpha v^2}{zg} = z_0 + h\cos\theta + \frac{\alpha v^2}{2g} \tag{8.25}$$

式中 θ——明渠底面与水平面的夹角。

在实际工程中 θ 较小，可近似认为 $\cos\theta \approx 1$，所以式（8.25）可改写为

$$E = z_0 + h + \frac{\alpha v^2}{2g} \tag{8.26}$$

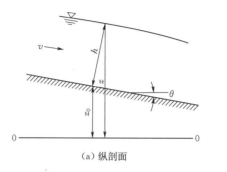
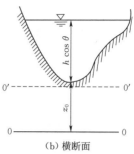

(a) 纵剖面   (b) 横断面

图 8.9 断面单位能量

如果把基准面选在渠底的位置上，那么，过水断面上单位重量液体具有的总机械能叫做断面单位能量（也称断面比能），以 E_s 表示，则

$$E_s = E - z_0 = h + \frac{\alpha v^2}{2g} \tag{8.27}$$

或写成

$$E_s = h + \frac{\alpha Q^2}{2gA^2} \tag{8.28}$$

为什么要引入断面单位能量的概念呢？由第 5 章可知，因为流体具有黏滞性，流体在运行时产生流动阻力，造成沿程水头损失，单位重量流体总的机械能沿程减少，即 $dE/ds < 0$。而断面单位能量则不同，断面单位能量 E_s，沿程可大、可小或沿程不变，即 $dE_s/ds > 0$，$dE_s/ds < 0$，$dE_s/ds = 0$（均匀流），这是因为基准面选在明渠底部，基准面是变化的。既然 E_s 沿程改变，也就是说，E_s 是水深 h 和流程 s 的连续函数，即 $E_s = f(h,s)$。若为棱柱形渠道，则 E_s 仅仅是水深 h 的连续函数，研究断面单位能量沿程变化，则可分析水面曲线的变化规律。

2. 断面单位能量（比能函数）图示

对于梯形断面棱柱形渠道，根据式（8.28），因为 $A = (b + mh)h$，在 Q、b、m 一定时，$A = f(h)$，所以 $E_s = f(h)$。由式（8.28）可知：当 $h \rightarrow 0$ 时，$A \rightarrow 0$，$\frac{\alpha Q^2}{2gA^2} \rightarrow \infty$，所以 $E_s \rightarrow \infty$；当 $h \rightarrow \infty$ 时，$A \rightarrow \infty$，$\frac{\alpha Q^2}{2gA^2} \rightarrow 0$，因此 $E_s \rightarrow \infty$。

以横坐标为 E_s，纵坐标为 h，根据以上讨论，可绘出断面单位能量曲线，也称比能函数曲线，如图 8.10 所示。

曲线上端与以坐标轴呈 45°角的直线渐近，下端与横轴为渐近线，该曲线有极小值，

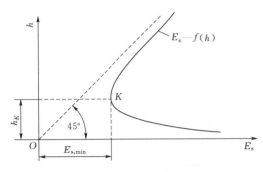

图 8.10 断面单位能量图示

对应 K 点，断面单位能量最小，K 点把曲线分为上、下两半支，上半支断面单位能量随水增加而增加，即 $dE_s/dh > 0$；下半支断面单位能量随水深减小而增大，即 $dE_s/dh < 0$，将式（8.28）对 h 求导

$$\frac{dE_s}{dh} = \frac{d}{dh}\left(h + \frac{\alpha Q^2}{2gA^2}\right) = 1 - \frac{\alpha Q^2}{gA^3}\frac{dA}{dh} \tag{8.29}$$

式中，$\dfrac{dA}{dh} = B$，B 为过水断面的水面宽度，

如图 8.11 所示，则

$$\frac{dE_s}{dh} = 1 - \frac{\alpha Q^2 B}{gA^3} = 1 - \frac{\alpha v^2}{gA/B} = 1 - \frac{\alpha v^2}{gh_m} \tag{8.30}$$

取 $\alpha = 1.0$，式（8.30）可写为

$$\frac{dE_s}{dh} = 1 - Fr^2 \tag{8.31}$$

分析式（8.31）可知，对于缓流，$Fr < 1$，所以 $dE_s/dh > 0$，相当于上半支，所以上半支为缓流；对于急流 $Fr > 1$，则 $\dfrac{dE_s}{dh} < 0$，对应为下半支，所以下半支为急流；对于临界流 $Fr = 1$，则 $\dfrac{dE_s}{dh} = 0$，对应为 K 点，所以 K 点为急流、缓流的分界点。

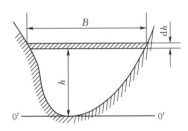

图 8.11 水面宽度示意图

8.5.4 临界水深

从以上分析可知，K 点对应临界流，是断面单位能量最小值所对应的水深，称为临界水深，用 h_K 表示。满足临界水深的条件是 $\dfrac{dE_s}{dh} = 0$，由式（8.28）得

$$\frac{dE_s}{dh} = 1 - \frac{\alpha Q^2 B}{gA^3} = 0$$

把临界流对应的水力要素均加脚标 K，则有

$$\frac{\alpha Q^2}{g} = \frac{A_K^3}{B_K} \tag{8.32}$$

式（8.32）为临界流方程式，若给定流量和过水断面的形状、尺寸，可以求解临界水深。

1. 矩形断面渠道临界水深的计算

将 $B_K = b$，$A_K = bh_K$ 代入式（8.32）则有 $\dfrac{\alpha Q^2}{g} = \dfrac{(bh_K)^3}{B_K} = b^2 h_K^3$，所以

$$h_K = \sqrt[3]{\frac{\alpha Q^2}{gb^2}} \tag{8.33}$$

或改为

$$h_K = \sqrt[3]{\frac{\alpha q^2}{g}} \qquad (8.34)$$

式中 q——单宽流量，即过水断面上单位宽度上通过的流量。

2. 梯形断面渠道临界水深的计算

梯形断面渠道 $A = (b+mh)h$，对于临界流方程式（8.32），A_K^3/B_K 是水深 h 的隐函数，直接求解十分困难，故通常用试算图解法。其方法如下：对于给定的断面形状和尺寸以及边坡系数 m，假设一系列值，依次计算出相对应的过水断面面积 A，水面宽度 B，计算 A^3/B。横轴表示 A^3/B 值，纵轴为水深 h，A^3/B 与 h 值可联成曲线，如图 8.12 所示。由临界流方程可知，$\alpha Q^2/g$ 的值所对应的点 K 即为临界流，K 点对应的水深为临界水深 h_K。

以上这种方法，不仅适用梯形断面渠道，同时也适用于各种类型的断面渠道。

综上所述，断面单位能量最小值 K 点，把断面单位能量曲线分为上半支与下半支，上半支为缓流，下半支为急流，K 点所对应的水深为临界水深，临界水深可以计算。那么，临界水深 h_K 又成为一个判别急流、缓流的标准。即：$h > h_K$ 为缓流；$h = h_K$ 为临界流；$h < h_K$ 为急流。

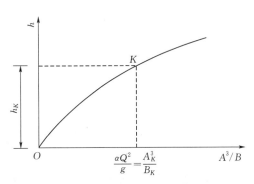

图 8.12 临界水深求解图

【例 8.3】 长直的矩形断面渠道，通过流量 $Q = 1.5 \text{m}^3/\text{s}$，底宽 $b = 2.5\text{m}$，底坡 $i = 0.003$，渠道用混凝土制成，输水时形成均匀流。判别该水流是急流还是缓流。

解： 根据已知条件求正常水深 h_0，查表 8.2 或第 5 章表 5.3 得 $n = 0.014$。

$$K = \frac{Q}{\sqrt{i}} = \frac{1.5}{\sqrt{0.003}} = 27.39 \ (\text{m}^3/\text{s})$$

$$\frac{b^{2.67}}{nK} = \frac{2.5^{2.67}}{0.014 \times 27.39} = 30.11$$

查附录 C 得，$h_0/b = 0.145$，$h_0 = 0.145 \times 2.5 = 0.363 \ (\text{m})$

由式（8.34）

$$h_K = \sqrt[3]{\frac{Q^2}{gb^2}} = \sqrt[3]{\frac{1.5^2}{9.8 \times 2.5^2}} = 0.332 \ (\text{m})$$

因为 $h_0 = 0.363\text{m}$，$h_K = 0.332\text{m}$，所以 $h_0 > h_K$，该水流为缓流。

8.5.5 临界底坡

设想在流量和断面形状、尺寸一定的棱柱体明渠中，当水流为均匀流时，如果改变明渠的底坡，相应的均匀流正常水深 h_0 也随之而改变。如果变至某一底坡，其均匀流的正常水深 h_0 恰好与临界水深 h_K 相等，此坡度定义为临界底坡 i_K。

1. 临界底坡

如果断面形状、尺寸一定的水槽，底坡 $i > 0$，流量恒定，水流为均匀流，具有一定

的正常水深 h_0。若改变底坡的大小，但底坡总大于 0，那么在每种情况下得到一个正常水深。根据水深和断面单位能量的变化，可以绘制与图 8.10 相类似的曲线，断面单位能量的最小值对应的水流是临界流，水深为 h_K，相应的底坡称为临界底坡，记做 i_K。相比之下，$i < i_K$ 对应的是缓流，此底坡称为缓坡；$i > i_K$ 对应为急流，此底坡称为陡坡。也就是说陡坡上形成急流，缓坡上的水流是缓流。应当强调，临界底坡 i_K 是在流量、渠道断面形状及尺寸一定的前提下得到的。当流量、断面尺寸有一个量改变了，临界底坡的大小即改变。

综上所述，临界底坡 i_K 也是急流、缓流、临界流判别标准。

$i > i_K$ 为急流，$i = i_K$ 为临界流，$i < i_K$ 为缓流。

2. 临界底坡的计算

临界底坡上形成的均匀流要满足临界流方程式（8.32），同时也满足均匀流基本公式 $Q = A_K C_K \sqrt{R_K i_K}$，联立上面两式可以解出

$$i_K = \frac{Q^2}{A_K^2 C_K^2 R_K} \tag{8.35}$$

$$i_K = \frac{g \chi_K}{\alpha C_K^2 B_K} \tag{8.36}$$

式中 C_K、R_K、B_K——渠道的临界水深所对应的谢齐系数、水力半径、水面宽度。

由式（8.35）、式（8.36）可知，临界底坡的大小仅与流量、断面形状、尺寸，粗糙系数有关，而与底坡 i 无关。因此，临界底坡也可认为是一个计算值，是一个标准，在实际工程中 i_K 并不一定出现。

【例 8.4】 梯形断面渠道，已知流量 $Q = 5\text{m}^3/\text{s}$，底宽 $b = 2\text{m}$，边坡系数 $m = 1.5$，粗糙系数 $n = 0.014$，底坡 $i = 0.001$。求此流量及断面形状尺寸下的临界底坡 i_K，并判断该渠道是缓坡渠道还是陡坡渠道。

解：首先求出临界水深，由式（8.32）可知，A_K、B_K 都为 m、h 的稳函数，直接求解困难，用试算—图解法求解。方法是，设水深为一系列值，计算 A、B、$\frac{A^3}{B}$，列表如下：

h /m	$A = (b + mh)h$	$B = b + 2mh$	A^3/B
0.4	1.04	3.2	0.352
0.6	1.74	3.8	1.386
0.8	2.56	4.4	3.813

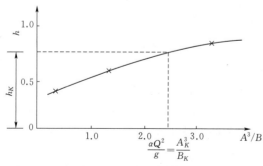

图 8.13 临界水深试算图解图

根据上表计算的值绘制出图 8.13 曲线。

计算 $\alpha Q^2/g = 1 \times 5^2/9.8 = 2.55$，查图 8.13 曲线得 $h_K = 0.71\text{m}$。

$$A_K = (b + mh_K)h_K$$
$$= (2 + 1.5 \times 0.71) \times 0.71$$
$$= 2.18 \ (\text{m}^2)$$

$$B_K = b + 2mh_K = 2 + 2 \times 1.5 \times 0.71 = 4.13 \text{ (m)}$$

$$\chi_K = b + 2h_K \sqrt{1 + m^2} = 2 + 2 \times 0.71 \sqrt{1 + 1.5^2} = 4.56 \text{ (m)}$$

$$R_K = \frac{A_K}{\chi_K} = 0.478 \text{ (m)}$$

$$C_K = \frac{1}{n} R_K^{1/6} = \frac{1}{0.014} 0.478^{1/6} = 63.16 \text{ (m}^{1/2}/\text{s)}$$

$$i_K = \frac{g A_K}{\alpha C_K^2 R_K B_K} = \frac{9.8 \times 2.18}{63.16 \times 0.478 \times 4.13} = 0.003$$

因为 $i = 0.001$，$i_K = 0.003$，$i < i_K$，所以该明渠流为缓流，是缓坡渠道。

8.5.6 明渠流动形态过渡的局部水力现象

明渠水流，从缓流过渡到急流将形成跌水；从急流过渡到缓流将形成水跃。

1. 跌水

在上游缓坡渠道和下游陡坡渠道的相接处或缓坡渠道的末端有一跌坎，将出现水面急剧降落，这种从缓流到急流过渡的局部水力现象，叫做跌水（也称水跌），如图 8.14 所示。

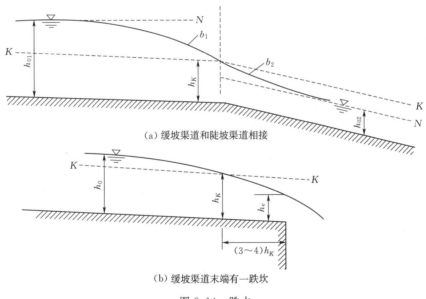

(a) 缓坡渠道和陡坡渠道相接

(b) 缓坡渠道末端有一跌坎

图 8.14 跌水

从图 8.14 可以看出，底坡变大或下游有跌坎，阻力减小，在重力作用下水流加速运动，实验证明，矩形断面渠道 $0.67 < h_e/h_K < 0.73$；水深为 h_K 的断面与跌坎的距离约为 $(3 \sim 4)h_K$。对于缓坡与陡坡相接的渠道，如图 8.14（a）所示，水面曲线上游趋近于均匀流水深 h_{01}，而下游趋近于均匀流水深 h_{02}，在两底坡相接处水深为临界水深 h_K。

2. 水跃

明渠中的水流由急流状态过渡到缓流状态时，水流的自由表面会突然跃起，并且在表面形成旋滚，这种现象叫做水跃。在闸、坝以及陡槽等泄水建筑物下游，常有此水力现象，如图 8.15 所示。

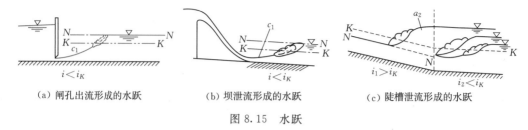

（a）闸孔出流形成的水跃　　　　　（b）坝泄流形成的水跃　　　　　（c）陡槽泄流形成的水跃

图 8.15　水跃

图 8.15（a）是闸孔出流形成的水跃；图 8.15（b）是溢流坝下游形成的水跃；图 8.15（c）是水流自陡坡渠道流向缓坡渠道形成的水跃，因为上下游渠道正常水深 h_{01} 与 h_{02} 关系的不确定性（h_{01} 与 h_{02} 是否为共轭关系），故水跃可能出现在三个不同的位置。关于水跃的详细分析请参见第 9 章。

8.6　明渠非均匀渐变流微分方程

在明渠非均匀流中，若流线接近于相互平行的直线，称为明渠非均匀渐变流，否则称为明渠非均匀急变流。本书介绍明渠非均匀渐变流。

如图 8.16 所示，取明渠恒定非均匀渐变流中一微分段 ds，断面 1—1 水深为 h，渠底高程为 z_0，断面平均流速为 v；断面 2—2 水深为 $h+dh$，渠底高程为 z_0+dz_0，断面平均流速为 $v+dv$。

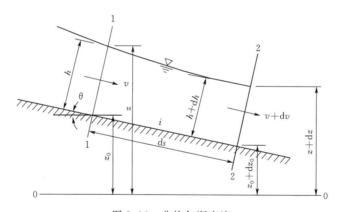

图 8.16　非均匀渐变流

对此微分段，以 0—0 为基准面，列出断面 1—1 和断面 2—2 的能量方程

$$z_0 + h\cos\theta + \frac{\alpha_1 v^2}{2g} = (z_0 + dz_0) + (h + dh)\cos\theta + \frac{\alpha_2 (v + dv)^2}{2g} + dh_j + dh_f \quad (8.37)$$

令 $\alpha_1 = \alpha_2 = \alpha$，而

$$\frac{\alpha (v + dv)^2}{2g} = \frac{\alpha(v^2 + 2vdv + dv^2)}{2g} \approx \frac{\alpha(v^2 + 2vdv)}{2g} = \frac{\alpha v^2}{2g} + d\left(\frac{\alpha v^2}{2g}\right)$$

其中

$$dh_j = \zeta\left(\frac{v^2}{2g}\right)$$

式中　　dh_f——沿程水头损失；

$\mathrm{d}h_\mathrm{j}$——局部水头损失。

因为 $z_0 - i\mathrm{d}s = z_0 + \mathrm{d}z_0$，则 $\mathrm{d}z_0 = -i\mathrm{d}s$，式（8.37）可写为

$$-i\mathrm{d}s + \mathrm{d}h\cos\theta + (\alpha + \zeta)\mathrm{d}\left(\frac{v^2}{2g}\right) + \mathrm{d}h_\mathrm{f} = 0 \qquad (8.38)$$

若明渠的底坡较小，$i < 0.1$，$\theta < 6°$，取 $\cos\theta \approx 1.0$，即水深可按铅垂方向计及。式（8.38）可简化为

$$-i\mathrm{d}s + \mathrm{d}h + \mathrm{d}\left(\frac{\alpha v^2}{2g}\right) + \mathrm{d}h_\mathrm{f} = 0 \qquad (8.39)$$

两边同除以 $\mathrm{d}s$ 得

$$-i + \frac{\mathrm{d}h}{\mathrm{d}s} + \frac{\mathrm{d}}{\mathrm{d}s}\left(\frac{\alpha v^2}{2g}\right) + \frac{\mathrm{d}h_\mathrm{f}}{\mathrm{d}s} = 0 \qquad (8.40)$$

$$\frac{\mathrm{d}(\alpha v^2)}{\mathrm{d}s(2g)} = \frac{\mathrm{d}}{\mathrm{d}s}\left(\frac{\alpha Q^2}{2gA^2}\right) = -\frac{\alpha Q^2}{2gA^3}\frac{\mathrm{d}A}{\mathrm{d}s} = -\frac{\alpha Q^2}{gA^3}\left(\frac{\partial A}{\partial h}\frac{\mathrm{d}h}{\mathrm{d}s} + \frac{\partial A}{\partial s}\right) = -\frac{\alpha Q^2}{gA^3}\left(B\frac{\mathrm{d}h}{\mathrm{d}s} + \frac{\partial A}{\partial s}\right)$$
$$(8.41)$$

一般情况，非棱柱形渠道 $A = f(h,s)$，即 A 是 h 和 s 的函数，故对面积 A 求导，先对水深 h 求导，再对 s 求导，$\frac{\partial A}{\partial h} = B$，$B$ 是水面宽度（见图 8.11）。

对于棱柱形渠道，$A = f(h)$ 即 A 仅是水深 h 的函数，即 $\frac{\partial A}{\partial s} = 0$，则式（8.41）为

$$\frac{\mathrm{d}}{\mathrm{d}s}\left(\frac{\alpha v^2}{2g}\right) = -\frac{\alpha Q^2 B}{gA^3}\frac{\mathrm{d}h}{\mathrm{d}s} \qquad (8.42)$$

因 $\frac{\mathrm{d}h_\mathrm{f}}{\mathrm{d}s} = J_\mathrm{p} \approx J$，对微分段水头损失按均匀流处理 $i = J$，则有

$$\frac{\mathrm{d}h_\mathrm{f}}{\mathrm{d}s} = J = \frac{Q^2}{K^2} = \frac{Q^2}{A^2 C^2 R} \qquad (8.43)$$

将式（8.42）、式（8.43）代入式（8.40），并忽略局部水头损失，整理得

$$\frac{\mathrm{d}h}{\mathrm{d}s} = \frac{i - \dfrac{Q^2}{K^2}}{1 - \dfrac{\alpha Q^2 B}{gA^3}} \qquad (8.44)$$

式（8.44）为底坡较小的棱柱形明渠恒定非均匀渐变流微分方程，反映明渠非均匀渐变流水面线的变化规律，对其积分可以计算水面线。

对于天然河道，因为河道高程多变，用水位的变化反映明渠恒定非均匀渐变流的水面线的变化规律更为方便。下面建立用水位沿流程变化来表示的非均匀渐流微分方程。

由图 8.16 可知，水流中某点水位 z，可表示为 $z = z_0 + h\cos\theta$，因而

$$\mathrm{d}z = \mathrm{d}z_0 + \mathrm{d}h\cos\theta$$

又因为，$z_0 - i\mathrm{d}s = z_0 + \mathrm{d}z_0$，即 $\mathrm{d}z_0 = -i\mathrm{d}s$，所以

$$\mathrm{d}z = -i\mathrm{d}s + \mathrm{d}h\cos\theta$$
$$\mathrm{d}h\cos\theta = \mathrm{d}z + i\mathrm{d}s \qquad (8.45)$$

将式（8.45）代入式（8.38），并除以 $\mathrm{d}s$ 得

$$-\frac{\mathrm{d}z}{\mathrm{d}s} = (\alpha + \zeta)\,\frac{\mathrm{d}}{\mathrm{d}s}\left(\frac{v^2}{2g}\right) + \frac{\mathrm{d}h_\mathrm{f}}{\mathrm{d}s} \tag{8.46a}$$

$$-\frac{\mathrm{d}z}{\mathrm{d}s} = (\alpha + \zeta)\,\frac{\mathrm{d}}{\mathrm{d}s}\left(\frac{v^2}{2g}\right) + \frac{Q^2}{K^2} \tag{8.46b}$$

式（8.46）即为用水位沿流程变化来表示的明渠恒定非均匀渐流微分方程。

8.7　明渠非均匀流水面曲线变化规律及其定性分析

对于长直棱柱形渠道，因底坡改变或建有水工建筑物（闸、坝、涵等），将形成非均匀渐变流，局部范围可能出现急变流，沿程水面曲线复杂，如图 8.17 所示。为定量计算水面曲线做准备，应首先对水面曲线变化规律进行定性分析。

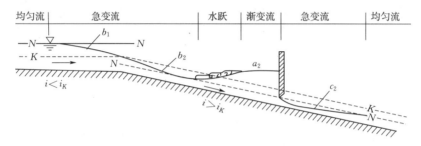

图 8.17　明渠非均匀流水面曲线

对于 $i > 0$ 的长直棱柱形渠道，在 Q、b、m、i、n 给定后，可能形成均匀流，其基本公式为

$$Q = A_0 C_0 \sqrt{R_0 i} = K_0 \sqrt{i} = f(h_0) \tag{8.47}$$

式中，加脚标 0 是为了与非均流中的水力要素相区别。将 $Q = K_0\sqrt{i}$ 代入非均匀渐变流微分方程（8.44），得

$$\frac{\mathrm{d}h}{\mathrm{d}s} = \frac{i - \dfrac{Q^2}{K^2}}{1 - \dfrac{\alpha Q^2 B}{gA^3}} = \frac{i - \dfrac{K_0^2 i}{K^2}}{1 - \dfrac{\alpha Q^2 B}{gA^3}} = \frac{i\left(1 - \dfrac{K_0^2}{K^2}\right)}{1 - \dfrac{\alpha Q^2 B}{gA^3}} \tag{8.48}$$

式（8.48）分母 $1 - \dfrac{\alpha Q^2 B}{gA^3} = 1 - \dfrac{\alpha Q^2}{gA^2}\dfrac{1}{\dfrac{A}{B}} = 1 - \dfrac{\alpha v^2}{gh_\mathrm{m}} = 1 - Fr^2$，将其代入式（8.48），得

$$\frac{\mathrm{d}h}{\mathrm{d}s} = i\,\frac{1 - \left(\dfrac{K_0}{K}\right)^2}{1 - Fr^2} \tag{8.49}$$

式中　K_0——发生均匀流时正常水深 h_0 对应的流量模数；

　　　K——发生非均匀流时水深 h 对应的流量模数；

　　　Fr——发生非均匀流时的弗劳德数。

8.7.1　水面曲线分区

为了便于分析水面曲线变化规律，可以把水流分为三个区域，如图 8.18 所示，N—N 线（均匀流水面线）、K—K 线（临界流水面线）、底坡线把水流分为 a 区、b 区、c 区。

$N—N$ 与 $K—K$ 线以上为 a 区，$N—N$ 与 $K—K$ 线之间为 b 区。$N—N$ 与 $K—K$ 线以下为 c 区。下面借助式（8.49），根据底坡的情况进行分类分析，探讨水面曲线变化规律。

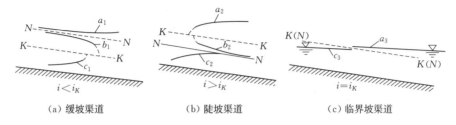

|（a）缓坡渠道 | （b）陡坡渠道 | （c）临界坡渠道 |

图 8.18　水面曲线分区及变化规律

8.7.2　缓坡渠道上水面曲线

如图 8.18（a）所示，缓坡渠道，即 $i < i_K$，分为三个区。

（1）发生在 a 区。

上游：$h \to h_0$ 则 $K \to K_0$，对于式（8.49），分子 $1 - \left(\dfrac{K_0}{K}\right)^2 \to 0$，所以 $\dfrac{dh}{ds} \to 0$，因此水面曲线在上游无限远的地方趋近 $N—N$ 线。

下游：$h \to \infty$，$K \to \infty$，式（8.49）分子 $\left[1 - \left(\dfrac{K_0}{K}\right)^2\right] \to 1$；又因为 $h \to \infty$，则 $A \to \infty$，流速 $v \to 0$，$Fr \to 0$，即式（8.49）分母 $(1 - Fr^2) \to 1$，所以 $\dfrac{dh}{ds} \to i$，由图 8.19 可知，$\dfrac{dh}{ds} = \sin\theta = i$，即下游水面趋于水平面，由于水深沿程升高称为 a_1 型壅水曲线，如图 8.18（a）所示。

（2）发生在 b 区。

上游：$h \to h_0$ 则 $K \to K_0$。式（8.49）分子 $\left[1 - \left(\dfrac{K_0}{K}\right)^2\right] \to 0$，即 $\dfrac{dh}{ds} \to 0$，故上游水面曲线与 $N—N$ 线渐近。

下游：$h \to h_K$，则 $Fr \to 1$，式（8.49）分母趋近于 0，而 K 为定值，由式（8.49）可知 $1 - \left(\dfrac{K_0}{K}\right)^2 \neq 1$，所以

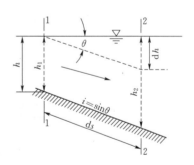

图 8.19　壅水曲线

$\dfrac{dh}{ds} \to -\infty$，水面曲线与 $K—K$ 线有垂直的趋势，即水面曲线与 $N—K$ 线正交。由于此时水流属急变流，客观上并不正交，故用虚线表示。因为水深是沿程下降的，所以叫做 b_1 型降水曲线，如图 8.18（a）所示。

（3）发生在 c 区。

上游：为特定水深（如闸孔出流、坝下水流等），下游水深 $h \to h_K$，与发生在 b 区的分析类似，由式（8.49）可知，$\dfrac{dh}{ds} \to +\infty$ 即与 $K—K$ 线正交。因为水深是沿程增加，所以叫做 c_1 型壅水曲线，如图 8.18（a）所示。

下面将各种曲线类型列表，并用实例加以说明，列于表 8.8。对于陡坡、临界底坡、

平坡、逆坡道上水面曲线变化规律，读者自行分析，这里强调指出的是，对于临界底坡水面曲线变化规律的分析，由于 $N—N$ 与 $K—K$ 线重合故仅有 a、c 两区，式（8.49）不再适用，可参考有关书籍分析，不做介绍。对于平坡、逆坡渠道，不可能形成均匀流，故不存在 $N—N$ 线。若有想象中的均匀流，将发生在无穷远的上方，故仅有 b、c 两区，不存在 a 区。

表 8.8 水面曲线类型与工程实例

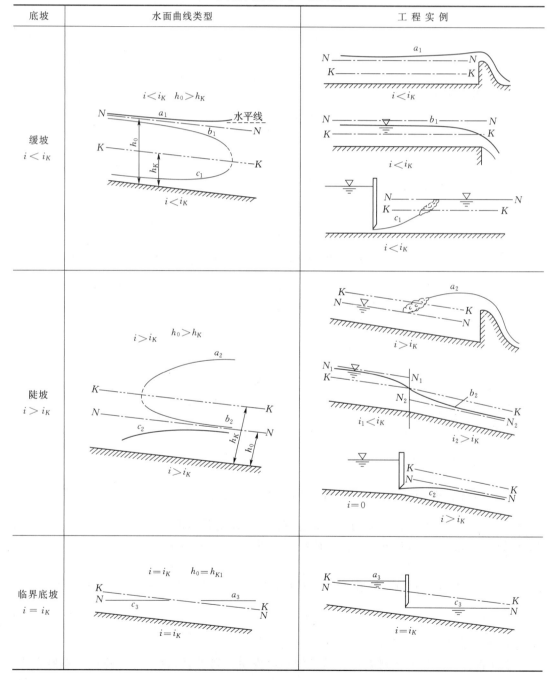

底坡	水面曲线类型	工程实例

底坡	水面曲线类型	工程实例
平坡 $i=0$	$i=0$ b_0 K——K c_0 $i=0$	K_{c_0} ∇b_0 K $i=0$
逆坡 $i<0$	$i<0$ b' K——K c' $i<0$	K c'' b' K $i<0$

8.7.3 水面曲线变化的基本规律

通过以上分析可知，在缓坡渠道上有 a_1、b_1、c_1 三种水面曲线类型；在陡坡渠道上也同样有 a_2、b_2、c_2 三种水面曲线类型；在临界底坡渠道上有 a_3、c_3 两种水面曲线类型，没有 b 型曲线；在平坡、逆坡渠道上各有 b、c 两种水面曲线类型，没有 a 型曲线，共计 12 种类型。水面曲线有以下基本的变化规律。

（1）所有 a、c 曲线都是壅水曲线，即 $\dfrac{\mathrm{d}h}{\mathrm{d}s}>0$，水深沿程增大。

（2）所有的 b 曲线都是降水曲线，即 $\dfrac{\mathrm{d}h}{\mathrm{d}s}<0$，水深沿程减小。

（3）a_1 与 a_2，c_1 与 c_2 同是壅水曲线，b_1 与 b_2 同为降水曲线，但曲线的凸凹性不同，例如 a_1 为凹型，a_2 为凸型，其他以此类推，在绘图与计算时注意。

（4）除 $i=i_K$ 的渠道外，当 $h \to h_0$ 时，$\dfrac{\mathrm{d}h}{\mathrm{d}s} \to 0$，即水面曲线以 N—N 线渐近；$h \to \infty$ 时，$\dfrac{\mathrm{d}h}{\mathrm{d}s} \to i$，即以水平面渐近。

（5）除 $i=i_K$ 的渠道外，当 $h \to h_K$ 时，$\dfrac{\mathrm{d}h}{\mathrm{d}s} \to \pm\infty$，即与 K—K 线正交。

8.7.4 定性绘制水曲线的方法步骤

进行棱柱形渠道水面曲线的定性分析，除了用非均匀渐变流微分方程分析外，也可以通过其变化规律的物理含义分析，方法步骤如下。

（1）根据已知底坡或水深，按均匀流条件，判断急流、缓流，确定 N—N 线与 K—K 线。

（2）视底坡改变或水工建筑物的影响，分析水流加速，还是减速，判断水面曲线是壅水曲线还是降水曲线。水流受阻，水流减速运动，水深变大，为壅水曲线；反之为降水曲线。

（3）把底坡改变或水工建筑物的影响视为干扰，确定对上游的影响。若上游为急流，这个干扰形成的波不向上游传播，上游水面为均匀流，水面线不变；若为缓流，微波向上游传播，上游水面曲线变化。

（4）从急流到缓流出现水跃，从缓流到急流发生跌水。

8.7.5　棱柱形渠道上底坡改变时水面曲线的衔接

对于长直棱柱形渠道，因底坡改变，组成变坡渠道，其水面曲线的衔接特征如下：

（1）从缓流过渡到缓流。

如图 8.20 （a）所示，$i_1 > i_2$（即 $h_{01} < h_{02}$），由于底坡变缓，水流受阻，则发生壅水曲线，因为是缓流，底坡改变产生的微波向上游传播，所以水面曲线的变化在上游，在无穷远处 $\dfrac{\mathrm{d}h}{\mathrm{d}s} \to 0$，以 N—N 线渐近，为 a_1 型壅水曲线。如图 8.20 （b）所示，$i_1 < i_2$（即 $h_{01} > h_{02}$），由于底坡变陡，水流加速，故产生降水曲线，对于缓流微波向上游传播，在无穷远以 N—N 线为渐近线，为 b_1 型降水曲线。

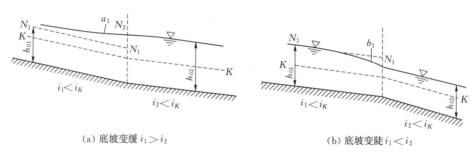

（a）底坡变缓 $i_1 > i_2$　　　　　　　　（b）底坡变陡 $i_1 < i_2$

图 8.20　从缓流到缓流的水面曲线衔接

（2）从急流过渡到急流。

如图 8.21 （a）所示，$i_1 > i_2$，$h_{01} < h_{02}$，因底坡变缓，水流减速，出现壅水曲线，又因为是急流，干扰波不向上游传播，上游的渠道水面线不变，下游在无穷处与 N—N 线渐近。为 c_2 型壅水曲线。如图 8.21 （b）所示，$i_1 < i_2$，$h_{01} > h_{02}$，同理，干扰波不向上游传播，上游水面线不变，因底坡变陡，水流加速，下游在无穷远处与 N—N 线渐近为 b_2 型降水曲线。

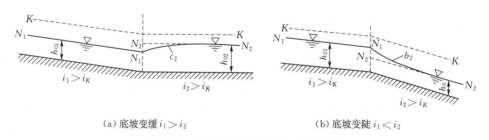

（a）底坡变缓 $i_1 > i_2$　　　　　　　　（b）底坡变陡 $i_1 < i_2$

图 8.21　从急流到急流的水面曲线衔接

（3）从缓流过渡到急流。

如图 8.22 （a）所示，$i_1 < i_K$，$i_2 > i_K$，$h_{01} > h_{02}$，底坡变陡，水流加速，故出现降水曲线，上游为缓流，干扰波向上游传播，所以上游渠道水面线变化，在上游无穷远处与 N—N 线渐近，下游经过 K—K 线，下游渠道的下游在无穷远处与 N—N 线渐近，为跌水现象。

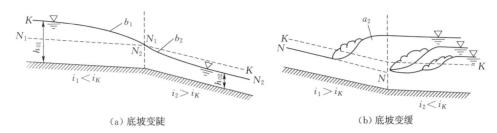

（a）底坡变陡　　　　　　　　　　　　　　　（b）底坡变缓

图 8.22　从缓流到急流、从急流到缓流的水面曲线衔接

（4）从急流过渡到缓流。

从急流到缓流出现水跃现象，因为是定性分析，不能确定 h_{01} 与 h_{02} 是否为共轭关系，故可能出现三种衔接方式，如图 8.22（b）所示。

8.8　明渠非均匀渐变流水面曲线计算

前面建立了明渠恒定非均匀渐变流微分方程（8.44），对其积分，可以得到解析解，但因积分困难通常采用近似解法。这里仅介绍分段求和法，将方程（8.44）变成有限差分式进行计算。

8.8.1　基本计算公式

对于底坡较小的棱柱形明渠，以壅水曲线为例。如图 8.23 所示，取 Δs 流段，以 0—0 为基准面，列出断面 1—1 和断面 2—2 的能量方程

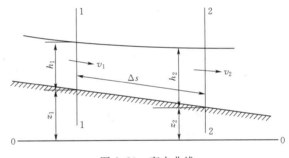

图 8.23　壅水曲线

$$z_1 + \frac{p_1}{\rho g} + \frac{\alpha_1 v_1^2}{2g} = z_2 + \frac{p_2}{\rho g} + \frac{\alpha_2 v_2^2}{2g} + \Delta h_{\mathrm{f}}$$

$$z_1 + h_1 + \frac{\alpha_1 v_1^2}{2g} = z_2 + h_2 + \frac{\alpha_2 v_2^2}{2g} + \Delta h_{\mathrm{f}}$$

$$(8.50)$$

式中　Δh_{f}——沿程水头损失，略去了局部水头损失。

因为是渐变流，对 Δh_{f} 近似按均匀流处理

$$\frac{\Delta h_{\mathrm{f}}}{\Delta s} = \bar{J} = \frac{Q^2}{\bar{K}^2} = \frac{Q^2}{\bar{A}^2 \bar{C}^2 \bar{R}} = \frac{\overline{v^2}}{\bar{C}^2 \bar{R}} \tag{8.51}$$

其中　　　　　$\bar{v} = (v_1 + v_2)/2 , \bar{C} = (C_1 + C_2)/2 , \bar{R} = (R_1 + R_2)/2$

$$z_1 - z_2 = i\Delta s \tag{8.52}$$

将式（8.51）和式（8.52）代入式（8.50），得

$$\left(h_2 + \frac{\alpha v_2^2}{2g}\right) - \left(h_1 + \frac{\alpha v_1^2}{2g}\right) = (i - \bar{J})\Delta s$$

即 $\left(h_2 + \frac{\alpha_2 v_2^2}{2g}\right) - \left(h_1 + \frac{\alpha_0 v_1^2}{2g}\right) = E_{s2} - E_{s1} = \Delta E_{\mathrm{s}} = (i - \bar{J})\Delta s$ ，所以

$$\Delta s = \frac{\Delta E_{\mathrm{s}}}{i - \bar{J}} \tag{8.53}$$

式中 Δs——所取流段长度两过水断面的间距;

ΔE_s——所取流段断面单位能量的增值;

i——渠道的底坡;

$\bar{J}$——所取流段两段断面间的平均水力坡度。

式 (8.53) 为分段求和法的计算公式。将已知水深作为起始断面水深 h_1,假设第 2 断面水深,通过上式计算出 Δs,然后再设第 3 断面水深,以此类推,进行计算,分段越小,精度越高。此方法计算虽然复杂,若用计算机编程运算,则极为方便,且精度也高。

8.8.2 分段求和法计算步骤

分段求和法计算时,有两点特别注意:第一,把已知水深的断面作为起始断面;第二,ΔE_s 永远是 $E_{s下游} - E_{s上游}$,不可颠倒。其方法步骤以下述例题证明。

【**例 8.5**】 一长直棱柱形明渠,梯形断面,$b = 2.0$m,$m = 1.5$,$n = 0.014$,$i = 0.001$,下游为一排水闸,当排水闸通过流量 $Q = 5.0$m³/s 时,闸前水深 $h = 2.0$m。试计算水面曲线并绘图。

解:(1)首先判断该明渠水流是缓流还是急流及水面曲线的类型。

本题条件与〔例 8.4〕相同,〔例 8.4〕已计算出 $h_K = 0.71$m,并判断出为缓流。由于下游建有排水闸,水流受阻,所以水面曲线应为 a 型壅水曲线,下游为闸前水深,上游渐近于 $N—N$ 线。

(2)计算均匀流水深 h_0。

$$K = \frac{Q}{\sqrt{i}} = \frac{5}{\sqrt{0.001}} = 158.1 (\text{m}^3/\text{s}) , \frac{b^{2.67}}{nK} = \frac{2^{2.67}}{0.014 \times 158.1} = 2.88$$

查附录 B,得 $h_0/b = 0.462$,所以 $h_0 = 0.462b = 0.462 \times 2 = 0.924$(m)。

(3)计算水面线。

上述分析表明,该水面曲线为 a 型壅水曲线。上游渐近于 $N—N$ 线,计算时上游水深取略大于正常水深 h_0,例如,$h = 1.01h_0$,即 $h = 1.01h_0 = 1.01 \times 0.924 = 0.933$(m)。下游为闸前水深 $h_1 = 2.0$m,为已知的起始断面水深。

以闸前断面为起始断面,向上游推求水面曲线。已知起始断面水深 $h_1 = 2.0$m,设第 2 断面水深 h_2 为 1.8m,计算 Δs

$$A_1 = (b + mh_1)h_1 = (2 + 1.5 \times 2.0) \times 2 = 10.0 \ (\text{m}^2)$$

$$A_2 = (b + mh_2)h_2 = (2 + 1.5 \times 1.8) \times 1.8 = 8.46 \ (\text{m}^2)$$

$$\chi_1 = b + 2h_1\sqrt{1 + m^2} = 2 + 2 \times 2 \times \sqrt{1 + 1.5^2} = 9.21 \ (\text{m})$$

$$\chi_2 = b + 2h_2\sqrt{1 + m^2} = 2 + 2 \times 1.8 \times \sqrt{1 + 1.5^2} = 8.49 \ (\text{m})$$

$$R_1 = A_1/\chi_1 = 10/9.21 = 1.09 \ (\text{m})$$

$$R_2 = A_2/\chi_2 = 8.46/8.49 = 1.0 \ (\text{m})$$

$$\bar{R} = (R_1 + R_2)/2 = (1.09 + 1)/2 = 1.05 \ (\text{m})$$

$$C_1 = \frac{1}{n}R_1^{1/6} = \frac{1}{0.014} \times 1.09^{1/6} = 72.46 \ (\text{m}^{1/2}/\text{s})$$

$$C_2 = \frac{1}{n}R_2^{1/6} = \frac{1}{0.014} \times 1^{1/6} = 71.43 \ (\text{m}^{1/2}/\text{s})$$

$$\overline{C} = (C_1 + C_2)/2 = (72.46 + 71.43)/2 = 71.95 \ (\mathrm{m^{1/2}/s})$$

$$v_1 = Q/A_1 = 5/10 = 0.5 \ (\mathrm{m/s})$$

$$v_2 = Q/A_2 = 5/8.46 = 0.59 \ (\mathrm{m/s})$$

$$\overline{v} = (v_1 + v_2)/2 = (0.5 + 0.59)/2 = 0.55 \ (\mathrm{m/s})$$

$$\overline{J} = \frac{\overline{v}^2}{\overline{C}^2 \overline{R}} = \frac{0.55^2}{71.95^2 \times 1.05} = 5.57 \times 10^{-5}$$

$$\Delta E_s = \left(h_1 + \frac{v_1^2}{2g}\right) - \left(h_2 + \frac{v_2^2}{2g}\right) = \left(2 + \frac{0.5^2}{2 \times 9.8}\right) - \left(1.8 + \frac{0.59^2}{2 \times 9.8}\right) = 0.19 \ (\mathrm{m})$$

$$\Delta s = \frac{\Delta E_s}{i - \overline{J}} = \frac{0.19}{0.001 - 0.000055} = 201.06 \ (\mathrm{m})$$

其余各断面水深的计算相同，列表进行计算。

断面	h /m	A /m²	v /(m/s)	$\overline{v}$ /(m/s)	$E_s=$ $h+\frac{v^2}{2}$ /m	ΔE_s /m	χ/m	R/m	$\overline{R}$	C /(m$^{1/2}$ /s)	$\overline{C}$ /(m$^{1/2}$ /s)	$\overline{J}=\frac{\overline{v}^2}{\overline{C}^2\overline{R}}$ /(×10⁴)	$i-\overline{J}$ /(×10⁴)	$\Delta s=\frac{\Delta E_s}{i-\overline{J}}$ /m	$s=\sum\Delta s$
1	2.0	10	0.50	0.55	2.01	0.19	9.21	1.09	1.05	72.46	71.95	0.55	9.45	201	0
2	1.8	8.46	0.59	0.65	1.82	0.19	8.49	1.00	0.96	71.43	70.87	0.88	9.12	208	201
3	1.6	7.04	0.71	0.79	1.63	0.19	7.77	0.91	0.87	70.31	69.71	1.48	8.52	223	409
4	1.4	5.74	0.87	0.99	1.44	0.18	7.04	0.82	0.77	69.10	68.36	2.72	7.28	247	632
5	1.2	4.56	1.10	1.34	1.26	0.20	6.33	0.72	0.66	67.62	66.52	6.15	3.85	519	879
6	0.933	3.17	1.58		1.06		5.36	0.59		65.42					1398

依据上表数据画出水面曲线，如图 8.24 所示。

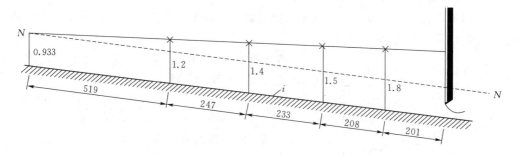

图 8.24 闸前壅水水面曲线（单位：m）

8.9 天然河道水面曲线的计算

天然河道的过水断面一般极不规则，粗糙系数、底坡沿流程都有改变，可视为非棱柱形明渠。在河道中建有桥梁、闸、坝等建筑物时，必然会遇到建筑物所引起的有关水面曲线的一些问题，如堤岸的设计高度、壅水的淹没范围等。

在天然河道中，估算建筑物建成后新的水面曲线最大的困难，在于天然河道中水力要素变化急剧，因而不得不采用某种平均值作为计算的依据。人们对水情的观察，首先关注的是水位，因此研究河道水面曲线时，主要研究水位的变化，这样天然河道水面曲线的计算便自成系统。虽然它与人工渠道水面曲线的计算不同，但无本质的区别。

天然河道水面曲线的计算方法很多，第一类是前面介绍的分段求和法，第二类是将不规则的天然河道人为地简化为具有平均底坡的棱柱形渠道，以此代替天然河道水面曲线的计算。第一类在工程上比较常用，本节仅介绍天然河道水面曲线计算中的分段求和法。

8.9.1 天然河道分段的原则

为了正确反映河道的实际情况，提高计算精度，对天然河道分段遵循以下原则。

（1）每个计算流段内，过水断面形状、尺寸、粗糙系数及底坡变化不要太大。

（2）在一个计算流段内，上下游水位差不要太大，平原河流一般 Δz 取 $0.2 \sim 1.0$m，山区河流一般 Δz 取 $1.0 \sim 3.0$m。

（3）计算流段内不要有支流汇入或流出。若有支流存在，必须把支流放在计算流段的起始端或末端，对汇入的支流一般放在流段的起始端，对流出的支流一般放在流段的末端。由于支流的汇入或流出，对流量要进行修正，正确估计流入量或流出量。

（4）平原河道流段可以划分的长一些，山区河道流段要划分的短一些。

关于河道的局部水头损失，逐渐收缩的河段局部水头损失很小，一般忽略不计；对扩散的河段，水头损失系数 ζ 可取 $-1.0 \sim -0.3$，视扩散角（指两岸的交角）的大小而定，扩散角较小者可取 -0.3，突然扩散可取 -1.0。因为河道非均匀流的局部水头损失表达为 $\mathrm{d}h_\mathrm{f} = \zeta \mathrm{d}\left(\dfrac{v^2}{2g}\right)$，对于扩散河段，因为 $\mathrm{d}\left(\dfrac{v^2}{2g}\right)$ 为负值，必须使水头损失系数 ζ 为负值，才能保证局部水头损失是正值。

8.9.2 天然河道水面线的水力计算公式

天然河道水面线的水力计算，首先把河道划分为若干计算流段，用水位变化来代替水深变化进行计算，如图 8.25 所示。

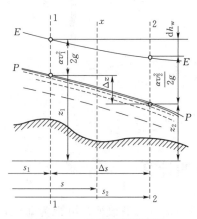

图 8.25　天然河道渐变流

将计算流段局部水头损失系数 ζ 用其平均值 $\bar{\zeta}$ 表示，式（8.46）可改写为

$$-\frac{\mathrm{d}z}{\mathrm{d}s} = (\alpha + \bar{\zeta})\frac{\mathrm{d}}{\mathrm{d}s}\left(\frac{v^2}{2g}\right) + \frac{\mathrm{d}h_\mathrm{f}}{\mathrm{d}s} \quad (8.54)$$

式（8.54）为天然河道恒定非均匀渐变流微分方程。

将式（8.54）改写为有限差分式

$$-\frac{\Delta z}{\Delta s} = (\alpha + \bar{\zeta})\frac{\Delta\left(\dfrac{v^2}{2g}\right)}{\Delta s} + \frac{\Delta h_\mathrm{f}}{\Delta s} \quad (8.55)$$

或　　　$$-\Delta z = (\alpha + \bar{\zeta})\Delta\left(\frac{v^2}{2g}\right) + \Delta h_\mathrm{f} \quad (8.56)$$

其中　　　　　　　　$$\Delta z = z_\mathrm{d} - z_\mathrm{u}$$

式中　　z_d——下游断面水位；

z_u——上游断面水位。

式（8.56）可以写为

$$z_u - z_d = (\alpha + \bar{\zeta})\left(\frac{v_d^2 - v_u^2}{2g}\right) + \bar{J}\Delta s \qquad (8.57)$$

将式（8.57）写成上下游两个断面的函数式，得

$$z_u + (\alpha + \bar{\zeta})\frac{v_u^2}{2g} = z_d + (\alpha + \bar{\zeta})\frac{v_d^2}{2g} + \frac{Q^2}{\bar{K}^2}\Delta s \qquad (8.58)$$

或写成

$$z_u + (\alpha + \bar{\zeta})\frac{Q^2}{2gA_u^2} - \frac{\Delta s}{2}\frac{Q^2}{\bar{K}^2} = z_d + (\alpha + \bar{\zeta})\frac{Q^2}{2gA_d^2} + \frac{\Delta s}{2}\frac{Q^2}{\bar{K}^2} \qquad (8.59a)$$

即

$$f(z_u) = \varphi(z_d) \qquad (8.59b)$$

其中

$$\bar{J} = \frac{Q^2}{\bar{K}^2}, \ \bar{K} = \bar{A}\bar{C}\sqrt{R}$$

式中　$\bar{J}$——计算流段内平均水力坡度；

　　　$\bar{K}$——计算流段内平均流量模数；

　　　$\bar{\zeta}$——计算流段内局部阻力系数的平均值；

　　u、d——流段上、下游断面。

式（8.58）和式（8.59）即天然河道水面曲线分段计算的基本公式。

8.9.3　天然河道的水面曲线的水力计算步骤

（1）首先划分流段，若下游断面的水位 z_d 已知，按式（8.59）计算出函数 $\varphi(z_d)$ 的值（若上游断面水位 z_u 已知，其方法相同）。

（2）假定几个上游断面水位 z_u，按式（8.59）计算出一系列 $f(z_u)$ 函数值，绘出 z_u—$f(z_u)$ 关系曲线，如图 8.26 所示，在图中的横坐标上找出 $f(z_u) = \varphi(z_d)$ 点，向上做垂线交曲线于 A 点，A 点的纵坐标值即所求的上游断面水位 z_u。

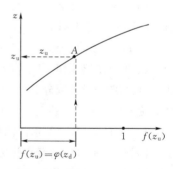

图 8.26　天然河道水力计算图

（3）以求得的此上游断面水位 z_u 作为下一个计算流段下游水位 z_d，重复第二步骤，依次计算上游断面水位，得出河道的水面曲线。

本 章 知 识 点

（1）明渠水流属无压流（重力流）。对于长直棱柱形渠道，n 不变，底坡 i 不变，流量不变的情况下形成均匀流。均匀流主要特征是：底坡线、水面线、总线头线三线平行，即 $i = J = J_p$，流线相互平行，水深 h、过水断面面积 A、断面平均流速沿程不变。均匀流是非均匀流的特例，对于人工渠道，顺直河道可近似做均匀流处理。

（2）工程中绝大多数明渠水流为非均匀流，即使长直人工渠道，因底坡改变或建有水

工建筑物，如闸、坝、桥、涵洞时，不能形成均匀流，水面线、底坡线、总线水头线不再平行，水面线变为水面曲线。

（3）明渠恒定均匀流基本公式 $v = C\sqrt{Ri}$，或 $Q = AC\sqrt{Ri} = K\sqrt{i}$，$K$ 为流量模数，$K = AC\sqrt{R}$。计算时，水力要素的单位以 m 计。

（4）明渠流的流动形态分为急流、缓流、临界流三种，微波波速 C、弗劳德数 Fr、临界水深 h_K、临界底坡 i_K 均可作为其判别标准。具体为：微波波速 $C = \sqrt{gh_m}$，$v < C$ 为缓流，$v = C$ 为临界流，$v > C$ 为急流；弗劳德数 $Fr = \dfrac{v}{\sqrt{gh_m}}$，$Fr < 1$ 为缓流，$Fr = 1$ 为临界流，$Fr > 1$ 为急流；临界水深 h_K，$h > h_K$ 为缓流，$h = h_K$ 为临界流，$h < h_K$ 为急流；临界底坡 i_K，$i < i_K$ 为缓流，$i = i_K$ 为临界流，$i > i_K$ 为急流。

（5）断面单位能量（断面比能）$E_s = h + \dfrac{\alpha v^2}{2g}$，是指所讨论的过水断面以渠底为基准面，单位重量液体所具有的能量。它与某过水断面总的机械能 E 不同，E 是相对一个固定的基准面计算的。断面单位能量函数曲线表明，断面单位能量有极小值，它对应的是临界流（临界水深 h_K），K 点把曲线分为二支，上半支为缓流（$h > h_K$），下半支为急流（$h < h_K$）。因为总机械能沿程有能量损失，所以 $\dfrac{\mathrm{d}E}{\mathrm{d}s}$ 恒小于 0。断面单位能量沿程可大可小，当 $\dfrac{\mathrm{d}E_s}{\mathrm{d}s} = 0$ 时即为均匀流。

（6）水面曲线定性分析。明渠棱柱形渠道的水面曲线：缓坡渠道上有 a_1、b_1、c_1 三种曲线；陡坡渠道上有 a_2、b_2、c_2 三种曲线，临界底坡、平坡、逆坡分别各有两种曲线 a_3、c_3、b_0、c_0、b'、c'，总共十二种曲线。这十二种曲线，通过渐变流微分方程及物理含义可以对其进行定性分析，正常水深的水面线（N—N 线），临界流水深的水面线（K—K 线）及底坡线把水域分成三个区域，N—N 线与 K—K 线以上为 a 区；N—N 线与 K—K 线之间为 b 区；N—N 线与 K—K 线以下为 c 区，其变化规律归纳如下：

1）所有 a 型、c 型水面曲线均为壅水曲线，所有 b 型曲线都为降水曲线。

2）若水深与均匀流水深 h_0 渐近，水面线与 N—N 线相切。

3）若水深趋近临界水深 h_K，水面曲线与 K—K 线正交（发生跌水、水跃）。

4）若水深趋于无限大时，壅水曲线趋于水平（闸、坝、桥、涵前水深）。

5）从急流到缓流出现水跃，从缓流到急流出现跌水。

（7）明渠恒定非均匀渐变流水面曲线计算。用分段求和法，通过公式 $\Delta s = \dfrac{\Delta E_s}{i - \bar{J}}$ 进行计算，ΔE_s 永远是 $E_{s下游} - E_{s上游}$ 不可颠倒。把已知水深的断面为起始断面水深 h_1，假设第 2 断面水深，通过上式计算出 Δs，然后再设第 3 断面水深，以此类推得出各断面水深，进而画出水面线。

（8）天然河道水面曲线计算。天然河道水面线的水力计算，首先把河道划分为若干计算流段，用水位变化来代替水深变化进行计算。天然河道水面曲线计算常用的也是分段求和法，要注意天然河道分段原则及步骤。

思　考　题

8.1　明渠均匀流水力特征是什么？明渠均匀流形成应具有什么条件？

8.2　明渠恒定非均匀流水力特征是什么？明渠恒定非均匀流形成应具有什么条件？

8.3　水力最优断面含义是什么？是否在设计渠道时一定采用水力最优断面，为什么？

8.4　急流、缓流、临界流是如何区分的？判别标准是什么？

8.5　断面单位能量 E_s 与单位重量流体总的机械能有何区别？在讨论非均匀流时，为什么引入断面单位能量这个概念？

8.6　在分析水面曲线时，往往绘出 $K-K$ 线，一条渠道分为两段，前后两段渠道断面相同，但底坡不同，$K-K$ 线的高度（即 h_K）是否相同？为什么？

8.7　若两段断面形状及尺寸相同的长直棱柱形渠道，试分析下列情况下，其正常水深哪个大？

（1）$i_1 > i_2$，m、b、n 相等，Q 不变；

（2）$n_1 < n_2$，m、b、i 相等，Q 不变；

（3）$b_1 > b_2$，m、n、i 相等，Q 不变。

8.8　试分析下列明渠流的说法是否正确？

（1）均匀流一定是恒定流；

（2）测压管水头线（水面线）沿程不可能上升；

（3）临界流一定是均匀流；

（4）水面线与总能水头线可以重合。

8.9　利用分段求和法进行水面曲线计算时，要注意什么问题？

习　　题

8.1　一养护良好的土质渠道，梯形断面，足够长，底坡不变 $i = 0.001$，底宽 $b = 0.8\text{m}$，边坡系数 $m = 1.5$。当水深 $h = 0.6\text{m}$ 时，通过流量是多少？水温 10℃，雷诺数是多少？该水流是层流还是紊流？

8.2　一梯形断面长直渠道（土质为中壤土），底宽 $b = 2\text{m}$，边坡系数 $m = 2.0$，底坡 $i = 0.0015$，正常水深 $h_0 = 0.8\text{m}$，粗糙系数 $n = 0.25$，通过流量是多少？是否需要衬护？

8.3　铁路路基排水沟，用小片石干砌护面，边坡系数 $m = 1.0$，粗糙系数 $n = 0.020$，底坡 $i = 0.003$，排水沟断面为梯形，按水力最优断面设计，通过流量 $Q = 1.2\text{m}^3/\text{s}$，试确定其断面尺寸。

8.4　一梯形断面渠道，通过流量为 $Q = 0.5\text{m}^3/\text{s}$，底宽 $b = 0.5\text{m}$，正常水流 $h_0 = 0.82\text{m}$，边坡系数 $m = 1.5$，粗糙系数 $n = 0.025$，试设计该渠道的底坡 i。

8.5　一梯形断面渠道，用小片石干砌护面，设计流量 $Q = 10\text{m}^3/\text{s}$，粗糙系数 $n = 0.02$，底坡 $i = 0.003$，边坡系数 $m = 1.5$，正常水深 $h_0 = 1.5\text{m}$。试确定渠道的底宽（谢齐系数 C 用曼宁公式计算）。

8.6 已知一条梯形断面渠道，碎石护面，$n = 0.02$，底宽 $b = 2.0\mathrm{m}$，$i = 0.005$，边坡系数 $m = 1.5$，通过流量 $Q = 12.5\mathrm{m^3/s}$，求此时均匀流水深 h_0。

8.7 有一条高速公路，路基宽 40m，横跨一条排水渠道，该渠道通过量 $Q = 1.8\mathrm{m^3/s}$，初步设计用管径 $d = 1.5\mathrm{m}$ 混凝土管铺设，设计充满度 $a = \dfrac{h}{d} = 0.75$，底坡 $i = 0.001$，试校核是否满足输水能力的要求。

8.8 有一长直排水管，由混凝土制作，粗糙系数 $n = 0.014$，管径 $d = 0.5\mathrm{m}$，按最大充满度考虑，通过流量 $Q = 0.3\mathrm{m^3/s}$，试确定此排水管道的底坡。

8.9 由混凝土衬护的长直矩形渠道，$b = 2.0\mathrm{m}$，水深 $h = 0.7\mathrm{m}$，通过流量 $Q = 1.6\mathrm{m^3/s}$，试判断该水流急流还是缓流。

8.10 有一条人工河道，长直且平顺，过水断面为梯形，已知底宽 $b = 4.5\mathrm{m}$，粗糙系数 $n = 0.025$，边坡系数 $m = 2.0$，通过流量 $Q = 50\mathrm{m^3/s}$。试判断在恒定流情况下的水流是急流、缓流还是临界流。

8.11 矩形断面排水沟，渠宽 $b = 4\mathrm{m}$，粗糙系数 $n = 0.02$，通过流量 $Q = 30\mathrm{m^3/s}$，若底坡 $i = 0.005$，求临界水深，临界底坡，并确定 N—N 线与 K—K 的相对位置。

8.12 如图 8.27 所示长直棱柱形渠道，n 不变，试定性绘出可能出现的水面曲线类型。

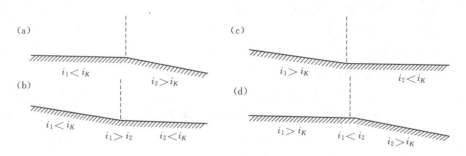

图 8.27 习题 8.12 图

8.13 如图 8.28 所示，三段底坡不同的棱柱形渠道，三段渠道的断面形状尺寸相同，前后两段渠道均足够长，$i_1 > i_K$，$i_2 < i_K$，中间渠道长度为 l，试分析水面曲线可能出现的类型（分析时，中间渠道长度可长可短，分不同情况考虑）。

8.14 如图 8.29 所示，平坡渠道与陡坡渠道相接，平坡渠道尾部设有一平板闸门，其闸孔开度 e 小于渠道的临界水深，闸门距渠道底坡转折处的长度为 l，试分析闸门下游可能出现的水面曲线及衔接形式。

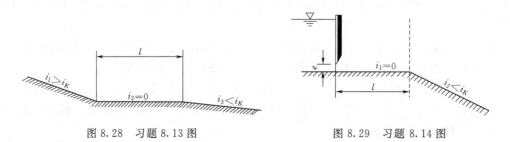

图 8.28 习题 8.13 图　　　　　图 8.29 习题 8.14 图

8.15　如图 8.30 所示为一引水陡渠，矩形断面，混凝土衬护，通过流量 $Q = 3.5\text{m}^3/\text{s}$，$b = 2\text{m}$，底坡 $i = 0.25$，渠长 15m，用分段求和法计算并绘出水面曲线（相对误差 $< 1\%$）。

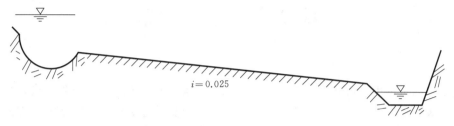

图 8.30　习题 8.15 图

8.16　如图 8.31 所示，有一条顺直小河，过流断面为梯形，底宽 $b = 10\text{m}$，边坡系数 $m = 1.5$，底坡 $i = 0.003$，粗糙系数 $n = 0.02$，流量 $Q = 31.2\text{m}^3/\text{s}$，其下游建有一个低堰，堰高 $P_1 = 2.73\text{m}$，堰上水头 $H = 1.27\text{m}$，用分段求和法计算水面曲线并绘图（要求：上游水深计算到 $h = 1.01h_0$，至少分四段）。

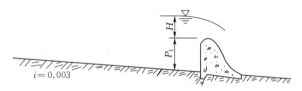

图 8.31　习题 8.16 图

第 9 章 水 跃

明渠中的水流由急流状态过渡到缓流状态时，水流的自由表面会突然跃起，并且在表面形成旋滚，这种水力现象叫做水跃。在闸、坝以及陡槽等泄水建筑物下游常有此水力现象。水利工程中常常用水跃消除泄水建筑物下游高速水流的巨大能量。

本章将介绍水跃表征方法、水跃方程、水跃计算等。水跃计算包括水跃共轭水深、水跃能量损失、水跃长度等。

9.1 水跃特征及其描述

图 9.1 为一个典型水跃，主流在底部，表面形成旋滚，水流紊动，流体质点互相碰撞，掺混强烈。旋滚与主流间质量不断交换，致使水跃段内有较大的能量损失。

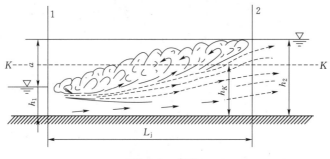

图 9.1 水跃

表面漩滚起点的过流断面 1—1（或水面开始上升处的过流断面）称为跃前断面，该断面处的水深 h_1 叫跃前水深。表面漩滚末端的过流断面 2—2 称为跃后断面，该断面的水深 h_2 叫跃后水深。跃后水深与跃前水深之差，即 $h_2 - h_1 = a$，称为跃高。跃前断面至跃后断面的水平距离称为跃长 L_j。

根据水跃形成的条件和水跃状态，一般按跃前断面弗劳德数 $Fr_1 = \dfrac{v_1}{\sqrt{gh_1}}$ 对水跃进行分类，可细分为波状水跃、弱水跃、摆动水跃、稳定水跃和强水跃等类型，如图 9.2 所示。

（1）波状水跃：当 $1 < Fr_1 < 1.7$ 时为波状水跃，水体没有旋滚，消能效率很低，部分动能转变为波动能量向下游传递，逐渐在下游水体中衰减。

（2）弱水跃：当 $1.7 < Fr_1 < 2.5$ 时为弱水跃，水面发生许多小旋滚，消能效率小于 20%，跃后水面较平稳。

（3）摆动水跃：当 $2.5 < Fr_1 < 4.5$ 时为摆动水跃，消能效率在 $20\% \sim 45\%$，旋滚较

不稳定，跃后水面波动较大。

（4）稳定水跃（完整水跃）：当 $4.5 < Fr_1 < 9.0$ 时为稳定水跃，表面旋滚明显，消能效率在 $45\% \sim 70\%$，跃后水面也较平稳。

（5）强水跃：当 $Fr_1 > 9.0$ 时为强水跃，消能效率可高达 85%，但高流速水流挟带间歇发生的水团不断滚向下游，产生较大的水面波动。

本章主要介绍稳定水跃。

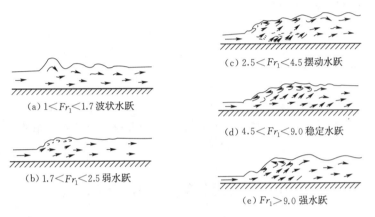

图 9.2　水跃分类

9.2　水　跃　基　本　方　程

现以棱柱形水平渠道上的稳定水跃为例（图 9.3），建立水跃方程。因为水跃区内部水流十分紊乱，其阻力分布规律尚不清楚，不宜用能量方程。因为动量方程不涉及能量损失，可利用动量方程推导。

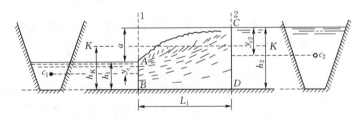

图 9.3　棱柱形水平渠道的稳定水跃

棱柱形渠道为梯形断面，跃前水深为 h_1，跃后水深为 h_2，假设：

（1）水跃区内渠壁、底的摩阻力略去不计。

（2）水跃区的跃前断面 1—1 及跃后断面 2—2 为渐变流，作用在两断面上的动水压强符合静水压强分布规律。

（3）动量修正系数 $\beta_1 = \beta_2 = 1.0$。

取 $ABCD$ 为控制体，设沿流动方向为正。分析其所受外力，断面 1—1 作用有动水压力 $P_1 = \rho g y_{c1} A_1$，断面 2—2 作用有 $P_2 = \rho g y_{c2} A_2$，其中 y_c 为断面形心点淹没水深。重力沿水流方向分力为零。沿水流方向列出动量方程

$$\rho Q(\beta_2 v_2 - \beta_1 v_1) = \rho g y_{c1} A_1 - \rho g y_{c2} A_2 \tag{9.1}$$

因 $v_1 = Q/A_1$，$v_2 = Q/A_2$，并令 $\beta_1 = \beta_2 = 1$，代入上式，得

$$\frac{Q^2}{gA_1} + A_1 y_{c1} = \frac{Q^2}{gA_2} + A_2 y_{c2} \tag{9.2}$$

式（9.2）为棱柱形水平明渠的水跃方程。当流量、断面形状、尺寸一定时，跃前、跃后断面面积 A 和形心点位置仅为水深 h 的函数，故方程（9.2）的左右两边都是水深 h 的函数，用符号 $\theta(h)$ 表示，即

$$\theta(h) = \frac{Q^2}{gA} + A y_c \tag{9.3}$$

于是式（9.2）可写为

$$\theta(h_1) = \theta(h_2) \tag{9.4}$$

式中　h_1 与 h_2——共轭水深，即水跃的跃前水深 h_1 的函数值等于跃后水深 h_2 的函数值。

式（9.2）和式（9.4）为棱柱形水平渠道的水跃方程，也适用于底坡很小的顺坡渠道中的水跃。

9.3　水 跃 的 基 本 计 算

水跃的基本计算一般包括水跃共轭水深、水跃能量损失、水跃长度等的计算。

9.3.1　共轭水深的计算

在工程上，往往要求解跃前水深 h_1 或跃后水深 h_2，即共轭水深的计算。

水跃函数 $\theta(h)$ 是水深的函数，当流量、断面形状尺寸一定时，给定 h，则 A 和 y_c 一定，由式（9.3）可知：当 $h \to 0$，$A \to 0$，则 $\theta(h) = \frac{Q^2}{gA} + A y_c \to \infty$；当 $h \to \infty$，$A \to \infty$，则 $\theta(h) = \frac{Q^2}{gA} + A y_c \to \infty$，由于 $\theta(h)$ 是水深的连续函数，绘出其函数图形，如图 9.4 所示。当水跃形成时，$\theta(h_1) = \theta(h_2)$，在 $\theta(h)$—h 的曲线上，A 点对应跃前水深 h_1，B 点对应跃后水深 h_2，AB 两点的高差为跃高 $a = h_2 - h_1$。

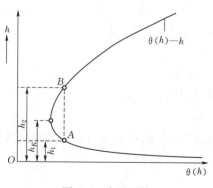

图 9.4　水跃函数

1. 共轭水深的一般解法

对于梯形断面渠道 $A = f(h)$，$y_c = f(h)$，因此，式（9.2）是一个复杂函数，不易直接求解，可采用试算图解法。这种方法对其他断面形状的明渠也适用。

一般情况下，已知一个共轭水深 h_1（或 h_2）求解另一个共轭水深 h_2（或 h_1）。例如，已知跃前水深 h_1，求跃后水深 h_2，方法如下。

（1）已知 h_1，应用式（9.3）计算出跃前断面的水跃函数值 $\theta(h_1)$。

（2）对 h_2 假定一系列值，应用式（9.3）计算出一系列 $\theta(h_2)$，并以 $\theta(h)$ 为横坐标，以 h 为纵坐标，绘出 $\theta(h)$—h 关系曲线。

（3）因为 $\theta(h_1)=\theta(h_2)$，可得到跃后断面的水跃函数值 $\theta(h_2)$，在所绘 $\theta(h)-h$ 关系曲线上，$\theta(h_2)$ 对应的 h 值，即为所求 h_2。

【例 9.1】 一梯形棱柱形渠道，$i=0$，建有一座水闸，设平板闸门，已知流量 $Q=5.6\mathrm{m}^3/\mathrm{s}$，底宽 $b=2.0\mathrm{m}$，边坡系数 $m=1.2$，闸孔出流收缩断面水深 $h_c=h_1=0.4\mathrm{m}$。求跃后水深 h_2。

解：（1）计算水跃函数 $\theta(h_1)$ 值。

跃前断面 $A_1=(b+mh_1)h_1=(2+1.2\times0.4)\times0.4=0.99$（$\mathrm{m}^2$）

$$y_{c1}=\frac{h_1}{6}\cdot\frac{3b+2mh_1}{b+mh_1}=\frac{0.4}{6}\times\frac{3\times2+2\times1.2\times0.4}{2+1.2\times0.4}=0.19\text{（m）}$$

$$\theta(h_1)=\frac{Q^2}{gA_1}+A_1y_{c1}=\frac{5.6^2}{9.81\times0.992}+0.992\times0.19=3.41\text{（m}^3\text{）}$$

（2）列表计算 $\theta(h_2)$。

假定跃后水深 h_2 不同的值，按式（9.3）计算对应的 $\theta(h_2)$，列于下表：

h_2 /m	A_2 /m^2	$y_{c2}=\dfrac{h_2}{6}\cdot\dfrac{3b+2mb}{b+mh_2}$ /m	Ay_{c2} /m^3	$\dfrac{Q^2}{gA_2}$ /m^3	$\theta(h_2)$ /m^3
0.80	2.37	0.49	1.15	1.35	2.50
1.00	3.20	0.56	1.80	1.00	2.80
1.20	4.13	0.61	2.51	0.77	3.28
1.40	5.15	0.67	3.42	0.62	4.04

据此数据绘出 $\theta(h)-h$ 关系曲线，如图 9.5 所示。

（3）根据 $\theta(h_2)$ 值求解 h_2。

由 $\theta(h_1)=\theta(h_2)$ 得跃后断面的 $\theta(h_2)$，在图 9.5 $\theta(h)-h$ 关系曲线中，对应 $\theta(h_2)$ 得到跃后水深 $h_2=1.26\mathrm{m}$。

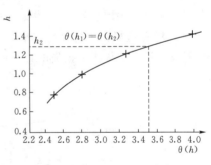

图 9.5 $\theta(h)-h$ 关系曲线

2. 矩形断面棱柱形渠道共轭水深的解法

对于矩形断面棱柱形渠道，$A=bh$，$y_c=\dfrac{h}{2}$，

$q=Q/b$（单宽流量），其水跃函数为

$$\theta(h)=\frac{Q^2}{gA}+y_cA=\frac{b^2q^2}{gbh}+\frac{h}{2}bh=b\left(\frac{q^2}{gh}+\frac{h^2}{2}\right)$$

因为 $\theta(h_1)=\theta(h_2)$，所以上式可写为

$$\frac{q^2}{gh_1}+\frac{h_1^2}{2}=\frac{q^2}{gh_2}+\frac{h_2^2}{2}$$

整理可得

$$h_1^2h_2+h_1h_2^2-2\frac{q^2}{g}=0$$

解得

$$\begin{cases} h_1 = \dfrac{h_2}{2}\left(\sqrt{1 + 8\dfrac{q^2}{gh_2^3}} - 1\right) \\[3mm] h_2 = \dfrac{h_1}{2}\left(\sqrt{1 + 8\dfrac{q^2}{gh_1^3}} - 1\right) \end{cases} \tag{9.5}$$

式中 $\dfrac{q^2}{gh^3} = \dfrac{v^2}{gh} = Fr^2$，所以式 (9.5) 可改写为

$$\begin{cases} h_1 = \dfrac{h_2}{2}(\sqrt{1 + 8Fr_2^2} - 1) \\[3mm] h_2 = \dfrac{h_1}{2}(\sqrt{1 + 8Fr_1^2} - 1) \end{cases} \tag{9.6}$$

9.3.2 水跃能量损失的计算

1. 水跃能量损失机理

图 9.6 给出了水跃段和跃后段的一些断面上的流速分布，图中显示，在水跃段中，最大流速靠近底部，流速急剧变化。在水跃表面旋滚与主流的交界面附近旋涡强烈，从而导致该处水流的激烈紊动、掺混，使得该处的紊流附加切应力比一般紊流大得多。水流要素的急剧变化，特别是很大的紊流附加切应力使跃前断面水流的大部分动能在水跃段中转化为热能而消失。

在跃后断面 2—2 处，流速分布还是很不均匀，同时该处的紊流强度也大于正常紊流的紊流强度。虽然断面 2—2 下游不远的断面 c—c 处的流速分布已接近渐变紊流，但紊流强度仍大。直到断面 3—3 处，紊流强度才基本恢复正常。

断面 1—1 与断面 2—2 之间的流段称为水跃段，其长度记为 L_j。断面 2—2 与断面 3—3 之间的流段称为跃后段，其长度记为 L_{jj}，约为 $(2.5\sim3.0)L_j$。

水跃段能量损失记为 ΔE_j，跃后段能量损失记为 ΔE_{jj}，水跃总能量损失记为 ΔE，则 $\Delta E = \Delta E_j + \Delta E_{jj}$。水跃能量损失的计算就是确定水跃段能量损失和跃后段能量损失。

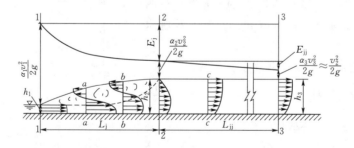

图 9.6 水跃段及跃后段的断面流速分布

2. 水跃段能量损失的计算

对于跃前断面和跃后断面应用能量方程可以推导水跃段能量损失的计算公式。由能量方程推导的棱柱形水平渠道的水跃段能量损失的表达式为

$$\Delta E_j = \left(h_1 + \frac{\alpha_1 v_1^2}{2g}\right) - \left(h_2 + \frac{\alpha_2 v_2^2}{2g}\right) \tag{9.7}$$

式中　α_1、α_2 ——跃前、跃后断面的动能修正系数。跃前断面水流可视为渐变流，近似地 $\alpha_1 = 1$。跃后断面 α_2 一般比 1 大的较多。

对于矩形断面棱柱形水平明渠的水跃，由连续性方程得知

$$v_2 = v_1 \frac{h_1}{h_2} = \frac{v_1}{\eta} \tag{9.8}$$

其中

$$\eta = \frac{h_2}{h_1}$$

式中 η——共轭水深比。

由 $h_2 = \frac{h_1}{2}(\sqrt{1+8Fr_1^2}-1)$ 变换为 $\eta = \frac{1}{2}(\sqrt{1+8Fr_1^2}-1)$，进一步得到

$$Fr_1^2 = \frac{v_1^2}{gh_1} = \frac{\eta(\eta+1)}{2} \tag{9.9}$$

将式（9.8）、式（9.9）代入式（9.7）并取 $\alpha_1 = 1$，整理后得到矩形断面棱柱形水平明渠的水跃段能量损失计算公式

$$\Delta E_j = \frac{h_1}{4\eta}[(\eta-1)^3 - (\alpha_2-1)(\eta+1)] \tag{9.10}$$

式中跃后断面动能修正系数 α_2 可按下式计算

$$\alpha_2 = 0.85Fr_1^{2/3} + 0.25 \tag{9.11}$$

式（9.11）表明 α_2 是随着 Fr_1 的增大而增大的。

式（9.10）中取 $\alpha_2 = 1$，则矩形断面棱柱形水平渠道的水跃段能量损失为

$$\Delta E_j = \frac{(h_2-h_1)^3}{4h_1h_2} \tag{9.12}$$

式（9.12）表明，跃高越大，能量损失越大，消能率越大。当然，工程上多采用稳定水跃。

3. 跃后段能量损失计算

对于跃后断面 2—2 和断面 3—3 应用能量方程可以得跃后段的能量损失的计算公式。由能量方程推导的棱柱形水平渠道的水跃段能量损失的表达式为

$$\Delta E_{jj} = \left(h_2 + \frac{\alpha_2 v_2^2}{2g}\right) - \left(h_3 + \frac{\alpha_3 v_3^2}{2g}\right) \tag{9.13}$$

近似地，令 $h_3 = h_2$，$v_3 = v_2$，$\alpha_3 = 1$，于是式（9.13）简化为

$$\Delta E_{jj} = (\alpha_2-1)\frac{\alpha_2 v_2^2}{2g} \tag{9.14}$$

将式（9.8）和式（9.9）代入上式，得到矩形断面棱柱形水平明渠的 ΔE_{jj} 的计算公式

$$\Delta E_{jj} = \frac{h_1}{4\eta}(\alpha_2-1)(\eta+1) \tag{9.15}$$

4. 水跃总能量损失计算

水跃总能量损失是指水跃段能量损失与跃后段能量损失之和。因此，将式（9.7）与式（9.14）相加并令 $\alpha_1 = 1$，则得到棱柱形水平明渠的 ΔE 的计算公式

$$\Delta E = \Delta E_j + \Delta E_{jj} = \left(h_1 + \frac{v_1^2}{2g}\right) - \left(h_3 + \frac{v_3^2}{2g}\right) \tag{9.16}$$

对于矩形断面棱柱形水平明渠的水跃总能量损失，将式（9.10）与式（9.15）相加，得到

$$\Delta E = \frac{h_1}{4\eta}(\eta-1)^3 \tag{9.17}$$

很显然，水跃能量损失主要集中在水跃段。水跃段能量损失在总能量损失中所占百分数，把式（9.10）与式（9.17）相比，得到

$$\frac{\Delta E_\mathrm{j}}{\Delta E} = 1 - (\alpha_2 - 1)\frac{\eta + 1}{(\eta - 1)^3} \tag{9.18}$$

因为 α_2 和 η 都是 Fr_1 的函数，因此 $\dfrac{\Delta E_\mathrm{j}}{\Delta E}$ 也是 Fr_1 的函数。例如，当 $Fr_1 = 4.5$ 时，ΔE_j 已达到总能量损失的 90%。

5. 水跃消能效率计算

水跃段能量损失 ΔE_j 或水跃总能量损失 ΔE 与跃前断面比能 E_1 之比，称为水跃消能系数，以 K_j 表示，$K_\mathrm{j} = \dfrac{\Delta E}{E_1}$。显然，消能系数 K_j 越大则水跃的消能效率越高。

矩形断面棱柱形水平明渠的水跃消能系数可按下式计算

$$K_\mathrm{j} = \frac{\Delta E}{E_1} = \frac{\dfrac{h_1}{4\eta}(\eta - 1)}{h_1 + \dfrac{v_1^2}{2g}} = \frac{(\sqrt{1 + 8Fr_1^2} - 3)^3}{8(\sqrt{1 + 8Fr_1^2} - 1)(2 + Fr_1^2)} \tag{9.19}$$

式（9.19）表明，消能系数 K_j 是跃前断面弗劳德数 Fr_1 的函数，而且是随着的 Fr_1 增加而增大的。因此，Fr_1 越大则水跃的消能效率也越高。例如，矩形断面明渠，当 $Fr_1 = 5$ 时，通过水跃消除的能量 $\Delta E \approx 50\% E_1$，$K_\mathrm{j}$ 为 50%；当 $Fr_1 = 7$ 时，$\Delta E \approx 64\% E_1$，$K_\mathrm{j}$ 为 64%；当 $Fr_1 = 9$ 时，$\Delta E \approx 70\% E_1$，$K_\mathrm{j}$ 可达 70%。由此可见，水跃的消能效果是十分显著的。

实验观测结果表明，不同跃前弗劳德数 Fr_1 的水跃具有不同的形态，其消能效果也不一样，参见图 9.2。实际工程中一般通过稳定水跃达到消除能量的效果，跃前断面弗劳德数控制在 $4.5 < Fr_1 < 9.0$ 范围。

9.3.3 水跃长度

如图 9.1 和图 9.6 所示，跃前断面至跃后断面的水平距离称为跃长 L_j。由于水跃形成后渠道底部流速很大，会对渠道造成冲刷，故需要加固，加固的长短直接关系到经费的投入，所以需要计算水跃的长度。

由于水跃运动形式的复杂，目前水跃长度的计算仍采用经验公式。

对于矩形断面渠道，跃长可采用下式计算

$$L_\mathrm{j} = 4.5h_2 \tag{9.20}$$

或

$$L_\mathrm{j} = \frac{1}{2}(4.5h_2 + 5a) \tag{9.21}$$

式中 a —— 跃高。

跃长公式的另一种形式为

$$L_\mathrm{j} = C(h_2 - h_1) \tag{9.22}$$

式中 C —— 经验系数，斯末顿那（Smetana）取 $C = 6.0$，欧勒佛托斯基（Elevatorski）取 $C = 6.9$。

实际上，系数 C 与 Fr_1 有关，吴持恭曾根据其实验资料整理，在 $Fr_1 = 2.15 \sim 7.45$ 时，有

$$C = 10/Fr_1^{0.32} \tag{9.23}$$

以上水跃长度公式仅适用于底坡较小的渠道，在工程上用来初步估算水跃长度。对于重要工程，水跃长度应通过水力模型实验确定。对于其他断面渠道的水跃长度计算，参考相关手册。

9.4 水跃发生的位置

因为水跃发生时，其水力条件及边界条件不同，水跃发生的位置也不一样，共有三种形式。水跃发生的位置要通过计算来确定，这里仅作定性分析。

从图 9.7 可知，当跃前水深 h_1 与跃后水深 h_2 共轭时即发生水跃，称为临界式水跃，如图 9.7（a）所示。若 h_1 与 h_2 不共轭，下游水深大于跃前水深所要求的跃后水深 h_2，即 $h_t > h_2$，即下游断面单位能量大于跃后断面单位能量，所以水跃将被推向上游，淹没了两渠道相接的断面，称为淹没式水跃，如图 9.7（b）所示。若 $h_t < h_2$，即下游断面单位能量小于跃后断面单位能量，水跃会向下游推进，待新的 h_1 与 h_2 共轭时，水面跃起形成水跃，称为远驱式水跃，如图 9.7（c）所示。

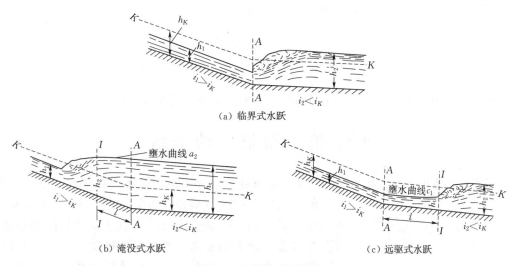

(a) 临界式水跃

(b) 淹没式水跃　　　　　　　　(c) 远驱式水跃

图 9.7　水跃的不同形式

【例 9.2】　如图 9.8 所示一水闸，矩形断面渠道，底宽 $b = 7\text{m}$，过闸流量 $Q = 24\text{m}^3/\text{s}$，若已知闸孔出流的收缩断面水深 $h_c = 0.37\text{m}$，问恰好发生临界式水跃时，下游渠道的水深 h_t 是多少？

解：若恰好发生临界式水跃，则 $h_1 = h_c = 0.37\text{m}$，$h_2 = h_t$。

$$v_1 = \frac{Q}{A_1} = \frac{24}{7 \times 0.37} = 9.27 \ (\text{m/s})$$

$$Fr_1 = \frac{v_1^2}{gh_1} = \frac{9.27^2}{9.81 \times 0.37} = 23.67$$

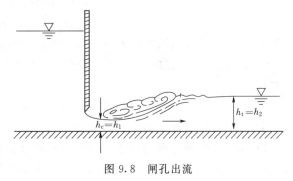

图 9.8　闸孔出流

所以 $h_2 = \dfrac{h_1}{2}(\sqrt{1+8Fr_1}-1) = \dfrac{0.37}{2}\times(\sqrt{1+8\times23.67}-1) = 2.37$ （m）

即当下游水深 $h_t = 2.37$m 时，闸下发生临界式水跃。

【例 9.3】 有两段长直棱柱形渠道，断面为矩形，混凝土制作，底宽 $b_1 = b_2 = 2.0$m，通过流量为 $Q = 2.4\text{m}^3/\text{s}$，已知前段渠道正常水深为 $h_{01} = 0.30$m，后段渠道的正常水深为 $h_{02} = 0.70$m。试判断是否出现水跃？若出现水跃，判断其水跃的形式。

解：（1）求临界水深，$q = Q/b = 2.4/2 = 1.2$ $[\text{m}^3/(\text{s}\cdot\text{m})]$

$$h_K = \sqrt[3]{\dfrac{q^2}{g}} = \sqrt[3]{\dfrac{1.2^2}{9.8}} = 0.53 \ (\text{m})$$

（2）判断渠道上的流态。

因为 $h_{01} = 0.3$m $< h_K = 0.53$m，上游为急流；$h_{02} = 0.7$m $> h_K = 0.53$m，下游为缓流。所以，从急流过渡到缓流发生水跃。

（3）求共轭水深。

$$v_1 = \dfrac{Q}{bh_{01}} = \dfrac{2.4}{2\times8.3} = 4.0 \ (\text{m/s})$$

$$Fr_1 = \dfrac{v_1^2}{\sqrt{gh_{01}}} = \dfrac{4.0}{\sqrt{9.8\times0.30}} = 2.33$$

$$h_2 = \dfrac{h_1}{2}(\sqrt{1+8Fr^2}-1) = \dfrac{0.3}{2}\times(\sqrt{1+8\times2.33^2}-1) = 0.88 \ (\text{m})$$

（4）水跃形式。

因为 $h_2 = 0.88$m，$h_{02} = 0.7$m，所以 $h_2 > h_{02}$，将形成远驱式水跃。

9.5 扩散渠道中的水跃

在实际工程中，如陡槽、水闸等水工建筑物常借助一段矩形水平扩散段与下游渠道

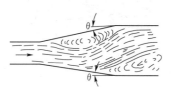

图 9.9 扩散角较大时的水跃

（河槽）连接，利用水跃消能。实验表明，只有当扩散角较小（$\theta \le 7°$）时，水跃断面处于垂直于水流轴线的位置，不发生水流与边界的脱离。若扩散角较大（$\theta > 7°$）时，则水跃在平面上呈一弧形，甚至形成折冲水流，如图 9.9 所示。

9.5.1 扩散角较小的矩形平底扩散渠道水跃方程

如图 9.10 所示，因扩散角较小，可近似的用平面 1—1 和平面 2—2 表示水跃前后的两个弧形断面，略去摩阻力，只计动水压力。

沿水流方向，以断面 1—1 和断面 2—2 和扩散斜壁所包围的流段为控制体，列其动量方程

$$\rho Q(\beta_2 v_2 - \beta_1 v_1) = P_1 - P_2 + 2P_n\sin\theta \tag{9.24}$$

式中 P_n ——侧壁反力；

$2P_n\sin\theta$ ——侧壁反力在水流轴线方向的分量投影的总和；

P_1、P_2 ——断面 1—1 和断面 2—2 上的动水压力。设跃前后两断面压强分布符合静水

压强分布规律，所以

$$P_1 = \frac{\rho g}{2} h_1^2 b_1 \qquad (9.25)$$

$$P_2 = \frac{\rho g}{2} h_2^2 b_2 \qquad (9.26)$$

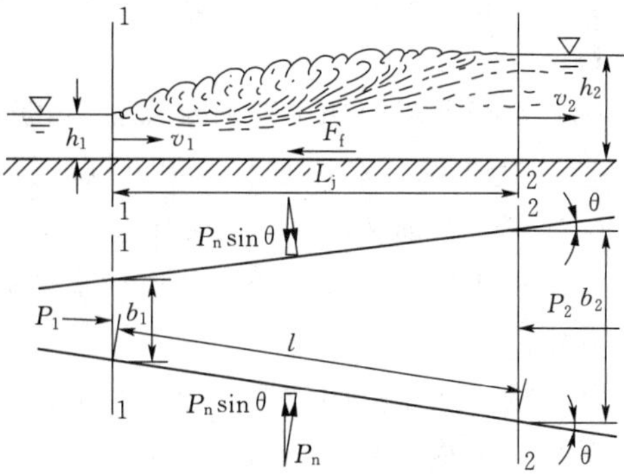

对于侧壁反力，由于水深不均匀及水流掺气等因素不易确定，侧壁反力 P_n 尚无精确的理论公式求解，对于重要工程应进行模型实验解决，一般情况下可按简化的水流图示进行计算（图9.11）。

图 9.10　扩散角较小时的水跃

水面线 CGD 可近似的用直线 CD 表示，于是水跃在侧壁上的投影为梯形 $ABCD$，用梯形代替实际的投影面略小一些，而用水的密度代替掺气水流的密度，则密度大了一些，两者一增一减，其结果侧壁反力 P_n 值的误差并不大，侧壁反力 P_n 可用下式计算

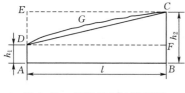

图 9.11　侧壁反力计算简图

$$P_n = \frac{\rho g}{4}(h_1^2 + h_2^2)l$$

其中

$$l = \frac{b_2 - b_1}{2\sin\theta}$$

式中　b_1、b_2——跃前、后断面的底宽。

$$2P_n\sin\theta = \frac{\rho g}{4}(h_1^2 + h_2^2)(b_2 - b_1) \qquad (9.27)$$

将式（9.25）、式（9.26）、式（9.27）代入式（9.24），整理化简可得

$$\frac{4\beta_2 Q^2}{g b_2 h_2} + (b_1 + b_2)h_2^2 = \frac{4\beta_1 Q^2}{g b_1 h_1} + (b_1 + b_2)h_1^2 \qquad (9.28)$$

式（9.29）为矩形断面水平扩散渠道水跃方程，若已知前水深 h_1 或跃后水深 h_2，通过试算可求解跃后水深 h_2 或跃前水深 h_1。

9.5.2　扩散渠道水跃跃长的计算

扩散渠道水跃跃长 L_j 可采用由陕西水利科学研究所根据模型实验资料得出的公式

$$L_j = 0.077 h_1 (\cot\theta \sqrt{Fr_1})^{1.5} \qquad (9.29)$$

式中　Fr_1——跃前断面的弗劳德数，适用范围 $Fr_1 = 3.5 \sim 6.5$。

本 章 知 识 点

（1）水跃是从急流过渡到缓流时形成的局部水力现象。完整的水跃表现为主流在底部，表面形成旋滚，水流紊动，流体质点互相碰撞，掺混强烈。旋滚与主流间质量不断交换，致使水跃段内有较大的能量损失。水跃用跃前水深 h_1、跃后水深 h_2、跃高 a、跃长 L_j 等表征。

（2）棱柱形水平渠道的水跃方程是由动量方程推导得出，在推导过程中还用到了连续性方程。

（3）水跃方程表达了跃前水深 h_1 和跃后水深 h_2 的关系。因为 $\theta(h_1) = \theta(h_2)$，所以 h_1 与 h_2 为共轭水深。利用水跃方程可以计算共轭水深。

（4）对于跃前断面和跃后断面应用能量方程可以导出水跃段能量损失的计算公式。

（5）水跃长度可采用经验公式初步估算，但对于重要工程，水跃长度应通过水力模型试验确定。

（6）按水跃发生的位置，分为临界式水跃、远驱式水跃和淹没式水跃。若 h_2 等于下游水深 h_t，形成临界式水跃；若 h_2 大于下游水深 h_t，则跃后断面单位能量大于下游断面单位能量，水跃下驱，形成远驱式水跃；若 h_2 小于下游水深 h_t，形成淹没式水跃。

思 考 题

9.1　在什么情况下会出现水跃现象？水跃有几种形式？

9.2　何谓稳定水跃？工程中常用何种水跃消能？

9.3　水跃共轭水深的含义是什么？

9.4　假设在水跃段设有一低槛，按棱柱形水平渠道的水跃方程的推导思路，其水跃方程将有何变化？有低槛后将对跃后水深有何影响？

9.5　在实验室长水槽中做实验，水槽中设有实用断面堰，堰下游发生远驱式水跃，若流量不变，调整水槽尾门的高度，改变下游水深，试问：当抬高尾门使下游水位升高，水跃的位置会发生什么变化？反之又如何？

习 题

9.1　一长直棱柱形渠道，梯形断面，底宽 $b = 5.0\text{m}$，边坡系数 $m = 1.5$。流量 $Q = 25\text{m}^3/\text{s}$。有水跃发生，已知跃后水深 $h_2 = 3.0\text{m}$，求跃前水深 h_1。

9.2　一长直棱柱形渠道，矩形断面，底宽 $b = 5.0\text{m}$，流量 $Q = 50\text{m}^3/\text{s}$，底坡 $i = 0.005$，粗糙系数 $n = 0.014$。已知跃前水深 $h_1 = 0.5\text{m}$，试计算跃后水深 h_2，并判断水跃形式。

9.3　有两段矩形断面渠道相连，通过流量 $Q = 2.6\text{m}^3/\text{s}$，底宽 $b = 2\text{m}$，混凝土衬护，粗糙系数 $n = 0.014$，$i_1 = 0.012$，$i_2 = 0.0008$，这两段渠道是否为水跃衔接？若是水跃衔接，是何种形式水跃？计算确定水跃发生的位置并绘图。

第10章 堰流及闸孔出流

水利工程中为了宣泄洪水以及引水发电、灌溉等目的，常修建水闸或溢流坝等建筑物，以控制河流或渠道的水位及流量。当建筑物顶部闸门部分开启，水流受闸门控制而从建筑物顶部与闸门下缘间的孔口流出，称这种水流状态为闸孔出流，如图 10.1（a）、（b）所示。当闸门全部开启，闸门对水流无约束时，水流从建筑物顶部（溢流坝、闸底板）自由下泄，称此种水流为堰流，如图 10.1（c）、（d）所示。此外，在河道或渠道上修建桥梁或涵洞时，水流受桥墩或涵洞侧壁的影响，会引起壅水效果，也形成堰流。堰流是一种常见的水流现象，在水利工程、土木工程、给排水工程中都有广泛的应用。

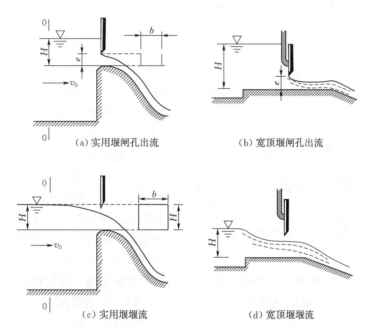

(a) 实用堰闸孔出流　　　　　　　(b) 宽顶堰闸孔出流

(c) 实用堰堰流　　　　　　　　(d) 宽顶堰堰流

图 10.1　堰、闸孔水流示意图

堰流与闸孔出流水流现象不同，堰流水面线为光滑降水曲线；而闸孔出流由于水流受闸门的约束，闸孔上下游水面是不连续的。因此，堰流与闸孔出流的水流特征与过流能力也不相同。

实际上，对于明渠中具有闸门控制的同一过水建筑物而言，在某种条件下为堰流，在其他条件下也可以转变为闸孔出流。这种水流的转化条件除与闸孔的相对开度 e/H 有关外，还与闸底坎及闸门（胸墙）的形式有关。堰流和闸孔出流的转化条件如下：

（1）闸底坎为平顶堰时，$e/H \leqslant 0.65$ 为闸孔出流；$e/H > 0.65$ 为堰流。

（2）闸底坎为曲线型堰时，$e/H \leqslant 0.75$ 为闸孔出流；$e/H > 0.75$ 为堰流。

这里，e 为闸门开度；H 为堰上游水面超出堰顶的高度，简称堰上水头。

10.1　堰的类型及堰流基本公式

10.1.1　堰流定义及表征堰流的特征量

如图 10.2 所示，水流经障壁溢流时，上游水位壅高，而后水面跌落的局部水流现象统称堰流。

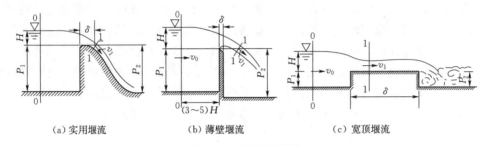

(a) 实用堰流　　　　　(b) 薄壁堰流　　　　　(c) 宽顶堰流

图 10.2　堰流示意图

堰流的特征量如图 10.3 所示，B 为渠宽；b 为堰宽；P_1 为上游堰高；P_2 为下游堰高；H 为堰上水头；h_t 为下游水深；δ 为堰顶厚度；v_0 为行近流速，即堰前断面的来流速度；h_s 为下游水深超过堰顶的高度，$h_s = h_t - P_2$，h_s 可以大于 0，也可小于 0。

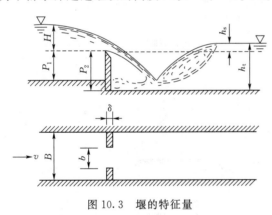

图 10.3　堰的特征量

10.1.2　堰的类型

按堰顶厚度 δ 与堰上水头 H 的比值 δ/H，把堰分为以下三种类型。

（1）薄壁堰。

$\delta/H < 0.67$，如图 10.1 （b）所示，水流经过堰顶时水舌下缘仅与堰顶的周边相接触，堰厚对水舌的形状无影响。薄壁堰的堰口可以是三角形、矩形、梯形。因为其水流平稳，常用作量流量的设备。

（2）实用断面堰。

$0.67 < \delta/H < 2.5$。为了使堰在结构上稳定，往往要把堰坎加厚，这样水舌下缘与堰顶呈面接触，水流受堰顶的约束和顶托，但这种影响还不大，越过堰顶的水流主要还是在重力作用下自由跌落。在工程上常用的有曲线型堰 ［图 10.2 （a）］ 和折线型堰两种，水利工程中的大、中型溢流建筑物一般都采用曲线型实用堰，小型工程多采用折线型实用堰。因其结构上稳定，常用于挡水建筑物。

（3）宽顶堰。

$2.5 < \delta/H < 10$，在此情况下，堰厚度对水流顶托作用明显。宽顶堰还分为有坎宽顶堰 ［图 10.2 （c）］ 和无坎宽顶堰。当水流流经桥孔时，由于受到桥墩阻碍，上游水位壅高，下游水面跌落，属无坎宽顶堰。

此外，若 $B=b$，称之为无侧收缩堰，若 $b<B$，称之为侧收缩堰，如图 10.3 所示。

10.1.3 堰流基本公式

由于不同类型的堰流的受力性质（受重力作用，不计沿程阻力）和水流特征（经障壁顶部溢流）相同，因此它们具有相似的规律和相同的基本公式。下面以薄壁堰为例，利用能量方程建立堰流基本公式。

如图 10.4 所示，取通过堰顶的水平面为基准面 0—0，堰前渐变流断面 1—1 为上游过流断面（即堰前断面），下游过流断面为水舌中心位于基准面 0—0 上的过流断面 2—2，列断面 1—1 和断面 2—2 的能量方程

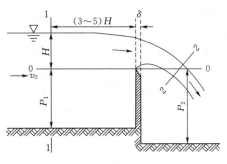

图 10.4 薄壁堰溢流

$$z_1 + \frac{p_1}{\rho g} + \frac{\alpha_1 v_1^2}{2g} = z_2 + \frac{p_2}{\rho g} + \frac{\alpha_2 v_2^2}{2g} + h_{w1\sim2}$$

在断面 1—1 选取水面的一点作为计算点，则 $z_1 = H$，$p_1 = 0$；设断面 1—1 的行近流速为 v_0，即 $v_1 = v_0$。而断面 2—2 由于流线弯曲，属急变流，过流断面上的测压管水头不为常数，故常用测压管水头的平均值 $\overline{(z_2 + p_2/\rho g)}$ 表示；设断面 2—2 的平均流速为 v，即 $v_2 = v$。令动能修正系数 $\alpha_1 = \alpha_2 = \alpha$。因断面 1—1 和断面 2—2 相距很近，$h_{w1\sim2}$ 只计局部水头损失，用 $\zeta \frac{v^2}{2g}$ 表示。此时能量方程变为

$$H + \frac{\alpha v_0^2}{29} = \overline{\left(z_2 + \frac{p_2}{\rho g}\right)} + (\alpha + \zeta)\frac{v^2}{2g} \tag{10.1}$$

令 $H + \frac{\alpha v_0^2}{2g} = H_0$，其中 $\frac{\alpha v_0^2}{2g}$ 为行近流速水头，H_0 称为堰上全水头。又因为 $\overline{\left(z_2 + \frac{p_2}{\rho g}\right)}$ 与堰上全水头 H_0 的大小有关，令 $\overline{\left(z_2 + \frac{p_2}{\rho g}\right)} = \xi H_0$，$\xi$ 为一个修正系数。所以，式（10.1）可改写为

$$H_0 - \xi H_0 = (\alpha + \zeta)\frac{v^2}{2g}$$

则断面 2—2 平均流速为

$$v = \frac{1}{\sqrt{\alpha + \zeta}}\sqrt{2g(H_0 - \xi H_0)} \tag{10.2}$$

因为堰顶过流断面一般为矩形，设堰宽为 b，水舌厚度与 H_0 有关，用 KH_0 表示，K 为反映水舌垂直收缩的系数，则断面 2—2 的过流断面面积为 $KH_0 b$，通过的流量为

$$Q = KH_0 bv = KH_0 b \frac{1}{\sqrt{\alpha + \zeta}}\sqrt{2gH_0(1 - \xi)} = \varphi K\sqrt{1 - \xi}\, b\sqrt{2g}H_0^{3/2}$$

其中

$$\varphi = \frac{1}{\sqrt{\alpha + \zeta}}, \qquad \varphi K\sqrt{1 - \xi} = m$$

式中　φ——流速系数；

m——堰的流量系数，则

$$Q = mb\sqrt{2g}H_0^{3/2} \tag{10.3}$$

式（10.3）为堰流基本公式，表明过堰流量与全水头的 3/2 次方成比例。从上面推导可知，影响流量系数的主要因素有 φ、K、ξ，即 $m = f(\varphi, K, \xi)$，其中 φ 主要反映局部水头损失的影响；K 反映堰顶水流垂直收缩的程度；ξ 是堰顶断面的平均测压管水头与堰顶总水头之比。所以堰的类型不同，流量系数 m 也各不相同。如果有侧向收缩，增加了局部水头损失，通常在式（10.3）右侧乘以侧收缩系数 ε，以反映侧收缩对流量的影响，其值小于 1；若下游水深超过堰顶，即 $h_s > 0$，并且下游水深对水舌有顶托作用，导致堰过流能力减小，形成淹没出流，这时也是在式（10.3）右侧乘以淹没系数 σ_s。考虑以上因素式（10.3）可改写为

$$Q = \varepsilon \sigma_s m b \sqrt{2g} H_0^{3/2} \tag{10.4}$$

10.2　薄　壁　堰

10.2.1　矩形薄壁堰

堰口为矩形的薄壁堰称为矩形薄壁堰。由于矩形薄壁堰水流稳定，精度较高，常作为水力模型实验或野外测量中一种量流量设备。根据堰宽和渠道宽度，矩形薄壁堰可分为完全堰和侧收缩堰。

1. 完全堰

无侧收缩（$B = b$）、自由出流、水舌下缘通气的矩形薄壁正堰叫完全堰。为了保证溢流状态稳定，堰上水头不宜过小（一般应使 $H > 2.5\text{cm}$），否则溢流水舌会受到表面张力的影响，出流不稳定；水舌下缘的空间与大气相通，这样可避免溢流水舌把空气带走，压强降低，防止水舌下面形成局部真空。

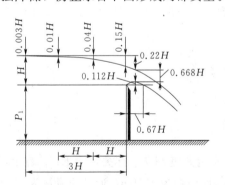

图 10.5　薄壁堰水舌形态

图 10.5 是根据法国学者巴赞（Bazin）的实测数据绘制的非侧收缩矩形薄壁堰自由溢流时的水舌形状。从图 10.5 中可以看出，在距堰壁上游 $3H$ 处，水面降落 $0.003H$；在堰顶，水舌上缘降落 $0.15H$。在距堰壁 $0.67H$ 处，水舌下缘与堰顶同高，表明当 $\delta/H < 0.67$ 时，堰厚度对水舌形状无影响，故薄壁堰的判别标准定义为 $\delta/H < 0.67$。

在堰上游 $3H$ 处装上测针即可测量堰上水头 H，若流量系数 m 已知，应用式（10.3）可以直接求解流量。但实测到的是堰上水头 H，而公式中为堰上全水头 H_0，含有行近流速水头，所以应用此式要用迭代法，计算很繁琐，故常用

$$Q = m_0 b \sqrt{2g} H^{3/2} \tag{10.5}$$

其中

$$m_0 = m \left(1 + \frac{\alpha v_0^2}{2gH}\right)^{3/2}$$

式中 m_0——流量系数，它包含了行近流速水头及堰上水头的影响。流量系数 m_0 的计算公式很多，应用时可查阅相关书籍及水力手册，这里仅介绍两个公式。

巴赞（Bazin）1889 年建立的流量系数 m_0 的经验公式为

$$m_0 = \left(0.405 + \frac{0.0027}{H}\right)\left[1 + 0.55\left(\frac{H}{H+P_1}\right)^2\right] \tag{10.6}$$

此式的适用范围为：堰宽 $b = 0.2 \sim 2.0\text{m}$，堰上水头 $H = 0.10 \sim 1.24\text{m}$，上游堰高 $P_1 < 1.1\text{m}$，在此范围内根据式（10.6）计算流量，其误差在 1%～2%。

德国学者雷布克（Rehbock）于 1912 年进行了大量实验，得到流量系数 m_0 的经验公式为

$$m_0 = 0.403 + 0.053\frac{H}{P_1} + \frac{0.0007}{H} \tag{10.7}$$

式中 H/P_1 反映行近流速的影响，当 H/P_1 很小时，此项可以不计，$0.0007/H$ 反映表面张力的影响。其适用范围为：$0.10\text{m} \leqslant P_2 \leqslant 1.0\text{m}$，$0.024\text{m} \leqslant H \leqslant 0.60\text{m}$，当 $H/P_1 < 1$，用式（10.7）计算的流量，其误差不超过 1%。

2. 侧收缩堰

如果流量较小，受表面张力的影响，测量精度较差，可以使堰宽 b 小于渠（槽）宽 B，水流将产生侧向收缩。考虑侧收缩的影响，可用 m_c 代替 m_0，式（10.5）变为侧收缩堰公式

$$Q = m_c b\sqrt{2g}H^{3/2} \tag{10.8}$$

式中 m_c——侧收缩堰的流量系数。

$$m_c = \left(0.405 + \frac{0.0027}{H} - 0.03\frac{B-b}{B}\right) \times \left[1 + 0.55\left(\frac{b}{B}\right)^2\left(\frac{H}{H+P_1^2}\right)^2\right] \tag{10.9}$$

式中，H 以 m 计，$0.0027/H$ 反映表面张力的影响，$\left(\dfrac{H}{H+P_1}\right)^2$ 反映行近流速的影响，$\dfrac{B-b}{B}$ 和 $\left(\dfrac{b}{B}\right)^2$ 反映侧收缩的影响，B 为渠道宽度。

10.2.2 三角形堰与梯形堰

当所需测量流量 $Q < 0.1\text{m}^3/\text{s}$ 时，若应用矩形薄壁堰进行测量，则堰顶的水头过小，水舌很薄，受表面张力影响可能形成贴壁流，水流不稳定，影响测量精度。为了克服这个问题，将堰口形状、尺寸改变，做成三角形或梯形，称为三角形堰或梯形堰，如图 10.6 所示。

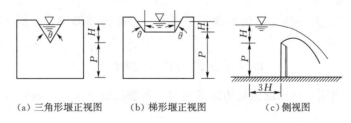

(a) 三角形堰正视图　　(b) 梯形堰正视图　　(c) 侧视图

图 10.6　三角形堰与梯形堰

1. 三角形薄壁堰

三角形薄壁堰一般形状为等腰三角形，其流量公式可推导如下。

如图 10.7 所示，设三角形顶角为 θ，顶点以上的作用水头为 H。通过三角形堰的流量可以认为是各具有一定固定水头、堰宽为 $\mathrm{d}b_\mathrm{x}$ 的铅直矩形堰自由出流流量的总和。每一个矩形薄壁堰的流量为

$$\mathrm{d}Q = m_0 \mathrm{d}b_\mathrm{x} \sqrt{2g}h^{3/2}$$

式中　h——$\mathrm{d}b_\mathrm{x}$ 宽度上的水头。由几何关系知（图 10.7），$b_\mathrm{x} = (H-h)\tan\dfrac{\theta}{2}$，$\mathrm{d}b_\mathrm{x}$

$= -\mathrm{d}h\tan\dfrac{\theta}{2}$，代入上式，得

$$\mathrm{d}Q = -m_0 \tan\frac{\theta}{2} \sqrt{2g}\,\mathrm{d}h^{3/2}$$

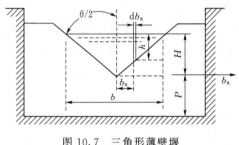

图 10.7　三角形薄壁堰

假定 m_0 为常数，对上式积分可得三角形堰的流量为

$$Q = -2m_0 \tan\frac{\theta}{2} \sqrt{2g} \int_H^0 h^{3/2}\,\mathrm{d}h$$

$$Q = \frac{4}{5} m_0 \tan\frac{\theta}{2} \sqrt{2g} H^{2.5} \qquad (10.10)$$

式（10.10）即为顶角为 θ 的等腰三角形薄壁堰的流量公式，可简化为

$$Q = MH^{2.5} \qquad (10.11)$$

式中三角形堰流量系数 M 值可查有关手册计算。

对于堰口顶角 $\theta < 90°$，渡边 1937 年给出了三角形堰流量系数 M 的计算式

$$M = 2.361\tan\frac{\theta}{2} \times \left[0.5530 + 0.0195\tan\frac{\theta}{2} + \cot\frac{\theta}{2} \times \left(0.0050 + \frac{0.001055}{H} \right) \right]$$

该式在 $H = 0.10 \sim 0.30\mathrm{m}$ 范围内精度很高。应当指出，该式是依据水槽宽度 $B = 0.153\mathrm{m}$、堰高 $P_1 = 0.109\mathrm{m}$ 实验提出的，当采用尺寸与此不同的堰时，最好应进行率定。

对于堰口顶角 $\theta = 90°$ 的直角三角形堰，据实验资料，当 $H = 0.05 \sim 0.25\mathrm{m}$ 时，$m_0 = 0.396$。因此，直角三角形堰的流量公式为

$$Q = 1.4H^{2.5} \qquad (10.12)$$

式中，堰上水头 H 以 m 计，流量 Q 以 m^3/s 计。该式适用于 $H = 0.05 \sim 0.25\mathrm{m}$，$P_1 \geqslant 2H$，$B \geqslant (3 \sim 4)H$。当流量 $Q < 0.1\mathrm{m}^3/\mathrm{s}$ 时具有足够高的精度。

2. 梯形薄壁堰

如果所测流量稍大一些，三角形堰不适用时，可改为梯形堰，如图 10.6（b）所示。梯形堰的流量公式为

$$Q = m_0 b \sqrt{2g} H^{1.5} + MH^{2.5} \qquad (10.13)$$

式（10.13）表明，梯形堰流量为矩形堰与三角堰流量之和，令 $m_\mathrm{t} = m_0 + \dfrac{MH}{\sqrt{2g}b}$，则式（10.13）可改写为

$$Q = m_\mathrm{t} b \sqrt{2g} H^{3/2} \qquad (10.14)$$

式中　m_t——梯形堰流量系数。H 和 B 均以 m 计，流量 Q 以 m^3/s 计。

意大利工程师西波利地（Cipoletti）1897 年的研究表明，对 $\theta = 14°$（$\tan\theta = 1/4$）的梯形堰，当 $b > 3H$ 时，m_t 不随 H 和 B 而变化，可取 $m_t = 0.42$。对 $\theta = 14°$ 的梯形堰，通常称为西波利地堰。

10.3 宽 顶 堰

宽顶堰流是实际工程中一种极为常见的水流现象，因底坎引起的水流在垂向产生收缩，形成宽顶堰流，称为有坎宽顶堰，如图 10.8（a）所示。当水流流经桥孔、涵洞以及施工围堰束窄的河床时，水流由于侧向收缩的影响也会形成进口水面跌落，产生宽顶堰的水流形态，称为无坎宽顶堰流，如图 10.8（b）、（c）所示。

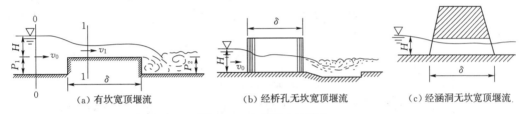

（a）有坎宽顶堰流　　　　（b）经桥孔无坎宽顶堰流　　　　（c）经涵洞无坎宽顶堰流

图 10.8 宽顶堰水流形态

宽顶堰流往往存在侧向收缩，或形成淹没式堰流，计算公式为

$$Q = \varepsilon \sigma_s m b \sqrt{2g} H_0^{3/2} \tag{10.15}$$

式中　ε ——侧收缩系数；

　　　σ_s ——淹没系数。

10.3.1 无侧收缩宽顶堰自由出流

当堰下游水位较低时，宽顶堰为自由出流。因堰对水流的约束，进口前水位壅高，进入堰顶后水流产生进口水面跌落，在进口后约 $2H$ 处形成垂向收缩，收缩断面水深为 h_c，$h_c < h_K$，堰顶上水流为急流，而后在跌坎处再次跌落，形成二次跌落现象，如图 10.9 所示。

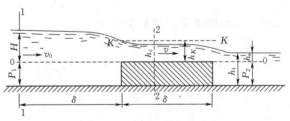

图 10.9 宽顶堰自由出流

以堰顶水平面为基准面 0—0，取断面 1—1 和断面 2—2 为过流断面，列两断面的能量方程

$$z_1 + \frac{p_1}{\rho g} + \frac{\alpha_1 v_1^2}{2g} = z_2 + \frac{p_2}{\rho g} + \frac{\alpha_2 v_2^2}{2g} + h_{w1\sim2}$$

断面 1—1 选取水面的一点作为计算点，则 $z_1 = H$，$p_1 = 0$；设 v_0 为断面 1—1 行近流速。由于断面 2—2 不是渐变流断面，存在惯性作用，所以断面测压管水头用 βh_c 表示；设断面 2—2 平均流速为 v。动能修正系数 $\alpha_1 = \alpha_0$，$\alpha_2 = \alpha$。因断面 1—1 和断面 2—2 相距很近，$h_{w1\sim2}$ 只计局部水头损失，用 $\zeta \frac{v^2}{2g}$ 表示。此时能量方程变为

$$H + \frac{\alpha_0 v_0^2}{2g} = \beta h_c + \frac{\alpha v^2}{2g} + \zeta \frac{v^2}{2g}$$

令 $H_0 = H + \dfrac{\alpha_0 v_0^2}{2g}$ ，上式可改写为

$$H_0 - \beta h_c = (\alpha + \zeta) \frac{v^2}{2g}$$

则

$$v = \frac{1}{\sqrt{\alpha + \zeta}} \sqrt{2g(H_0 - \beta h_c)} = \varphi \sqrt{1 - \beta \frac{h_c}{H_0}} \sqrt{2g H_0}$$

所以，流量为

$$Q = v b h_c = \varphi b h_c \sqrt{1 - \beta \frac{h_c}{H_0}} \sqrt{2g H_0}$$

因为 h_c 与 H_0 有关，令 $h_c = K H_0$ 代入上式，则

$$Q = \varphi K H_0 b \sqrt{1 - \beta K} \sqrt{2g H_0} \qquad (10.16)$$

可写为

$$Q = mb \sqrt{2g} H_0^{3/2} \qquad (10.17)$$

其中

$$m = \varphi K \sqrt{1 - \beta K}$$

式中 m ——流量系数，它集中反映了 P_1/H 值及堰顶进口形状等边界条件产生的影响。

依据实测资料，流量系数 m 按下述计算：

当 $P_1/H > 3$ 时，堰顶为直角进口：$m = 0.32$；堰顶为圆角进口：$m = 0.36$。

当 $P_1/H \leqslant 3$ 时，堰顶为直角进口

$$m = 0.32 + 0.1 \times \frac{3 - P_1/H}{0.46 + 0.75 P_1/H} \qquad (10.18)$$

当 $P_1/H \leqslant 3$ 时，堰顶为圆角进口

$$m = 0.36 + 0.01 \times \frac{3 - P_1/H}{1.2 + 1.5 P_1/H} \qquad (10.19)$$

10.3.2 无侧收缩宽顶堰淹没出流

1. 淹没标准及淹没过程

如图 10.10 (a) 所示，当下游水位超过堰顶，即 $h_s > 0$，下游出现水跃衔接形式，仍

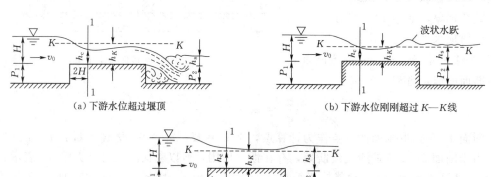

(a) 下游水位超过堰顶　　　　(b) 下游水位刚刚超过 K—K 线

(c) 堰顶水位超过 K—K 线

图 10.10　宽顶堰淹没出流及淹没过程

为自由出流，堰顶水流仍为急流；当下游水位再升高，而下游水位刚刚超过 $K—K$ 线，这时形成波状水跃，如图 10.10（b）所示，还不是淹没出流，水跃位置随下游水深 h_t 的增加而向上游移动。下游水位继续升高，堰顶上水流受顶托作用，堰顶水位超过 $K—K$ 线，水流呈缓流，在跌坎以下过水断面变大，流速变小，动能转换化为势能，这是典型的淹没出流现象，如图 10.9（c）所示。

从上述淹没过程可知，形成宽顶堰淹没出流是有条件的，h_s 必须大于 0，且 h_s 达到一定数值才形成淹没出流。实验研究表明，$h_s = 0.8H_0$ 为临界状态。因此，形成宽顶堰淹没出流的充分必要条件是 $h_s > 0.8H_0$。

2. 淹没出流的计算公式

宽顶堰淹没出流的流量公式为

$$Q = \sigma_s mb \sqrt{2g}H_0^{3/2} \tag{10.20}$$

式中　m ——可采用自由出流的流量公式中的值；

　　　σ_s ——淹没系数，它随相对淹没度 h_s/H_0 的增大而减小。

表 10.1 给出了不同淹没度对应的宽顶堰淹没系数。

表 10.1　宽顶堰淹没系数 σ_s

h_s/H_0	0.80	0.81	0.82	0.83	0.84	0.85	0.86	0.87	0.88	0.89
σ_s	1.00	0.995	0.99	0.98	0.97	0.96	0.95	0.93	0.90	0.87
h_s/H_0	0.90	0.91	0.92	0.93	0.94	0.95	0.96	0.97	0.98	
σ_s	0.84	0.82	0.78	0.74	0.70	0.65	0.51	0.50	0.40	

10.3.3　侧收缩宽顶堰出流

如果存在侧向收缩，称为侧收缩宽顶堰出流，其流量公式在式（10.20）基础上乘以侧收缩系数 ε，即

$$Q = \varepsilon \sigma_s mb \sqrt{2g}H_0^{3/2} \tag{10.21}$$

侧收缩系数 ε 与堰宽和渠（槽）宽的比值 b/B、边墩的形状、进口形式有关，据实测资料统计，经验公式有

$$\varepsilon = 1 - \frac{a}{\sqrt{0.2 + \dfrac{P_1}{H}}} \sqrt[4]{\frac{b}{B}} \left(1 - \frac{b}{B}\right) \tag{10.22}$$

式中　a ——墩形系数，矩形 $a=0.19$，圆形 $a=0.10$；

　　　b ——溢流孔净宽；

　　　B ——上游引渠宽。

宽顶堰流量公式中含有 H_0，在流量未知前，H_0 未知，故常用迭代法计算，举例如下。

【例 10.1】　明渠宽 $b=10.0\text{m}$，设一排水闸，闸底板高 $P=2.0\text{m}$，闸门全开时呈宽顶堰流，即 $P_1 = P_2 = 2.0\text{m}$，无侧收缩，进口为矩形，通过流量 $Q=30\text{m}^3/\text{s}$，堰下游水深 $h_t = 2.5\text{m}$，求堰上水头 H。

解：因 H 未知，m 无法确定，设 $P_1/H > 3$，取 $m=0.32$，并假设为自由出流。

（1）第一次试算。

应用式 (10.17)，有

$$H_0 = \left(Q/mb\sqrt{2g}\right)^{2/3} = \left(30/0.32 \times 10\sqrt{2 \times 9.8}\right)^{2/3} = 1.65 \ (\text{m})$$

先设定 $H = H_0$

$$v_0 = Q/[(H + P_1)b] = 30/[(1.65 + 2) \times 10] = 0.822 \ (\text{m/s})$$

$$H = H_0 - \frac{v_0^2}{2g} = 1.65 - \frac{0.822^2}{2g} = 1.62 \ (\text{m})$$

$\dfrac{P_1}{H} = \dfrac{2}{1.62} = 1.23 < 3$，与原设 $\dfrac{P_1}{H} > 3$ 不符。

（2）第二次试算。

应用式 (10.18)，有

设 $H = 1.62\text{m}$

$$m = 0.32 + 0.01 \times \frac{3 - P_1/H}{0.46 + 0.75 P_1/H} = 0.32 + 0.01 \times \frac{3 - 2/1.62}{0.46 + 0.75 \times 2/1.62} = 0.3326$$

$$H_0 = \left(Q/mb\sqrt{2g}\right)^{2/3} = \left(30/0.3326 \times 10 \times \sqrt{2 \times 9.81}\right)^{2/3} = 1.61 \ (\text{m})$$

$H_0 < H$，原假设不合理。

（3）再设 $H = 1.58\text{m}$。

$$m = 0.32 + 0.01 \times \frac{3 - P_1/H}{0.46 + 0.75 P_1/H} = 0.32 + 0.01 \times \frac{3 - 2/1.58}{0.46 + 0.75 \times 2/1.58} = 0.3322$$

$$H_0 = \left(Q/mb\sqrt{2g}\right)^{2/3} = \left(30/0.332 \times 10 \times \sqrt{2 \times 9.81}\right)^{2/3} = 1.61 \ (\text{m})$$

$$v_0 = Q/[(H + P_1)b] = 30/[(1.58 + 2) \times 10] = 0.838 \ (\text{m/s})$$

$$H = H_0 - \frac{v_0^2}{2g} = 1.61 - \frac{0.838^2}{2 \times 9.81} = 1.57 \ (\text{m}) \ (\text{与 } H = 1.58\text{m 相近})$$

（4）设 $H = 1.57\text{m}$。

$$m = 0.32 + 0.01 \times \frac{3 - P_1/H}{0.46 + 0.75 P_1/H} = 0.32 + 0.01 \times \frac{3 - 2/1.57}{0.46 + 0.75 \times 2/1.57} = 0.332$$

$$H_0 = \left(Q/mb\sqrt{2g}\right)^{2/3} = \left(30/0.332 \times 10 \times \sqrt{2 \times 9.81}\right)^{2/3} = 1.61 \ (\text{m})$$

$$v_0 = Q/[(H + P_1)b] = 30/[(1.57 + 2) \times 10] = 0.840 \ (\text{m/s})$$

$$H = H_0 - \frac{v_0^2}{2g} = 1.61 - \frac{0.840^2}{2 \times 9.81} = 1.57 \ (\text{m})$$

取 $H = 1.57\text{m}$。

（5）验算出流状态。

$$H = 1.57\text{m}, \ h_s = 2.5 - 2.0 = 0.5 \ (\text{m}), \ 0.8H_0 = 0.8 \times 1.61 = 1.29 \ (\text{m})$$

所以，$h_s < 0.8H_0$ 为自由出流，与原假设相符，取 $H = 1.57\text{m}$。

【例 10.2】 若条件与 ［例 10.1］ 相同，但流量未知，实测堰上水头 $H = 1.57\text{m}$，求流量。（要求计算误差 5% 以下）

解： $h_s - P_2 = 2.5 - 2.0 = 0.5\text{m}$，$0.8H = 1.256\text{m}$，故 $h_s < 0.8H_0$，为自由出流。

$$\frac{P_1}{H} = \frac{2}{1.57} = 1.274 < 3$$

（1）第一次试算。

$$m = 0.32 + 0.01 \times \frac{3 - \dfrac{P_1}{H}}{0.46 + 0.75 \times \dfrac{P_1}{H}} = 0.32 + 0.01 \times \frac{3 - \dfrac{2}{1.57}}{0.46 + 0.75 \times \dfrac{2}{1.57}} = 0.332$$

因为 H_0 未知，用 H 代替 H_0 ，可得

$$Q = mb\sqrt{2g}H_0^{3/2} = 0.332 \times 10 \times \sqrt{2 \times 9.81} \times 1.57^{3/2} = 28.91 \ (\text{m}^3/\text{s})$$

$$v_0 = Q/[(H + P_1)b] = 28.91/[(1.57 + 2) \times 10] = 0.810 \ (\text{m/s})$$

$$H_0 = H + \frac{v_0^2}{2g} = 1.57 + \frac{0.81^2}{2 \times 9.81} = 1.60 \ (\text{m})$$

（2）第二次试算。

$$H_0 = 1.60\text{m}, \ m = 0.332$$

$$Q_2 = mb\sqrt{2g}H_0^{3/2} = 0.332 \times 10 \times \sqrt{2 \times 9.81} \times 1.60^{3/2} = 29.83 \ (\text{m})$$

$$v_0 = Q/[(H + P_1)b] = 29.83/[(1.57 + 2) \times 10] = 0.836 \ (\text{m/s})$$

$$H_0 = H + \frac{v_0^2}{2g} = 1.57 + \frac{0.836^2}{2 \times 9.81} = 1.61 \ (\text{m})$$

（3）第三次试算。

$$H_0 = 1.61\text{m}$$

$$Q_3 = mb\sqrt{2g}H_0^{3/2} = 0.332 \times 10 \times \sqrt{2 \times 9.81} \times 1.61^{3/2} = 29.91 \ (\text{m}^3/\text{s})$$

（4）计算精度。

$$\Delta = \left| \frac{Q_3 - Q_2}{Q_3} \right| = \left| \frac{29.91 - 29.83}{29.91} \right| = 0.003 < 0.05$$

已满足精度要求，最后结果 $Q = 29.91\text{m}^3/\text{s}$ 。

10.4　实 用 断 面 堰

当水深、流量较大时，因结构的要求，把堰加厚，做成曲线型堰［图 10.11（a）］、折线型堰［图 10.11（b）］，称为实用断面堰。实用断面堰是水利工程中最常用的堰型之一，常用做挡水建筑物。

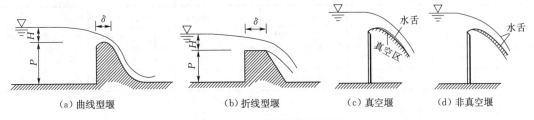

图 10.11　实用断面堰剖面图

曲线型堰又可分为真空堰与非真空堰。最理想的剖面形状应该是堰面曲线与薄壁堰水舌下缘吻合，既不形成真空，过流能力又大。在实际工程中要综合考虑堰面的粗糙度、抗空化空蚀能力、过流能力等因素，按薄壁堰水舌下缘曲线加以修正得出堰面曲线形状。

如图 10.11（c）所示，堰顶曲线与水舌间有一定空间，溢流水舌将脱离堰面，水舌与

堰面间的空气将被水流带走，堰面形成一定负压区（真空区），叫做真空堰。堰面出现负压，实际上是增大了作用水头，过流能力会提高。但是由于负压的形成，可能出现空化空蚀现象，要求建筑材料抗腐蚀性高。

若堰顶曲线与水舌下缘基本吻合或深入水舌一部分，如图 10.11（d）所示，堰面将顶托水流，水舌将压在堰面上，堰面上的压强将大于大气压强，称为非真空堰。非真空堰的堰上总水头的一部分势能将转换成压能，实际上是降低有效作用水头，过流能力会下降。

实用断面堰流量公式为

$$Q = \varepsilon \sigma_s mnb \sqrt{2g} H^{3/2} \tag{10.23}$$

式中　ε——侧收缩系数；

　　　σ_s——淹没系数；

　　　m——流量系数；

　　　n——堰孔数；

　　　b——一个堰孔的净宽。

10.4.1　曲线型实用断面堰的堰型

1. 克里盖尔（Creager）—奥菲采洛夫（Офицеров）剖面堰

该剖面系前苏联奥菲采洛夫根据克里盖尔的薄壁堰实验，将溢流水舌下缘线进行修正（将堰面略微嵌入水舌）而制定的，简称克—奥剖面。该剖面体形略嫌肥大，剖面曲线以表格形式给出，坐标点较少，设计、施工过程均不便控制。

2. 渥奇（Ogee）剖面堰

该剖面系美国内务部农垦局（Bureau Reclamation）在系统研究的基础上推荐的标准剖面。该剖面曲线的有关参数与行近流速水头和设计全水头的比值 $\left(\dfrac{\alpha v_0^2}{2g} \big/ H_d\right)$ 有关，即考虑了坝高对堰剖面曲线的影响，所以能适用于不同上游坝高的堰剖面设计。

3. 长研 I 型剖面堰

该剖面是长江水利委员会研制的，且是在有闸墩的情况下得出的，其剖面曲线方程为

$$x^{1.8} = 2.1 H_d^{0.8} y \tag{10.24}$$

当设计水头 $H_d = 1.0\text{m}$ 时，其曲线的坐标列于表 10.2。

表 10.2　　　　　　　　　　长研 I 型剖面曲线坐标 （$H_d = 1.0\text{m}$）

x	−0.22	−0.13	0.00	0.10	0.20	0.30	0.40	0.50	0.60	0.70	0.80
y	0.1100	0.0230	0.0000	0.0075	0.0263	0.0545	0.0915	0.1370	0.1900	0.2506	0.3187
x	0.90	1.00	1.20	1.40	1.50	1.70	2.00	2.20	2.70	3.20	
y	0.3940	0.4760	0.6600	0.8720	0.8970	1.238	1.656	1.970	2.846	3.864	

4. WES 标准剖面堰

该剖面系美国陆军兵团水道试验站（Water - ways Experiment Station）研制的，简称 WES 剖面。该剖面曲线用方程表示，便于控制，堰剖面较瘦，节省工程量；且堰面压强分布比较理想，负压不大，对安全有利，所以近年来溢流坝多采用 WES 剖面。

10.4.2　WES 剖面的水力设计

WES 剖面堰顶曲线通过矩形薄壁堰自由出流水舌下缘曲线特征得出，如图 10.12 所示。

设堰顶 B 点处的流体质点的速度为 u，流速方向与水平方向的夹角为 θ，则 x，y 方向的流速分量为 $u_x = u\cos\theta$，$u_y = u\sin\theta$，流体质点受重力与惯性作用，从 B 点向斜上方呈曲线运动，当运动到 o 点（水舌下缘的最高点）后开始向斜下方运动。

现建立坐标系，如图 10.12 所示，若假定 u_x 为常数，在 o 点处，$u_y = 0$，$u_x = u\cos\theta$。经过 t 时刻后，流体质点的坐标为

$$\begin{cases} x = u_x t = ut\cos\theta \\ y = \dfrac{1}{2}gt^2 \end{cases} \quad (10.25)$$

消去 t 后，并用设计水头除以方程得

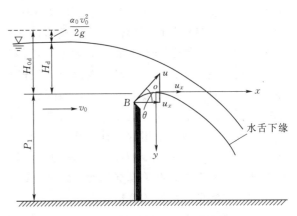

图 10.12 矩形薄壁堰水舌特征

$$\frac{y}{H_d} = k\left(\frac{x}{H_d}\right)^n \quad (10.26)$$

其中

$$k = \frac{H_d}{4\cos^2\theta \dfrac{u^2}{2g}}$$

式中，系数 k 与行近流速水头和设计水头有关；指数 $n=2$。由于工程中溢流水舌下缘的压强并不等于大气压强，作用在流体质点上的力也不仅仅是重力，还有其他的力，所以，工程中溢流水舌与矩形薄壁堰自由出流水舌并不完全相同。因此，式（10.26）不能直接用来计算堰面曲线。工程中通常要进行实验研究得出不同条件下的 k 和 n 值。

工程中 WES 剖面，如图 10.13 所示。该剖面堰顶 o 点以下的曲线可用式（10.26）

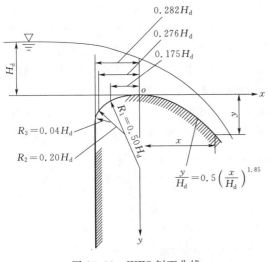

图 10.13 WES 剖面曲线

计算，式中系数 k 及指数 n 取决于堰上游面的坡度，当上游面为垂直时，$k=0.5$，$n=1.85$。代入式（10.26）得

$$\frac{y}{H_d} = 0.5\left(\frac{x}{H_d}\right)^{1.85} \quad (10.27)$$

式中　H_d——设计水头，不含行进流速水头。

堰顶 o 点上游的曲线，有三段复合圆弧相接（图 10.13），以保证堰面曲线平滑连接，改善堰面的压强分布。

由式（10.27）可知，堰面曲线形状（堰剖面的大小）取决于所采用的设计水头 H_d。在实际工程上，堰上水头随流量的变化而改变，因此，设计水头 H_d 的取值是必须注意的问题。设计水头 H_d 取值偏大（若 $H_d = H_{max}$），可保证在任何情况下都不出现负压，若实

际运行水头总小于设计水头时，堰面压强大于大气压，虽然保证了堰面不出现负压，但流量系数偏小，且堰剖面体形偏肥大，显然是不经济的。反之，如果设计水头 H_d 取值偏小（ $H_d = H_{min}$ ），堰剖面体形偏瘦，虽然可以得到较为经济的剖面，减少了工程量，但实际运行水头往往大于设计水头时，堰面会出现较大负压，严重时可发生空化空蚀，危及溢流坝的安全。对于中小型溢洪道而言，堰剖面上产生较小的负压是允许的，不至于发生空化空蚀和振动。因此，设计低堰时，通常选择比最大可能水头 H_{max} 略小的水头作为设计水头。工程上一般建议采用的设计水头为 $H_d = (0.65 \sim 0.95)H_{max}$ ，这样，在使用过程中多数情况下的作用水头 $H > H_d$ ，加大堰的过流能力，同时堰的剖面也较经济。以上设计的堰剖面为非真空堰，有关真空剖面堰的水力设计可参考水力设计手册。

10.4.3 曲线型实用堰的流量系数

实验研究表明，曲线型实用堰的流量系数主要取决于上游堰高与设计水头之比 P_1/H_d 、堰上全水头与设计水头之比 H_0/H_d 以及堰上游面的坡度。本节仅针对 WES 剖面堰加以说明，其他类型的曲线型实用堰的流量系数可参照有关书籍和水力设计手册。

1. 上游面垂直的 WES 剖面堰

当上游堰高与设计水头之比 $P_1/H_d > 1.33$ 时，称为高堰，行近流速水头可略去不计，若堰上全水头等于设计水头，堰的流量系数为 $m = m_d = 0.502$ ；当堰上全水头小于设计水头时，过堰水舌将紧贴堰面，堰面水流压能增加，则有堰顶水头转化为动能的量将减少，相当于作用水头减少，故流量系数减小，$m < m_d$ ；当堰上全水头大于设计水头时，过堰水舌挑离堰面，堰面将产生部分真空，压能减小，则堰顶水头转化为动能的量增加，相当于作用水头增加，故流量系数增加，$m > m_d$ ，其流量系数可由图 10.14 中的曲线（a）查得。当 $P_1/H_d < 1.33$ ，行进流速加大，流量系数随 P_1/H_d 减小而减小，其流量系数可由图

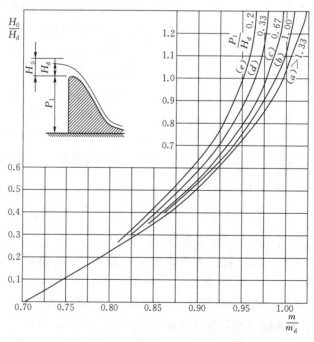

图 10.14 WES 剖面堰的流量系数

10.14 中的曲线 (b)、(c)、(d) 和 (e) 查得。

　　2. 上游面为斜面的 WES 剖面堰

　　在实际工程中，堰上游面有的也做成斜面，流量系数 m' 与垂直上游面的 m 有所不同，可表示为 $m'=cm$，c 为流量系数修正值，可查表 10.3 获得。

表 10.3　　　　　　　　　　　　　上游面为斜面时流量系数的修正值

C　　　P_1/H_d 斜坡	0.3	0.4	0.6	0.8	1.0	1.20	1.30
$1:3$ $(\alpha=18.4°)$	1.009	1.007	1.004	1.002	1.00	0.998	0.997
$2:3$ $(\alpha=33.6°)$	1.015	1.011	1.005	1.002	0.999	0.996	0.993
$3:3$ $(\alpha=45°)$	1.021	1.014	1.007	1.002	0.998	0.993	0.989

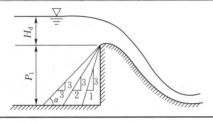

10.4.4　侧收缩系数

　　一般溢流堰都建有水闸，边墩及中墩在平面上会造成过堰水流的侧向收缩，增加了过堰水流的局部阻力，从而降低了堰的过流能力，如图 10.15 所示。

　　影响侧收缩的主要因素是边墩、中墩的迎水面的形状，同时也与堰上水头有关。当存在侧收缩时，过流的有效宽度为

$$b' = \varepsilon_1 nb \qquad (10.28)$$

式中　　b——每个堰孔的净宽；

　　　　n——堰孔数；

　　　　ε_1——侧收缩系数；

　　　　b'——有效过流宽度。

　　侧收缩系数 ε_1 可由以下经验公式确定

$$\varepsilon_1 = 1 - 2[K_a + (n-1)K_p]\frac{H_0}{nb}$$
$$(10.29)$$

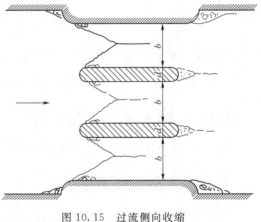

图 10.15　过流侧向收缩

式中　　H_0——堰上全水头；

　　　　K_a——边墩形状系数，K_a 与边墩头部形式及行近水流的进水方向有关。设计中常用圆弧形边墩，当行近水流正向进入溢流堰时，K_a 可取 0.1；对于与土坝邻接的高溢流坝，K_a 可取 0.2。当行近水流正向进入时，K_a 值增大。K_p 为中墩的形状系数，K_p 取决于中墩的头部形式、H_0/H_d 及中墩头部与溢流堰上游面的相对位置。当邻孔关闭时，中墩则视为边墩。有关 K_a、K_p 的取值，可查阅相关资料。

10.4.5 实用堰的淹没出流

在工程中，实用堰一般为自由出流。当下游水位高过堰顶至某一范围时，堰下游形成淹没出流，如何判断溢流为堰没出流，严格说有两个条件：①堰下游水位高于堰顶，即 $h_s > 0$；②堰下为淹没式水跃，对于 WES 剖面堰 $h_s > 0.15H_0$（见图 10.16）。当同时满足条件①、条件②时，下游水位对过堰水流产生顶托作用，从而降低了溢流堰的过流能力，这就形成了淹没出流。

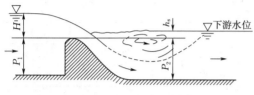

图 10.16 溢流堰的淹没出流

实际计算中淹没出流对堰过流能力的影响可用淹没系数 σ_s 表示，实验得知，σ_s 取决于堰剖面形状和下游水位及护坦高程，即 h_s/H_0、P_2/H_0。σ_s 可查阅相关资料及水力设计手册。

【例 10.3】 某土坝中段为溢流坎段，该坝段采用曲线型实用断面堰。已知设计流量 $Q = 1600\text{m}^3/\text{s}$，上游水位高程 $\nabla_1 = 165.0\text{m}$，相应下游水位高程 $\nabla_2 = 110.0\text{m}$，坝趾河床高程 $\nabla_3 = 100.0\text{m}$；堰上游面垂直，下游直线段坡度 $m_a = \text{ctan}\alpha = 0.7$，溢流段设 5 个闸孔，每孔净宽 $b = 12.0\text{m}$；闸墩头部与堰上游面齐平，边墩头部为圆形，墩形系数 $K_a = 0.2$，中墩头部为尖圆形，其墩形系数 $K_p = 0.02$；试设计堰顶高程及堰的剖面形状（采用 WES 剖面堰）。

解：（1）确定堰顶高程。

采用 WES 剖面堰，因该坝比较高，按自由出流设计，即 $P_1/H_d > 1.33$，$\sigma_s = 1.0$，求设计水头 H_d。略去行进流速水头，由式（10.23）得

$$H_d = \left(\frac{Q}{\varepsilon_1 n b m_d \sqrt{2g}}\right)^{2/3} \tag{1}$$

侧收缩系数 ε_1 按式（10.29）并设 $H_0 = H_d$，即

$$\varepsilon_1 = 1 - 2 \times [K_a + (n-1)K_p]\frac{H_d}{nb}$$

将 $K_a = 0.2$，$K_p = 0.02$ 代入上式得

$$\varepsilon_1 = 1 - 2 \times [0.2 + (5-1) \times 0.02] \times \frac{H_d}{5 \times 12} = 1 - 0.0069H_d \tag{2}$$

取流量系数为 $m = 0.502$，将 $\varepsilon_1 = 1 - 0.0069H_d$ 代入式（1）得

$$H_d = \left[\frac{1600}{(1 - 0.0069H_d) \times 5 \times 12 \times 0.502 \times \sqrt{2 \times 9.8}}\right]^{2/3}$$

试算得 $H_d = 5.40\text{m}$

堰顶高程 $\nabla_0 = \nabla_1 - H_d = 165.0 - 5.4 = 159.6$（m）

堰高 $P_1 = P_2 = \nabla_0 - \nabla_3 = 159.6 - 100 = 59.6$（m）

$P_1/H_d = 59.6/5.3 = 11.25 > 1.33$，属于高堰，为自由出流，$\sigma_s = 1$；$m_d = 0.502$。行近流速可忽略不计。

（2）堰剖面的设计。

1）堰顶曲线。

由图 10.17，堰顶 O 点上游三段圆弧的半径及水平坐标为

$R_1 = 0.50H_d = 0.5 \times 5.4 = 2.70$（m）；$x_1 = -0.175H_d = -0.175 \times 5.4 = -0.945$（m）

$R_2 = 0.20H_d = 0.2 \times 5.4 = 1.08$（m）；$x_2 = -0.276H_d = -0.276 \times 5.4 = -1.490$（m）

$R_3 = 0.40H_d = 0.4 \times 5.4 = 2.16$（m）；$x_3 = -0.282H_d = -0.282 \times 5.4 = -1.523$（m）

O 点下游曲线 OC 的曲线方程为

$$\frac{y}{H_d} = 0.5 \times \left(\frac{x}{H_d}\right)^{1.85}$$

$$y = 0.5 \times \frac{x^{1.85}}{H_d^{0.85}} = 0.5 \times \frac{x^{1.85}}{5.4^{0.85}} = 0.119x^{1.85}$$

所以，曲线 OC 的坐标按上式计算，列于下表：

x/m	1.0	2.0	3.0	4.0	5.0	6.0	7.0	8.0	9.0	10.0
y/m	0.119	0.429	0.908	1.547	2.337	3.274	4.355	5.575	6.933	8.425

2）堰面曲线与直线交点的确定。

曲线 OC 与下游直线段 CD 相切于 C 点，C 点坐标可由直线坡度 $m_a = 0.7$ 及堰面曲线方程求得：

堰面曲线方程一阶导数　　　　$\dfrac{\mathrm{d}y}{\mathrm{d}x} = 0.220x^{0.85}$

直线的坡度　　　　　　　　$\dfrac{\mathrm{d}y}{\mathrm{d}x} = \dfrac{1}{0.7}$

则　　　　　　　$x_C = \left(\dfrac{1}{0.220 \times 0.7}\right)^{1/0.85} = 9.034$（m）

$$y_C = 0.119x_C^{1.85} = 6.980$$（m）

3）反弧半径、反弧曲线圆心 O' 点及 D、E 点的坐标。

a. 反弧半径：

坝下游反弧半径 r 可按下式计算

$$r = (0.25 \sim 0.5)(H_d + z_{max})$$

式中 z_{max} 为上下游最大水位差，$z_{max} = 165.0 - 110.0 = 55$（m）。

取式中系数的中值计算，则 $r = 0.375(5.40 + 55) = 22.65$（m）。

b. 反弧曲线圆心 O' 点坐标：

反弧曲线的上端与直线 CD 相切于 D 点，下端与河床相切于 E 点，反弧半径及 D、E 点的坐标可用下面的方法确定。

由图 10.17 知

$$x_{O'} = x_C + m_a(P_2 - y_C) + rc\tan\left(\frac{180° - \alpha}{2}\right)$$

$$y_{O'} = P_2 - r$$

堰高 $P_2 = 59.6$m，$m_a = 0.7$，$r = 22.65$m，$\alpha = 55°$，代入上式

$$x_{O'} = 9.034 + 0.7 \times (59.6 - 6.980) + 22.65c\tan\left(\frac{180° - 55°}{2}\right) = 57.66$$（m）

$$y_{O'} = 59.6 - 22.65 = 36.95$$（m）

c. D 点的坐标：

$$x_D = x_{O'} - r\sin\alpha = 57.66 - 22.65 \times \sin55° = 39.11 \text{ （m）}$$
$$y_D = y_{O'} + r\cos\alpha = 36.95 + 22.65 \times \cos55° = 49.94 \text{ （m）}$$

d. E 点的坐标：

$$x_E = x_{O'} = 57.66\text{m}, \ y_E = P_2 = 59.60 \text{ （m）}$$

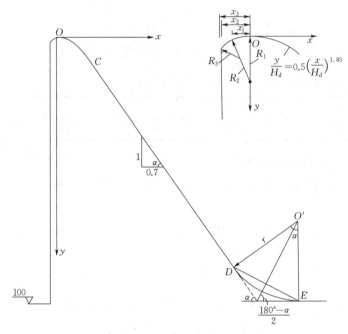

图 10.17　堰剖面设计图

10.5　闸　孔　出　流

　　水闸是一种常见的水工建筑物，水闸一般都有底坎。水闸底坎一般为宽顶堰或曲线形堰。闸门形式有平板闸门与弧形闸门两种形式。水闸的作用是通过闸门的开启控制河道或渠道的流量。当闸门部分开启时，出闸水流受到闸门的控制，即为闸孔出流。如图 10.18 所示，闸门开度用 e 表示。闸孔出流时，由于惯性作用在 $(0.5\sim1.0)e$ 处形成收缩断面 c—c，收缩断面水深用 h_c 表示。

　　闸孔出流也分为自由出流与淹没出流，取决于收缩断面水深 h_c 的跃后水深 h_{c2} 和下游水深 h_t 的关系。因闸孔水流为急流，当下游水流为缓流时发生水跃，形成远驱式水跃或临界式水跃时为闸孔自由出流，如图 10.18 （a）、（b）所示；当形成淹没式水跃时为闸孔淹没出流，如图 10.18 （c）所示。

10.5.1　底坎为宽顶堰型的闸孔自由出流

　　如图 10.18 所示，宽顶堰上方设有一个平板闸门，H 为闸前水头，e 为闸门开度。当水流行近闸孔时，受闸门的约束流线发生急剧弯曲，出闸后，受惯性的影响，流线继续收缩，在闸下游约 $(0.5\sim1)e$ 处形成收缩断面 c—c，收缩断面水深 h_c 一般小于临界水深，

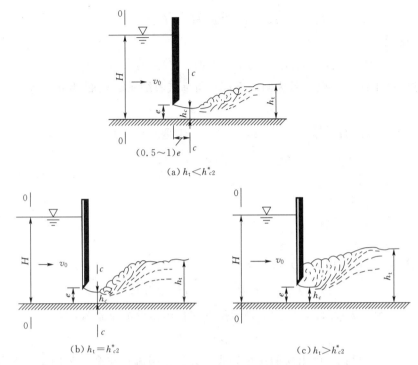

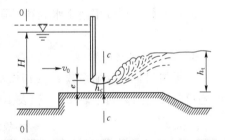

图 10.18　闸孔出流

水流为急流状态。

以宽顶堰顶面为基准面，列断面 0—0、断面 c—c 间的能量方程

$$z_0 + \frac{p_0}{\rho g} + \frac{\alpha_0 v_0^2}{2g} = z_c + \frac{p_c}{\rho g} + \frac{\alpha_c v_c^2}{2g} + h_{w0-c}$$

因以宽顶堰顶面为基准面，在断面 0—0 和断面 c—c 均选取水面上一点作为计算点，则 $z_0 = H$，$p_0 = 0$；$z_c = h_c$，$p_c = 0$。设 v_0 为断面 0—0 行近流速，动能修正系数 α_0；v_c 为断面 c—c 平均流速，动能修正系数 α_c。断面 0—0 和断面 c—c 相距很近，h_{w0-c} 只计局部水头损失，用 $\zeta \frac{v_c^2}{2g}$ 表示。此时能量方程变为

图 10.19　闸孔自由出流

$$H + \frac{\alpha_0 v_0^2}{2g} = h_c + \frac{\alpha_c v_c^2}{2g} + \zeta \frac{v_c^2}{2g}$$

令 $H + \frac{\alpha_0 v_0^2}{2g} = H_0$，$H_0$ 为全水头，于是上式可写为

$$H_0 = h_c + (\alpha_c + \zeta) \frac{v_c^2}{2g}$$

$$v_c = \frac{1}{\sqrt{\alpha_c + \zeta}} \sqrt{2g(H_0 - h_c)}$$

令 $\varphi = 1/\sqrt{\alpha_c + \zeta}$，称为宽顶堰自由出流流速系数，则

$$v_c = \varphi \sqrt{2g(H_0 - h_c)}$$

通过闸孔的流量

$$Q = A_c v_c = b h_c v_c = \varphi b h_c \sqrt{2g(H_0 - h_c)}$$

因收缩断面水深 h_c 可以表示为闸孔开度 e 与垂直收缩系数 ε_0 的乘积，即

$$h_c = \varepsilon_0 e \tag{10.30}$$

所以 $Q = \varphi b \varepsilon_0 e \sqrt{2g(H_0 - \varepsilon_0 e)}$，令 $\varphi \varepsilon_0 = \mu_0$，于是

$$Q = \mu_0 be \sqrt{2g(H_0 - \varepsilon_0 e)} \tag{10.31}$$

式中　b——闸门宽度；

　　　μ_0——流量系数；

　　　ε_0——垂直收缩系数；

　　　e——闸门开度。

为简化计算，将式（10.31）改写为

$$Q = \mu_0 be \sqrt{1 - \varepsilon_0 e / H_0} \sqrt{2gH_0}$$

令 $\mu = \mu_0 \sqrt{1 - \varepsilon_0 e / H_0}$，称为宽顶堰型闸孔自由出流流量系数，则

$$Q = \mu be \sqrt{2gH_0} \tag{10.32}$$

式（10.32）为有坎闸孔自由出流的流量公式，表明过闸流量与全水头的 $1/2$ 次方成比例。该式也适用于无坎宽顶堰，即 $P = 0$ 的情况。

1. 流量系数

流量系数 μ 可以用南京水利科学研究所的经验公式计算

$$\mu = 0.60 - 0.176e/H \tag{10.33}$$

2. 闸门垂向收缩系数

平板闸门垂向收缩系数 ε_0 与作用水头 H 和闸门的开度 e 有关，即 $\varepsilon_0 = f(e, H)$，闸孔出流垂向收缩系数列于表 10.4 和表 10.5。

表 10.4　　　　　　　　平板闸门垂向收缩系数 ε_0

e/H	0.1	0.15	0.2	0.25	0.30	0.35	0.40	0.45	0.50	0.55	0.60	0.65	0.70	0.75
ε_0	0.615	0.618	0.620	0.622	0.625	0.628	0.630	0.638	0.645	0.650	0.675	0.660	0.690	0.705

表 10.5　　　　　　　　弧形闸门垂向收缩系数 ε_0

α	35°	40°	45°	50°	55°	60°	65°	70°	75°	80°	85°	90°
ε_0	0.789	0.766	0.742	0.720	0.698	0.678	0.662	0.646	0.635	0.627	0.622	0.620

弧形闸门垂向收缩系数 ε_0，主要取决于闸门下缘切线与水平方向的夹角 α。水平方向的夹角 α 可按下式计算

$$\cos\alpha = \frac{C - e}{R}$$

式中　C——弧形门转轴与闸门关闭时落点的高差；

　　　R——弧形闸门的半径，如图 10.20 所示。

关于闸孔出流的流速系数 φ，主要取决于闸孔进口的边界条件（如闸底坎形式、闸门类型等），无坎宽顶堰型：$\varphi = 0.95 \sim 1.00$，有坎宽顶堰型：$\varphi = 0.85 \sim 0.95$。

为简化计算，当闸前水深较大、开度 e 较小或坎高 P 较大、行近流速 v_0 较小，可不考虑 $\dfrac{\alpha_0 v_0^2}{2g}$，取 $H \approx H_0$。

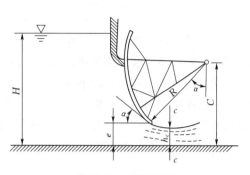

图 10.20 弧形闸门

10.5.2 底坎为宽顶堰型的闸孔淹没出流

如图 10.21 所示，当下游 h_{c2} 水深 h_t 大于收缩断面水深 h_c 的共轭水深 h_{c2}，即 $h_t > h_{c2}$，闸孔出流将形成淹没式水跃，即为闸孔淹没出流。实验证明，闸孔淹没后，收缩断面水深增大到 h，且 $h > h_c$，实际作用水头将减少至 $H_0 - h$，所以闸孔淹没出流流量小于自由出流的流量。由于 h 位于旋滚区，不易测量，故计算时应用自由出流公式（10.32），乘以淹没系数 σ_s，流量计算公式为

$$Q_s = \sigma_s \mu b e \sqrt{2gH_0} \qquad (10.34)$$

式中　σ_s——淹没系数，σ_s 可查有关资料确定；

　　　μ——闸孔自由出流流量系数。

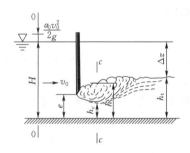

图 10.21 闸孔淹没出流

【例 10.4】 某渠道设有一桥闸结合的工程，拟修建矩形断面水闸，平板闸门控制，调节流量与水位，桥孔底板水平，$P_1 = P_2 = 0$，闸孔宽度 $b = 3.0\,\mathrm{m}$，当开度 $e = 0.7\,\mathrm{m}$ 时，闸前水深 $H = 2.0\,\mathrm{m}$，闸前行近流速 $v_0 = 0.7\,\mathrm{m/s}$，闸孔自由出流，求通过流量 Q。

解：（1）解法一。

1）求垂向收缩系数 ε_0。

$\dfrac{e}{H} = \dfrac{0.7}{2} = 0.35$，属闸孔出流，查表 10.4，垂向收缩系数 $\varepsilon_0 = 0.628$。

2）求相关参数。

取流速系数 $\varphi = 0.96$，则流量系数 $\mu_0 = \varphi \varepsilon_0 = 0.96 \times 0.628 = 0.603$

收缩断面水深 $h_c = \varepsilon_0 e = 0.628 \times 0.7 = 0.44$（m）

全水头 $H_0 = H + \dfrac{\alpha_0 v_0^2}{2g} = 2 + 0.025 = 2.025$（m）

3）求通过流量。

$$Q = \mu_0 b e \sqrt{2g(H_0 - h_c)} = 0.603 \times 3 \times 0.7 \times \sqrt{2 \times 9.8 \times (2.025 - 0.44)} = 7.08 \ (\mathrm{m^3/s})$$

（2）解法二。

流量系数由式（10.33）得 $\mu = 0.60 - 0.176 e/H = 0.60 - 0.176 \times \dfrac{0.7}{2} = 0.538$

通过流量由式（10.32）$Q = \mu b e \sqrt{2gH_0}$（H_0 由解法一已解出）得

$$Q = 0.538 \times 3 \times 0.7 \times \sqrt{2 \times 9.8 \times 2.025} = 7.12 \ (\mathrm{m^3/s})$$

两结果相近，两种方法都可用。

10.5.3 底坎为曲线型实用堰的闸孔出流

在曲线型实用断面堰的堰顶上，为了控制流量，调节水库水位，往往要建有闸门（平板闸门或弧形闸门），其形式如图 10.22 所示。曲线型实用堰顶上闸孔出流与底坎为宽顶堰型的闸孔出流的在水流现象上有相同之处，也有不同之点。从相同之处看，两者都属闸孔出流的范畴，曲线型实用断面的堰顶上闸孔自由出流的流量也可用式（10.32）计算。

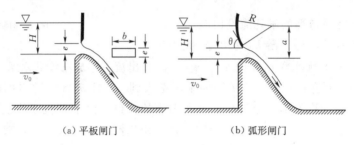

(a) 平板闸门　　　　　　　　(b) 弧形闸门

图 10.22　曲线型实用堰的闸孔出流

它们的不同点在于，底坎为宽顶堰型的闸孔自由出流时，闸孔下游出现有明显的收缩断面，而曲线型实用堰顶上闸孔出流，出闸后水流在重力作用下，沿溢流面下泄，水流越来越急，无明显的收缩断面，图 10.22 为曲线型实用断面堰上平板闸门和弧形闸门的闸孔出流情况。关于其流量系数，国内外学者进行了许多研究，下面介绍一些经验公式供参考。

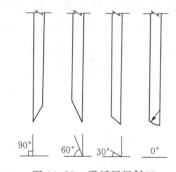

图 10.23　平板闸门斜口

1. 平板闸门

平板闸门的流量系数可按以下经验公式计算

$$\mu = 0.65 - 0.186 \frac{e}{H} + \left(0.25 - 0.357 \frac{e}{H}\right)\cos\theta$$

$$(10.35)$$

式中　θ——斜面与水平面的夹角，如图 10.23 所示。

2. 弧形闸门

因弧形闸门的资料不足，其流量系数可参照表 10.6 选用。

表 10.6　　　　　　曲线型实用堰堰顶弧形闸门流量系数 μ

$\frac{e}{H}$	0.05	0.10	0.15	0.20	0.25	0.30	0.35	0.40	0.50	0.60	0.70
μ	0.721	0.700	0.683	0.667	0.652	0.638	0.625	0.610	0.584	0.559	0.535

本 章 知 识 点

（1）堰流是明渠水流流经障壁（闸、坝、涵、桥等水工建筑物）时，上游水位壅高而后产生跌落的局部水流现象。按堰顶宽度 δ 与堰上水头 H 的比值，分为薄壁堰、实用断面堰、宽顶堰三种类型。

（2）依据下游水深对堰流的影响，堰流分为自由出流与淹没出流。堰流类型不同，其水流特征均是上游水位壅高，而后水面降落，故流量计算公式相同，即 $Q = mb\sqrt{2g}H_0^{3/2}$，若有侧向收缩（$B > b$）加侧收缩系数 ε，若为淹没出流加淹没系数 σ_s，可表示为 $Q = \sigma_s\varepsilon mb\sqrt{2g}H_0^{3/2}$。过堰流量与堰上全水头的 3/2 次方成比例。

（3）薄壁堰（矩形堰、三角堰、梯形堰）由于水流平稳，常用作量流量设备。

（4）宽顶堰分为有坎宽顶堰和无坎宽顶堰，涵洞、桥孔过流等均会形成宽顶堰流。宽顶堰分为自由出流与淹没出流，形成淹没出流的条件是：①下游水位要超过堰顶，即 $h_s > 0$；②只有当下游水位达到一定高度，即 $h_s > 0.8H_0$ 时才会变为淹没出流。

（5）实用断面堰是水利工程中常见的建筑物，溢流坝即实用断面堰。为了提高过流能力工程中常用的是曲线型堰，可分为真空堰与非真空堰。真空堰在堰面形成一定负压区（真空区），过流能力大，可能会出现空化空蚀现象，要求坝面具有抗空化空蚀能力，对建筑材料的抗蚀性能要求高。

（6）闸孔出流也是工程上常见的水流现象。对于具有闸门控制的同一过流建筑物，闸孔出流和堰流可以相互转换，对于闸底坎为平顶时，当 $e/H \leqslant 0.65$ 时为闸孔出流，当 $e/H > 0.65$ 时为堰流；对于闸底坎为曲线型堰，当 $e/H \leqslant 0.75$ 时为闸孔出流，当 $e/H > 0.75$ 时为堰流。

（7）闸孔出流也分自由出流与淹没出流，主要取决于下游水深 h_t 与收缩水深 h_c 的共轭水深 h_{c2} 的关系。由于闸孔出流为急流，下游为缓流，其水流衔接方式为水跃，当 h_c 所要求的共轭水深 h_{c2} 大于下游水深 h_t 时，形成远驱式水跃，为自由出流。反之，则为淹没出流。

思　考　题

10.1　堰流的特征有哪些？是如何划分类型的？

10.2　堰流基本公式中 m、ε、σ_s 等系数与哪些因素有关？

10.3　为什么说下游水位超过堰顶，即 $h_s > 0$，只是淹没的必要条件不是充分条件？

10.4　曲线型实用断面堰中，真空堰与非真空堰有何含义？

10.5　曲线型实用断面堰有哪些类型？各有哪些特点？

10.6　底坎为宽顶堰型与底坎为曲线型实用堰的闸孔出流的水流特征有何不同？

10.7　过堰流量、过闸流量与全水头是几次方的关系？

习　题

10.1　待测流量 $Q = 3.0\text{m}^3/\text{s}$，堰高 $P_1 = 0.6\text{m}$，下游水深 $h_t = 0.5\text{m}$，堰上水头控制在 0.63m 以下，试设计无侧收缩矩形薄壁堰的宽度 b。

10.2　一个矩形断面水槽末端设有薄壁堰，水舌下缘通气，用来量测流量，$B = b = 2.0\text{m}$，堰高 $P_1 = P_2 = 0.5\text{m}$。（1）当堰上水头 $H = 0.2\text{m}$，求水槽中流量；（2）当堰上水

头 $H=0.1\text{m}$，求水槽中流量。

10.3 有一个三角形薄壁堰，$\theta=90°$，堰上水头 $H=0.12\text{m}$，自由出流，求通过流量。若流量增加一倍，求堰上水头 H。

10.4 如图 10.24 所示，一个矩形直角进口无侧收缩宽顶堰，堰宽 $b=3.5\text{m}$，堰高 $P_1=P_2=0.5\text{m}$，堰上游水深 $h_{01}=1.2\text{m}$，下游水深 $h_{02}=0.6\text{m}$，求通过的流量。

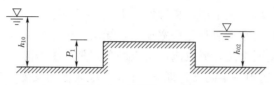

图 10.24 习题 10.4 图

10.5 一个圆角进口无侧收缩宽顶堰，堰高 $P_1=P_2=2.0\text{m}$，堰上水头限制在 0.4m 以下，通过流量 $Q=4.0\text{m}^3/\text{s}$，求宽顶堰宽度 b。若不形成淹没出流，下游水深最大为多少？

10.6 某河中拟修建一单孔溢流坝，坝剖面按 WES 剖面设计。已知：筑坝处河底高程 $\nabla_1=10.20\text{m}$，坝顶高程 $\nabla_2=16.20\text{m}$，上游设计水位 $\nabla_3=18.70\text{m}$，下游水位 $\nabla_4=14.50\text{m}$，坝上游河宽 $B=15.0\text{m}$，边墩头部为半圆形，当上游水位为设计水位时，通过流量 $Q=80\text{m}^3/\text{s}$，试设计坝顶的宽度 b。

10.7 有一平底水闸，采用平板闸门，已知：渠道与闸门同宽，即 $B=b=6.0\text{m}$，闸门开度 $e=1.0\text{m}$，闸前水深 $H=4.0\text{m}$，为闸孔自由出流，试求通过流量。

10.8 如图 10.25 所示，某一滚水坝，采用 WES 剖面设计，设计水头 $H_d=4.0\text{m}$，坝顶装有弧形闸门，门轴高 $a=4.0\text{m}$，闸门半径 $R=6.0\text{m}$，闸孔净宽 $b=5.0\text{m}$。试求当坝上游水头 $H=3.0\text{m}$，闸门开度 $e=0.9\text{m}$ 时的流量。

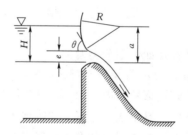

图 10.25 习题 10.8 图

第11章 渗 流

渗流是液体在孔隙介质中的流动。孔隙介质包括土、岩层等各种多孔介质和裂隙介质。水利、土建、石油、化工、地质等许多学科都会涉及渗流问题。在水利工程中，渗流主要指水在地表面以下的土或岩层中流动，因此往往称作地下水运动。

水利工程中经常要解决许多地下水渗流问题，概括起来主要有以下几方面。

（1）渗流量的估算。在水利枢纽设计中，水库蓄水时水量的损失与渗流量有很大的关系，施工基坑排水量的大小是按渗流量来估算的；此外，输水渠道渗漏损失量的确定以及地基处理中的排水等都离不开渗流量的合理估算。

（2）渗流区（范围）的确定。许多挡水建筑物如坝、围堰，广泛采用透水材料（如土、堆石）筑成，在设计这些建筑物时，需要知道坝身中渗流区自由面（浸润线或浸润面）的位置，以计算坝的边坡稳定。

（3）建筑物底板上的渗透压力及下游边界逸出的渗透流速确定。建筑物地基透水时，渗流动水压力在建筑物底部产生向上的扬压力，影响到建筑物的稳定性。建筑物下游渗透流速过大时，可能造成土体颗粒的流失，影响到建筑物的整体稳定。因此，建筑物地下轮廓的长度和形状，常常要根据渗流情况来决定。

本章主要介绍渗流的基本规律及其基本应用，为进一步研究复杂的实际渗流问题打下基础。

11.1 渗流的基本概念

土是孔隙介质的典型代表，本章研究的渗流主要指水在土中的流动，是水流与土相互作用的产物，两者互相依存，互相影响。研究渗流问题必须首先了解水在土中的状态以及土对渗流影响的各种性质。

11.1.1 水在土中的状态

水在土中的状态可以分为气态水、附着水、薄膜水、毛细水和重力水。

气态水以水蒸气的状态存在于土孔隙中，其数量很少，对于一般水利工程的影响可以不计。附着水和薄膜水都是由于土颗粒与水分子相互作用而形成的，也称结合水。结合水数量很少，很难移动，在渗流运动中也可以忽略不计。毛细水指由于表面张力（毛细管）作用而保持在土孔隙中移动的水，它可在土中移动，可传递静水压力。除特殊情况（极细颗粒土中渗流）外，毛细水一般在工程中也是可以忽略不计的。

当土的含水量很大时，除少量水分吸附于土粒四周和存在于毛细区外，绝大部分的水受重力作用而在孔隙中流动，称为重力水或自由水。重力水是渗流运动研究的主要对象。

毛细水区与重力水区分界面上的压强等于大气压强，此分界面称为地下水面或浸润面。重力水区内的孔隙一般为水所充满，故又称为饱和区。本章所研究的是饱和区重力水的渗流规律。

11.1.2　土的渗流特性

土的性质对渗流有很大的制约作用和影响。土的结构是由大小不等的各级固体颗粒混合组成的，由土粒组成的结构称为骨架。水在土体孔隙中的渗流特性与土体孔隙的形状、大小等有关，而土体孔隙的形状大小又与土颗粒的形状、大小、均匀程度、排列方式等有关。

土孔隙的大小可以用土的孔隙率来反映，它表示一定体积的土中，孔隙的体积 w 与土体总体积 W（包含孔隙体积）的比值，即

$$n = \frac{w}{W} \tag{11.1}$$

孔隙率 n 反映了土的密实程度。

土颗粒大小的均匀程度，通常用土的不均匀系数 η 来反映，即

$$\eta = \frac{d_{60}}{d_{10}} \tag{11.2}$$

式中　d_{60}——土粒经过筛分时占 60% 重量的土粒所能通过的筛孔直径，即小于这种粒径的土粒重量占土样总重量的 60%；

$\quad\quad d_{10}$——土粒经过筛分时占 10% 重量的土粒所能通过的筛孔直径，即小于这种粒径的土粒重量占土样总重量的 10%。

一般 η 值总是大于 1，η 值越大，表示组成土的颗粒大小越不均匀，均匀颗粒组成的土体，$\eta = 1$。

一般来说，土总是有孔隙的，绝对不透水的土是没有的，工程中所谓的不透水层，一般指土的透水能力相对于其邻层土的透水能力很小。若土的透水性能各处相同，不随空间位置而变化，则称之为均质土，否则就称为非均质土。若土中任意一点的透水性能在各个方向均相同，则称之为各向同性土，否则就是各向异性土。自然界中土的构造是十分复杂的，一般都是非均质各向异性的。本章着重研究较简单的均质各向同性土的渗流问题。

11.1.3　渗流模型

土的孔隙形状、大小及其分布情况是十分复杂的，要详细地确定渗流沿孔隙的流动路径和流速是很困难的，实际上也无必要。在解决实际工程问题时，关心的主要是某一范围内渗流的宏观平均效果，而不是孔隙内的流动细节。因此，研究渗流时常引入简化的渗流模型来代替实际的渗流运动。

所谓渗流模型，即认为流体和孔隙介质所占据的空间，其边界形状和其他边界条件均维持不变，假想渗流区全部空间都由水所充满，渗流运动就变为整个空间内的连续介质运动。这样，前面的概念和方法，如过水断面、流线、流束、断面平均流速等，就可以引申到渗流研究中。渗流模型中任意过水断面上所通过的流量等于实际渗流中该断面所通过的真实流量，而渗流模型中的流速则与实际渗流中的孔隙平均流速不同。

在渗流模型中，任一微小过水断面面积 ΔA 上的渗流流速 u，应等于通过该断面上的真实流量 ΔQ 除以该面积，即

$$u = \frac{\Delta Q}{\Delta A} \qquad (11.3)$$

ΔA 包括了土粒骨架所占横截面积，所以真实渗流的过水断面面积 $\Delta A'$ 要比 ΔA 小。考虑孔隙率为 n 的均质土，真实渗流的孔隙过水断面面积为 $\Delta A' = n\Delta A$，因而通过水断面孔隙内的真实平均流速为

$$u' = \frac{\Delta Q}{\Delta A'} = \frac{\Delta Q}{n\Delta A} = \frac{u}{n} \qquad (11.4)$$

引进渗流模型后，与一般水流运动一样，渗流也可以按照运动要素是否随时间变化而分为恒定渗流与非恒定渗流；根据运动要素是否沿程变化分为均匀渗流与非均匀渗流；非均匀渗流又可分为渐变渗流和急变渗流，此外，从有无自由水面还可分为无压渗流和有压渗流等。

11.2　渗流的基本定律

11.2.1　达西定律

约在 1852—1855 年间，法国工程师达西（H. Darcy）经过大量实验，总结出了渗流的基本规律，称为达西定律。

达西渗流实验的装置如图 11.1 所示。其设备为上端开口的直立圆筒，在圆筒侧壁相距为 l 处分别装有两支测压管，在筒底以上一定距离处装有滤板 C，其上装入颗粒均匀的砂土。水由上端注入圆筒，并以溢流管 B 使筒内维持一恒定水头。通过砂土的渗流水体从排水管 T 流入容器中，并可由此测算渗流量 Q。上述装置中通过砂土的渗流是恒定流，测压管中水面保持恒定不变。

如果圆筒横断面积为 A，则断面平均渗流流速为

$$v = \frac{Q}{A}$$

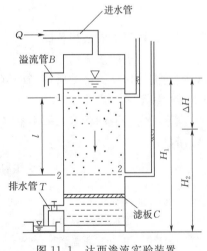

图 11.1　达西渗流实验装置

由于渗流流速 v 极微小，可以不计流速水头，因此，渗流中的总水头 H 可用测压管水头来表示，水头损失 h_w 可以用测压管水头差来表示。即

$$H = z + \frac{p}{\rho g}$$
$$h_w = H_1 - H_2$$

水力坡度为

$$J = \frac{h_w}{l} = \frac{H_1 - H_2}{l}$$

达西分析了大量实验资料发现，渗流流量 Q 与过水断面面积 A 以及水力坡度 J 成正

比，即

$$Q = kJA \tag{11.5}$$

式中　k——反映土的透水性能的比例系数，称为渗透系数。

式（11.5）也可以写为

$$v = kJ \tag{11.6}$$

式（11.6）即为达西公式。它表明均质孔隙介质中渗流流速与水力坡度的一次方成正比并与土的性质有关，即达西定律。

达西实验中的渗流为均匀渗流，任意点的渗流流速 u 等于断面平均渗流流速，故达西定律也可表示为

$$u = kJ \tag{11.7}$$

达西定律是从均质砂土的恒定均匀渗流实验中总结出来的，后来的大量实践和研究表明，达西定律可以近似推广到非均匀渗流和非恒定渗流中去。此时达西定律表达式只能采用针对一点渗流的式（11.7），并应采用以下的微分形式（非恒定渗流时需采用偏微分形式）

$$J = -\frac{\mathrm{d}H}{\mathrm{d}s}$$

$$u = \frac{\mathrm{d}Q}{\mathrm{d}A} = kJ = -k\frac{\mathrm{d}H}{\mathrm{d}s} \tag{11.8}$$

11.2.2　达西定律的适用范围

达西定律表明渗流的水头损失与流速的一次方成正比，即水头损失与流速呈线性关系，这是流体作层流运动所遵循的规律。大量研究表明，达西定律只能适应于层流渗流，而不能适用于紊流渗流。

渗流场内的流动状态，采用临界雷诺数来判定较为合理。巴甫洛夫斯基定义了如下渗流雷诺数

$$Re = \frac{1}{0.75n + 0.23}\frac{vd}{\nu} \tag{11.9}$$

式中　n——孔隙率；

　　　v——渗流流速，cm/s；

　　　ν——运动黏滞系数；

　　　d——土的有效粒径，cm，一般用 d_{10} 代替。

临界雷诺数一般取作

$$Re_c = 7 \sim 9 \tag{11.10}$$

当 $Re < Re_c$ 时渗流为层流。

对于非层流渗流，可以采用如下经验公式来表达其流动规律

$$v = kJ^{\frac{1}{m}} \tag{11.11}$$

式中　m——大于1的指数，与土的结构和粒径大小有关。

当 $m = 2$ 时，式（11.11）代表完全紊流渗流；当 $1 < m < 2$ 时，代表层流到紊流的过渡区。

按照上述判别标准，可知大多数渗流运动服从达西定律。水利工程有关的渗流问题一

般也是在线性定律范围内的。但是在堆石坝等大孔隙介质中，渗流往往进入紊流状态。这时必须选用根据实验成果所确定的公式，作为计算依据。

以上所讨论的渗流规律，都是以土颗粒不因渗流作用而发生变形（运动或破坏）为前提的。但是，在渗流作用严重的情况下，土体颗粒可能会因渗流作用而发生运动，或土体结构因渗流而失去稳定性，这时渗流水头损失将服从另外的定律。渗流变形问题是工程设计中很重要的问题，将在土力学等其他课程中讲述。

11.2.3 渗透系数及其确定方法

利用达西定律进行渗流计算时，首先需要知道土的渗透系数。渗透系数 k 的物理意义可理解为单位水力坡度下的渗流流速，其量纲为 LT^{-1}，常用"cm/s"表示。它综合反映了土和流体两方面对渗流特性的影响。渗透系数的大小一方面取决于孔隙介质的特性，另一方面也与流体的物理性质如黏滞系数等有关。因此 k 值将随孔隙介质、流体以及温度而变化。

工程中所讨论的渗流问题主要以水为对象，温度对透水性能的影响一般忽略不计，故可以把渗透系数单纯理解为土的结构和性质对透水性能影响的一个参数。

确定渗透系数的方法大致有以下三类。

1. 经验法

当进行渗流初步估算，同时缺乏可靠的实际资料时，可以参照有关规范及某些经验公式或数表来选定 k 值。表 11.1 列出了各类土的渗透系数，可供初步计算时参考。

表 11.1　　　　　　　　　　　　土的渗透系数参考值

土　名	渗 透 系 数 k	
	m/d	cm/s
黏土	<0.005	$<6\times10^{-6}$
亚黏土	$0.005\sim0.1$	$6\times10^{-6}\sim1\times10^{-4}$
轻亚黏土	$0.1\sim0.5$	$1\times10^{-4}\sim6\times10^{-4}$
黄土	$0.25\sim0.5$	$3\times10^{-4}\sim6\times10^{-4}$
粉砂	$0.5\sim1.0$	$6\times10^{-4}\sim1\times10^{-3}$
细砂	$1.0\sim5.0$	$1\times10^{-3}\sim6\times10^{-3}$
中砂	$5.0\sim20.0$	$6\times10^{-3}\sim2\times10^{-2}$
均质中砂	$35\sim50$	$4\times10^{-2}\sim6\times10^{-2}$
粗砂	$20\sim50$	$2\times10^{-2}\sim6\times10^{-2}$
均质粗砂	$60\sim75$	$7\times10^{-2}\sim8\times10^{-2}$
圆砾	$50\sim100$	$6\times10^{-2}\sim1\times10^{-1}$
卵石	$100\sim500$	$1\times10^{-1}\sim6\times10^{-1}$
无填充物卵石	$500\sim1000$	$6\times10^{-1}\sim1\times10$
稍有裂隙岩石	$20\sim60$	$2\times10^{-2}\sim7\times10^{-2}$
裂隙多的岩石	>60	$>7\times10^{-2}$

2. 实验室测定法

室内实验测定渗透系数通常采用图 11.1 所示达西实验装置，测得水头损失与流量后，即可按下式求得渗透系数

$$k = \frac{Ql}{Ah_w}$$

值得指出的是，实验室测定法从实际出发，比经验法可靠，但设备比较简易，土样在采集、运输等过程中难免扰动，土样的数量有限，仍难反映真实情况。

3. 现场测定法

现场测定法一般是现场钻井或挖坑，采用抽水或压水的方式，测定其流量及水头等数值，再根据相应的理论公式反算出渗透系数值，其具体做法这里不再详述。现场测定法是较可靠的方法，可以取得大面积的平均渗透系数，但需要的设备和人力较多，通常在大型工程中采用。

11.3 地下水的恒定均匀渗流和非均匀渐变渗流

11.3.1 恒定均匀渗流与非均匀渐变渗流断面流速分布

在引进渗流模型后，就可以用过去研究地表水一样的方法将地下水渗流区分为均匀渗流与非均匀渗流（渐变渗流与急变渗流）。对于均匀流与非均匀渐变流，其过流断面具有以下两个特性：①过流断面是（或可视为）一个平面；②过流断面上的动水压强符合静水压强分布规律。对于地下水渗流，上述性质同样适用。所不同的是，在地下水均匀渗流与渐变渗流过流断面上，断面渗透流速是均匀分布的（下面将加以证明），这样就可以将地下水渗流的均匀流和非均匀渐变流完全作为一元（一维）流动来处理。因此，首先介绍地下水均匀渗流和非均匀渐变渗流的有关问题，然后再讲述有关渗流场的问题。

1. 均匀渗流

图 11.2 所示为一地下水无压恒定均匀渗流（自由表面上的压强为大气压），设不透水层是坡度为 $i = \sin\varphi$ 的平整倾斜面并和自由表面平行。无压渗流中重力水的自由表面称为浸润面，在平面问题中，则称为浸润线。

在均匀渗流中所有的基元流束（流线）都是平行的直线，而且过流断面的压强分布符合静水压强分布规律，则均匀流断面上各点的测压管水头为常数。渗流自由表面线（浸润线）就是所有基元流束的测压管水头线（总水头线），因而任一断面的水力坡度是个常量，即

$$J = -\frac{\mathrm{d}H}{\mathrm{d}s} = i \qquad (11.12)$$

根据达西定律，任一断面上某点的渗透流速 u 为

$$u = kJ = -k\frac{\mathrm{d}H}{\mathrm{d}s}$$

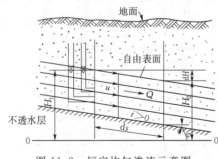

图 11.2 恒定均匀渗流示意图

所以

$$u = ki = 常量 \tag{11.13}$$

即均匀渗流断面上各点渗透流速均匀分布，断面平均流速 $v = u$。均匀渗流中各断面流速分布为相同的矩形，在整个均匀渗流流场中，渗流流速处处相等。

根据式（11.13）可得断面平均渗流流速

$$v = ki = 常量 \tag{11.14}$$

渗流量 Q 为

$$Q = A_0 v = A_0 ki \tag{11.15}$$

式中　A_0——所讨论均匀渗流的过流断面面积。

设过流断面为矩形断面，其断面宽度为 b，则 $A_0 = bh_0$（h_0 为均匀流水深），因此得单宽流量 q 为

$$q = \frac{Q}{b} = kih_0 \tag{11.16}$$

2. 非均匀渐变渗流

图 11.3 所示为一地下水的非均匀渐变渗流（仍以无压流为例）。对于非均匀渐变渗流，由于各断面上动水压强仍服从静水压强的分布规律；又因各基元流束的曲度非常微小且近于平行，1—1 及 2—2 两断面间各基元流束的长度可视为常数，均等于 $\mathrm{d}s$。于是，在渐变流过流断面上各点的水力坡度 $J = -\dfrac{\mathrm{d}H}{\mathrm{d}s}$ 可视为常数。根据达西定律，在同一断面上任一点渗透流速为

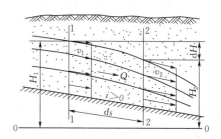

图 11.3　非均匀渐变渗流流速分布示意图

$$u = kJ = -k \frac{\mathrm{d}H}{\mathrm{d}s} = 常量$$

即渐变渗流断面上渗透流速 u 也是均匀分布的，即

$$v = u = -k \frac{\mathrm{d}H}{\mathrm{d}s} \tag{11.17}$$

必须指出，与均匀渗流情况不同，在非均匀渐变渗流中，虽然在同一断面上 $J = -\dfrac{\mathrm{d}H}{\mathrm{d}s} = 常量$，过流断面上渗透流速也是呈矩形分布的，但不同断面的 J 是不一样的，即各断面上的流速大小及断面平均流速 v 是沿程变化的（如图 11.3 所示）。

根据式（11.17）可得流量为

$$Q = Av = -kA \frac{\mathrm{d}H}{\mathrm{d}s} \tag{11.18}$$

式中　A——过流断面面积。

式（11.17）和式（11.18）称为杜比公式，由法国学者杜比（J. Dupuit）于 1857 年首先推导得出。杜比公式是达西定律在非均匀渐变渗流中的引申。对于非均匀急变渗流，式（11.17）和式（11.18）并不成立。

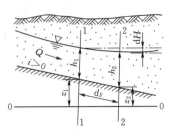

图 11.4 恒定渐变渗流浸润线示意图

11.3.2 地下水无压恒定渐变渗流的浸润线

对于无压渗流，重力水的自由表面称为浸润面，在渗流空间较大时可视为平面渗流，浸润面的剖面为浸润线。

1. 渐变渗流基本微分方程式

如图 11.4 所示为一无压恒定渐变渗流，假定在距起始断面为 s 的断面 1—1 处水深为 h_1，测压管水头为 H，经过流程 $\mathrm{d}s$ 后的断面 2—2 处水深为 $h_2 = h_1 + \mathrm{d}h$，测压管水头为 $H + \mathrm{d}H$，其不透水层底坡为 i，由图中的几何关系可知

$$-\mathrm{d}H = (z_1 + h_1) - (z_2 + h_2) = (h_1 - h_2) + (z_1 - z_2) = -\mathrm{d}h + i\mathrm{d}s$$

因此微分流段内平均水力坡度为

$$J = -\frac{\mathrm{d}H}{\mathrm{d}s} = i - \frac{\mathrm{d}h}{\mathrm{d}s} \tag{11.19}$$

即在地下水无压渐变渗流中，任一断面的水力坡度都可以表示为式（11.19）的形式（式中 h 为任一断面的水深）。

根据杜比公式可得断面平均流速和渗流流量分别为

$$v = k\left(i - \frac{\mathrm{d}h}{\mathrm{d}s}\right) \tag{11.20}$$

$$Q = kA\left(i - \frac{\mathrm{d}h}{\mathrm{d}s}\right) \tag{11.21}$$

式（11.21）即为地下水无压恒定非均匀渐变渗流的基本微分方程式，利用该式就可以对非均匀渐变渗流浸润线进行定性分析和定量计算。

在非均匀渗流中，与一般明渠流动的水面线一样，浸润线可以是降水曲线，也可以是壅水曲线。但由于地下水渗流时的动能极小，流速水头可忽略，断面比能 E_s 实际上就等于水深 h，故在地下水层流中不存在临界水深 h_k 的问题，临界底坡、缓坡、陡坡的概念也不复存在，急流、缓流、临界流也不会出现。由于流速水头可忽略，渐变渗流的浸润线就是测压管水头线，也就是总水头线，因此浸润线各点的高程总是沿程下降，而不可能沿程升高。

2. 地下水无压渐变渗流浸润线的形式

按不透水层分顺坡、逆坡和平坡（即 $i>0$、$i<0$ 和 $i=0$）三种情况来分别讨论地下水无压渐变渗流的浸润线形式。将式（11.21）改写为以下形式

$$\frac{\mathrm{d}h}{\mathrm{d}s} = i - \frac{Q}{kA} \tag{11.22}$$

（1）顺坡（$i>0$）地下水渗流浸润线。

在顺坡（$i>0$）情况下，可以有均匀流存在，非均匀渐变渗流流量可以用相应的均匀流流量公式来代替，即

$$Q = kA_0 i$$

将上式代入式（11.22）得

$$\frac{\mathrm{d}h}{\mathrm{d}s} = i\left(1 - \frac{A_0}{A}\right) \tag{11.23}$$

因顺坡地下水均匀渗流有正常水深存在，可绘出与底坡平行的正常水深线 $N—N$（如图 11.5 所示），$N—N$ 线将水流划分为水深 $h > h_0$ 的 a 区和水深 $h < h_0$ 的 b 区。

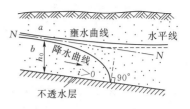

图 11.5　顺坡渐变渗流浸润线

在 a 区，由于实际水深 $h > h_0$，故 $A > A_0$，由式（11.23）可知 $\dfrac{\mathrm{d}h}{\mathrm{d}s} > 0$，浸润线为壅水曲线。在曲线的上游端，当 $h \to h_0$ 时，$A \to A_0$，此时 $\dfrac{\mathrm{d}h}{\mathrm{d}s} \to 0$，即浸润线在上游以 $N—N$ 线为渐近线；在下游端，当 $h \to \infty$ 时，$A \to \infty$，此时 $\dfrac{\mathrm{d}h}{\mathrm{d}s} \to i$，即浸润线在下游渐趋于水平线。

在 b 区，由于实际水深 $h < h_0$，故 $A < A_0$，由式（11.23）可知 $\dfrac{\mathrm{d}h}{\mathrm{d}s} < 0$，浸润线为降水曲线。在曲线的上游端，当 $h \to h_0$ 时，$A \to A_0$，此时 $\dfrac{\mathrm{d}h}{\mathrm{d}s} \to 0$，即浸润线在上游仍以 $N-N$ 线为渐近线；在下游端，当 $h \to 0$ 时，$A \to 0$，此时 $\dfrac{\mathrm{d}h}{\mathrm{d}s} \to -\infty$，即浸润线与坡底有正交趋势，但此时已不是渐变渗流，不能应用式（11.23）分析，实际上浸润线将以某一不等于零的水深为终点，这个水深取决于具体边界条件。

若渗流过流断面为宽度为 b 的矩形断面，则单宽流量为

$$q = \frac{Q}{b} = kh_0 i \tag{11.24}$$

相应均匀流时的正常水深为 h_0，于是式（11.23）可改写为

$$\frac{\mathrm{d}h}{\mathrm{d}s} = i\left(1 - \frac{h_0}{h}\right) \tag{11.25}$$

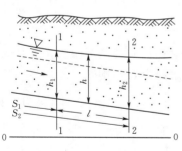

图 11.6　顺坡渐变渗流

令 $\eta = \dfrac{h}{h_0}$，则 $\mathrm{d}\eta = \dfrac{\mathrm{d}h}{h_0}$，将之代入上式得

$$\frac{h_0 \mathrm{d}\eta}{\mathrm{d}s} = i\left(1 - \frac{1}{\eta}\right) = \left(\frac{\eta - 1}{\eta}\right)i$$

或写为

$$\frac{i}{h_0}\mathrm{d}s = \mathrm{d}\eta + \frac{\mathrm{d}\eta}{\eta - 1}$$

把上式从断面 1—1 至断面 2—2（图 11.6）积分，得

$$\frac{i}{h_0}l = \eta_2 - \eta_1 + \ln\frac{\eta_2 - 1}{\eta_1 - 1} \tag{11.26}$$

其中

$$\eta_1 = \frac{h_1}{h_0}, \quad \eta_2 = \frac{h_2}{h_0}$$

式中　l——断面 1—1 至断面 2—2 的距离。

利用式（11.26）可进行顺坡矩形过流断面渗流浸润线及其他相关计算。

（2）平坡（$i = 0$）地下水渗流浸润线。

对于平坡（$i = 0$）情况，由式（11.21）得

$$Q = -kA\frac{\mathrm{d}h}{\mathrm{d}s} \tag{11.27}$$

$$\frac{\mathrm{d}h}{\mathrm{d}s} = -\frac{Q}{kA} \tag{11.28}$$

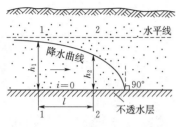

图 11.7　平坡渐变渗流浸润线

因平坡情况下不可能发生均匀流，不存在正常水深，浸润线只有一种形式，由式（11.28）可知，始终有 $\frac{\mathrm{d}h}{\mathrm{d}s}$ <0，浸润线只能是降水曲线，如图 11.7 所示。在曲线上游端，当 $h \to \infty$ 时，$A \to \infty$，此时 $\frac{\mathrm{d}h}{\mathrm{d}s} \to 0$，即浸润线渐趋于水平线；在下游端，当 $h \to 0$ 时，$A \to 0$，$\frac{\mathrm{d}h}{\mathrm{d}s} \to -\infty$，即浸润线与底坡有正交趋势，如前所述，这是不符合实际的，应以某一点的水深为终点。

对于矩形过流断面地下水渗流，$A = bh$，$Q = qb$，则式（11.28）变为

$$\frac{q}{k}\mathrm{d}s = -h\,\mathrm{d}h$$

从断面 1—1 至断面 2—2 积分（参见图 11.7），得

$$\frac{q}{k}l = \frac{h_1^2 - h_2^2}{2}$$

或

$$q = \frac{k(h_1^2 - h_2^2)}{2l} \tag{11.29}$$

由式（11.29）可知，在 $i = 0$ 情况下的浸润线为二次抛物线。利用式（11.29）可进行平坡渗流浸润线及其他有关计算。

（3）逆坡（$i<0$）地下水渗流浸润线。

为了研究逆坡情况下的渗流，虚拟一个在底坡为 $i'(i' = |i|)$ 的均匀渗流，令其流量和在底坡为 i 的逆坡非均匀流所通过的流量相等，其正常水深为 h_0'，则

$$Q = kA_0'i' \tag{11.30}$$

式中　A_0'——虚拟均匀渗流的正常水深所对应的过流断面面积。

将式（11.30）代入式（11.22）得

$$\frac{\mathrm{d}h}{\mathrm{d}s} = -i'\left(1 + \frac{A_0'}{A}\right) \tag{11.31}$$

由式（11.31）可知，始终有 $\frac{\mathrm{d}h}{\mathrm{d}s}$<0，因此逆坡渗流浸润线只能是降水曲线。在曲线上游端，当 $h \to \infty$ 时，$A \to \infty$，此时 $\frac{\mathrm{d}h}{\mathrm{d}s} \to i$，即浸润线渐趋于水平线线，如图 11.8 所示；在下游端，当 $h \to 0$ 时，$A \to 0$，此时 $\frac{\mathrm{d}h}{\mathrm{d}s} \to -\infty$，即浸润线与坡底有正交趋势，仍如

前述，这是不符合实际的，仍应以某一定的水深为终点。

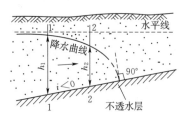

图 11.8　逆坡渐变渗流浸润线

对于矩形断面渗流，令 $\eta' = \dfrac{h}{h_0}$，则 $\mathrm{d}h = h_0'\mathrm{d}\eta'$，代入式（11.31）积分得

$$\frac{i'}{h_0}l = \eta_1' - \eta_2' + \ln\frac{\eta_2' + 1}{\eta_1' + 1} \qquad (11.32)$$

利用式（11.32）可进行逆坡地下渗流浸润线及其他有关计算。

【例 11.1】　如图 11.9 所示，已知长度为 2km 的渠道，该渠道与相距 300m 的河道平行，渠道水深 $h_1 = 2\mathrm{m}$，河道水深 $h_2 = 4\mathrm{m}$，不透水层底坡 $i = 0.025$，土的渗透系数 $k = 0.002\mathrm{cm/s}$。试求由渠道渗入河道的渗流量，并绘制浸润线。

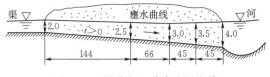

图 11.9　渠道向河道渗流浸润线

解：因 $i>0$，$h_2>h_1$，可知此浸润线为顺坡情况下的壅水曲线，可以按照以下两个步骤进行计算。

（1）利用式（11.26）求出正常水深 h_0，从而计算由渠道渗入河道的渗流量。

由式（11.26）得

$$\frac{i}{h_0}l = \eta_2 - \eta_1 + \ln\frac{\eta_2 - 1}{\eta_1 - 1}$$

因 $\eta_2 = \dfrac{h_2}{h_0}$，$\eta_1 = \dfrac{h_1}{h_0}$，上式可改写为

$$il - h_2 + h_1 = h_0\ln\frac{h_2 - h_0}{h_1 - h_0}$$

将 $h_1 = 2\mathrm{m}$，$h_2 = 4\mathrm{m}$，$i = 0.025$ 代入上式得

$$h_0\ln\frac{h_2 - h_0}{h_1 - h_0} = 0.025 \times 300 - 4 + 2 = 5.5 \ (\mathrm{m})$$

对上式进行试算或采用二分法进行数值计算得 $h_0 = 1.88\mathrm{m}$，代入式（11.15）得

$$Q = A_0ki = 1.88 \times 2000 \times 0.00002 \times 0.025 = 1.88 \times 10^{-3} \ (\mathrm{m}^3/\mathrm{s})$$

（2）计算浸润线。

浸润线为壅水曲线，上游水深 $h_1 = 2.0\mathrm{m}$，依次设 $h_2 = 2.5\mathrm{m}$、$3.0\mathrm{m}$ 及 $3.5\mathrm{m}$，可分别算出各个 h_2 处与上游的距离 l 为 144m、210m 及 255m。于是可绘出浸润线，如图 11.9 所示。

【例 11.2】　在水利工程中，为了汲取地下水或排除坝身的渗水，常设置集水廊道。最简单的廊道为设置在水平不透水层上的水平廊道（它可以是单独的、平行系统的和其他多种形式的布置，这里只讨论单独集中廊道），如图 11.10 所示，地下水从两侧流入廊道，故两侧将形成如图所示的浸润线。设廊道中水深为 h，当 $x = L$ 时，水深 $h = H_0$。试求沿廊道单位长度上自一侧渗入廊道中的单宽流量 q。

解：由平坡渐变渗流公式（11.29）得自廊道一侧渗入廊道中的单宽流量为

$$q = \frac{k(H^2 - h^2)}{2L} \qquad (11.33)$$

式中　　H——含水层的深度；

　　　　L——廊道的影响范围，也即是在该范围以外，地下水水面不降落，因而水深 $z = H$，L 的大小与土的种类有关。

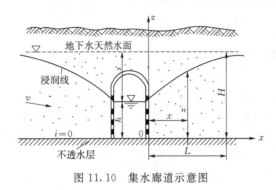

地下水天然水面

浸润线

不透水层

图 11.10　集水廊道示意图

若令 $\bar{J} = \dfrac{H - h}{L}$ 为浸润线的平均坡度，可得出用于初步估算 q 的简单公式

$$q = \frac{k}{2}(H + h)\bar{J} \qquad (11.34)$$

$\bar{J}$ 可根据以下数值选取：对于粗砂及卵石，$\bar{J}$ 为 $0.003 \sim 0.005$；砂土为 $0.005 \sim 0.015$；亚砂土为 0.03；亚黏土为 $0.05 \sim 0.10$；黏土为 0.15。

11.4　均质土坝的渗流

在水利工程中，土（堤）坝是应用最广泛的建筑物之一，而坝体的渗流关系到大坝的安全和水量的损失。土坝的渗流计算在工程实践中具有很重要的意义。土坝渗流计算的主要目的和任务为：①确定坝身及坝基的渗流量；②确定浸润线的位置；③确定渗流流速和水力坡降。

一般情况下坝轴线较长，断面型式比较一致，除坝两端外，可按平面问题处理；而当断面形状和地基条件比较简单时，又可进一步按一元渐变渗流处理。土坝型式众多，本节主要介绍最简单和最基本的水平不透水基础上均质土坝的渗流问题，其他型式的土坝渗流计算可参考有关书籍。

设一建在水平不透水地基上的均质土坝，如图 11.11 所示。当上游水深 H_1 和下游水深 H_2 固定不变时，渗流为恒定渗流。在上、下游水位差的作用下，上游水流将通过上游坝面边界 AB 渗入坝体，在坝内形成无压渗流，其自由表面即浸润面 AC，在下游坝坡，一部分渗流沿 CD 渗出，C 点成为出渗点（或逸出点），渗出段高度为 a_0，另一部分则通过 DE 段流入下游。

上述土坝的渗流计算常采用分段方法，一般有三段法和两段法两种计算方法。三段法是把坝内渗流区划分为三段，第一段为上游三角体 ABG，第二段为中间段 $ACIG$，第三段为下游三角体 CEI。对每一段利用渐变渗流的基本公式（杜比公式）计算渗流流量，然后根据通过三段的渗流流量应该相等的连续性原理进行三段联合求解，即可求得坝的渗流流量和浸润线 AC。

两段法是在三段法基础上进行了修正和简化的方法。它把第一段的三角体用矩形体 $AA'B'G$ 代替，并使替代以后的渗流效果不变。这样就把第一段和第二段合并为一段，即上游渗流段 $A'B'GICA$。替代矩形体宽度的确定应遵循以下原则：在上游水深 H_1 和单宽

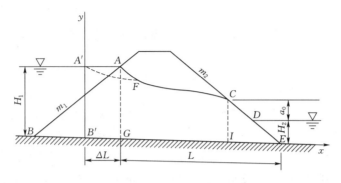

图 11.11　水平不透水地基上均质土坝的渗流

流量 q 相同的情况下，通过矩形体和三角体到达 AG 断面时的水头损失相等。根据实验，等效矩形体宽度为

$$\Delta L = \frac{m_1}{1 + 2m_1} H_1 \tag{11.35}$$

式中　m_1——坝的上游面边坡系数。

下面用两段法进行分析。

11.4.1　上游段（$A'B'GICA$）的计算

设水流从 $A'B'$ 面入渗，在上游段内可作为渐变渗流，CI 为该段最末的过水断面。渗流从 $A'B'$ 断面至 CI 断面的水头差为 $\Delta H = H_1 - (a_0 + H_2)$，两过水断面间平均渗透流程为 $\Delta s = L + \Delta L - m_2(a_0 + H_2)$，$m_2$ 为坝下游面边坡系数。由此得上游段的平均水力坡度为

$$J = \frac{H_1 - (a_0 + H_2)}{L + \Delta L - m_2(a_0 + H_2)}$$

根据杜比公式，上游段的平均渗流流速为

$$v = kJ = k \frac{H_1 - (a_0 + H_2)}{L + \Delta L - m_2(a_0 + H_2)}$$

设上游段单宽坝长的平均过水断面积为 $A = \frac{1}{2}(H_1 + a_0 + H_2)$，得到单宽渗流量为

$$q = \frac{k[H_1^2 - (a_0 + H_2)^2]}{2[L + \Delta L - m_2(a_0 + H_2)]} \tag{11.36}$$

由于上式中 a_0 未知，故还不能计算 q，这一问题需通过对下游段的分析才能解决。

11.4.2　下游段（CIE）的计算

由于坝下游有水，下游段 CIE 的渗流应分为两个区域处理，下游水面线以上部分是无压渗流，以下部分为有压渗流，如图 11.12 所示。根据实际流线情况，可近似地把下游段内的渗流流线看作水平线。

对于下游段水面以上部分，设在距坝底高度为 y 处取一水平微小流束 dy，该微小流束由起始断面至末端断面的水头差为 $(a_0 + H_2 - y)$，微小流束的长度为 $m_2(a_0 + H_2 - y)$，故微小流束的水力坡度为 $J = \frac{1}{m_2}$，通过微小流束的单宽流量为

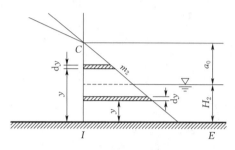

图 11.12　土坝下游段渗流

$$dq_1 = kJ\,dy = \frac{k}{m_2}dy$$

整个水面以上部分的单宽渗流流量可由上式积分得到

$$q_1 = \int dq_1 = \int_{H_2}^{a_0+H_2} \frac{k}{m_2}dy = \frac{ka_0}{m_2} \tag{11.37}$$

对于下游段水面以下部分，同样在距坝底高度为 y 处取一水平微小流束 dy，该微小流束起始断面的水头为 a_0+H_2，末端断面的水头为 H_2，因此起始至末端断面水头差为 a_0，微小流束的长度为 $m_2(a_0+H_2-y)$，其水力坡度为 $J = \dfrac{a_0}{m_2(a_0+H_2-y)}$，通过微小流束的单宽流量为

$$dq_2 = kJ\,dy = \frac{ka_0}{m_2(a_0+H_2-y)}dy$$

整个水面以下部分的单宽渗流流量为

$$q_2 = \int dq_2 = \int_0^{H_2} \frac{ka_0}{m_2(a_0+H_2-y)}dy = \frac{ka_0}{m_2}\ln\frac{a_0+H_2}{a_0} \tag{11.38}$$

通过下游段的总单宽渗流流量为

$$q = q_1 + q_2 = \frac{ka_0}{m_2}\left(1 + \ln\frac{a_0+H_2}{a_0}\right) \tag{11.39}$$

联解式（11.36）和式（11.39）可求得坝的单宽渗流量 q 和渗出段高度 a_0。

11.4.3　浸润线

取 x、y 坐标系如图 11.11 所示，由平坡浸润线公式（11.29）得

$$y^2 = H_1^2 - \frac{2q}{k}x \tag{11.40}$$

采用上式可绘出浸润线 $A'C$，但因实际浸润线起点为 A，故曲线前端 $A'F$ 应加以修正，从 A 点作一垂直于上游坡面而又与 $A'FC$ 相切的弧线 AF，则曲线 AFC 即为所求的浸润线。

11.5　渗流场问题的理论基础

以上研究了地下水恒定渐变渗流的一维流动问题，但在工程中，经常遇到的某些地下水渗流，例如船闸、船坞底板下及绕边墩（边墙）的渗流、基坑排水等，则大多属于空间场或平面场的问题。在这样的地下水恒定渗流的流场中，任一点的水力要素，如渗流流速 u（其在各坐标轴上的投影分别为 u_x、u_y 和 u_z）和渗流压强 p 均为坐标 x,y,z 的函数，即 $u_x = u_x(x,y,z)$，$u_y = u_y(x,y,z)$，$u_z = u_z(x,y,z)$，$p = p(x,y,z)$。上述变量的描述和求解需要通过渗流的连续性方程和运动方程进行。

11.5.1　渗流的连续性方程

设液体是不可压缩的，则在采用渗流模型的前提下，地下水渗流的连续性方程式仍为

$$\frac{\partial u_x}{\partial x} + \frac{\partial u_y}{\partial y} + \frac{\partial u_z}{\partial z} = 0 \tag{11.41}$$

11.5.2 渗流的运动方程

1. 渗流阻力的表达式

渗流模型假想不存在土颗粒，但实际液体沿土颗粒孔隙作渗流时，土颗粒对渗流必然产生阻力，这种阻力必须在模型中得到反映。由于土颗粒直径与渗流区尺度相比非常微小，可以认为在分析流体作用力时，所取的控制体中仍包含着足够多的土壤颗粒，这样可以认为土颗粒对流动的阻力均匀分布在控制体内，因此渗流阻力可视为体积力。设 f_D 表示单位质量的液体所受到的这种渗流阻力，则单位质量液体流经 $\mathrm{d}s$ 距离后，阻力做功为 $-f_D \mathrm{d}s/g$。若以 H 代表某一点的总水头（在渗流中由于流速水头很小，可以认为也就是测压管水头），则由于克服阻力所消耗的能量 $\mathrm{d}H$ 应等于渗流阻力所做的功，即

$$-\frac{f_D \mathrm{d}s}{g} = \mathrm{d}H$$

即

$$f_D = -g \frac{\mathrm{d}H}{\mathrm{d}s} = gJ$$

若渗流在达西定律范围内，则渗流阻力的表达式为

$$f_D = \frac{g}{k} u \tag{11.42}$$

2. 渗流的运动方程

一般情况下，渗流的流速很小，渗流的惯性力和渗流阻力相比可以忽略不计。所以渗流中可以只考虑压力、质量力与阻力的平衡。

若渗流压强为 p，流速在各方向分量为 u_x、u_y、u_z；单位质量流体所受的质量力与渗流阻力在各坐标轴方向的分力分别为 f_x、f_y、f_z 和 f_{Dx}、f_{Dy}、f_{Dz}，根据第 4 章的理想流体运动微分方程，可写出忽略惯性力的渗流运动微分方程为

$$\begin{cases} f_x - \dfrac{1}{\rho} \dfrac{\partial p}{\partial x} - f_{Dx} = 0 \\[2mm] f_y - \dfrac{1}{\rho} \dfrac{\partial p}{\partial y} - f_{Dy} = 0 \\[2mm] f_z - \dfrac{1}{\rho} \dfrac{\partial p}{\partial z} - f_{Dz} = 0 \end{cases} \tag{11.43}$$

若渗流符合达西定律，则可将式（11.42）代入上式得

$$\begin{cases} f_x - \dfrac{1}{\rho} \dfrac{\partial p}{\partial x} - \dfrac{g}{k} u_x = 0 \\[2mm] f_y - \dfrac{1}{\rho} \dfrac{\partial p}{\partial y} - \dfrac{g}{k} u_y = 0 \\[2mm] f_z - \dfrac{1}{\rho} \dfrac{\partial p}{\partial z} - \dfrac{g}{k} u_z = 0 \end{cases} \tag{11.44}$$

若质量力只有重力（$f_z = -g$，$f_x = f_y = 0$），而且渗流中总水头等于测压管水头

$\left(H = z + \dfrac{p}{\rho g}\right)$，则式（11.44）可化简为

$$\begin{cases} u_x = -k\,\dfrac{\partial H}{\partial x} \\[2mm] u_y = -k\,\dfrac{\partial H}{\partial y} \\[2mm] u_z = -k\,\dfrac{\partial H}{\partial z} \end{cases} \tag{11.45}$$

式（11.45）即地下水渗流的运动方程。该式也可从达西定律直接引申而来。

渗流的连续性方程（11.41）和运动方程式（11.45）所组成的方程组共有四个微分方程式，包含 u_x、u_y、u_z 和 H 四个未知函数。在一定的初始条件和边界条件下，求解此微分方程组，就可求得渗流流速场和水头场（或压强场）。

11.5.3　渗流的流速势与拉普拉斯方程

对于均质各向同性土，k 是常数，则式（11.45）中的 k 值可以放到偏导数里。如设
$$\varphi = -kH \tag{11.46}$$
则渗流运动方程式可写为

$$\begin{cases} u_x = \dfrac{\partial \varphi}{\partial x} \\[2mm] u_y = \dfrac{\partial \varphi}{\partial y} \\[2mm] u_z = \dfrac{\partial \varphi}{\partial z} \end{cases} \tag{11.47}$$

由第 3 章得知，适合式（11.47）条件的流动称为势流，而函数 φ 就是渗流的流速势。因此，在重力作用下，均质各向同性土符合达西定律的渗流运动，可以看做是具有流速势 φ 的一种势流。

将式（11.47）代入连续性方程（11.41）得
$$\frac{\partial^2 \varphi}{\partial x^2} + \frac{\partial^2 \varphi}{\partial y^2} + \frac{\partial^2 \varphi}{\partial z^2} = 0 \tag{11.48}$$
因 $\varphi = -kH$，于是
$$\frac{\partial^2 H}{\partial x^2} + \frac{\partial^2 H}{\partial y^2} + \frac{\partial^2 H}{\partial z^2} = 0 \tag{11.49}$$
即水头函数 H 及流速势 φ 均适合于拉普拉斯方程式，H 或 φ 均为调和函数。

可以证明，在恒定无压地下水渐变渗流中（水平不透水基底情况）另一函数 $\varphi' = \dfrac{kH^2}{2}$ 也适合拉普拉斯方程式，即

$$\frac{\partial^2\left(\dfrac{kH^2}{2}\right)}{\partial x} + \frac{\partial^2\left(\dfrac{kH^2}{2}\right)}{\partial y} = 0 \tag{11.50}$$

综上所述，求解层流型地下水渗流场的问题，可以归结为结合问题的边界条件求解拉普拉斯方程的问题。

由第 3 章可知，在地下水的平面势流中也应存在流函数 $\psi(x,y)$，它也遵从拉普拉斯方

程，即

$$\frac{\partial^2 \psi}{\partial x^2} + \frac{\partial^2 \psi}{\partial y^2} = 0 \tag{11.51}$$

且

$$\begin{cases} u_x = \dfrac{\partial \psi}{\partial y} \\[2mm] u_y = -\dfrac{\partial \psi}{\partial x} \end{cases} \tag{11.52}$$

φ 和 ψ 之间存在有下列关系

$$\begin{cases} \dfrac{\partial \varphi}{\partial x} = \dfrac{\partial \psi}{\partial y} \\[2mm] \dfrac{\partial \varphi}{\partial y} = -\dfrac{\partial \psi}{\partial x} \end{cases} \tag{11.53}$$

于是地下水平面势流的问题，也可应用流函数或流函数与势函数共同来求解。

11.5.4 边界条件的确定

在平面渗流问题中，一般有下列四种形式的边界条件。

1. 不透水边界

在不透水边界上，如图 11.13（a）的 1—2—3—4—5、AB 及图 11.13（b）中的 AB，液体不会穿过这些边界流动，而只是沿着这些边界而流动。即在这样的边界上，任一点渗透流速的法向分量为零（不存在法向分速）。设 n 和 τ 别代表法向和切向，则根据式（11.53）得

$$\frac{\partial \varphi}{\partial n} = \frac{\partial \psi}{\partial \tau} = 0 \tag{11.54}$$

即在这些边界上，$\psi = $ 常数，因此不透水边界是一条流线。

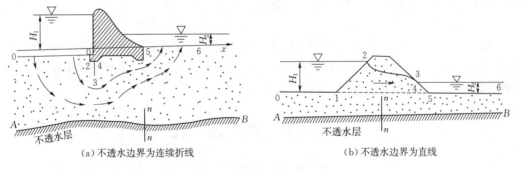

(a) 不透水边界为连续折线　　　　　　　　(b) 不透水边界为直线

图 11.13　渗流问题的边界条件

2. 渗流边界

在如图 11.13（a）中的 0—1 及 5—6、图 11.13（b）中的 0—1—2 及 4—5—6 渗流边界上，由于压强可设为静水压强分布，则各点的势能头（即总能头）相等，所以渗流边界均为等水头线或等势线。如图 11.13（a）中的 0—1 边界，系水头为 H_1、流速势 $\varphi_1 = -kH_1$ 的一条等势线；边界 5—6 则为水头为 H_2、$\varphi_2 = -kH_2$ 的另一条等势线。

3. 浸润线

浸润线［如图 11.13（b）中的 2—3 线］是流动区最上面的一根流线（$\psi = $ 常数）。很

明显，在浸润线上各点压强均等于大气压，即 $p=0$。沿此线上，水头函数 $H=z$，即浸润线上各点水头函数与其高程值相等。

4. 逸出边界

图 11.13（b）中浸润线末端 3 点称为逸出点，3—4 段则称为逸出边界。地下水由此段逸出后而不再具有地下水渗流的性质，它是一系列流线的逸出点的轨迹，因而不是一条流线。逸出边界上各点压强均为大气压，则线上各点的水头 $H=z$ 并不是常数，所以该线也不是一条等势线。

11.5.5 渗流场解法

在确定了边界条件之后，问题就在于如何求解满足拉普拉斯方程的势函数 φ 及流函数 ψ。渗流场中求解拉普拉斯方程的方法大致有四种类型。

1. 解析法

解析法即根据微分方程，结合具体边界条件，利用数学推导方法求得水头函数 H 或流速势 φ 的解析解，从而得到流速和压强的分布函数。由于实际渗流问题的复杂性，用解析法所能求解的问题是很有限的。前面的土坝渗流等可简化为一维渐变渗流的问题的推导，也属于解析法的范畴。

2. 数值解法

实际工程渗流问题的边界条件常是很复杂的，当求不出解析解时，可以利用数值解法，其实质在于利用近似解法求得有关渗流要素在场内若干点上的数值。数值解法已成为求解各种复杂渗流问题的主要方法，其具体方法包括有限差分法、有限元法、边界元法、有限体积法、离散元法等。

3. 图解法

对于平面恒定渗流问题，可以采用绘制流网的方法求解。对于一般工程问题，该法简捷且能满足工程精度的要求，因而应用较普遍。

4. 实验法

采用按一定比例缩制的模型来模拟真实的渗流场，用实验手段测定渗流要素。可以模拟比较复杂的自然条件和各种影响因素。实验法一般有沙槽法、狭缝槽法和电比拟法。应用最广泛的是用电比拟法求渗流流网。

11.6　井　的　渗　流

井是一种汲取地下水或排水用的集水建筑物。根据水文地质条件，井可分为普通井（无压井）和承压井（自流井）两种基本类型。普通井也称为潜水井，指在地表含水层中汲取无压地下水的井。当井底直达不透水层称为完全井或完整井。如井底未达到不透水层则称为不完全井或不完整井。承压井指穿过一层或多层不透水层，而在有压的含水层中汲取有压地下水的井，它也可视井底是否直达不透水层而分为完全井和不完全井。

11.6.1 普通井

1. 完全普通井

水平不透水层上的完全普通井如图 11.14 所示，其含水层深度为 H，井的半径为 r_0。

当不取水时，井内水面与原地下水的水位齐平。若从井内取水，则井中水位下降，四周地下水向井内渗流，形成对于井中心垂直轴线对称的漏斗形浸润面。当含水层范围很大，从井中取水的流量不太大并保持恒定时，则井中水位 h 与浸润面位置均保持不变，井周围地下水的渗流成为恒定渗流。这时流向水井的渗流过流断面成为一系列同心圆柱面（仅在井壁附近，过流断面与同心圆柱面有较大偏差），通过井轴中心线沿径向的任意剖面上，流动情况均相同。于是对于井周围的渗流，可以按恒定一元渐变渗流处理。

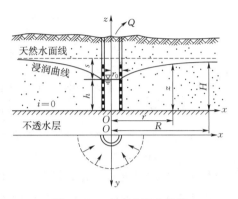

图 11.14 完全普通井渗流

取半径为 r，并与井同轴的圆柱面为过水断面，设该断面浸润线高度为 z（以不透水层表面为基准面），则过水断面面积为 $A = 2\pi r z$，断面上各处的水力坡度为 $J = \dfrac{\mathrm{d}z}{\mathrm{d}r}$。根据杜比公式，该渗流断面平均流速为

$$v = k \frac{\mathrm{d}z}{\mathrm{d}r}$$

通过断面的渗流量为

$$Q = Av = 2\pi r z k \frac{\mathrm{d}z}{\mathrm{d}r} \tag{11.55}$$

即

$$2z\mathrm{d}z = \frac{Q}{\pi k}\frac{\mathrm{d}r}{r}$$

经过所有同轴圆柱面的渗流量都等于井的出水流量，从 (r, z) 积分到井壁 (r_0, h)

$$2\int_h^z z\mathrm{d}z = \frac{Q}{\pi k}\int_{r_0}^r \frac{\mathrm{d}r}{r}$$

得

$$z^2 - h^2 = \frac{Q}{\pi k}\ln\frac{r}{r_0} = \frac{0.732Q}{k}\lg\frac{r}{r_0} \tag{11.56}$$

由式（11.56）可以绘制沿井的径向剖面的浸润线。

浸润线在离井较远的地方逐步接近原有的地下水位。为计算井的出水量，引入井的影响半径 R 的概念：在浸润漏斗面上有半径 $r = R$ 的圆柱面，在 R 范围以外的区域，地下水面不受井中抽水影响，$z = H$，R 即称为井的影响半径。因此，完全普通井的产水量为

$$Q = 1.366\frac{k(H^2 - h^2)}{\lg\dfrac{R}{r_0}} \tag{11.57}$$

当抽水时地下水水面的最大降落 $S = H - h$ 称为水位降深，式（11.57）中，井中水深 h 不易测量，式（11.57）可改写为

$$Q = 2.732\frac{kHS}{\lg\dfrac{R}{r_0}}\left(1 - \frac{S}{2H}\right) \tag{11.58}$$

当含水层很深时（$S/2H \ll 1$），式（11.58）可简化为

$$Q = 2.732 \frac{kHS}{\lg \dfrac{R}{r_0}} \tag{11.59}$$

影响半径 R 在初步计算中，可采用下列经验值估算：细粒土 $R = 100 \sim 200\text{m}$；中粒土 $R = 250 \sim 700\text{m}$；粗粒土 $R = 700 \sim 1000\text{m}$。也可采用如下经验公式估算

$$R = 3000S\sqrt{k} \tag{11.60}$$

式中，R、S 均以 m 计，k 以 m/s 计。

如果在井的附近有河流、湖泊、水库时，影响半径应采用由井至这些水体边缘的距离。对于极为重要的精确计算，最好用野外抽水实验实测的方法来确定影响半径。

除了抽水井外，工程中还存在将水注入地下的注水井（渗水井），主要应用于测定渗透系数和人工补给地下水以防止抽取地下水过多而引起的地面沉降。注水井与抽水井的工作条件相反（$h > H$），浸润面成倒转漏斗形。对位于水平不透水层的完整普通井，其注水量公式与式（11.57）基本相同，只需将该式中的（$H^2 - h^2$）换为（$h^2 - H^2$）即可。

对于上述完全普通井，也可以通过势函数求解。由于井周围的渗流可视为无压渐变流，根据 11.5 节，在此种流动中存在有另一流速势 $\varphi' = \dfrac{kH^2}{2}$（这里 $z = H$），并满足拉普拉斯方程。根据上面的讨论，当从井中抽水并达到恒定流状态时，在井周围的测压管水头面将形成完全对称于水井中心轴线（即 Oz 轴）的漏斗形曲面，从而等水头线（即等势线）将为以原点为中心的圆线，如图 11.14 下部所示（只画出该圆的一半）。显然，这种流动正是 xy 面上的典型的汇点问题，可以采用具有流速势

$$\varphi' = \frac{kH^2}{2} = \frac{Q}{2\pi}\ln r + C$$

的汇点来代替普通水井，即有

$$\frac{kH^2}{2} = \frac{Q}{2\pi}\ln r + C \tag{11.61}$$

当 $r = r_0$ 时，$H = h$，代入上式求得

$$C = \frac{kh^2}{2} - \frac{Q}{2\pi}\ln r_0$$

将 C 再代入式（11.61）则得普通完全井的浸润线方程为

$$H^2 - h^2 = \frac{Q}{\pi k}\ln \frac{r}{r_0} \tag{11.62}$$

将 $r = R$ 时 $H = H_0$ 的条件代入式（11.62）就可得到与式（11.57）完全相同的出水量表达式。

2. 不完全普通井

在工程实践中，经常建造一些井底不直达于基底的所谓不完全水井（图 11.15），在此种情况下，井的出水量不仅来自井壁，还来自井底，流动较为复杂，常用以下经验公式估算井的流量：

$$Q = \frac{k(H'^2 - h'^2)}{\ln(R/r_0)}\left(1 + 7 \times \sqrt{\frac{r_0}{2H'}\cos\frac{\pi H'}{2H}}\right)$$

$$(11.63)$$

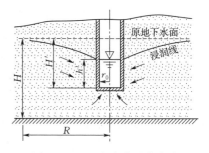

图 11.15 不完全普通井渗流

式中 h'——井中水深；

H'——原地下水面到井底的深度。

11.6.2 有压水井的渗流

当含水层位于两个不透水层之间时，则这种含水层内的渗透压力将大于大气压力，从而形成了所谓的有压含水层（或承压层）。从有压含水层取水的水井一般叫做自流井，或称为承压井。

图 11.16 所示为一自流井渗流层的纵断面，设渗流层具有水平不透水的基底和上顶，渗流层的均匀厚度为 t，完全井的半径为 r_0。当凿井穿过覆盖在含水层上的不透水层时，地下水位将上升到高度 H（图 11.16 中的 $A—A$ 平面），H 为承压含水层的天然总水头。当从井中抽水并达到恒定流状态时，井内水深由 H 降至 h，在井周围的测压管水头面将下降形成一漏斗形曲面。此时，与完全普通井一样，渗流仍可按一维渐变渗流来处理。

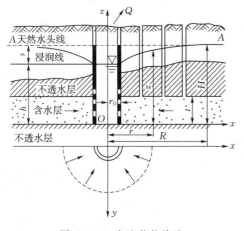

图 11.16 自流井的渗流

离井轴距离为 r 处的过流断面面积为 $A = 2\pi rt$，过流断面上的平均流速为 $v = k\dfrac{\mathrm{d}z}{\mathrm{d}r}$，因此渗流流量为

$$Q = Av = 2\pi rtk\frac{\mathrm{d}z}{\mathrm{d}r}$$

式中 z——半径为 r 的过流断面的测压管水头。

将上式分离变量并从 (r, z) 到井壁积分得

$$z - h = \frac{Q}{2\pi kt}\ln\frac{r}{r_0} \tag{11.64}$$

或

$$z - h = 0.37\frac{Q}{kt}\lg\frac{r}{r_0} \tag{11.65}$$

此即自流井的测压管水头线方程。同样引入影响半径 R 的概念，设 $r = R$ 时，$z = H$，则得完全自流井的出水量为

$$Q = 2.73\frac{kt(H-h)}{\lg(R/r_0)} = \frac{2\pi ktS}{\ln(R/r_0)} \tag{11.66}$$

影响半径 R 也可按照完全普通井的方法确定。

关于利用势函数推导式（11.66），读者可按照完全普通井中类似的方法推导，只不过这里的势函数为 $\varphi = kH$。

11.6.3 井群

多个单井组合成的抽水系统称为井群（图 11.17）。井群用来汲取地下水或降低地下水

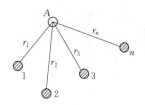

图 11.17 井群渗流示意图

水位。按井深和井所处的位置，井群可分为潜水井井群和承压井井群。井群各井之间的距离一般不大，则当井群工作时，各井之间相互影响，渗透区将形成很复杂的浸润曲面，井群的水力计算也比单井复杂得多。这里利用势流叠加原理来研究完全普通井井群。

如图 11.17 所示，假设有 n 个完全普通井，与 A 点的距离分别分 $r_1, r_2, r_3, \cdots, r_n$；井半径分别为 $r_{01}, r_{02}, r_{03}, \cdots, r_{0n}$，产水量分别为 $Q_1, Q_2, Q_3, \cdots, Q_n$，当各单井工作时，其流速势为

$$\varphi_1 = \frac{kH_1^2}{2}, \ \varphi_2 = \frac{kH_2^2}{2}, \ \varphi_3 = \frac{kH_3^2}{2}, \ \cdots, \ \varphi_n = \frac{kH_n^2}{2}$$

当井群工作时，其流速势符合平面势流叠加原理，即对各流速势求和，有

$$\varphi = \sum_i^n \varphi_i$$

若单井单独工作时，井内水深分别为 $h_1, h_2, \cdots, h_n$，它们的浸润线在 A 点的深度分别为 $z_1, z_2, z_3, \cdots, z_n$，由式（11.56）有

$$z_i^2 - h_i^2 = \frac{Q_i}{\pi k} \ln \frac{r_i}{r_{0i}} \tag{11.67}$$

井群工作时，必然有一个共有的浸润面，每个井抽水对 A 点的浸润线深度 z 都有影响，按势流叠加原理，即对 z 求和，得出普通井群对 A 点水位降深的计算公式为

$$z^2 = \sum_{i=1}^n z_i^2 = \sum_{i=1}^n \left(\frac{Q_i}{\pi k} \ln \frac{r}{r_{0i}} + h_i^2 \right) \tag{11.68}$$

若每个井的流量相同，即 $Q_1 = Q_2 = Q_3 = \cdots = Q_n = Q$，$Q_0 = nQ$，$Q_0$ 为总抽水量，则

$$z^2 = \frac{Q}{\pi k} \left[\ln(r_1 \cdot r_2 \cdot r_3 \cdot \cdots \cdot r_n) - \ln(r_{01} \cdot r_{02} \cdot r_{03} \cdot \cdots \cdot r_{0n}) \right] + nh^2 \tag{11.69}$$

若各井与 A 点相距较远，$r_1 = r_2 = r_3 = \cdots = r_n = R$，$z = H$，则式（11.69）可改写为

$$H^2 = \frac{Q}{\pi k} \left[n \ln R - \ln(r_{01} \cdot r_{02} \cdot r_{03} \cdot \cdots \cdot r_{0n}) \right] + nh^2 \tag{11.70}$$

式（11.69）、式（11.70）都含有 nh^2，所以，两式联立

$$z^2 - \frac{Q}{\pi k} \left[\ln(r_1 \cdot r_2 \cdot r_3 \cdot \cdots \cdot r_n) - \ln(r_{01} \cdot r_{02} \cdot r_{03} \cdot \cdots \cdot r_{0n}) \right]$$

$$= H^2 - \frac{Q}{\pi k} \left[n \ln R - \ln(r_{01} \cdot r_{02} \cdot r_{03} \cdot \cdots \cdot r_{0n}) \right]$$

则

$$z^2 = H^2 - \frac{Q_0}{\pi k} \left[\ln R - \frac{1}{n} \ln(r_1 \cdot r_2 \cdot r_3 \cdot \cdots \cdot r_n) \right] \tag{11.71}$$

总抽水量公式为

$$Q_0 = nQ = \frac{\pi k (H^2 - z^2)}{\ln R - \dfrac{1}{n} \ln(r_1 \cdot r_2 \cdot r_3 \cdot \cdots \cdot r_n)} \tag{11.72}$$

式（11.71）可以求解 A 点处的水位降深 $s = H - z$，式（11.72）可以用作求解井群的抽水量。

11.6.4　关于水井问题的一些补充说明

1. 关于普通水井浸润线的问题

根据理论推导出的完全普通水井浸润线方程式（11.56）所给出的浸润线如图 11.18 虚线所示。但实际的浸润线比理论的稍高，如图 11.18 中实线所示，并存在一出渗段。这主要是理论推导中关于渐变渗流的假定在靠近井壁周围已不正确的缘故。

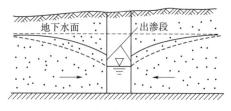

图 11.18　完全普通井实际浸润线

2. 渗透系数 k 的现场求法

渗透系数可通过现场对单井或井群进行抽水（或压水）实验测量，将所观测得的 Q、H、R_0、r_0、h 等值，代入有关公式中即可求 k 值。但应注意在抽水实验时，须待地下水流稳定后，再进行观测，否则将得出不可靠的结果。

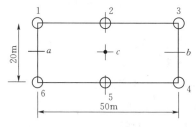

图 11.19　基坑井群布置图

【例 11.3】　为降低基坑中的地下水水位，在基坑周围设置了六个普通完全井的井群，其分布如图 11.19 所示。长方形长边长 50m，短边长 20m。总抽水量 $Q_0 = 90 \text{L/s}$，井半径 $r_0 = 0.1 \text{m}$，渗透系数 $k = 0.001 \text{m/s}$，不透水层水平，含水层 $H = 10 \text{m}$，影响半径 $R = 500 \text{m}$。求基坑 a、b、c 点的地下水位。

解：由图 11.19 可知，c 点与各井的距离

$$r_1 = \sqrt{10^2 + 25^2} = 26.9 \text{（m）}$$

$$r_1 = r_3 = r_4 = r_6 = 26.9 \text{m}, \quad r_2 = r_5 = 10 \text{m}$$

代入式（11.71）得

$$z_c^2 = 10^2 - \frac{0.09}{3.14 \times 0.001} - \left[\ln 500 - \frac{1}{6}\ln(10^2 \times 26.9^4)\right] = 6.95 \text{（m）}$$

$$z_c = \sqrt{6.95} = 2.64 \text{（m）}$$

又 a 点与各井距离

$$r_1 = r_6 = 10 \text{m} \quad r_2 = r_5 = \sqrt{10^2 + 25^2} = 26.9 \text{（m）}$$

$$r_3 = r_4 = \sqrt{10^2 + 50^2} = 51.0 \text{（m）}$$

代入式（11.71）得

$$z_a^2 = 10^2 - \frac{0.09}{3.14 \times 0.001}\left[\ln 500 - \frac{1}{6}\ln(10^2 \times 26.9^2 \times 51^2)\right] = 13.04 \text{（m）}$$

$$z_a = \sqrt{13.04} = 3.61 \text{（m）}, \quad z_b = z_a = 3.61 \text{m}$$

通过计算各点水位，可知井群工作时，地下水位降低情况。

11.7　求解渗流问题的流网法

满足达西定律的地下水渗流可以作为一种势流来处理，平面渗流即平面势流，因此可以采用流网法（见第 3 章）求解平面渗流。

流网由多条等势线和流线构成。为了利用流网求解渗流问题，在绘流网时，可有选择地来画等势线和流线，其选择原则如下：

（1）任何相邻的两流线之间通过的流量 Δq 均相等，则单宽流量 $q = (m-1)\Delta q$，其中 m 为含边界流线在内的流线总条数。

（2）任何相邻的两等势线（等水头线）的势函数差 $\Delta \varphi$ 也均相等，即任何相邻的两等势线的水头差为 $\Delta H = \dfrac{H_1 - H_2}{n-1}$，其中 n 为含边界等势线在内的等势线总条数。

可以证明，这样绘出的流网，其每个网格均具有正方形的特性（每个网格四边相等，四角成正交，对角线正交），但一般 Δq 不是无限小，而是有一定大小的量，因此流网只能具有扭曲的正方形形状。

在渗流区流函数 $\psi(x,y)$ 及流速势函数 $\varphi(x,y)$ 未知的情况下，可以按照给定的边界条件，试绘出每个网格均为正方形或扭曲正方形的流网，则这个流网图形就是该渗流区的解答。

图 11.20 所示为一按照上述原则试绘好的闸门地基中的平面有压渗流的流网。c_1 为该流网的第一根等势线（等水头线），其水头 $H = H_1$（以入渗床面为基准面）；c_2 为最末一根等水头线，其水头 $H = H_2$，上下游水头差为 $H_k = H_1 - H_2$；c_0 为建筑物地下（包括板桩）轮廓线，是不透水边界，即是第一根流线；c_3 为地下不透水边界，也即是最末一根流线。

设 c_0 及 c_3 之间通过的渗透流量为 q（单宽流量），图 11.20 流网的每个网格均为扭曲正方形（仅在边界突然改变方向的地方，有不太规则的网格出现，不影响整体精度），此流网就是该渗流的解答。因此，可应用该流网求解渗流流速、流量和压强。

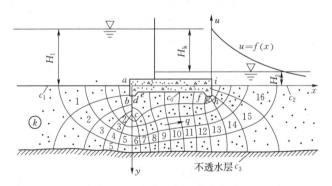

图 11.20　平面有压渗流流网

1. 渗透流速 u 的确定

计算渗流区中某一网格内的渗流流速。可以从图中量出该网格的平均流线长度 Δs，然后找出渗流在该网格内的水头差 ΔH，就可得到该网格渗流的平均水力坡度 $J = -\dfrac{\Delta H}{\Delta s}$ 从而根据 $u = kJ$ 可得到该网格渗流流速。

根据流网性质，任意两条等势线间的水头差均为

$$\Delta H = -\frac{H_1 - H_2}{n-1} = -\frac{H_k}{n-1} \tag{11.73}$$

因此得网格的渗流流速为

$$u = kJ = -k \frac{\Delta H}{\Delta s} = \frac{kH_k}{(n-1)\Delta s} \tag{11.74}$$

2. 渗流流量 q 的确定

对于任意计算网格，设通过该网格两相邻流线间的流量为 Δq，网格等势线之间的宽度为 Δb，则

$$\Delta q = u\Delta b = \frac{kH_k}{(n-1)\Delta s}\Delta b \tag{11.75}$$

根据流网性质，各网格的渗流量均相等，因此得整个渗流区的单宽渗流量为

$$q = (m-1)\Delta q = \frac{kH_k(m-1)}{(n-1)\Delta s}\Delta b \tag{11.76}$$

考虑到网格基本接近正方形，有

$$q = \frac{m-1}{n-1}k(H_1 - H_2) \tag{11.77}$$

m 和 n 的意义前面已有说明，在本例中 $m = 6$，$n = 17$。

3. 渗流压强 p 的确定

在如图 11.20 所示的坐标系中，设水头基准线向下到任意计算点的垂直距离为 y，则作用在该点的渗流压强为

$$\frac{p}{\rho g} = H + y \tag{11.78}$$

式（11.78）中水头 H 可以根据该点所在等势线的位置求得，从上游算起的第 i 条等势线的渗流水头为

$$H = H_1 - \frac{i-1}{n-1}H_k \tag{11.79}$$

由此得

$$\frac{p}{\rho g} = (H_1 + y) - (i-1)\Delta H \tag{11.80}$$

式（11.80）中第一项表示所求点在上游液面下的深度，第二项则表示上游河床入渗水流到达该点所在等势线处的水头损失。这表明渗流区内任意点的动水压强等于从上游液面算起的该点静水压强减去由入渗点至该点的水头损失。当计算点不在等势线上时，可进一步在计算点所在网格内绘小的流网，从而获得可用非整数近似的 i 值。

流网法也可用于解无压渗流问题，但由于需同时确定浸润线，因而较麻烦，工程上较少采用。

【例 11.4】 如图 11.20 所示，闸门上、下游水位分别为 25m 和 5m，基床渗透系数 $k = 0.005$cm/s。根据边界条件绘出图示流网，流线数为 6，等势线数为 17。试求：（1）单宽渗流流量 q；（2）建筑物基底面上各点 a、b、c、d、e、f、g、h、i 的渗流压力；（3）基底下游河底处上渗的渗流流速。

解：（1）流线数 $m = 6$，等势线数 $n = 17$，根据式（11.76）得单宽渗流流量为

$$q = \frac{m-1}{n-1}k(H_1 - H_2) = \frac{6-1}{17-1} \times 0.00005 \times (25-5) = 3.1 \times 10^{-4}[\text{m}^3/(\text{s} \cdot \text{m})]$$

（2）a、b、c、d、e、f、g、h、i 为底板轮廓线转折处各点，求得这些点上的渗流压

强，即可积分求得建筑物底板上总渗透压力。根据式（11.80）$\frac{p}{\rho g} = (H_1 + y) - (i-1)\Delta H$，而 $\Delta H = 1.25$m，得到列于表 11.2 的各点压强。

表 11.2   建筑物底板上各点压强计算

点 号	a	b	c	d	e	f	g	h	i
y/m	0	1.5	5.0	1.5	0.8	0.8	1.5	1.5	0
等势线位置 i	1	2.1	6	8.4	8.6	12.6	13	15	17
水头损失 $(i-1)\Delta H$/m	0	1.38	6.25	9.25	9.50	14.50	15.00	17.50	20.00
渗流压强 $\frac{p}{\rho g}$/m	25	25.13	23.75	17.25	16.30	11.30	11.50	9.00	5.00

（3）如图 11.20 所示，下游河底线是第 17 条等势线。在该流段范围内，沿各流线的平均渗流流速可以认为是该流线与下游河底交点处的渗流流速，根据式（11.74）知

$$u = kJ = -k\frac{\Delta H}{\Delta s}$$

下游河底各网格流线平均长度分别约为 $\Delta s = 0.6$m、1.0m、1.6m、4.0m，因此计算得到第 1～4 根流线与河底交点处的流速分别为 $u = 1.04 \times 10^{-3}$m/s、6.25×10^{-4}m/s、3.91×10^{-4}m/s 和 1.56×10^{-4}m/s。根据河底流速可以进一步估算孔隙中的平均流速，从而判断河底土颗粒是否稳定。

11.8 水 电 比 拟 法

符合达西定律的恒定渗流场可以用流速势函数来描述，势函数满足拉普拉斯方程，在导体中的电流场也可用拉普拉斯方程描述，这个事实表明渗流和电流现象之间存在着比拟关系。利用这种关系，可以通过对电流场中电学量的测量来解答渗流问题，这种实验方法称为水电比拟法，由巴甫洛夫斯基于 1918 年首创。水电比拟法简易可行，曾经得到广泛应用。

11.8.1 水电比拟法的原理

根据物理学中的欧姆定律，电流密度向量 i 在空间坐标轴上的三个投影为

$$i_x = -\sigma\frac{\partial V}{\partial x} , \quad i_y = -\sigma\frac{\partial V}{\partial y} , \quad i_z = -\sigma\frac{\partial V}{\partial z} \qquad (11.81)$$

式中 σ——电场中导电介质的电导系数；

V——电位势。

根据克希荷夫第一定律，电流的连续性方程为

$$\frac{\partial i_x}{\partial x} + \frac{\partial i_y}{\partial y} + \frac{\partial i_z}{\partial z} = 0 \qquad (11.82)$$

由式（11.81）和式（11.82）可得

$$\frac{\partial^2 V}{\partial x^2} + \frac{\partial^2 V}{\partial y^2} + \frac{\partial^2 V}{\partial z^2} = 0 \qquad (11.83)$$

由此可见，在电场中的电位势 V 和渗流场中的水头 H 一样，都满足拉普拉斯方程。因此，电场中的物理量和渗流场中的渗流要素存在着一系列类比关系，两者的对比列于

表 11.3。

表 11.3	渗流场与电流场的比拟
电 流 场	渗 流 场
电势 V	水头 H
电流密度 i	渗透流速 u
电导系数 σ	渗透系数 k
欧姆定律 $i_x = -\sigma \dfrac{\partial V}{\partial x}$, $i_y = -\sigma \dfrac{\partial V}{\partial y}$, $i_z = -\sigma \dfrac{\partial V}{\partial z}$	达西定律 $u_x = -k \dfrac{\partial H}{\partial x}$, $u_y = -k \dfrac{\partial H}{\partial y}$, $u_z = -k \dfrac{\partial H}{\partial z}$
电位函数的拉普拉斯方程 $\dfrac{\partial^2 V}{\partial x^2} + \dfrac{\partial^2 V}{\partial y^2} + \dfrac{\partial^2 V}{\partial z^2} = 0$	水头函数的拉普拉斯方程 $\dfrac{\partial^2 H}{\partial x^2} + \dfrac{\partial^2 H}{\partial y^2} + \dfrac{\partial^2 H}{\partial z^2} = 0$
克希荷夫第一定律（电荷守恒） $\dfrac{\partial i_x}{\partial x} + \dfrac{\partial i_y}{\partial y} + \dfrac{\partial i_z}{\partial z} = 0$	连续性方程（质量守恒） $\dfrac{\partial u_x}{\partial x} + \dfrac{\partial u_y}{\partial y} + \dfrac{\partial u_z}{\partial z} = 0$
电流强度 I	渗透流量 Q
电流通过的横断面面积 A	渗流通过的横断面面积 A
等电位线 $V =$ 常数	等水头线 $H =$ 常数
绝缘边界条件 $\dfrac{\partial V}{\partial n} = 0$ （n 为绝缘边界的法线）	不透水边界条件 $\dfrac{\partial H}{\partial n} = 0$ （n 为不透水边界的法线）

基于上述比拟关系，如果用导电材料做成的模型与渗流区域做到几何形状相似、边界条件相似和电导系数与渗透系数相似，则通过电流场中测得的等电位线便可得到渗流场中的等水头线（等势线）。这样，就可以通过电流实验来得到渗流问题的解答。而进行电流实验在技术上比直接进行地下水渗流模型实验要容易得多。水电比拟实验可以解决平面问题，也可以解决空间问题。

11.8.2 模型的制作及实验方法

在进行恒定渗流电模拟实验时，根据以上论述，必须满足下列相似条件：

（1）渗流区和电拟模型的外部边界应当在几何上相似。

（2）在渗流区和电拟模型的相应边界处，水头和电位的边界条件应当一一对应。

（3）对具有不同渗水层（即 k 不同）的渗流区，应当在电拟模型中划分出具有不同导电系数的（电导介质的）区域，并互相隔开，保持通路，其介质导电系数 σ 应与相应土层的渗透系数 k 遵守以下关系

$$\frac{\sigma_1}{k_1} = \frac{\sigma_2}{k_2} = \cdots = \frac{\sigma_N}{k_N} \tag{11.84}$$

式中　k_1、k_2、$\cdots$、k_N —— 各渗水层的渗透系数；

σ_1、σ_2、$\cdots$、σ_N —— 电拟模型中相应各渗水层的导电介质的电导系数。若是均质土壤中的渗流，则电拟模型中的导电系数可以是任意的。

根据以上论述，可以把水工建筑物的渗流区域变成电模型来处理，如图 11.21 所示。

若要测得原型渗流区的等水头线分布，如图 11.21（a）所示，可制作一个与原型边界相似的电模型，如图 11.21（b）所示，其电路的连接如图 11.21（b）上方所示。电模型的绝缘边界常用木材、塑料、胶木或橡皮泥等制作。导电的等势面（线）则常用黄铜或紫铜片制成。电模型电流区域中常用的导电材料有导电液、胶质石墨、凝胶、导电纸等。

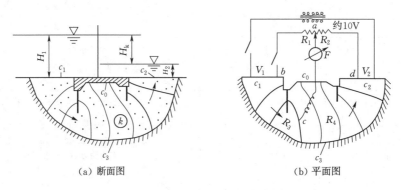

| （a）断面图 | （b）平面图 |

图 11.21　水工建筑物的渗流问题转换为电流模型

电模型中的电测系统包括两个部分，即电源部分和量测部分，如图 11.21（b）所示。由于常用的导电液电拟模型为离子导电，为了防止模型中发生有害电化学现象采用交流电源，一般通过音频振荡器供给，其频率采用 $500\sim2000$Hz。在某些情况下（当导电液浓度很小，不易产生电解）也可不用振荡器，而直接用变压器降压后供给模型交流电源。为了满足实验操作的安全性和模型电场应有的强度，供给模型极板两端的电压一般采用 10V 左右。

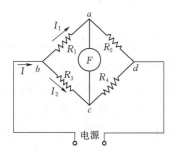

图 11.22　水电比拟的测量电路

测量电路按照惠更斯电桥原理组成，如图 11.22 所示。此桥路由 $R_1\sim R_4$ 四个电阻和一根测针及零点指示器 F 组成。R_1 及 R_2 均为可变电阻，c 点是测针触点在模型中的位置，而 R_3 和 R_4 分别为从 b 点到测针触点 c 和从 c 点到 d 点之间的电阻。

当 R_1 和 R_2 的值固定后（即固定了 R_1 和 R_2 的比例）。移动测针触点在模型中的位置，当电桥的零点指示器表明无电流通过时，则根据惠更斯电桥原理得

$$\frac{R_1}{R_2}=\frac{R_3}{R_4}=\frac{V_1-V_c}{V_c-V_2}$$

即

$$\frac{R_1}{R_1+R_2}=\frac{V_1-V_c}{V_1-V_2} \tag{11.85}$$

这样，就可以在此电阻 R_1 和 R_2 的比例下，把测针触点在导电液中移动，于电桥平衡状态下找出一系列的点，把这些点连成曲线即为等位线。欲得到不同的等位线，只需调整 R_1 和 (R_1+R_2) 的比例即可测得。

等电位线即等水头线，由此可以进一步通过作图法而绘出渗流场的流网。

在做渗流的电比拟模型时，如渗流区下面有不透水底层（图 11.23），则电拟模型段长度 L 必须取为

$$L = B + (3 \sim 4)T \tag{11.86}$$

式中　　B——建筑物地下部分水平投影长度；

　　　　T——不透水底层的埋深。

　　如不透水底层离建筑物底板甚远时（图11.24），则电拟模型的流动区可取为以建筑物地下部分的中心为圆心、以 r 为半径所绘出的半圆，r 可近似按下式计算

$$r = 1.5B \quad 或 \quad r = 3S \tag{11.87}$$

式中　　S——建筑物地下部分的铅垂投影。

　　水电比拟法也可以应用到空间渗流和非恒定渗流问题中，但都比较复杂，这里不再介绍。

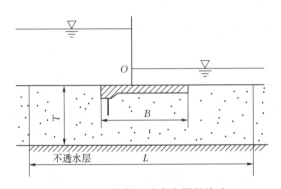
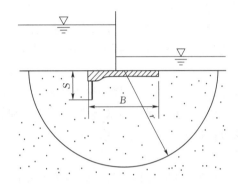

图 11.23　具有不透水底层的渗流　　　11.24　不透水底层距建筑物底板较远的渗流

本 章 知 识 点

　　（1）渗流是指液体在孔隙介质中的流动。工程中的渗流主要研究重力水在土颗粒孔隙中的运动，土的特性对渗流具有重要影响。

　　（2）渗流模型假想渗流区全部空间都由水所充满，渗流变为整个空间的连续介质运动，渗流问题可以利用研究明渠水流时建立的理论处理。渗流模型的边界条件应与实际渗流区相同，其流量与实际渗流区渗流量应相等，对应点压强、对应流段内水头损失等均应相等。渗流模型的流速小于实际渗流流速。

　　（3）达西定律是描述渗流运动的基本定律，是通过实验总结出来的，它可以采用断面平均流速的形式表示为 $v = kJ$，也可以推广至过水断面上任一点流速表达式 $u = kJ = -kdH/ds$。达西定律只适用于层流渗流。

　　（4）地下水的运动与地表水一样，可以分为均匀渗流和非均匀渗流，非均匀渗流又可分为渐变渗流和急变渗流。

　　（5）均匀渗流中所有的基元流束都是平行的直线，渗流断面上各点测压管水头为常数，浸润线就是测压管水头线。均匀渗流断面上各点渗流流速呈均匀分布，都等于断面平均流速，即 $u = v = ki$，而且各断面平均流速也是相同的。

　　（6）非均匀渐变渗流断面上的渗流流速服从杜比公式，即 $v = u = -kdH/ds$，但断面上的流速大小是沿程变化的。

（7）从杜比公式出发可以导出地下水无压恒定非均匀渐变渗流的基本微分方程式 $Q=kA\left(i-\dfrac{dh}{ds}\right)$，利用该式可以对渐变渗流浸润线进行定性分析和定量计算。在非均匀渐变渗流中，与明渠恒定非均匀流水面线一样，浸润线可以是降水曲线，也可以是壅水曲线。但由于地下水渗流的流速水头可忽略，故在渗流中不存在临界水深 h_k 的问题，临界底坡、缓坡、陡坡；急流、缓流、临界流的概念不复存在。

（8）正坡地下水渗流的浸润线，根据上下游水深不同可以有降水和壅水曲线两种情况，平底和逆坡则只有降水曲线，这些浸润线分别可以采用不同浸润线方程描述。

（9）通过一维渐变渗流的公式和解析方法可以获得一些实际问题的解答，如均质土坝、井、集水廊道等。

（10）对于更为复杂的实际渗流问题，则需要通过求解渗流场来描述。渗流的描述可以通过求解满足拉普拉斯方程的流速势 φ 来进行。

（11）为了求解渗流场，需要给出合理的渗流边界条件，这些边界包括不透水边界、入渗边界、浸润线边界和逸出边界。

（12）渗流问题的求解除了解析法和数值方法外，还可以通过图解法和实验法求解。通过绘制流网求解平面渗流问题，就是求解渗流的图解法。画出流网后，可以进行渗流计算，确定渗流流速、流量和压强。

（13）水电比拟法是求解渗流问题的一种简易可行的实验方法，它利用渗流场与电场之间存在的比拟关系，将渗流问题转化为电流场问题求解。

思 考 题

11.1 何谓渗流模型？为什么要引入这一概念？渗流中所指的流速是哪种流速？它与真实流速有何联系？

11.2 试比较达西定律与杜比公式的异同点及应用条件。

11.3 渗透系数的物理意义是什么？影响渗透系数的因素有哪些？

11.4 棱柱形正底坡渠道水面曲线有 12 条，而地下水渐变渗流的浸润线只有 4 条，为什么？

11.5 现有两个建在不透水地基上的尺寸完全相同的均质土坝，试问：（1）两坝的上下游水位相同，但渗透系数不同，两者的浸润线是否相同？为什么？（2）如果两坝的上下游水位不同，而其他条件相同，浸润线是否相同？为什么？（3）浸润线是流线还是等势线？为什么？

11.6 根据对液体微团运动的分析，地下水层流运动应该为有旋运动，为什么可将地下水的渗流运动看作为势流？

11.7 什么叫完全井与不完全井？什么是井的影响半径？自流井有没有影响半径？

11.8 现有两个建在透水地基上的水闸，试问：（1）两水闸的地下轮廓线相同，渗透系数相同，但作用水头不同，流网是否相同？为什么？（2）两水闸的地下轮廓线相同，上下游水位也相同，但渗透系数不同，流网是否相同？为什么？

习　题

11.1　在实验室中用达西实验装置测定某土样的渗透系数时，已知圆筒直径 $D=20\text{cm}$，两测压管间距 $l=40\text{cm}$，两测管的水头差 $H_1-H_2=20\text{cm}$，经过一昼夜测得渗透水量为 0.024m^3，试求该土样的渗透系数 k。

11.2　已知渐变渗流浸润线在某一过水断面上的坡度为 0.005，渗透系数为 0.004cm/s，试求过水断面上的点渗流流速及断面平均流速。

11.3　某铁路路基为了降低地下水位，在路基侧边设置集水廊道（称为渗沟）以降低地下水位。已知含水层厚度 $H=2\text{m}$，渗沟中水深 $h=0.3\text{m}$，两侧土为亚砂土，渗透系数为 $k=0.0025\text{cm/s}$，试计算从两侧流入 100m 长渗沟的流量。

11.4　某处地质剖面如图 11.25 所示。河道左岸为透水层，其渗透系数为 0.002cm/s，不透水层底坡坡度为 0.005。距离河道 1000m 处的地下水深为 2.5m。现在该河修建一水库，修建前河中水深为 1m；修建后河中水位抬高了 10m，设距离 1000m 处的原地下水位仍保持不变。试计算建库前和建库后的单宽渗流量。

11.5　某均质土坝建于水平不透水地基上，如图 11.26 所示。坝高为 17m，上游水深 $H_1=15\text{m}$，下游水深 $H_2=2\text{m}$，上游边坡系数 $m_1=3$，下游边坡系数 $m_2=2$，坝顶宽 $b=6\text{m}$，坝身土的渗透系数 $k=0.001\text{cm/s}$。试计算坝身的单宽渗流量并绘出浸润线。

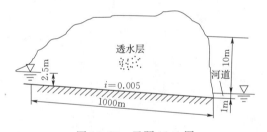

图 11.25　习题 11.4 图

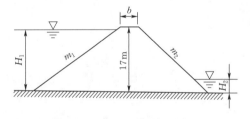

图 11.26　习题 11.5 图

11.6　对承压井进行抽水试验确定土的渗透系数时，在距离井轴分别为 10m 和 30m 处各钻一观测孔，当承压井抽水后，两个观测孔中水位分别下降了 42cm 和 20cm。承压井含水层厚度为 6m，稳定抽水流量为 24m³/h，求土的渗透系数。

11.7　某工地欲打一完全普通井取水，已测得不透水层为平底，井的半径 $r_0=0.15\text{m}$，含水层厚度为 $H_0=6\text{m}$，土为细砂，实测渗透系数 $k=0.001\text{cm/s}$。试计算当井中水深 h_0 不小于 2m 时的最大出水量，并算出井中水位与出水量的关系。

11.8　如图 11.27 所示，为降低基坑中的地下水位，在长方形基坑长 60m，宽 40m 的周线上布置 8 眼完全普通井，各井抽水流量相同，井群总抽水量为 $Q_0=40\text{L/s}$，含水层厚度 $H=10\text{m}$，渗透系数 $k=0.01\text{cm/s}$，井群的影响半径为 500m。试求基坑中心点 O 的地下水位下降高度。若将上述 8 个井布置在面积为 2400m² 的圆周上，试求圆周中心点的地下水位下降高度。

11.9　某闸的剖面如图 11.28 所示。现已绘出流网，并已知渗透系数 $k=0.002\text{cm/s}$，各已知高程如图所注。试求单宽渗流量，并求出 B 点的压强水头。

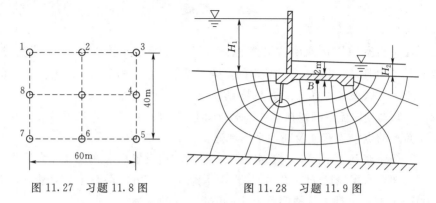

图 11.27　习题 11.8 图　　　　　　　图 11.28　习题 11.9 图

第 12 章　明 渠 非 恒 定 流

在明渠（或河道）中，各断面处的水力要素如流量 Q、流速 v、水位 z 以及过水断面面积 A 等沿流程随时间 t 而变化，则称这种流动为明渠非恒定流。明渠非恒定流比明渠恒定流概括了更多的自然界的水流现象，例如河道中的洪水涨落、河口段的潮汐水流、大型船闸的灌泄水、溃坝水流等都是非恒定流。

本章主要阐述明渠非恒定流的特征和分类、明渠非恒定渐变流基本方程组以及求解方法。

12.1　明渠非恒定流的特征和分类

明渠非恒定流具有如下主要特征：

（1）水流运动要素随时间与流程而变化是非恒定流的基本特征。如流速、流量、过水断面、水位或水深等都是时间 t 和流程 s 的函数。因此，明渠非恒定流必定是非均匀流。

（2）明渠非恒定流也是一种波动现象。有压管道中的非恒定流现象，如水击波是弹性波，水体的弹性力和惯性力起着主要作用；而明渠非恒定流是重力波，它是惯性力和重力这两个主要因素所决定的，波传到之处引起该处断面的流量（流速）及水位（水深）发生变化。波传到之处，水面高出或低于原水面的空间称为波体，波体的前锋成为波锋（或波额），如图 12.1 所示。波锋推进的速度称为波速，用 v_w 表示。波锋顶点到原水面的高度成为波高，用 ζ 表示。v 为过水断面上水流平均流速。

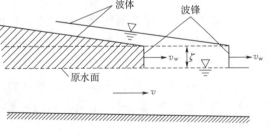

图 12.1　波锋与波速

明渠中的非恒定流的波动与海洋、湖泊以及河流表面有风吹起的波浪运动有本质的区别。波浪中，水质点基本上沿着一定的轨迹做往复循环运动，几乎没有流量的传递，各质点之间有一相位差，形成水面波形的推进，这种波动称为推进波（或振动波）。明渠非恒定流中，不但波形向前传播，同时水质点也向前移动，在波所及区域内，引起当地水位和流量的改变，这种波称为位移波（或传递波）。

（3）明渠非恒定流中，在波所及区域内，各过水断面水位流量关系一般不再是单一稳定的关系。在没有冲淤变化的明渠内，在恒定流时其水面坡度是恒定的，故水位与流量呈单值关系，如图 12.2 所示的虚线。在非恒定流时则不同，涨水过程中，同一水位下非恒

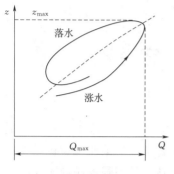

图 12.2　非恒定流水位
流量的多值关系

定流的水面坡度比恒定流大得多，因而流量也大得多；而落水过程中，同一水位下，非恒定流的水面坡度却比恒定流时小得多，则流量也小得多。由于同一水位下，明渠断面的水面坡度有不同的数值，因此，非恒定流的水位流量关系为一多值关系，如图 12.2 所示的绳套形曲线。还应当指出，非恒定流情况下，过水断面上的水面坡度、流速、流量、水位最大值并不在同一时刻出现。例如涨水过程中，由于洪水的传递，水面坡度增加得很快而首先出现最大值，而后依次出现最大流速、最大流量、最高水位。落水过程中，首先出现最小流量，然后出现最低水位。

明渠非恒定流（位移波）分类如下。

（1）连续波与不连续波。按明渠非恒定流的水力要素随时间变化的剧烈程度，明渠非恒定流（位移波）可分为连续波与不连续波，如图 12.3（a）、（b）所示。当波动发生过程比较缓慢时，其瞬时水面坡度很缓，瞬时流线近于平行直线，这种非恒定流动具有渐变的特性（称为非恒定渐变流），可认为压强沿垂线按静水压强分布，其水力要素是位置和时间的连续函数，这样形成的波称为连续波，如河道中的洪水波、水电站调节所引起的非恒定流均属此类。当波动发生过程很迅速，在一

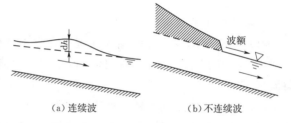

（a）连续波　　　　　　（b）不连续波

图 12.3　连续波与不连续波

定断面上，水深和流量急剧变化，瞬时水面坡度很陡，甚至有阶梯的形状，这种非恒定流动具有突变的特性，水力要素不再是位置和时间的连续函数，这样形成的波称为不连续波，如溃坝波、潮汐波等属于此类。

（2）涨水波和落水波。按波传到之处水面涨落情况，明渠非恒定流（位移波）可分为涨水波和落水波。波到之处，水位升高的波称为涨水波（正波）；水位降低的波称为落水波（负波）。

（3）顺波和逆波。按波的传播方向，明渠非恒定流（位移波）可分为顺波和逆波。顺流传播的波称为顺波；逆流传播的波称为逆波。

例如，渠道上闸门迅速开启，如图 12.4（a）所示，在闸门的上下游将发生非恒定急变流——不连续波。下游因流量增加，水位迅速上涨，形成顺涨波向下游传播；上游则因闸孔流量骤然增加水位急剧下降，形成逆落波向上游传播。反之，当闸门迅速关闭，如图 12.4（b）所示，闸门下游形成顺落波；而闸门上游形成逆涨波。

研究明渠中流动的方法很多，总结起来基本上有四种：①理论分析；②模型试验；③原型观测；④数值解法。以上几种方法在实际应用中常结合起来使用。应当指出，明渠非恒定流的波动属于浅水波或长波，分析这种波动必须计入阻力影响，运动方程是非线性的。因此，这类问题中，数值解法占有十分重要的地位。

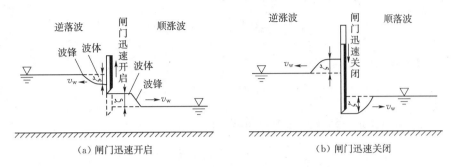

（a）闸门迅速开启   （b）闸门迅速关闭

图 12.4   闸门上下游的不连续波

12.2   明渠非恒定渐变流基本方程

明渠非恒定渐变流基本方程是表征水力要素与流程坐标 s 和时间 t 的函数关系式，由非恒定流连续性方程和运动方程组成。

12.2.1   非恒定流连续性方程

利用质量守恒定律，可直接导出非恒定总流的连续性方程。

在图 12.5（a）所示的明渠水流中，取任一河段 ds 来研究。在某一瞬时 t_1，其水面为 $A_1 B_1$，经过 dt 时间以后，即在 $t_2 = t_1 + dt$ 时，水面变化到 $A_2 B_2$ 位置。若液体密度 $\rho =$ 常数，则在 dt 时段

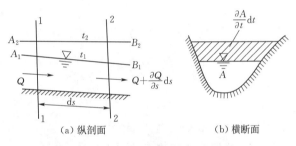

（a）纵剖面   （b）横断面

图 12.5   非恒定总流连续性方程的推导

内经断面 1—1 流入的质量为 $\rho Q dt$，经断面 2—2 流出的质量为 $\rho \left(Q + \dfrac{\partial Q}{\partial s} ds \right) dt$。$dt$ 时段内河段流出和流入质量之差为

$$\rho \left(Q + \frac{\partial Q}{\partial s} ds \right) dt - \rho Q dt = \rho \frac{\partial Q}{\partial s} ds dt$$

由图 12.5（b）可知，在瞬时 t_1 河段的过水断面面积为 A，dt 时段内变化为 $\dfrac{\partial A}{\partial t} dt$，则 dt 时段内河段水体变化为 $\dfrac{\partial A}{\partial t} dt ds$，质量变化为 $\rho \dfrac{\partial A}{\partial t} dt ds$。

按照质量守恒定律，在 dt 时段内，河段中流出和流入质量之差应等于流段内质量的变化，并考虑到 $\dfrac{\partial Q}{\partial s}$ 和 $\dfrac{\partial A}{\partial t}$ 符号相反，可得

$$\rho \frac{\partial Q}{\partial s} ds dt = -\rho \frac{\partial A}{\partial t} dt ds$$

则有

$$\frac{\partial A}{\partial t} + \frac{\partial Q}{\partial s} = 0 \tag{12.1a}$$

式（12.1a）即是明渠非恒定流连续性方程。

因 $Q = Av$，$A = A(s,t)$，$v = v(s,t)$，所以

$$\frac{\partial Q}{\partial s} = \frac{\partial (Av)}{\partial s} = A\frac{\partial v}{\partial s} + v\frac{\partial A}{\partial s}$$

将上式代入式（12.1a）得

$$\frac{\partial A}{\partial t} + A\frac{\partial v}{\partial s} + v\frac{\partial A}{\partial s} = 0 \tag{12.1b}$$

式（12.1b）是明渠非恒定流连续性方程的另一种表达式。

因为

$$\frac{\partial A}{\partial t} = \frac{\partial A}{\partial z}\frac{\partial z}{\partial t} = B\frac{\partial z}{\partial t}$$

将上式代入式（12.1a）得

$$\frac{\partial z}{\partial t} + \frac{1}{B}\frac{\partial Q}{\partial s} = 0 \tag{12.1c}$$

式（12.1c）是以 Q、z 为变量的明渠非恒定流连续性方程。

对于矩形断面明渠，$A = bh$，式（12.1b）可以写为

$$\frac{\partial h}{\partial t} + h\frac{\partial v}{\partial s} + v\frac{\partial h}{\partial s} = 0 \tag{12.2}$$

式（12.2）为矩形断面明渠非恒定流连续性方程。

对于恒定流，$\dfrac{\partial A}{\partial t} = 0$，由式（12.1a），则有

$$\frac{\partial Q}{\partial s} = 0 \text{ 或 } Q = \text{常数}$$

即恒定流时流量 Q 沿程不变。

12.2.2　非恒定渐变流运动方程

应用牛顿第二定律，可以导出非恒定流运动方程，通常是先针对有压管流推导，得出有压非恒定流运动方程，进而考虑明渠无压非恒定流的特点，将其改写即得明渠无压非恒定流运动方程。读者可参考相关文献进行推导，以便加深理解和掌握。这里，我们直接应用第 4 章的不可压缩实际流体非恒定流总流的基本微分方程式。

第 4 章的不可压缩实际流体非恒定流总流的基本微分方程式为

$$\frac{\partial}{\partial s}\left(z + \frac{p}{\rho g} + \frac{\alpha v^2}{2g} + h_{\text{w}}\right)\mathrm{d}s + \frac{\beta}{g}\frac{\partial v}{\partial t}\mathrm{d}s = 0$$

它是实际流体非恒定流总流的一般方程式，当然适用于明渠非恒定流问题。在明渠渐变流中，测压管水头 $\left(z + \dfrac{p}{\rho g}\right)$ 即水面高程，用 z 表示，并取微分方程式中的 $\alpha = \beta = 1.0$，则明渠非恒定渐变流运动方程为

$$\frac{1}{g}\frac{\partial v}{\partial t} + \frac{\partial\left(\dfrac{v^2}{2g}\right)}{\partial s} + \frac{\partial z}{\partial s} + \frac{\partial h_{\text{w}}}{\partial s} = 0 \tag{12.3a}$$

或写为

$$\frac{1}{g}\frac{\partial v}{\partial t} + \frac{v}{g}\frac{\partial v}{\partial s} + \frac{\partial z}{\partial s} + \frac{\partial h_{\text{w}}}{\partial s} = 0 \tag{12.3b}$$

式（12.3a）和式（12.3b）也称为明渠非恒定渐变流的能量方程式。

对于恒定渐变流，由于水力要素不随时间变化，运动方程式（12.3a）可简化为

$$\frac{\mathrm{d}z}{\mathrm{d}s} + \frac{\mathrm{d}}{\mathrm{d}s}\left(\frac{v^2}{2g}\right) + \frac{\mathrm{d}h_\mathrm{w}}{\mathrm{d}s} = 0 \tag{12.4}$$

对于恒定均匀流，即 $\frac{\mathrm{d}}{\mathrm{d}s}\left(\frac{v^2}{2g}\right) = 0$，式（12.4）变为

$$-\frac{\mathrm{d}z}{\mathrm{d}s} = \frac{\mathrm{d}h_\mathrm{w}}{\mathrm{d}s} = J_\mathrm{f} = \frac{Q^2}{K^2} \quad \text{或} \quad Q = K\sqrt{J}$$

上式即是熟知的恒定均匀流基本公式。由此可见，当水力要素不随时间变化时，明渠非恒定流运动方程即转化为明渠恒定流运动方程。

在明渠非恒定渐变流中，可以忽略局部水头损失而仅考虑沿程水头损失，则式（12.3）中 $\frac{\partial h_\mathrm{w}}{\partial s}$ 可写为 $\frac{\partial h_\mathrm{f}}{\partial s}$，称为摩阻坡度，以 J_f 表示，可近似按恒定均匀流的摩阻坡度来计算，即 $J_\mathrm{f} = \frac{Q^2}{K^2} = \frac{v^2}{C^2 R}$，则式（12.3b）可改写为

$$\frac{1}{g}\frac{\partial v}{\partial t} + \frac{v}{g}\frac{\partial v}{\partial s} + \frac{\partial z}{\partial s} + \frac{Q^2}{K^2} = 0 \tag{12.5a}$$

或

$$\frac{1}{g}\frac{\partial v}{\partial t} + \frac{v}{g}\frac{\partial v}{\partial s} + \frac{\partial z}{\partial s} + \frac{v^2}{C^2 R} = 0 \tag{12.5b}$$

式（12.5a）和式（12.5b）中，$\frac{1}{g}\frac{\partial v}{\partial t} + \frac{v}{g}\frac{\partial v}{\partial s}$ 为单位质量液体所具有的惯性力，前项是由当地加速度引起，后项是由迁移加速度引起的；$\frac{\partial z}{\partial s}$ 为水面坡度，是作用于总流 $\mathrm{d}s$ 段上单位质量液体上的重力；$\frac{Q^2}{K^2} = \frac{v^2}{C^2 R} = J_\mathrm{f}$ 为摩阻坡度，是作用于单位质量液体上的阻力。因此，式（12.5a）和式（12.5b）表明作用于总流 $\mathrm{d}s$ 段上所有的力（惯性力、重力和阻力）的平衡关系。

考虑 $v = \frac{Q}{A}$，并代入式（12.5a），则

$$\frac{1}{g}\frac{\partial}{\partial t}\left(\frac{Q}{A}\right) + \frac{1}{2g}\frac{\partial}{\partial s}\left(\frac{Q^2}{A^2}\right) + \frac{\partial z}{\partial s} + \frac{Q^2}{K^2} = 0$$

经整理变为

$$\frac{1}{g}\left(\frac{1}{A}\frac{\partial Q}{\partial t} - \frac{Q}{A^2}\frac{\partial A}{\partial t}\right) + \frac{1}{2g}\left(\frac{2Q}{A^2}\frac{\partial Q}{\partial s} - \frac{2Q^2}{A^3}\frac{\partial A}{\partial s}\right) + \frac{\partial z}{\partial s} + \frac{Q^2}{K^2} = 0 \tag{a}$$

对于非棱柱体明渠，过水断面 A 是水位 z 和距离 s 的函数，即 $A = A(z, s)$，故

$$\frac{\partial A}{\partial s} = \left(\frac{\partial A}{\partial s}\right)_z + \frac{\partial A}{\partial z}\frac{\partial z}{\partial s} = \left(\frac{\partial A}{\partial s}\right)_z + B\frac{\partial z}{\partial s}$$

其中，$\left(\dfrac{\partial A}{\partial s}\right)_z$ 表示当水位一定时面积 A 沿流程 s 的变化。

将上述 $\dfrac{\partial A}{\partial s}$ 以及连续性方程 $\dfrac{\partial A}{\partial t}+\dfrac{\partial Q}{\partial s}=0$ 代入式（a），经整理得

$$\frac{\partial Q}{\partial t}+2\frac{Q}{A}\frac{\partial Q}{\partial s}-\left(\frac{Q^2 B-gA^3}{A^2}\right)\frac{\partial z}{\partial s}-\frac{Q^2}{A^2}\left(\frac{\partial A}{\partial s}\right)_z+gA\frac{Q^2}{K^2}=0 \tag{12.5c}$$

或

$$\frac{\partial Q}{\partial t}+2\frac{Q}{A}\frac{\partial Q}{\partial s}-\left(\frac{Q^2 B-gA^3}{A^2}\right)\frac{\partial z}{\partial s}-\frac{Q^2}{A^2}\left(\frac{\partial A}{\partial s}\right)_z+g\frac{Q^2}{AC^2 R}=0 \tag{12.5d}$$

由于水头损失总是和水流方向一致，考虑到水流方向的变化，Q 可能取正或负，故 $J_{\mathrm{f}}=\dfrac{Q^2}{K^2}=\dfrac{Q|Q|}{K^2}$，所以式（12.5c）可写为

$$\frac{\partial Q}{\partial t}+2\frac{Q}{A}\frac{\partial Q}{\partial s}-\left(\frac{Q^2 B-gA^3}{A^2}\right)\frac{\partial z}{\partial s}-\frac{Q^2}{A^2}\left(\frac{\partial A}{\partial s}\right)_z+gA\frac{Q|Q|}{K^2}=0 \tag{12.5e}$$

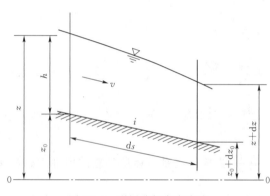

图 12.6　明渠非恒定渐变流

式（12.5a）～式（12.5e）是明渠非恒定渐变流运动方程的不同形式的表达式。

若明渠渠底高程为 z_0，水深为 h，底坡为 i，水位为 z，则 $z=z_0+h$，$\dfrac{\partial z}{\partial s}=\dfrac{\partial z_0}{\partial s}+\dfrac{\partial h}{\partial s}$；而 $\dfrac{\partial z_0}{\partial s}=-i$，故 $\dfrac{\partial z}{\partial s}=\dfrac{\partial h}{\partial s}-i$，如图 12.6 所示。

因此，可以将明渠非恒定流运动方程（12.3b）中的变量 z 改为变量 h 来表达，即

$$\frac{1}{g}\frac{\partial v}{\partial t}+\frac{v}{g}\frac{\partial v}{\partial s}+\frac{\partial h}{\partial s}-i+J_{\mathrm{f}}=0 \tag{12.6a}$$

或

$$\frac{1}{g}\frac{\partial v}{\partial t}+\frac{v}{g}\frac{\partial v}{\partial s}+\frac{\partial h}{\partial s}=i-J_{\mathrm{f}} \tag{12.6b}$$

或

$$\frac{1}{g}\frac{\partial v}{\partial t}+\frac{v}{g}\frac{\partial v}{\partial s}+\frac{\partial h}{\partial s}=i-\frac{v^2}{C^2 R} \tag{12.6c}$$

式（12.3）、式（12.5）和式（12.6）是明渠非恒定流运动方程的不同表达形式，应用时以计算方便选取其中之一。

明渠非恒定流连续性方程式和运动方程式构成了求解明渠非恒定渐变流的基本方程组，该方程组称为圣维南（Saint—Venant）方程组。圣维南方程组属于一阶拟线性双曲偏微分方程组，在一般情况下寻求解析解是十分困难的，通常采用数值解法求其近似解答。数值解法很多，除一些简化法外，主要有特征线法、差分法和微幅波理论法等。

12.3　初始条件及边界条件

12.3.1　初始条件

初始条件通常是指非恒定流的起始时刻的水流条件，故常为非恒定流开始前的恒定流的流量与水位，即

$$\begin{cases} z_{t=t_0} = z(s) \\ Q_{t=t_0} = Q(s) \end{cases} \tag{12.7}$$

就一般而言，初始条件也可以是非恒定流过程中需要着手开始计算的任何指定时刻的水流条件。起始时，可以是尚未受到扰动的恒定流动，也可以是已经发生了的非恒定流动。

12.3.2　边界条件

发生非恒定流的明渠两端断面应满足的水力条件称为边界条件。

1. 第一边界条件

产生非恒定流的首端断面应满足的水力条件称为第一边界条件，最常见的上游边界条件是渠首断面的流量随时间的变化过程线（如日调节水电站或汛期洪水）或水位过程线，数学表达式为

$$\begin{cases} Q_{s=0} = Q(t) \\ z_{s=0} = z(t) \end{cases} \tag{12.8}$$

如图 12.7（a）所示为单一洪峰所形成的非恒定流流量过程线，图 12.7（b）为电站日调节流量过程线。

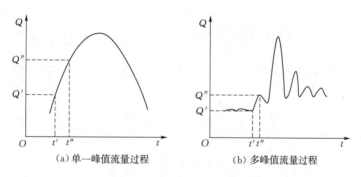

（a）单一峰值流量过程　　　（b）多峰值流量过程

图 12.7　渠首断面边界条件

2. 第二边界条件

非恒定流可能波及的末端断面应满足的水力条件称为第二边界条件。一般以水位、流量关系来表示，即

$$z_{s=l} = z(Q) \tag{12.9}$$

或渠尾断面上水位保持固定不变，如明渠水流泄入较大水库或湖泊，则以水库或湖泊的水位来表示，即

$$z_{s=l} = 常数 \tag{12.10}$$

12.4 特 征 线 法

特征线法是数学上对于拟线性双曲型偏微分方程的一种求解方法。前面已经指出，明渠非恒定渐变流基本微分方程组——圣维南方程组属于双曲型方程组。根据偏微分方程理论，这种类型的方程组具有两族特征线，在特征线上，偏微分方程中各物理量之间的关系可以用常微分方程来描述。或者说可以将求解偏微分方程的问题变成在特征线上求解常微分方程的问题。求解常微分方程一般也是用差分法来求其近似解。下面说明如何求解特征方程，并说明其物理意义。

12.4.1 特征方程及其物理意义

考虑最简单的矩形断面及无侧向汇流的情况，如前所述，明渠非恒定渐变流基本微分方程组为

$$\begin{cases} \dfrac{\partial v}{\partial t} + v \dfrac{\partial v}{\partial s} + g \dfrac{\partial h}{\partial s} = g\left(i - \dfrac{v^2}{C^2 R}\right) \\ \dfrac{\partial h}{\partial t} + v \dfrac{\partial h}{\partial s} + h \dfrac{\partial v}{\partial s} = 0 \end{cases} \tag{12.11}$$

通常将方程组（12.11）中的两个偏微分方程进行组合，以便将它们化成常微分方程。但方程组（12.11）第一式中各项具有加速度量纲，而第二式中各项具有速度量纲，在组合前将第二式乘以某一函数 λ（λ 具有 T^{-1} 的量纲），然后与第一式相加，这样便得到

$$\frac{\partial v}{\partial t} + v \frac{\partial v}{\partial s} + g \frac{\partial h}{\partial s} + \lambda\left(\frac{\partial h}{\partial t} + v \frac{\partial h}{\partial s} + h \frac{\partial v}{\partial s}\right) = g\left(i - \frac{v^2}{C^2 R}\right)$$

或写成

$$\lambda\left[\frac{\partial h}{\partial t} + \left(v + \frac{g}{\lambda}\right)\frac{\partial h}{\partial s}\right] + \frac{\partial v}{\partial t} + (v + \lambda h)\frac{\partial v}{\partial s} = g\left(i - \frac{v^2}{C^2 R}\right) \tag{12.12}$$

从式（12.12）可以看出，若令式中 $\dfrac{\partial h}{\partial s}$ 及 $\dfrac{\partial v}{\partial s}$ 前面的系数等于 $\dfrac{\mathrm{d}s}{\mathrm{d}t}$，即

$$v + \frac{g}{\lambda} = v + \lambda h = \frac{\mathrm{d}s}{\mathrm{d}t} \tag{12.13}$$

从而得到

$$\begin{cases} \dfrac{\partial v}{\partial t} + (v + \lambda h)\dfrac{\partial v}{\partial s} = \dfrac{\partial v}{\partial t} + \dfrac{\partial v}{\partial s}\dfrac{\mathrm{d}s}{\mathrm{d}t} = \dfrac{\mathrm{d}v}{\mathrm{d}t} \\ \dfrac{\partial h}{\partial t} + \left(v + \dfrac{g}{\lambda}\right)\dfrac{\partial h}{\partial s} = \dfrac{\partial h}{\partial t} + \dfrac{\partial h}{\partial s}\dfrac{\mathrm{d}s}{\mathrm{d}t} = \dfrac{\mathrm{d}h}{\mathrm{d}t} \end{cases} \tag{12.14}$$

将式（12.14）代入式（12.12），式（12.12）变为

$$\lambda \frac{\mathrm{d}h}{\mathrm{d}t} + \frac{\mathrm{d}v}{\mathrm{d}t} = g\left(i - \frac{v^2}{C^2 R}\right) \tag{12.15}$$

式（12.15）就是一个常微分方程。由此可以清楚地看出，在式（12.13）成立的条件下，方程组（12.11）化成常微分方程（12.15）。

解式（12.13）得

$$\lambda = \pm \sqrt{\frac{g}{h}}$$

将 λ 再代入 (12.13) 得

$$\frac{\mathrm{d}s}{\mathrm{d}t} = v \pm \sqrt{gh} \tag{12.16}$$

式 (12.16) 表明，在明渠非恒定流动自变量域 s—t 平面上的任一点 (s,t)，具有两个 $\frac{\mathrm{d}s}{\mathrm{d}t}$ 值或切线方向：$v + \sqrt{gh}$ 称为顺特征方向，每一点都与顺特征方向相切的曲线称为顺特征线；$v - \sqrt{gh}$ 称为逆特征方向，每一点都与逆特征方向相切的曲线称为逆特征线。在两条特征线上，运动方程 (12.15) 相应化为两个特征关系

$$\frac{\mathrm{d}v}{\mathrm{d}t} \pm \sqrt{\frac{g}{h}} \frac{\mathrm{d}h}{\mathrm{d}t} = g\left(i - \frac{v^2}{C^2 R}\right)$$

即

$$\mathrm{d}(v \pm 2\sqrt{gh}) = g\left(i - \frac{v^2}{C^2 R}\right)\mathrm{d}t \tag{12.17}$$

方程式 (12.17) 表明沿这两条特征线上 v 与 h 的变化规律。这样，就把原来偏微分方程组 (12.11) 化为两对常微分方程。

沿顺特征方向，有顺特征线方程及其微分关系式

$$\frac{\mathrm{d}s}{\mathrm{d}t} = v + \sqrt{gh} \tag{12.18}$$

$$\mathrm{d}(v + 2\sqrt{gh}) = g\left(i - \frac{v^2}{C^2 R}\right)\mathrm{d}t \tag{12.19}$$

沿逆特征方向，有逆特征线方程及其微分关系式

$$\frac{\mathrm{d}s}{\mathrm{d}t} = v - \sqrt{gh} \tag{12.20}$$

$$\mathrm{d}(v - 2\sqrt{gh}) = g\left(i - \frac{v^2}{C^2 R}\right)\mathrm{d}t \tag{12.21}$$

明渠水流弗劳德数 $Fr = \frac{v}{\sqrt{gh}}$，当水流为缓流时，$Fr = \frac{v}{\sqrt{gh}} < 1$，则 $v < \sqrt{gh}$，方程 (12.18) 中 $\frac{\mathrm{d}s}{\mathrm{d}t} > 0$，而方程 (12.20) 中 $\frac{\mathrm{d}s}{\mathrm{d}t} < 0$，这说明在明渠非恒定渐变缓流中两族特征线的斜率各为正值、负值，它在 s—t 平面上的方向如图 12.8 所示。当水流为急流时，$Fr = \frac{v}{\sqrt{gh}} > 1$，则 $v > \sqrt{gh}$，两族特征线的斜率都是正值，它在 s—t 平面上的方向如图 12.9 所示。

下面说明方程 (12.18) 和式 (12.20) 的物理意义。前面已经证明过，$\sqrt{gh}$ 为明渠流动中微干扰波（也称为元波）的相对波速 c，那么 $v \pm \sqrt{gh}$ 即为元波向下游和向上游传播的绝对波速 c'。所以 s—t 平面上经过某一点 (s,t) 的两条特征线的切线方向表示明渠非恒定流动从该断面该时刻出发的元波向上游和向下游的传播速度。特征线方程在 s—t 平面上所决定的曲线可看成是元波的轨迹线。在缓流中元波可向上、下游传播，因而一族特征线指向下游，而另一族则指向上游。在急流中，流速大于元波波速，所以没有元波能逆流上溯，特征线都指向下游。明渠非恒定流动任一断面的水流特性的微小变化都会造成微小的

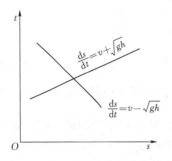

图 12.8　缓流中两族特征线的斜率

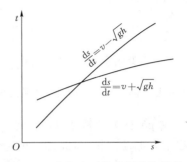

图 12.9　急流中两族特征线的斜率

扰动或波动，并通过元波的传播而影响其他断面的水流特性，元波从一个断面经过 dt 时段到达邻近断面时，这两个断面的水流特性（如 v 和 h）间存在的关系则由特征关系式（12.19）和式（12.21）所确定。

12.4.2　特征方程组的近似解法

在一般情况下，对特征线的常微分方程进行积分是有很大困难的，因此以有限差分代替导数，将上述微分方程改为有限差分方程，通过数值计算或图解法求解。

首先把特征方程组改为差分方程。顺特征差分方程及其微分关系式为

$$\begin{cases} \dfrac{\Delta s}{\Delta t} = v + \sqrt{gh} \\[2mm] \Delta\left(v + 2\sqrt{gh}\right) = g\left(i - \dfrac{v^2}{C^2 R}\right)\Delta t \end{cases} \tag{12.22}$$

逆特征差分方程及其关系式为

$$\begin{cases} \dfrac{\Delta s}{\Delta t} = v - \sqrt{gh} \\[2mm] \Delta\left(v - 2\sqrt{gh}\right) = g\left(i - \dfrac{v^2}{C^2 R}\right)\Delta t \end{cases} \tag{12.23}$$

下面讨论利用方程（12.22）和式（12.23）对 s—t 平面上指定的变量域内水力要素的求解方法。

1. 域内点的求解

如图 12.10 所示，根据初始条件，在 s—t 平面上若已知初始时刻 a、b、c、d、…各点的值，欲求域内邻近的 K、L、M、…诸点的值。现以已知 a、b 两点求 K 点为例加以说明。

在 s—t 平面上，已知 a、b 两点的位置 s、t 和 v、h 值，由 a、b 出发所作的特征线的交点为 K，求解 K 点的位置 s_K、t_K 及 v_K、h_K 值。在第一次近似中，顺逆特征线的函数值都用已知点 a、b 的数值，则 K 点的位置由下列特征线差分方程确定

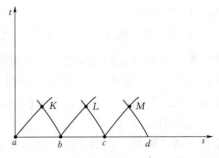

图 12.10　域内点的求解方法

$$\begin{cases} \dfrac{s_K - s_a}{t_K - t_a} = \dfrac{\Delta s_{Ka}}{\Delta t_{Ka}} = v_a + \sqrt{gh_a} \\[4mm] \dfrac{s_K - s_b}{t_K - t_b} = \dfrac{\Delta s_{Kb}}{\Delta t_{Kb}} = v_b - \sqrt{gh_b} \end{cases} \tag{12.24}$$

由式（12.24）即可求得 Δt_{Ka} 和 Δt_{Kb} 值（或 s_K 和 t_K 值）。将 Δt_{Ka} 和 Δt_{Kb} 代入以下两个差分方程，可解出 v_K 和 h_K 的第一次近似值，即

$$\begin{cases} v_K + 2\sqrt{gh_K} = v_a + 2\sqrt{gh_a} + g\left(i - \dfrac{v_a^2}{C_a^2 R_a}\right)\Delta t_{Ka} \\[4mm] v_K - 2\sqrt{gh_K} = v_b - 2\sqrt{gh_b} + g\left(i - \dfrac{v_b^2}{C_b^2 R_b}\right)\Delta t_{Kb} \end{cases} \tag{12.25}$$

第一次近似求出 s_K（Δt_{Ka}）、t_K（Δt_{Kb}）、v_K、h_K 后，再按下式进行修正

$$\begin{cases} \dfrac{\Delta s_{Ka}}{\Delta t_{Ka}} = \dfrac{v_K + v_a}{2} + \dfrac{\sqrt{gh_K} + \sqrt{gh_a}}{2} \\[4mm] \dfrac{\Delta s_{Kb}}{\Delta t_{Kb}} = \dfrac{v_K + v_b}{2} - \dfrac{\sqrt{gh_K} + \sqrt{gh_b}}{2} \\[4mm] v_K + 2\sqrt{gh_K} = v_a + 2\sqrt{gh_a} + g\left[i - \dfrac{1}{2}\left(\dfrac{v_a^2}{C_a^2 R_a} + \dfrac{v_K^2}{C_K^2 R_K}\right)\right]\Delta t_{Ka} \\[4mm] v_K - 2\sqrt{gh_K} = v_b - 2\sqrt{gh_b} + g\left[i - \dfrac{1}{2}\left(\dfrac{v_b^2}{C_b^2 R_b} + \dfrac{v_K^2}{C_K^2 R_K}\right)\right]\Delta t_{Kb} \end{cases} \tag{12.26}$$

可解出新的一组 s_K（Δt_{Ka}）、t_K（Δt_{Kb}）、v_K、h_K 值，即第二次近似值。

这样，经过若干次修正，从理论上讲 K 点的解越来越接近于原方程的真正解。在实际运算中，可根据具体情况和要求，适当规定计算精度，只要使相邻两次近似解的差值小于一定的允许误差即可终止。

同理，在图 12.10 中，s 轴上各点的 s、t、v、h 均为初始条件所给出，那么按照上面同样的步骤，L、M、$\cdots$ 各点的 s、t、v、h 都能确定。有 K、L、M、$\cdots$ 各点的 s、t、v、h 值，又可以这些点作为已知条件，从而求出 s—t 平面上各特征线网络交点上的 s、t、v、h 值。

2. 边界点的求解

以求解第一边界（s_1 断面）上的点为例来说明边界点的求解。已知第一边界条件 $v_{s_i = s_1} = v(t)$ 或者 $h_{s_i = s_1} = h(t)$。如图 12.11 所示，若已知靠近边界断面的 K 点的值，欲求边界上 i 点的值。对 K、i 两点，应满足逆特征差分方程组式（12.23），相应差分方程组为

$$\begin{cases} \dfrac{s_i - s_K}{t_i - t_K} = \dfrac{\Delta s_{iK}}{\Delta t_{iK}} = v_K - \sqrt{gh_K} \\[4mm] v_i - 2\sqrt{gh_i} = v_K - 2\sqrt{gh_K} + g\left(i - \dfrac{v_K^2}{C_K^2 R_K}\right)\Delta t_{iK} \end{cases} \tag{12.27}$$

式中，$s_1 = 0$，s_K、v_K、h_K 为已知，故可以直接求出 Δt_{iK}。假设第一边界条件为 $v_{s_i = s_1} = v(t)$，则 v_i 可由边界条件给出，再将 Δt_{iK} 代入，h_i 便可直接计算出来。

关于第二边界上的点的求解与第一边界上点的解法类似，只需通过邻近点作顺特征线

即可得到解答，这里不再详述。

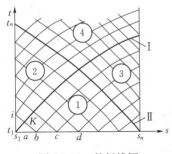

图 12.11　特征线网

综上所述，由初始条件出发加上边界条件，可以逐步把域内若干点的值解出来。连接这些点即形成了如图 12.11 所示的特征线网。

在特征线网中有两条特征线具有特殊意义，即图中所示粗线 I 和粗线 II。线 I 是由第一边界上干扰开始时刻出发的顺特征线，线 II 是由第二边界初始时刻出发的逆特征线。线 I 的轨迹反映了非恒定流波传播所及位置和时间。线 II 表示受下游边界水流条件控制的轨迹线。在缓流条件下，线 I 和线 II 把自变量域划分为四个区：①区，受初始条件控制的区域，给出两个初始条件后（即当 $t=0$ 时，流程各断面的 v、h 值给定）本区任何点都可能解出；②区，受初始条件和上游边界条件控制，除了初始条件外，还要给定一个上游边界条件［即当 $s_i=0$ 时，$v=v(t)$ 或 $h=h(t)$］才能定出解；③区，受初始条件和下游边界条件的控制，即除初始条件外，还要再给出一个下游边界条件［即当 $s_i=l$ 时，给出 $v=v(t)$ 或 $h=h(t)$］才能解出本区；④区，则和初始条件及上游的边界条件都有关系，但初始条件的影响相对较小。在潮流计算中，有用的成果一般都在④区内，在洪水演进计算中，有用成果则常在②区和③区内。

特征线法推理严密，概念清楚，计算精度较高。但它的解不能直接给出同一时刻不同断面或同一断面不同时刻的运动要素的值，给问题的分析带来不便。

【例 12.1】　有一底坡平缓的矩形渠道，原为恒定均匀流，水深 $h_0=5m$，断面平均流速 $v_0=1m/s$，渠道末端与水库相连，库水位与渠道水位一致，如图 12.12 所示。从某时刻开始，水库水位以 1.2m/h 的速度均匀下降。假设忽略渠道底坡和阻力的影响，试用特征线法求解：

(1) 距离渠道末端 3km 断面 A 处水位下降 $\Delta h=2.4m$ 所需的时间；

(2) 与此同时，渠道中断面 B 处水位开始下降，问断面 B 至渠道末端的距离有多远？

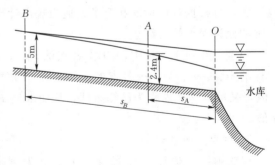

图 12.12　渠道末端水位变化

解： 设渠道末端为起始断面（$s_1=0$），向上游为 s 轴的正方向。因初始时刻（$t=0$）为恒定均匀流，所以在 $s—t$ 平面上，s 轴上各点（例如 0、a、b、…）的 v、h 值均已知，即 $v_0=-1m/s$，$h_0=5m$。依题意，起始断面（$s_1=0$）的水位随库水位以 1.2m/h 的速度均匀下降，即 t 轴的点（例如 P 点，断面 $s_1=0$ 某时刻 t 的边界条件）的水深 h 为已知。因此，利用特征线法可以求出某一点（例如 A 点）的 s_i、t、v、h 值，即渠道不同断面不同时刻的 v、h 值，如图 12.13 所示。

(1) 求距离渠道末端 3km 断面 A 处水位下降 $\Delta h=2.4m$ 所需的时间。对应于 $s—t$ 平面上的 A 点，本题已知 $s_A=3000m$，$h_A=5-2.4=2.6m$，求 t_A。因此，与上述求解顺序

不同，应先从 A 点入手。

因初始时刻（$t=0$）为恒定均匀流，所以 s 轴上各点 0、a、b、…（渠道中各断面）都满足：

$$v_0 = -1\text{m/s}$$

$$\sqrt{gh_0} = \sqrt{9.8 \times 5} = 7 \ (\text{m/s})$$

$$\left(\frac{\mathrm{d}s}{\mathrm{d}t}\right)_{t=0} = v_0 + \sqrt{gh_0} = -1 + 7 = 6 \ (\text{m/s})$$

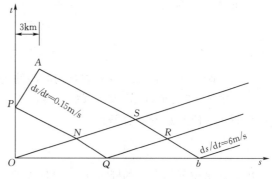

图 12.13　渠道末端区域特征线示意图

过 s 轴上各点的顺特征线的斜率为

$$\left(\frac{\mathrm{d}s}{\mathrm{d}t}\right)_{t=0} = 6\text{m/s}。$$

对于 A 点：

$$s_A = 3000\text{m}$$

$$h_A = 5 - 2.4 = 2.6 \ (\text{m})$$

$$\sqrt{gh_A} = \sqrt{9.8 \times 2.6} = 5.05 \ (\text{m/s})$$

如图 12.13 所示，PA 为一顺特征线，由于可以忽略渠道底坡和阻力的影响，因此可假设 $i=0$，$J_\mathrm{f} = \dfrac{v^2}{C^2 R} = 0$，故 P、A 两点的 v 与 h 满足

$$\mathrm{d}(v + 2\sqrt{gh}) = 0$$

即
$$v_P + 2\sqrt{gh_P} = v_A + 2\sqrt{gh_A} \tag{1}$$

PN 为一逆特征线，P、N 两点的 v 与 h 满足

$$\mathrm{d}(v - 2\sqrt{gh}) = 0$$

即
$$v_P - 2\sqrt{gh_P} = v_N - 2\sqrt{gh_N} = v_0 - 2\sqrt{gh_0} \tag{2}$$

同理，在过 A 点的逆特征线上（$A \to S \to R \to b$）满足

$$v_A - 2\sqrt{gh_A} = v_0 - 2\sqrt{gh_0} \tag{3}$$

由式（2）和式（3）可以得到

$$v_P - 2\sqrt{gh_P} = v_A - 2\sqrt{gh_A} \tag{4}$$

由式（1）和式（4）可以看出 $v_P = v_A$，$h_P = h_A$。

根据以上分析，可以求出 P 点的位置（s_P, t_P）和 v_P、h_P：

$$s_P = 0$$

$$t_P = \frac{\Delta h}{1.2} = \frac{2.4}{1.2} = 2 \ (\text{h}) = 7200 \ (\text{s})$$

$$h_P = h_A = 2.6\text{m}$$

$$v_P = v_0 - 2\sqrt{gh_0} + 2\sqrt{gh_P} = -1 - 2 \times 7 + 10.1 = -4.9 \ (\text{m/s})$$

PA 特征线的斜率

$$\left(\frac{\mathrm{d}s}{\mathrm{d}t}\right)_{t=7200} = v_P + \sqrt{gh_P} = v_0 - 2\sqrt{gh_0} + 3\sqrt{gh_P} = -1 - 14 + 15.15 = 0.15 \ (\text{m/s})$$

确定 A 点的位置：

$$s_A = 3000 \text{m}$$

$$t_A = t_P + s_A \Big/ \left(\frac{\mathrm{d}s}{\mathrm{d}t}\right)_{t=7200} = 7200 + \frac{3000}{0.15} = 27200 \text{ (s)} = 7.56 \text{ (h)}$$

所以，断面 A 下降 2.4m 所需要的时间约为 7.56h。

(2) 求 $t = 27200$s 时，水位开始下降的断面 B 的位置。

B 断面水位开始下降前仍有

$$\left(\frac{\mathrm{d}s}{\mathrm{d}t}\right)_{t=27200} = v_0 + \sqrt{gh_0} = -1 + 7 = 6 \text{ (m/s)}$$

所以，水位开始下降的断面 B 至渠道末端的距离

$$s_B = t_B \left(\frac{\mathrm{d}s}{\mathrm{d}t}\right)_{t=27200} = 27200 \times 6 = 163200 \text{ (m)} = 163.2 \text{ (km)}$$

以上是简单的矩形断面的情况。对非棱柱体明渠，若以式 (12.1c) 和式 (12.5d) 为基本微分方程组，即

$$B \frac{\partial z}{\partial t} + \frac{\partial Q}{\partial s} = 0 \tag{12.28}$$

$$\frac{\partial Q}{\partial t} + 2\frac{Q}{A}\frac{\partial Q}{\partial s} - \left(\frac{Q^2 B - gA^3}{A^2}\right)\frac{\partial z}{\partial s} - \frac{Q^2}{A^2}\left(\frac{\partial A}{\partial s}\right)_z + g\frac{Q^2}{AC^2 R} = 0 \tag{12.29}$$

通常将方程 (12.28) 乘以 λ（λ 具有 LT^{-1} 的量纲）再和方程 (12.29) 组合为常微分方程。方程 (12.28) 乘以 λ 后与方程 (12.29) 相加：

$$\lambda B \frac{\partial z}{\partial t} + \lambda \frac{\partial Q}{\partial s} + \frac{\partial Q}{\partial t} + 2\frac{Q}{A}\frac{\partial Q}{\partial s} - \left(\frac{Q^2 B - gA^3}{A^2}\right)\frac{\partial z}{\partial s} - \frac{Q^2}{A^2}\left(\frac{\partial A}{\partial s}\right)_z + g\frac{Q^2}{AC^2 R} = 0$$

$$\frac{\partial Q}{\partial t} + \left(\lambda + 2\frac{Q}{A}\right)\frac{\partial Q}{\partial s} + \lambda B\left[\frac{\partial z}{\partial t} + \left(\frac{gA}{\lambda B} - \frac{Q^2}{\lambda A^2}\right)\frac{\partial z}{\partial s}\right] - \frac{Q^2}{A^2}\left(\frac{\partial A}{\partial s}\right)_z + g\frac{Q^2}{AC^2 R} = 0 \tag{12.30}$$

令

$$\frac{\mathrm{d}s}{\mathrm{d}t} = \lambda + 2\frac{Q}{A} = \frac{gA}{\lambda B} - \frac{Q^2}{\lambda A^2} \tag{12.31}$$

解式 (12.31)，得 $\lambda_\pm = -\dfrac{Q}{A} \pm \sqrt{g\dfrac{A}{B}}$ 或 $\lambda_\pm = -v \pm \sqrt{g\dfrac{A}{B}}$，再代回式 (12.31) 得

$$\frac{\mathrm{d}s}{\mathrm{d}t} = v \pm \sqrt{g\frac{A}{B}} \tag{12.32}$$

将 $\lambda_\pm = -v \pm \sqrt{g\dfrac{A}{B}}$ 代入式 (12.30) 并整理，得

$$\frac{\partial Q}{\partial t} + 2\frac{Q}{A}\frac{\partial Q}{\partial s} + \left(gA - \frac{BQ^2}{A^2}\right)\frac{\partial z}{\partial s} + \lambda_\pm\left(\frac{\partial Q}{\partial s} + B\frac{\partial z}{\partial s}\right) - \frac{Q^2}{A^2}\left(\frac{\partial A}{\partial s}\right)_z + g\frac{Q^2}{AC^2 R} = 0 \tag{12.33}$$

因此，顺特征线方程和特征方程为

$$\frac{\mathrm{d}s}{\mathrm{d}t} = v + \sqrt{g\frac{A}{B}} \tag{12.34}$$

$$\frac{\partial Q}{\partial t} + 2\frac{Q}{A}\frac{\partial Q}{\partial s} + \left(gA - \frac{BQ^2}{A^2}\right)\frac{\partial z}{\partial s} + \lambda_+\left(\frac{\partial Q}{\partial s} + B\frac{\partial z}{\partial s}\right) = \frac{Q^2}{A^2}\left(\frac{\partial A}{\partial s}\right)_z - g\frac{Q^2}{AC^2 R} \tag{12.35}$$

逆特征线方程和特征方程为

$$\frac{\mathrm{d}s}{\mathrm{d}t} = v - \sqrt{g\frac{A}{B}}$$ (12.36)

$$\frac{\partial Q}{\partial t} + 2\frac{Q}{A}\frac{\partial Q}{\partial s} + \left(gA - \frac{BQ^2}{A^2}\right)\frac{\partial z}{\partial s} + \lambda_- \left(\frac{\partial Q}{\partial s} + B\frac{\partial z}{\partial s}\right) = \frac{Q^2}{A^2}\left(\frac{\partial A}{\partial s}\right)_z - g\frac{Q^2}{AC^2R}$$

(12.37)

式中 $\left(\dfrac{\partial A}{\partial s}\right)_z$ ——当水位一定时面积 A 沿流程 s 的变化。

同理式（12.37）可以化为差分方程，求解方法与上述讨论相同。

12.5 直 接 差 分 解 法

直接差分法是解圣维南方程组这一类偏微分方程的主要手段。直接差分法是将方程中的偏微商用差商代替，把原基本方程离散为差分方程，求在自变量域 $s-t$ 平面差分网格上各结点近似数值解的方法。

具体地说，是以流程距离 s 为横坐标，时间 t 为纵坐标，根据原始资料的情况以及计算精度和稳定性的要求，选取空间步长 Δs 和时间步长 Δt，在 $s-t$ 平面上构成网格，如图 12.14 所示。平行于 s 轴的直线表示某时刻，此直线在 t 轴上的编号为 i（$1,2,\cdots,i$），相应于 i 时刻的量以 i 为上标表示；平行于 t 轴的直线表示断面位置，此直线在 s 轴上

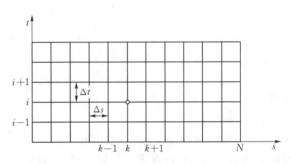

图 12.14 　$s-t$ 平面差分网格

的编号为 k（$1,2,\cdots,k,\cdots,N$），相应于 k 断面的量以 k 为下标表示，如 i 时刻 k 断面的流量表示为 Q_k^i。因此，t 轴代表明渠非恒定流场的上边界断面，$s=N$ 的垂直线代表流场的下边界断面，s 轴则代表起始时刻。根据初始条件、上边界条件和下边界条件计算出 $t=i\Delta t$ 时刻各结点的水力要素。然后以此为初始条件，结合边界条件逐次往下计算，则可求得所有结点的水力要素值。

12.5.1 几种差商

从导数的定义 $f'(x) = \lim\limits_{\Delta x \to 0} \dfrac{f(x+\Delta x) - f(x)}{\Delta x}$，可以看出差商 $\dfrac{f(x+\Delta x) - f(x)}{\Delta x}$ 是导数 $f'(x)$ 的近似，而导数是差商的极限。

一阶差商有向前、向后和中心差商三种情况：

（1）如图 12.15（a）所示，$f(s,t)$ 在 B 点处对 s 的一阶偏差商若为

$$\frac{f(A) - f(B)}{\Delta s} = \frac{f(s+\Delta s, t) - f(s,t)}{\Delta s}$$

则称为一阶向前偏差商。

（2）如图 12.15（b）所示，$f(s,t)$ 在 B 点处对 s 的一阶偏差商若为

$$\frac{f(B)-f(A)}{\Delta s}=\frac{f(s,t)-f(s-\Delta s,t)}{\Delta s}$$

则称为一阶向后偏差商。

（3）如图 12.15（c）所示，$f(s,t)$ 在 B 点处对 s 的一阶偏差商若为

$$\frac{f(A)-f(C)}{2\Delta s}=\frac{f(s+\Delta s,t)-f(s-\Delta s,t)}{2\Delta s}$$

$$=\frac{1}{2}\left[\frac{f(s+\Delta s,t)-f(s,t)}{\Delta s}+\frac{f(s,t)-f(s-\Delta s,t)}{\Delta s}\right]$$

则称为一阶中心偏差商。

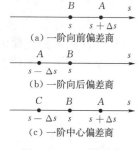

图 12.15　三种差商

12.5.2　常用的差分格式

在明渠非恒定流的计算方面，国内外都提出了多种差分格式。总的来说差分格式可分为两类：一类是显式差分格式；另一类是隐式差分格式。采用显示差分格式时，对于任一时段（Δt），由前一瞬时（时段初）的已知量，直接求解后一瞬时（时段末）的未知量，是按时间逐层求解的。例如可由连续性差分方程直接求解 A 或 z，由运动方程直接求解 Q 或 v，即 A（或 z）和 Q（或 v）两个未知量可由两个差分方程分别求解。而采用隐式差分格式时，需联解一组差分方程，才能由前一瞬时的已知量求出后一瞬时的未知量。

1. 显式差分格式

如图 12.16 所示，将 s—t 平面分成步距为 Δs、Δt 的矩形网格，如果 i 行（即 i 时刻）以前各结点上的 z、Q 值已知，那么显式差分格式中，$i+1$ 行中任何结点上的解将只依赖于 i 行（或 i 和 $i-1$ 行）的 z、Q 值，而与同行（$i+1$ 行）中任何其他结点的 z、Q 值无关。现介绍两种常用的显式差分格式：蛙跳格式和扩散格式。

（1）蛙跳格式。在非棱柱形河槽中，以水位 z 和流量 Q 为变量的基本微分方程组可以写成下列形式：

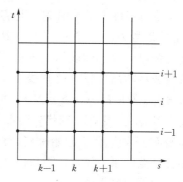

图 12.16　矩形网格

$$\begin{cases}\dfrac{\partial z}{\partial t}+\dfrac{1}{B}\dfrac{\partial Q}{\partial s}=0\\[3mm]\dfrac{\partial Q}{\partial t}+2\dfrac{Q}{A}\dfrac{\partial Q}{\partial s}-\left(\dfrac{Q^2B-gA^3}{A^2}\right)\dfrac{\partial z}{\partial s}-\dfrac{Q^2}{A^2}\left(\dfrac{\partial A}{\partial s}\right)_z+gA\dfrac{Q|Q|}{K^2}=0\end{cases}\tag{12.38}$$

式中　$\left(\dfrac{\partial A}{\partial s}\right)_z$——当水位一定时面积 A 沿流程 s 的变化。

现以上述方程组为例，介绍蛙跳格式。

如图 12.17 所示，蛙跳格式对时间和空间的偏微分都表示为中心偏差商：

$$\begin{cases} \dfrac{\partial z}{\partial t} = \dfrac{z_k^{i+1} - z_k^{i-1}}{2\Delta t} \\[3mm] \dfrac{\partial Q}{\partial t} = \dfrac{Q_k^{i+1} - Q_k^{i-1}}{2\Delta t} \\[3mm] \dfrac{\partial z}{\partial s} = \dfrac{z_{k+1}^i - z_{k-1}^i}{2\Delta s} \\[3mm] \dfrac{\partial Q}{\partial s} = \dfrac{Q_{k+1}^i - Q_{k-1}^i}{2\Delta s} \end{cases} \qquad (12.39)$$

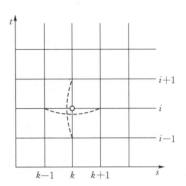

图 12.17 蛙跳格式

将差分式（12.39）代入式（12.38），连续性方程的差分形式为

$$\frac{z_k^{i+1} - z_k^{i-1}}{2\Delta t} + \frac{1}{B_k^i}\frac{Q_{k+1}^i - Q_{k-1}^i}{2\Delta s} = 0$$

则

$$z_k^{i+1} = z_k^{i-1} - \frac{\Delta t}{\Delta s}\frac{1}{B_k^i}(Q_{k+1}^i - Q_{k-1}^i) \qquad (12.40)$$

同理，运动方程的差分形式为

$$\frac{Q_k^{i+1} - Q_k^{i-1}}{2\Delta t} - 2\left(\frac{Q}{A}\right)_k^i \frac{Q_{k+1}^i - Q_{k-1}^i}{2\Delta s} - \left(\frac{Q^2 B - gA^3}{A^3}\right)_k^i \frac{z_{k+1}^i - z_{k-1}^i}{2\Delta s}$$

$$- \left(\frac{Q^2}{A^2}\right)_k^i \frac{A_{k+1}(z_k^i) - A_{k-1}(z_k^i)}{2\Delta s} + g\left(\frac{AQ|Q|}{K^2}\right)_k^i = 0$$

则

$$Q_k^{i+1} = Q_k^{i-1} - 2\frac{\Delta t}{\Delta s}\left(\frac{Q}{A}\right)_k^i(Q_{k+1}^i - Q_{k-1}^i) + \frac{\Delta t}{\Delta s}\left(\frac{Q^2 B - gA^3}{A^2}\right)_k^i(z_{k+1}^i - z_{k-1}^i)$$

$$+ \frac{\Delta t}{\Delta s}\left(\frac{Q^2}{A^2}\right)_k^i\left[A_{k+1}(z_k^i) - A_{k-1}(z_k^i)\right] - 2g\Delta t\left(\frac{AQ|Q|}{K^2}\right)_k^i \qquad (12.41)$$

式中 $A_{k+1}(z_k^i)$、$A_{k-1}(z_k^i)$——相应于水位 z_k^i 的 $k+1$、$k-1$ 断面上的过水断面面积。

由式（12.40）和式（12.41）可以计算出 k 断面 $i+1$ 瞬时的水位 z_k^{i+1} 和流量 Q_k^{i+1}。

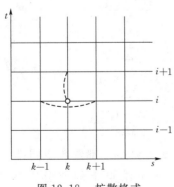

图 12.18 扩散格式

式中所需要的仅是 k 断面、断面 $k+1$ 和 $k-1$ 断面在 $i-1$ 和 i 瞬时的水位和流量的数据。同理可以对流程中所有断面列出式（12.40）和式（12.41），分别求出它在 $i+1$ 瞬时的水位和流量值。当 $i+1$ 瞬时各断面的水位、流量值已知后，可以按照同样的步骤求出 $i+2$ 瞬时各断面的水位和流量。依此类推即可以得到全部解答。

（2）扩散格式。这种差分格式（图 12.18）对时间和空间的偏微分分别表示为向前偏差商和中心偏差商：

$$\begin{cases} \dfrac{\partial z}{\partial t} = \dfrac{z_k^{i+1} - \left[\alpha z_k^i + (1-\alpha)\left(\dfrac{z_{k+1}^i + z_{k-1}^i}{2}\right)\right]}{\Delta t} \\[3mm] \dfrac{\partial Q}{\partial t} = \dfrac{Q_k^{i+1} - \left[\alpha Q_k^i + (1-\alpha)\left(\dfrac{Q_{k+1}^i + Q_{k-1}^i}{2}\right)\right]}{\Delta t} \\[3mm] \dfrac{\partial z}{\partial s} = \dfrac{z_{k+1}^i - z_{k-1}^i}{2\Delta s} \\[3mm] \dfrac{\partial Q}{\partial s} = \dfrac{Q_{k+1}^i - Q_{k-1}^i}{2\Delta s} \end{cases} \tag{12.42}$$

式中　α——权重系数，$0 \leqslant \alpha \leqslant 1$。

将差分式（12.42）代入式（12.38），整理后得

$$z_k^{i+1} = \alpha z_k^i + (1-\alpha)\frac{z_{k-1}^i + z_{k+1}^i}{2} - \frac{\Delta t}{2B_k^i \Delta s}(Q_{k+1}^i - Q_{k-1}^i) \tag{12.43}$$

$$Q_k^{i+1} = \alpha Q_k^i + (1-\alpha)\frac{Q_{k-1}^i + Q_{k+1}^i}{2} - \left(\frac{Q}{A}\right)_k^i \frac{\Delta t}{\Delta s}(Q_{k+1}^i - Q_{k-1}^i)$$

$$- \left(gA - \frac{BQ^2}{A^2}\right)_k^i \frac{\Delta t}{2\Delta s}(z_{k+1}^i - z_{k-1}^i) + \left[\left(\frac{Q}{A}\right)_k^i\right]^2 \frac{\Delta t}{2\Delta s}\left[A_{k+1}(z_k^i) - A_{k-1}(z_k^i)\right]$$

$$- g\Delta t \left(\frac{|Q|Q}{AC^2 R}\right)_k^i \tag{12.44}$$

式中　$A_{k+1}(z_k^i)$、$A_{k-1}(z_k^i)$——相应于水位 z_k^i 的 $k+1$、$k-1$ 断面上的过水断面面积。

2. 隐式差分格式

在隐式差分格式中，$i+1$ 行上任意点的求解是依赖于本行中全部点，例如沿流程有 $k=0$、1、$\cdots$、N 个结点，那么需要同时列出这一排中 $N-1$ 个结点上的 $2(N-1)$ 个差分方程，并联立求解出该行上全部点的解。例如由初始条件 Q_k^0、z_k^0（$k=0,1,2,\cdots,N$）来确定 z_k^i，需要解 $i=1$ 时的 $2(N-1)$ 个差分方程来同时求出 $t=t_1$ 瞬时的全部解。或者说隐式格式的解是一行一行地前进，一行中结点上的解是同时解出的。

例如，将差分式写成如下形式，就成为了隐式差分格式（图 12.19）。

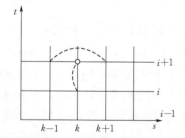

图 12.19　隐式差分格式

$$\begin{cases} \dfrac{\partial z}{\partial t} = \dfrac{z_k^{i+1} - z_k^i}{\Delta t} \\[3mm] \dfrac{\partial Q}{\partial t} = \dfrac{Q_k^{i+1} - Q_k^i}{\Delta t} \\[3mm] \dfrac{\partial z}{\partial s} = \dfrac{z_{k+1}^{i+1} - z_{k-1}^{i+1}}{2\Delta s} \\[3mm] \dfrac{\partial Q}{\partial s} = \dfrac{Q_{k+1}^{i+1} - Q_{k-1}^{i+1}}{2\Delta s} \end{cases} \tag{12.45}$$

如果将上述差分公式代入式（12.38），可以看出，z_k^{i+1} 和 Q_k^{i+1} 都依赖于同排（$i+1$ 行）其他各结点的 z、Q 值，因此需要同时列出 $N-1$ 个结点上的差分方程才能求解。

12.5.3 差分格式的收敛性和稳定性

用差分方程来代替微分方程并进行数值计算时，必须考虑其收敛性和稳定性问题。

若令 u 是微分方程的真解，U 为差分方程的真解，$\bar{U}$ 为差分方程的数值解。在利用差分方程进行计算时，得到的不是差分方程的真解 U，而只能得到数值解 $\bar{U}$。因而利用差分方程进行数值计算对于微分方程而言，实际误差是 $u-\bar{U}$，可写为

$$u-\bar{U} = (u-U)+(U-\bar{U})$$

要使实际误差非常小，必须使 $u-U$ 和 $u-\bar{U}$ 都很小。$u-U$ 称截断误差，它是用差分方程代替微分方程后各个步长截断误差的累积，称为收敛性问题。$U-\bar{U}$ 称舍入误差，它是计算中各步长舍入误差的累积（计算只能取有限位数），称为稳定性问题。

所谓收敛性就是指用差分方程近似地代替微分方程时，如果 $\Delta t \to 0$，$\Delta s \to 0$，差分方程的真解 U 趋于微分方程的精确解 u。若 $U \to u$ 则称该差分方程是收敛的，它可以作为该微分方程的近似解。反之，不收敛的差分方程则不能作为微分方程的近似解。这样，用来近似微分方程的差分方程，都要讨论其收敛性问题。

对差分方程进行计算时，总会存在舍入误差，与精确解相比有微小偏差，这种舍入误差在计算过程中的累积、增长，有可能致使数值解完全偏离差分方程的真解。所谓稳定性，如果误差在计算过程中不是累积增长，近似解和精确解的差别不大，差分格式就是稳定的；反之如果微小的舍入误差随着时间的增长而增加，以致使结果完全偏离精确解，这种差分格式就是不稳定的。显然不稳定的格式是不宜采用的。

差分格式的稳定可分为两类：

（1）条件稳定。差分步距 Δt、Δs 之间满足一定关系差分格式才稳定的称为条件稳定。例如明渠非恒定流圣维南方程组的显式差分格式，它的稳定条件是

$$\frac{\Delta t}{\Delta s} \leqslant \frac{1}{\left| v \pm \sqrt{g \dfrac{A}{B}} \right|_{\max}} \tag{12.46}$$

该条件称为库朗（Courant）条件。因此，在选定空间步长 Δs 后，时间步长 Δt 不能取的过大，差分步距 Δt、Δs 的选定必须符合库朗条件。

（2）无条件稳定。这种差分格式允许任意选择步距 Δt、Δs，圣维南方程组的隐式差分格式就是无条件的稳定格式，步距可以任意选择。

12.5.4 算例

【例 12.2】 某电站由引水渠道从水库取水发电。已知水渠渠长 6000m，底坡 $i = 0.00015$，糙率 $n = 0.012$。渠道断面为梯形，底宽 $b = 6$m，边坡系数 $m = 2.5$。渠道末端与水轮机相连，初始时，渠道为恒定流，流量 $Q_0 = 40$m³/s，下游相应水深 $h = 6$m。由于负荷等方面的原因，水轮机流量在 30min 内线性增加到 160m³/s，此后一直保持不变。设上游水位 $z = 16$m，并保持不变。试用直接差分法计算自水轮机流量变化 $t = 60$min 时瞬时水面线以及各断面的相应流量。

解：（1）圣维南方程组。

$$B \frac{\partial z}{\partial t} + \frac{\partial Q}{\partial s} = 0$$

$$\frac{\partial Q}{\partial t} + 2\frac{Q}{A}\frac{\partial Q}{\partial s} - \left(\frac{Q^2 B - gA^3}{A^2}\right)\frac{\partial z}{\partial s} - \frac{Q^2}{A^2}\left(\frac{\partial A}{\partial s}\right)_z + g\frac{Q^2}{AC^2 R} = 0$$

式中　$\left(\dfrac{\partial A}{\partial s}\right)_z$ ——当水位一定时面积 A 沿流程 s 的变化。对于梯形断面，$\left(\dfrac{\partial A}{\partial s}\right)_z$ 可写为

Bi_0，B 为水面宽，i_0 为底坡。

（2）过水断面要素。梯形断面要素计算公式如下：

$$A = (b+mh)h;\ B = b+2mh;\ \chi = b+\sqrt[2]{1+m^2}h;\ R = \frac{A}{\chi};\ C = \frac{1}{n}R^{1/6}$$

式中　A ——过水断面面积；

　　　B ——水面宽；

　　　χ ——湿周；

　　　R ——水力半径；

　　　C ——谢齐系数。

（3）计算步长的选择。全渠道长 6000m，分为 10 个计算渠段，11 个计算断面，每个计算渠段长度也就是空间步长 $\Delta s = 600$m，列于表 12.1。已知恒定流时最大水深为 6m，对应的断面面积 $A = 126$m^2，水面宽 $B = 36$m，平均流速为 0.32m/s，根据库朗稳定性条件式（12.46），时间步长 Δt 应满足：

$$\Delta t \leqslant \frac{\Delta s}{\left|v \pm \sqrt{g\dfrac{A}{B}}\right|_{\max}} \approx \frac{600}{0.32 + \sqrt{9.8 \times \dfrac{126.0}{36}}} \approx 97\ (\text{s})$$

计算时选取时间步长 $\Delta t = 60$s。

（4）初始、边界条件。上游边界条件为水位保持恒定，即 $z = 16$m。

下游边界条件为流量过程线，即

$$Q = \begin{cases} 40 + t(160-40)/30, & Q < 160 \\ 160, & Q \geqslant 160 \end{cases}$$

式中流量单位为 m^3/s，时间单位为 min。

各计算断面初始水位按明渠恒定流水面线计算得到，列于表 12.1。

表 12.1　　　　　　　　　　　断面划分数据及初始计算数据

断面	1	2	3	4	5	6	7	8	9	10	11
Δs	600	600	600	600	600	600	600	600	600	600	600
z_d	10.88	10.79	10.70	10.61	10.52	10.43	10.34	10.25	10.16	10.07	9.98
z_0	16.00	16.00	15.99	15.99	15.99	15.99	15.98	15.98	15.98	15.98	15.98
Q_0	40	40	40	40	40	40	40	40	40	40	40

注　Δs 为计算断面间距，m；z_d 为渠底高程，m；z_0 为初始水位，m；Q_0 为初始流量，m^3/s。

（5）计算公式。现将扩散格式（12.32）代入上述圣维南方程组，参考式（12.43）和式（12.44），可得内点的计算公式为

$$z_k^{i+1} = \alpha z_k^i + (1-\alpha)\frac{z_{k-1}^i + z_{k+1}^i}{2} - \frac{\Delta t}{2B_k^i \Delta s}(Q_{k+1}^i - Q_{k-1}^i) \tag{1}$$

$$Q_k^{i+1} = \alpha Q_k^i + (1-\alpha)\frac{Q_{k-1}^i + Q_{k+1}^i}{2} - \left(\frac{Q}{A}\right)_k^i \frac{\Delta t}{\Delta s}(Q_{k+1}^i - Q_{k-1}^i)$$

$$- \left(gA - \frac{BQ^2}{A^2}\right)_k^i \frac{\Delta t}{2\Delta s}(z_{k+1}^i - z_{k-1}^i) + \left[\left(\frac{Q}{A}\right)_k^i\right]^2 Bi_0\Delta t - g\Delta t\left(\frac{Q^2}{AC^2 R}\right)_k^i \tag{2}$$

对于边界点，上游引入逆特征方程，下游引入顺特征方程。

对于上游边界点，水位 z_0 为已知，由逆特征方程（12.37）得

$$Q_1^{i+1} = Q_1^i - (\lambda_- + 2v)\frac{Q_2^i - Q_1^i}{\Delta s_1}\Delta t - \lambda_- B(z_0 - z_1^i) - (gA - Bv^2)\frac{(z_2^i - z_1^i)\Delta t}{\Delta s_1} + N \tag{3}$$

对于下游边界点，流量 Q_0 为已知，由顺特征方程（12.35）得

$$z_n^{i+1} = z_n^i - \frac{1}{\lambda_+ B}\left[N - Q_0 + Q_n^i - (\lambda_+ + 2v)\frac{(Q_n^i - Q_{n-1}^i)\Delta t}{\Delta s_1} - (gA - Bv^2)\frac{(z_n^i - z_{n-1}^i)\Delta t}{\Delta s_1}\right] \tag{4}$$

其中
$$N = Bi_0\left(\frac{Q}{A}\right)^2 - g\frac{Q^2}{AC^2 R}, \quad \lambda_\pm = -\frac{Q}{A} \pm \sqrt{g\frac{A}{B}}$$

利用上述步骤（1）～（5），即可编制计算程序，进行计算。

（6）计算程序。

```
c    扩散格式差分求解 Saint—Venant Equation,梯形断面
     parameter(num=200)
     dimension z(num),q(num),qp(num),zp(num),z0(num),ds(num)
     character * 40 r1,r2,r3,r4,r5,r6,r7

     real lmd1,lmd0
     open(5,file='in. dat')
     open(9,file='out. dat')


c    时间步长(s) 断面数  糙率 底坡 边坡系数  底宽  最大时间(min)
     read(5, * ) r1
     read(5, * ) dt,nf,cn,s,cm,b,tmax


c    边界条件:nshang=1 水位;=2 流量;随时间变化(时间单位 min):
c    水位或流量=qzs2 * t * * 2+qzs1 * t+qzs0;qzmax 为最大值.
c    水位或流量=常数时:qzs2=0;qzs1=0;qzs0=qzmax=constant.
c    下游边界条件:nxia=1 水位;=2 流量.
     read(5, * ) r2
     read(5, * ) nshang,qzs2,qzs1,qzs0,qzsmax
     read(5, * ) r3
     read(5, * ) nxia,qzx2,qzx1,qzx0,qzxmax
```

```
c      断面间距(m) 最后一个间距＝0
       read(5,＊) r4
       read(5,＊)(ds(i),i＝1,nf)
c      断面底高程(m)
       read(5,＊) r5
       read(5,＊)(z0(i),i＝1,nf)
c      初始水位(m)
       read(5,＊) r6
       read(5,＊)(z(i),i＝1,nf)
c      初始流量(m3/s)
       read(5,＊) r7
       read(5,＊)(q(i),i＝1,nf)

       write(9,55) dt,nf,cn,s,cm,b,tmax
55     format(1x,f6.3,1x,i4,5(1x,f8.4))

       g＝9.8
       ar＝0.5
       j＝0
       t＝0.0

       write(9,15)
15     format(2x,'时刻(min)',3x,'断面',3x,'流量(m3/s)',1x,'水位(m)')

30     j＝j＋1
       t＝dt/60.0＊j

c      边界条件:上边界点 1;下边界点 nf
       if(nshang.eq.1) then
       zp(1)＝qzs2＊t＊＊2+qzs1＊t+qzs0
       if (zp(1).gt.qzsmax) zp(1)＝qzsmax
       end if
       if(nshang.eq.2) then
       qp(1)＝qzs2＊t＊＊2+qzs1＊t+qzs0
       if (qp(1).gt.qzsmax) qp(1)＝qzsmax
       end if
```

326

```
if(nxia. eq. 1) then
zp(nf)=qzx2 * t *  * 2+qzx1 * t+qzx0
if (zp(nf). gt. qzxmax) zp(nf)=qzxmax
end if
if(nxia. eq. 2) then
qp(nf)=qzx2 * t *  * 2+qzx1 * t+qzx0
if (qp(nf). gt. qzxmax) qp(nf)=qzxmax
end if


do 20 i=1,nf
h=z(i)- z0(i)
bs=b+2. * cm * h
a=(b+cm * h) * h
p=b+sqrt(1. +cm * cm) * h * 2. 0
r=a/p
v=q(i)/a
cn1=g * a - bs * v * v
cn2=(bs * s * v * v - g * v * v * cn * cn * a/r *  * (4. /3. )) * dt


if((i. gt. 1). and. (i. lt. nf)) then
    dz=z(i+1)- z(i - 1)
    z00=0. 5 * (1. - ar) * (z(i+1)+z(i - 1))+ar * z(i)
    dq=q(i+1)- q(i - 1)
    q0=0. 5 * (1. - ar) * (q(i+1)+q(i - 1))+ar * q(i)
    zp(i)=z00 - dt/bs * dq/(ds(i - 1)+ds(i))
    qp(i)=q0 - 2. * v * dt * dq/(ds(i - 1)+ds(i))- cn1 * dt * dz/
*        (ds(i - 1)+ds(i))+cn2
else
    if(i. eq. 1) then
    lmd0=- v - sqrt(g * a/bs)
    qpp=q(i)+cn2 -(lmd0+2. * v) * dt/ds(i) * (q(i+1)- q(i))
    qp(i)=qpp - lmd0 * bs * (zp(1)- z(i))- cn1 * dt * (z(i+1)- z(i))/ds(i)
    end if
    if(i. eq. nf) then
    lmd1=- v+sqrt(g * a/bs)
    zpp=cn2 -(lmd1+2. * v) * (q(i)- q(i - 1)) * dt/ds(i - 1)- qp(i)+q(i)-
*        cn1 * dt/ds(i - 1) * (z(i)- z(i - 1))
    zp(i)=z(i)+zpp/lmd1/bs
```

```
        end if
        end if
        write(9,80) t,i,qp(i),zp(i)
20      continue
        do 40 i=1,nf
        q(i)=qp(i)
        z(i)=zp(i)
40      continue
        if(t. le. tmax) goto 30
80      format(1x,f5. 1,8x,i2,2(3x,f8. 3))
        stop
        end
```

程序中主要变量和数组名说明见表 12.2。

表 12. 2　　　　　程序中主要变量和数组与实际物理量对照表

变量及数组	实际物理量	变量及数组	实际物理量
s	底坡 i	dt	时间步长 Δt
cn	糙率 n	ar	权重系数 α
z0 (i)	断面底部高程 z_d	lmd0	$\lambda-$
b	断面底宽 b	lmd1	$\lambda+$
bs	断面水面宽 B	zp (i)	未知时刻水位值 z_k^{i+1}
cm	边坡系数 m	qp (i)	未知时刻流量值 Q_k^{i+1}
nf	计算断面数	z (i)	已知时刻水位值 z_k^i
ds (i)	计算渠段间距 Δs_i	q (i)	已知时刻流量值 Q_k^i

程序输入数据文件（in. dat）形式如下：

```
dt nf cn  s  cm  b  tmax
60. 0, 11, 0. 012, 0. 00015, 2. 5, 6. 0, 360. 0
nshang qzs2 qzs1 qzs0 qzsmax
1, 0. 0, 0. 0, 16. 0, 16. 0
nxia qzx2 qzx1 qzx0 qzxmax
2, 0. 0, 4, 40, 160
ds (i) i=1 nf
600, 600, 600, 600, 600, 600, 600, 600, 600, 600, 0. 0
z0 (i) i=1 nf
10. 88, 10. 79, 10. 70, 10. 61, 10. 52, 10, 43, 10, 34, 10. 25, 10. 16, 10. 07, 9. 98
z (i), i=1 nf
16. 00, 16. 00, 15. 99, 15. 99, 15. 99, 15. 99, 15. 98, 15. 98, 15. 98, 15. 98, 15. 98
```

q (i) i＝1 nf

40.0，40.0，40.0，40.0，40.0，40.0，40.0，40.0，40.0，40.0，40.0

程序输出数据文件（out. dat）形式如下：

60.000　11　0.0120　0.00015　2.5000　6.0000 360.0000

时刻（min）	断面	流量（m^3/s）	水位（m）
1.0	1	39.985	16.000
1.0	2	40.007	15.997
1.0	3	40.029	15.994
1.0	4	40.049	15.991
1.0	5	40.017	15.988
1.0	6	39.982	15.986
1.0	7	39.998	15.984
1.0	8	40.014	15.982
1.0	9	40.029	15.980
1.0	10	40.044	15.978
1.0	11	44.000	15.956

（7）计算成果。表12.3给出了 $t＝60$min 瞬时水面线以及各断面的流量值。

表 12.3　　　　　　　　$t＝60$min 瞬时各断面流量和水位

断面	流量 $Q/(m^3/s)$	水位 z/m	断面	流量 $Q/(m^3/s)$	水位 z/m
1	173.645	15.518	7	165.210	14.972
2	173.501	15.415	8	161.946	14.905
3	172.968	15.315	9	158.256	14.846
4	171.816	15.220	10	154.213	14.794
5	170.173	15.130	11	150.000	14.749
6	167.968	15.047			

本 章 知 识 点

（1）明渠非恒定流必定是非均匀流；明渠非恒定流是一种波动现象；明渠非恒定流，在波所及区域内，各过水断面水位流量关系一般不再是单一稳定的关系。

（2）明渠非恒定流按水力要素随时间变化的剧烈程度，可分为连续波与不连续波；按波传到之处水面涨落情况，可分为涨水波和落水波；按波的传播方向，可分为顺波和逆波。

（3）明渠非恒定流连续性方程式和运动方程式构成了求解明渠非恒定渐变流的基本方程组，即圣维南（Saint—Venant）方程组。圣维南方程组可以表述为不同的形式，应用时以计算方便为前提来选取。

（4）明渠非恒定渐变流的基本微分方程组属于双曲型方程组。特征线法是数学上对于拟线性双曲型偏微分方程的一种求解方法。以有限差商代替导数，将上述微分方程改为有限差分方程，通过数值计算或图解法求解。

（5）直接差分法是用偏差商代替偏导数，把基本方程化为差分方程，求在自变量域 s—t 平面差分网格上各结点近似数值解的方法。

思　考　题

12.1　明渠非恒定流的主要特征有哪些？明渠非恒定流可以分为哪几类？

12.2　明渠非恒定流连续性方程有哪几种表达形式？

12.3　明渠非恒定渐变流运动方程有哪几种表达形式？

12.4　写出矩形断面明渠非恒定渐变流的圣维南方程组表达式。

12.5　特征线法求解明渠非恒定渐变流的基本思路是什么？

习　　题

12.1　一条通航运河，其断面近似于矩形，平均河宽为 40m，河中水流作均匀流时水深为 2.4m，平均流速为 0.6m/s，运河出口与某湖泊相连，假设从某时刻开始湖泊水位以 0.4m/h 的速度逐渐升高，在忽略运河底坡以及水流摩阻力影响的情况下，试求：（1）距离湖泊 2km 远处的运河 A 断面水位抬高 0.5m 所需时间；（2）距离湖泊 3km 远处的运河 B 断面经过 0.8h 时间后水位抬高多少？

12.2　某电站尾水渠为矩形断面，恒定流时渠道入口断面的水深 $h_0 = 1.65$m，断面平均流速 $v_0 = 0.7$m/s，由于电站引用流量的改变，使渠道入口断面水深从某时刻起以 1.2m/h 的速度逐渐升高，延续时间为 2000s。假设忽略底坡和水流摩阻力影响，试求距离入口断面 600m 处的断面水位抬高 0.5m 所需要的时间。

第13章 船闸输水系统

船闸是一种常见的水利设施，常建在河口或水利枢纽，作为过船建筑物。按纵向排列闸室数目分为单级船闸和多级船闸，如三峡水利枢纽其船闸分为五级。多级船闸又分上、下级闸室相连和设中间渠道的两种；按并列闸室数目分为单线和多线船闸。船闸一般由三个部分组成：闸首（包括上、下闸首）、闸室、引航道（包括上、下游引航道），如图13.1所示。

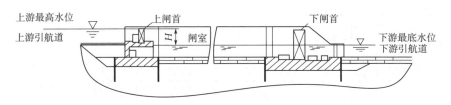

图13.1　船闸示意图

供闸室灌水和泄水的全部设备称为船闸的输水系统，一般由进水口、阀门、输水廊道、出水口、消能室及镇静段等部分所组成。船闸水力设计的主要任务是：灌水和泄水时间、灌泄水廊道内压强、闸室内水流形态、停泊条件等满足规范要求。

13.1　船闸输水系统形式

根据水流条件及构造方面的特点和要求，船闸输水系统可分为两种基本形式，即集中输水系统和分散式输水系统。美国对船闸输水系统进行分级：极低水头（0~2.5m）适合集中输水，低水头（3.5~12.2m）适合闸墙廊道短支管或闸底横支廊道输水，高水头（12.2~30.5m）适合闸底纵支廊道惯性输水，极高水头（>30.5m）超出经验。苏联认为，当作用水头 $H<15$m 时，集中输水比分散输水工程费用要省 $10\%~60\%$，因此建议当 $L \cdot H<2000$ 及 $H/h_t=3$（L——闸室长，H——作用水头，h_t——闸室槛上水深）不须论证既可采用集中输水；只有当 H 超过 18~20m 时才考虑分散输水形式。我国船闸设计规范规定，根据作用水头 H（单位：m）和输水时间 T（单位：min）的比值 $m(m=T/H^{0.5})$ 来初选输水形式：$m>3.5$ 采用集中输水，$m<2.5$ 采用分散输水，$m=2.5~3.5$ 应进行经济比较或参照类似工程选定。

此外，选择具体的输水形式时，还应考虑船闸的规模（航道等级）、船闸在枢纽中的位置、地质条件、闸首闸室的结构及工程造价等因素。较合理的输水系统应该是闸室输水时间短，满足船闸通过能力的要求，又使船舶在闸室及航道具有良好的停泊条件，同时船闸的运行费和工程造价较低。

13.1.1 集中输水系统

集中输水系统的特征是，灌水或泄水的全部输水设施布置在闸首的范围内，其具体形式又分为三类：

（1）直接利用闸门输水，即在闸门上开孔的输水方式（图 13.2），此种输水方式用于水头 H 不大于 4m 的情况。

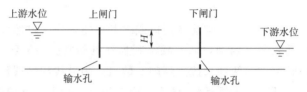

图 13.2 利用闸门上开孔的集中输水系统布置图

（2）短廊道的输水系统（图 13.3），此种输水方式用于水头不超过 10m 的情况。

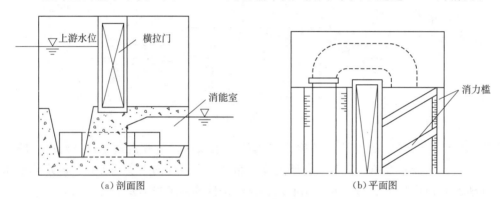

图 13.3 短廊道输水系统上闸首

（3）组合式输水系统，即由上述两种输水形式组成。

13.1.2 分散式输水系统

它的特征是当水流进入闸室时，是通过设在闸室墙内和闸底板内的纵向廊道及在廊道上设置的一系列出水孔进行灌水的。这样可使水流分散而比较均匀地流入闸室，以改善过闸船舶的泊稳条件。根据闸墙构造和地质条件，分散式输水系统又可以有各种不同的布置方式。如图 13.4 所示，是一个具有侧边纵向廊道的输水系统；如图 13.5 所示，则是一个复杂的分散式输水系统。

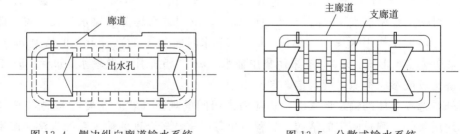

图 13.4 侧边纵向廊道输水系统　　　　　图 13.5 分散式输水系统

在船闸设计中，必须进行一系列的水力计算来论证所选择的输水系统，决定该系统各主要部分尺寸，使其在规定的时间内进行闸室的灌泄水。在灌泄水的过程中，能保证过闸船舶具有良好的停泊条件，同时，不致使船闸的工程投资过高和施工条件过分复杂化。

船闸水力计算也和其他水工建筑物的计算一样，要进行初步设计，确定闸室的有效尺寸，槛上水深，上、下游通航水位和船闸作用水头；此外，还规定了根据船舶通过能力所容许的最大灌泄水时间。

根据上述资料，水力计算的主要内容可分为以下三个部分：

（1）确定阀门的开启时间和速度以及输水口（孔）或输水廊道的断面面积。

（2）绘制灌泄水过程中的水力特性曲线，求出闸室灌水和泄水的时间。

（3）说明船只在闸室和引航道中的泊稳条件，以及廊道中阀门后面的水力现象，并提出克服不利的水力现象的措施。

必须指出的是，水力计算的结果一般仅可作为初步选择输水系统型式及其尺寸时的参考，由于影响水流现象的因素很多，目前有些问题仅仅依靠水力计算还不能得出合乎实际的结果，问题的最终解决，常常要借助于模型实验，特别是对于那些重大的工程更是如此。

13.2 短廊道输水系统的水力计算

在船闸短廊道输水过程中，廊道中的流动虽系非恒定流，但因廊道长度较短，在水力计算中往往可以忽略惯性力的影响，即惯性水头为零。在微小时段内其流量计算仍可采用恒定流计算公式，但在整个流动过程中，作用水头和流量却是变数（为时间的函数）。

表征船闸的水力要素有：t 为从输水开始起算的时间；t_0 为阀门开启的时间；T 为下闸室与上闸室水面齐平所需的时间；H 为 $t=0$ 时上下闸室的水头（水位差或称水级）；h 为瞬时作用水头；Ω_1 为上闸室水面面积；Ω_2 为下闸室水面面积；μ 为阀门全开时输水廊道的流量系数；μ_t 为阀门部分开启时输水廊道的流量系数；A 为廊道阀门处的断面面积（又称计算断面）。

如图 13.6 所示，一般情况下船闸短廊道的输水系统，上下闸室由输水廊道连通，并装有阀门。

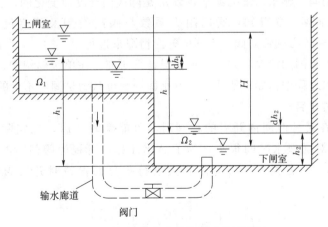

图 13.6 船闸短廊道的输水系统示意图

灌泄水时，在任意时刻 t 时，通过廊道进入闸室的流量（忽略惯性力影响）为

$$Q_t = \mu_t A \sqrt{2gh} \tag{13.1}$$

在微分时间段 $\mathrm{d}t$ 内，由上闸室流入下闸室的水量等于

$$\mathrm{d}V = Q_t \mathrm{d}t = \mu_t A \sqrt{2gh}\, \mathrm{d}t \tag{13.2}$$

对于多级船闸，相邻上下闸室内水体的变化为

$$\mathrm{d}V = -\Omega_1 \mathrm{d}h_1 = \Omega_2 \mathrm{d}h_2 \tag{13.3}$$

则
$$\mathrm{d}h_2 = -\frac{\Omega_1}{\Omega_2}\mathrm{d}h_1$$

又
$$h = h_1 - h_2$$

则
$$\mathrm{d}h = \mathrm{d}h_1 - \mathrm{d}h_2 = \mathrm{d}h_1\left(1 + \frac{\Omega_1}{\Omega_2}\right)$$

所以 $\mathrm{d}h_1 = \dfrac{\Omega_2}{\Omega_1 + \Omega_2}\mathrm{d}h$，于是

$$\mathrm{d}V = -\frac{\Omega_1 \Omega_2}{\Omega_1 + \Omega_2}\mathrm{d}h \tag{13.4}$$

将式（13.4）代入式（13.2）中得

$$-\frac{\Omega_1 \Omega_2}{\Omega_1 + \Omega_2}\mathrm{d}h = \mu_t A \sqrt{2gh}\, \mathrm{d}t$$

$$\mathrm{d}t = -\frac{\Omega_1 \Omega_2}{\Omega_1 + \Omega_2}\frac{1}{\mu_t A \sqrt{2g}}\frac{\mathrm{d}h}{\sqrt{h}}$$

令
$$C = \frac{\Omega_1 \Omega_2}{\Omega_1 + \Omega_2} \tag{13.5}$$

则
$$\mu_t \mathrm{d}t = -\frac{C}{A \sqrt{2g}}\frac{\mathrm{d}h}{\sqrt{h}} \tag{13.6}$$

在一般情况下，可以认为闸室面积是沿高度不变的。对于单级船闸，当闸室是从水面很广的上游灌水或泄水到水面较广的下游，则 $C = \Omega$（闸室水面面积）；对于多级船闸中的两相邻闸室（图 13.6），若上下闸室的水面面积相等（$\Omega_1 = \Omega_2 = \Omega$），则 $C = 0.5\Omega$。

在阀门开启期间，输水系统的流量系数 μ_t 是随阀门开度而变化的，在阀门全开后可认为保持一常数。由第 5 章得知，阀门阻力系数与阀门类型及开启度有关，故应用式（13.6）进行计算时，必须针对阀门不同的开启情况来进行。

下面针对单级船闸的情况，并分二种情况进行研究。在单级船闸中，上闸室水面为上游水面，在灌泄水过程中，如前所述，上游水面一般可认为是固定不变的。

13.2.1　阀门瞬时开启

通常阀门是在某一时间内开启的，阀门不可能瞬时开启。在实际工程中，若阀门开启的时间 t_0 相对灌泄水时间很小，为了简化计算，可视为阀门瞬时开启。当阀门瞬时开启时，$\mu_i = \mu$，对方程式（13.6）直接进行积分而得瞬时开启阀门的某灌水历时 T_i 为

$$T_i = \int_0^t \mathrm{d}t = \frac{2\Omega(\sqrt{H} - \sqrt{h})}{\mu A \sqrt{2g}} \tag{13.7}$$

在灌水过程结束时，$h = 0$，则全部的灌水历时为

$$T = \frac{2\Omega\sqrt{H}}{\mu A \sqrt{2g}} \tag{13.8}$$

根据式（13.7）可求出 $T_i = f(t)$ 的关系曲线。将瞬时作用水头 h 代入式（13.1），可得到 $Q_i = f(t)$ 的关系曲线。

13.2.2 阀门逐渐均匀而连续开启

实际上阀门的开启是受启动机械功率和泊稳条件的限制，总需要有一段时间过程，开启的方式也很多，最经常碰到的则是阀门逐渐均匀而连续开启的工作情况。

此时全部的灌泄过程可以分为两个阶段：第一阶段，自阀门开始提升（灌水开始时）到阀门全开，即 $0 \to t_0$；第二阶段，自阀门全开到上下水面齐平输水终止，即 $t_0 \to T$。

1. 自阀门开始提升到阀门全开（$0 \to t_0$）的阶段

当 $t = t_0$ 时，$h = H_0$，将式（13.7）分别在 $0 \sim t$ 和 $0 \sim t_0$ 时段进行积分，得

$$\int_0^t \mu_t \mathrm{d}t = \frac{2\Omega}{A\sqrt{2g}}\left(\sqrt{H} - \sqrt{h}\right) \tag{13.9}$$

及

$$\int_0^{t_0} \mu_t \mathrm{d}t = \frac{2\Omega}{A\sqrt{2g}}\left(\sqrt{H} - \sqrt{H_0}\right) \tag{13.10}$$

式（13.9）及式（13.10）左边的积分需要知道 $\mu_t = f(t)$ 的变化规律才能进行。

$$\mu_t = \frac{1}{\sqrt{\zeta_c + \zeta_g}} \tag{13.11}$$

μ_t 随阀门阻力系数 ζ_g 的减小而增大，在均匀开启时，ζ_g 仅与阀门开启程度 e 有关，即

$$\zeta_g = f\left(e = \frac{t}{t_0}\right)$$

有关各种型式的阀门在部分开启时的阻力系数 ζ_g 可参见表 5.6 或查阅相关水力手册。输水系统总阻力系数 ζ_c 包括进口部分、断面收缩及扩大处、水面下出水口、转弯等部分的阻力系数的总和。ζ_c 一般不随阀门开度而变，如船闸输水廊道断面沿程有变化，则在求各段阻力系数的总和时，应都换算成对阀门处计算断面。

各种阻力系数确定后，可计算出阀门不同开度的输水系数的流量系数，并可做出流量系数随阀门开启程度或时间而变化的曲线。有了 $\mu_t = f(t)$ 曲线，如图 13.7 所示。式（13.9）及式（13.10）左边积分式便可求得。

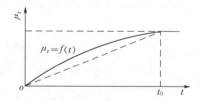

图 13.7   阀门逐渐均匀连续开启时
流量系数与时间关系曲线

根据式（13.9）及式（13.10）即可算出 $0 \sim t_0$ 时段中，h 随 t 的变化规律，从而得出 $0 \sim t_0$ 时段的 $h = f(t)$。

2. 阀门全开后到输水终止阶段

当阀门全开后，流量系数 $\mu_t = \mu = $ 常数，在此阶段的任一时刻的水头 h 的计算关系式，可由以下积分而得

$$\int_{t_0}^{t} \mu_t \, \mathrm{d}t = -\frac{\Omega}{A\sqrt{2g}} \int_{H_0}^{h} \frac{\mathrm{d}h}{\sqrt{h}} = \frac{2\Omega}{A\sqrt{2g}}(\sqrt{H_0} - \sqrt{h})$$

$$\mu(t - t_0) = \frac{2\Omega}{A\sqrt{2g}}(\sqrt{H_0} - \sqrt{h})$$

$$\sqrt{h} = \sqrt{H_0} - \frac{(t - t_0)\mu A\sqrt{2g}}{2\Omega} \tag{13.12}$$

当 $t = T$ 时，$h = 0$，则

$$t_e = \frac{2\Omega\sqrt{H_0}}{\mu A\sqrt{2g}} \tag{13.13}$$

其中，$t_e = T - t_0$。故闸室总灌水时间 T 为

$$T = t_0 + t_e = t_0 + \frac{2\Omega\sqrt{H_0}}{\mu A\sqrt{2g}} \tag{13.14}$$

在船闸水力计算中，常常需要绘制 $\mu_t = f(t)$、$h = f(t)$、$Q_t = f(t)$ 及灌水时的瞬时功率 $N = f(t)$ 等水力特性曲线。

灌泄水时的瞬时功率 N 为

$$N = \frac{\rho g Q_t h}{1000} = 9.8 Q_t h \tag{13.15}$$

对于各种计算曲线分别分述如下：

(1) $\mu_t = f(t)$ 曲线的计算和绘制（前边已有论述）。

(2) $h = f(t)$ 曲线，根据式（13.9）及式（13.12）进行，详细计算见［例 13.1］。

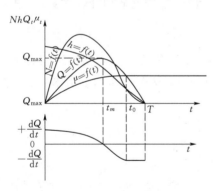

图 13.8 流量、流量系数、水头、
功率与时间的关系

(3) $Q_t = f(t)$ 曲线，根据 $\mu_t = f(t)$ 及 $h = f(t)$ 的计算结果，可得出船闸灌水时，任一瞬时的 μ_t 值和水头 h 值，将 μ_t 和 h 值代入式（13.1），即可算出与之对应的 Q_t，于是得 $Q_t = f(t)$。

(4) $N = f(t)$ 曲线，将 $h = f(t)$ 及 $Q_t = f(t)$ 的计算结果代入式（13.15），即可得出 $N = f(t)$。

最后将 $\mu_t = f(t)$、$h = f(t)$、$Q_t = f(t)$ 及 $N = f(t)$ 计算结果绘于同一图上，如图 13.8 所示。根据 $Q_t = f(t)$ 可算出不同时刻的 $\dfrac{\mathrm{d}Q}{\mathrm{d}t}$ 各

值，并将 $\dfrac{\mathrm{d}Q}{\mathrm{d}t} = f(t)$ 的变化关系绘于图 13.8 下部。

3. 水力特征值 Q_{max}、$\left(\dfrac{\mathrm{d}Q}{\mathrm{d}t}\right)_{max}$ 及 N_{max}（最大瞬时功率）等的确定

船闸输水系统设计方案拟订后，通过上述特性曲线的计算和绘制，即可得出相应的 Q_{max}、$\left(\dfrac{\mathrm{d}Q}{\mathrm{d}t}\right)_{max}$ 及 N_{max} 等特征值，以供进一步设计之用。但在进行输水系统的初步选择和

设计过程中，由于输水系统的细部构造尚未确定，水力特性曲线还不能详细算出，在这种情况下，可以采用以下近似的计算方法，来求出所需要确定的输水总时间及相应的 $Q_{\max}$、$\left(\dfrac{\mathrm{d}Q}{\mathrm{d}t}\right)_{\max}$ 及 $N_{\max}$ 等特征值。

（1）闸室总灌水时间 T 的计算公式。参看 $\mu_t = f(t)$ 曲线（图 13.9），设 A 表示曲线图中画线部分的面积，则

$$\int_0^{t_0} \mu_t \mathrm{d}t = \mu t_0 - A = \mu t_0 \left(1 - \frac{A}{\mu t_0}\right)$$

令

$$\alpha = \frac{A}{\mu t_0}$$

所以

$$\int_0^{t_0} \mu_t \mathrm{d}t = \mu t_0 (1 - \alpha) \tag{13.16}$$

将式（13.16）代入式（13.10）得

$$\mu t_0 (1 - \alpha) = \frac{2\Omega}{A\sqrt{2g}} \left(\sqrt{H} - \sqrt{H_0}\right)$$

$$\sqrt{H_0} = \sqrt{H} - \frac{\mu t_0 (1 - \alpha) A \sqrt{2g}}{2\Omega} \tag{13.17}$$

将式（13.17）代入式（13.14）得

$$T = t_0 + \frac{2\Omega}{\mu A \sqrt{2g}} \left[\sqrt{H} - \frac{\mu t_0 (1 - \alpha) A \sqrt{2g}}{2\Omega}\right]$$

$$= t_0 + \frac{2\Omega \sqrt{H}}{\mu A \sqrt{2g}} - t_0 (1 - \alpha)$$

$$T - t_0 \alpha = T(1 - \alpha k) = \frac{2\Omega \sqrt{H}}{\mu A \sqrt{2g}}$$

所以

$$T = \frac{2\Omega \sqrt{H}}{\mu A \sqrt{2g}(1 - \alpha k)} \tag{13.18}$$

式中　k——阀门开启的相对时间，$k = \dfrac{t_0}{T}$。

由式（13.18）也可算出在时间 T 内完成闸室灌水所需输水廊道的面积为

$$A = \frac{2\Omega \sqrt{H}}{\mu T \sqrt{2g}(1 - \alpha k)} \tag{13.19}$$

当输水系统的流量系数按直线变化时（图 13.9），则

$$\alpha = \frac{A}{\mu t_0} = \frac{\frac{1}{2}\mu t_0}{\mu t_0} = \frac{1}{2} = 0.5$$

在船闸初步计中，一般都近似采用 $\alpha = 0.5$，或参考表 13.1 所给数值。

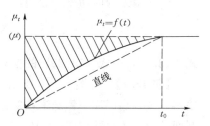

图 13.9　流量系数与时间关系

表 13.1 阀门形式与流量系数表

阀门形式	不同流量系数（阀门全开时）的 α 值			
	$\mu=0.5$	$\mu=0.6$	$\mu=0.7$	$\mu=0.8$
平板门（锐缘底）	0.37	0.41	0.44	0.47
弧形门	0.35	0.39	0.42	0.44
圆筒门	0.29	0.33	0.36	—
旋转门	0.43	0.47	0.50	0.53
针形门	0.30	0.33	0.36	0.39

（2）最大流量 Q_{max} 的计算公式。当阀门在 $t_0 < 0.5T$ 时间内迅速开启时，最大流量发生在阀门全开的瞬间：

$$Q_{max} = \frac{8\Omega H(1-k)}{T(2-k)^2} \tag{13.20}$$

当阀门在 $t_0 \leqslant 0.5T$ 时间内缓慢开启时，最大流量 Q_{max} 发生的瞬时

$$\begin{cases} t_M = \frac{T}{\sqrt{3}} \sqrt{k(2-k)} \\ h_M = \frac{4}{9} H \end{cases} \tag{13.21}$$

此时

$$Q_{max} = \frac{8}{3\sqrt{3}} \frac{\Omega H}{T\sqrt{k(2-k)}} \tag{13.22}$$

（3）最大流量增值 $\left(\dfrac{dQ}{dt}\right)_{max}$ 的计算公式。最大流量增值发生的输水开始时（$t=0$），也即水头最大时：

$$\left(\frac{dQ}{dt}\right)_{max0} = \frac{\mu A \sqrt{2g} \sqrt{H}}{t_0} \approx \frac{4\Omega H}{T^2 k(2-k)} \tag{13.23}$$

流量增值的最大负值发生在阀门全开时，在此以后的所有灌水时间内，它将保持为一常数：

$$\left(\frac{dQ}{dt}\right)_{maxk} = -\frac{\mu^2 A^2 g}{\Omega} \approx -\frac{8\Omega H}{T^2(2-k)^2} \tag{13.24}$$

（4）最大瞬时功率 N_{max} 的计算公式：

$$N_{max} \approx 9.3 \frac{\Omega H^2}{T\sqrt{k(2-k)}} \tag{13.25}$$

式（13.22）～式（13.25）的推证从略。

【**例 13.1**】 如图 13.10 所示，拟建横拉门、双向水头船闸，闸首采用平面对冲消能的输水系统（靠门库一侧廊道则穿越门库），门库另一侧廊道的入口断面、出口断面及廊道断面的形状和尺寸如图 13.10 所示。廊道输水阀门为平板直升门，阀门连续均匀开启，开启时间定为 5min。闸室充水面积 $\Omega = 195m \times 26m = 5070m^2$。设计闸上水位 $\nabla_{上} = 3.5m$，闸下水位 $\nabla_{下} = 1.0m$。廊道糙率 $n = 0.014$。

要求按门库两侧廊道进行以下水力计算（设门库一侧和另一侧廊道的输水能力相同）：

(1) 计算 $\mu_t = f_1(t)$，并绘制 $\mu_t = f_1(t)$ 曲线；

(2) 计算 $h = f_2(t)$ 及全部输水时间，并绘制 $h = f_2(t)$ 曲线；

(3) 计算 $Q = f_3(t)$，并绘制 $Q = f_3(t)$ 曲线；

(4) 计算 $N = f_4(t)$，并绘制 $N = f_4(t)$ 曲线；

(5) 求 Q_{max}、N_{max}、$\left(\dfrac{dQ}{dt}\right)_{max0}$ 及 $\left(\dfrac{dQ}{dt}\right)_{maxk}$ 等水力特征值。

解：（1）计算 $\mu_t = f_1(t)$。在拟定的船闸输水方式下，流量系数 μ 在阀门开启过程中随时间变化，只是当阀门完全开启后方可认为 μ 为常数。

按短廊道计算：

由式（13.11）知

$$\mu_t = \frac{1}{\sqrt{\zeta_c + \zeta_g}} \quad (\zeta_c \text{ 为输水系统总阻力系数})$$

又

$$\zeta_c = \zeta_e + \zeta_{de} + 2\zeta_b + \zeta_f + \zeta_{d0} + \zeta_0$$

式中　　ζ_e——入口段的局部阻力系数；

ζ_{de}——入口扩大段局部阻力系数；

ζ_b——弯道局部阻力系数；

ζ_f——沿程水头损失折合为局部水头损失的表现形式的局部阻力系数；

ζ_{d0}——出口扩大段的局部阻力系数；

ζ_0——出口的局部阻力系数。

根据图 13.10 所给门库另一侧廊道的尺寸，则

廊道断面面积 $A = 3.5 \times 2.5 - 4 \times \dfrac{1}{2} \times 0.5^2 = 8.25$（$m^2$）；

入口断面面积 $A_e = 2.5 \times 2.85 - 4 \times \dfrac{1}{2} \times 0.5^2 = 6.62$（$m^2$）；

出口断面面积 $A_0 = 3.5 \times 3.2 - 4 \times \dfrac{1}{2} \times 0.5^2 = 10.7$（$m^2$）；

廊道断面的水力半径 $R = \dfrac{A}{x} = \dfrac{3.5 \times 2.5 - 4 \times \dfrac{1}{2} \times 0.5^2}{2 \times (2.5 + 1.5) + 4 \times \sqrt{0.5^2 + 0.5^2}} = 0.761$（m）

已知入口段的局部水头损失 h_{me} 为

$$h_{me} = 0.5 \frac{v_e^2}{2g} = 0.5 \left(\frac{A}{A_e}\right)^2 \frac{v^2}{2g}$$

式中　　v_e——入口断面的断面平均流速；

v——廊道断面的断面平均流速。

则

$$\zeta_e = 0.5 \left(\frac{A}{A_e}\right)^2 = 0.5 \times \left(\frac{8.25}{6.62}\right)^2 = 0.774$$

长方形断面弯管 $\dfrac{b}{R} = \dfrac{2.5}{2.75} = 0.91$，由表 5.4 可知，$\zeta_b = 0.33$。

又，沿程水头损失折合为局部水头损失的表现形式，即 $h_m = \dfrac{8g}{C^2} \dfrac{L}{4R} \dfrac{v^2}{2g} = \dfrac{2gL}{C^2 R} \dfrac{v^2}{2g}$

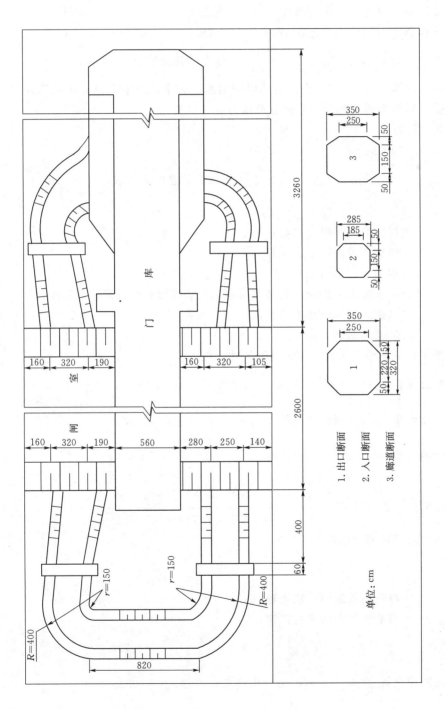

图 13.10　船闸平面图

1. 出口断面
2. 入口断面
3. 廊道断面

单位：cm

所以，$\zeta_f = \dfrac{2gL}{C^2 R} = \dfrac{2 \times 9.8 \times 8.2}{\left(\dfrac{1}{0.014} \times 0.761^{1/6}\right)^2 \times 0.761} = 0.047$

入口及出口扩大段的局部阻力系数可按下式计算：

$$\zeta_{de} = 0.18 \times \left[1 - \left(\frac{6.62}{8.25}\right)^2\right] \times \left(\frac{8.25}{6.62}\right)^2 = 0.100$$

$$\zeta_{d0} = 0.18 \times \left[1 - \left(\frac{8.25}{10.7}\right)^2\right] = 0.073$$

设出口断面的局部水头损失 h_{m0} 为

$$h_{m0} = \frac{v_0^2}{2g} = \left(\frac{A}{A_0}\right)^2 \frac{v^2}{2g}$$

则

$$\zeta_0 = \left(\frac{A}{A_0}\right)^2 = \left(\frac{8.25}{10.7}\right)^2 = 0.595$$

将以上 ζ_e、ζ_b、… 代入 ζ_e 式中，则

$$\zeta_e = 0.744 + 0.100 + 2 \times 0.33 + 0.047 + 0.073 + 0.595 = 2.249$$

所以

$$\mu_t = \frac{1}{\sqrt{2.249 + \zeta_g}}$$

因阀门阻力系数 ζ_g 随阀门开启度 e 而变化，则 μ_t 也随 ζ_e 而变，列表计算如下：

开启时间 t/s	阀门开度 e	阀门阻力系数 ζ_e	$\zeta_e + \zeta_g$	$\sqrt{\zeta_e + \zeta_g}$	流量系数 μ_t
0	0	∞	∞	∞	0
30	0.1	193.25	195.5	14.0	0.0714
60	0.2	44.75	47.0	6.85	0.146
90	0.3	18.05	20.3	4.51	0.222
120	0.4	8.37	10.62	3.25	0.307
150	0.5	4.27	6.52	2.55	0.392
180	0.6	2.33	4.60	2.15	0.467
210	0.7	1.10	3.35	1.83	0.545
240	0.8	0.64	2.89	1.70	0.588
270	0.9	0.34	2.59	1.61	0.622
300	1.0	0.25	2.50	1.57	0.633

根据表中计算数据，可绘制 $\mu_t = f_1(t)$ 曲线（图 13.11）。

(2) 计算 $h = f_2(t)$。分两个阶段计算。

1) 自阀门开始提升到阀门全开的阶段（$0 \rightarrow t_0$）。在此阶段中，流量系数为变数，灌水过程的方程式可由式（13.9）改变而得

$$\sqrt{h} = \sqrt{H} - \frac{A\sqrt{2g}}{\Omega} \int_0^t \mu_t \, \mathrm{d}t = \sqrt{H} - \frac{A\sqrt{2g}}{\Omega} \sum \bar{\mu}_t \Delta t$$

按上式列表计算如下：

t/s	$\sqrt{H}$	$\dfrac{A\sqrt{2g}}{\Omega}$	$\bar{\mu}_t$	$\bar{\mu}_t\Delta_t$	$\sum\bar{\mu}_t\Delta_t$	$\dfrac{A\sqrt{2g}}{\Omega}\sum\bar{\mu}_t\Delta_t$	$\sqrt{h}$	h
0	1.58	0.0072			0	0	1.58	2.5
30			0.0357	1.07	1.07	0.0077	1.572	2.47
60			0.109	3.26	4.33	0.0319	1.548	2.40
90			0.184	5.52	9.85	0.0709	1.509	2.28
120			0.265	7.95	17.8	0.128	1.452	2.11
150			0.350	10.5	28.3	0.203	1.378	1.90
180			0.430	12.9	41.2	0.296	1.284	1.65
210			0.506	15.2	56.4	0.406	1.174	1.38
240			0.567	17.0	73.4	0.1528	1.052	1.11
270			0.605	18.1	91.5	0.66	0.92	0.840
300			0.628	18.8	110.3	0.795	0.785	0.616

2）阀门全开后到输水终止阶段（$t_0 \to T$）。当阀门全开后，$\mu_i = \mu = $ 常数 $= 0.633$，在此阶段任一时刻的水头 h 的计算关系式为

$$\sqrt{h} = \sqrt{H_0} - \frac{(t-t_0)\mu A\sqrt{2g}}{\Omega}$$

当 $t = T$ 时，由式（13.12）得

$$t_e = \frac{\Omega\sqrt{H_0}}{\mu A\sqrt{2g}} = \frac{5070\times\sqrt{0.616}}{0.633\times 8.25\times 4.43} = 172\,(\text{s})$$

全部输水时间 T 为

$$T = t_0 + t_e = 300 + 172 = 472\,(\text{s})$$

列表计算如下：

t/s	$\sqrt{H_0}$	$\dfrac{\mu A\sqrt{2g}}{\Omega}$	$\dfrac{(t-t_0)\mu A\sqrt{2g}}{\Omega}$	$\sqrt{h}$	h
350	0.785	0.00455	0.228	0.557	0.31
400			0.455	0.330	0.109
450			0.683	0.102	0.0104
472			0.785	0	0

根据计算结果，绘制 $h = f_2(t)$ 曲线，如图 13.11 所示。

（3）计算 $Q = f_3(t)$。由式（13.1）知

$$Q = \mu_t 2A\sqrt{2gh}$$

当 $t > t_0$ 后，流量系数 $\mu_t = \mu = $ 常数 $= 0.633$，则 $\mu_t 2A\sqrt{2g}$ 不随时间而变，并由式 $\sqrt{h} = \sqrt{H_0} - \dfrac{(t-t_0)\mu A\sqrt{2g}}{\Omega}$ 可以看出，在 $t_0 \to T$ 期间，$\sqrt{h}$ 随 t 呈直线变化，故 Q 随时间 t 也按直线变化，即

$$t > t_0, \frac{\mathrm{d}Q}{\mathrm{d}t} = 常数$$

列表计算如下：

t/s	μ_t	$\sqrt{h}$	$2A\sqrt{2gh}$	$Q = \mu_t 2A\sqrt{2gh}/(\mathrm{m^3/s})$
0	0	1.58	115.2	0
30	0.0714	1.572	114.7	8.2
60	0.146	1.548	113.0	16.5
90	0.222	1.509	110.0	24.4
120	0.307	1.452	106.0	32.5
150	0.392	1.378	100.5	39.4
180	0.467	1.284	94.0	43.8
210	0.545	1.174	86.0	46.8
240	0.588	1.052	77.0	45.3
270	0.622	0.92	67.2	41.8
300	0.633	0.785	57.4	36.3
350		0.557	40.7	25.8
400		0.330	24.1	15.3
450		0.102	7.46	4.73
472		0	0	0

将计算结果绘制 $Q = f_3(t)$ 曲线如图 13.11 所示。

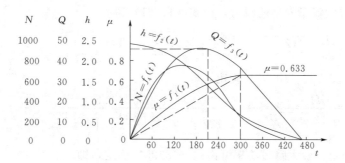

图 13.11　流量、作用水头、功率与时间关系图

（4）计算 $N = f_4(t)$。

列表计算于下：

t/s	h/m	$Q/(\mathrm{m^3/s})$	$N = \rho g Q h$ $/(\mathrm{N \cdot m/s})$	$N = \dfrac{\rho g Q h}{100}/\mathrm{kW}$
0	2.5	0	0	0
30	2.47	8.2	198000	197

续表

t/s	h/m	$Q/(m^3/s)$	$N = \rho g Q h$ /(N·m/s)	$N = \dfrac{\rho g Q h}{100}$ /kW
60	2.40	16.5	388000	388
90	2.28	24.4	545000	515
120	2.11	32.6	675000	675
150	1.90	39.5	735000	735
180	1.65	43.8	710000	710
210	1.38	46.8	633000	633
240	1.11	45.2	492000	492
270	0.846	41.8	347000	347
300	0.616	36.3	219000	219
350	0.31	25.8	78500	78.5
400	0.109	15.3	16400	16.4
450	0.0104	4.73	480	0.48
472	0	0		0

将计算结果绘制 $N = f_4(t)$ 曲线，如图 13.11 所示。

(5) 计算 Q_{max}、N_{max} 及 $\left(\dfrac{\mathrm{d}Q}{\mathrm{d}t}\right)_{max}$ 等特征值。

1) 最大流量 Q_{max} 的确定。由上面计算得 $T = 472\mathrm{s}$，闸门开启时间为 $t_0 = 300\mathrm{s}$，所以 $t_0 \geqslant 0.5T$，则最大流量发生的瞬时，由式 (13.21) 得

$$t_M = \frac{T}{\sqrt{3}} \sqrt{k(2-k)} = \frac{472}{1.732} \times \left[\frac{300}{472} \times \left(2 - \frac{300}{472}\right)\right]^{1/2} = 253 \ (\mathrm{s})$$

最大流量 Q_{max} 由式 (13.22) 确定，即

$$Q_{max} = \frac{8}{3\sqrt{3}} \frac{\Omega H}{T\sqrt{k(2-k)}} = \frac{8 \times 5070 \times 2.5}{3 \times 1.732 \times 472 \times \left[\frac{300}{472} \times \left(2 - \frac{300}{472}\right)\right]^{1/2}} = 44.7 \ (\mathrm{m^3/s})$$

2) N_{max} 的确定。最大瞬时功率可由式 (13.25) 确定，即

$$N_{max} = 9.3 \frac{\Omega H^2}{T\sqrt{k(2-k)}} = \frac{9.3 \times 5070 \times 2.5^2}{472 \times \left[\frac{300}{472} \times \left(2 - \frac{300}{472}\right)\right]^{1/2}} = 671 \ (\mathrm{kW})$$

3) 最大流量增值的计算。由式 (13.23) 得

$$\left(\frac{\mathrm{d}Q}{\mathrm{d}t}\right)_{max0} = \frac{\mu A \sqrt{2gH}}{t_0} = \frac{0.633 \times 2 \times 8.25 \times 4.43 \times 2.5^{1/2}}{300} = 0.244 \ (\mathrm{m^3/s^2})$$

由式 (13.24) 得

$$\left(\frac{\mathrm{d}Q}{\mathrm{d}t}\right)_{maxk} = -\frac{\mu^2 A^2 g}{\Omega} = -\frac{0.633^2 \times (2 \times 8.25)^2 \times 9.81}{5070} = -0.211 \ (\mathrm{m^3/s^2})$$

13.3　孔口输水系统灌泄水的水力计算

13.3.1　低水头孔口灌泄水的水力计算

前面已经谈过，在船闸的泄水过程中，灌泄水系统的作用水头是随时间而变化的，因而在灌泄水过程中，输水孔的出流是非恒定流。由于水面的升降（即作用水头的变化）比较缓慢，因此，在研究此种情况的非恒定流时，可以忽略惯性力的影响，即在任一微小时段 dt 内，可以按恒定流来处理。换句话说，就是在 dt 时段内，作用水头和流量均为常数，但在整个流动过程中，作用水头和流量又都是变数（为时间的函数）。

当作用水头（上下游水位差 $H < 2m$）较小时，为低水头孔口灌泄水。下面以图 13.12 所示的船闸为例，来说明孔口非恒定出流的水力计算基本原理。对于孔口灌泄水系统，通常在闸门上设几个灌泄水孔口，上游孔口往往高于下游水面。水力计算分两种情况进行。

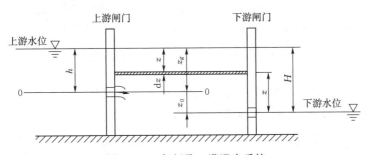

图 13.12　船闸孔口灌泄水系统

孔口阀门（孔阀）通常是在一个时间段内开启的，若开启时间与灌泄水时间相比，孔阀开启时间为微量，可视为孔阀瞬时开启。灌水时闸室水位在孔口中心线以下时，输水孔口（上游闸门孔口）出流为自由出流；当闸室水位升到孔口中心线以上时则为淹没出流。

1. 船闸灌水

当上游闸门上的孔阀开启（下游闸门上的孔阀关闭）后，水就由孔口流入闸室，闸室水位不断上升。设闸室水位上升到孔口中心线 0—0 所需的时间为 t_0'。在 t_0' 时段中，孔口出流均系自由出流，有效水头（作用水头）h（孔口中心线以上水头）不随时间而变化（恒定流），忽略行近流速水头，则流量为

$$Q = \mu A \sqrt{2gh}$$

又在 t_0' 时段内，由上游流入闸室的水量 ΔV 为

$$\Delta V = \Omega z_0 = Q t_0'$$

所以

$$t_0' = \frac{\Omega z_0}{Q} = \frac{\Omega z_0}{\mu A \sqrt{2gh}} \tag{13.26}$$

式中　Ω ——闸室水面面积，设为常数。

设闸室水位由 0—0 上升到与上游水位齐平时所需的时间为 t_e，在此过程中，孔口出流均是淹没出流，而且是非恒定流。根据假定，在任一微小时段 dt 内可作为恒定流来处理。在任一时间段 dt 内，由上游流入闸室的水量等于 Qdt，而闸室中水量的相应变化量为

345

Ωdz，根据连续原理，$-\Omega dz = Q dt$（负号是因为作用水头 z 随时间的增量为负值），则有

$$dt = \frac{-\Omega dz}{Q} = -\frac{\Omega dz}{\mu A \sqrt{2gz}}$$

则闸室水位由 0—0 上升到与上游水位齐平所需的时间 t_e，可由将上式在 $z = 0$ 到 $z = z_g$ 的范围内积分

$$t_e = \int_0^{t_e} dt = \frac{-\Omega}{\mu A \sqrt{2g}} \int_{z_g}^0 \frac{dz}{\sqrt{z}} = \frac{2\Omega}{\mu A \sqrt{2g}} \sqrt{z_g}$$

$$t_e = \frac{2\Omega \sqrt{z_g}}{\mu A \sqrt{2g}} = \frac{2\Omega z_g}{\mu A \sqrt{2gz_g}} \tag{13.27}$$

全部充水时间 T_F 为

$$T_F = t_0' + t_e = \frac{\Omega z_0}{\mu A \sqrt{2gh}} + \frac{2\Omega z_g}{\mu A \sqrt{2gz_g}} \tag{13.28}$$

2. 船闸泄水

如图 13.12 所示，当闸室水面与上游水面齐平后，上游闸门孔阀关闭，下游闸门孔阀开启，为船闸泄水。设全部泄水时间为 T_E，在 T_E 过程中，整个流动均系孔口非恒定的淹没出流，闸室水位不断下降，即作用水头逐渐减小，从 H 变为零（设在此过程中下游水位固定不变）。

在 T_E 的整个过程的任一时间段内，由闸室经下游闸门孔口流入下水量为 $Q dt$。同时，闸室中水体积减少了 Ωdz。根据质量守恒原理

$$Q dt = -\Omega dz$$

$$dt = \frac{-\Omega dz}{\mu A \sqrt{2gz}}$$

$$T_E = \int_0^{T_E} dt = \frac{-\Omega}{\mu A \sqrt{2g}} \int_H^0 \frac{dz}{\sqrt{z}} = \frac{2\Omega}{\mu A \sqrt{2g}} \sqrt{H}$$

$$T_E = \frac{2\Omega \sqrt{H}}{\mu A \sqrt{2g}} = \frac{2\Omega H}{\mu A \sqrt{2gH}} \tag{13.29}$$

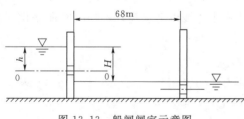

图 13.13 船闸闸室示意图

【例 13.2】 求船闸闸室充满或泄空所需之时间。已知闸室长 68m，宽 12m，上游闸门及下游闸门上出水孔口的总面积为 $3.2 m^2$，上游孔口中心以上水头 $h = 2.0 m$，上、下游水面差 $H = 4.0 m$（图 13.13）。设孔阀瞬时开启，上、下游水位固定不变。

解：（1）闸室充满所需的时间 T_F 包括：闸室水面上升到 0—0 所需时间 t_0'；闸室水面由 0—0 上升至与下游水面齐平所需时间 t_e。全部充分时间 $T_F = t_0' + t_e$，孔口流量系数取 $\mu = 0.65$。

由式（13.26）得 $\quad t_0' = \frac{\Omega z_0}{\mu A \sqrt{2gh}} = \frac{68 \times 12 \times (4-2)}{0.65 \times 3.2 \times 4.43 \times \sqrt{2}} = 125 \ (s)$

由式（13.27）得
$$t_e = \frac{2\Omega\sqrt{z_g}}{\mu A\sqrt{2g}} = \frac{2 \times 68 \times 12 \times \sqrt{2}}{0.65 \times 3.2 \times 4.43} = 250 \text{（s）}$$

所以
$$T_F = t_0' + t_e = 125 + 250 = 375 \text{（s）}$$

（2）闸室泄空所需时间 T_E 按式（13.29）计算，即

$$T_E = \frac{2\Omega\sqrt{H}}{\mu A\sqrt{2g}} = \frac{2 \times 68 \times 12 \times \sqrt{4}}{0.65 \times 3.2 \times 4.43} = 354 \text{（s）}$$

综合上述情况，在船闸灌泄过程中，孔口阀门一般都不可能是瞬时开启的，而通常是在一个时间段内逐渐开启的。但在实际工作中，有时开阀时间可能很短，为了简化计算，可按阀门瞬时开启，否则，应按实际情况进行计算。

13.3.2 高水头孔口灌泄水的水力计算

当闸室上、下游水位差（$4\text{m} < H < 8\text{m}$）较大时，在船闸的设计中，输水孔出口往往位于闸室的初始水位以上，通常设有消能遮墙，如图 13.14 所示。这样布置的孔口，输水过程可分两个不同的阶段：第一阶段灌水为自由出流，有效水头取决于上游水位而与闸室水面变化无关。流量系数取决于阀门的开启程度；第二阶段则为淹没泄流。

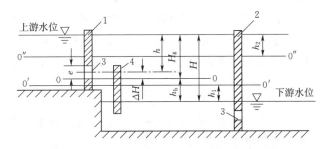

图 13.14 具有消能室的船闸布置示意图
1—上游闸门；2—下游闸门；3—输水孔；4—消能遮墙

在第二阶段灌水的过程中，消能室中的水位总比闸室中水位高出 ΔH 值，此 ΔH 值一般很小，计算中常假定 $\Delta H = 0.5e$，即假定闸室中水位升到输水孔下缘的瞬间即为第二阶段的开始。

当阀门为均匀开启时，设阀门全开所需时间为 t_0，闸室内水面由起始水面上升到孔口下缘线 0—0（即消能室内水面升到孔口中心线）所需要的时间为 t_0'；其全开的瞬间可能有三种情况：一是阀门全开的瞬间即输水孔刚被淹没的瞬间，即 $t_0 = t_0'$；二是阀门全开后孔口尚未淹没，即 $t_0 < t_0'$；三是阀门还未全开孔已淹没泄流，即 $t_0 > t_0'$。以下分别按此三种情况来的推求灌水时间。

1. 第一种情况（$t_0 = t_0'$）

设输水孔口面积为 A；A_t 为阀门开启过程中，任意瞬时孔口过水面积。阀门全开以前，孔口系自由出流，有效水头不随时间变化，故流量可按孔口自由出流公式计算：

$$Q_t = \mu_t A_t \sqrt{2gh}$$

因为阀门均匀开启，所以，$A_t = A \dfrac{t}{t_0}$。又假定 $\mu_t = \mu$，则

$$Q_t = \mu A \frac{t}{t_0} \sqrt{2gh} \tag{13.30}$$

在 t_0 时间段内，由上游入闸室的水量为

$$\Delta V = \Omega h_b = \int_0^{t_0} Q_t \mathrm{d}t = \frac{\mu A}{t_0} \sqrt{2gh} \int_0^{t_0} t \mathrm{d}t = \frac{\mu A t_0 \sqrt{2gh}}{2}$$

$$t_0 = \frac{2\Omega h_b}{\mu A \sqrt{2gh}} = \frac{2\Omega(H - H_g)}{\mu A \sqrt{2gh}} \tag{13.31}$$

阀门全开以后灌水所需同时间 t_e 可按以下公式计算：

$$t_e = \frac{2\Omega \sqrt{H_g}}{\mu A \sqrt{2g}} \tag{13.32}$$

故全部灌水时间为

$$T = t_0 + t_e = \frac{2\Omega(H - H_g)}{\mu A \sqrt{2gh}} + \frac{2\Omega \sqrt{H_g}}{\mu A \sqrt{2g}} \tag{13.33}$$

2. 第二种情况（$t_0 < t_0'$）

为便于计算，将输水过程分作三个特征阶段，分别求其水面变化过程。

(1) 闸室水面由起始位置上升到阀门全开时的水面 $0'$—$0'$（$t = t_0$）。在此期间的泄流为自由出流，但阀门开度是变化的。照以前方法可证明，此时

$$t_0 = \frac{2\Omega h_1}{\mu A \sqrt{2gh}} \tag{13.34}$$

(2) 闸室中水面由 0—$0'$ 上升到孔口下缘 0—0。仍为自由出流，作用水头 h 为常数，而此时阀门已全开，故流量可按下式计算：

$$Q_t = \mu A \sqrt{2gh}$$

在此时段内，流入室中水量为

$$\Delta V = \Omega(H - H_g - h_1) = \int_{t_0}^{t_0'} Q_t \mathrm{d}t = \mu A \sqrt{2gh}(t_0' - t_0)$$

故灌水历时为

$$\Delta t' = (t_0' - t_0) = \frac{\Omega(H - H_g - h_1)}{\mu A \sqrt{2gh}} \tag{13.35}$$

(3) 水面由 $0'$—$0'$ 上升至与上游水平齐平，即淹没出流阶段。

故灌水历时 $\Delta t''$ 为

$$\Delta t'' = \frac{2\Omega \sqrt{H_g}}{\mu A \sqrt{2g}} \tag{13.36}$$

全部灌水时间则为

$$T = t_0 + \Delta t' + \Delta t'' = \frac{\Omega}{\mu A \sqrt{2g}} \left(\frac{2h_1}{\sqrt{h}} + \frac{H - H_g - h_1}{\sqrt{h}} + 2\sqrt{H_g} \right) \tag{13.37}$$

3. 第三种情况（$t_0 > t_0'$）

为便于计算也把它分为三个阶段来论述（假定无消能遮墙）

（1）第一阶段：闸室水面由起始位置上升至孔口中心线（系自由出流，但阀门还未全开，孔口过水面积是变化的），灌水历时 t 可按下式计算：

$$t_1 = \frac{2\Omega(H-h)}{\mu A \sqrt{2gh}} \qquad (13.38)$$

（2）第二阶段：室水面由孔口中心线上升至 $0''—0''$ 位置（即阀门全开时室中水面位置）。在此期间，泄流系淹没出流，而此时阀门还未全开。其泄流量为

$$Q_t = \mu A \frac{t}{t_0} \sqrt{2gz}$$

在 dt 时段内泄入闸室中的水量为

$$dV = -\Omega dz = Q_t dt = \mu A \sqrt{2gz}\, \frac{t}{t_0} dt$$

$$-\int_h^{h_2} \frac{\Omega dz}{\sqrt{z}} = \int_{t_1}^{t_0} \frac{\mu A \sqrt{2g}\, t}{t_0} dt$$

积分并简化后得

$$\sqrt{h_2} = \sqrt{h} - \frac{\mu A \sqrt{2g}}{4\Omega t_0}(t_0^2 - t_1^2) \qquad (13.39)$$

（3）第三阶段：由 $0''—0''$ 至终止水面。在这段时间内已完全开启，且为淹没泄流。其灌水历时 Δt 为

$$\Delta t = \frac{2\Omega \sqrt{h_2}}{\mu A \sqrt{2g}} \qquad (13.40)$$

故全部灌水历时为

$$T = t_1 + (t_0 - t_1) + \Delta t = t_0 + \Delta t$$
$$= t_0 + \frac{2\Omega \sqrt{h_2}}{\mu A \sqrt{2g}} \qquad (13.41)$$

利用式（13.39）可算出 h_2 值，代入式（13.41）则可求 T。

下面介绍水力特征值 $Q_{\max}$、$\left(\dfrac{dQ}{dt}\right)_{\max}$ 及 $N_{\max}$ 的确定：

在阀门全开的瞬间早于或刚好闸室水位升到输水孔的情况，最大流量发生在阀门全开的瞬间，并等于

$$Q_{\max} = \mu A \sqrt{2gh} \qquad (13.42)$$

在这种情况下，当上游水位与闸室水位差 $H_t = \dfrac{2}{3}H$ 时，阀门开启过程中水流功率将达最大值，它等于

$$N_{\max} = 5.35 \sqrt{\frac{\mu A \sqrt{2gh}\Omega}{t_0}}\, H^{3/2} \qquad (13.43)$$

在这种情况下。流量随时间的增值保持为一常数，其值如下：

1）在阀门开启的全部时间内 $\left(\dfrac{dQ}{dt}\right)$ 为正值，等于

$$\left(\frac{dQ}{dt}\right)_0 = \frac{\mu A \sqrt{2gh}}{t_0} \qquad (13.44)$$

2）在水位升到孔口中心以后的全部灌水时间内 $\left(\dfrac{\mathrm{d}Q}{\mathrm{d}t}\right)$ 为负值，等于

$$\left(\frac{\mathrm{d}Q}{\mathrm{d}t}\right)_h = -\frac{\mu^2 A^2 g}{\Omega} \tag{13.45}$$

在阀门开启以前，输水孔口被淹没的情况下，要得到 $Q_{\max}$ 的一般公式是困难的。在这种情况下，可绘出 $Q_t = f(t)$ 曲线以求最大流量，比较方便。计算表明，水流能量的最大值一般发生在闸室水位升到孔口中心以前，所以在任何情况下，都可用公式（13.43）算得。同时流量的增值也可按式（13.44）、式（13.45）计算。

13.4　分散式输水系统灌泄水的水力计算

在近代船闸的建设中，有时采用分散式的输水系统，水流分散而均匀地流入闸室（图 13.15），这样可以大大改善过闸船舶的停泊条件。

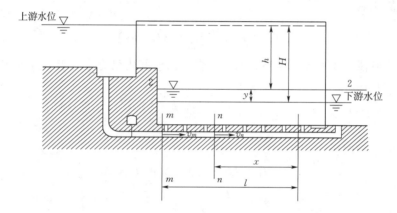

图 13.15　闸室灌水时纵向廊道及出水口的工作示意图

分散式输水系统的水流现象比较复杂，到目前为止，水力计算结果一般仅可作为初步选择输水系统型式及其尺寸时的参考，问题的解决在很大程度上仍然要借助于模型实验。下面简要介绍有关水力计算的过程。

分散式输水系统的水力计算，主要是确定输水廊道断面面积、出水口的位置及其断面大小，以保证在允许的灌泄历时情况下，整个闸室是均匀供水的。若整个闸室灌泄水不均匀，闸室水面则会产生波浪和纵比降，从而有纵向流速产生，过闸船只会沿倾斜面滑动，系缆力增大，致使过闸船只的停泊条件恶化。如果闸室的出水孔足够多且各个孔口的出流均匀，更确切地说是各个出水孔流量是相等的，则船只的泊稳条件就良好。

在设计输水系统时，船闸的输水时间根据通过能力大小是预先给定的，并且通常各个出水孔之间的距离相等，在闸室长度已知的情况下，各个出水孔的位置都是确定的。输水廊道断面积 A 的计算与出水孔的面积有关，而出水孔面积是未知的，因此不可能直接求解。

关于输水系统的水力计算，首先必须确定输水廊道的断面面积（通常是将阀门段上廊道断面作为计算断面）。输水时，廊道断面积可由式（13.18）确定，即

$$A = \frac{2\Omega\sqrt{H}}{\mu T\sqrt{2g(1-\alpha k)}}$$

在第一次近似计算时，可以采用 $\alpha = 0.5$ 或参照表 13.1 的经验数值来选择。廊道断面 A 确定后，则可进一步计算各出水面积 δ（出水孔等间距布置），从而可算出每一瞬时系统的流量系数 $\mu_t = f(t)$ 及系数 α 值。检验 μ 及 α 值是否与当初采用值相符，若两者相等，即计算正确；否则重复上述计算。最后即可绘制 $h = f(t)$、$Q_t = f(t)$ 等水力特性曲线。

关于纵向廊道出水孔面积的确定，过去曾进行了很多的研究，这些研究说明：各出水孔的间距相同、面积相等时，各出水孔的流量并不相等。因此必须采用某种方法计算出能保证各出水孔流量相等的情况下，各出水孔的面积的大小（各出水孔间距相等条件下）。

实践表明：在闸室灌泄水相等的情况下，船闸在使用时，闸室内最不利的水力条件，发生在闸室灌水过程中。因此通常采用灌水过程作为确定出水孔尺寸的计算条件。

根据第 7 章的内容，忽略惯性力的影响，则出水孔面积可按式（13.46）确定（图 13.15）：

$$q = \mu\delta\sqrt{2gz} \tag{13.46}$$

其中

$$q = \frac{Q_m}{m}$$

式中　q——通过一个出水孔的流量；

　　Q_m——输水廊道的总流量；

　　m——出水孔的数目；

　　μ——出水孔的流量系数；

　　δ——一个出水孔的面积；

　　z——出水孔前断面的有效总水头。

任一出水孔前断面的有效总水头 z 可通过列 m—m 与 n—n 断面间的能量方程求得，即

$$z_m + \frac{p_m}{\rho g} + \frac{v_m^2}{2g} = z_n + \frac{p_n}{\rho g} + \frac{v_n^2}{2g} + \zeta_n\frac{v_m^2}{2g}$$

对于平底廊道 $z_m = z_n$，$\left(\dfrac{p_m}{\rho g} + \dfrac{v_m^2}{2g}\right)$ 是 m—m 断面的总能量，并记为 E_m；$\left(\dfrac{p_n}{\rho g} + \dfrac{v_n^2}{2g}\right)$ 是 n—n 断面的总能量，并记为 E_n，令出水孔前断面的有效总水头 $z = E_m - E_n$，则上式可写为

$$z = \zeta_n\frac{v_m^2}{2g} = \frac{\zeta_n}{2gA^2}Q_m^2 \tag{13.47}$$

式中　A——输水廊道的断面积（设整个廊道的 A = 常数）；

　　ζ_n——所研究的出水孔断面内系统的总阻力系数，是以输水廊道开始处的流速来表示的。

式（13.47）即任一出水孔 m—m 断面上的有效总水头。

沿输水廊道长度方向系统的水头损失由下列几部分组成：

（1）输水廊道断面 $m—m \sim n—n$ 间的沿程水头损失；

（2）与每一个出水孔分配流量有关的局部水头损失；

（3）出水孔的局部水头损失。

将式（13.47）代入式（13.46），则

$$\delta = \frac{Aq}{\mu Q_m \sqrt{\zeta_n}} \tag{13.48}$$

或

$$\delta = \frac{A}{\mu m \sqrt{\zeta_n}} \tag{13.49}$$

在下面的水力计算中，把输水廊道出水孔的流动视为并联系统。每一出水孔断面前的有效水头是相等的，则每一出水孔的流量为常数。

在以上假设前提下，以 2—2 断面为基准线，通过列断面 $n—n$ 与最后出水口间的能量方程，可写出在输水廊道任意断面 $n—n$ 处的有效压头 z_p 为

$$z_p = (\zeta_0 + \zeta_f + \zeta_\omega)\frac{v_m^2}{2g} - \frac{a v_n^2}{2g} \tag{13.50}$$

式中　z_p——任意断面 $n—n$ 在闸室水面 2—2 以上的压力水头；

　　　　v_m——输水廊道开始断面的平均流速；

　　　　v_n——断面 $n—n$ 的平均流速；

　　　　ζ_0——廊道最后一个水孔进口与出口的阻力系数；

　　　　ζ_f——廊道的摩擦阻力系数；

　　　　ζ_ω——由于水流沿出水孔分配流量而产生的分流阻力系数。

以上所有阻力系数均以流速 v_m 来表示。下面分别讨论这些阻力系数如何确定。

1. 出水孔的阻力系数 ζ_0

据第 7 章所述可知，淹没出水孔的阻力系数为

$$\zeta_0 = \frac{1}{\mu_0^2} \tag{13.51}$$

其中 μ_0 为最后一个出水孔的水流量系数，可按具体情况确定。在工程上，因为出水孔有一定壁厚，通常将出水孔视为管嘴出流。

2. 沿程阻力系数 ζ_0

在第 7 章中曾讲到，在沿程均匀泄流有压管路中，所造成的水头损失是通过相同集中流量时水头损失的 1/3 倍，所以输水廊道内的沿程水头损失为

$$h_f = \frac{1}{3} Q_n^2 \frac{l}{K^2}$$

式中，$K^2 = A^2 C^2 R$，$l = x$；Q_n 即 $n—n$ 断面处的总流量 $Q_n = A v_n$。则

$$h_f = \frac{1}{3} \frac{A^2 v_n^2 x}{A^2 C^2 R} \frac{2g}{2g} = \frac{2gx}{3C^2 R} \frac{v_n^2}{2g} \tag{13.52}$$

廊道断面 $n—n$ 处流速为

$$v_n = \frac{q_1 x}{A} = \frac{q_1 x}{A} \frac{l}{l} = v_m \frac{x}{l} \tag{13.53}$$

式中　q_1——分布廊道单位长度上的流量；

x —— 由最后一个出水孔至研究断面 n—n 的距离；

A —— 分布廊道的断面积；

l —— 分布廊道的总长。

将式（13.53）代入式（13.52），则得

$$h_f = \frac{2gx}{3C^2R} \frac{v_m^2}{2g} \left(\frac{x}{l}\right)^2 = \frac{2gl}{3C^2R} \left(\frac{x}{l}\right)^3 \frac{v_m^2}{2g}$$

$$\zeta_f = \frac{2gl}{3C^2R} \left(\frac{x}{l}\right)^3 \tag{13.54}$$

3. 由于分配流量而产生的分流阻力系数 ζ_ω

对分流的水头损失有不同的确定方法，若假设这些水头损失按水流突然扩大时的水头损失来确定，那么，水流通过一个出水孔的分流水头损失为

$$h'_w = \frac{(v_n - v_{n-1})^2}{2g} = \frac{(Q_n - Q_{n-1})^2}{A^2 2g} = \frac{q^2}{A^2 2g} = \frac{Q^2}{m^2 A^2 2g} = \frac{1}{m^2} \frac{v_m^2}{2g}$$

在 x 段内所有出水孔的这种水头损失为

$$h_w = \frac{n-1}{m^2} \frac{v_m^2}{2g}$$

$$\zeta_\omega = \frac{n-1}{m^2} \tag{13.55}$$

式中　m —— 出水孔的数目；

　　　n —— 第 n 个出水孔。

将式（13.55）、式（13.54）及式（13.51）代入式（13.50），则得

$$z_p + \frac{\alpha v_n^2}{2g} = \left[\frac{1}{\mu_0^2} + \frac{2gl}{3C^2R} \left(\frac{x}{\iota}\right)^3 + \frac{n-1}{m^2}\right] \frac{v_m^2}{2g}$$

即

$$z = \left[\frac{1}{\mu_0^2} + \frac{2g\iota}{3C^2R} \left(\frac{x}{\iota}\right)^3 + \frac{n-1}{m^2}\right] \frac{v_m^2}{2g}$$

$$\xi_n = \frac{1}{\mu_0^2} + \frac{2g\iota}{3C^2R} \left(\frac{x}{\iota}\right)^3 + \frac{n-1}{m^2} \tag{13.56}$$

最后将式（13.56）代入式（13.49）就可求出任意出水孔的面积 δ。

最后必须说明，以上计算均未考虑惯性力的影响（在不恒定流情况下，出水孔的面积的计算是复杂的）。即按照上述方法确定的出水口面积，仅在恒定流条件下，才能保持各出水孔均匀出流，在灌泄水过程中，这个条件只有当进入闸室的流量通过其最大值的瞬间才存在。由于闸室灌水时船舶的停泊条件要比泄水时严重，因此一般都以在灌水过程中当流量最大（$Q = Q_{max}$）时，使整个出水孔出流相等的条件下，按上述方法来选择出水口的面积和布置。但是，船闸灌泄过程中，其流动均为非恒定流，惯性力对出水孔的流量有影响（其原因下节说明）。当开始灌水时，由于惯性力的影响，使得各出水孔流量发生变化，其变化是自上游至下游逐渐减小；而当 $Q = Q_{max}$ 以后，则与上述情况相反。因此，一般很难通过选择出水孔的面积，使之在整个灌水过程中，均能保持各出水孔均匀出流。所以，对于分散式输水系统，为了改善过闸船舶的停泊条件，同样也需要采取控制开始灌泄水时阀门的开启速度等措施。

13.5　惯性力影响的计算

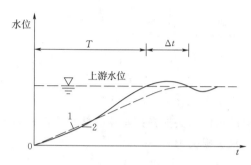

图 13.16　惯性力影响与不考虑惯性力对照图
1—不考虑惯性力；2—考虑惯性力

船闸灌泄过程中，输水廊道中的水流是不恒定流。随着阀门开启的过程，流量开始由零增到最大，这时水流的运动是加速的，惯性力阻滞闸室内水位的上升；此后流量由最大而逐渐减少，水流变为减速流，惯性能释放，加速了闸室内水位的上升；在闸室灌泄水的后期，因有效水头变得很小，惯性力影响更加显著（图 13.16）。受惯性力的影响，使室内的水面发生动荡。

由于惯性力影响的结果，灌泄时间有一些减少；在分散式的输水系统中，则可使流量沿各个出水孔重新分配。

为了估算惯性力的影响，首先讨论非恒定流总流能量方程式（4.56），即

$$z_1 + \frac{p_1}{\rho g} + \frac{v_1^2}{2g} = z_2 + \frac{p_2}{\rho g} + \frac{v_2^2}{2g} + \int_1^2 \frac{\partial h_w}{\partial s} ds + \frac{1}{g} \int_1^2 \frac{\partial v}{\partial t} ds$$

式中

$$\left(z_1 + \frac{p_1}{\rho g} \right) - \left(z_2 + \frac{p_2}{\rho g} \right) = h$$

$\int_1^2 \frac{\partial h_w}{\partial s} ds$ 表示总的水头损失，如果将所有水头损失都换算成为对某一计算断面（一般采用阀门处的断面 A）来表示，则

$$\int_1^2 \frac{\partial h_w}{\partial s} ds = \zeta_c \frac{v^2}{2g} = \frac{1}{\mu_t^2} \frac{v^2}{2g}$$

式中　ζ_c——输水系统总的阻力系数（包括阀门部分开启时的阻力系数）；

μ_t——输水系统在瞬间的流量系数。

由第 4 章可知，$\frac{1}{g} \int_1^2 \frac{\partial v}{\partial t} ds$ 为惯性水头，可改写为

$$\frac{1}{g} \int_1^2 \frac{\partial v}{\partial t} ds = \frac{l_n}{g} \frac{dv}{dt}$$

其中

$$l_n = \sum_1^i \frac{A}{A_i} l_i$$

式中　l_n——输水系统的换算长度。

若 $\frac{v_1^2}{2g} - \frac{v_2^2}{2g} \approx 0$，式（4.56）即变为闸室灌泄时非恒定流总流能量方程式：

$$h = \frac{1}{\mu_t^2} \frac{v^2}{2g} + \frac{l_n}{g} \frac{dv}{dt} \tag{13.57}$$

式（13.57）中右边最后一项即表示水流的惯性力。

从式（13.57）可以看出惯性力影响的总趋势，并由此式得

$$v = \mu_t \sqrt{2g\left(h - \frac{l_n}{g}\frac{\mathrm{d}v}{\mathrm{d}t}\right)} \tag{13.58}$$

式（13.58）与不计入惯性的公式 $v = \mu_t \sqrt{2gh}$ 相比，可见惯性项使有效水头发生了变化。

输水廊道中任一计算断面的水流速度 v，可以用 $\dfrac{\mathrm{d}h}{\mathrm{d}t}$ 来表示。

对于多级船闸，上闸室的面积是一定的（参看图 13.6）。

$$A v \mathrm{d}t = \Omega_2 \mathrm{d}h_2 \tag{13.59}$$

又 $\qquad\qquad -\Omega_1 \mathrm{d}h_1 = \Omega_2 \mathrm{d}h_2$ ，$\mathrm{d}h_1 = -\dfrac{\Omega_2}{\Omega_1}\mathrm{d}h_2$

$$\mathrm{d}h = \mathrm{d}h_1 - \mathrm{d}h_2 = -\mathrm{d}h_2\left(1 + \frac{\Omega_2}{\Omega_1}\right) = -\frac{\Omega_1 + \Omega_2}{\Omega_1}\mathrm{d}h_2$$

所以 $\qquad\qquad\qquad \mathrm{d}h_2 = -\dfrac{\Omega_1}{\Omega_1 + \Omega_2}\mathrm{d}h$

于是，由式（13.59）得，$v = -\dfrac{\mathrm{d}h}{\mathrm{d}t}\dfrac{C'}{A}$，式中 $C' = \dfrac{\Omega_1 \Omega_2}{\Omega_1 + \Omega_2}$，

则 $\qquad\qquad\qquad \dfrac{\mathrm{d}v}{\mathrm{d}t} = -\dfrac{C'}{A}\dfrac{\mathrm{d}^2 h}{\mathrm{d}t^2}$

将上式代入式（13.57），经变换后，可以得到考虑惯性力的 $h = f(t)$ 的关系为

$$\frac{\mathrm{d}^2 h}{\mathrm{d}t^2} - \frac{1}{2\mu_t^2}\frac{A}{C' l_n}\left(\frac{\mathrm{d}h}{\mathrm{d}t}\right)^2 + \frac{gA}{l_n C'}h = 0 \tag{13.60}$$

在一般情况下，μ_t 为 t 的某种函数，式（13.60）尚无精确的解法，还只能用近似的方法（如有限差分法、无穷级数法等）进行求解。

根据以往用近似的方法计算结果指出：

（1）当阀门开启时间 $t_0 < 0.5T \sim 0.6T$ 时，在阀门完全开启以前的惯性力影响不大，故这一阶段的计算可不考虑惯性力的影响；

（2）在头部输水系统中，惯性力的影响较小，一般计算中不必考虑，但在分散输水系统中则不然。

计算惯性力的影响除用近似法外，还可用图解分析法作近似的估算。可利用不考虑惯性力时所得出的水力特性曲线 $h = f(t)$、$Q_t = f(t)$ 和 $\dfrac{\mathrm{d}Q}{\mathrm{d}t} = f(t)$，按下式

$$\Delta t = -\frac{l_n}{gA}\frac{\mathrm{d}Q}{\mathrm{d}t} \tag{13.61}$$

针对不同的时间 t 算出此时惯性水头，然后代入式（13.57）及式（13.58）中，即可重新计算出考虑惯性力影响的 $h = f(t)$、$Q = f(t)$ 等关系，其关系曲线如图 13.17 所示。在大多数情况下，这样计算也能得到较为满意的结果。

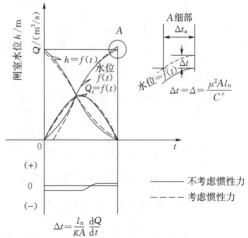

图 13.17　有惯性力影响的特性曲线

Δt_u—灌水缩短时间

355

对于具有纵向廊道的分散式输水系统，Δ 值可能达到很大，不仅总须考虑它，而且常常需要采取措施使之减小。特别是在泄水结束，由于惯性力影响可能使闸室底以上水深小于允许的最小水深，有使船舶碰底的危险，应加以注意。

13.6　廊道阀门后动水压强随时间的变化

船闸输水廊道中的阀门经常地在高水头作用下工作。当阀门在开启过程中，水流在阀门后面将产生收缩现象，然后在一定的距离内扩大而充满整个廊道断面。如果阀门是封闭的，没有空气输入（图 13.18），则在断面收缩范围内将出现负压，此负压的数值将随阀门开启过程发生变化，当负压较大时（约超过 $5\sim6\mathrm{mH_2O}$），就可能产生气蚀现象（见第 17 章），这对于阀门和接近阀门的一段廊道都是十分有害的。

如图 13.18 所示的两个面积不等的闸室，闸室的平面面积分别为 Ω_1 和 Ω_2。其中：z 为上游闸室的水位降低；y 为下游闸室的水位升高；a_c 为从阀门后水流收缩断面的中心到下游闸室原始水位的高度；a 为廊道中心到下游闸室原始水位的高度；ζ_1 为阀门前输水廊道段内的阻力系数；ζ_2 为阀门输水廊道段内的阻力系数；ζ_{se} 为阀门后开启度为 e 时水流突然扩大的阻力系数。各阻力系数都是针对计算断面的流速而言，一般采取阀门全开时阀门处整个过水断面为计算断面。

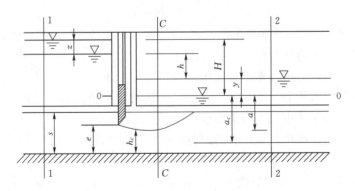

图 13.18　闸室阀门开启时的流态

在某瞬间 t 阀门开启度为 e 时（取下游闸室原始水面 0—0 为基准面）对阀门后收缩断面和下游闸室水面写出能量方程式，即

$$-a_c + \frac{p_c}{\rho g} + \frac{v_c^2}{2g} = 0 + 0 + y + (\zeta_{se} + \zeta_2)\frac{v^2}{2g}$$

式中　　v——计算断面的断面平均流速；

v_c——收缩断面的断面平均流速；

$\dfrac{p_c}{\rho g}$——收缩断面的压强水头。

当下游闸室水面压头为零，并将流速水头也视为零，整理得

$$\frac{p_c}{\rho g} = a_c + y - \frac{v_c^2}{2g} + (\zeta_{se} + \zeta_2)\frac{v^2}{2g} \tag{13.62}$$

式 (13.62) 即闸门后压力水头的表示式。

对整个输水廊道，则

$$h = (\zeta_1 + \zeta_{se} + \zeta_2)\frac{v^2}{2g} = \frac{1}{\mu_n^2}\frac{v^2}{2g} \qquad (13.63)$$

式中 $\mu_n = \dfrac{1}{\sqrt{\zeta_1 + \zeta_{se} + \zeta_2}}$ ，则 $v^2 = \mu_n^2 2gh$ ，或

$$\frac{v^2}{2g} = \mu_n^2 h \qquad (13.64)$$

在某一时段 Δt 内，上闸室水量的减小应等于下闸室水量的增多，故得

$$z\Omega_1 = y\Omega_2 \qquad (13.65)$$

由几何关系，知

$$z = H - h - y \qquad (13.66)$$

将式 (13.66) 代入式 (13.65)，得

$$H - h = y + y\frac{\Omega_2}{\Omega_1}$$

而 $y = (H-h)\dfrac{\Omega_1}{\Omega_1 + \Omega_2}$ ，又因为 $C' = \dfrac{\Omega_1\Omega_2}{\Omega_1 + \Omega_2}$ ，则

$$y = (H-h)\frac{C'}{\Omega_2} \qquad (13.67)$$

根据水流突然扩大水头损失的计算公式

$$\zeta_{se}\frac{v^2}{2g} = \frac{(v_c - v)^2}{2g} \qquad (13.68)$$

得 $v_c = v(1 + \zeta_{se})$ 或

$$\frac{v_c^2}{2g} = (1 + \sqrt{\zeta_{se}}^2)\frac{v^2}{2g} = (1 + \sqrt{\zeta_{se}})^2\mu_n^2 h \qquad (13.69)$$

将 y、$\dfrac{v^2}{2g}$、$\dfrac{v_c^2}{2g}$ 代入式 (13.62)，并取 a_c 近似等于 a ，得

$$\frac{p_c}{\rho g} = a + (H-h)\frac{C'}{\Omega_2} + \left[\zeta_{se} + \zeta_2 + (1 + \sqrt{\zeta_{se}})^2\right]\mu^2 h$$

$$\frac{p_c}{\rho g} = a + (H-h)\frac{C'}{\Omega_2} - (1 + 2\sqrt{\zeta_{se}} - \zeta_2)\mu_n^2 h \qquad (13.70)$$

这就是阀门后压力水头的一般计算公式。式中 h 可由式 (13.9) 确定。计算出各瞬时的 p_c 后，即可绘出 $p_c = f(t)$ 曲线，从而求出最大负压值。

对于单级船闸：①当从上游灌水时，$\Omega_1 = \infty$ ，$\Omega_2 = \Omega$（闸室的平面面积），$C' = \Omega$ ，式中 $(H-h)\dfrac{C'}{\Omega_2} = H - h$ ；②当从闸室泄水入下游时，$\Omega_1 = \Omega$ ，$\Omega_2 = \infty$ ，$C' = \Omega$ ，式中 $(H-h)\dfrac{C'}{\Omega_2} = 0$ 。由此可知，阀门后最大的负压值将发生在泄水的情况下。

为了减少阀门后压强下降的最大值，也可以采取以下措施，如增加阀门开启的历时、降低阀门处廊道的高程或在阀门后输水廊道下游段内造成特别的局部阻力等措施来解决这一问题。

本 章 知 识 点

（1）船闸输水系统可分为两种型式：集中输水系统和分散式输水系统。其中，集中输水系统又分为：①闸门上直接开孔的输水方式；②短廊道的输水系统；③组合式输水系统。

（2）对于单级船闸短廊道输水系统灌泄水时间的水力计算分为两种情况。

1）阀门瞬时开启（阀门开启时间与灌泄水时间相比，阀门开启时间为微量），灌泄水时间 $T = \dfrac{2\Omega\sqrt{H}}{\mu A\sqrt{2g}}$。

2）阀门逐渐均匀而连续开启，全部的灌泄过程可以分为两个阶段：自阀门开始提升（灌水开始时）到阀门全开为第一阶段，时间为 t_0；自阀门全开到上下水面齐平输水终止为第二阶段，时间为 t_e，$t_e = \dfrac{2\Omega\sqrt{H_0}}{\mu A\sqrt{2g}}$；总的灌泄水时间为 $T = t_0 + t_e$。

（3）对于船闸采用孔口输水的型式，上下闸首都设有灌泄水孔口，一般上闸首灌水开始为自由出流，而后变为淹没出流；下闸首泄水为淹没出流。若阀门视为瞬时开启，上闸首灌水时间分为两个阶段：自由出流阶段灌水时间为 $t'_0 = \dfrac{\Omega z_0}{\mu A\sqrt{2gh}}$，淹没出流阶段的灌水时间为 $t_e = \dfrac{2\Omega z_g}{\mu A\sqrt{2gz_g}}$，总的灌水时间为 $T = t'_0 + t_e$。泄水时为淹没出流，泄水时间为 $T_E = \dfrac{2\Omega H}{\mu A\sqrt{2gH}}$。

（4）船闸采用分散式的输水系统，将水流分散而均匀地流入闸室，可以大大改善过闸船舶的停泊条件。分散式输水系统的水流现象是比较复杂的，一般仅可通过水力计算结果作为初步选择输水系统型式及其尺寸时的参考，最后仍然要借助于模型实验。

（5）惯性水头对船闸内船舶的停泊条件具有明显影响。同时惯性水头也对灌水的均匀性发生影响，在船闸采用分散式的输水系统时应特别予以关注。

（6）船闸输水系统在灌泄水时，阀门后流速很大，有可能出现空化空蚀现象，造成工程受损，可采取工程措施控制阀门后的压强在允许的范围内。

思 考 题

13.1　船闸输水系统分为几种形式？各有何输水特性，在船闸设计时要考虑那些主要参数？

13.2　首部输水系统有几种形式，其作用水头有何限制？

13.3　在单级船闸短廊道输水系统灌泄水时间的水力计算中，若考虑阀门为逐渐均匀连续开启，全部的灌泄过程可以分为几个阶段？为什么？

13.4　对于船闸采用孔口输水形式，若阀门视为瞬时开启，灌水时间如何计算？若阀门为均匀连续开启，或有消能遮墙其灌水时间的计算是如何分阶段的？

13.5　船闸采用分散式的输水系统，水流的惯性水头对船闸运行有什么影响？

13.6　船闸输水系统在灌泄水时，要避免阀门后空化空蚀的发生，可以采取哪些措施？

习　　题

13.1　某船闸，其上闸首采用短廊道平面消能式输水系统（图 13.19），廊道（混凝土）断面为长方形（4m × 4.5m），全长 20m，其中有两个圆滑转弯（转弯半径 $R = 3.5m, \theta = 90°$），廊道进口微圆处理，进口有圆条拦污栅，（$s = 8mm, b = 42mm$），输水阀门采用平板式直升门，其开启方式为先按每分钟 0.4m 的速度开启，至 2.5min 后，接着以 0.8m/min 的速度将阀门完全打开，并保持这种状态至输水过程结束。

已知：设计闸上水位 $\nabla_上 = 7.2m$、闸下水位 $\nabla_下 = 0.4m$，闸室充水面积 $\Omega = 5200m^2$。

要求：（1）计算 $\mu = f_1(t)$，并绘制 $\mu = f_1(t)$ 曲线；（2）计算 $h = f_2(t)$，并绘制 $h = f_2(t)$ 曲线；（3）计算全部输水时间；（4）计算 $Q = f_3(t)$，并绘制 $Q = f_3(t)$ 曲线；（5）计算阀门全开瞬时的灌水流量；（6）计算第 2.5min 时的瞬时灌水流量。

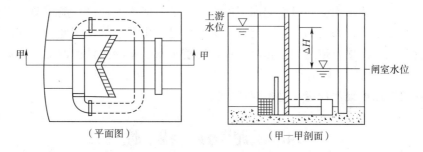

图 13.19　习题 13.1 图

第14章 泥 沙 运 动

　　河渠水流中往往伴有泥沙运动。河流泥沙主要来自流域地表的冲蚀。我国河流含沙量一般都很大，如黄河陕县水文站多年平均含沙量为 36.9kg/m^3，其多年平均输沙量高达 15.7 亿 t 之多。长江年平均含沙量在宜昌站约为 1.18kg/m^3，与黄河相比可算为清水河道，但由于长江水量丰沛，总输沙量巨大，宜昌站多年平均输沙量多达 5.2 亿 t。

　　在天然条件下，河流及海湾中水流与河床经过长期作用，一般已经取得了相对平衡，达到了相对稳定状态。河道的冲淤演变过程是水流、泥沙与河床之间相互作用的结果。一种平衡的建立往往需要较长时间才能完成。人类为了开发水利资源和防洪，需要在河道上兴建水利枢纽；为了保证航道的安全，需要修建航道整治建筑物、港口及船闸等通航建筑物。水利工程修建后，平衡往往会被打破，水流与河床（或海岸）需要重新调整，寻找新的平衡。例如，兴建水库会同时引起库区的淤积和下游河床的冲刷；航道整治工程会引起河床的局部冲淤变化；修筑码头后，航道和港池内易产生回淤等。因此，河床的演化总是在不断地进行的，即使河道达到了相对平衡，随着来水、来沙条件的改变，河床仍将发生变化。

　　本章简要介绍明渠泥沙运动基本规律。

14.1 泥 沙 特 性

　　泥沙的基本特性包括几何特性、重力特性及水力特性。

14.1.1 泥沙的几何特性

　　泥沙的几何特性系指泥沙颗粒的几何形状和大小。泥沙颗粒的形状一般是不规则的，有长的、扁的、方的，且多棱多角。泥沙的几何形状对泥沙运动有一定影响，但与泥沙的大小相比处于次要地位。为了简化问题，经常不考虑泥沙颗粒的形状因素。泥沙颗粒的大小又称颗粒直径，简称粒径，常用符号 d 表示，单位为 mm。由于泥沙颗粒形状不规则，所以粒径很难通过直接测量得到，一般采用筛分法。通常所说的泥沙粒径实际上指沙粒所能通过的筛子的孔径。显然，吻合于这一个孔径的颗粒形状是多种多样的。由于标准筛的最小孔径是 0.0625mm，对于 $d<0.0625\text{mm}$ 的泥沙则要用泥沙颗粒在静水中均匀沉降的速度来反算粒径，称为沉降粒径，它与前面用筛分法定义的粒径是有所区别的。所谓沉降粒径是指与泥沙颗粒比重相同并且在水中具有同一沉降速度的圆球直径。

　　粒径大小是泥沙的一个重要特性，一方面，它代表了颗粒的粗细程度，反映了不同的力学作用；另一方面，当粒径很小时，颗粒间还会呈现物理化学作用。粗颗粒泥沙（$d>$ 0.1mm）一般都呈散粒体状，在静水中下沉时，粒径越大，沉速也越大，属力学问题；但当颗粒很细时（$d<0.01\sim0.05\text{mm}$），由于泥沙颗粒比表面积增大，颗粒表面的电解化学

反应对泥沙颗粒运动产生重要影响，多个颗粒组合到一起，形成絮凝结构，泥沙不再以单个散粒体下沉，而是结成大的团粒，集体下沉，虽然单颗粒直径变小，沉速反而增大。

河流中的泥沙颗粒大小是不均的。群体颗粒的粒径大小分布称为粒配（级配），通常用粒配（或级配）曲线来表示。如图 14.1 所示的粒配曲线中，横轴为泥沙粒径，纵轴为小于该粒径的泥沙百分含量。从粒配曲线可以看出沙样粒径的大小和均匀程度。在研究泥沙运动规律中，可以把一定级配的泥沙按其大小不同分别处理。有时，采用粒配曲线中的某一特征粒径来综合反映泥沙运动的某种特性。例如，中值粒径 d_{50} 是在粒配曲线上纵坐标为 50% 处所对应的粒径。图 14.1 中两条粒配曲线 1 和 2 的 d_{50} 分别为 0.099mm 和 0.0155mm。此外还有平均粒径 d_m，即将沙样按粒径大小分成若干组，整体沙样的平均粒径为

$$d_m = \frac{\sum \Delta p_i d_i}{100} \tag{14.1}$$

式中 Δp_i——粒径为 d_i 级的沙粒重量占整体沙样总重量的百分数；

d_i——每组泥沙的平均粒径，平均方法可采用算术平均或几何平均，即

算术平均：
$$d_i = \frac{1}{2}(d_{max} + d_{min}) \tag{14.2a}$$

几何平均：
$$d_i = \frac{1}{3}(d_{max} + d_{min} + \sqrt{d_{max} d_{min}}) \tag{14.2b}$$

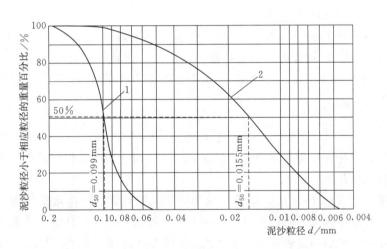

图 14.1   泥沙粒配曲线示意图

14.1.2   泥沙的重力特性

泥沙的重力特性是指单位体积内泥沙的重量，简称为重率，常用符号 γ_s 表示，单位为 N/m^3，工程单位为 kgf/m^3 或 tf/m^3。由于构成泥沙颗粒的岩石成分不同，泥沙的重率 γ_s 也有一定差异，但一般变化不大，可取为常数 $\gamma_s = 25.97 kN/m^3$，或 $\gamma_s = 2650 kgf/m^3$。

14.1.3   泥沙的水力特性

泥沙的水力特性主要是指泥沙在静水中的均匀沉降速度，简称沉速，也称水力粗度，常用 ω 表示，单位为 cm/s。沉速既能反映泥沙颗粒的大小，又能反映泥沙颗粒在水中受重力作用强弱，是表征泥沙重力特征的一个十分重要的物理指标。

泥沙颗粒在静水中下沉时，周围水流的绕流状态及所受阻力特性与球体绕流情况类似，主要取决于泥沙粒径大小、流体黏滞特性以及绕流流速，可用一个组合参数——颗粒雷诺数 $Re = \omega d / \nu$ 来表征，ν 为流体运动黏滞系数。泥沙沉速公式可以从沙粒所受重力和阻力的计算式导出。以下首先结合层流状态下，泥沙颗粒的受力情况，探讨泥沙沉速计算公式。

根据流体力学理论，球状物体绕流阻力公式可以写成

$$F = C_D \frac{\pi d^2}{4} \gamma \frac{\omega^2}{2g} \tag{14.3}$$

式中　F——绕流阻力；

　　　C_D——阻力系数，与颗粒雷诺数 Re 有关。

当颗粒雷诺数 $Re < 0.5$ 时，绕流为层流，阻力可用司托克斯公式来计算，即

$$F = 3\mu\pi\omega d \tag{14.4}$$

式中　μ——流体动力黏滞系数（$\mu = \rho\nu$）。由此，可导出 C_D 与 Re 之间的关系为

$$C_D = \frac{24}{Re} \tag{14.5}$$

另外，若假设泥沙颗粒形状为直径为 d 的球体，则沙粒的水下重量为

$$W = \frac{\pi}{6} d^3 (\gamma_s - \gamma) \tag{14.6}$$

式中　γ_s、γ——泥沙和水的容重。

泥沙颗粒在水中由静止开始下沉的过程是：初始阶段沉速较小，所受重力大于阻力，运动呈加速状态，随着沉速增大，阻力也加大，达到一定程度，当阻力和重力相等时（$F = W$），泥沙匀速下沉。联立式（14.4）和式（14.6），可得层流状态的球状泥沙沉速公式为

$$\omega = \frac{g}{18\nu} \left(\frac{\gamma_s}{\gamma} - 1 \right) d^2 \tag{14.7}$$

严格来说，司托克斯绕流阻力公式仅在 $Re < 0.1$ 时才成立，但所导出的沉速公式延至 $Re < 0.5$ 范围仍具有较好精度。

当颗粒雷诺数 $Re > 1000$ 时，绕流转化为紊流，颗粒背后产生水流分离，泥沙颗粒表面的黏性阻力与水流分离后所产生的形状阻力相比可忽略不计，且阻力系数不随雷诺数改变而变化。泥沙颗粒做匀速运动时，$W = F$，联解式（14.3）和式（14.6）可得紊流状态沉速公式为

$$\omega = \sqrt{\frac{4}{3} \frac{1}{C_D} \left(\frac{\gamma_s}{\gamma} - 1 \right) gd} \tag{14.8}$$

式中　阻力系数 C_D 根据实验确定，一般可取 0.43。当颗粒雷诺数 $Re = 0.5 \sim 1000$ 时，惯性力与黏滞力都不可忽略，要进行严格的数理分析比较困难，只有借助于经验或半经验公式。我国沙玉清、窦国仁及武汉水电学院等都曾给出过有关公式。下面给出沙玉清得到的对应不同泥沙粒径的沉速结果（表 14.1），以方便使用。

必须指出，这里所提到的沉速计算公式和表 14.1 所列数值，只是单个颗粒在静止清水中的自由沉降速度。实践表明，水中含盐或为浑水时，泥沙沉速都会受到影响。含盐量

对泥沙沉速的影响主要表现在两方面。一是增大了水的密度和黏滞性，因而使泥沙沉速有所减小；另外，盐水可以促使细颗粒泥沙发生絮凝，当絮凝发生时，多个泥沙颗粒聚集在一起下沉，泥沙沉速增大。在含沙浓度不大时，泥沙颗粒在沉降过程中彼此影响很小，可视为自由沉降。但当含沙浓度较大时，一方面由于浑水密度和黏滞系数加大，另一方面由于颗粒在沉降过程中互相影响，造成沉降阻力增大，沉降速度减小，这样的沉降过程称为制约沉降。实验表明，制约沉速与含沙浓度有关，浓度越大，沉速越小。最后还应指出，泥沙颗粒在运动水体中沉降时，还会受紊动影响，其与动水中沉速的关系，有待进一步研究。

表 14.1   **泥沙粒径与沉降速度关系**

流区	粒径 /mm	沉降速度 ω/(cm/s)		
		$T=0℃$	$T=10℃$	$T=20℃$
层流区	0.001	0.0000379	0.0000514	0.0000667
	0.002	0.000152	0.000206	0.000267
	0.005	0.000946	0.00129	0.00167
	0.010	0.00379	0.00514	0.00667
	0.020	0.0152	0.0206	0.0267
	0.050	0.0946	1.029	0.167
过渡区	0.10	0.370	0.497	0.612
	0.20	1.23	1.530	1.790
	0.40	3.29	3.87	4.340
	0.60	5.43	6.26	6.92
	0.80	7.50	8.55	9.37
	1.0	9.52	10.70	11.70
	1.5	14.3	16.0	17.2
	2.0	19.0	20.5	20.5
紊流区	2.5	22.9		
	3.0	25.1		
	3.5	27.1		
	4.0	29.0		
	5.0	32.4		
	6.0	35.5		
	7.0	38.3		
	8.0	40.9		
	9.0	43.5		
	10.0	45.8		
	15.0	56.1		
	20.0	648		

14.2 泥 沙 运 动 形 式

河流中的泥沙运动有两种基本形式：一种是经常悬浮于主流区中，称为悬移质；另一种是经常贴近床面运动，称为推移质。以下来探讨两种泥沙各自的运动规律特点。

14.2.1 推移质与悬移质

1. 推移质与悬移质的运动状态

河道中粒径较大的泥沙，由于重力作用，在运动中经常贴近河床表面，以滚动、滑动或跳跃等形式前进，由于颗粒贴近床面，颗粒间频繁碰撞，其前进速度远小于水流速度。这部分泥沙称为推移质，其中以滚动和滑动形式运动的泥沙由于与河床保持经常接触，故又称为接触质；而以跳跃形式前进的泥沙也称为跃移质。当流速超过某一限度后，河床表层以下的泥沙将作剪切运动，泥沙成层移动或滚动，称为层移质。

当流速超过一定值，紊动加强，泥沙在紊动旋涡带动下运动。当漩涡向上的分速超过泥沙的沉速时，泥沙在跃升过程中将被漩涡带离床面，进入主流区。这种悬浮在水流中，与水流以大致相同的速度前进的泥沙称为悬移质。

推移质与悬移质虽然是截然不同的两种泥沙运动形式，但两者之间却不容易确立明确的分界线。这主要是因为在悬移质与推移质之间，以及推移质与床沙之间存在不停地交换，使得同一泥沙颗粒经常在床沙、推移质及悬移质之间转换。水流中紊动漩涡分布的随机性也会造成河道底部水流运动强度分布不均；同时由于泥沙颗粒大小不均，也增加了泥沙运动的复杂性。不过由于推移质泥沙和悬移质泥沙的运动机理不同，将泥沙运动划分成推移质和悬移质有利于针对不同的泥沙采用不同的方法进行研究。

2. 推移质与悬移质在物理本质上的区别

（1）运动规律不同：推移质与悬移质运动所遵循的物理规律是不同的，推移质运动规律取决于泥沙跳离床面时的受力情况，而悬移质运动规律既与床面附近的泥沙交换有关，又与水流悬浮作用有关，详见 14.6、14.7 节。

（2）能量来源不同：推移质运动位于底部水流高强度剪切区，直接消耗水流能量，水流因对推移质做功而损失掉的这部分能量转化为颗粒的动能。推移质含沙量越大，水流消耗的能量也越大，水流承受的阻力也越大。悬移质运动所需要的能量则取自紊动动能，而紊动动能是水流势能转换为热能过程中的一种过渡形式，是水流已经消耗掉了的能量，因此有学者认为，对一般挟沙水流，悬移质的存在并不增加水流的能量损失和阻力。

（3）对河床作用不同：悬移质泥沙的重量是由漩涡的动量交换在垂向上产生的力支持，悬移质的存在增加了水流的重率，加大了水流的静水压力，并一直可传递到床沙孔隙间的水体。推移质在运动过程中，颗粒不断相互碰撞，颗粒间的动量交换产生剪力，同时在垂直于剪切运动的方向上有离散力作用，它支持了推移质的重量，离散力通过颗粒传递到河床，使河床受到向下的压力，从而增大了河床的稳定性。

14.2.2 床沙质与冲泻质

河流中运动着的泥沙都来自流域土壤，但在进入河道以后，这部分粗颗粒泥沙与河床上的泥沙粒径相当，且经常与之发生交换，故称为床沙质。较细颗粒泥沙在进入河道以后，绝大部分一带而过，一小部分沉降到床面变成床沙，故称为冲泻质。应该指出的是，推移质、悬移质与床沙质、冲泻质是两套不同的概念，前者从泥沙运动形式的差异上来区分，后者则从粒径粗细、主流区与河床中的含量多寡以及造床作用上来划分。山区河流中床面往往由块石、卵石组成，只有在特大洪水时才可能发生运动。由于流速大，上游来沙很少沉积到河床上，故大都为冲泻质，泥沙相当于在固定河床上运动，水流挟沙往往处于不饱和状态。在这一条件下，水流挟沙量的多寡主要取决于流域产沙情况。输沙率的大小将随上游含沙量变化而变化，即在同一水流条件下，可以有不同的输沙率（单位时间通过河床断面的泥沙数量称为输沙率）。平原河流的床沙一般由沙或粉沙组成，细粉沙及黏土则为冲泻质。在正常水流条件下，河床是可动的，对含沙量小的河流，床沙质输沙率主要取决于水流条件，而对多沙河流，床沙质输沙率则与水流条件及上游来沙量都有关。

为什么要把河流中的泥沙划分为床沙质和冲泻质呢？这是因为冲泻质输沙率主要取决于上游来沙量的多寡，可以用统计方法，根据实测资料确定输沙率。而床沙质输沙率主要取决于当地水流条件，需要通过力学关系建立挟沙能力公式来计算。因此在使用挟沙能力公式时要特别注意，一般依据水槽实验资料建立的挟沙能力公式，由于实验条件的限制，通常只包含床沙质，不能用来直接计算通过天然河道的全部沙量。同样，从河流实测中得到的挟沙能力经验关系也不能用来计算流域条件差异较大的另一河道的输沙能力。

在计算河道挟沙能力时，到底是否计入冲泻质需依据问题的性质而定。例如，在分析一般河床演变问题时，主要研究床沙质，这是因为粗颗粒泥沙容易沉积到床面参与造床作用，而颗粒较细的冲泻质多悬浮于水中而不下沉，参与河床演变的机会较少。而在分析库区淤积问题中，起主要作用的不仅是床沙质，由于水流流速突然降低，颗粒较粗的造床质首先在库尾落淤，颗粒较细的冲泻质进入库区，在影响水库寿命长短的诸因素中反倒起主导作用。

那么，如何区分冲泻质和床沙质呢？

一般可根据河床泥沙粒配曲线来划分，将其中小于10％（或5％）以下的细颗粒泥沙划为冲泻质，其余的90％（或95％）的较粗泥沙划为床沙质。根据对很多河道的泥沙取样资料分析发现，床沙的粒配曲线在纵坐标小于10％的范围内，往往有比较明显的拐点，可取与这一拐点相应的床沙粒径来区分床沙质与冲泻质。这两种区分方式虽然都缺乏足够的理论依据，但因其操作简单，生产实践中常被采用。

另一类方法是将临界粒径与水流条件联系起来，认为造床质和非造床质的划分是一个相对概念，同一泥沙当水流条件较弱时为造床质，而当水流条件较强时可转化为冲泻质。王尚毅基于有效悬浮功理论提出的划分方法就属这一类。根据这种观点，如果水流为保持泥沙悬浮所付出的能量大于泥沙自身所具有的能量，则从理论上来说水流悬浮这部分泥沙的数量不再有一个限度，这部分泥沙被称为冲泻质，判定条件是

$$\omega \leqslant vJ \tag{14.9}$$

式中　v——断面平均流速；

　　　J——水力坡降。

当泥沙沉速满足式（14.9）时，即为冲泻质。

14.3 泥 沙 起 动

　　山区河流的河床多由卵石、砾石组成，而平原河道则由沙或黏土组成。河床上的泥沙颗粒在一定水流条件下可以由静止转入运动状态，决定这一临界状态的水流条件称为泥沙起动条件。泥沙起动条件的研究在理论上是研究泥沙运动规律的前提；在实践上，是进行稳定渠道和河岸保护工程设计的重要依据。因此，弄清泥沙的起动条件是十分必要的。有关泥沙起动问题，国内外学者做了大量的研究工作，对均匀沙和无黏性土的起动条件研究较多，也比较成熟。而黏性土和非均匀沙的起动过程较复杂，所以目前的研究多集中在不均匀沙及黏性土的起动条件上。

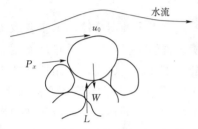

图 14.2　床面泥沙受力分析简图

　　静止在河床上的泥沙颗粒受到多种力的作用（图 14.2）。当这些作用力（或作用力所引起的力矩）失去平衡时，泥沙就起动了。床面泥沙颗粒承受的作用力有以下几个。

　　（1）重力：泥沙颗粒的水下重量 W

$$W = (\gamma_s - \gamma)\alpha_1 d^3 \tag{14.10}$$

式中　　α_1——系数。

　　（2）推移力（拖曳力）：水流在经过泥沙颗粒时，产生沿流向绕流力，即推移力 P_x。根据第 5 章中关于绕流力的讨论，推移力 P_x 可表示为

$$P_x = C_D \alpha_2 d^2 \gamma \frac{u_0^2}{2g} \tag{14.11}$$

其中

$$C_D = f_1 \left(\frac{u_* d}{\nu} \right)$$

式中　　C_D——绕流力系数；

　　　　u_0——颗粒所在位置处的水流速度。

　　（3）上举力：水流对床面不但有推移力作用，而且还有把颗粒举起的上举作用。这是由于水流对泥沙颗粒的不对称绕流和水流的竖向脉动引起的。根据理论分析，上举力 L 也可用与式（14.11）类似的关系式来表示，即

$$L = C_L \alpha_3 d^2 \gamma \frac{u_0^2}{2g} \tag{14.12}$$

其中

$$C_L = f_2 \left(\frac{u_* d}{\nu} \right)$$

式中　　C_L——上举力系数。

　　（4）黏结力——对一般粗颗粒泥沙，黏结力很小，可忽略不计。而对细颗粒泥沙，随着粒径的减小，黏结力作用逐渐增强，特别是黏土的黏结力在泥沙起动中起决定性作用。通常所说的黏土的黏结力是多种物理化学作用（如分子力、离子力、吸附力等）综合作用的结果。根据对黏土的分析和实验研究，影响黏结力的主要因素有土质结构、矿物组成、有机物种类及其含量、抗水性能、密度、塑性等。目前对黏土的黏结力还难于进行准确的定量计算。如果只考虑一般颗粒间由于薄膜水的存在而引起的黏结力，则可引用杰烈金公

式计算，即

$$N = \zeta d \tag{14.13}$$

式中　d——颗粒粒径；

　　　　ζ——黏结力参数，与颗粒表面性质、液体性质及颗粒之间接触的紧密程度有关，其量纲为 FL^{-1}。对水中紧密接触的颗粒来说，ζ 应是一个常数，其值可由专门实验来确定。

泥沙起动的临界水流条件可以用不同的形式表达，常用的有两种：一种是临界推移力（起动拖曳力），另一种是水流平均流速（起动流速）。上述两种方式是同一现象的两种不同表示方法，彼此可以互相转化，在应用上各有其优缺点。

14.3.1　起动拖曳力（临界推移力）

根据水流流过河床时沙粒的受力情况（图 14.2）建立泥沙起动拖曳力计算公式。首先考虑无黏性泥沙的简单情况。对于无黏性沙，作用在泥沙颗粒上的力主要有推移力 P_x、上举力 L 和泥沙的水下重量（重力）三种。推移力和上举力是促使泥沙起动的力，重力则是泥沙抗拒起动的力。泥沙颗粒的起动形式有滑动、滚动和跳跃三种，视颗粒的形状及其排列情况而异。下面以滑动形式为例来建立起动拖曳力公式（用其他起动形式导出的公式，在形式上是相同的）。根据图 14.2 河床泥沙的受力情况，当泥沙处于临界起动状况时，有

$$P_x = f(W - L) \tag{14.14}$$

式中　f——床面沙粒间的摩擦系数，与泥沙形状及密实度有关。

将式（14.10）、式（14.11）和式（14.12）代入式（14.14）得

$$C_D \alpha_2 d^2 \gamma \frac{u_0^2}{2g} = f\left[(\gamma_s - \gamma)\alpha_1 d^3 - C_L \alpha_3 d^2 \gamma \frac{u_0^2}{2g}\right] \tag{14.15}$$

如第 5 章所述，二元河渠光滑床面流速垂向分布采用式（5.48），即

$$\frac{u}{u_*} = 5.75 \lg\left(\frac{u_* y}{\nu}\right) + 5.5 = 5.75 \lg\left(9.05 \frac{u_* y}{\nu}\right) \tag{14.16}$$

对粗糙床面，流速垂向分布公式可采用式（5.50），即

$$\frac{u}{u_*} = 5.75 \lg\left(\frac{y}{\Delta}\right) + 8.5 = 5.75 \lg\left(30.2 \frac{y}{\Delta}\right) \tag{14.17}$$

将式（14.16）及式（14.17）合并为包括光滑、粗糙和过渡床面的综合流速分布公式

$$\frac{u}{u_*} = 5.75 \lg\left(30.2 \frac{yx}{\Delta}\right) \tag{14.18}$$

式中　Δ——河床粗糙高度，当河床为均匀沙时，$\Delta = d$，当河床为非均匀沙时，$\Delta = d_{65}$；x 为校正系数，是 Δ/δ_e 或 $u_* d/\nu$ 的函数（图 14.3，δ_e 为床面黏性底层厚度），即

$$x = f\left(\frac{\Delta}{\delta_e}\right) = f\left(\frac{u_* d}{\nu}\right) \tag{14.19}$$

当 $\Delta/\delta_e > 10$，也即床面粗糙时，$x = 1$；

当 $\Delta/\delta_e < 0.25$，也即床面光滑时，$x = \dfrac{0.3 u_* \Delta}{\nu}$；

当 $0.25 < \Delta/\delta_e < 10$，也即床面处于过渡区时，$x$ 可由图 14.3 查得。

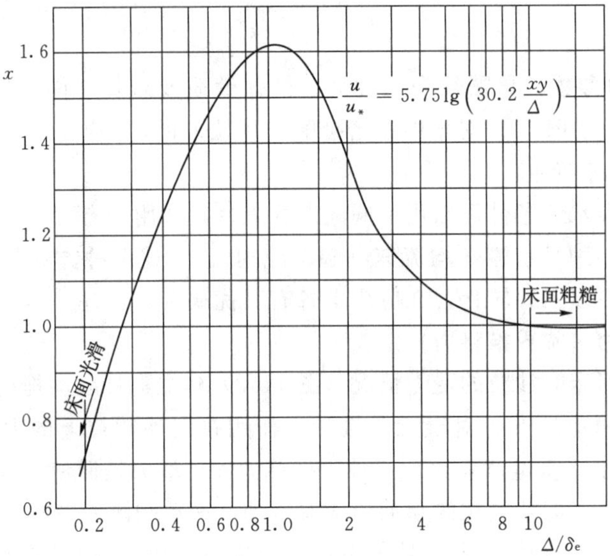

$$\frac{u}{u_*} = 5.75 \lg\left(30.2 \frac{xy}{\Delta}\right)$$

图 14.3　床面粗糙度校正系数曲线

如果作用于泥沙颗粒上的流速 u_0 取 $0.35d$ 处的流速，则有

$$\frac{u_0}{u_*} = 5.75 \lg\left(30.2 \frac{0.35dx}{d}\right) = 5.75 \lg 10.6x$$

将其代入式（14.15）得

$$(C_D\alpha_2 + fC_L\alpha_3)\rho u_{*K}^2 (5.75\lg 10.6x)^2 = (\gamma_s - \gamma)\alpha_1 fd$$

整理得

$$\frac{\tau_K}{(\gamma_s - \gamma)d} = \frac{0.04f\alpha_1}{(C_D\alpha_2 + fC_L\alpha_3)(\lg 10.6x)^2} \tag{14.20}$$

式中阻力系数 C_D 和 C_L 的研究还很不够，但也有一些资料可供参考，例如爱因斯坦得到 $C_L = 0.178$。实际上 C_D、C_L 和 x 都是 u_*d/ν 的函数，将上式中的系数 α_1、α_2 和 α_3 一并包含到函数中，上式又可改成

$$\frac{\tau_K}{(\gamma_s - \gamma)d} = f\left(\frac{u_*d}{\nu}\right) \tag{14.21}$$

这就是 Shields 在 1936 年得出的著名起动拖曳力公式。该公式说明，当泥沙开始起动时，作用在河床表层沙粒上的起动拖曳力与这一层床沙的重量比（公式左端）是沙粒雷诺数 u_*d/ν 的函数。$f\left(\dfrac{u_*d}{\nu}\right)$ 代表某个函数关系，需通过实验来确定。图 14.4 是根据 Shields 以及其他实验资料点绘的 $\dfrac{\tau_K}{(\gamma_s - \gamma)d} - \dfrac{u_*d}{\nu}$ 关系曲线，称为 Shields 曲线。

从图 14.4 可以看出，在 $\dfrac{u_*d}{\nu} = 10$ 附近，也即黏性底层厚度 $\delta_e\left(\delta_e = \dfrac{11.6\nu}{u_*}\right)$ 与床沙粒径 d 接近时，曲线取得极小值，表明泥沙最容易起动。此时

$$\frac{\tau_K}{(\gamma_s - \gamma)d} = 0.033 \tag{14.22}$$

当 $\dfrac{u_* d}{\nu} < 10$ 时，即 δ_e/d 增大，受层流底层的掩盖作用，起动拖曳力比值 $\dfrac{\tau_K}{(\gamma_s - \gamma)d}$ 增大。

当 $\dfrac{u_* d}{\nu} > 10$ 时，由于粒径加大，δ_e/d 减小，沙粒的稳定性因重量增大而增加，致使 $\dfrac{\tau_K}{(\gamma_s - \gamma)d}$ 增大。

当 $\dfrac{u_* d}{\nu} > 500$ 以后，$\dfrac{\tau_K}{(\gamma_s - \gamma)d}$ 接近常数，其值为

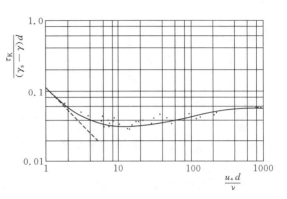

图 14.4　Shields 泥沙起动关系曲线

$$\frac{\tau_K}{(\gamma_s - \gamma)d} = 0.062 \tag{14.23}$$

日本学者岩垣重新推导了 Shields 公式的函数关系，并经过详细的室内实验，证实了上述理论的正确性，在理论和实验研究的基础上，提出了以下临界拖曳力计算公式

$$\left.\begin{array}{ll} d > 0.303\text{cm}: & \tau_K = 80\rho d \\[4pt] 0.118\text{cm} < d \leqslant 0.303\text{cm}: & \tau_K = 134.6\rho d^{31/22} \\[4pt] 0.0565\text{cm} < d \leqslant 0.118\text{cm}: & \tau_K = 55.0\rho d \\[4pt] 0.0065\text{cm} < d \leqslant 0.0565\text{cm}: & \tau_K = 8.41\rho d^{11/22} \\[4pt] d \leqslant 0.0065\text{cm}: & \tau_K = 226\rho d \end{array}\right\} \tag{14.24}$$

必须指出，式（14.21）是针对无黏性泥沙推导出来的，对黏性泥沙，随着泥沙颗粒的减小，颗粒之间存在的黏结力不容忽略，特别是黏性壤土的黏结力是很大的，泥沙往往成团起动，而非单颗粒起动。在这种情况下，应该把推移力、上举力、重力及黏结力统一考虑，通过力的平衡条件来建立拖曳力公式。

还应说明，以上用起动拖曳力来作为泥沙起动条件是从单个颗粒的起动条件出发导出的。但颗粒在床面上的位置各不相同，其起动条件也会有所差异。同时，由于水流的脉动，作用在泥沙颗粒上的力是随时间而变化的。因此，对整个床面而言，在接近起动条件时哪个颗粒起动，哪个颗粒不动，完全具有随机性质，这样就出现起动标准如何判定的问题。一般常用的标准有：

（1）河床的局部地方，个别颗粒已处于运动状态；

（2）河床上已有难以计数的沙粒运动；

（3）床面各处随时都有颗粒运动，不受时间、地点的限制。

这些标准有一定主观性，同一个标准会因人而异。因此，在应用各种试验成果时，要注意这一点。

导致泥沙由静止到起动的根本原因是水流力的作用。将由泥沙起动公式计算出来的起动拖曳力与作用于床面的水流切应力进行对比即可判定床面泥沙的起动状态。对于二元均匀流，床面切应力可通过下式计算，即

$$\tau_0 = \gamma h J = \rho u_*^2 \tag{14.25}$$

式中　h——均匀流水深；

　　　J——水力坡降；

　　　u_*——摩阻流速。

14.3.2　起动流速

除了起动拖曳力以外，另一个普遍采用的泥沙起动指标就是起动流速。所谓起动流速即床面泥沙处于起动状态时的断面平均流速，符号为 v_K。下面根据式（14.18）来推求起动流速公式。

1. 基于对数流速率的起动流速公式

由于作用于泥沙上的临底流速 u_0 不易确定，为运用方便起见，用断面平均流速 v 代替。库里根（Keulegan）分析巴津（Bazin）的实测资料后，得出以下断面平均流速公式。

当床面光滑时

$$\frac{v}{u_*} = 3.5 + 5.75\lg\left(\frac{Ru_*}{\nu}\right) \tag{14.26}$$

当床面粗糙时

$$\frac{v}{u_*} = 6.25 + 5.75\lg\left(\frac{R}{\Delta}\right) \tag{14.27}$$

其中
$$u_* = \sqrt{gRJ}$$

式中　R——水力半径。

仿照式（14.18），引进校正系数 x，则式（14.26）及式（14.27）可以合并为一个综合公式：

$$\frac{v}{u_*} = 5.75\lg\left(12.27\frac{Rx}{\Delta}\right) \tag{14.28}$$

在临界起动条件下，式中 v 及 u_* 用 v_K 及 u_{*K} 来代替，则有

$$v_K = 5.75u_{*K}\lg\left(12.27\frac{Rx}{\Delta}\right) = 5.75\sqrt{\frac{\tau_K}{\rho}}\lg\left(12.27\frac{Rx}{\Delta}\right) \tag{14.29}$$

经适当变形得

$$\frac{v_K}{\sqrt{\dfrac{\rho_s - \rho}{\rho}}} = 5.75\sqrt{f\left(\frac{u_*d}{\nu}\right)}\lg\left(12.27\frac{Rx}{\Delta}\right) \tag{14.30}$$

冈恰洛夫（Гончаров）和列维（Левп）公式就属于这一类型。冈恰洛夫公式为

$$\frac{v_K}{\sqrt{\dfrac{\rho_s - \rho}{\rho}}} = 1.06\lg\frac{8.8h}{d_{95}} \tag{14.31}$$

适用范围：$d = 0.08 \sim 1.5\text{mm}$，$h = 4.2 \sim 30.1\text{cm}$。

列维公式

当 $\dfrac{R}{d_{90}} > 60$，$\dfrac{v_K}{\sqrt{gd}} = 1.41\lg\dfrac{12R}{d_{90}}$；

$$\frac{R}{d_{90}} = 10 \sim 14, \qquad \frac{v_{\mathrm{K}}}{\sqrt{gd}} = 1.04 + 0.871 \lg \frac{10R}{d_{90}} \tag{14.32}$$

2. 基于指数流速分布率的起动流速公式

沙莫夫（Шамов）公式

$$\frac{v_{\mathrm{K}}}{\sqrt{gd}} = 1.47 \left(\frac{h}{d} \right)^{1/8} \tag{14.33}$$

式中单位为 m、s。此公式形式简单，使用方便，但适用范围 $d=0.15\sim0.3$mm，比较窄。

武汉水利水电学院考虑了颗粒间黏结力作用，认为颗粒间的黏结力是由于吸着水和薄膜水不传递静水压力所致，由此导出的公式形式为

$$v_{\mathrm{K}} = \left(\frac{h}{d} \right)^{0.14} \left(1.76 \frac{\gamma_{\mathrm{s}} - \gamma}{\gamma} d + 0.00000065 \frac{10+h}{d^{0.72}} \right)^{1/2} \tag{14.34}$$

窦国仁考虑了薄膜水的影响，提出了以下公式

$$\frac{v_{\mathrm{K}}}{g} = \frac{\gamma_{\mathrm{s}} - \gamma}{\gamma} d \left(6.25 + 41.6 \frac{h}{h_{\mathrm{K}}} \right) \frac{h_{\mathrm{a}} \delta}{d} \tag{14.35}$$

其中　　　　　　　　　　$h_{\mathrm{a}} = 10$m（一个工程大气压水柱高）

式中　δ——一个水分子的厚度，$\delta = 3 \times 10^{-8}$cm。

大量实测资料表明，式（14.35）能较全面反映粗细不同颗粒泥沙的起动条件，将式（14.34）及式（14.35）绘成图 14.5，便于使用。由图中可以看出，式（14.35）结果与所选实测资料（图 14.5 中的圆圈）是比较相符的。

如果泥沙已经处于运动状态，当流速减小到某一界限后就要静止下来，这一临界流速通常称为止动流速，用符号 v_{s} 表示。根据实验结果

$$v_{\mathrm{K}} \approx (1.2 \sim 1.4) v_{\mathrm{s}} \tag{14.36}$$

即起动流速为止动流速的 1.2～1.4 倍。上述关系只适用于较粗的泥沙，对于黏土则不能随便采用。

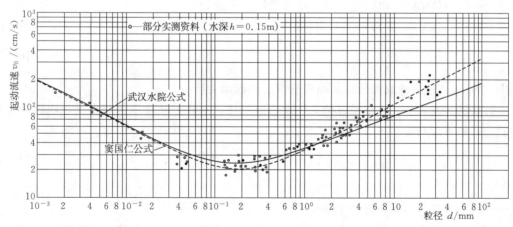

图 14.5　起动流速

14.3.3　起动功率

泥沙颗粒在水流力的作用下运移前进，这一过程中水流对泥沙做功。因此也可以用水流为维持泥沙运动所做的功率来表达泥沙的临界起动条件，称为起动功率，以符号 N_{K} 表示。

起动功率是一个比较新的概念，它的理论和公式尚不成熟。但是近年来，用能量的观

点来研究泥沙运动规律有不少成果,因此有必要在这里作一简单的介绍。

单位时间内使泥沙运动所消耗的能量应等于泥沙在运动中所受到的阻力与泥沙运动速度的乘积,前者可以假定与泥沙在水下的重量成正比。因此,水流在单位时间内需要对泥沙做功 N'_s:

$$N'_s \sim (\rho_s - \rho) g \int_0^h cu \, dy \tag{14.37}$$

式中 c——距床面 y 处的含沙量(以体积百分比计);

  u——泥沙前进的速度。

另外,单宽输沙率 q_T 可以写成

$$q_T = \rho_s g \int_0^h cu \, dy \tag{14.38}$$

将式(14.38)代入式(14.37),得

$$N'_s \sim \frac{\rho_s - \rho}{\rho_s} q_T \tag{14.39}$$

由式(14.39)可知,输沙率实质上标志着水流带动泥沙前进所消耗的功率。

水流为维持泥沙作推移运动需要的能量主要来自水流的势能,沿流向单位长度的水体可供使用的功率为

$$N_0 = \gamma h J v = \gamma q J \tag{14.40}$$

其中 $\qquad\qquad q = hv$

式中 q——单宽流量。

若仅考虑推移质,可以找到与式(14.39)类似的函数关系,即

$$N_0 \sim \frac{\rho_s - \rho}{\rho} q_b \tag{14.41}$$

式中 q_b——单位时间内通过单位宽度的推移质干重。

拜格诺(Bagnold)分析实验资料得到

$$\frac{\rho_s - \rho}{\rho} q_b = K(N_0 - N_K) \tag{14.42}$$

式中 N_K——使泥沙起动所需的临界功率,即起动功率。

拜格诺还发现 N_K 与粒径 d 的 3/2 次方成正比。这样,从功率角度出发,粗颗粒泥沙的起动条件可以写成

$$\frac{N_K}{\dfrac{1}{g}\left(\dfrac{\rho_s - \rho}{\rho}\right)^{3/2}} = 常数 \tag{14.43}$$

式中常数值有待进一步研究才能确定。

用起动拖曳力来衡量起动条件是最直接的,因为泥沙之所以由静止状态转入运动,主要是水流力的作用结果。而用平均流速来衡量起动条件则是间接的,是从力和流速之间的关系推导出来的。起动拖曳力的缺点是公式中含有水力坡度,对天然河道来讲,水面比降一般不易精确测量,而平均流速根据流量及过水断面积可以求得,比较可靠;另外,当床面出现沙波以后,水流力并不完全用于克服沙粒阻力,计算切应力时应注意将沙波阻力从

总阻力中剔除。

14.4 沙 波 运 动

在不同水流条件下,可动河床表面的泥沙将出现各种形式的集体运动,并在床面形成有韵律的各种形态,称为沙波。研究沙波对于计算水流阻力和推移质输沙率意义重大。

14.4.1 沙波运动的不同阶段

沙波的消长随输沙强度而异,一般可分为两个阶段。

第一阶段:沙纹及沙垄阶段。

当水流流速大于泥沙起动流速后,床面泥沙开始运动,此时即可能出现沙纹。沙纹的纵剖面不对称,迎水面长而平,背水面短而陡,沙波波高一般 $0.5 \sim 2.0 \mathrm{cm}$,波长 $1 \sim 15 \mathrm{cm}$,尺度较小。沙纹的形成主要是黏性底层的不稳定性所致,与水深无关。随着流速的增加,沙纹成长而成沙垄。图 14.6 为长江南京段及黄河花园口河段实测沙垄的纵剖面图。可见沙垄的波长、波高均远大于沙纹。沙垄的发展、消长受制于河道的几何形态和尺寸,其外形也是迎水面坡度较缓,背水面坡度大致等于安息角 θ。

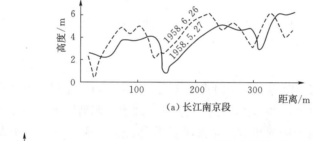

(a) 长江南京段

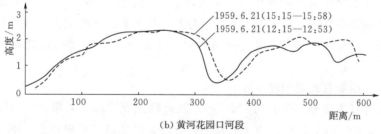

(b) 黄河花园口河段

图 14.6 实测沙垄纵断面图

沙纹、沙垄上的泥沙运动过程可见图 14.7 (a),水流在经过波峰 C 后发生分离,在 CD 之间形成一横轴旋涡,水流的分离使底部流速沿程分布不均,迎水面为加速区,背水面为减速区,泥沙颗粒沿迎水面 AB 冲刷外移,到达波峰 C 后,其中的细颗粒受向上脉动流速作用,被悬浮到水中,随水流运动到下一个沙垄。粗颗粒泥沙则落入背水面的旋涡中,沉积下来,使背水面向前延伸,整个沙垄则徐徐向前推进,其推进速度远小于水流速度。

第二阶段:沙浪阶段。

沙垄发展到一定程度以后,如果流速继续增大,旋涡区越来越大,卷入旋涡区的泥沙不一定落到背水坡上,而是落在坡脚以外。另外,水流分离区的紊动随流速加大而加强,

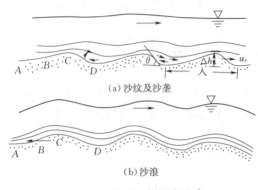

(a) 沙纹及沙垄

(b) 沙浪

图 14.7　沙波上的泥沙运动

也使更多的泥沙不落入背水面。这两方面的因素导致沙垄趋于衰微，到一定程度河床重新恢复平整。这时大量泥沙在平整床面上做成层运动，近底含沙量可以达到很高，主流区悬移运动也充分发展，但含沙量并不高，可以把它们看成两层不同密度的液体作相对运动。当这样的相对运动达到一定程度，交界面会失稳，从而使河床产生相应的起伏，形成沙浪，如图 14.7 (b) 所示。沙波的剖面对称，水流流线基本与河床平行，水流不发生明显分离。

　　水流经过迎水面 AB，由于无加速作用，而将部分泥沙就地扔下，堆积起来；经过波峰 C，在背水面又冲起一部分泥沙。这种逆流运行的沙波，称为逆行沙波，多发生在水浅流急之处。在深水区则多发生顺行沙波，因为水深大，水面基本无波动，波峰处水深小于波谷，迎水面处于加速区，背水面为减速区，迎水面发生冲刷，背水面发生淤积，沙波顺流而行。

　　关于沙浪的成因，有人把沙浪看成是一种运动波，也有人认为是动床不稳定所致的，迄今还没有一致的结论。

14.4.2　沙波阻力

　　沙波的出现将导致河床阻力发生不同程度变化。当河床由静止平整发展到沙纹、沙垄阶段，由于纵剖面的不对称，水流在波峰发生分离，迎水面和背水面压力不等，由此而引起形状阻力，导致河床阻力明显增加，增加的部分称为沙波阻力。当沙垄发展到一定程度，床面重新取得平整时，形状阻力下降，与开始时平整河床的阻力大致相同；当发展到沙浪阶段，因剖面对称，水流不发生分离，但由于泥沙剧烈运动引起能耗增加，阻力也加大。

14.4.3　与沙浪运动有关的物理参数

　　沙波尺度可以用波长（L_r）、波高（h_r）及运动速度（u_r）来描述。沙波阻力的大小在很大程度上取决于沙波尺度。由于问题的复杂性，虽然研究成果很多，但给出的公式形式不一，结果差异也较大。但一般认为，影响沙波运动主要有四个无量纲参数：

$$h_r, L_r, u_r = f\left[\frac{\tau_0}{(\rho_s - \rho)gd}, \frac{U}{\sqrt{gh}}, \frac{u_* d}{\nu}, \frac{d}{h} \right] \tag{14.44}$$

式中　　τ_0——床面拖曳力，为泥沙运动的外力；

　　　　ρ_s、ρ——泥沙、水的密度；

　　$(\rho_s - \rho)gd$——表层床沙的重量，是泥沙抗拒运动的反力；

　　$\dfrac{\tau_0}{(\rho_s - \rho)gd}$——决定泥沙运动强度的水流参数，称为 Shields 数；

　　　　$\dfrac{U}{\sqrt{gh}}$——水流弗劳德数的平方根；

$\dfrac{u_* d}{\nu}$——沙粒雷诺数，相当于床沙粒径 d 与层流底层厚度的比值；

$\dfrac{d}{h}$——平整河床的相对粗糙高度。

式（14.44）的具体形式需要通过理论分析，结合实验资料确定。

14.5 推 移 质 运 动

研究推移质运动的主要目的是确定在不同水流条件下推移质输沙的数量，也就是建立推移质输沙率公式。单位时间内，通过单位河宽的推移质泥沙数量称为推移质单宽输沙率，常用符号 q_b 表示，单位为 kg/(s·m)。在解决河床演变问题时，必须知道推移质输沙率。因此，推移质推沙率是一个十分重要的物理量，得到了广泛研究。推移质输沙率公式的形式很多，下面介绍几种典型的公式。

14.5.1 以水流拖曳力表达的推移质输沙率公式

1. 杜博埃拖曳力理论

1879 年法国杜博埃（P. Duboys）第一次提出推移质运动的拖曳力理论，给出了

$$q_b = K \tau_0 (\tau_0 - \tau_K) \tag{14.45}$$

其中
$$\tau_K = f(\gamma_s - \gamma) d$$

式中　τ_K——起动拖曳力；

$\quad\;\; f$——摩擦系数；

$\quad\;\; K$——表征泥沙输移特性的系数，可按下式计算：

$$K = \frac{\gamma_s d u}{2 \tau_K^2} \tag{14.46}$$

K 的单位为 m²·s/kg。

杜博埃认为，泥沙在水流拖曳力作用下成层移动。这一假定与实际情况下推移质运动以跳跃运动为主的情况不相符。但他提出的推移质输沙率是水流拖曳力和泥沙起动拖曳力差值的函数这一公式基本形式至今仍为不少研究者采用。

2. 耶格阿扎罗夫公式

$$q_b = 0.015 \frac{\gamma_s}{\gamma_s - \gamma} \gamma q J^{1/2} \left(\frac{\tau_0 - \tau_K}{\tau_0} \right) \tag{14.47}$$

式中　q——单宽流量；

$\quad\;\; J$——水力坡降。

式（14.47）适用的实测资料变化范围为 $d = 0.375 \sim 62.5$mm。

3. 梅叶—彼得—摩勒公式

$$\left(\frac{n'}{n} \right)^{2/3} \gamma h J = 0.047 (\gamma_s - \gamma) d + 0.25 \left(\frac{\gamma}{g} \right)^{1/3} \left(\frac{\gamma_s}{\gamma_s - \gamma} \right)^{3/2} q_b^{2/3} \tag{14.48}$$

其中
$$n' = 26 / d_{90}$$

式中　n'——河床平整情况下的沙粒粗糙系数；

$\quad\;\; d_{90}$——床沙组成中 90% 较之为小的粒径；

n——全阻力粗糙系数。

式（14.48）实验资料范围很广，粒径 $d=0.4\sim30\text{mm}$、坡降 $J=0.0004\sim0.02$、水深 $h=1\sim120\text{cm}$、流量 $Q=0.0002\sim4\text{m}^3/\text{s}$、重率 $\gamma_s=1.25\sim4.2\text{tf/m}^3$。虽然该式是一个经验公式，理论上有一定局限性，但得到大量实测资料验证。

14.5.2 以平均流速表达的推移质输沙率公式

建立这一类型公式的基本出发点是，认为流速越大推移质输沙率也越大。因此输沙率可用下式表示：

$$q_b = \gamma_s \delta_b u_b C_b \tag{14.49}$$

式中 u_b——推移质的前进速度；

δ_b——推移质运动的床面层厚度；

C_b——动密实系数，也即床面层中运动着的泥沙体积占整个床面层总体积的比例。

根据以上概念提出的公式有：

1. 冈恰洛夫公式

$$q_b = 2.08d(U-U_c)\left(\frac{U}{U_c}\right)^3\left(\frac{d}{h}\right)^{1/10} \tag{14.50}$$

式中单位以 kg、m、s 计。

该式 1962 年改进为以下形式：

$$q_b = (3.0\sim5.3)(1+\phi)d(U-U_c)\left(\frac{U^3}{U_c^3}-1\right) \tag{14.51}$$

式中单位以 kg、m、s 计，其中 ϕ 为泥沙紊动系数，可根据泥沙粒径和水温由表 14.2 查得。该式的资料范围为：$d=0.08\sim10\text{mm}$；$h/d=10\sim1550$；$U/U_c=0.72\sim13.1$。

表 14.2   **紊 动 系 数 ϕ 值 表**

d/mm	ϕ				d/mm	ϕ			
	5°	10°	15°	20°		5°	10°	15°	20°
0.01	308	266	232	205	0.4	2.27	2.18	2.09	2.0
0.02	110	94	82	73	0.6	1.76	1.71	1.67	1.63
0.04	39	33.4	29.1	25.9	0.8	1.48	1.44	1.42	1.40
0.06	21	18.2	15.8	14.0	1.0	1.29	1.28	1.25	1.24
0.1	9.75	8.4	7.3	6.5	1.2	1.18	1.16	1.15	1.13
0.2	3.95	3.55	3.25	3.0	1.5	1.04	1.03	1.02	1.01

2. 列维公式

$$q_b = 2d(U-U_c)\left(\frac{U}{\sqrt{gd}}\right)\left(\frac{d}{h}\right)^{1/4} \tag{14.52}$$

式中单位以 kg、m、s 计。资料范围：$d=0.23\sim23\text{mm}$，$h/h=5\sim500$，$U/U_c=1.0\sim3.5$。

3. 沙莫夫公式

对于均匀沙：

$$q_b = 0.95d^{1/2}(U-U_s)\left(\frac{U}{U_s}\right)\left(\frac{d}{h}\right)^{1/4} \tag{14.53}$$

对于非均匀沙：

$$q_b = 3D^{2/3}(U - U_s)\left(\frac{U}{U_s}\right)^3\left(\frac{d}{h}\right)^{1/4} \tag{14.54}$$

其中

$$U_s = \frac{1}{1.2}U_c = 3.83d^{1/3}h^{1/6} \tag{14.55}$$

式中　U_s——止动流速；

　　D——非均匀沙中最粗一组沙的平均粒径，如这一组泥沙占总沙样的 $40\%\sim70\%$，公式中的系数等于3；如占 $20\%\sim40\%$ 或 $70\%\sim80\%$，系数等于 2.5；如占 $10\%\sim20\%$ 或 $80\%\sim90\%$，系数等于 1.5。

式中单位以 kg、m、s 计。粒径范围：$d = 0.2\sim0.73$mm，$13\sim65$mm；$h = 1.02\sim3.94$m，$0.18\sim2.16$m；$U = 0.40\sim1.02$m/s，$0.80\sim2.95$m/s。

以上介绍的诸公式尽管形式各不相同，但其共同点是推移质输沙率 q_b 大致与 U^4 成正比例。这说明流速大小对推移质输沙率影响极大。

14.5.3　根据统计法则建立的推移质输沙率公式

由于推移质运动过程中具有随机性，不少学者认为，只有通过统计途径才能更好地描述推移质泥沙的运动规律。进行过这种尝试的学者很多，如爱因斯坦、卡林斯基、维立卡诺夫等。爱因斯坦是最早应用统计理论研究推移质运动的，其成果可参阅有关文献。

14.6　悬移质运动

紊流扩散作用使紊流中各流层之间不断产生水体质量交换，并由此导致各流层的动量、热量、含沙量等也不断进行交换。泥沙悬浮的机理就与这种交换相关。水流的紊动作用促使泥沙悬浮，而泥沙比水重，在重力作用下要下沉而抗拒悬浮。当泥沙的沉速与水流向上脉动速度达到平衡时，泥沙就以悬移形式运动；反之，泥沙则下沉到床面。

研究悬移质运动规律的一个重要内容就是寻求悬移质含沙量的空间分布和时间变化规律。在一般水流条件下这一问题十分复杂，很难得到解析解。但在均匀流情况下，问题可以简化。从统计观点来看，通过任一水平面向上运动的泥沙数量应等于向下的泥沙数量，才能维持泥沙浓度沿垂向分布的平衡状态。由于泥沙较水为重，易下沉到床面，向上运动的水团所挟带的泥沙量必须大于向下运动水团所挟带的沙量才能保持泥沙平衡，而等量水团交换将引起不等量的泥沙交换，这样唯一的可能就是下层水体含沙量大于上层水体。

下面研究在恒定流条件下，输沙达到平衡以后悬移质含沙量沿垂线的分布规律，同时研究在已知流速分布规律以后，如何通过积分求悬移质输沙率。

关于悬移质含沙量沿水深分布，目前有两种理论：一是扩散理论，二是重力理论。

14.6.1　扩散理论

早在 1925 年施密特（Schmidt）从紊动扩散概念出发，首先导出了一元恒定均匀流状态下，大气中尘埃分布的微分方程：

$$D\frac{dN}{dy} + M = 0 \tag{14.56}$$

式中　D——气体分子紊动交换系数；

N——气体分子在 y 处的浓度；

M——单位时间内通过单位面积的分子数量。

1931 年马卡维也夫（Маккавеев）基于施密特的紊动扩散概念，提出了河流中悬移质泥沙的扩散理论，他认为含沙水流中，扩散作用使得悬移质泥沙从浓度高处向低处扩散。

对于二元均匀流

$$\left.\begin{aligned} u_x &= \bar{u}_x + u'_x \\ u_y &= \bar{u}_y + u'_y \\ S_v &= \bar{S}_v + S'_v \end{aligned}\right\} \tag{14.57}$$

式中　u_x——沿水流方向流速瞬时值；

u_y——沿垂直水流方向流速的瞬时值；

S_v——距床面为 y 处的含沙量瞬时值，以体积百分比计。凡带短横线"—"者为时均量，带"'"号者为脉动量。

在含沙量达到平衡的情况下，在距床面 y 处，单位时间内穿过单位面积下沉和上升的悬移质泥沙数量必须相等。由于水流为均匀流，悬移质下沉的唯一原因是重力作用。单位时间内穿过该单位面积下沉的悬移质数量 g_1 为

$$g_1 = \omega \bar{S}_v \tag{14.58}$$

扩散理论的基本论点认为，当空间不同位置存在物质浓度差异时，此物质将从浓度大的地方向浓度小的地方扩散，其扩散强度（即单位时间内穿过单位面积的扩散量）应与浓度梯度成正比，等于浓度梯度与扩散系数的乘积，扩散系数的大小决定于产生扩散现象的原动力。如扩散现象是由分子振动（即布朗运动）引起，则称为分子扩散；如扩散现象系由涡体脉动引起，则称为紊动扩散。单位时间内通过紊动扩散作用穿过该单位面积上升的悬移质泥沙数量 g_2 为

$$g_2 = -\varepsilon_s \frac{d\bar{S}_v}{dy} \tag{14.59}$$

式中　ε_s——悬移质扩散系数，负号说明扩散总是向含沙量小的方向进行。

在平衡情况下

$$g_1 = g_2$$

即

$$\omega \bar{S}_v + \varepsilon_s \frac{d\bar{S}_v}{dy} = 0 \tag{14.60}$$

略去时均值号，得

$$\omega S_v + \varepsilon_s \frac{dS_v}{dy} = 0 \tag{14.61}$$

式（14.61）即为二元恒定均匀流在输沙达到平衡情况下悬移质含沙量沿垂线分布的基本微分方程式。

下面研究其解的情况。首先必须确定 ε_s 沿水深方向的变化规律。由于直接研究泥沙扩散系数很困难，考虑到泥沙运动是由于水流紊动引起的，可借用水流紊动扩散系数代替泥沙扩散系数。由第 5 章，在二元恒定均匀流中，有

$$\tau = \tau_0 \left(1 - \frac{y}{h}\right) \tag{14.62}$$

在充分紊流时，由式（5.35）知，紊流切应力

$$\tau = \rho l^2 \left(\frac{\mathrm{d}u_x}{\mathrm{d}y}\right)^2 \tag{14.63}$$

若令

$$\varepsilon_w = l^2 \left(\frac{\mathrm{d}u_x}{\mathrm{d}y}\right) \tag{14.64}$$

式中 ε_w——水流的紊动交换系数。

式（14.63）可写成

$$\tau = \rho \varepsilon_w \frac{\mathrm{d}u_x}{\mathrm{d}y}$$

或

$$\varepsilon_w = \frac{\tau}{\rho \dfrac{\mathrm{d}u_x}{\mathrm{d}y}} \tag{14.65}$$

假定 $\varepsilon_s = \varepsilon_w$，则由式（14.62）及式（14.65）得

$$\varepsilon_s = \frac{\tau_0 \left(1 - \dfrac{y}{h}\right)}{\rho \left(\dfrac{\mathrm{d}u_x}{\mathrm{d}y}\right)} \tag{14.66}$$

式（14.66）中流速梯度 $\dfrac{\mathrm{d}u_x}{\mathrm{d}y}$ 可以根据流速分布公式来确定。采用卡门—普朗特对数流速分布公式，即

$$\frac{\mathrm{d}u_x}{\mathrm{d}y} = \frac{u_*}{\kappa y} \tag{14.67}$$

将上式代入式（14.66）中得

$$\varepsilon_s = \frac{\tau_0 \left(1 - \dfrac{y}{h}\right)}{\rho \dfrac{u_*}{\kappa y}} = \kappa u_* y \left(1 - \frac{y}{h}\right) \tag{14.68}$$

将 ε_s 代入式（14.61）得

$$\omega S_v + \kappa u_* y \left(1 - \frac{y}{h}\right) \frac{\mathrm{d}S_v}{\mathrm{d}y} = 0 \quad \text{或} \quad \frac{\mathrm{d}S_v}{S_v} = -\frac{\omega}{\kappa u_*} \frac{\mathrm{d}y}{y \left(1 - \dfrac{y}{h}\right)}$$

对上式从 $a \sim y$ 积分（a 为底部某参考点的纵坐标），并利用 $y = a$ 处的含沙量 S_{va} 确定积分常数，得

$$\ln \frac{S_v}{S_{va}} = \frac{\omega}{\kappa u_*} \ln \left(\frac{h-y}{y} \cdot \frac{a}{h-a}\right)$$

进一步整理得

$$\frac{S_v}{S_{va}} = \left[\left(\frac{h}{y} - 1\right) \bigg/ \left(\frac{h}{a} - 1\right)\right]^z, \quad z = \frac{\omega}{\kappa u_*} \tag{14.69}$$

上式即为二元均匀流中，平衡情况下悬移质含沙量沿垂线分布的方程式。当已知沉速 ω 和摩阻流速 u_*，即可求得相对含沙量沿水深的分布。当确定了参考点 a 处的含沙量 S_{va} 后，

就可以求出垂线上任意一点的含沙量。

式 (14.69) 中的 $\omega/\kappa u_*$ 称为"悬浮指标"，它代表了重力作用（通过 ω 来表达）与紊动扩散作用（由 κu_* 来表达）的对比。$\omega/\kappa u_*$ 的值大，说明重力作用大，紊动作用小；反之，表示重力作用小，紊动作用大。悬浮指标还能反映泥沙在垂线上分布的均匀程度（图14.8）。图 14.8 是根据式 (14.69) 绘出的含沙量沿水深的分布，纵坐标为相对水深 y/h，横坐标为相对含量 S_v/S_{va}，不同的 $\omega/\kappa u_*$ 对应不同的相对含沙量分布曲线。由图可知，当 $\omega/\kappa u_* \geqslant 5$ 时，以悬浮形式运动的泥沙为量已经很少，故可将 $\omega/\kappa u_* = 5$ 看成泥沙进入悬浮状态的临界值。$\omega/\kappa u_*$ 的数值越小，含沙量沿垂线的分布就越均匀。$\omega/\kappa u_* < 0.1$ 后，可认为含沙量沿垂线的分布是均匀的。

由式 (14.69) 可以看出，近底处 $y=0$，$S_v=\infty$；而在近水面处 $y=h$，$S_v=0$ 这与实际情况是不符的。所以，一般将参考点含沙量取在底部悬移区与推移区分界处。扩散理论在解决细颗粒泥沙在含沙量不大情况下的含沙量垂向分布问题中得到广泛应用。

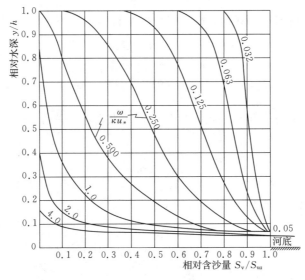

图 14.8　扩散理论含沙量沿水深分布

14.6.2　重力理论

扩散理论中没有考虑泥沙的悬浮需要消耗一部分水流能量的问题。维立卡诺夫 (Великанов) 根据能量平衡原理，首创了悬移质垂线分布的重力理论。重力理论的基本论点是：泥沙颗粒较水为重，在重力作用下要下沉；为维持泥沙在水流中作悬浮运动而不下沉，需要由水将泥沙托起，水流对泥沙所做的功，称为悬浮功。为建立公式，假定：

（1）单位时间内，单位体积的挟沙水流自高处向低处流动时，清水所提供的势能为 E_1；

（2）单位时间内，单位体积的挟沙水流，自高处向低处流动时，泥沙所提供的势能为 E_2；

（3）单位时间内，单位体积的挟沙水流中的清水在运动过程中克服阻力而损失的能量

为 E_3 ;

（4）单位时间内，单位体积的挟沙水流中的泥沙在运动过程中克服阻力而损失的能量为 E_4 ;

（5）单位时间内，单位体积挟沙水流中的清水为托起泥沙，并使其呈悬浮状态所需要提供的悬浮能量为 E_5 。

则水流能量平衡方程可表示为

$$E_1 = E_3 + E_5 \tag{14.70}$$

泥沙能量平衡方程可表示为

$$E_2 = E_4 \tag{14.71}$$

对二元恒定均匀流，有

$$E_1 = \rho g (1 - \bar{S}_v) \bar{u}_x J$$

$$E_2 = \rho_s g \bar{S}_v \bar{u}_x J$$

$$E_3 = -\bar{u}_x \frac{d\tau(1 - \bar{S}_v)}{dy} = \bar{u}_x \frac{d\rho(1 - \bar{S}_v) \overline{u_x' u_y'}}{dy} = \rho \bar{u}_x (1 - \bar{S}_v) \frac{d(\overline{u_x' u_y'})}{dy} - \rho \bar{u}_x \overline{u_x' u_y'} \frac{d\bar{S}_v}{dy}$$

$$E_4 = \rho_s \bar{u}_x \frac{d}{dy}(\bar{S}_v \overline{u_x' u_y'})$$

$$E_5 = g(\rho_s - \rho) \bar{S}_v \omega (1 - \bar{S}_v)$$

式中　$g(\rho_s - \rho) \bar{S}_v$ ——单位体积的挟沙水流中所含泥沙颗粒的水下重量。根据维立卡夫的观点，挟沙水流中悬移质沿水深方向的时均速度并不等于 ω ，而是等于 $(1 - \bar{S}_v)\omega$ 。因此，在 E_5 中没有用 ω ，而采用 $(1 - \bar{S}_v)\omega$ 。

将上述各能量项代入平衡方程式（14.70）及式（14.71）中，得

$$g(1 - \bar{S}_v) \bar{u}_x J = \bar{u}_x \frac{d}{dy}\left[(1 - \bar{S}_v) \overline{u_x' u_y'}\right] + \frac{\rho_s - \rho}{\rho} g\omega \bar{S}_v (1 - \bar{S}_v) \tag{14.72}$$

$$g\bar{S}_v J = \frac{d}{dy}(\bar{S}_v \overline{u_x' u_y'}) \tag{14.73}$$

上面两个能量方程共有三个未知数 $\bar{S}_v$ 、$\bar{u}_x$ 、$\overline{u_x' u_y'}$ ，还需要补充一个条件方程才能封闭。当含沙量不大时，这个条件可以采用清水流速分布公式。

维立卡诺夫建议采用亚斯盂达—尼可拉兹的流速分布公式，即

$$\bar{u}_x / u_* = \frac{1}{\kappa} \ln\left(1 + \frac{y}{\Delta}\right)$$

令 $\eta = y/h$ ，$\alpha = \Delta/h$ ，则有

$$\bar{u}_x = \frac{u_*}{\kappa} \ln\left(1 + \frac{\eta}{\alpha}\right) \tag{14.74}$$

将式（14.72）除以 $\bar{u}_x$ ，再加上式（14.73）得

$$gJ = \frac{d}{dy} \overline{u_x' u_y'} + \frac{\rho_s - \rho}{\rho} \frac{g\omega \bar{S}_v (1 - \bar{S}_v)}{\bar{u}_x}$$

积分之

$$\int_y^h gJ \, dy = \int_y^h \frac{d}{dy} \overline{u_x' u_y'} dy + \frac{\rho_s - \rho}{\rho} g\omega \int_y^h \frac{\bar{S}_v (1 - \bar{S}_v)}{\bar{u}_x} dy$$

得

$$-gJ(h-y) = \overline{u_x' u_y'} + \frac{\rho_s - \rho}{\rho} g\omega \int_y^h \frac{\overline{S}_v(1-\overline{S}_v)}{\overline{u}_x} dy$$

式中等号右侧第二项与第一项相比，可以忽略不计，于是有

$$\overline{u_x' u_y'} = -gJ(h-y)$$

$$\frac{d\overline{u_x' u_y'}}{dy} = gJ \tag{14.75}$$

将式（14.74）及式（14.75）代入式（14.72），并认为含沙浓度不大时 $1-S_v \approx 1$，可得到悬移质分布的微分方程为

$$\frac{d\overline{S}_v}{\overline{S}_{v*}} = \frac{\rho_s - \rho}{\rho} \frac{\kappa\omega}{u_* J} \frac{dy}{(1-\eta)\ln\left(1+\frac{\eta}{\alpha}\right)} \tag{14.76}$$

令

$$\beta = \frac{\rho_s - \rho}{\rho} \frac{\kappa\omega}{u_* J} \approx 1.65 \frac{\kappa\omega}{u_* J}$$

$$\rho(\eta,\alpha) = \int_{\eta_a}^{\eta} \frac{d\eta}{(1-\eta)\ln\left(1+\frac{\eta}{\alpha}\right)}$$

积分得悬移质含沙量沿水深分布为（略去时均值符号）

$$\frac{S_v}{S_{va}} = e^{-\beta\rho(\eta,\alpha)} \tag{14.77}$$

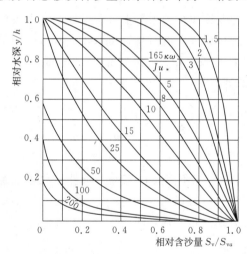

图 14.9　重力理论含沙量沿水深分布

式（14.77）为按照重力理论得到的悬移质垂线分布的表达式，可绘出图解（图 14.9）。

重力理论对粗颗粒泥沙（$\omega > 3.0\text{cm/s}$）比较合适，但在能量方程的建立过程中，存在若干原则性问题。有些实验资料表明，挟沙水流的阻力损耗并不比同条件下的清水阻力损耗大，有时甚至比清水还小。这说明，水流悬浮泥沙并不增加水流的时均能量损失。因而像维立卡诺夫那样在时均能量损失中考虑悬浮功是没有足够根据的。一些实验资料表明，挟沙水流的脉动强度较清水为低，因而可以认为是从水流的脉动能量中支出一部分能量来悬浮泥沙。

14.6.3　悬移质输沙率

单位时间通过单位宽度河床的悬移质泥沙数量叫做悬移质单宽输沙率，用符号 q_s 表示。

若已知悬移质含沙量及流速沿水深方向的分布规律，则将流速与悬移质含沙量的乘积 $\overline{u}_x \overline{S}_v$ 沿水深积分就可以得到悬移质单宽输沙率。由于无论是扩散理论还是重力理论都只给出悬移质沿水深方向的相对分布，所以，必须先求得参考水深 $y=a$ 处的含沙量。如何确定参考水深处的含沙量 S_{va} 和积分的上下限呢？爱因斯坦认为，推移质运动区域仅限于距床面两

倍粒径的范围,该范围以上为悬浮区,可将积分下限确定为 $a=2d$,则单宽输沙率 q_s 为

$$q_s = \int_a^h S_v u_x \mathrm{d}y \tag{14.78}$$

令 $A=\dfrac{a}{h}$,并将式 (14.67)、式 (14.69) 代入式 (14.78),最后简化得到爱因斯坦单宽移质输沙率 q_s 的计算公式为

$$q_s = 11.6 u'_* S_{va} a \left[2.303 \lg \left(\frac{30.2h}{\Delta} \right) I_1 + I_2 \right] \tag{14.79}$$

其中

$$I_1 = 0.216 \times \frac{A^{z-1}}{(1-A)^z} \int_A^1 \left(\frac{1-y}{y} \right)^2 \mathrm{d}y$$

$$I_2 = 0.216 \times \frac{A^{z-1}}{(1-A)^z} \int_A^1 \left(\frac{1-y}{y} \right)^2 \ln y \, \mathrm{d}y$$

式中 I_1 及 I_2 均是 $A=\dfrac{a}{h}$ 及 Z 的函数。其中积分可通过数值积分求解,或查图 14.10。

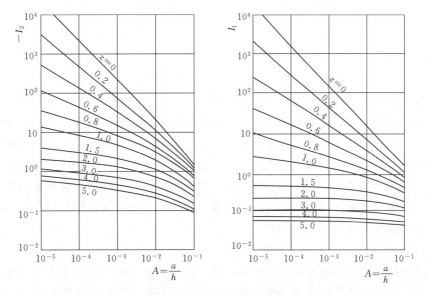

图 14.10 积分 I_1、I_2 图解

14.6.4 水流挟沙能力

在一定水流条件下,能够通过断面下泄而不引起河床冲淤变化的临界含沙量,称为水流的挟沙能力。水流挟沙能力应包括推移质及悬移质在内的全部泥沙。由于床沙质和冲泻质的性质不同,前者的输沙率可以通过力学关系,建立输沙率计算公式,而后者主要取决于流域条件,在计算输沙率时应区分开来。

1. 水流挟带床沙质的能力

根据悬移质输沙率推导出来的挟沙能力公式很多,其基本形式也相差较大。现仅介绍武汉水利电力学院从能量平衡概念导出的公式,以供参考:

$$S_v = K \left(\frac{v^3}{gR\omega} \right)^m \tag{14.80}$$

这一公式包括了决定水流挟沙能力的三个基本因素，即断面平均流速 v、水力半径 R 及悬移质平均沉速 ω。公式表明了床沙质含沙量 S_v 与弗劳德数 $\dfrac{v^2}{gR}$ 及 $\dfrac{v}{\omega}$ 成正相关关系。

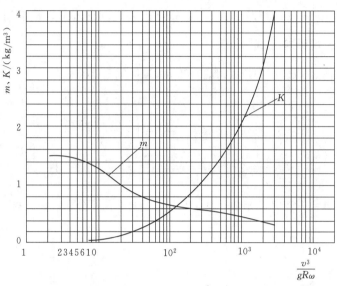

图 14.11　K、m 与 $\dfrac{v^3}{gR\omega}$ 关系

以悬移质输沙率来代替水流的全部挟沙力，使该式有一定局限性。对于平原河流，悬移质占运动泥沙的主体，可能出入不大。但对推移质占较大比重的山区河流来讲，用上述方法计算则应慎重。另外，上式理论上的不足是没有考虑冲积河流运动泥沙与河床泥沙的交换。如果考虑运动泥沙与河床泥沙的交换，那么挟沙能力公式不仅应反映水流条件，还应反映不同的床沙组成条件。爱因斯坦按照上述物理图案，把床沙、推移质及悬移质综合在一起考虑，给出了床沙质输沙率的计算公式。爱因斯坦的推移质输沙率公式及悬移质输沙率公式的详细推导可参阅有关著作。

2. 包括冲泻质在内的水流挟沙力

床沙质的挟沙能力是建立在力学关系基础上的，而冲泻质的挟沙能力则是建立在流域因素基础上，有赖于实测资料或经验关系才能确定。所谓流域因素主要指气象、土质、地貌及人类活动四个方面。苏联拉巴顿（Лапатон）认为河流中流域来沙的多年平均含沙量 S 与多年平均径流模数 M、土壤抗冲强度 N、植物覆盖度 P 及地面坡度 i 等因素有关，即

$$S = f(M, N, P, i)$$

美国的安德生（Anderson）根据西部俄勒冈州 29 个流域的实测资料，给出了单位流域面积年平均悬移质产沙量与流域因素间的关系。

另外一种方法是利用水文站实测流量—输沙率曲线及流量频率或累积频率曲线来估计年输沙量。在估算过程中还应对某些方面进行适当校正。第一个方面是由于我国采用的悬移质取样器取不到底部的悬移质，而床沙中又有相当一部分细沙集中在河床附近运动，推移质取样器也同样取不到。对上述两部测不到的沙量，应作校正，具体校正法可参阅有关文献。需要校正的第二个方面是当流量—输沙率关系的点群较分散时，应分析造成分散的

原因，再行处理。点群分散的原因常常是因为流域地区差异造成的，如植被、地形、土壤等，再加上产生径流的季节不同，各自呈带状分布。夏季暴雨季节形成一个点群带，而冬季冰雪融水又形成另一个点群带。需要校正的第三个方面是应对短系列资料的代表性加以分析。在我国许多河流上常常是流量资料历时较长，而输沙率资料历时较短，最好选用中水偏丰年份的流量—输沙率关系来推求多年平均含沙量，枯水年的资料可不考虑。

本 章 知 识 点

（1）单颗粒泥沙大小可用粒径表示，粒径既影响泥沙的运动特性，又影响颗粒间的相互作用。混合沙常用级配曲线来反映其群体粗细程度及粒径分布，代表沙样的特征可用特征粒径。

单位体积泥沙岩质材料重量称为重率（γ_s），国际单位：N/m^3，工程单位：kgf/m^3 或 tf/m^3，泥沙重率常取为常数 $\gamma_s = 25.97kN/m^3$，或 $\gamma_s = 2650kgf/m^3$。

泥沙在静水中均匀沉降速度称为沉速（ω），单位为 cm/s。单一颗粒沉速计算公式分三种情况：层流状态（$Re < 0.5$），$\omega = \dfrac{g}{18\nu}\left(\dfrac{\gamma_s}{\gamma} - 1\right)d^2$；紊流状态（$Re > 1000$），$\omega = \sqrt{\dfrac{4}{3}\dfrac{1}{C_D}\left(\dfrac{\gamma_s}{\gamma} - 1\right)gd}$；过渡状态（$Re = 0.5 \sim 1000$），借助经验或半经验公式。泥沙沉速还受含沙量和水质的影响。水中含盐或为浑水时，沉速减小；颗粒极小时将发生絮凝，沉速反增大。含沙浓度较大时，颗粒在沉降过程中互相影响，沉速也减小。

（2）河道中的泥沙按运动方式不同分为推移质和悬移质；按与床面接触形式不同分为接触质和跃移质。水流流速超过某一限度后，河床表层以下还会出现层移质。将运动泥沙分为推移质与悬移质的目的是便于针对两种不同运动形式的泥沙分别建立输沙率计算公式。

进入河道的泥沙还分为床沙质和冲泻质。将运动泥沙分为床沙质和冲泻质原因在于冲泻质输沙率主要取决于上游来沙量的多寡，一般根据实测资料确定；而床沙质输沙率主要取决于当地水流条件和泥沙特性，需要通过力学关系建立挟沙能力公式来计算床沙质输沙率。

床沙质和冲泻质一般根据河床泥沙粒配曲线来划分，也有理论方法，例如，基于有效悬浮功理论的划分方法。

（3）组成河床的泥沙颗粒在由静止状态转入运动状态时的临界水流条件称为泥沙起动条件。起动条件计算公式一般根据泥沙颗粒静力平衡条件或能量关系建立，主要有起动切应力、起动流速和起动功率三种表达形式。起动切应力公式以 Shields 理论为代表，岩垣曾作过修正；起动流速公式有冈恰洛夫和列维等对数形流速公式，也有沙莫夫公式等指数形式公式，还有考虑了黏性作用的武汉水利电力大学公式和窦国仁公式；起动功率公式以拜格诺公式为代表。各类公式各有其优缺点。泥沙起动流速一般为止动流速的 $1.2 \sim 1.4$ 倍。

（4）沙波是水流强度达到一定程度时河床表面泥沙的一种集体运动形式，研究沙波对于研究水流阻力和推移质输沙率意义重大。随着水流强度由弱到强，沙波依次经历沙纹及沙垄阶段、动平整阶段、沙浪阶段和逆行沙波阶段。

沙波阻力与沙波尺度直接相关。影响沙波尺度主要有四个无量纲参数 h_r，L_r，$u_r = f\left[\dfrac{\tau_0}{(\rho_s - \rho)gd}，\dfrac{U}{\sqrt{gh}}，\dfrac{u_* d}{\nu}，\dfrac{d}{h}\right]$，公式具体形式需要通过理论分析结合实验资料确定。

(5) 研究推移质运动的主要目的是确定在不同水流条件下推移质输沙的数量。推移质输沙率公式的形式很多，主要介绍三种典型的公式：①以水流拖曳力表达的杜博埃公式、耶格阿扎罗夫公式、梅叶—彼得—摩勒公式；②以平均流速表达的冈恰洛夫公式、列维公式、沙莫夫公式；③根据统计法则建立的推移质输沙率公式。

(6) 泥沙悬浮的机理在于水流的紊流扩散作用。研究悬移质运动，一方面，是研究达到平衡以后悬移质含沙量沿垂线的分布规律；另一方面，在知道了流速分布规律以后，通过数值积分求悬移质的输沙率。目前关于悬移质悬浮理论有两种，一是扩散理论；二是重力理论。二元恒定均匀流中，在悬移质含沙量垂向分布达到平衡情况下，考虑紊动扩散与重力作用建立的含沙量垂向分布公式为 $\dfrac{S_v}{S_{va}} = \left[\left(\dfrac{h}{y} - 1\right)\Big/\left(\dfrac{h}{a} - 1\right)\right]^{\frac{\omega}{\kappa u_*}}$，表达了含沙量沿水深的相对分布，式中 $\omega/\kappa u_*$ 称为"悬浮指标"，代表了重力作用与紊动扩散作用的对比。

重力理论基本论点是：为维持泥沙在水流中作悬浮运动而不下沉，水流将对泥沙作悬浮功。通过能量平衡关系，导出的含沙量沿水深相对分布公式为 $S_v/S_{va} = e^{-\beta\rho(\eta,a)}$。

(7) 单位时间通过单位宽度河床的悬移质泥沙数量叫做悬移质单宽输沙率，用符号 q_s 表示。已知悬移质含沙量及流速沿垂向的分布规律，则将流速与悬移质含沙量的乘积沿垂向积分就可以得到悬移质单宽输沙率。计算悬移质输沙率需确定参考水深处的含沙量 S_{va} 以及参考水深位置。爱因斯坦取距床面两倍粒径，由此得出单宽输沙率计算公式为 $q_s = 11.6 u_* S_{va} a\left[2.303 \lg\left(\dfrac{30.2h}{\Delta}\right)I_1 + I_2\right]$。

(8) 水流挟沙能力。在一定的水流条件下，通过断面下泄而不引起河床冲淤变化的含沙量，称为水流的挟沙能力。由于床沙质和冲泻质的性质不同，在计算挟沙能力时应将两者区分开来。挟沙能力公式很多，如形式较简单的从能量平衡概念导出的武汉水电大学公式，综合考虑床沙、推移质及悬移质交换的爱因斯坦公式等。

思 考 题

14.1 如何描述单一颗粒泥沙和混合沙大小？

14.2 不同绕流流态下，如何计算泥沙沉速？含沙量和含盐量对泥沙沉速有何影响？絮凝对泥沙沉速有何影响？

14.3 将泥沙运动区分为推移质和悬移质的意义是什么？区分为造床质和冲泻质又有何意义？怎样划分床沙质和冲泻质？

14.4 床面层的含义是什么？怎样确定？

14.5　何谓泥沙起动条件？影响泥沙起动都有哪些因素？

14.6　Shields 泥沙起动理论建立的条件是什么？有哪些主要特征？

14.7　泥沙的黏滞性如何影响泥沙的起动条件？

14.8　研究沙波运动的意义何在？

14.9　随着水流条件由弱到强变化，沙波的形态如何变化？不同沙波形态对动床阻力的影响有何不同？

14.10　何谓推移质输沙率、悬移质输沙率、总输沙率？

14.11　何谓挟沙能力？

14.12　计算悬移质含沙量沿水深分布的理论有哪两种？建立公式的基础各是什么？公式各有何特点？适用条件是什么？如何确定参考水深含沙量？

习　　题

14.1　分别计算粒径为 0.05mm、0.1mm、1.0mm 和 10.0mm 的单颗粒泥沙在静止、清水中的沉速。

14.2　采用两种实验沙样进行泥沙起动实验，泥沙粒径分别为 $d_1 = 1.2$mm，$d_2 = 0.2$mm，水深 $d = 0.2$m，水面比降为 $J = 6‰$。试用 Shields 泥沙起动公式判断两种泥沙的起动情况。

14.3　用 Shields 曲线来确定一条宽阔河道恰好可以避免床沙冲刷的最大水深。已知水流为均匀流，水力坡降 $J = 0.0005$，泥沙平均粒径 $d = 2.5$mm，温度为 10℃。

14.4　已知宽浅河道均匀流，坡降 $J = 0.0004$，水深 $h = 2$m，$d = 0.2$mm，分别用 Shields 公式（14.21）、武水公式（14.34）和窦国仁公式（14.35）判断床面泥沙的稳定情况。

14.5　用粒径 $d = 0.1$mm 的均匀沙进行输沙率实验。在输沙达到平衡的条件下，实测得到泥沙总输沙率为 $q_T = 1.2$kg/(s·m)，在距床面 0.05 倍水深处测得含沙量为 $C_a = 1.0$kg/m³，测得流速分布如图 14.12 所示，水槽水深为 0.5m。假定床面未出现沙波，水槽两边壁阻力不计，0.05 倍水深以下可以认为是床面层。$\nu = 0.0101$cm²/s。

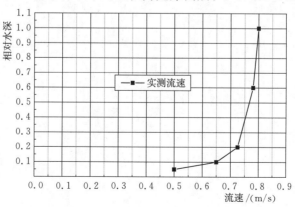

图 14.12　实测流速分布图

（1）根据底部两点流速实测结果，计算两种情况下床面摩阻流速；

（2）根据 Shields 理论计算泥沙起动条件；

（3）将实验点据绘到 Shields 曲线上，并对实验结果进行评价、分析；

（4）根据悬移质垂向分布公式计算悬移质垂向分布；

（5）根据悬移质含沙量和流速垂向分布计算悬移质输沙率，进而计算推移质输沙率。

第15章 波 浪 运 动

波浪是一种常见的水流运动现象，在海洋、湖泊、水库等宽广的水面上都可能发生较大的波浪。波浪理论的研究对于航运、筑港、海洋环境保护及海洋资源开发等都具有十分重要的意义。为了正确计算海上建筑物的稳定性，合理地规划、设计和建造港口与海岸工程建筑物，合理估算港湾的冲淤或海岸的变迁，合理开发波浪能量等，都必须研究波浪的运动规律。

本章主要介绍势波的概念、微幅波理论、斯托克斯波理论以及作用在简单结构物上波浪力的计算。

15.1 波 浪 基 本 描 述

波浪现象的一个共同特征就是水体的自由表面呈周期性的起伏，水质点做有规律的往复振荡运动。这种运动是由于平衡水面在受外力干扰而变成不平衡状态后，表面张力、重力或科氏力等恢复力使不平衡状态又趋向平衡而造成的。海洋中的波动可以按照干扰力、恢复力等多种方式分类，例如，按照引起波动的原因（干扰力）进行分类有：由风力引起的波浪，称为风浪（风成波）；由太阳和月球以及其他天体引起的波浪，称为潮汐波；由水底地震引起的波浪，称为海啸（津波）；由船舶航行引起的波浪，称为船行波等。

引起波动的最常见的因素是风，对风作用下的波浪，在波峰的迎风面上，水质点的运动方向与风向一致，会加速水质点的运动；在波谷的背风面上，水质点的运动方向与风向相反，会减慢水质点的运动，所以风浪的剖面往往呈前坡缓、后坡陡的不对称形状，如图15.1（a）所示。当风停止后，由于惯性和重力的作用，波浪仍然不断地继续向前传播着。当传播到无风的海区后，这个海区也会产生波浪。这种波浪波峰平滑，前坡与后坡大致对称，外形较规则，人们通常称它为涌浪，又称为余波，其剖面形状如图15.1（b）所示。

对于如图15.1（b）所示的规则波浪的剖面，可以定义以下一系列名词和参量：

（1）波峰：波浪在静水面以上的部分；波顶：波峰的最高点。

（2）波谷：波浪在静水面以下的部分；波底：波谷的最低点。

（3）波高 H：波顶与波底之间的垂直距离。

（4）振幅 a：波高的一半。

（5）波长 L：两个相邻波顶（或波底）之间的水平距离。

（6）水深 d：平均水面与海底的距离。

（7）周期 T：波面起伏一次的时间。

（8）波浪中线：平分波高的中线。

（9）超高 h_{s0}：波浪一般具有波峰较陡、波谷较平缓的特点，波浪中线常在静水面之

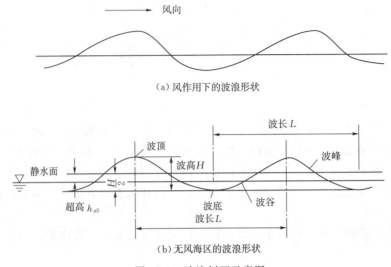

图 15.1 波浪剖面示意图

上，波浪中线超出静水面的高度称为超高。

（10）波速 c：波浪外形向前传播的速度，等于波长除以周期，即 $c=L/T$。

（11）波陡：波高与波长的比值 H/L。

波高、波长、波陡、波速和波浪周期是确定波浪形态的主要尺度，总称为波浪要素。

15.2 势 波 的 概 念

15.2.1 势波的描述

在观察研究海浪的过程中，人们曾经发现，海洋中的波浪可以传播到很远的地方去；在实验中也可以发现，一个孤立的波峰可以在水槽中经过长距离传播而变形很小。这就说明：液体阻尼的作用（黏滞性的影响）在波浪传播过程中是比较小的。因而在研究大多数海浪问题时，将液体视为理想液体，对某些海浪问题的研究不会导致重大的错误。

现考虑质量力仅为重力的均质不可压缩理想流体，其周围和底部均受固定硬壁的限制，但液体的表面为自由面，并设液体在最初处于静止状态。设想该液体在某一极微小的时间段内受到相当大的外力作用，这些力作用在液体自由表面的各个质点上（例如一阵强风吹过海面）。由于这些力的作用，液体的初始平衡状态将被破坏。失去平衡状态的液体质点，在重力和惯性力的作用下，有恢复初始平衡状态的趋势，于是就形成了液体质点的振动。液体各个质点振动的总和，就形成了液体的波浪运动。在上述假定下，这种液体的运动将是有势的运动，也是无旋运动，因而这种波浪运动称为势波。研究势波问题，关键在于寻找描述波浪运动的流速势 φ。

由第 3 章可知，流速势 φ 是满足如下拉普拉斯（Laplace）方程的调和函数：

$$\nabla^2 \varphi = 0 \tag{15.1}$$

对于一个具体的波动，必须结合这一问题的定解条件求解上述拉普拉斯方程，才可求得这一问题的 φ 值。下面将讨论二维波浪运动的定解问题。

15.2.2 波浪运动的定解条件

1. 底部边界条件

在底部不动的固体边界上，液体只能沿着边界切线方向运动，垂直于固体边界的法向速度为零。因此

$$u_n = \frac{\partial \varphi}{\partial n} = 0 \tag{15.2}$$

2. 自由表面边界条件

在自由表面上，若以 η 代表波表面相对于静水面的高度，在波浪运动中，它显然是随时间和位置而变化的。因此，对于如图 15.2 所示的二维流动，可表示为 $z = \eta(x, t)$。

在自由表面上，任一位于 (x, z) 处的水质点垂直分速为

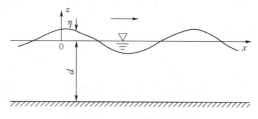

图 15.2 二维波动示意图

$$u_z \big|_{z=\eta} = \frac{\mathrm{d}z}{\mathrm{d}t} = \frac{\partial \eta}{\partial t} + \frac{\partial \eta}{\partial x} \frac{\mathrm{d}x}{\mathrm{d}t} \tag{15.3}$$

将势函数和流速的关系

$$u_x \big|_{z=\eta} = \left(\frac{\partial \varphi}{\partial x}\right)_{z=\eta} = \frac{\mathrm{d}x}{\mathrm{d}t}$$

$$u_z \big|_{z=\eta} = \left(\frac{\partial \varphi}{\partial z}\right)_{z=\eta} = \frac{\mathrm{d}z}{\mathrm{d}t}$$

代入式（15.3）后有

$$\left(\frac{\partial \varphi}{\partial z}\right)_{z=\eta} = \frac{\partial \eta}{\partial t} + \left(\frac{\partial \varphi}{\partial x}\right)_{z=\eta} \frac{\partial \eta}{\partial x} \tag{15.4}$$

这就是势函数在波浪自由表面上需要满足的运动边界条件。

在自由表面上，除了需要满足运动边界条件外，还需要考虑在波面上的动力因素，称为动力边界条件。

在风直接作用下的海浪波面上，压力随着位置和时间的变化很大。在规则余波的条件下，可以假定波面上的压力为常数并等于大气压力，即 $p = p_a = 0$。依据伯努利（Bernoulli）方程式，在重力作用下，液体的有势不恒定运动可用如下方程描述：

$$\frac{\partial \varphi}{\partial t} + \frac{1}{2} u^2 + \frac{p}{\rho} + gz = 0 \tag{15.5}$$

于是便可以得到，在自由表面上，势函数需要满足的动力条件为

$$\left(\frac{\partial \varphi}{\partial t}\right)_{z=\eta} + \frac{1}{2} \left[\left(\frac{\partial \varphi}{\partial x}\right)^2 + \left(\frac{\partial \varphi}{\partial z}\right)^2\right]_{z=\eta} + g\eta = 0 \tag{15.6}$$

3. 自由表面边界条件的简化

在研究势波运动时，当进一步研究较复杂的波浪现象，例如不规则海浪运动的基本规律时，常从分析一种最简单的波动入手。这种简单的波动假定波高和波长（或水深）相比为一无限小量，在这种微幅的波动中，水质点的运动速度缓慢，波面很平缓。因此，$u_x = \partial \varphi / \partial x$ 和 $\partial \eta / \partial x$ 均为小量，而它们的乘积为高一阶的小量，可以略去。这样非线性的运动边界条件式（15.4），就可以化为下面简单的线性关系：

$$u_z\big|_{z=\eta} = \frac{\partial \eta}{\partial t} \quad \text{或} \quad \left(\frac{\partial \varphi}{\partial z}\right)_{z=\eta} = \frac{\partial \eta}{\partial t} \tag{15.7}$$

式（15.7）的物理意义是，对于微幅波动，水面上质点的垂直速度和水面本身的升降速度近似相等。

动力边界条件式（15.6）由于包含了 $u^2 = u_x^2 + u_z^2 = \left(\dfrac{\partial \varphi}{\partial x}\right)^2 + \left(\dfrac{\partial \varphi}{\partial z}\right)^2$ 也是非线性的。对于上述简单的微幅波动，由于质点运动速度缓慢，$u^2/2$ 项可以略去，动力边界条件可线性化为

$$\eta = -\frac{1}{g}\left(\frac{\partial \varphi}{\partial z}\right)_{z=\eta}$$

在微幅波的条件下，可以用 $z=0$ 处的 $\left(\dfrac{\partial \varphi}{\partial t}\right)_{z=0}$ 近似地代替 $z=\eta$ 处的 $\left(\dfrac{\partial \varphi}{\partial t}\right)_{z=\eta}$，故得

$$\eta = -\frac{1}{g}\left(\frac{\partial \varphi}{\partial t}\right)_{z=0} \tag{15.8}$$

在已知流速势函数的情况下，式（15.8）常用来推求波面的方程式。

将式（15.8）对时间取导数，则有

$$\frac{\partial \eta}{\partial t} = -\frac{1}{g}\left(\frac{\partial^2 \varphi}{\partial t^2}\right)_{z=0} \tag{15.9}$$

在式（15.7）中，同样用 $z=0$ 处的 $\left(\dfrac{\partial \varphi}{\partial z}\right)_{z=0}$ 近似代替 $z=\eta$ 处的 $\left(\dfrac{\partial \varphi}{\partial z}\right)_{z=\eta}$，并结合上式得

$$\left(\frac{\partial \varphi}{\partial z}\right)_{z=0} = -\frac{1}{g}\left(\frac{\partial^2 \varphi}{\partial t^2}\right)_{z=0} \tag{15.10}$$

式（15.2）、式（15.8）和式（15.10）构成了线性化的波浪运动边界条件。在一般情况下，波浪运动除满足上述边界条件外，还应满足初始条件。但是，针对这里研究的风停以后的自由海波（余波），它是有规则的周期运动，因此可以不考虑初始条件，而从设定一个反映周期性运动的流速势着手分析。

15.3　微　幅　波　理　论

在 15.2 节中，曾经提到过一种简化了的最简单的波动。这个简化假定为：波高和波长（或水深）相比为无限小；水质点的运动速度较缓慢，速度的平方项和其他项相比可以忽略。在这些简化下，有关的流体力学方程组都成为线性的。这种简化的波浪理论称为微幅波理论、小振幅波理论或线性波理论。

微幅波的这些基本假定显然与工程设计所考虑的波浪情况不相符合。因为，作为设计的控制条件，总是要选择具有较大波高的波浪作为设计波浪。例如，我国一条适用于 40m 水深海域的钻井船的设计，就将波高 11.0m、周期 11.61s（相应的波长为 180.4m）的波浪作为设计波浪，这显然已远不满足微幅波的条件。但是，对微幅波的分析能较清晰地表达出波动的特性，又是研究较复杂的有限振幅波乃至不规则波的基础，同时从微幅波理论得到的某些结果还是可以近似地应用于工程设计的。因此，从简单的微幅波入手对于解决较复杂的波浪问题是十分必要的。下面将较为详尽地分析微幅波理论的结果。

15.3.1 波面方程的确定

水面出现简单的波动通常有两个明显的特征。首先是波面的周期性，在某一时刻，每经过一定的距离呈现一个波峰或波谷；而对于同一个位置上，每经过一定的时间出现一个波峰或波谷。其次是波面不停滞地沿着某一方向传播出去。观测表明，这种周期性和传播现象不限于波面的起伏，液体内部的质点运动也具有这种特性，只不过随水深的增加而迅速地减少而已。

实际观测表明，具有上述特性的微幅波动可以用余弦（或正弦）曲线来表示。

如图 15.3 所示的微幅波的波面方程式可以表示为

$$\eta = a\cos(kx - \sigma t) \tag{15.11}$$

式中　η——波面距离静水面的高度；

　　　a——波浪振幅。

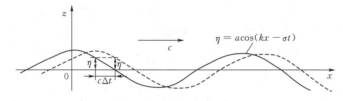

图 15.3　微幅波传播示意图

式（15.11）中的常数 k 和 σ 可以这样来确定：

（1）当 x 增减一个波长时，波面高度 η 应该不变，这就必须使 $kL=2\pi$，故

$$k = 2\pi/L \tag{15.12}$$

所以 k 称为波数。

（2）当时间每增减一个周期 T 时，同一点的波面高度 η 应该不变，即 $\sigma T=2\pi$，故

$$\sigma = 2\pi/T \tag{15.13}$$

所以 σ 称为波浪的圆频率。

显然，波形的传播速度 c 和波数及圆频率间有如下的关系：

$$c = L/T = \sigma/k \tag{15.14}$$

式（15.11）的右边采用余弦，也能体现上述的波动性质，只是将波形移动一个相角 $\pi/2$ 罢了。

式（15.11）中 σt 前面采用正号或负号分别表示波浪沿正 x 方向或负 x 方向传播。例如，设图 15.3 中实线代表时刻 t 的波形，经过时段 Δt 后，波形沿正 x 方向传播一距离到达图中虚线所示的位置，原 t 时刻的某一波面高度 η_1 应该在右方距离为 $\Delta x=c\Delta t$ 处出现，当 σt 前采用负号时，即有

$$\eta_1 = a\cos[k(x + \Delta x) - \sigma(t + \Delta t)] = a\cos[kx - \sigma t + k\frac{\sigma}{k}\Delta t - \sigma\Delta t] = a\cos(kx - \sigma t)$$

若式（15.11）中的 σt 前取正号，则 t 时刻的一点处的波面高度 η_1 在时刻 $t+\Delta t$ 时应在 $x-\Delta x$ 处出现，即取正号表示波面沿正 x 方向传播。

因此，简单波动的表达式使用正弦或余弦，使用正号或负号，所得的波形并不受到影响，只是波动的起始位置和传播方向不同而已。

15.3.2　速度势的建立

因为所设定的波面方程 $\eta = a\cos(kx - \sigma t)$ 应满足自由表面的边界条件

$$\eta = -\frac{1}{g}\left(\frac{\partial \varphi}{\partial z}\right)_{z=\eta=0}$$

因而得

$$\varphi = \frac{ga}{\sigma}\sin(kx - \sigma t) \tag{15.15}$$

式（15.15）为 $z=\eta$ 以及波动振幅为 a 的特定情况下势函数 φ 的表达式。一般情况下，波动的振幅沿着水深而衰减。因此，可以将一般情况下的 $\varphi(x,z,t)$ 的函数关系表示如下：

$$\varphi = F(z)\sin(kx - \sigma t) \tag{15.16}$$

式中　$F(z)$ ——纵坐标 z 的函数，它应体现波动随水深变弱的关系。

将式（15.16）对 x 和 z 分别取二次导数得

$$\frac{\partial^2 \varphi}{\partial x^2} = -k^2 F(z)\sin(kx - \sigma t)$$

$$\frac{\partial^2 \varphi}{\partial z^2} = F''(z)\sin(kx - \sigma t)$$

代入拉普拉斯方程式（15.1），则得

$$-k^2 F(z)\sin(kx - \sigma t) + F''(z)\sin(kx - \sigma t) = 0$$

一般情况下，$\sin(kx-\sigma t)$ 不为零，因此得

$$F''(z) - k^2 F(z) = 0$$

此常微分方程式的通解为

$$F(z) = C_1 e^{kz} + C_2 e^{-kz}$$

式中　C_1、C_2——积分常数。

将上式代入式（15.16）得

$$\varphi = (C_1 e^{kz} + C_2 e^{-kz})\sin(kx - \sigma t) \tag{15.17}$$

积分常数 C_1 及 C_2 的值可从边界条件来确定。

根据边界条件式（15.2），当 $z=-d$ 时，有

$$u_z = \left(\frac{\partial \varphi}{\partial z}\right)_{z=-d} = 0$$

将式（15.17）对 z 取导数，并利用上面的边界条件，则有

$$\left(\frac{\partial \varphi}{\partial z}\right)_{z=-d} = k(C_1 e^{-kd} + C_2 e^{kd})\sin(kx - \sigma t) = 0$$

因为 $\sin(kx-\sigma t)$ 一般不为零，于是有

$$C_1 e^{-kd} - C_2 e^{kd} = 0$$

故

$$C_2 = C_1 e^{-2kd}$$

式（15.17）可改写为

$$\varphi = C_1 e^{-kd}\left[e^{k(z+d)} + e^{-k(z+d)}\right]\sin(kx - \sigma t)$$

由

$$\cosh[k(z+d)] = \frac{1}{2}\big[e^{k(z+d)} + e^{-k(z+d)}\big]$$

同时令 $C' = 2C_1 e^{-kd}$，就得到

$$\varphi = C'\cosh[k(z+d)]\sin(kx - \sigma t)$$

式中 C' 可用自由表面边界条件来定出，在自由表面上有

$$\varphi\big|_{z=0} = C'\cosh(kd)\sin(kx - \sigma t)$$

与式（15.15）所表示的自由表面的 φ 函数相比较，便定出

$$C' = \frac{ga}{\sigma}\frac{1}{\cosh(kd)}$$

这样便得到有限水深时微幅波势函数的表达式为

$$\varphi = \frac{ga}{\sigma}\frac{\cosh[k(z+d)]}{\cosh(kd)}\sin(kx - \sigma t) \text{ 或 } \varphi = \frac{gH}{2\sigma}\frac{\cosh[k(z+d)]}{\cosh(kd)}\sin(kx - \sigma t) \quad (15.18)$$

15.3.3 波的传播速度

波速等于波长除以周期，即 $c = L/T$，或按式（15.14）有

$$c = \frac{L}{T} = \frac{\sigma}{k}$$

因此，为了求得波速 c，可从分析常数 k 和 σ 的关系入手。根据式（15.8）有

$$\left(\frac{\partial \varphi}{\partial z}\right)_{z=0} = -\frac{1}{g}\left(\frac{\partial^2 \varphi}{\partial t^2}\right)_{z=0}$$

将式（15.18）进行微分，得

$$\frac{\partial^2 \varphi}{\partial t^2} = -\sigma ga\frac{\cosh[k(z+d)]}{\cosh(kd)}\sin(kx - \sigma t)$$

$$\frac{\partial \varphi}{\partial z} = \frac{kga}{\sigma}\frac{\sinh[k(z+d)]}{\cosh(kd)}\sin(kx - \sigma t)$$

在上面的式子中，令 $z=0$，再将结果代入自由表面条件式（15.8），即

$$\left(\frac{\partial^2 \varphi}{\partial t^2}\right)_{z=0} + g\left(\frac{\partial \varphi}{\partial z}\right)_{z=0} = 0$$

则得

$$-\sigma ga\frac{\cosh(kd)}{\cosh(kd)}\sin(kx - \sigma t) + \frac{kg^2 a}{\sigma}\frac{\sinh(kd)}{\cosh(kd)}\sin(kx - \sigma t) = 0$$

故
$$\sigma^2 = kg\tanh(kd) \quad (15.19)$$

式（15.19）称为弥散关系。根据 $c = L/T$ 可以得到与式（15.19）等价的波速和波长表达式：

$$c = \sqrt{\frac{g}{k}\tanh(kd)} = \sqrt{\frac{gL}{2\pi}\tanh\frac{2\pi d}{L}} = \frac{gT}{2\pi}\tanh(kd) \quad (15.20)$$

$$L = \frac{gT^2}{2\pi}\tanh\frac{2\pi d}{L} \quad (15.21)$$

由式（15.20）可知，不同周期（波长）的波在传播过程中由于波速不同将逐渐分散开来，这种现象称为波浪的弥散现象，因此上述方程被称为波浪弥散（色散）方程。

式（15.19）～式（15.21）均为超越方程，需要通过数值方法如牛顿迭代法才能获得

精确解。在工程应用中，Fenton 和 Mckee（1990）提出了以下简化显式计算公式：

$$L = L_0 \tanh^{2/3} \left(\frac{2\pi d}{L_0} \right)^{3/4} \tag{15.22}$$

$$L_0 = gT^2 / 2\pi$$

式中 L_0——深水波长。

式（15.22）与数值计算得到的波长相比，误差在 1.7% 以下。

微幅波理论的解答中涉及不少双曲函数，在双曲函数表达式中，当 kd 很大或很小时，有如列于表 15.1 的近似关系。

表 15.1 双曲函数的近似

函数	$kd \ll 1$	$kd \gg 1$	函数	$kd \ll 1$	$kd \gg 1$
$\sinh(kd)$	kd	$e^{kd}/2$	$\tanh(kd)$	kd	1
$\cosh(kd)$	1	$e^{kd}/2$			

由以上近似关系，根据 kd 或相对水深 d/L 的值对波浪进行分类，在深水和浅水条件下，波浪的弥散关系分别可以有近似表达式，见表 15.2。

表 15.2 波 浪 的 分 类

相对水深	波浪分类	近似弥散关系
$1/2 \leqslant d/L$	深水波	$c_0 = \sqrt{gL_0/2\pi} = gT/2\pi$，$L_0 = gT^2/2\pi$
$1/20 < d/L < 1/2$	中等水深波	无
$d/L \leqslant 1/20$	浅水波（长波）	$c_s = \sqrt{gd}$，$L_s = T\sqrt{gd}$

由表 15.2 中弥散关系的深水和浅水近似可知，在深水情况下，波长和波速只与波周期有关，而与水深无关；在浅水情况下，波速变化只与水深有关，与波周期或波长无关。在深水和浅水条件下，微幅波的势函数分别可近似为

$$\varphi_0 = \frac{gH}{2\sigma} e^{kz} \sin(kx - \sigma t) \tag{15.23}$$

$$\varphi_s = \frac{gH}{2\sigma} \sin(kx - \sigma t) \tag{15.24}$$

15.3.4 水质点运动的速度和加速度

根据流速势的性质，很容易求得波动水体任意空间点上的水质点速度和加速度。速度分量为

$$\begin{cases} u_x = \dfrac{\partial \varphi}{\partial x} = \dfrac{gak}{\sigma} \dfrac{\cosh[k(z+d)]}{\cosh(kd)} \cos(kx - \sigma t) \\ u_z = \dfrac{\partial \varphi}{\partial z} = \dfrac{gak}{\sigma} \dfrac{\sinh[k(z+d)]}{\cosh(kd)} \sin(kx - \sigma t) \end{cases} \tag{15.25}$$

当考虑 $c = L/T = gT/2\pi \tanh \cdot kd$ 时，有

$$\begin{cases} u_x = \dfrac{\pi H}{T} \dfrac{\cosh[k(z+d)]}{\sinh(kd)} \cos(kx - \sigma t) \\ u_z = \dfrac{\pi H}{T} \dfrac{\sinh[k(z+d)]}{\sinh(kd)} \sin(kx - \sigma t) \end{cases} \tag{15.26}$$

加速度分量可近似为

$$\begin{cases} a_x \approx \dfrac{\partial u_x}{\partial t} = \dfrac{2\pi^2 H}{T^2} \dfrac{\cosh[k(z+d)]}{\sinh(kd)} \sin(kx-\sigma t) \\[4mm] a_z \approx \dfrac{\partial u_z}{\partial t} = -\dfrac{2\pi^2 H}{T^2} \dfrac{\sinh[k(z+d)]}{\sinh(kd)} \cos(kx-\sigma t) \end{cases} \tag{15.27}$$

对于深水波的情况（$d/L \geqslant 1/2$），有

$$\begin{cases} u_{x0} = \dfrac{gak}{\sigma} \mathrm{e}^{kz} \cos(kx-\sigma t) = \dfrac{\pi H}{T} \mathrm{e}^{kz} \cos(kx-\sigma t) \\[4mm] u_{z0} = \dfrac{gak}{\sigma} \mathrm{e}^{kz} \sin(kx-\sigma t) = \dfrac{\pi H}{T} \mathrm{e}^{kz} \sin(kx-\sigma t) \end{cases} \tag{15.28}$$

当水深极浅（$d/L \leqslant 1/20$）时，有

$$\begin{cases} u_{xs} = \dfrac{Hc}{2d} \cos(kx-\sigma t) \\[4mm] u_{zs} = \dfrac{\pi H}{T} \left(1+\dfrac{z}{d}\right) \sin(kx-\sigma t) \end{cases} \tag{15.29}$$

15.3.5 质点的轨迹方程

要求得质点的轨迹方程，必须对式（15.25）在时段 $0 \sim t$ 之间进行积分。但式（15.25）中 x、z 为时间 t 的函数，积分较困难，故做如下近似假定。设波动场内某水质点，静止时位于 (x_0, z_0)，即其平均位置为 (x_0, z_0)。在运动的任一瞬间，此水质点位于 $x = x_0 + \xi$，$z = z_0 + \zeta$ 处，ξ 和 ζ 是质点离开平均位置的位移。注意运动过程中质点实际位置在 $(x_0+\xi, z_0+\zeta)$，该点与 (x_0, z_0) 并不重合，速度因而也有差别。由于假设波动为微幅波，波高和质点的速度均为相当小，可令 $(x_0+\xi, z_0+\zeta)$ 的速度近似等于 (x_0, z_0) 点的速度，因此有

$$\frac{\mathrm{d}\xi}{\mathrm{d}t} \approx u_x = \left.\frac{\partial \varphi}{\partial x}\right|_{x=x_0, z=z_0}$$

$$\frac{\mathrm{d}\zeta}{\mathrm{d}t} \approx u_z = \left.\frac{\partial \varphi}{\partial z}\right|_{x=x_0, z=z_0}$$

积分上两式得

$$\begin{cases} \xi(t) \approx \displaystyle\int_0^t u_x(x_0, z_0, t) = -\alpha \sin(kx_0-\sigma t) \\[4mm] \zeta(t) \approx \displaystyle\int_0^t u_z(x_0, z_0, t) = \beta \cos(kx_0-\sigma t) \end{cases} \tag{15.30}$$

其中

$$\alpha = \frac{a\cosh[k(z_0+d)]}{\sinh(kd)}, \quad \beta = \frac{a\sinh[k(z_0+d)]}{\sinh(kd)} \tag{15.31}$$

由式（15.30）消去 t 可得水质点运动轨迹方程为

$$\frac{\xi^2}{\alpha^2} + \frac{\zeta^2}{\beta^2} = 1 \tag{15.32}$$

式（15.32）表示长半轴为 α、短半轴为 β 的椭圆。因此，水质点围绕其平衡位置做椭圆运动。从式（15.31）可以看到，椭圆的水平半轴 α 和垂直半轴 β 决定于质点开始运动时的纵坐标 z_0 而与水平坐标 x_0 无关。

对于自由表面上的质点，$z_0 = 0$，因而有

$$\begin{cases} \alpha = a\coth(kd) \\ \beta = a(即振幅) \end{cases} \tag{15.33}$$

在水底处，$z_0 = -d$，因而有

$$\begin{cases} \alpha = a/\sinh(kd) \\ \beta = 0 \end{cases} \tag{15.34}$$

因此，在自由表面上的质点，椭圆的垂直半径等于振幅（波高之半）；而在水底的质点，沿水底只做水平运动。

在深水情况（$d/L \geqslant 1/2$）下，由式（15.31）得

$$\alpha \approx \frac{H}{2} \frac{\mathrm{e}^{kd}\mathrm{e}^{kz_0}}{\mathrm{e}^{kd}} = \frac{H}{2}\mathrm{e}^{kz_0} = \beta \tag{15.35}$$

式（15.35）表明水质点轨迹为圆，自由表面上轨迹圆半径为 a，且圆的半径随深度向下呈指数衰减。质点运动的起始位置在水面下越深，则其轨迹圆的半径也越小，在深度为一个波长的地方，质点的轨迹圆半径已减小到仅为水面质点半径的 1/535。当水深为一半波长时，轨迹半径为振幅的 1/23，也可以认为水质点基本上是不动了，因而常将 $d/L = 1/2$ 作为无限水深波动和有限水深波动的分界。

在浅水情况（$d/L < 1/20$）下有

$$\begin{cases} \alpha = \dfrac{a\cosh[k(z_0+d)]}{\sinh(kd)} = \dfrac{a}{kd} = \dfrac{aT}{2\pi}\sqrt{\dfrac{g}{d}} \\ \beta = \dfrac{a\sinh[k(z_0+d)]}{\sinh(kd)} = a\left(1+\dfrac{z_0}{d}\right) \end{cases} \tag{15.36}$$

α 与位移无关，不同水深处长轴均相等。

根据以上讨论可知，相对水深对波浪运动有很大影响，图 15.4 分别显示了深水、中等水深和浅水情况下水质点运动轨迹。

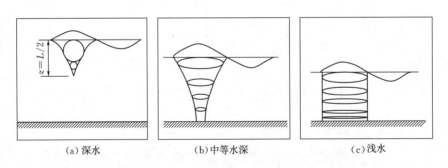

(a) 深水　　　　　　　(b) 中等水深　　　　　　　(c) 浅水

图 15.4　微幅波在深水、中等水深和浅水中的水质点运动轨迹

15.3.6　波压力分布

波动水体内任一点所受的压力 z 由三部分组成。第一部分为自由表面上的压力 p_0，一般为大气压力 $p_0 = p_a$；考虑相对压力时，则 $p_a = 0$。第二部分为静水压力，它等于 $-\rho g z$（负号是由于纵坐标 z 在静水面以下为负）。第三部分为波动引起的压力变化，称为净波压力。当波浪的流速势为已知时，波浪中任一点处的压力可以通过伯努利方程求得

$$p = -\rho g z - \rho \frac{\partial \varphi}{\partial t} - \frac{1}{2} \rho u^2$$

由上式可知，净波压力包括两项，一项起因于波形通过该点，另一项是由水质点在该点的动能所引起。可以证明，由于当地动能引起的压力与波形压力相比可以略去，于是波动压力可以近似为

$$p = -\rho g z - \rho \frac{\partial \varphi}{\partial t} = -\rho g z + \frac{\rho g H}{2} \frac{\cosh[k(z+d)]}{\cosh(kd)} \cos(kx - \sigma t) \tag{15.37}$$

即

$$p = \rho g (K_p \eta - z) \tag{15.38}$$

其中 $K_p = \dfrac{\cosh[k(z+d)]}{\cosh(kd)}$ 为压力响应因子。

注意式（15.38）仅适用于静水面 $z = 0$ 以下，静水面以上的波压力需要通过泰勒展开计算得到

$$p = \rho g (\eta - z) \quad (0 \leqslant z \leqslant \eta) \tag{15.39}$$

由此可以得到任意水深情况下波动压力分布如图 15.5（a）所示。

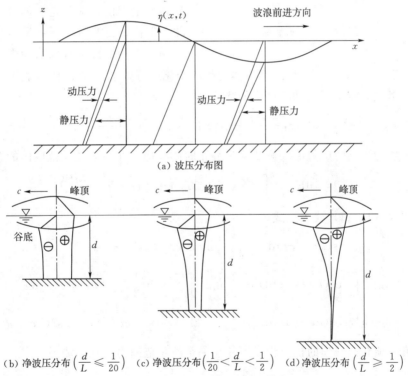

(a) 波压分布图

(b) 净波压分布$\left(\dfrac{d}{L} \leqslant \dfrac{1}{20}\right)$ (c) 净波压分布$\left(\dfrac{1}{20} < \dfrac{d}{L} < \dfrac{1}{2}\right)$ (d) 净波压分布$\left(\dfrac{d}{L} \geqslant \dfrac{1}{2}\right)$

图 15.5　行进波波压力分布及净波压分布示意图

对于无限水深

$$K_p = e^{kz} \tag{15.40}$$

对于极浅水

$$K_p = 1 \tag{15.41}$$

图 15.5（b）~（d）绘出了不同水深条件下的净波压力分布。

15.3.7　波能量

波浪中的水质点以一定的速度做振荡运动，同时，水质点的位置相对于它的轨迹中心不断地发生变化，因此，波动的能量可分为动能和势能两部分。

分析波能量，不仅是研究海浪的主要途径之一，也是解决某些工程应用问题的重要方法。例如，近岸泥沙的运动，除了通过水质点的速度和作用力分析外，将泥沙运动和波能量联系起来是有效的手段之一。此外，如何利用海浪所蕴藏的巨大能量，是人类解决能源问题的重要课题之一。

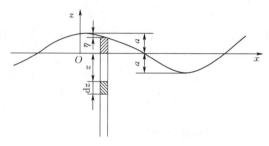

图 15.6　波能分析示意图

1. 波浪的势能

在波动水体内取宽度为 $\mathrm{d}x$ 的水柱（y 方向的厚度为 1）如图 15.6 所示。水柱的上界为波面，下界伸至水底或波动作用可忽略的深处（无限水深时）。水柱内所有水质点在波动过程中相对于其平衡位置不断地发生变化，从而它们的势能不断地变化。但位置在波谷以下各质点作为一个整体相对于其平衡位置没有位置变化。所以只要考虑处于 $z=\pm a$ 带形区域之间水体的势能变化就可以了。以 $z=-a$ 的水平线作为计算势能的参考线，则由于波动所产生的势能为

$$\mathrm{d}E_p = \rho g(\eta + a)\mathrm{d}x\left(\frac{\eta + a}{2}\right) - \rho g a\,\mathrm{d}x\,\frac{a}{2} = \rho g\left(\frac{\eta + a}{2}\right)^2 \mathrm{d}x - \rho g\frac{a^2}{2}\mathrm{d}x$$

上式中第一项为运动时的势能，第二项为静止时的势能。在一个波长范围内的总势能为

$$E_p = \int \mathrm{d}E_p = \int_0^L \frac{\rho g}{2}(a^2 + 2a\eta + \eta^2)\mathrm{d}x - \int_0^L \rho g\frac{a^2}{2}\mathrm{d}x$$

将波面方程式（15.11）代入上式得

$$E_p = \int_0^L \rho g a^2 \cos(kx - \sigma t)\mathrm{d}x + \int_0^L \frac{1}{2}\rho g a^2 \cos^2(kx - \sigma t)\mathrm{d}x$$

$$= \rho g a^2 \int_0^L \cos(kx - \sigma t)\mathrm{d}x + \frac{1}{2}\rho g a^2 \int_0^L\left[\frac{1}{2} + \frac{1}{2}\cos 2(kx - \sigma t)\right]\mathrm{d}x$$

$$= \rho g a^2 \int_0^L \cos(kx - \sigma t)\mathrm{d}x + \frac{1}{4}\rho g a^2 \int_0^L \mathrm{d}x + \frac{1}{2}\rho g a^2 \int_0^L \frac{1}{2}\cos 2(kx - \sigma t)\mathrm{d}x$$

上式右侧第一项和第三项的积分为零，故在一个波长范围内的总势能为

$$E_p = \frac{1}{4}\rho g a^2 L = \frac{1}{16}\rho g H^2 L \tag{15.42}$$

2. 波浪的动能

在图 15.6 水柱中某一深度 z 处取一高度为 $\mathrm{d}z$ 的微元体，微元体的质量为 $\rho\,\mathrm{d}x\mathrm{d}z\times 1$，其速度为 $\sqrt{u_x^2 + u_z^2}$，于是此微元体的动能为

$$\mathrm{d}E_k = \frac{1}{2}\rho\,\mathrm{d}x\mathrm{d}z(u_x^2 + u_z^2) = \frac{1}{2}\rho(u_x^2 + u_z^2)\mathrm{d}x\mathrm{d}z$$

因为所考虑的是微幅波，忽略高阶量后可以近似取上界面高度 $\eta = 0$，下界面可取在 $z = -d$ 或 $z = -\infty$ 处。因此，在一个波长之内的总动能为

$$E_k = \frac{1}{2}\rho \int_0^L \int_{-d}^0 (u_x^2 + u_z^2)\mathrm{d}x\mathrm{d}z \text{ 或 } E_k = \frac{1}{2}\rho \int_0^L \int_{-\infty}^0 (u_x^2 + u_z^2)\mathrm{d}x\mathrm{d}z$$

以深水波为例，将速度表示式代入上式，并引入式（15.28），积分后得到

$$E_k = \frac{1}{2}\rho \int_0^L \int_{-\infty}^0 a^2 gk\,\mathrm{e}^{2kz}\mathrm{d}x\mathrm{d}z = \frac{1}{4}\rho g a^2 L = \frac{1}{16}\rho g H^2 L \qquad (15.43)$$

由此可见，微幅波中，在一个波长的范围内单位宽度波动水体的势能和动能相等，总能量为

$$E = E_p + E_k = \frac{1}{8}\rho g H^2 L \qquad (15.44)$$

一个波长范围内，单位宽度波动水体的平均总波能为

$$\bar{E} = E/L = \frac{1}{8}\rho g H^2 \qquad (15.45)$$

式（15.45）表明微幅波单位宽度波动水体平均总波能与波高的平方成正比，其单位为焦/米^2（J/m^2）。

15.4 斯托克斯（Stokes）有限振幅波理论

以上较为详细地讨论了波高和波长（或水深）相比为无限小的微幅波理论，说明了波动的一些基本概念和实际波动现象。实验资料表明：若波高微小，波陡（H/L）和相对波高（H/d）相当小时，上面的分析结果与实际情况是相近的。若波高较为显著，例如在深水中波陡较大，或在浅水中相对波高较大时，微幅波理论便不再适合描述实际波动特性。

本节将去掉波高为无限小的假定，转而讨论有限振幅的波动。有限振幅的波浪运动曾被广泛地研究过，斯托克斯（Stokes）波是最常遇到的一种有限振幅的波浪运动。斯托克斯（1847）根据势波理论在推导中考虑了波陡的影响，证明波面将不再为简单的余弦形式，而是呈波峰较窄而波谷较宽的形状，如图 15.7（b）所示，这与海洋中实际余波的波面颇为相近。此外，水质点不是简单地沿着封闭的轨道运动，而是在沿着波浪传播方向上有一微小纯位移的近似于圆或椭圆的轨道上的运动。波浪运动中伴随有"质量输移"的情况，也符合波浪运动的实际现象。

斯托克斯波浪理论的适用范围原则上为从微幅波直至由于波陡过大而破碎的波浪。但是在浅水中的波浪，相对波高（H/d）可能发展成为决定波动性质的主要因素，而斯托克斯波理论不能确切地描绘浅水波浪的一些特殊现象。一种称为椭圆余弦波的波浪理论，能在较大的范围内，将波陡和相对波高的影响反映出来。如图 15.7（c）所示是椭圆余弦波所描绘的浅水中波面的一般形状。

当水深趋于很小时椭圆余弦波的一个极限状态就是所谓的孤立波理论。孤立波的波面全部在静水面之上，波长趋于无限大，如图 15.7（d）所示。此外，在斯托克斯波之前，格斯特奈尔（Gerstner）等曾根据摆线理论给出有限振幅波浪运动的解答，称为摆线波理

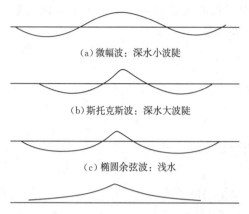

（a）微幅波：深水小波陡

（b）斯托克斯波：深水大波陡

（c）椭圆余弦波：浅水

（d）孤立波：当周期趋于无限大时椭余波的极限状态

图 15.7　各种波剖面示意图

论。摆线波理论有着很大的理论上的缺陷，即这种波浪运动没有速度势，为有旋波浪运动。因此，除了利用椭圆摆线波理论得到的直立式建筑物上的波浪力公式尚有一定利用价值外，摆线波理论在其他方面已经很少采用了。

上述有限振幅波理论的推导一般都是很繁杂的，本节将介绍斯托克斯波理论梗概而略去其推导过程，关于浅水非线性波理论将在其他课程中学习。

关于斯托克斯波，很多学者，如米西（Miche，1945）、斯克布利（Skjelbreia）和亨德里克森（Hendrickson，1961）等做了更详尽的研究。芬顿（Fenton，1985）曾得到 5 阶斯托克斯波解答，下面列出根据芬顿 5 阶解得到的二阶斯托克斯波公式，实际上各种二阶解表达式都是相同的，只是 3 阶以上的解答有所不同。

1. 波面方程

$$\eta = \eta_1 + \eta_2 = \frac{H}{2}\cos(kx - \sigma t) + \frac{\pi H^2}{4L}\left(1 + \frac{3}{2\sinh^2 kd}\right)\coth kd \cos 2(kx - \sigma t) \qquad (15.46)$$

图 15.8 绘出了式（15.46）中一阶波面 η_1 与二阶波面 η_2 以及合成波面 η，由图可见，斯托克斯二阶波波面与微幅波有较大差别。在波峰处变陡，波谷处变平坦，波峰与波谷不再对称于静水面。对于斯托克斯，波陡越大，波浪非线性越强，波峰与波谷的不对称性越剧烈。

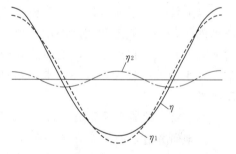

图 15.8　斯托克斯二阶波波面及其组成

2. 波浪中线对静水面的超高

由于波峰与波谷的不对称性，波浪中线不在静水面处，而存在超高

$$h_{s0} = \frac{\pi H^2}{4L}\left(1 + \frac{3}{2\sinh^2 kd}\right)\coth kd \qquad (15.47)$$

3. 流速势

$$\varphi = \frac{HL}{2T}\frac{\cosh k(z+d)}{\sinh kd}\sin(kx - \sigma t) + \frac{3\pi H^2}{16T}\frac{\cosh 2k(z+d)}{\sinh^4 kd}\sin 2(kx - \sigma t) \qquad (15.48)$$

4. 波速和波长

$$c = \sqrt{\frac{gL}{2\pi}\tanh kd} \qquad (15.49)$$

$$L = \frac{gT^2}{2\pi}\tanh kd \qquad (15.50)$$

由式（15.49）和式（15.50）可知，二阶斯托克斯波的波长和波速表达式与微幅波解答相同。

5. 水质点速度和加速度

$$\begin{cases} u_x = \dfrac{\pi H}{T}\dfrac{\cosh k(z+d)}{\sinh kd}\cos(kx-\sigma t) + \dfrac{3}{4}\left(\dfrac{\pi H}{T}\right)\left(\dfrac{\pi H}{L}\right)\dfrac{\cosh 2k(z+d)}{\sinh^4 kd}\cos 2(kx-\sigma t) \\[3mm] u_z = \dfrac{\pi H}{T}\dfrac{\sinh k(z+d)}{\sinh kd}\sin(kx-\sigma t) + \dfrac{3}{4}\left(\dfrac{\pi H}{T}\right)\left(\dfrac{\pi H}{L}\right)\dfrac{\sinh 2k(z+d)}{\sinh^4 kd}\sin 2(kx-\sigma t) \end{cases}$$

$$(15.51)$$

$$\begin{cases} \dfrac{\partial u_x}{\partial t} = 2\left(\dfrac{\pi^2 H}{T^2}\right)\dfrac{\cosh k(z+d)}{\sinh kd}\sin(kx-\sigma t) + 3\left(\dfrac{\pi^2 H}{T^2}\right)\left(\dfrac{\pi H}{L}\right)\dfrac{\cosh 2k(z+d)}{\sinh^4 kd}\sin 2(kx-\sigma t) \\[3mm] \dfrac{\partial u_x}{\partial t} = -2\left(\dfrac{\pi^2 H}{T^2}\right)\dfrac{\sinh k(z+d)}{\sinh kd}\cos(kx-\sigma t) - 3\left(\dfrac{\pi^2 H}{T^2}\right)\left(\dfrac{\pi H}{L}\right)\dfrac{\sinh 2k(z+d)}{\sinh^4 kd}\cos 2(kx-\sigma t) \end{cases}$$

$$(15.52)$$

与波面类似，二阶斯托克斯波的速度也呈现不对称性。

6. 水质点轨迹和质量输移

二阶斯托克斯波与微幅波水质点运动轨迹相比有明显差别，水质点运动轨迹不再封闭。设水体内任一点的初始位置为 (x_0,z_0)，在任意时刻 t，该质点的水平位移 ξ 和垂直位移 ζ 为

$$\begin{aligned} \xi = x - x_0 = &-\frac{H}{2}\frac{\cosh k(z_0+d)}{\sinh kd}\sin(kx_0-\sigma t) \\ &+\frac{\pi H^2}{8L}\frac{1}{\sinh^2 kd}\left[1-\frac{3}{2}\frac{\cosh 2k(z_0+d)}{\sinh^2 kd}\right]\sin 2(kx_0-\sigma t) \\ &+\frac{\pi H^2}{4L}\frac{\cosh 2k(z_0+d)}{\sinh^2 kd}\sigma t \end{aligned}$$

$$(15.53)$$

$$\begin{aligned} \zeta = z - z_0 = &-\frac{H}{2}\frac{\sinh k(z_0+d)}{\sinh kd}\cos(kx_0-\sigma t) \\ &+\frac{3\pi H^2}{16L}\frac{\sinh 2k(z_0+d)}{\sinh^4 kd}\cos 2(kx_0-\sigma t) \end{aligned}$$

$$(15.54)$$

在式（15.53）中，右边第一和第二项是周期性函数项，第三项为非周期项。因此，水质点运动一个周期后存在净水平位移

$$\Delta\xi = \frac{\pi H^2}{4L}\frac{\cosh 2k(z_0+d)}{\sinh^2 kd}\sigma T \qquad (15.55)$$

这种净水平位移造成质量输移，如图 15.9 所示，斯托克斯波在一个波周期内的质点运动轨迹是不封闭的。一个波周期内质点平均传质速度为

$$\bar U = \frac{\Delta\xi}{T} = \frac{1}{2}\left(\frac{\pi H}{L}\right)^2 c\,\frac{\cosh 2k(z_0+d)}{\sinh^2 kd}$$

$$(15.56)$$

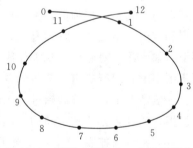

图 15.9　斯托克斯波在一个波周期内的质点运动轨迹

7. 波场中任一点处的压力

$$\begin{aligned} p = &-\rho gz + \frac{\rho g H}{2}\frac{\cosh k(z+d)}{\cosh kd}\cos(kx-\sigma t) \\ &+\frac{3\pi}{8}\frac{\rho g H^2}{L}\frac{\tanh kd}{\sinh^2 kd}\left[\frac{\cosh 2k(z+d)}{\sinh^2 kd}-\frac{1}{3}\right]\cos 2(kx-\sigma t) \end{aligned}$$

$$-\frac{1}{8}\frac{\pi H^2}{L}\frac{\tanh kd}{\sinh^2 kd}\big[\cosh 2k(z+d)-1\big] \tag{15.57}$$

8. 波能量

一个波长范围内，单位宽度波动水体的平均动能为

$$\bar{E}_k=\frac{\rho g H^2}{16}\Big[1+\Big(\frac{\pi H}{L}\Big)^2\Big(1+\frac{52\cosh^4 kd-68\cosh^2 kd+25}{16\sinh^6 kd}\Big)\Big] \tag{15.58}$$

平均势能为

$$\bar{E}_p=\frac{\rho g H^2}{16}\Big[1+\frac{1}{16}\Big(\frac{\pi H}{L}\Big)^2\frac{\cosh^2 kd\,(2+\cosh^2 2kd\,)}{\sinh^6 kd}\Big] \tag{15.59}$$

平均总波能为

$$\bar{E}=\bar{E}_k+\bar{E}_p=\frac{\rho g H^2}{8}\Big[1+\frac{1}{8}\Big(\frac{\pi H}{L}\Big)^2\Big(5+\frac{68\sinh^4 kd+57\sinh^2 kd+18}{4\sinh^6 kd}\Big)\Big] \tag{15.60}$$

由式（15.58）和式（15.59）可以看出，二阶斯托克斯波的动能和势能不相等，当 kd 较小时，势能比动能大，而当 kd 较大时，动能比势能大。

在深水条件下，二阶斯托克斯波波面、势函数、超高分别可以表示为

$$\eta=\frac{H}{2}\cos(kx-\sigma t)+\frac{\pi H^2}{4L}\cos 2(kx-\sigma t) \tag{15.61}$$

$$\varphi=\frac{gH}{2\sigma}\mathrm{e}^{kz}\sin(kx-\sigma t) \tag{15.62}$$

$$h_{s0}=\frac{\pi H^2}{4L} \tag{15.63}$$

15.5　作用在直立墙上的波浪力

设计海岸和近海建筑物，如防波堤、码头、护岸及采油平台等，必须知道波浪对建筑物的作用力，这是工程师们最关心的问题。波浪对建筑物的荷载是一个非常复杂的课题。它不仅和波浪类型及波浪特性有关，也和建筑物的型式及其力学特性有关，还和当地的地形环境，如水深、海底坡度及等深线的分布状况有关。由于现在的理论知识不足以考虑所有因素的影响，现行确定波载荷的方法不得不包含许多经验性的措施。

在一般情况下，当波高超过 0.5m 时，应开始考虑波浪作用力。对于不同型式的建筑物，波浪力的计算方法是不同的。根据建筑物的结构型式以及波浪对建筑物的作用方式，波浪力计算常分为如表 15.3 中所列的三个种类进行。

表 15.3　　　　　　　　　　考虑波浪力时建筑物的分类

建筑物类型	直墙或斜坡	桩柱	墩柱
建筑物水平轴线长度 l 与波长 L 之比	$\frac{l}{L}>1$	$\frac{l}{L}\leqslant 0.2$	$0.2<\frac{l}{L}\leqslant 1$

首先介绍作用在直墙上的立波特性及其波浪作用力。

在直立式海洋工程建筑物前，入射的波浪受到直墙的限制不能向前传播，与来自直墙反射回来的波动叠加，形成波形不具有传播性质、水面仅随时间作周期性升降的立波。

根据实际观测和实验，反射波不仅发生于直墙前，而且也发生在和水平面成 45°或大于 45°的倾斜岸坡上。如果岸坡倾斜度小于 45°，则原始行进波将被破坏。

当岸线不与行进波的波速方向垂直时，即不与波峰线平行时，反射波将与行进波以某一角度相交而构成短峰波（short - crested wave）。这里只讨论行进波波速方向与直立墙成正交的情况。如此，反射波的波高、波长及波速均与入射波相同，只是波速方向相反而已。

如果入射波和反射波均可作为微幅波对待，则叠加波浪将形成微幅立波。

15.5.1 微幅立波

设有两系余弦波，波高、波数和频率均完全相同，仅波的传播方向相反。沿正 x 方向传播的余弦波（入射波）的波面方程为

$$\eta_1 = \frac{H}{2}\cos(kx - \sigma t) \tag{15.64}$$

沿负 x 方向传播的余弦波（反射波）的波面方程为

$$\eta_2 = \frac{H}{2}\cos(kx + \sigma t) \tag{15.65}$$

这两系波动的流速势分别为

$$\begin{cases} \varphi_1 = \dfrac{gH}{2\sigma} \dfrac{\cosh k(d + z)}{\cosh kd}\sin(kx - \sigma t) \\ \varphi_2 = -\dfrac{gH}{2\sigma} \dfrac{\cosh k(d + z)}{\cosh kd}\sin(kx + \sigma t) \end{cases} \tag{15.66}$$

根据势流叠加的原理，可求得叠加后的流速势为

$$\varphi = \varphi_1 + \varphi_2 = -\frac{gH}{\sigma} \frac{\cosh k(z + d)}{\cosh kd}\cos kx \sin \sigma t \tag{15.67}$$

在自由表面上，仍可以采用微幅波的线性化自由表面动力学边界条件

$$\eta = -\frac{1}{g} \left(\frac{\partial \varphi}{\partial t}\right)_{z = \eta = 0} \tag{15.68}$$

由此得

$$\eta = H\cos kx \cos \sigma t \tag{15.69}$$

式（15.69）为叠加后的波面方程。将两波面方程直接叠加，也可得到上式。

现令 $a' = H\cos \sigma t$，则式（15.69）化为

$$\eta = a'\cos kx \tag{15.70}$$

即叠加后的波面为正弦曲线，但其振幅是半波高 a' 并非常量，是随时间变化的。由速度势可得到速度表达式为

$$\begin{cases} u_x = H\sigma \dfrac{\cosh k(z + d)}{\sinh kd}\sin kx \sin \sigma t \\ u_z = -H\sigma \dfrac{\cosh k(z + d)}{\sinh kd}\cos kx \sin \sigma t \end{cases} \tag{15.71}$$

由式（15.69）和式（15.71）可知，在 $kx = m\pi(m = 0, \pm 1, \pm 2, \cdots)$，即 $x = m\dfrac{L}{2}$ 之处，$\sin kx = 0$，波面随时间做周期性的升降，波面的最大振幅为 H，即两倍于原来的振

幅，$u_x = 0$，垂直速度振幅最大，这些断面称为波腹（图 15.10）；在 $kx = \left(m + \dfrac{1}{2}\right)\pi$（$m =$ 0，± 1，± 2，$\cdots$），即 $x = \left(m + \dfrac{1}{2}\right)\dfrac{L}{2}$ 之处，$\sin kx = \pm 1$，波面的振幅为零，$u_z = 0$，水平速度振幅最大，这些断面称为波节。波腹与波节的位置均固定，波形做周期性升降而不向前传播，所以称为立波（或驻波）。

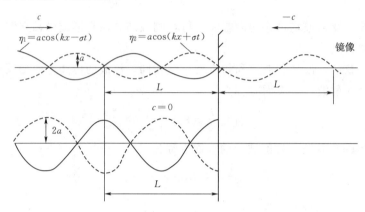

图 15.10　微幅立波示意图

对于微幅立波，水质点离开其平均位置的位移 ξ 和 ζ 分别为

$$\begin{cases} \xi = -H\dfrac{\cosh k(z_0 + d)}{\sinh kd}\sin kx_0 \cos \sigma t \\[2mm] \zeta = H\dfrac{\sinh k(z_0 + d)}{\sinh kd}\cos kx_0 \cos \sigma t \end{cases} \tag{15.72}$$

由式（15.72）消去 $\cos \sigma t$ 得轨迹方程为

$$\dfrac{\zeta}{\xi} = -\tanh k(z_0 + d)\cot kx_0 \tag{15.73}$$

因此，水质点在波腹处做垂直振荡，在结点处做水平振荡，在一般位置处沿倾斜直线振荡。

根据微幅立波理论，作用在直墙上的波压力分布为

$$p = -\rho g z + \rho g H\dfrac{\cosh k(z + d)}{\cosh kd}\cos \sigma t \tag{15.74}$$

与行进波相同，静水面以上的波压力也需要通过泰勒展开计算得到：

$$p = \rho g(H\cos \sigma t - z) \quad (0 \leqslant z \leqslant H\cos \sigma t) \tag{15.75}$$

15.5.2　森弗鲁（Sainflou）有限振幅立波理论

关于有限水深有限振幅立波的研究已有相当长的历史了。但是迄今为止，还没有得出一个适用于任何情况并与实际完全符合的解析解。在筑堤工程中，森弗鲁（1928）的方法曾得到了广泛的应用。其原因是，此法从水流运动的基本方程式（采用拉格朗日研究方法）出发，推导得到了立波对于直墙作用问题的理论解答。一系列自然界中和实验室内的观察证明，按照森弗鲁理论所得出的立波波动性质和波压力计算结果和实测结果在一定范围内，如相对水深 $d/L = 0.135 \sim 0.20$、波陡 $H/L \geqslant 0.035$ 时，是非常相近的，特别是在立波波动性质方面更是如此。因此森弗鲁理论仍有介绍的必要。

1. 拉格朗日形式的液体连续性方程和理想液体的运动方程

森弗鲁立波理论采用拉格朗日方法研究波浪，下面不做推导给出二维拉格朗日形式的液体连续性方程和理想液体的运动方程。取 z 轴向下为正，连续性方程和运动方程分别为

$$\frac{\partial}{\partial t}\left\{\frac{\partial x}{\partial a}\frac{\partial z}{\partial c}-\frac{\partial z}{\partial a}\frac{\partial x}{\partial c}\right\}=0 \tag{15.76}$$

$$\begin{cases} \dfrac{1}{\rho}\dfrac{\partial p}{\partial a}=-\dfrac{\partial^2 x}{\partial^2 t}\dfrac{\partial x}{\partial a}+\left(g-\dfrac{\partial^2 z}{\partial t^2}\right)\dfrac{\partial z}{\partial a} \\[3mm] \dfrac{1}{\rho}\dfrac{\partial p}{\partial c}=-\dfrac{\partial^2 x}{\partial^2 t}\dfrac{\partial x}{\partial c}+\left(g-\dfrac{\partial^2 z}{\partial t^2}\right)\dfrac{\partial z}{\partial c} \end{cases} \tag{15.77}$$

式中　(x,z)——某质点运动轨迹；

　　　(a,c)——标识该质点的拉格朗日变数。

2. 森弗鲁立波水质点运动方程式

设原始行进波是有限水深为 d、有限振幅为 $H/2$ 的椭圆摆线波，这个波连续并正交地作用到一直墙式建筑物上，由于波浪反射的作用，形成一列列波浪要素相同而波速方向相反的反射波，原始行进波与反射波相叠加就形成了有限振幅的立波。椭圆摆线波理论从流体运动的拉格朗日观点出发，假定水质点围绕其振动中心做椭圆运动。森弗鲁理论同样从拉格朗日观点出发，采用如图 15.11 所示的坐标，并规定 Lagrange 变数 (a,c) 标记质点在静止时的位置，则森弗鲁立波质点运动的方程式可表示为

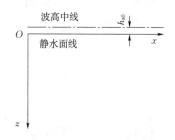

图 15.11　森弗鲁立波坐标示意图

$$\begin{cases} x=a+2\alpha\sin\sigma t\cos ka \\[2mm] z=c-\dfrac{4\pi\alpha\beta}{L}\sin^2\sigma t-2\beta\sin\sigma t\sin ka \end{cases} \tag{15.78}$$

其中

$$\begin{cases} \alpha=\dfrac{H\cosh k(d-c)}{2\sinh kd} \\[3mm] \beta=\dfrac{H\sinh k(d-c)}{2\sinh kd} \end{cases} \tag{15.79}$$

水质点振动中心相对于其静止位置的最大超高为

$$h_s=\frac{4\pi\alpha\beta}{L}\sin^2\sigma t \tag{15.80}$$

在水面处，有 $\beta=\beta_0=H/2$。当 $\sin\sigma t$ 时，可得水质点最大超高为

$$h_{s0}=\frac{4\pi\alpha_0(H/2)}{L}=\frac{\pi H^2}{L}\coth kd \tag{15.81}$$

式（15.81）即立波的超高。

下面属于原始行进波的一些关系式在此仍然适用，如

$$\sigma^2=gk\tanh kd,\quad k=2\pi/L,\quad \sigma=2\pi/T$$

即立波的波长 L 与周期 T 均与原始行进波的相同。

在直立墙上，质点只做垂直振动，不论何时，x 总是等于 a，则可设直立墙位于 $a=$

$L/4$，$\sin ka=1$。于是墙上表面水质点（$c=0$）的位移为

$$z = -2\beta_0 \sin\sigma t - \frac{4\pi\alpha_0\beta_0}{L}\sin^2\sigma t \qquad (15.82)$$

由式（15.82）知，当 $t=T/4$ 时，$\sin\sigma t=1$，z 有最大值

$$z_{\max} = -2\beta_0 - \frac{4\pi\alpha_0\beta_0}{L}$$

当 $t=3T/4$ 时，$\sin\sigma t=-1$，z 有最小值

$$z_{\min} = 2\beta_0 - \frac{4\pi\alpha_0\beta_0}{L}$$

因此，森弗鲁立波最大波高 $=|z_{\max}-z_{\min}|=4\beta_0$，为原始行进波的 2 倍。

3. 波浪曲线及质点轨迹方程式

由质点运动方程式组中消去参变数 a 即可得在任一深度 c 的立波曲线方程式为

$$z = c - 2\beta\sin\sigma t\sin kx + \frac{4\pi\alpha\beta}{L}\sin^2\sigma t\cos 2kx \qquad (15.83)$$

由质点运动方程式中消去参变数 t，即得质点运动的轨迹方程式为

$$\frac{2\alpha}{k\beta}\cos^2 ka\left[z-\left(c-\frac{\beta}{2ka}\sin^2 ka\right)\right]+\left[x-\left(a+\frac{1}{2k}\sin^2 2ka\right)\right]^2=0 \qquad (15.84)$$

令 $A=\dfrac{2\alpha}{k\beta}\cos^2 ka$，$B=c+\dfrac{\beta}{2ka}\sin^2 ka$，$C=a+\dfrac{1}{2k}\sin 2ka$，则式（15.82）变为

$$z = -\frac{1}{A}x^2 + \frac{2C}{A}x + \frac{AB-C^2}{A} \qquad (15.85)$$

由式（15.85）可以看出，立波质点运动的轨迹线为具有垂直轴的抛物线线段，并凹向上方。图 15.12 显示了立波表面在 $t=0$、$T/12$、$T/4$、$3T/4$、$5T/6$、$11T/12$ 各相位的位置和 d、1、2、3、4、5、6 共七个质点的振动轨迹（图中虚线）。由图可见，直立墙上质点只做垂直运动，水底质点只做水平振动。图中所绘为一半波长的立波在不同时间时波

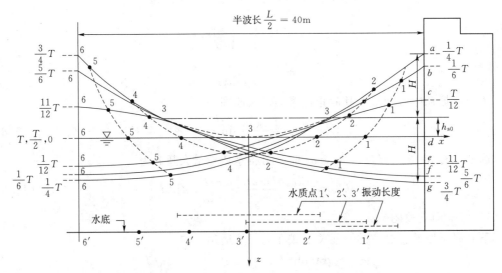

水质点振动长度：1′—7.675m；2′—13.30m；3′—15.35m

图 15.12　立波表面在不同相位时位置和水质点运动轨迹

浪表面的变化情形及质点运动情况，计算条件为：$L=80$m，原始行进波波高 $H=6.67$m，水深 $d=10$m。

4. 直墙前立波最大底流速的确定

根据质点运动方程式（15.78），质点水平速度分量为

$$u_x = \frac{\mathrm{d}x}{\mathrm{d}t} = 2a\sigma\cos\sigma t\cos ka \tag{15.86}$$

由上式看出，当 $a=0$、$-\dfrac{L}{2}$、$-L$、$\cdots$时，即位于离直墙前$\dfrac{L}{4}$、$\dfrac{3L}{4}$、$\cdots$距离的波浪节点，$\cos ka$ 值最大（$\cos ka=1$）。则在这些节点的水底（$c=d$）质点的水平速度分量为

$$u_H = 2a\sigma\cos\sigma t = \frac{H}{\sinh kd}\sqrt{kg\tanh kd}\cos\sigma t \tag{15.87}$$

当 $\cos\sigma t=1$ 时，u_H 最大，则最大底速为

$$u_{H(\max)} = \frac{H}{\sinh kd}\sqrt{\frac{kg\sinh kd}{\cosh kd}} = \frac{2\pi H}{\sqrt{\dfrac{\pi}{g}L\sinh 2kd}} \tag{15.88}$$

立波最大底流速较行进波的大一倍，它决定了堤前底部会否发生冲刷，设计时应加以考虑。堤前护底块石的重量应根据底流速的大小来选定，根据部分设计经验，各种护底及块石的允许底流速参见表 15.4。

表 15.4　　　　　　　　　　　堤前护底及块石允许底流速

护底	沙质海底	抛石基础	400kN 石块	700kN 石块	1400kN 石块
允许底流速/(m/s)	1.0~1.5	2.0~4.5	2.0~2.5	3.0~3.5	4.0~5.0

5. 波压强分布

对式（15.78）求相应的偏导数，代入运动方程式（15.77），在整理简化的过程中，略去含有 $k^2(\alpha^2-\beta^2)$ 与 $k^3(\alpha\beta^2)$ 的各项，最后得到立波压强分布公式如下：

$$\frac{p-p_0}{\gamma} = c + H\sin\sigma t\sin ka\left[\frac{\cosh k(d-c)}{\cosh kd} - \frac{\sinh k(d-c)}{\sinh kd}\right] \tag{15.89}$$

工程设计中，经常要求计算的是波浪作用在直墙面上的最大和最小波压力。在直墙面上（相当于波腹处），由式（15.78）可知，在该处 $\cos ka=0$，$\sin ka=1$，因此得到直墙上的压强分布公式为

$$\frac{p-p_0}{\gamma} = c + H\left[\frac{\cosh k(d-c)}{\cosh kd} - \frac{\sinh k(d-c)}{\sinh kd}\right]\sin\sigma t \tag{15.90}$$

当墙前出现最大波峰和波谷时，即当 $t=T/4$ 及 $t=3T/4$ 时，$\sin\sigma t=\pm 1$，上式化为

$$\frac{p-p_0}{\gamma} = c \pm H\left[\frac{\cosh k(d-c)}{\cosh kd} - \frac{\sinh k(d-c)}{\sinh kd}\right] \tag{15.91}$$

由式（15.91）可以确定任一质点 c 在一周期内的最大和最小的极限压强 p。

在水底处，$c=d$，式（15.91）成为

$$\frac{p-p_0}{\gamma} = d \pm f', \quad f' = \frac{H}{\cosh kd} \tag{15.92}$$

可用此式确定在水底处的最大和最小的极限压强。

根据式（15.91）即可绘出墙前出现最大波峰和波谷时的波压强分布图，如图 15.13 所示。

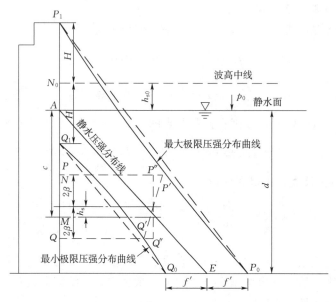

图 15.13　直立墙前波压强分布

在图 15.13 中，$h_{s0} = \dfrac{\pi H^2}{L} \coth kd$，$h_s = \dfrac{\pi \alpha \beta}{4}$。图中 M 点为任一质点 N_b 的静止位置，P 点及 Q 点为质点 N_b 振动的上下限位置。PP' 及 QQ' 是根据公式（15.91）计算所得结果而绘出，即使

$$P'P'' = Q'Q'' = H\left[\frac{\cosh k(d-c)}{\cosh kd} - \frac{\sinh k(d-c)}{\sinh kd}\right]$$

于是可定出 P' 及 Q' 两点，即最大及最小波压强曲线上的点。用此法可求得整个曲线 $P_1 P_0$ 和 $Q_1 Q_0$。有了波压强分布图，即可对立波作用于直墙上的波压力进行计算。

15.5.3　森弗鲁立波理论的讨论

关于有限水深立波，除森弗鲁理论外，Miche（1944）、Biesel（1952）、库兹聂佐夫、Rundgren（1958）等提出了一些二阶近似解。Penny 和 Price（1952）对深水有限振幅的立波进行了详尽的研究，得到了五阶近似的理论解。Tadjbakhsh 和 Keller（1960）计算了有限水深立波的三阶近似解，合田良实（1967）得到了有限水深立波的四阶近似解。另外，我国洪广文（1980）、邱大洪（1985，1997）等也进行了这方面的工作，蔡清标等（1992）提出了数值解法。除了数值解方法外，还没有一种理论在各种波浪条件下都与实测结果相符。

通过大量的原型观测与模型实验证明，森弗鲁立波理论所给出的波浪运动性质与实际情况基本相符。但在波压力计算方面，森弗鲁公式与实际情况还有一定的出入。例如森弗鲁理论关于波压强的结论是：在直立墙上某点，波压强随时间的变化曲线是与墙前水位变化曲线相一致的。因此，在所有情况下，最大波压强是对应于最大波峰行近瞬时，而最小波压强则是对应于最大波谷行近瞬时。除此之外，波压强随深度增大趋向于零。许多实测

资料说明，这些结论是不完全符合实际的。实际情况是，在波陡较大的情况下，波峰区的压强过程线可呈马鞍形变化，墙前出现最大波峰时墙面上各点的波压强并不一定是最大值；当墙前波面通过静水面时，波浪附加压强也不等于零。此外，按森弗鲁立波波压公式所得结果一般比实际情况偏大一些。

15.5.4 作用在直墙上波浪力的简化计算

森弗鲁波压力计算方法虽然有一些缺点，但由于它计算简便，在某些情况下与实际相差不大，因此仍得到广泛应用。下面以具有暗基床的直立堤为例，介绍按照森弗鲁方法计算波压力的简化公式。

1. 波峰压强分布

立波波峰在静水面以上的高度为 $H+h_{s0}$，该处的压强为零。墙前为波峰时，水底处的波压强为

$$p_d = \frac{\rho g H}{\cosh kd} \tag{15.93}$$

把波压强分布的曲线简化为直线，可得静水面处的波浪压强为

$$p_s = (p_d + \rho g d)\frac{H + h_{s0}}{d + H + h_{s0}} \tag{15.94}$$

墙底处的波浪渗流压强为

$$p_b = p_d \tag{15.95}$$

因此，波峰时简化的森弗鲁理论压强分布如图 15.14 所示，静水面以上至波峰成三角形分布，静水面以下成梯形分布。墙底面上的波浪渗流压强分布呈三角形，迎浪方向最大，背面为零。

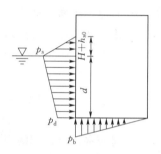

图 15.14 波峰时简化森弗鲁理论压强分布

单位长度墙身上的总波浪力为

$$P = \frac{(p_d + \rho g d)(H + h_{s0} + d) - \rho g d^2}{2} \tag{15.96}$$

墙底面上的波浪浮托力为

$$P_u = \frac{b p_b}{2} \tag{15.97}$$

2. 波谷压强分布

在波谷作用时，水底处的波压强为

$$p'_d = \frac{\rho g H}{\cosh kd} \tag{15.98}$$

静水面处的波浪附加压强为零。静水面以下深度 $H-h_{s0}$ 处的波浪压强为

$$p'_s = \rho g (H - h_{s0}) \tag{15.99}$$

墙底处的波浪渗流压强为

$$p'_b = p'_d \tag{15.100}$$

波谷时简化的森弗鲁理论压强分布如图 15.15 所示，波谷至静水面成三角形分布，波谷以下成梯形分布。墙底面上的波浪渗流压强分布呈三角形，迎浪方向最大（方向向下），背面为零。

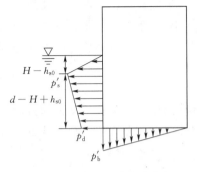

图 15.15 波谷时简化森弗鲁
理论压强分布

单位长度墙身上的总波浪力（方向与波向相反，称为波吸力）为

$$P' = \frac{\rho g d^2 - (d + h_{s0} - H)(\rho g d - p'_d)}{2}$$

(15.101)

墙底面上波浪渗流力（方向向下）为

$$P'_u = \frac{b p'_b}{2}$$

(15.102)

在已知上述压强分布的情况下，可对直立堤的滑动或倾覆稳定性进行分析。

需要重点指出的是，入射波除了因反射而形成立波外，还有可能在墙前破碎，破碎波直接打击在堤墙上，产生一个瞬时的动压力，数值可能很大，建筑物设计时必须予以考虑，这就是近破波的波压力计算。如果直墙处海底有斜坡，使直墙处水深已小于波浪破碎的水深，则波浪将在抵达直墙以前发生破碎。若波浪发生破碎的地方距离直墙半个波长以外，则被称为远破波，冲击建筑物的将是已经破碎的波。上述近破波和远破波对直立墙的压力计算，目前一般依据根据实验建立的经验模型，将在"港口水工建筑物"课程中涉及。

15.6 作用在孤立结构物上的波压力

四周为水体所包围的海上结构物称为孤立式结构物。港口工程建筑物中的灯塔、桩基码头中的桩群和海洋工程中的桩基平台等都属于孤立式结构物。

处于海洋中的结构物，对海洋水流运动起着阻滞作用，例如，行进中的波浪遇到建筑物时，产生反射和绕射效应，从而改变了波浪原有的运动状态；潮流流经孤立式建筑物时，被迫绕行而产生所谓的绕流现象。反之，就孤立式建筑物而言，当波浪和潮流行经时，则对孤立式建筑物产生一个作用力，称为绕流力，也就是说建筑物要受到波浪和潮流的荷载。

波浪荷载常常是控制海洋建筑物的最重要的依据，本节将主要讨论波浪对固定于海底的孤立式建筑物上的荷载。波浪对孤立建筑物的荷载和流体绕固体流动时的绕流现象紧密联系。下面先对绕流力进行简单的介绍。

15.6.1 绕流的拖曳力和惯性力

1. 绕流拖曳力

当定常均匀水流绕过圆柱体时，沿流动方向作用在圆柱体上的力称为绕流拖曳力。根据第 5 章的讨论可知，绕流拖曳力一般由摩擦拖曳力和压差拖曳力两部分组成。

摩擦拖曳力是由于液体的黏滞性在柱体表面形成边界层，在此边界层范围内，液体的速度梯度很大，摩擦效应显著，产生了较大的摩擦切应力。流体作用在柱体表面各点的摩擦切应力在流动方向上的投影总和，就是作用在圆柱体上的摩擦拖曳力。它与柱体表面附近边界层内流体的流态和柱体表面的粗糙度有关。

压差拖曳力是由于边界层在圆柱体表面某点处分离，在分离点下游即在柱体后部形成很强的旋涡尾流，使得柱体后部的压强大大低于柱体前部的压强，于是形成了柱体前后部的压力差，从而在流动方向产生了一个力。流体作用在柱体表面各点的法向压应力在流动方向上的投影总和，就是作用在圆柱上的压差拖曳力。它也与柱体表面附近边界层内流体的流态和柱体沿流向的形状有关。

绕流拖曳力的产生和变化与边界层在柱体表面的形成、发展和分离密切相关。单位长度柱体上的拖曳力可用下式计算：

$$f_D = \frac{1}{2} C_D \rho A u_0^2 \tag{15.103}$$

式中 u_0——未受绕流影响垂直于圆柱体轴线的流体速度分量；

ρ——流体的密度；

A——单位长度柱体垂直于流动方向的投影面积，对于圆柱体，$A = 1 \times D$，D 为圆柱体的直径；

C_D——拖曳力系数，它集中反映了流体的黏滞性而引起的黏滞效应，与雷诺数 Re 和柱面粗糙度 δ 有关。

表 15.5 根据实测资料列出了一些具有不同形状的光滑柱体的拖曳力系数值。需要注意的是，这些拖曳力系数参考值是在雷诺数比较大时的值。

表 15.5　　　　　　　　　　　　　不同物体的拖曳力系数

物体的形状	基准面积	拖曳力系数
圆柱 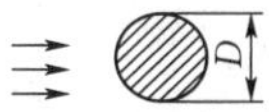	D	1.0 $(l \gg D)$
方柱 	D	2.0 $(l \gg D)$
方柱 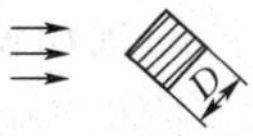	$\sqrt{2}D$	1.55 $(l \gg D)$
平板 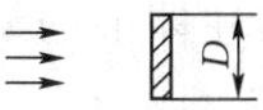	D	2.01 $(l \gg D)$
圆板 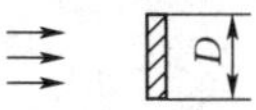	$\frac{\pi}{4}D^2$	1.2
球 	$\frac{\pi}{4}D^2$	0.5
立方体 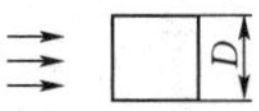	D^2	1.05

另外需要指出的是，由恒定运动所产生的拖曳力并非总是恒定的，在一定的雷诺数条件下，被绕流的物体后面发生一个规则的水流振荡运动，结果造成物体左、右两侧交替地形成强烈的涡旋，这些涡旋形成了多少有些规则的排列，称为"涡街"，如图 15.16 所示。"涡街"中各个单涡以相反的方向旋转，并交错地从物体的两侧释放，因而对物体形成一

个周期性的可变力。这个可变力的频率，也就是漩涡的泄出频率，很可能与结构物的自振频率接近，以至有引起涡激共振的危险，是工程中需予以注意的问题。

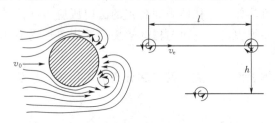

图 15.16　绕流涡街示意图

2. 绕流惯性力

在非恒定绕流运动中，绕流流体对物体的作用除了拖曳力外，还有由于流体加速度引起的力。

设流体是不可压缩的理想流体，在 $u=u(x,y,z,t)$ 流场中，有一排水体积为 V_0 的柱体固定于其中。若暂时不考虑柱体对流场的影响，也即假定流场内的压强分布不因柱体的存在而改变，那么可以想象，将柱体的边界作为加速流体边界的一部分，也就是被柱体置换的那部分体积内的水体，它本来应该以一个与流场中该处相应的加速度做加速运动，但实际上由于柱体的存在，这个体积的水体将被减速至静止不动。因此加速的流体将对排水体积为 V_0 的柱体沿流动方向作用一个惯性力。这个惯性力就是未受柱体存在影响的流体压强对柱体沿流动方向的作用力，把它称为弗劳德—克雷洛夫力 F_k，数值应该等于柱体的排水质量与体积 V_0 内未扰动水体的平均全加速度 $(\mathrm{d}u/\mathrm{d}t)_a$ 的乘积，即

$$F_k = \rho V_0 \left(\frac{\mathrm{d}u}{\mathrm{d}t}\right)_a = M_0 \left(\frac{\mathrm{d}u}{\mathrm{d}t}\right)_a \tag{15.104}$$

对于细长圆柱体来说，$\left(\dfrac{\mathrm{d}u}{\mathrm{d}t}\right)_a$ 可以用柱体轴中心位置处流体的加速度 $\dfrac{\mathrm{d}u}{\mathrm{d}t}$ 来表示。此时

$$F_k = M_0 \frac{\mathrm{d}u}{\mathrm{d}t} \tag{15.105}$$

但柱体的存在，必将使柱体周围的流体质点受到扰动引起速度的变化，从而改变了原来流场内的压强分布。这种变化在柱体表面附近为最大，随着与柱体距离的增大而逐渐减小，衰减规律取决于柱体截面形状和流体的流动方向。所以，柱体的扰动使柱体周围改变了原来运动状态的那部分附加流体的质量 M_u 沿流动方向也将对柱体产生一个附加惯性力，又称为附加质量力。因此加速的流体沿流动方向真正作用在柱体上的绕流惯性力可表示为

$$f_I = (M_0 + M_u) \frac{\mathrm{d}u}{\mathrm{d}t}$$

令 $M_u = C_m M_0$，则

$$f_I = (1 + C_m)M_0 \frac{\mathrm{d}u}{\mathrm{d}t} = C_M M_0 \frac{\mathrm{d}u}{\mathrm{d}t} \tag{15.106}$$

式中　C_m——附加质量系数；

C_M——质量系数（或称惯性力系数），它集中反映了由于流体的惯性以及柱体的存在，柱体周围流场的速度改变而引起的附加质量效应。对于少数几种规则形状物体的附加质量可以采用势流理论从理论上来推求，而大多数形状的物体附加质量需要通过实验来确定。表 15.6 中列出了几种形状物体的附加质量系数。

总的绕流力可以表示为

$$f = f_D + f_I = \frac{1}{2}C_D\rho Au^2 + C_M\rho V_0\frac{\mathrm{d}u}{\mathrm{d}t} \tag{15.107}$$

表 15.6　　　　　　　　　　　不同物体的附加质量系数

物体的形状	基准面积	质量系数
圆柱	$\frac{\pi}{4}D^2$	2.0（$l\gg D$）
方柱	D^2	2.19（$l\gg D$）
平板	$\frac{\pi}{4}D^2$	1.0（$l\gg D$）
球	$\frac{\pi}{6}D^3$	1.5
立方体	D^2	1.67

15.6.2　小尺度孤立桩柱上的波浪力

小尺度孤立桩柱指与波长相比尺度较小的圆柱，如圆柱体 $D/L<0.2$ 的情况。小尺度桩柱波浪力的计算，目前广泛采用莫里森方程。它是以绕流理论为基础的半理论半经验公式，由 Morison、O'Brien 与 Johnson（1950 年）提出。该理论假定柱体的存在对波浪运动无显著影响，波浪对柱体的作用主要是黏滞效应和附加质量效应。

设有一直径为 D 的孤立圆形桩柱，直立地固定于水深为 d 的海底上，波高为 H 的入射波沿 x 正方向传播，其坐标系如图 15.17 所示。Morison 认为作用于柱体任意高度 z（离海底以上高度 z）处的水平波力包括两个分量，一个是波浪水质点运动的水平速度 u_x 引起的对柱体的作用力——水平拖曳力 f_D，另一个是波浪水质点运动的水平加速度 $\mathrm{d}u_x/\mathrm{d}t$ 引起的对柱体的作用力——水平惯性力 f_I。又认为波浪作用在柱体上的拖曳力的模式与单向定常水流作用在柱体上的拖曳力的模式相同，即它与波浪水质点的水平速度的平方和单位柱高垂直于波向的投影面积成正比；不同的是波浪水质点做周期性的往复振荡运动，水平速度 u_x 时正时负，因而对柱体的拖曳力也是时正时负，速度平方应改为速度向量与速度绝对值的乘积。

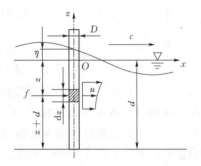

图 15.17　圆柱体波浪力计算坐标系

作用于直立柱体任意高度 z 处单位柱高上的水平波力为

$$f = f_D + f_I = \frac{1}{2}C_D\rho Au_x|u_x| + C_M\rho V_0\frac{\mathrm{d}u_x}{\mathrm{d}t} \tag{15.108}$$

$$C_M = 1 + C_m$$

式中　u_x、$\mathrm{d}u_x/\mathrm{d}t$——柱体轴中心位置任意高度 z 处波浪水质点的水平速度和水平加速度；

$\quad\quad\quad A$——单位柱高垂直于波向的投影面积；

$\quad\quad\quad V_0$——单位柱高的排水体积；

$\quad\quad\quad \rho$——海水密度；

$\quad\quad\quad C_D$——垂直于柱体轴线方向的拖曳力系数；

$\quad\quad\quad C_M$——质量系数；

$\quad\quad\quad C_m$——附加质量系数。

对于圆柱体，上式可写成

$$f = \frac{1}{2}C_D\rho Du_x|u_x| + C_M\rho\frac{\pi D^2}{4}\frac{\mathrm{d}u_x}{\mathrm{d}t} \tag{15.109}$$

因此，作用于单个圆柱体 z 处，柱高 $\mathrm{d}z$ 上的水平波力为

$$\mathrm{d}F = f\mathrm{d}z = \frac{1}{2}C_D\rho Du_x|u_x|\mathrm{d}z + C_M\rho\frac{\pi D^2}{4}\frac{\mathrm{d}u_x}{\mathrm{d}t}\mathrm{d}z \tag{15.110}$$

整个桩柱上的总水平波力为

$$F = \int_{-d}^{\eta}\mathrm{d}F = \int_{-d}^{\eta}\frac{1}{2}C_D\rho Du_x|u_x|\mathrm{d}z + \int_{-d}^{\eta}C_M\rho\frac{\pi D^2}{4}\frac{\mathrm{d}u_x}{\mathrm{d}t}\mathrm{d}z \tag{15.111}$$

波力对桩柱的总水平波力矩（对海底取矩）为

$$M = \int_{-d}^{\eta}\mathrm{d}F_H(z+d)$$

$$= \int_{-d}^{\eta}\frac{1}{2}C_D\rho Du_x|u_x|(z+d)\mathrm{d}z + \int_{-d}^{\eta}C_M\rho\frac{\pi D^2}{4}\frac{\mathrm{d}u_x}{\mathrm{d}t}(z+d)\mathrm{d}z \tag{15.112}$$

总水平波力的作用点距海底的距离为

$$e = \frac{M}{F} \tag{15.113}$$

从上面的公式可以看出，Morison 方程中的 η、u_x 和 $\mathrm{d}u_x/\mathrm{d}t$ 都随选取的波浪理论不同而异。因此正确计算作用在直立柱体上的水平波力 F 和水平力矩 M 的关键问题，一是针对所在海域的水深和设计波高 H、周期 T 选用一种适宜的波浪理论来计算波浪的 η、u_x 和 $\mathrm{d}u_x/\mathrm{d}t$；二是选取合理的拖曳力系数 C_D 和质量系数 C_M。以往在确定水动力系数 C_D、C_M 的值时，基本上都是根据模型实验测定作用在桩柱上的波浪力，然后根据一定的波浪理论反求这些水动力系数。显然，这样得到的水动力系数的值与所采用的波浪理论有关。因此，在应用 Morison 方程计算波浪力时，所采用的波浪理论应与水动力系数相适应，这点应特别注意。

当采用微幅波理论求解作用在单个直立柱体上的水平波力和水平波力矩时，将微幅波理论的水质点速度与加速度表达式代入式（15.110），得到作用在高度 z 处柱高 $\mathrm{d}z$ 上的水平波力为

$$\mathrm{d}F = f\mathrm{d}z = \frac{1}{2}C_D\rho D\left[\frac{\pi H}{T}\frac{\cosh k(z+d)}{\sinh kd}\right]^2\cos\theta|\cos\theta|\mathrm{d}z$$

$$+ C_M\rho\frac{\pi D^2}{4}\frac{2\pi^2 H}{T^2}\frac{\cosh k(z+d)}{\sinh kd}\sin\theta\mathrm{d}z \tag{15.114}$$

其中
$$\theta = kx - \sigma t$$

整个桩柱上的总水平波力为

$$F = \int_{-d}^{\eta} f \, \mathrm{d}z = C_\mathrm{D} \frac{\gamma D H^2}{2} K_1 \cos\theta \,|\cos\theta| + C_\mathrm{M} \frac{\gamma \pi D^2 H}{8} K_2 \sin\theta$$

$$= F_{\mathrm{D,max}} \cos\theta \,|\cos\theta| + F_{\mathrm{I,max}} \sin\theta \tag{15.115}$$

式中，最大拖曳力 $F_{\mathrm{D,max}}$ 和最大惯性力 $F_{\mathrm{I,max}}$ 以及系数 K_1 和 K_2 分别为

$$F_{\mathrm{D,max}} = C_\mathrm{D} \frac{\gamma D H^2}{2} K_1 \qquad\qquad F_{\mathrm{I,max}} = C_\mathrm{M} \frac{\gamma \pi D^2 H}{8} K_2 \tag{15.116}$$

$$K_1 = \frac{2k(d+\eta) + \sinh 2k(d+\eta)}{8\sinh 2kd} \qquad\qquad K_2 = \frac{\sinh k(d+\eta)}{\cosh kd} \tag{15.117}$$

由上述表达式可以看出，作用在孤立桩柱上波浪力的大小或正负，取决于波浪的相位 θ。最大拖曳力 $F_{\mathrm{D,max}}$ 和最大惯性力 $F_{\mathrm{I,max}}$ 并不发生在同一个波浪相位上，当 F_D 为最大时，F_I 为零；反之，当 F_I 为最大时，F_D 为零。波浪力随相位而变化的规律可以从图 15.18 清楚地看出。图中给出了在某时刻 t，一个波长范围内处于波顶、波底以及波面与静水面相交处各个水质点的运动轨迹，图中箭头所示为相应水质点的流速方向，各个水质点的相角 θ 和原点处的相角比较依次相差 $\pi/2$。由式（15.26）和式（15.27）可知，在波顶和波底处具有正负最大的水平速度 u_x，而加速度为零；在波面与静水面相交处水质点的水平速度为零，而加速度 $\partial u_x/\partial t$ 则达到正负最大值。这样，与液体速度和加速度相关的拖曳力和惯性力也将随着桩柱处于波浪中的不同相位而变化。

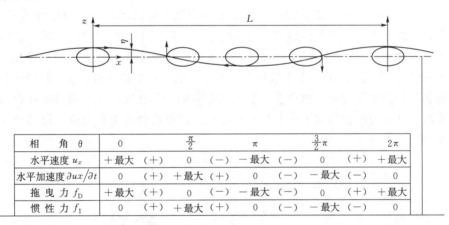

相　角　θ	0		$\dfrac{\pi}{2}$		π		$\dfrac{3}{2}\pi$		2π
水平速度 u_x	＋最大	（＋）	0	（－）	－最大	（－）	0	（＋）	＋最大
水平加速度 $\partial u_x/\partial t$	0	（＋）	＋最大	（＋）	0	（－）	－最大	（－）	0
拖曳力 f_D	＋最大	（＋）	0	（－）	－最大	（－）	0	（＋）	＋最大
惯性力 f_I	0	（＋）	＋最大	（＋）	0	（－）	－最大	（－）	0

图 15.18　不同相位时桩柱所受波浪力

图 15.18 是针对同一时刻 t，位于波浪中不同相位处桩柱所受波力的变化情况。对于波浪中一个固定的位置，例如固定于坐标原点的桩柱，在波浪往前传播的一个周期 T 时间内，桩柱所受波力的变化过程和上面的讨论是完全相似的。当波峰（$\theta = 0$）和波谷（$\theta = \pi$）通过桩柱时，产生最大的正负拖曳力，惯性力为零；当波面与静水面相交处（$\theta = \pi/2$，$3\pi/2$）通过桩柱时，产生最大的惯性力，而拖曳力为零。

对于静止时位于同一条直线上的各个水质点，只要波浪具有不破碎的连续运动状态，则在任意时刻，各个水质点所处位置的相角必然相同。故各质点处的拖曳力和惯性力分别具有一致的方向，只是随着水深的增加而逐渐变小。

在工程实践中，还需要知道波浪力的作用点，这可以通过计算波浪对海底的力矩求得，从式（15.112）、式（15.26）及式（15.27）可以得到波浪对圆柱体的力矩为

$$M = M_{D,max} \cos\theta \,|\cos\theta| + M_{I,max} \sin\theta$$

其中

$$M_{D,max} = C_D \frac{\gamma D H^2 L}{2\pi} K_3 \qquad M_{I,max} = C_M \frac{\gamma D^2 HL}{16} K \qquad (15.118)$$

$$K_3 = \frac{1}{32\sinh 2kd} \left[2k^2(d+\eta)^2 + 2k(d+\eta)\sinh 2k(d+\eta) - \cosh 2k(d+\eta) + 1 \right]$$

$$K_4 = \frac{1}{\cosh kd} \left[kd\sinh k(d+\eta) - \cosh k(d+\eta) + 1 \right] \qquad (15.119)$$

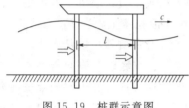

图 15.19　桩群示意图

在工程实践中，往往需要知道多根桩柱组成的桩群在同一时刻所受到的最大波力和波力矩。这时不能简单地将单个桩的最大水平总波浪力乘以桩数，因为对于各根桩而言，最大水平总波浪力出现的时刻不是同时的，必须考虑它们之间的相位差。以两根沿波浪传播方向相距为 l 的桩柱为例（图 15.19），当迎波向的前桩处于最大波力的相位时，和在同一时刻后一条桩柱所受的波力相加并不一定是两条桩柱在同一时刻可能受到的最大波力。因为在同一时刻，后桩柱所受的波力随着两桩柱的间距 l 和波长 L 的不同比值，可能处于任何或正或负或大或小的波力区间。要计算前后两桩柱发生合力最大值的相角，可以以前桩柱为基准，先绘出前桩柱位于不同波浪相位时波力的变化情况，如图 15.20 中曲线 Ⅰ 所示。后桩柱上受的波力过程和曲线 Ⅰ 应该是完全一样的，只不过是相对于前桩柱处波浪相位角 θ 有一相位差 $\varphi = 2\pi l/L$。因此，如曲线 Ⅰ 沿着横坐标负 θ 角的方向平移一角度 φ，便得到相应于前桩柱波浪相位的后桩柱的波力曲线 Ⅱ。把曲线 Ⅰ 和曲线 Ⅱ 叠加，就得到两桩柱合力随相角的变化曲线。从合成的曲线（Ⅰ＋Ⅱ）上可以查出两根桩柱发生合力最大值的相角（以前桩柱为基准）。

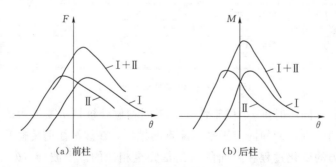

(a) 前柱　　　　　　　　(b) 后柱

图 15.20　前后两桩柱所受水平波力和波力矩的合成

同理，两桩柱上的波力矩的最大值发生的相角也可以用类似的方法求得（图 15.20）。

显然，两根以上桩柱最大合成波力和波力矩需要用各根桩柱相应于某一根桩柱的相角的波力和波力矩过程线叠加而求得。

对于群桩，除了上述波剖面相位的影响外，还必须考虑群桩的遮蔽效应和干扰效应，

它们主要取决于柱体之间的间距与柱径的比值，具体计算方法请参阅有关参考书。

必须指出的是，莫里森方程在理论上是有缺陷的。方程中的拖曳力是按真实黏性流体的定常均匀水流绕过柱体时对柱体的作用力的分析得到的，而惯性力是按理想流体的有势非定常流理论分析得到的，两者没有共同的理论基础。因此，将它们叠加是缺乏根据的。虽然存在上述缺陷，但目前还没有找到一个更好的方程取代它。几十年来工程上使用的经验表明，它尚能给出满意的结果，因此，莫里森方程至今仍是小尺度结构物上波浪力计算的主要方法。

15.6.3 大尺度物体上的波浪力

在小尺度的情况（$D/L < 0.2$）下，可以假定物体的存在对入射的波浪并无影响，可以用当物体不存在时物体中心处的波浪要素来计算波浪对物体的拖曳力和惯性力。然而，随着物体的大小相对于波长的比值增大，入射波在物体表面的散射效应随之增强，散射波和入射波相互干扰，就会改变物体周围的流场，使得莫里森方程关于物体存在对波浪场无显著影响的假设不再合理。因此，对于尺度较大的结构物上的波浪力，不能再利用莫里森方程去计算，而需要按绕射理论来确定。在这一理论中，黏滞效应（也即是波浪对物体的拖曳力和惯性力比较）常可略去不计。于是问题归结为，寻求物体在波浪中的反射波的速度势。一旦找到了反射波的速度势，和入射波的速度势叠加求出总的速度势后，即可利用前述的伯努利方程确定物体表面上动压强的分布，从而便可以算出作用于物体上的力和力矩。

关于黏滞效应即拖曳力的取舍问题，主要取决于流体质点运动轨迹的大小对物体大小的比值。当波长和水深一定时，这一参数即反映为 H/D 这一比值，H 指波高，D 为特征长度，对于圆柱体 D 可取圆柱直径。H/D 这一比值越小，流体质点的相对位移较小。在这种情况下，物体附近的流体仍然贴在物体表面上，并不形成前述的绕流脱体现象，因而，黏滞效应是微不足道的。所以，在 H/D 之值很小的区域（$H/D < 1$），黏滞效应可略去不计，这时，绕射理论一般适用于全部的 D/L 值，如图 15.21 所示。此外，如前曾提及的，当相对长度 D/L 很小（$D/L < 0.2$）时，绕射效应可以忽略，莫里森方程适用于全部的 H/D 值。当 D/L 和 H/D 都很小时，则为两种理论都适用的交叉区域。在这一区域，由于黏滞效应极小，C_D 趋于零，而 C_M 则趋于势流值，即取决于物体的形状。

对于大尺度结构物上的波力理论分析和实验研究，主要按照绕射理论求解。麦克卡米（Maccamy）和富克斯（Fuchs，1954）首次导出了任意水深情况下，直立圆柱体绕射的微幅波解析解，下面介绍这种方法的概要。

假定流体无黏滞性且运动无旋，入

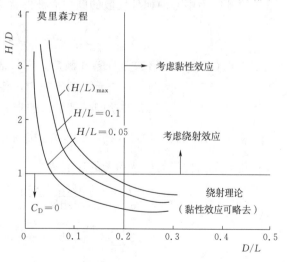

图 15.21 绕射理论和莫里森方程两种波浪力
计算方法的适用范围

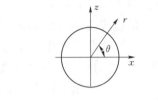

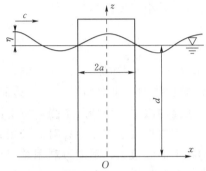

图 15.22 大直径直立圆柱波力
计算坐标系

射波浪为线性波,水深为有限水深 d。取 xyz 坐标系,并以静水面以上为正。设一半径为 a 的圆柱体,其轴线与 z 轴重合,圆柱竖直地固定于海底,如图 15.22 所示,设入射波是向负 x 方向前进的波,则此入射波的速度势为

$$\varphi_i = -\frac{gH}{2\sigma}\frac{\cosh k(z+d)}{\cosh kd}e^{i(kx+\sigma t)} \tag{15.120}$$

实际上,具有物理意义的速度势只是上面复数表示式的实部。但在数学上讨论物理现象时,使用复数推导较为方便。为了使入射波的势与将在下面设定的柱面反射波的势便于叠加,引入极坐标 r 和 θ,则式(15.120)化为

$$\varphi_i = -\frac{gH}{2\sigma}\frac{\cosh k(z+d)}{\cosh kd}\Big[J_0(kr)$$
$$+ \sum_{m=1}^{\infty}2i^m\cos m\theta J_m(kr)\Big]e^{i\sigma t} \tag{15.121}$$

式中 J_m——第一类贝塞尔(Bessel)函数。

每一阶的函数 $J_m(kr)$ 乘上相应的方向余弦和时间因子 $e^{i\sigma t}$ 都可以看作是一个中心向四周传播的柱面波。因此,式(15.121)坐标变换的结果意味着将一个具有水平波阵面的简单波动用无限多个柱面波的和来表示。

当圆柱存在于波动水体中时,由于绕射效应,入射波沿各个方向"入射"到柱面上,由于固体壁面的反射作用,将引起一个沿柱面的法向朝外呈发散面反射的柱面波。这个由柱面反射的波在柱面处有一定的幅度,而在无限远处,由于波阵面的不断发散,即使总的波能维持不变,柱面波的波幅也将趋近于零。

以圆柱为中心的朝外发散的圆柱面波的普遍形式可以表示为

$$\varphi_s = \sum_{m=0}^{\infty}A_m\cos m\theta[J_m(kr)-iY_m(kr)]e^{i\sigma t} \tag{15.122}$$

式中 $Y_m(kr)$——第二类 Bessel 函数,它代表和 $J_m(kr)$ 有区别的另一类可能形式的波动。在二元波动问题中,特解 $J_m(kr)$ 和 $Y_m(kr)$ 的线性组合,便构成二元波动问题解的普遍形式。

将式(15.121)与式(15.122)叠加并利用柱表面条件,即 $\dfrac{\partial \varphi}{\partial r}\Big|_{r=a}=0$,定出 A_m 后,便可得到受圆柱扰动后波动场的速度势为

$$\varphi = \frac{gH}{2\sigma}e^{i\sigma t}\frac{\cosh k(d+z)}{\cosh kd}\Big\{J_0(kr)-\frac{J_0'(kr)}{H_0^{(2)'}(ka)}H_{(0)}^{(2)}(kr)$$
$$+ 2\sum_{m=1}^{\infty}i^m\Big[J_m(kr)-\frac{J_m'(ka)}{H_m^{(2)'}(ka)}-H_m^{(2)}(kr)\Big]\cos m\theta\Big\} \tag{15.123}$$

其中 $$H_m^{(2)}(kr)=J_m(kr)-iY_m(kr)$$

式中 $H_m^{(2)}(kr)$——第二类汉克尔(Hankel)函数,而函数组合 $J_m(x)+iY_m(x)=$

$H_m^{(1)}(x)$ 称为第一类汉克尔函数。它们各乘以不同的时间因子 $e^{i\sigma t}$ 和 $e^{-i\sigma t}$ 均代表具有上面所述特性的波面阵。

计算作用在圆柱面上的压力可以利用理想流体无旋非恒定运动的伯努利方程

$$p = -\rho\frac{\partial\varphi}{\partial t} - \frac{1}{2}\rho\left[\left(\frac{\partial\varphi}{\partial x}\right)^2 + \left(\frac{\partial\varphi}{\partial z}\right)^2\right] - \rho g z$$

来计算。由于假定是理想液体的无旋运动，因此沿着柱的运动是对称的，上式右边括号内的速度项沿柱周长的积分为零，而右边表示静水压强的第三项同样可以略去。于是可取

$$p = -\rho\frac{\partial\varphi}{\partial t} \tag{15.124}$$

沿 z 轴单位长度上波力的 x 分量（简称单位力）为

$$f_x = \mathbf{Re}\left[2\int_0^\pi pa\cos(\pi - \theta)\mathrm{d}\theta\right] \tag{15.125}$$

式中符号 **Re** 表示对积分的结果取实部。将式（15.123）的速度势代入式（15.124）求得 p 后即可代入式（15.125）中求积分。注意，仅只含 $\cos\theta$ 的项对积分起作用，其结果取实部后可写为

$$f_x = \frac{2\rho g H}{k}\frac{\cosh k(z+d)A(ka)\cos(\sigma t - \alpha)}{\cosh kd} \tag{15.126}$$

其中

$$\tan\alpha = \frac{J_1'(ka)}{Y_1'(ka)} \quad, \quad A(ka) = \frac{1}{\sqrt{J_1'^2(ka) + Y_1'^2(ka)}}$$

在上式的推演中，取 $m = 0，1$ 而略去了 $m = 2，3，4，\cdots$ 的各项。

由式（15.127）再沿水深作积分，则作用在直立圆柱面上的总波力为

$$F = \int_{-d}^0 f_x\mathrm{d}z = \frac{2\rho g H}{k^2}\tanh kd \cdot A(ka)\cos(\sigma t - \alpha) \tag{15.127}$$

波力对海底的力矩可通过下式推求：

$$M = \int_{-d}^0 (z+d)f_x\mathrm{d}z \tag{15.128}$$

本 章 知 识 点

（1）波浪的运动可以采用势流理论描述。流速势所满足的拉普拉斯方程连同底部边界条件、自由表面（运动和动力）边界条件以及周期性条件构成了描述规则波运动的定解问题。

（2）为了对自由表面边界条件的非线性和自由表面本身的不确定性进行简化，引进波高和波长相比为一无限小量的微幅假定，可以得到线性化的微幅波定解条件。

（3）求解微幅波的定解方程，就可以得到关于势函数和波面的解答，进一步得到微幅波的速度、加速度、质点运动轨迹、压力以及波浪能量的表达式。由于水深、周期和波长不是相互独立的，所以它们之间的关系应满足弥散方程。

（4）根据相对水深的不同，可以把波浪划分为深水、中等水深和浅水波，在深水和浅水情况下，波浪运动特性的系列表达式均可化简。

（5）当深水中波陡较大或在浅水中相对波高较大时，微幅波理论的适用性受到限制，

需要采用其他波浪理论来描述波浪。其中斯托克斯波浪理论适用于水深较大、波陡较大的情况。二阶斯托克斯波剖面、速度等与微幅波理论有较明显的不同，其水质点轨迹也不再封闭。

（6）海岸和近海建筑物波浪荷载的计算可以分为三种类型，其中直墙上的波浪力在一定范围内可采用森弗鲁有限振幅立波理论计算。森弗鲁有限振幅立波理论从拉格朗日观点出发描述波动而得到直墙上水质点在运动过程中的压力，需要通过转换求得欧拉方法下波峰和波谷时的压强分布。在工程应用中，进一步可采用森弗鲁方法的简化公式计算直墙上波浪力。

（7）小直径桩柱上的波浪力可采用莫里森方程进行计算，莫里森方程不考虑建筑物存在对波浪场的影响，将波浪力分为拖曳力和惯性力两部分计算，虽然在理论处理上不够十分严格，但目前仍是工程中应用最广泛的计算方法。

（8）大直径墩柱上的波浪力计算需要采用绕射理论进行，其基本思路为求得入射波势和散射波势，叠加后得到总的波浪势函数，再根据伯努利方程求得墩柱表面的压力分布和波浪力。

思　考　题

15.1　试说明波数 k 与圆频率 σ 的物理意义。两者与波要素有什么关系？

15.2　波浪运动满足什么底部边界条件？运动和动力边界条件的物理意义是什么？如何采用数学表达式描述运动边界条件？

15.3　深水、中等水深和浅水波是如何分类的？

15.4　试推导深水与浅水波的弥散方程。

15.5　试比较二阶斯托克斯波理论与微幅波理论的不同。

15.6　根据拉格朗日方法得到的有限振幅立波水质点的压强，为什么可以用来计算以欧拉法研究直立墙面上各点处承受的压强？

15.7　小尺度桩柱上的波浪力分为哪几部分？分别根据什么原理估算？其缺陷是什么？

15.8　试述求解墩柱上波浪力的思路。

习　题

15.1　微幅波的势函数为

$$\varphi = \frac{gH}{2\sigma} \frac{\cosh k(z+d)}{\cosh kd} \sin(kx - \sigma t)$$

试证明上式也可写为

$$\varphi = \frac{Hc}{2} \frac{\cosh k(z+d)}{\sinh kd} \sin(kx - \sigma t)$$

15.2　某深海海面上观察到浮标在 1min 内上下 20 次，求波浪周期、波长和波速。

15.3　已知波浪周期 T，编制一计算任意水深 d 处的波长和波速的程序，并计算出周期为 8s、水深为 20m 处的波浪波长和波速。

15.4　在某水深处的海底设置压力式波高仪，测得周期 $T=5s$，最大压力 $p_{max}=85250Pa$（包括静水压力，不包括大气压力），最小压力 $p_{min}=76250Pa$，问当地水深、波高是多少？

15.5　$d=10m$ 的有限水深海域，$H=2m$，$L=40m$，试分别采用微幅波理论和二阶斯托克斯波理论求（如果存在）：（1）波浪传播速度 c、周期 T；（2）水面上水质点运动轨迹的椭圆长、短半轴值；（3）波浪中线超高 h_{s0}；（4）水面及海底上水质点的最大速度；（5）海底面上任意点的压强；（6）单位宽度水体在一个波长范围内的总能量。

15.6　有一直立式防波堤，位于水深 $d=10m$ 处，防波堤高 15m，底宽 $b=10m$。波高为 3m，周期为 8s 的波浪向此防波堤入射。（1）试按照森弗鲁公式简化方法画出直立堤上出现波峰和波谷时的压力分布图，并计算直立堤每延米长度上的总波力和倾覆力矩。（2）如果堤高只有 12m，则波浪将越过堤顶。假设有越浪时直立堤面上的波压分布与无越浪时相同，试求总波力和倾覆力矩。

15.7　一桩基平台，平台支撑结构由四根直径 $D=6.0m$ 的圆桩柱组成，桩与桩间距均为 30m。平台设计工作水深 $d=40.0m$，设计波高 $H=10.0m$，波周期 $T=10.4s$，试确定每根桩柱所受最大水平波力和作用点位置，以及四根桩柱最大水平合波力和合波力矩。

第 16 章　泄水建筑物下游水流的衔接与消能

在河道中修建闸、坝等水工建筑物后，天然水流的流动条件往往会发生变化，通过建筑物下泄的水流具有很高的流速，动能很大；同时由于枢纽布置的要求和节省工程造价，建筑物的泄水宽度总要小于原有河宽，这就使得下泄的流量比较集中，单宽流量加大。一般来说，下游河道中的水流分布比较均匀，流速也较低，这就产生了从建筑物泄出的高速集中水流如何过渡到下游正常流动情况的衔接问题。高速下泄的水流具有的能量也比下游河道中水流的正常能量大得多，对下游河床具有明显的破坏能力。为了防止下泄水流对河床的冲刷，保证建筑物的安全，必须采取适当的工程措施将水流所挟带的多余能量消除，即泄水建筑物下游水流的衔接和消能问题。

由泄水建筑物泄出的水流一般都具有很大的能量。如图 16.1 所示的溢流坝，设水流自溢流坝坝顶下泄至坝趾 c—c 断面时单位重量水体具有的能量（断面比能）为 E_1，下游 2—2 断面的比能为 E_2，两者的差值 $\Delta E = E_1 - E_2$ 称为余能，ΔE 的数值往往很大。如溪洛渡水电站，$\Delta E \approx 205\text{m}$，下泄流量 $Q = 46800\text{m}^3/\text{s}$，则余能的功率为

$$N = \rho g Q \Delta E = 9800 \times 46800 \times 205 \approx 94000 \text{（MW）}$$

其功率为设计装机容量的 6.78 倍，如此巨大的能量（主要为动能），若不妥善进行处理，势必导致下游河床被严重冲刷，甚至造成岸坡坍塌和建筑物失事。

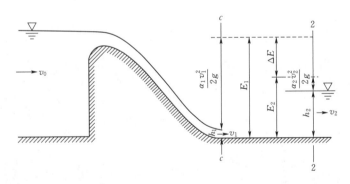

图 16.1　泄水建筑物下泄水流的能量

因此，泄水建筑物下游水流的衔接和消能是水利枢纽设计的主要任务之一。本章介绍几种常用的水流衔接与消能方式。

16.1　衔接与消能的主要方式

通过泄水建筑物下泄的水流具有很大的能量，这就需要合理选择和设计消能的措施，

在下游较短的距离内消除余能，以保证建筑物的安全。从水力学的角度，泄水建筑物下游水流衔接消能问题的研究可归结为对高速射流与下游河道水流的衔接形式的分析，通过泄流水舌与边界的摩擦、扩散、掺混等作用，消除大量的余能。常见的衔接与消能措施，大致有以下三种类型：

（1）底流消能。底流消能是在建筑物下游采取一定的工程措施，利用水跃原理，将泄水建筑物泄出的急流转变为缓流，从而与下游水流相衔接。主要靠水跃产生的表面旋滚与底部主流间的强烈紊动、剪切和掺混作用消除余能。这种衔接形式由于高流速的主流在底部，故称为底流消能（图 16.2）。

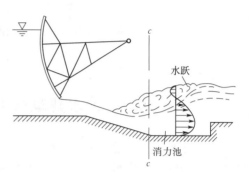

图 16.2 底流消能

（2）挑流消能。挑流消能是利用泄出水流本身所挟带的巨大动能，因势利导，在建筑物的出流部分采用挑流鼻坎将急流水舌抛向空中。射流水舌在空中扩散，和空气充分摩擦而大量掺气，消除一部分能量，然后落入远离建筑物下游的水垫内进一步消除所余能量，再与下游的水流相衔接（图 16.3）。很明显，经过空中消能后的水舌落入下游后仍具有相当的余能，致使河床上出现冲刷坑。如果冲刷坑的形式稳定，不超出容许的冲刷深度和范围，并且能保证与建筑物有相当远的距离，则建筑物本身和下游河床的安全就能得到保证。

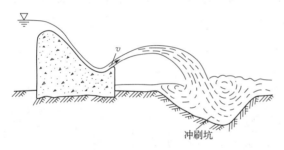

图 16.3 挑流消能

（3）面流消能和戽流消能。面流消能是在建筑物的出流部分采取一定的工程措施，将泄出的急流导向下游水域的上层，主流与河床之间由巨大的底部旋滚隔开，减轻了对河床的冲刷。余能主要通过水舌扩散、流速分布调整及底部旋滚与主流的相互作用而消除。因为在衔接消能段中，高流速的主流位于表面，故称为面流消能（图 16.4）。

在实际的工程中，消能措施有时不是单一的衔接方式，还可以将上述三种基本的消能方式结合起来应用，如消能戽（图 16.5）就是一种底流和面流结合应用的实例。

值得注意的是，消能形式的选择是一个十分复杂的问题，对于某一具体工程来说，必须结合运用要求，兼顾水力、地形、地质条件进

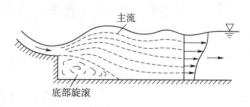

图 16.4 面流消能

行综合分析，因地制宜地采取措施，达到消除余能和保证建筑物安全的目的。

下面各节将对上述各消能形式逐一介绍，着重介绍底流消能和挑流消能的水力计算方法。

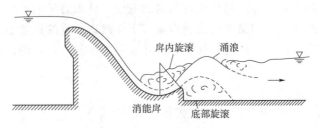

图 16.5　戽流消能

16.2　泄水建筑物下游收缩断面水深的计算

水流自坝顶下泄过程中，势能逐步转化为动能，至坝趾 $c—c$ 断面时的流速最大，水深最小，此后由于底坡突变（一般为平坡）而水深逐渐增加，故称 $c—c$ 断面为收缩断面。收缩断面就是下泄水流与下游水流连接的开始断面，其水深以 h_c 表示。不论下游采用何种消能方式，都与收缩断面的水力要素密切相关，因而确定收缩断面水深 h_c 是进行水力设计的首要任务。下面以图 16.6 所示的溢流坝为例来说明收缩断面水深的计算方法。

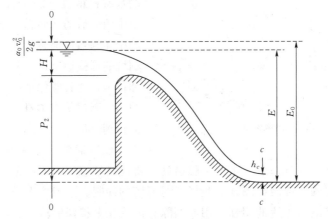

图 16.6　收缩断面及水深

取通过收缩断面底部的水平面为基准面，列坝前断面 0—0 及收缩断面 $c—c$ 的能量方程

$$E_0 = h_c + \frac{\alpha_c v_c^2}{2g} + h_w \tag{16.1}$$

其中

$$h_w = \zeta \frac{v_c^2}{2g}$$

式中　E_0——以收缩断面底部为基准面的坝前水流断面比能；

　　　　v_c——收缩断面的平均流速；

　　　　h_w——两断面间的水头损失；

　　　　ζ——0—0 断面至 $c—c$ 断面间的阻力系数。

则得

$$E_0 = h_c + \frac{\alpha_c v_c^2}{2g} + \zeta \frac{v_c^2}{2g} = h_c + (\alpha_c + \zeta) \frac{v_c^2}{2g} \tag{16.2}$$

令 $\varphi = \dfrac{1}{\sqrt{\alpha_c + \zeta}}$，则式（16.2）可写作

$$E_0 = h_c + \frac{v_c^2}{2g\varphi^2} \tag{16.3}$$

式中　φ——溢流坝的流速系数。

将 $v_c = \dfrac{Q}{A_c}$ 代入上式得

$$E_0 = h_c + \frac{Q^2}{2g\varphi^2 A_c^2} \tag{16.4}$$

式中　Q——下泄流量；

　　　A_c——收缩断面面积。

对于矩形断面，$A_c = bh_c$，取单宽流量计算，则上式为

$$E_0 = h_c + \frac{q^2}{2g\varphi^2 h_c^2} \tag{16.5}$$

可见收缩断面水深 h_c 取决于断面形状、尺寸、流量及流速系数 φ。当各参数已知时，即可用式（16.4）计算收缩断面水深 h_c，对矩形断面可用式（16.5）计算。由图 16.6 的几何关系可以得出

$$E_0 = P_2 + H + \frac{\alpha_0 v_0^2}{2g} = P_2 + H_0 \tag{16.6}$$

在实际工程计算中，Q 及坝高 P_2 是给定的，坝上水头 H_0 可由堰流公式计算，未确定的是流速系数 φ。φ 值的大小取决于建筑物的型式和尺寸，严格来讲，与坝面的粗糙程度、反弧半径 r 及单宽流量 q 的大小有关。影响流速系数 φ 的因素比较复杂，目前仍多用经验公式估算。

下面给出一个估算溢流坝流速系数 φ 值的公式

$$\varphi = 1 - 0.0155 \frac{P}{H} \tag{16.7}$$

式（16.7）是由系统试验的资料整理得出的，适用于实用堰自由溢流且无显著掺气、堰高与水头之比 $\dfrac{P}{H} < 30$ 的情况。

中国水利水电科学研究院根据国内外一些高坝的原型观测资料，总结出坝面流速系数 φ 的经验公式

$$\varphi = \left(\frac{q^{2/3}}{s} \right)^{0.2} \tag{16.8}$$

式中　q——单宽流量；

　　　s——库水位与收缩断面的高差。

表 16.1 列出了几种常见泄水建筑物的流速系数值，可供初步计算时参考。

表 16.1　　　　　　　　　　泄水建筑物出流的流速系数 φ 值

建筑物泄流方式	泄流图形与收缩断面位置	φ 值
曲线型实用堰自由溢流 $\left\{\begin{array}{l}\text{平底出流}\\\text{鼻坎挑流}\end{array}\right.$		按经验公式计算，中小型一般为 0.90~0.95
折线型实用堰及宽顶堰溢流		0.80~0.90
无闸门的跌水		0.80~0.95
堰顶有闸门的溢流		按无闸门的堰顶溢流减小 0.05
闸下底孔水平出流		0.95~1.00
陡坡长溢洪道出流		按明槽非均匀流计算
隧洞出流		按输水道计算水头损失确定

　　对于收缩断面水深 h_c 来说，式（16.4）及式（16.5）都是三次方程式，一般须用试算法求解，也可列表进行计算。对于矩形断面，用式（16.5）计算收缩断面水深的迭代公式为

$$h_{c(i+1)} = \frac{q}{\varphi \sqrt{2g(E_0 - h_{ci})}} \tag{16.9}$$

　　试算时先假定一个初始的收缩断面水深 h_{c0}，然后代入式（16.9）右端计算出 h_{c1}，再将 h_{c1} 作为已知量代入上式计算出 h_{c2}。如此反复直到 $[h_{c(i+1)} - h_{ci}]$ 满足某给定的精度要求时，则 $h_{c(i+1)}$ 即为所求收缩断面水深。此外，可借助于专门制作的图表来简化计算。

　　对于矩形断面，当取动量修正系数 $\beta = 1$ 时，水跃方程可写成

$$h''_c = \frac{h_c}{2}\left[\sqrt{1+8\frac{q^2}{gh_c^3}}-1\right] = \frac{h_c}{2}\left[\sqrt{1+8\left(\frac{h_K}{h_c}\right)^3}-1\right] \tag{16.10}$$

以上所给出的计算收缩断面水深 h_c 及其共轭水深 h''_c 的公式，不仅适用于溢流坝，对水闸及其他形式的建筑物也完全适用，对于水闸，可由 $h_c = \varepsilon_2 e$ 直接计算 h_c。

【例 16.1】 有一溢流坝，坝趾与上游河底齐平，坝高 $P = 20\text{m}$；下泄单宽流量 $q = 20\text{m}^3/(\text{s}\cdot\text{m})$；下游河道的水深 $h_t = 5.00\text{m}$，断面为矩形，试求收缩断面水深 h_c。

解：由式（16.9）
$$h_{c(i+1)} = \frac{q}{\varphi\sqrt{2g(E_0 - h_{ci})}}$$

式中 $E_0 = P + H_0$，H_0 为溢流坝堰上水头，可由堰流公式确定
$$q = m\sqrt{2g}H_0^{3/2}$$

取 $m = 0.502$，则
$$H_0 = \left(\frac{q}{m\sqrt{2g}}\right)^{2/3} = \left(\frac{20}{0.502\times4.43}\right)^{2/3} = 4.32 \text{（m）}$$
$$E_0 = P + H_0 = 20 + 4.32 = 24.32 \text{（m）}$$

流速系数 φ 按式（16.7）确定，忽略行近流速水头，则
$$\varphi = 1 - 0.0155\frac{P}{H} = 1 - 0.0155\times\frac{20}{4.32} = 0.928$$

将 q、φ、E_0 代入式（16.9），取初始收缩断面水深估计值 $h_{c0} = 0$，用试算法求得收缩断面水深 $h_c = 1.01\text{m}$。

16.3 底流消能的水力计算

底流消能主要利用在泄水建筑物下游产生的稳定水跃，通过表面旋滚和强烈紊动来消除余能，具有流态稳定、消能效果较好等优点。

底流消能对地质条件和尾水变幅适应性很强，一般的水闸、中小型溢流坝或地质条件较差的各类泄水建筑物，多采用底流式消能。但是，由于底流消能的高速水流靠近河床，对河床的冲蚀作用剧烈，一般工程需要修建消力池对天然河床进行保护。即使如此，高速水流对消力池底板的磨蚀作用也很明显，如果施工过程中底板块之间的封水处理不当，则强烈的脉动压强沿底板间缝隙传播到底板下表面，会对底板稳定造成较大的危害。

第 9 章已介绍了水跃，当 $4.5 < Fr_1 < 9.0$ 时为稳定水跃，表面旋滚明显，消能效率在 $45\% \sim 70\%$，跃后水面也较平稳。实际工程中一般通过稳定水跃达到消除能量的效果，跃前断面弗劳德数控制在 $4.5 < Fr_1 < 9.0$ 范围。

不同的跃前断面弗劳德数 Fr_1，其水跃具有不同的形态，其消能效果也不一样，如图 16.7 所示。

当 $1 < Fr_1 < 1.7$ 时为波状水跃，水体没有旋滚，消能量很少，部分动能转变为波动能量向下游传递，逐渐在下游水体中衰减。

当 $1.7 < Fr_1 < 2.5$ 时为弱水跃，水面发生许多小旋滚，消能效率小于 20%，但跃后水面较平稳。

当 $2.5 < Fr_1 < 4.5$ 时为摆动水跃，消能效率在 $20\% \sim 45\%$，旋滚较不稳定，跃后水面波动较大。

当 $4.5 < Fr_1 < 9.0$ 时为稳定水跃，消能效率在 $45\% \sim 70\%$，跃后水面也较平稳。

当 $Fr_1 > 9.0$ 时为强水跃，消能效率可高达 85%，但高流速水流挟带间歇发生的水团不断滚向下游，产生较大的水面波动。

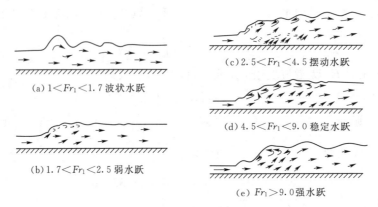

(a) $1 < Fr_1 < 1.7$ 波状水跃

(b) $1.7 < Fr_1 < 2.5$ 弱水跃

(c) $2.5 < Fr_1 < 4.5$ 摆动水跃

(d) $4.5 < Fr_1 < 9.0$ 稳定水跃

(e) $Fr_1 > 9.0$ 强水跃

图 16.7　水跃

水跃的位置决定于坝趾收缩断面水深 h_c 的共轭水深 h_c'' 与下游水深 h_t 的相对大小，当通过流量一定时，不同的下游水深会产生下列三种可能的衔接形式：

（1）当 $h_t = h_c''$ 时，如图 16.8（a）所示，水跃恰好在收缩断面发生，称为临界式水跃衔接。

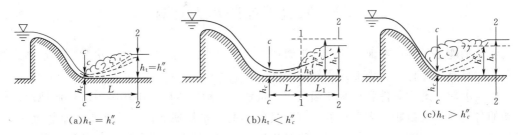

(a) $h_t = h_c''$

(b) $h_t < h_c''$

(c) $h_t > h_c''$

图 16.8　水流的衔接形式

（2）当 $h_t < h_c''$ 时，如图 16.8（b）所示，水流从收缩断面起经过一段距离后，水深由 h_c 增至 h_t'（下游水深 h_t 的共轭水深）才发生水跃，称为远驱式水跃衔接。

（3）当 $h_t > h_c''$ 时，如图 16.8（c）所示，尾水淹没了收缩断面，形成淹没式水跃衔接。

以上三种衔接形式都能通过水跃消能，但对应于临界式水跃衔接时，只要水流稍有变化，水跃位置即会改变，因此这种衔接形式是不稳定的。对于远驱式水跃衔接，下游有相当长一段水流为急流，流速高，对河床冲刷能力强，故要求保护的范围很长而不经济。淹没式水跃衔接在淹没度较大时，消能效率较低，水跃段长度也增大些；而当淹没度适中时，产生的水跃稳定，保护范围较短，且消能效率较高。因此，底流消能的水力计算应首先判定水跃发生的位置，然后确定必要的工程措施。

工程中，一般用 h_t 与 h_c'' 之比表示水跃的淹没程度，该比值称为水跃淹没系数，用 σ_j 表示，即

$$\sigma_j = \frac{h_t}{h_c''}$$

当 $\sigma_j > 1$ 时为淹没水跃。σ_j 越大表明水跃的淹没程度越大。当 $\sigma_j = 1$ 时，为临界水跃。当 $\sigma_j < 1$ 时，为远驱式水跃。临界水跃及远驱式水跃都是非淹没水跃，称为自由水跃。工程上，当下游水深不足，无法形成淹没水跃时，必须设法加大下游水深，使之形成具有一定淹没程度（$\sigma_j = 1.05 \sim 1.10$）的水跃。主要有以下三种方法来加大下游水深。

（1）降低护坦高程，在建筑物下游形成挖深式消力池。

（2）在护坦末端设置消力坎抬高水位，在坎前形成坎式消力池。

（3）将上述两种方法结合在一起，既降低护坦高程又修建消力坎，形成综合式消力池。

因此，底流消能的水力计算即是消力池的水力计算。下面分别讨论挖深式消力池和坎式消力池的水力计算方法，综合式消力池仅做简要介绍。

16.3.1 挖深式消力池的水力计算

1. 消力池深度 d 的计算

如图 16.9 所示，修建消力池前，收缩断面的位置在 c—c 处，发生远驱式水跃，需要将下游河床挖深一定的深度形成消力池，目的是加大下游水深。护坦高程降低一个 d 值后，收缩断面的位置由 c—c 下移至 c_1—c_1 处，收缩断面水深相应由 h_c 变成 h_{c1}，E_0 增加为 $E_0' = E_0 + d$。

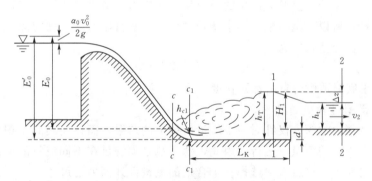

图 16.9 挖深式消力池

消力池的水深应稍大于 h_{c1} 的共轭水深，即满足下式

$$h_T = \sigma_j h_{c1}'' \qquad (16.11)$$

式中　σ_j——水跃的淹没系数，一般取 $\sigma_j = 1.05$；

　　　h_{c1}''——护坦高程降低后收缩断面水深 h_{c1} 的跃后水深。

对河道采取挖深 d 形成挖深式消力池后，出池水流和宽顶堰上的流动相似，水面具有一定的跌落 Δz，池末水深实际上比下游水深大了 $d + \Delta z$，即

$$h_T = h_t + d + \Delta z \qquad (16.12)$$

Δz 可由池末断面及下游断面列能量方程来确定。对消力池出口上游断面 1—1 及下游断面 2—2 列出能量方程，以通过断面 2—2 底部的水平面作基准面，得

$$H_1 + \frac{\alpha_1 v_1^2}{2g} = h_t + \frac{\alpha_2 v_2^2}{2g} + \zeta \frac{v_2^2}{2g}$$

可整理成

$$\Delta z = H_1 - h_t = \frac{(\alpha_2 + \zeta)v_2^2}{2g} - \frac{\alpha_1 v_1^2}{2g}$$

令 $\alpha_1 = 1$；并以 $v_2 = \frac{q}{h_t}$、$v_1 = \frac{q}{\sigma_j h_{c1}''}$ 及 $\varphi' = \frac{1}{\sqrt{\alpha_2 + \zeta}}$ 代入上式，则得

$$\Delta z = \frac{q^2}{2g}\left[\frac{1}{(\varphi' h_t)^2} - \frac{1}{(\sigma_j h_{c1}'')^2}\right] \tag{16.13}$$

式中　φ'——消力池的流速系数，它决定于消力池出口处的顶部形式，一般取 $\varphi' = 0.95$。

将式（16.11）代入式（16.12），则消力池深度 d 的计算公式为

$$d = \sigma_j h_{c1}'' - (h_t + \Delta z) \tag{16.14}$$

若将式（16.14）中的 Δz 忽略，以原河床高程计算收缩断面水深，可得到粗略估算池深的公式

$$d = \sigma_j h_{c1}'' - h_t \tag{16.15}$$

当 E_0、q 及 φ 已知时，即可利用式（16.5）、式（16.10）及式（16.13）、式（16.14）四个方程联合求解消力池深度 d。但 d 与 h_{c1}'' 之间是一个复杂的隐函数关系，故求解 d 时常用试算法或图解法。具体的计算步骤见例 16.2。

2. 消力池长度 L_K 的计算

消力池的作用是将水跃稳定在池内，按道理其长度应与水跃长度相当，但消力池内的水跃受到消力池末端的垂直壁面产生的一个反向作用力，减小了水跃长度，池内实际上产生的是强迫水跃。所以，消力池内的水跃长度仅为平底自由水跃长度的 70%～80%。

由此可得，消力池长度为

$$L_K = (0.7 \sim 0.8)L_j \tag{16.16}$$

式中　L_j——平底渠道中的自由水跃长度。

3. 消力池设计流量的选择

前面计算的消力池深度仅针对一个流量所得出的结果，而任何实际工程的泄水建筑物都不可能在一个固定的流量下运行。因此，消力池必须满足在不同流量的情况下池中都能产生淹没水跃的要求，这就必须选择一个合适的流量设计消力池尺寸。

对池深计算方面，从简化公式（16.15）可以看出，池深 d 是 $(h_c'' - h_t)$ 的函数，所以 d 的最大值是在 $(h_c'' - h_t)$ 最大时的流量下求得的，此流量即为池深的设计流量。经验表明，使池深 d 达到最大的流量并不一定是通过建筑物的最大流量。具体计算时，对给定流量范围内的不同流量计算修建消力池前的收缩断面水深 h_c 及其共轭水深 h_c''，找出 $(h_c'' - h_t)$ 为最大值时的相应流量，即为消力池深 d 的设计流量。

对池长计算方面，前面已经阐述了其长度取决于水跃长度。由水跃特性得知，水跃长度与流量成正比。因此，应以通过建筑物的最大流量作为消力池长度的设计流量。具体计算步骤见例 16.2。

【例 16.2】　某溢流坝的堰顶部设闸门控制流量（图 16.10）。坝顶水头 $H = 3m$，由闸门调节开度使过堰单宽流量 q 的变化值为 $4m^3/(s \cdot m)$、$6m^3/(s \cdot m)$、$8m^3/(s \cdot m)$、$10m^3/(s \cdot m)$，相应的下游水深 h_t 为 2.35m、3.05m、3.5m、4.1m。已知坝高 P_1 及 P_2 均为 10m，试判别坝下游水跃的衔接形式；若需设置消力池时，计算挖深式消力池的深度及长度。

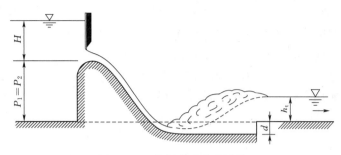

图 16.10 挖深式消力池计算

解：（1）判别坝下游水跃的衔接形式。

$\dfrac{P_1}{H}=\dfrac{10}{3}=3.33>1.33$，故可不计行近流速，取 $H_0=H=3\text{m}$。

则
$$E_0=P_2+H=10+3=13\ \text{（m）}$$

由表 16.1 可知，对图 16.10 的溢流坝，可取 $\varphi=0.90$。

由式（16.5）及式（16.10）用试算法计算各级流量下的收缩断面水深 h_c 及共轭水深 h''_c。计算结果见表 16.2。可以看出，在题中所给的 4 个流量范围内，h''_c 均大于 h_t，故下游产生远驱式水跃衔接。为使下游产生淹没式水跃衔接，需要修建消力池。为此设计挖深式消力池。

表 16.2   **设 计 流 量 的 选 择**

$q/[\text{m}^3/(\text{s}\cdot\text{m})]$	h_c/m	h''_c/m	h_t/m	h''_c-h_t/m
4	0.28	3.28	2.35	0.93
6	0.42	3.98	3.05	0.93
8	0.56	4.56	3.50	1.06
10	0.70	5.06	4.10	0.96

（2）消力池深度的计算。

根据表 16.2 可以求出 (h''_c-h_t) 最大时 $q=8\text{m}^3/(\text{s}\cdot\text{m})$。故消力池深度的设计流量为 $q_d=8\text{m}^3/(\text{s}\cdot\text{m})$。

首先，令 $\Delta z=0$，按近似公式（16.15）初步估算池深 d_0
$$d_0=\sigma_j h''_c-h_t=1.05\times4.56-3.50=1.29\ \text{（m）}$$

初设 $d_0=1.29\text{m}$，则挖深 d_0 后的总比能为
$$E'_0=E_0+d_0=13+1.29=14.29\ \text{（m）}$$

再用试算法计算挖深 d_0 后的收缩断面水深 h_{c0}，然后计算共轭水深 h''_{c0}，得
$$h''_{c0}=4.65\text{m}$$

下一步按式（16.13）计算 Δz_0（取消力池流速系数 $\varphi'=0.95$）：
$$\Delta z_0=\frac{q^2}{2g}\left[\frac{1}{(\varphi' h_t)^2}-\frac{1}{(\sigma_j h''_{c0})^2}\right]$$
$$=\frac{8^2}{2\times9.8}\times\left[\frac{1}{(0.95\times3.5)^2}-\frac{1}{(1.05\times4.65)^2}\right]=0.16\ \text{（m）}$$

将 $\Delta z_0=0.16\text{m}$ 代入式（16.14）计算池深 d_1

$$d_1 = \sigma_j h''_{c1} - (h_t + \Delta z) = 1.05 \times 4.65 - (3.5 + 0.16) = 1.22 \ (\text{m})$$

计算结果 $d_1 = 1.22$m 小于前设的 $d_0 = 1.29$m。

又设 $d_1 = 1.22$m，则

$$E'_1 = E_0 + d_1 = 13 + 1.22 = 14.22 \ (\text{m})$$

重新试算收缩断面水深 h_{c1} 及其共轭水深 h''_{c1}，得

$$h''_{c1} = 4.65\text{m}$$

计算 Δz_1

$$\Delta z_1 = \frac{8^2}{2 \times 9.8} \times \left[\frac{1}{(0.95 \times 3.5)^2} - \frac{1}{(1.05 \times 4.65)^2} \right] = 0.16 \ (\text{m})$$

计算 d_2

$$d_2 = 1.05 \times 4.65 - (3.5 + 0.16) = 1.22 \ (\text{m})$$

计算结果与假设相符合，故所求池深 $d = 1.22$m。

（3）消力池长度 L_K 的计算。

消力池长度的设计流量为最大流量，此题中 $q_d = q_{max} = 10\text{m}^3/(\text{s} \cdot \text{m})$。

前面已经算出，相应于 $q = 10\text{m}^3/(\text{s} \cdot \text{m})$ 时，$h_c = 0.70$m，$h''_c = 5.06$m。

池长按式（16.16）计算

$$L_K = (0.7 \sim 0.8) L_j$$

其中，水跃长度 $L_j = 6.9(h''_c - h_c) = 6.9 \times (5.06 - 0.70) = 30.08 \ (\text{m})$

所以消力池长度 $L_K = (0.7 \sim 0.8) \times 30.08 = 21.06 \sim 24.06 \ (\text{m})$

在计算的数值范围内取 $L_K = 23$m。

在实际工程中，不管是池深还是池长，其取值都是满足一定范围即可。因此，工程技术人员常常将其数值取整数或较为容易记忆的数值，如上例中，池长取 23m，池深可取 1.25m。

16.3.2 坎式消力池的水力计算

加大下游水深的第二种工程措施是在护坦末端修建消力坎来壅高水位，使坎前形成消能池，适用于河床不易开挖或开挖太深不经济的情况。这种坎式消力池水力计算的主要内容包括确定坎高 c 及池长 L_K，池长 L_K 与挖深式消力池相同。下面介绍坎高 c 的计算方法，如图 16.11 所示。

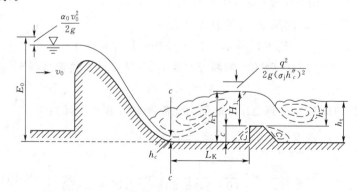

图 16.11 坎式消力池

与挖深式消力池类似，坎前水深应满足下式

$$h_T = \sigma_j h_c''$$

从几何关系可以看出

$$c = h_T - H_1$$

式中　　c——坎高；

　　　　H_1——坎顶水头。

代入 $h_T = \sigma_j h_c''$，则计算坎高的公式为

$$c = \sigma_j h_c'' - H_1 \tag{16.17}$$

水流经坎顶流入下游时属于堰流，坎顶水头可用堰流公式计算

$$q = \sigma_s m_1 \sqrt{2g} H_{10}^{3/2}$$

则

$$H_1 = H_{10} - \frac{v_1^2}{2g} = \left(\frac{q}{\sigma_s m_1 \sqrt{2g}}\right)^{2/3} - \frac{q^2}{2g(\sigma_j h_c'')^2} \tag{16.18}$$

式中　　m_1——消力坎的流量系数，与坎的形状及池内水流状态有关。

因坎附近的流态较为复杂，目前尚无系统研究资料，初步计算时可取 $m_1 = 0.42$。σ_s 为消力坎的淹没系数，与淹没度有关，即

$$\sigma_s = f\left(\frac{h_t - c}{H_{10}}\right) = f\left(\frac{h_s}{H_{10}}\right)$$

研究表明，当 $h_s/H_{10} \leqslant 0.45$ 时，消力坎为自由出流，淹没系数 $\sigma_s = 1.0$；当 $h_s/H_{10} > 0.45$ 时，消力坎为淹没出流，淹没系数小于 1.0，其数值可按表 16.3 选用。因为坎高未定，淹没条件也不能确定。

表 16.3　　　　　　　　　　　消力坎的淹没系数 σ_s

h_s/H_{10}	$\leqslant 0.45$	0.50	0.55	0.60	0.65	0.70	0.72	0.74	0.76	0.78
σ_s	1.00	0.990	0.985	0.975	0.960	0.940	0.930	0.915	0.900	0.885
h_s/H_{10}	0.80	0.82	0.84	0.86	0.88	0.90	0.92	0.95	1.00	
σ_s	0.865	0.845	0.815	0.785	0.750	0.710	0.651	0.535	0.000	

与挖深式消力池计算有所不同，当设计流量确定后，收缩断面水深只需试算一次。由 q、E_0 算出 h_c'' 后即可由式（16.17）、式（16.18）计算消力坎的高度，具体计算时，可先按非淹没堰流考虑，计算出 c 值后再进行校核。如果为淹没堰流，由于消力坎的淹没系数 σ_s 与未知的坎高 c 有关，仍需用试算法进行计算。可先设定 c 值，利用上述各式计算 H_1、H_{10}，由表 16.3 查得 σ_s，校核 σ_s 值，直至和给定值符合为止。实用上也常用事先绘制好的各种辅助图表，以简化计算。

如果设计的建筑物在不同的流量之间运用时，应在该流量范围内选定几个 q 值，分别计算坎高 c，然后取 c 的最大值作设计值。

最后需要注意的是，当消力坎为非淹没堰流时，则应校核坎后的水流衔接情况，因为坎后有可能发生远驱式水跃衔接，那样就必须设置第二道消力坎或采取其他消能措施。

【例 16.3】 设一溢流坝，过坝单宽流量 q 为 $8\text{m}^3/(\text{s}\cdot\text{m})$，经计算得出坝趾收缩断面水深为 $h_c=0.8\text{m}$，其共轭水深为 $h_c''=3.66\text{m}$。取消力坎的流量系数 $m_1=0.42$，消力池流速系数 $\varphi'=0.9$。当下游水深 h_t 为 3.30m 时，试设计一坎式消力池。

解：由于 $h_c''=3.66\text{m}>h_t=3.30\text{m}$，故坝下游产生远驱式水跃衔接，因此需要修建消力池。

坎高 c 的计算与坎顶流态有关，而事先不能确定坎是否为淹没出流，故先假定消力坎为自由出流，此时 $\sigma_s=1$，消力坎顶水头 H_{10} 为

$$H_{10}=\left(\frac{q}{\sigma_s m_1\sqrt{2g}}\right)^{2/3}=\left(\frac{8}{1\times0.42\times4.43}\right)^{2/3}=2.64\ (\text{m})$$

则

$$H_1=H_{10}-\frac{q^2}{2g(\sigma_j h_c'')^2}=2.64-\frac{8^2}{2\times9.8\times(1.05\times3.66)^2}=2.42\ (\text{m})$$

将 H_1 代入式（16.17）得

$$c=\sigma_j h_c''-H_1=1.05\times3.67-2.42=1.43\ (\text{m})$$

由于事先假定坎为自由出流，计算得坎高值，实际情况未必如此，故必须校核坎后的衔接形式，以确定前面的计算是否合理。因为

$$E_{01}=c+H_{10}=1.43+2.64=4.07\ (\text{m})$$

经试算得坎后的收缩断面水深及其共轭水深为

$$h_{c1}=1.18\text{m}$$

$$h_{c1}''=2.79\text{m}$$

因为 $h_{c1}''=2.79\text{m}<h_t=3.30\text{m}$，故坎后为淹没式水跃衔接。

淹没度

$$\frac{h_s}{H_{10}}=\frac{h_t-c}{H_{10}}=\frac{3.30-1.43}{2.64}=0.71>0.45$$

由此可知 $\sigma_s<1$，与原假设不符，故消力坎高度必须按淹没堰流重新计算。

由 $h_s/H_{10}=0.71$，查表 16.3 可得 $\sigma_s=0.935$（线性插值），重新计算消力坎顶水头 H_{10} 为

$$H_{10}=\left(\frac{q}{\sigma_s m_1\sqrt{2g}}\right)^{2/3}=\left(\frac{8}{0.935\times0.42\times4.43}\right)^{2/3}=2.77\ (\text{m})$$

则

$$H_1=H_{10}-\frac{q^2}{2g(\sigma_j h_c'')^2}=2.77-\frac{8^2}{2\times9.8\times(1.05\times3.66)^2}=2.55\ (\text{m})$$

$$c=\sigma_j h_c''-H_1=1.05\times3.66-2.55=1.29\ (\text{m})$$

校核坎后的淹没系数

淹没度 $\dfrac{h_s}{H_{10}}=\dfrac{h_t-c}{H_{10}}=\dfrac{3.30-1.29}{2.77}=0.73$，修正淹没系数 $\sigma_s=0.9225$（线性插值），重新计算

$$H_{10}=\left(\frac{q}{\sigma_s m_1\sqrt{2g}}\right)^{2/3}=\left(\frac{8}{0.9225\times0.42\times4.43}\right)^{2/3}=2.79\ (\text{m})$$

则

$$H_1=H_{10}-\frac{q^2}{2g(\sigma_j h_c'')^2}=2.79-\frac{8^2}{2\times9.8\times(1.05\times3.66)^2}=2.57\ (\text{m})$$

$$c = \sigma_j h_c'' - H_1 = 1.05 \times 3.66 - 2.57 = 1.27 \text{ (m)}$$

校核坎后的淹没系数

淹没度 $\dfrac{h_s}{H_{10}} = \dfrac{h_t - c}{H_{10}} = \dfrac{3.30 - 1.27}{2.79} = 0.73$，与假设相符，所以消力坎高度 $c = 1.27\text{m}$。

坎式消力池长度与挖深式消力池的计算方法相同，也用式（16.16）计算

$$L_K = (0.7 \sim 0.8) L_j$$

而

$$L_j = 6.9 \times (3.66 - 0.8) = 19.73 \text{ (m)}$$

所以 $L_K = (0.7 \sim 0.8) \times 19.73 = 13.81 \sim 15.78$ （m）。

取 $L_K = 15\text{m}$。

在求解初始消力坎高度时假设坎后为自由出流，所求得的初始坎高事实上是消力坎的上限高度，如果验算得到坎后为自由出流，则其值就是所要求的坎高。如果坎后为淹没出流，则为了弥补由于淹没作用造成的出流能力下降，必须降低消力坎高度，通过减小其对过流的阻碍作用来抵消淹没出流的影响。与挖深式消力池一样，在工程中，池长和坎高常取整数或容易记忆的数值，如上例中，池长取 15m，坎高可取 1.30m。

16.3.3 综合式消力池

如果单纯建挖深式消力池，有时可能开挖量太大；单纯修建坎式消力池，坎又可能太高，且坎后容易形成远驱式水跃衔接，需要建二级甚至三级坎。因此，这两种方式各有缺点，单独采用一种方式消能会不经济。这时，可以考虑将挖深式和坎式消力池综合起来，即适当降低护坦高程，同时修建不太高的消力坎，这种形式的消力池称为综合式消力池（图 16.12）。

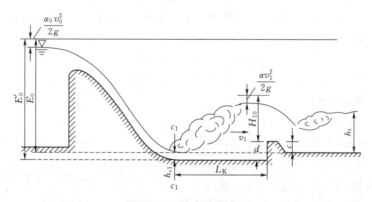

图 16.12 综合式消力池

综合式消力池的水力计算与前述两种消力池类似，其原则是先使消力池中和坎后均产生临界水跃，在此条件下求出坎高 c。然后，稍许降低坎高值，坎后即可形成淹没水跃。再根据这个坎高值和已求得的坎前水头 H_1，即可按挖深式池的计算方法算出保证池中产生淹没水跃时所需的池深。详细的计算步骤可参考有关的水力学书籍。

16.3.4 辅助消能工

为了改善消力池的消能消果，提高消能效率，常在池中设置辅助消能工。下面列举几种常见的消能工（图 16.13）。

（1）趾墩。布置在消力池入口，它的作用是分散入池水流，加剧紊动、掺混作用来提

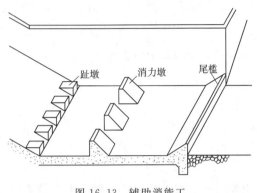

图 16.13　辅助消能工

高消能效率。同时也有增大入池水深（收缩断面水深）的作用，可以降低对共轭水深的要求，减小池深。

（2）消力墩。布置在消力池的护坦（底板）上，它的作用是增强对池内水流的扰动以增加消能效率。从水跃方程的角度分析，消力墩消除部分能量，从而降低了共轭水深 h''_c，因而可减小消力池的深度及长度。

（3）尾槛。布置在消力池出口，它的作用是把池末流速较大的底部水流挑起，改变出池水流的流速分布，以减轻对下游的冲刷。

这些辅助消能工可以根据具体情况单独采用或联合采用，一般能起到缩短消力池长度，减少挖深量和改善流速分布的作用。但当流速较高，如坝趾附近流速大于 16m/s 时，设在护坦前面的消能工容易发生空蚀；同时，有漂浮物（如漂木、漂冰等）及推移质的河道，辅助消能工常遭撞击破坏。对于重要工程，消能方案应通过模型试验确定。

16.3.5　护坦下游的河床保护

经消力池消能后的出池水流，因为底部流速较大，并有很高的紊动强度，对河床仍具有较大的冲刷能力。所以消力池以下的河床除岩质较好的能足以抵抗冲刷者以外，一般需要设置比较简易的河床保护段，即海漫。为了使出池水流的紊动衰减过程加快，在尽可能短的距离内恢复到正常流速分布，海漫常用粗石料或表面凹凸不平的混凝土块铺砌而成。海漫长度 L_P 可按下式估算

$$L_P = (0.65 \sim 0.80)L_{jj} \tag{16.19}$$

其中

$$L_{jj} = (2.5 \sim 3.0)L_j$$

式中　　L_j——水跃长度。

则　　　$L_P = (1.63 \sim 2.40)L_j$　(16.20)

此外，离开海漫的水流还具有一定的冲刷能力，往往在海漫末端形成冲刷坑。为保护海漫的基础不遭破坏，海漫后常做成比冲刷坑略深的齿槽或防冲槽（图 16.14）。冲刷坑计算可参阅有关文献。

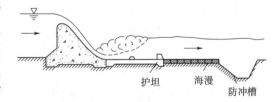

护坦　　海漫　　防冲槽

图 16.14　护坦下游的河床保护

16.4　挑流消能的水力计算

挑流消能是在泄水建筑物的末端采用鼻坎将急流挑入空中，然后落入离建筑物较远的地方与下游水流相衔接的消能方式。这种消能方式的优点是可以节约下游护坦，结构简单，便于施工和维修；缺点是雾化和尾水波动较大。挑流消能与底流消能相比较，工程费

用节省很多,因此是高中水头泄水建筑物采用较多的一种消能方式。

在挑流衔接过程中,能量的消除主要有两个过程:一是空中消能:射流被抛入空中,并逐渐扩散,与空气接触面积越来越大,在空气阻力及紊动的作用下,发生摩擦,掺气及分散,消除一部分动能;二是水垫消能:水舌下落后与下游水体发生碰撞,在主流两侧形成两个巨大的旋滚,主流与旋滚之间发生强烈的动量交换及剪切作用,从而消耗大量余能。一般来说,两者中以水垫消能占主要部分。

挑流消能水力计算的主要内容如下:

(1)计算下泄水流的挑流射程。

(2)估算下游冲刷坑深度。

(3)按已知的水力条件选定适宜的挑坎型式,确定挑坎的高程、反弧半径和挑射角。

16.4.1 挑流射程的计算

挑流射程是指挑坎末端至冲刷坑最深点间的水平距离。取挑坎出口断面1—1中点为坐标原点,由图16.15可以看出

$$L = L_0 + L_1 - L'$$

式中 L_0——断面1—1中心点到水舌轴线与下游水面交点间的水平距离;

L_1——水舌轴线与下游水面交点到冲刷坑最深点间的水平距离;

L'——挑坎出口断面1—1中心点到挑坎下游端的水平距离,一般很小,可略去不计。

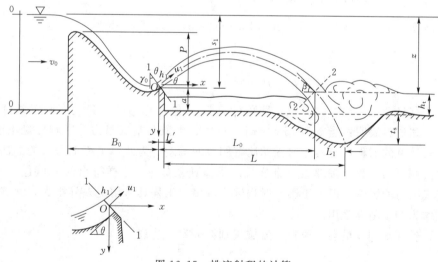

图 16.15 挑流射程的计算

故挑流射程

$$L \approx L_0 + L_1 \tag{16.21}$$

1. 射程 L_0 的计算

仅讨论挑坎为较简单而最常用的平滑连续坎的情况。此时,沿整个挑流坎宽度上具有同一反弧半径和挑射角。同时假定水股在离坎的射流断面上流速分布均匀,流速的方向与挑射角的一致,并且忽略掺气、扩散与空气阻力等影响,这样就可按计算质点自由抛射体轨迹的方法估算射程

439

$$x = \frac{v_1^2 \sin\theta\cos\theta}{g}\left(1 + \sqrt{1 + \frac{2gy}{v_1^2 \sin^2\theta}}\right) \tag{16.22}$$

式中　θ——挑射角；

v_1——断面 1—1 的平均流速。

当水股跌落至下游水面处时，$x = L_0$，$y = z - s_1 + \dfrac{h_1}{2}\cos\theta$，代入上式得

$$L_0 = \frac{v_1^2 \sin\theta\cos\theta}{g}\left[1 + \sqrt{1 + \frac{2g\left(z - s_1 + \dfrac{h_1}{2}\cos\theta\right)}{v_1^2 \sin^2\theta}}\right] \tag{16.23}$$

式中　z——上下游水位差；

s_1——上游水面至挑坎顶部的高差；

h_1——断面 1—1 的水深。

对上游断面 0—0 和断面 1—1 列能量方程，整理后得

$$v_1 = \varphi \sqrt{2g(s_1 - h_1\cos\theta)} \tag{16.24}$$

式中　φ——坝面流速系数，它与坝上游至断面 1—1 间的能量损失有关。

将式（16.24）代入式（16.23），则

$$L_0 = \varphi^2 \sin2\theta(s_1 - h_1\cos\theta)\left[1 + \sqrt{1 + \frac{z - s_1 + \dfrac{h_1}{2}\cos\theta}{\varphi^2 \sin^2\theta(s_1 - h_1\cos\theta)}}\right] \tag{16.25}$$

对于高坝 $s_1 \gg h_1$，略去 h_1 后，式（16.26）及式（16.25）变为

$$v_1 = \varphi \sqrt{2gs_1} \tag{16.26}$$

$$L_0 = \varphi^2 s_1 \sin2\theta\left(1 + \sqrt{1 + \frac{z - s_1}{\varphi^2 s_1 \sin^2\theta}}\right) \tag{16.27}$$

应用式（16.25）或式（16.27）即可计算 L_0，但计算的结果只是在假定条件下的理想射程。一些资料表明：当 $v_1 > 15\text{m/s}$ 时，掺气、扩散与空气阻力等影响已经不能忽略，按上述公式计算的射程，与实际射程相比有明显的偏差。为此，工程上采取的办法是根据对原型挑流测得的射程，按理想射流公式反求流速系数 φ，这样得出的 φ 值包含了扩散、掺气及空气阻力的影响。但由于影响射程因素较多，工程具体情况差异很大，上述处理方法仍只能作为初步估算之用。

例如，长江水利委员会（原长江流域规划办公室）建议

$$\varphi = \sqrt[3]{1 - \frac{0.055}{K_E^{0.5}}} \tag{16.28}$$

其中

$$K_E = \frac{q}{\sqrt{g}s_1^{1.5}}$$

式中　K_E——流能比，适用于 $K_E = 0.004 \sim 0.15$ 的范围内，对于 $K_E > 0.15$，可取 $\varphi = 0.95$。

松辽委科研所（原水电部东北勘测设计院科研所）得出的公式为

$$\varphi = 1 - \frac{0.0077}{\left(\dfrac{q^{2/3}}{S_0}\right)^{1.15}} \tag{16.29}$$

式中　　q——单宽流量；

　　　　S_0——坝面流程，可近似按 $S_0=\sqrt{P^2+B_0^2}$ 计算，P 为挑坎顶部以上的坝高；

　　　　B_0——溢流面的水平投影长度。

　　式（16.29）的应用范围是：$\dfrac{q^{2/3}}{S_0}=0.025\sim0.25$；当 $\dfrac{q^{2/3}}{S_0}>0.25$ 时，$\varphi=0.95$。必须指出，式（16.29）量纲是不和谐的。

　　2. 水下射程 L_1

　　水股进入下游水体后，其运动属于淹没射流，理论上不能再按自由抛射的关系式计算 L_1。但可近似认为水舌沿入水角 β 的方向直线前进，即

$$L_1=\frac{t_s+h_t}{\tan\beta} \tag{16.30}$$

式中　　t_s——冲刷坑的深度。

　　对式（16.22）求一阶导数可求出入水角 β，整理后得

$$\frac{\mathrm{d}y}{\mathrm{d}x}=\frac{gx}{u^2\cos^2\theta}-\tan\theta$$

　　在水舌入水处 $x=L_0$，$\dfrac{\mathrm{d}y}{\mathrm{d}x}=\tan\beta$。将式（16.25）中的 L_0 代入，整理后变为

$$\tan\beta=\frac{\mathrm{d}y}{\mathrm{d}x}=\sqrt{\tan^2\theta+\frac{z-s_1+\dfrac{h_1}{2}\cos\theta}{\varphi^2(s_1-h_1\cos\theta)\cos^2\theta}} \tag{16.31}$$

略去 h_1 后得

$$\tan\beta=\sqrt{\tan^2\theta+\frac{z-s_1}{\varphi^2 s_1\cos^2\theta}} \tag{16.32}$$

也常用做

$$\cos\beta=\sqrt{\frac{\varphi^2 s_1}{\varphi^2 s_1+z-s_1}}\cos\theta \tag{16.33}$$

则得水下射程的计算公式为

$$L_1=\frac{t_s+h_t}{\sqrt{\tan^2\theta+\dfrac{z-s_1+\dfrac{h_1}{2}\cos\theta}{\varphi^2(s_1-h_1\cos\theta)\cos^2\theta}}} \tag{16.34}$$

略去 h_1 后的计算公式为

$$L_1=\frac{t_s+h_t}{\sqrt{\tan^2\theta+\dfrac{z-s_1}{\varphi^2 s_1\cos^2\theta}}} \tag{16.35}$$

　　将式（16.25）及式（16.34）代入式（16.21），即可求出挑流射程 $L=L_0+L_1$

$$=\varphi^2\sin2\theta(s_1-h_1\cos\theta)\left[1+\sqrt{1+\frac{z-s_1+\dfrac{h_1}{2}\cos\theta}{\varphi^2\sin^2\theta(s_1-h_1\cos\theta)}}+\frac{t_s+h_t}{\sqrt{\tan^2\theta+\dfrac{z-s_1+\dfrac{h_1}{2}\cos\theta}{\varphi^2(s_1-h_1\cos\theta)\cos^2\theta}}}\right]$$

$$\tag{16.36}$$

略去 h_1 后得

$$L = \varphi^2 s_1 \sin2\theta \left(1 + \sqrt{1 + \frac{z - s_1}{\varphi^2 s_1 \sin^2\theta}}\right) + \frac{t_s + h_t}{\sqrt{\tan^2\theta + \frac{z - s_1}{\varphi^2 s_1 \cos^2\theta}}} \qquad (16.37)$$

需要指出的是，据观察得知，由于两侧旋滚的作用，射流方向和直线是有偏差的，这样算得的水下射程 L_1 值是偏大的。有人主张仍按自由抛射的关系式算至坑底，即在式 (16.22) 中令 $y = z - s_1 + \frac{h_1}{2}\cos\theta + t_s + h_t$，计算的 L 值认为较接近于实测值，这个问题还没有满意解决。

16.4.2　冲刷坑深度的估算

在挑流消能过程中约有 $60\% \sim 80\%$ 的能量需要在下游水体中消除，因而下游冲刷坑的估算是挑流消能工水力计算的主要问题之一。冲刷坑的深度决定于水流的冲刷能力与河床的抗冲能力两个方面。当入水水股的冲刷能力大于河床抗冲能力时，河床即被破坏而形成冲刷坑。随着冲刷坑的加深，水股入水后的扩散范围增大，水流动能逐渐减小，冲刷能力也逐渐减弱，当水股的冲刷能力与河床的抗冲能力达到平衡时，冲刷坑不再加深，基本上达到稳定。

水股的冲刷能力主要与挑流坎的单宽流量、上下游水位差、下游水深的大小以及水股在空中分散、掺气的程度和入水角有关。而河床的抗冲能力则与河床的组成、河床的地质条件有关。对于岩石河床，抗冲能力主要取决于岩基节理的发育程度、地层的产状和胶结的性质等因素；对于砂、卵石河床，其抗冲能力与散粒体的大小、级配和容重有关。影响因素的多样性和地质条件的复杂性使得通过理论推导出冲刷坑深度计算公式目前尚不可能，只能用经验公式来估算，又因试验的条件不同，各经验公式计算的结果差别也很大。

1. 岩石河床冲刷坑深度的经验公式

对于岩石河床，计算冲刷坑深度的经验公式为

$$t_s = k_s q^{0.5} z^{0.25} - h_t \qquad (16.38)$$

式中　t_s——冲刷坑深度；

　　z——上下游水位差；

　　h_t——冲刷坑后的下游水深；

　　q——单宽流量，对各溢流孔闸门同步开启，边墙不扩散的挑坎，q 可采用挑坎上的单宽流量，对边墙扩散的挑坎，应采用水舌落入下游水面时的单宽流量；

　　k_s——包括岩石性质和 q、z 以外的各种因素影响的一个综合的冲刷系数，陈椿庭建议，对于溢流高坝，采用 $k_s = 1.25$，根据实际工程的原型观测资料，系数 k_s 不应为一常数，而与河底地质条件有关。

原水电部东北勘测设计院建议将岩基按其构造情况分为Ⅰ类、Ⅱ类、Ⅲ类、Ⅳ类，各类岩基的特征及相应的系数 k_s 值，列于表 16.4。

表 16.4 岩基构造特性及系数 k_s 值

岩基构造特性描述	岩基类型	k_s 值
节理很发育，裂隙很杂乱，岩石成碎块状，裂隙内部分为黏土充填。包括松软结构，松散结构和破碎带	IV	1.5~2.0
节理较发育，岩石成块状，部分裂隙为黏土充填	III	1.2~1.5
节理发育，岩石成大块状，裂隙密闭，少有充填	II	0.9~1.2
节理不发育，多为密闭状，延展不长，岩石呈巨块状	I	<1.0

由于式（16.38）比较简单，并且如果 k_s 值选择适当，较能符合实际情况，故得到广泛应用。

国内对估算岩石冲刷坑深度的另一个关系式为

$$t_s = k_\beta \frac{\varphi_a^{1/4}}{\sigma^{1/9}} \frac{q^{3/4} H^{1/8}}{k_r} - h_t \tag{16.39}$$

式中 k_β——反映入水倾角影响的系数，建议可用表 16.5 的数值。

表 16.5 射流冲刷的入水倾角系数 k_β 值

射流入水倾角 β	20°	30°	40°	50°	60°	70°	80°	90°
系数 k_β	0.95	1.28	1.35	1.43	1.50	1.57	1.65	1.72

φ_a 代表空中能量损失的流量系数，初步估计 φ_a 可用 0.95；σ 为射流入水断面分散度，可根据射流在空中扩散的情况估计，对连续式平滑鼻坎，σ 值为 2~5，差动式鼻坎则可能加倍。k_r 为河床的抗冲系数，须根据岩石的性质确定，将岩石按构造节理情况、岩块间的胶结咬合情况和岩石强度等几个方面分类，各类的抗冲系数 k_r 值见表 16.6。

表 16.6 各类岩石河床的抗冲系数 k_r 值

分类	河 床 岩 石 性 质	k_r 值	
		范围	平均
IV	岩性软弱、节理很发育、胶结很差、位于断层破碎带区域	0.85~1.1	1.05
III	岩性强度虽较好，但节理裂隙较密，胶结较差、或夹有软弱层	1.3~1.7	1.5
II	岩性坚硬、有中等程度的节理、胶结较好	1.8~2.05	1.9
I	岩性致密坚硬，节理裂隙少的较完整的岩层	>2.1	

同时，对于一般连续式鼻坎挑流，如挑角 $\beta = 30° \sim 50°$，式（16.39）可简化为

$$t_s = 1.2 \frac{q^{3/4} H^{1/8}}{k_r} - h_t \tag{16.40}$$

k_r 采用各类岩石的平均值，已可满足初步估算之用。

上述估算式依据的资料范围：$q = 3.25 \sim 180 \text{m}^3/(\text{s} \cdot \text{m})$，落差 $z = 4.7 \sim 92.3\text{m}$。

2. 砂卵石河床冲刷坑深度的经验

对于砂卵石河床，计算冲刷坑深度的经验公式为

$$t_s = 2.4q \left(\frac{\eta}{\omega} - \frac{2.5}{v_i} \right) \frac{\sin\beta}{1 - 0.175\cot\beta} - 0.75h_t \tag{16.41}$$

其中
$$v_i = \varphi \sqrt{2gz} \tag{16.42}$$

$$\omega = \sqrt{\frac{2(\gamma_\delta - \gamma_0)d_{90}}{1.75\gamma_0}} \tag{16.43}$$

式中　η——反映流速脉动的系数，可取 $1.5\sim2.0$；

$\quad\quad v_i$——水股进入下游水面的流速，m/s；

$\quad\quad \beta$——水舌的入水角，可按式（16.33）计算；

$\quad\quad \omega$——河床颗粒的水力粗度，m/s；

$\quad\quad \gamma_\delta$——河床颗粒的容重；

$\quad\quad \gamma_0$——冲刷坑内掺气水流的容重；

$\quad\quad d_{90}$——河床颗粒级配曲线上，粒径小于它的颗粒重量占 90％ 的粒径。

冲刷坑并不一定会危及建筑物的安全，一般认为，当冲刷坑上游侧与挑坎末端的距离大于 5 倍（有人认为大于 2.5 倍）冲刷坑深度时，建筑物的安全就能得到保证。此外还应全面考虑河床基岩节理裂隙、层面发育情况等相关因素的影响。

16.4.3　挑坎形式及尺寸的选择

选择适宜的挑坎形式是挑流消能的关键。随着高坝的迅速发展，挑流消能技术进步很快，出现了多种多样的挑流鼻坎，如扩散坎、连续坎、斜挑坎、差动坎、窄缝坎、宽尾坎等，其中最基本的是连续坎。下面仅针对连续坎的设计做简略介绍。

挑坎尺寸包括挑坎高程，反弧半径 r_0 及挑角 θ 三个方面。合理的挑坎尺寸，可以使同样水力条件下得到的射程最大，冲刷坑深度较浅。

1. 挑坎高程

挑坎高程越低，出口断面流速越大，射程越远。同时，工程量也小，可以降低造价。但从安全角度考虑，如下游水位淹没坎顶，水流的挑射将受到影响，故工程设计中常使坎顶略高于下游最高尾水位，一般以 $1\sim2$m 为宜。

2. 反弧半径 r_0

反弧半径越小，水流运动时所产生的离心力越大，使得水流的压能增大，动能减小，射程也减小；但反弧半径如果选的过大，又使鼻坎向下游延伸太长，增加工程量。因此，为保证有较好的挑流条件，根据试验和工程经验，反弧半径 r_0 应大于鼻坎上水深 h_c 的四倍，多采用 $r_0 = (6\sim10)h_c$。有的资料表明，不减小挑流射程的最小反弧半径 $r_{0\min}$，可用下面的经验公式计算

$$r_{0\min} = 23\frac{h_1}{Fr_1} \tag{16.44}$$

其中
$$Fr_1 = \frac{v_1}{\sqrt{gh_1}}$$

式中　v_1、h_1——挑坎末端断面的流速、水深。该式适用范围 $Fr_1 = 3.6\sim6$。

3. 挑角 θ

根据质点抛射运动原理，当挑坎高程与下游水面齐平时，挑角越大（$\theta < 45°$），射程越远。但此时入水角 β 也随之增大，造成冲刷坑深度增加。另外，随着挑角增大，开始形成挑流的流量（即起挑流量）也增大。当通过的流量小于起挑流量时，水流在反弧段内形

成旋滚，不能很好地射出，而是从坎顶漫溢至坎角，冲刷近处基础，对建筑物威胁较大。所以，挑角不宜选得过大，一般在 $15°\sim35°$。

有的资料建议，按挑流射程最大的条件用下式计算挑角 θ

$$\cot\theta = \sqrt{1+\frac{P}{s_1}} \tag{16.45}$$

式中　P——挑坎顶部以上的坝高；

　　　s_1——上游水面至挑坎顶部的高差。

当坝面摩阻损失较小（如 $\varphi>0.9$ 时），上式是可用的。

【例 16.4】 某坝高为 190.00m 的溢流坝采用连续式鼻坎挑流消能，挑角为 25°，鼻坎高程为 162.00m；下游河床属安山凝灰岩，岩层倾向下游，且有软弱夹层，河床面高程为 137.00m；上游水位为 200.10m 时，鼻坎处单宽流量 $q=22.2\mathrm{m^3/(s \cdot m)}$，相应下游水位为 141.80m，试估算挑流射程和冲刷坑深度。

解： 上游水位至坎顶高差 $s=200.10-162.00=38.1$（m）

上下游水位差 $z=200.1-141.8=58.3$（m）

下游水深 $h_t=141.8-137=4.8$（m）

（1）鼻坎射出流速 v_1 的确定。

首先按式（16.8）计算流速系数

$$\varphi=\left(\frac{q^{2/3}}{s}\right)^{0.2}=\left(\frac{22.2^{2/3}}{38.1}\right)^{0.2}=0.73$$

根据式（16.26）计算鼻坎射出流速

$$v_1=\varphi\sqrt{2gs}=0.73\times4.43\times\sqrt{38.1}=20.0（\mathrm{m/s}）$$

则坎顶水深为

$$h_1=\frac{q}{v_1}=\frac{22.2}{20.0}=1.11（\mathrm{m}）$$

（2）挑流射程的计算。

按式（16.23）计算水股跌落至下游水面处的射程

$$L_0=\frac{v_1^2\cos\theta\sin\theta}{g}\left[1+\sqrt{1+\frac{2g\left(z-s+\frac{h_1}{2}\cos\theta\right)}{v_1^2\sin^2\theta}}\right]$$

$$=\frac{20.0^2\cos25°\sin25°}{9.8}\times\left[1+\sqrt{1+\frac{19.6\times\left(58.3-38.1+\frac{1.11}{2}\times\cos25°\right)}{(20\times\sin25°)^2}}\right]$$

$$=15.62\times(1+\sqrt{6.68})=56.0（\mathrm{m}）$$

（3）冲刷坑深度及位置的估算。

首先根据式（16.33）计算射流入水倾角 β

$$\cos\beta=\sqrt{\frac{\varphi^2 s}{\varphi^2 s+z-s}}\cos\theta=\sqrt{\frac{0.73^2\times38.1}{0.73^2\times38.1+58.3-38.1}}\cos25°=0.642$$

则 $\beta=50°$，查表 16.5 得 $k_\beta=1.43$。

以下游水面为基准的坎顶总水头

$$H = \frac{v_1^2}{2g} + (z - s) = \frac{20^2}{19.6} + 20.2 = 40.6 \text{（m）}$$

对于连续式鼻坎，估计射流入水分散度 $\sigma = 4$；取空中损失系数 $\varphi_a = 0.95$；按下游河床岩石性质，选用抗冲系数 $k_r = 1.5$。

由式（16.39）计算冲坑深度

$$t_s = k_\beta \frac{\varphi_a^{1/4}}{\sigma^{1/9}} \frac{q^{3/4} H^{1/8}}{k_r} - h_t = 1.43 \times \frac{0.95^{1/4}}{4^{1/9}} \times \frac{22.2^{3/4} \times 40.6^{1/8}}{1.5} - 4.8$$

$$= 1.21 \times \frac{10.2 \times 1.59}{1.5} - 4.8 = 8.3 \text{（m）}$$

若按简式（16.40）估算

$$t_s = 1.2 \times \frac{q^{3/4} H^{1/8}}{k_r} - 4.8 = 1.2 \times \frac{22.2^{3/4} \times 40.6^{1/8}}{1.5} - 4.8 = 8.2 \text{（m）}$$

计算冲坑最深处距鼻坎的水平距离：

如按淹没射流考虑，计算 L_1 得

$$L_1 = L_0 + \frac{t_s + h_t}{\tan\beta} = 56.0 + \frac{8.2 + 4.8}{\tan 50°} = 66.9 \text{（m）}$$

如按自由抛射计算至坑底，计算 L_1 得

$$L_1 = \frac{v_1^2 \cos\theta \sin\theta}{g} \left[1 + \sqrt{1 + \frac{2g\left(z + t_s + h_t - s + \frac{h_1}{2}\cos\theta\right)}{v_1^2 \sin^2\theta}} \right]$$

$$= \frac{20^2 \times \cos 25° \times \sin 25°}{9.8} \times \left[1 + \sqrt{1 + \frac{19.6 \times (58.3 + 8.2 + 4.8 - 38.1 + 0.56 \times \cos 25°)}{(20 \times \sin 25°)^2}} \right]$$

$$= 15.62 \times (1 + \sqrt{10.25}) = 65.6 \text{（m）}$$

16.5　面流消能及戽流消能

16.5.1　面流消能

在泄水建筑物的末端设置一垂直鼻坎，将下泄的高速主流引向下游水体的表层，并逐渐向下游扩散，同时在坎后的主流区下部形成激烈的旋滚，以消耗下泄水流的能量，这种消能方式称为面流消能。

面流的水流现象是复杂多变的，流态受单宽流量、坎高和下游水深等的影响较大，要使下泄水流保持面流的流态，必须有足够的水深，而且水深变化幅度不能大。图 16.16 表示坎高及鼻坎尺寸一定时，在已知流量下，流态随下游水位升高而转换的情况。不同流态具有不同的水流结构，其消能效果及对河床的冲刷能力也各有差异。从消能观点来看，最有利的是出现淹没面流和自由面流，对河床冲刷最轻；其次是自由混合流；不允许出现的是底流和回复底流，因为底流的最大流速靠近河床表面，对河床会产生严重冲刷。

面流消能的优点是主流在一定距离内保持在表层，因此底流速较低，从而大大减轻了对坝下河床的冲刷，而且面流消能有利于漂木、泄冰。但因主流位于表面，水面波动往往延续至下游较远处，对于岸坡稳定，航运条件等都会有不利的影响，这是面流衔接消能的

缺点，应用时需加考虑。由于面流衔接形式变化复杂，计算理论也不够完善，应用时更有必要通过模型试验验证。

16.5.2　戽流消能

在泄水建筑物的出流部分修建一个具有较大反弧半径和较大挑角的挑坎（也称戽斗），当下游尾水淹没挑坎时，通过下泄水流在戽内形成的表面旋滚、戽后的涌浪及底部旋滚与主流水股相互作用产生的紊动掺混作用消耗能量，这种形式的消能方式就叫做消能戽消能。

当戽形尺寸已定，在给定流量下，随着下游水深不同，可以出现几种不同的流态（如图 16.17 所示）。从工程消能防冲的角度看，有利的流态是典型戽流，淹没戽流因底流速小也允许出现，挑流和回复底流则因冲刷能力大而应避免。

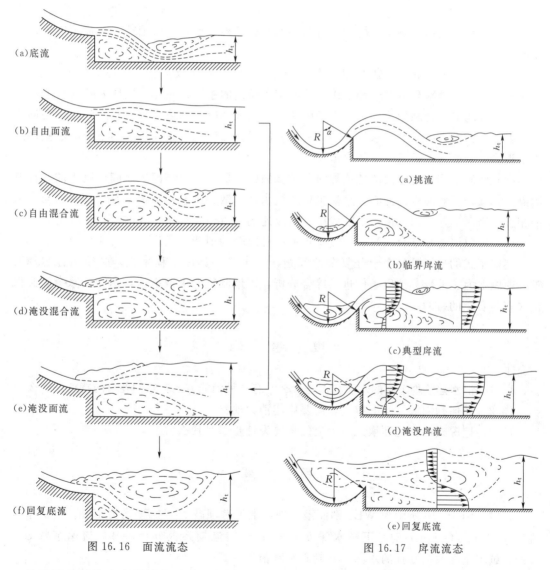

图 16.16　面流流态　　　　　图 16.17　戽流流态

消能戽消能水力设计主要是根据给定的水力要素（如单宽流量 q、堰顶水头 H、坝高 P 及下游水深 h_t 等）和地形地质与泄水建筑物布置条件，按产生戽流的要求选定戽斗尺寸（挑角 θ、戽坎高度 a、戽半径 R 及戽底高程）并计算戽后的冲刷情况，以期在多数情况下，使消能戽起较好的消能作用。

消能戽消能是结合底流、面流特点的一种综合的消能方式。由于戽后主流在表层，底部流速较小，所以不需要设置专门的消力池，故比底流消能节省工程量。同时，消能戽消能虽然也需要下游尾水位较高，但其适应的水深变化范围比面流广些，流态也比较稳定。主要的缺点是戽面及戽端容易被戽后反向旋滚卷入的河床质磨损；同时，像面流一样，下游尾水波动较大，容易冲刷岸坡。

本 章 知 识 点

（1）泄水建筑物下游水流衔接与消能常见的有三种类型：底流消能，挑流消能，面流和戽流消能。

（2）底流消能是利用水跃原理，依靠水跃产生的表面旋滚与底部主流间的强烈紊动、剪切和掺混作用消除余能。这种衔接形式由于高流速的主流在底部，故称为底流消能。

（3）挑流消能是利用泄出水流本身所挟带的巨大动能，因势利导，将急流水舌抛向空中。射流水舌在空中扩散、掺气，消除一部分能量，然后落入远离建筑物下游的水垫内进一步消除所余能量，再与下游的水流相衔接。

（4）面流消能是将泄出的急流导向下游水域的上层，主流与河床之间由巨大的底部旋滚隔开，减轻了对河床的冲刷。余能主要通过水舌扩散、流速分布调整及底部旋滚与主流的相互作用而消除。因在衔接消能段中，高流速的主流位于表面，故称为面流消能。

（5）戽流消能是结合底流、面流特点的一种综合的消能方式。

消能型式的选择是一个十分复杂的问题，对于某一具体工程来说，必须结合运用要求，兼顾水力、地形、地质条件进行综合分析，因地制宜地采取措施，达到消除余能和保证建筑物安全的目的。

思 考 题

16.1 泄水建筑物下游的水流特点是什么？有几种消能方式？它们各自的特点是什么？

16.2 如何判别堰、闸下游是否需要修建消力池？

16.3 挖深式消力池和坎式消力池的主要设计步骤是什么？

习 题

16.1 图 16.18 所示为 WES 剖面溢流坝，上下游坝高 P_1 与 P_2 均为 15m；下泄单宽流量 $q=10\text{m}^3/(\text{s}\cdot\text{m})$ 时，下游水深 $h_t=6\text{m}$；已知流量系数 $m=0.49$，流速系数 $\varphi=0.95$，试求下游收缩断面的水深，并判断水跃衔接形式。

16.2 如图 16.19 所示一矩形断面河槽上的跌水，高度 $P=2\text{m}$，出口处设平板闸门控制流量。已知流量 $Q=10\text{m}^3/\text{s}$；下游水深 $h_t=1.5\text{m}$；闸门前水头 $H=1.7\text{m}$；行近流速 $v_0=1\text{m/s}$；

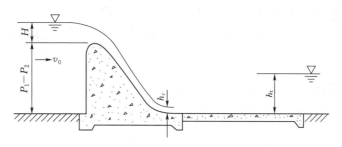

图 16.18　习题 16.1 图

渠道底宽 $b=4$m；流速系数 $\varphi=0.97$。试求收缩断面水深 h_c，并判断水跃衔接形式。

16.3　如图 16.20 所示一陡槽与缓坡渠槽相连接，二者均为矩形断面，底宽 $b=5$m。已知通过流量 $Q=20$m³/s，陡槽末端水深 $h_1=0.5$m；下游水深 $h_t=1.8$m。试求：（1）下游的水跃衔接形式；（2）水跃从 1—1 断面开始发生所需的下游水深。

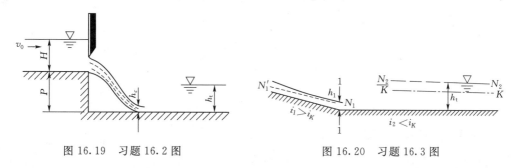

图 16.19　习题 16.2 图　　　　　　图 16.20　习题 16.3 图

16.4　一护坦宽与堰宽相同的溢流坝，已知坝高 $P_1=P_2=7$m；$H_0=2.4$m；$q=8$m³/(s·m)；$h_t=3.2$m；$\varphi=0.95$（图同习题 16.1）。试求：（1）判别是否需要修建消力池；（2）如果需要，试设计一降低护坦式消力池。

16.5　一五孔溢流坝，每孔净宽 $b=7$m，闸墩厚度 $d=2$m，各高程如图 16.21 所示。当每孔闸门全开时通过的泄洪流量 $Q=1400$m³/s 时。试求：（1）判别下游的水跃衔接形式；（2）若为远驱式水跃衔接，试设计一消力坎式消力池。

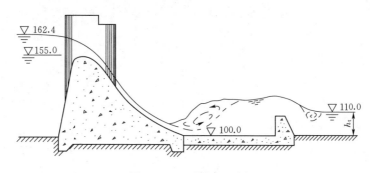

图 16.21　习题 16.5 图

16.6　如图 16.22 所示某电站溢流坝，坝身共 3 孔，每孔宽 $b=16$m，闸墩厚度 $d=4$m；坝身末端设一挑坎，挑坎挑角 $\theta=25°$，反弧半径 $R=24.5$m。已知设计流量 $Q=$

6480m³/s；上、下游水位分别为 267.85m、210.5m，河底高程＝180.0m，挑坎末端高程＝218.5m。试求挑流消能的挑流射程和冲刷坑深度（下游河床为Ⅲ类岩基）。

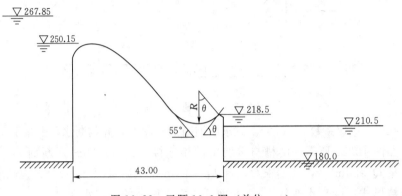

图 16.22　习题 16.6 图（单位：m）

第17章 高 速 水 流

大中型水利工程的泄水建筑物如溢流坝、泄水陡槽、泄洪隧洞、放水底孔等，水头往往有几十米甚至百米以上。我国近些年已经建成的二滩、小湾、溪洛渡、锦屏一级等高坝的水头都超过 200m 以上，水流的流速达到或超过 50m/s，即形成所谓的高速水流。目前，高速水流还没有一个严格的界限界定，但当流速达到 15m/s 时就会发生一些特殊的水流现象，如强烈的脉动、空蚀、掺气等。高速水流产生一些特殊的水力学问题，对水工建筑物的影响主要有以下四个方面：

（1）压强脉动。高速水流的高度紊动使动水压强发生强烈的脉动，这种脉动荷载可能会引起轻型结构物的振动，如薄拱坝、闸门、消能设施的防护结构、溢流厂房顶、压力钢管等。

（2）空蚀现象。高速水流通过泄水建筑物时在水流边界的某些部位表面常常发生剥蚀和破坏，轻则表面麻点，重则形成蜂窝甚至大洞。这种现象叫做空蚀。如泄洪隧洞进口段的收缩部分、闸门槽后边墙、隧洞转弯段、分叉段、溢流坝表面、某些不平整面、挑流坎、消力槛等。

（3）掺气现象。通过泄水建筑物的高速水流在一定条件下，自由表面将掺入大量空气，形成"乳白色"的掺气水流，液体的连续性遭到破坏，故以连续、不可压为基本假定建立起来的水力学公式不再适用。如挑流水舌、坝面溢流水舌、陡槽等。

（4）冲击波。实际工程中的泄水建筑物由于受地形的限制或为了满足某些需要，常布置一些弯道、扩散段、收缩段等，高速水流遇到边界的变化将产生扰动，水面不再平顺而出现波浪，将这种波浪叫做冲击波。

随着我国水电事业的发展和一大批 200～300m 量级高坝的兴建，高速水流问题越来越突出，需要解决的诸如上述各类问题很多。在国内外许多高、中水头水工建筑物的破坏实例中，很多都是归因于高速水流问题。但是，目前关于高速水流理论的发展还不完善，工程上还没有总结出比较成熟的经验。本章仅简要介绍一些基本原理，详细论述读者可参阅有关文献。

17.1 高速水流的脉动压强与水工建筑物的振动

17.1.1 脉动压强对水工建筑物的影响

紊流的特征就是各点的动水压强、流速等要素都随时间而变化，即具有脉动的特性。而对于高速水流，由于流速很大，水流内部涡体旋转速度非常快，这种脉动特性就更加强烈。

压强脉动对泄水建筑物产生的影响主要有以下四个方面。

（1）增大建筑物的瞬时荷载。在某个瞬时，由于压强的脉动使建筑物受到的瞬时荷载高于时均荷载。有研究表明，在运行的高压泄水钢管中测得的最大脉动压强可达时均压强的 1.43 倍。因此，在进行建筑物的结构设计时，必须考虑脉动压强的影响。有时，建筑物的稳定性主要受控于压强的脉动强度，例如水垫塘底板就是在其上下表面脉动荷载的作用下而失稳的。

（2）引起建筑物的振动。压强脉动的结果是使其作用在结构上的荷载具有周期性的变化，可能引起轻型结构产生振动。如果动水压强的脉动频率与建筑物的某一阶自振频率一致或非常接近时，还可能引起共振，导致建筑物的破坏。如薄拱坝、消力池导墙、溢流厂房顶面、闸门、压力钢管、消力池护坦等轻型结构，设计时必须考虑脉动压强的影响。

（3）增加空蚀发生的可能性。压强的脉动使瞬时压强低于时均压强，有时甚至低很多。尽管时均压强未低到发生空化的程度，但瞬时空化仍会发生，因此有可能导致过水建筑物边壁空蚀破坏。

（4）诱发低频噪声。压强和流速的强烈脉动会挤压周围的空气，使空气以接近于水流脉动频率的周期振动，形成低频噪声向外界传播。这种噪声由于在人类听觉范围以外，并且强度往往很低，一般不易被察觉，但如果水工建筑物场址比较靠近人群，设计时应考虑其对周围环境的影响。

17.1.2 脉动压强的产生机理

紊流中充满着尺度大小不同、转动方向各异的无数涡体，涡体的运动是随机的或者是杂乱无章的，这些涡体不断地生成和泯灭，也不断地分解。在同一涡体内，水流的运动要素可以认为是相同或相近的。对于水流壁面上某一点而言，各种涡体在运动过程中对其产生影响的结果是作用在该点的动水压强和经过该点的水流流速随时间呈随机性的变化。因此，涡体的存在是产生脉动压强的根本原因。从紊动能量的角度，大尺度涡直接从平均流动中获得能量，并把能量传递给较小尺度的涡。小尺度涡在黏性影响下将紊动能转化为热能而耗散。涡体的旋转速度不同，大小各异，对壁面上某点的影响也不同。大尺度的涡体影响的时间长，压强特征表现为低频大幅；小尺度的涡体影响时间短，压强特征表现为高频小幅，图 17.1 是涡体示意图。进一步概括起来，各种尺度涡体组成的涡旋谱，反映在压强特征上就是不同频率的脉动能量。从工程观点上，大尺度脉动具有较大的实际意义。

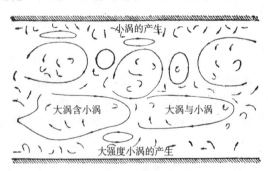

图 17.1 紊流中的涡体示意图

17.1.3 脉动压强的分析方法

1. 基本概念

前面已经阐述了压强脉动是由尺度大小不同、转动方向各异的无数涡体产生的。泄水建筑物表面的压强脉动已被认为是现代水力学中具有代表性的随机现象。对水流壁面某一点测量脉动压强得到如图 17.2 的波形图所示，可以看出，压强随时间的变化是随机的。作为随机现象即意味着它不可能用一个确定的函数来描述，因而须用概率分析方法或谱分析方法加以研究。概率分析方法就是将所选取的波形进行统计，计算出各区间频率出现的次数，然后按大小次序分区，其中出现次数最多的频率叫做主频，相应于主频率的振幅称为主振幅，如图 17.3 所示。概率分析法缺乏严格的理论依据，在数据处理过程中带有一定的任意性，所得结果也因人而异，这种方法逐渐被淘汰。鉴于脉动压强是一个随机过程，近些年来普遍采用随机数据处理方法，即频谱分析方法。下面介绍一些随机过程的基本概念。

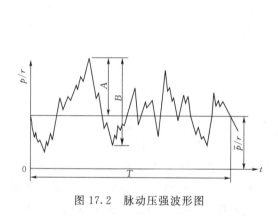

图 17.2 脉动压强波形图

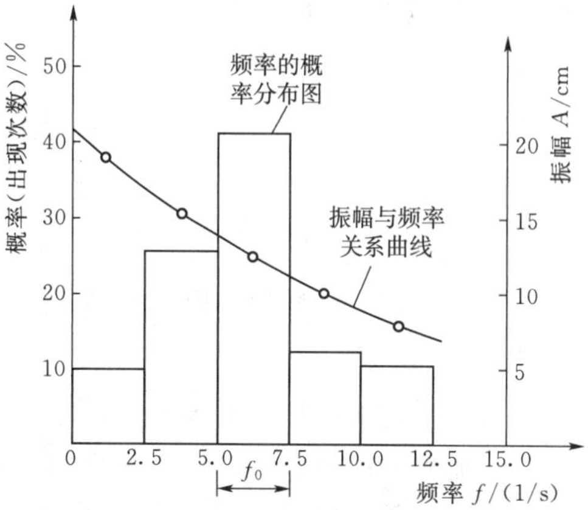

图 17.3 脉动压强的概率分布

（1）随机过程。随时间变化的物理量按其时域特征可以分为两大类，即确定性信号和非确定性信号。可以用数学关系式或图表精确描述的信号称为确定性信号，其测量结果在一定误差范围内保持不变。不能用数学关系式或图表精确描述的信号称为非确定性信号，其测量结果每次都不相同，也称为随机信号（或随机过程）。

若随机过程中所有的集合平均参数不随时间变化，则该随机过程称为平稳随机过程，否则，称为非平稳随机过程。例如，机器在平稳运行时的振动信号为平稳随机信号，在启动与制动阶段的振动信号为非平稳随机信号。在平稳随机过程中，若任一单个样本序列的时间平均统计特征参数等于该过程的集合平均统计特征参数，则这样的平稳随机过程称为各态历经随机过程。可见，对各态历经过程，可以免去对随机物理现象的大量观测，只须对一次观测的样本进行分析就可以了。工程上所遇到的随机信号多具有各态历经性，有些虽不是很严格的各态历经过程，但也可以近似地作为各态历经过程来处理。

脉动压强的波形图是以时间 t 为参数的，可以用均值、方差、相关函数、功率谱密度及概率密度函数等特征值来描述脉动压强的特性。

（2）均值。图 17.4 所示为一各态历经平

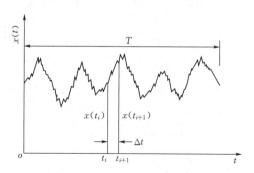

图 17.4 平稳随机过程的样本记录

稳随机过程 $x(t)$ 的一个样本记录，记录历时为 T，其均值为

$$\bar{x} = \frac{1}{T} \int_0^T x(t)\, dt \tag{17.1}$$

在实际计算中，只能用数值积分。若采样时间间隔为 Δt，则离散化后为

$$\bar{x} = \frac{1}{N} \sum_{i=1}^N x(t_i) \tag{17.2}$$

其中

$$N = \frac{T}{\Delta t} + 1$$

式中　N——样本容量。

（3）方差。

$$D_x = \frac{1}{T} \int_0^T \left[x(t) - \bar{x} \right]^2 dt \tag{17.3}$$

离散化

$$D_x = \frac{1}{N} \sum_{i=1}^N \left[x(t_i) - \bar{x} \right]^2 \tag{17.4}$$

（4）均方差（也称均方根、标准差）。

$$\sigma = \sqrt{D_x} \tag{17.5}$$

均值表示随机过程的发展趋势，方差和均方差表示随机过程的脉动强度。

（5）概率密度函数。对于某平稳随机过程 $x(t)$，其概率密度函数表示这个随机变量的输出值，在某个确定的取值点 X 附近的可能性的函数。在脉动压强分析中，通常用概率密度函数来推断脉动幅值的分布特性和计算最大可能的幅值。因此，它是脉动压强的一个重要统计特性。研究表明，水流脉动压强（荷载）基本上服从正态分布规律。但急变流，如水跃前段，挑跌流水舌在浅水垫情况下对河床作用力等，都明显地区别于正态分布规律。

在接近正态分布的情况下，最大振幅值可采用：$A_{max} = 3\sigma$，极差 $A_{max} - A_{min} = 6\sigma$。而在考虑可能偏离正态的情况，最大值取 $A_{max} = 4\sigma$ 或更大才合适。众所周知，对于如图 17.5 所示正态分布的随机过程，其任意可能值落在 $\pm 3\sigma$ 区间的概率为 99.7%。

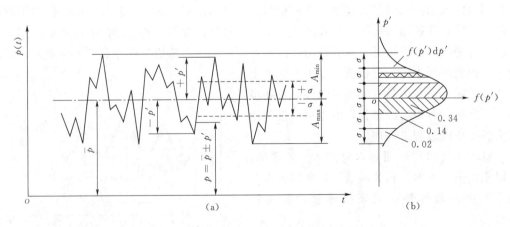

图 17.5　正态分布随机变量图

（6）相关函数。如图 17.6 所示，定义

$$R(\tau) = \frac{1}{T-\tau}\int_0^{T-\tau}\left[x(t)-\bar{x}\right]\left[x(t+\tau)-\bar{x}\right]\mathrm{d}t \tag{17.6}$$

为 $x(t)$ 的自相关函数，表示随机过程某一点在两个不同时刻脉动量之间的依赖关系，描述随机过程在时间域上的特性。

离散化
$$R(\tau) = \frac{1}{N-r}\sum_{i=1}^{N-r}\left[x(t_i)-\bar{x}\right]\left[x(t_i+\tau)-\bar{x}\right] \tag{17.7}$$

其中　　　　　　　　$\tau = r\Delta t,\ r=0,\ 1,\ 2,\ 3,\ \cdots,\ M$

式中　r——滞后数；

　　M——最大滞后数。

比较式（17.4）及式（17.7）可知，当 $\tau=0$ 时，$R(0)=D_x$。将自相关函数标准化：$R(\tau)/D_x$，称为自相关系数。

定义式（17.8）的 R_{xy} 为两个随机过程 $x(t)$ 与 $y(t)$ 的互相关函数，表示两个随机过程之间的依赖关系，则

$$R_{xy} = \frac{1}{T-\tau}\int_0^{T-\tau}\left[x(t)-\bar{x}\right]\left[y(t+\tau)-\bar{x}\right]\mathrm{d}t \tag{17.8}$$

（7）功率谱密度。定义 $S(f)$ 为自功率谱密度函数，表示脉动能量在频率上的分布。自功率谱密度函数 $S(f)$ 常简称为自谱。$S(f)$ 表示信号的平均功率沿频率轴的分布密度，故称 $S(f)$ 为自功率谱密度函数。

$$S(f) = 4\int_0^\infty R(\tau)\cos 2\pi f\tau\,\mathrm{d}\tau \tag{17.9}$$

2. 关于脉动压强的几个问题

（1）脉动压强的幅值。水流脉动压强的最大可能振幅的取值对泄水建筑物的水力设计和计算都具有重要的意义。但由于脉动压强是随机的，实际上其准确值是无

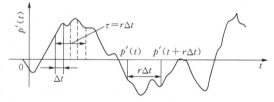

图 17.6　自相关函数说明图

法给出的，只能给出概率出现的期望值。在正态分布情况下，只要得知随机脉动过程的时均值 $\bar{p}$ 和均方根值 σ，则振幅的分布形式就唯一地被确定下来，如图 17.5 所示。令概率密度曲线与横轴所包围的面积为 1，当双倍振幅以如下方式取值时，任意一值落入其中的概率为

$$-\sigma \leqslant p' \leqslant \sigma = 68.3\% \tag{17.10a}$$

$$-2\sigma \leqslant p' \leqslant 2\sigma = 95.4\% \tag{17.10b}$$

$$-3\sigma \leqslant p' \leqslant 3\sigma = 99.7\% \tag{17.10c}$$

显然，在确定脉动压强最大可能振幅时，首先应确认脉动过程的正态特性。其正态性的检验，一般采用偏度和峰度法，即用偏差系数 C_s 和峰度系数 C_e 表示和正态的偏离程度，即

$$C_s = \frac{1}{N}\sum_{i=1}^{N}(p-\bar{p})^3 \Big/ \sigma^3 \approx 0 \tag{17.11a}$$

$$C_e = \frac{1}{N}\sum_{i=1}^{N}(p-\bar{p})^4 \Big/ \sigma^4 \approx 3.0 \tag{17.11b}$$

式中　C_s——实际测量值与标准正态曲线的偏离程度；

　　　C_e——峰值的高低与标准正态的偏离程度。

如前所述，水流脉动压强并不都遵循正态分布，有时可能偏离较大，问题是在工程上具有重要意义的最大振幅 A_{max} 或最小振幅 A_{min} 如何取值，即

$$A_{min}^{max} = \pm K\sigma \tag{17.12}$$

关于系数 K 的取值，有研究者建议，计算平均脉动强度时取 $K=1$；计算动水荷载时取 $K=1.96$；计算空化时取 $K=2.58$。考虑到某些情况脉动压强的非正态性和数据处理过程带来的偏差，有人提出采用 $K=3.0$ 或更大一些。

（2）脉动压强的点面转换。冲击射流的点脉动压强很大，可以达到全水头的量级。但由于各点不可能同步，对于一定作用面积来说，平均脉动强度随承载面积的增大而衰减，即存在均化作用。因此，由点脉动压强换算到一定面积上的面压强，存在由点脉动压强转换为面脉动压强的问题。众多的研究者给出了差别很大的幅值转化系数。一个明显的事实是，点、面转换系数与承压面的尺度和方位有关，也与水流形态和水深有关。关于脉动压强频谱的点、面转换问题，研究结果表明，随着承压面积的增加，面脉动压强频谱范围向低频方向移动。目前，越来越多的研究人员采用直接测量面脉动荷载的方法来避免点面转换的问题。

（3）脉动压强的模型相似律。到目前为止，关于水流脉动压强的模型律尚未有统一的观点，主要有两种不同的结论。一种观点认为脉动压强的模型律符合重力相似准则，即振幅比尺等于几何比尺 $\lambda_{p'/\gamma} = \lambda_l$，而频率比尺 $\lambda_f = \lambda_l^{-1/2}$。另一种观点认为脉动压强不符合重力准则，即振幅比尺等于几何比尺的 $m(m \neq 1)$ 次方，而频率比尺等于1，即 $\lambda_f = 1$。

按紊流涡旋运动的特征，可将产生压强脉动的水流分成均匀、渐变流动和突变流动。而不同的流动类型所引起的压强脉动机理也有区别。前者的压强脉动主要由流动的不稳定性和边界糙率在附面层内引起的涡旋运动所控制，后者主要由主流的分离或扩散形成的大尺度涡旋所控制。由整体边界或水流条件急剧变化引起的水流分离或扩散导致的涡旋运动，其紊动能的产生一般远大于就地的耗散，黏性起主导作用的大波数涡旋分量与涡旋总强度的比值极小，在突变流中采用重力相似准则可以达到主体涡旋运动特征的相似。即便对于渐变流动边界的压强脉动，其主体仍然是由其涡旋分量中低频大尺度的相干结构所引起的。因此，在严格保持边界糙率相似的条件下，仍可采用重力相似准则。

17.1.4　水工建筑物的振动

流体诱发结构振动是一种极其复杂的流体与结构相互作用的现象。由于这种振动在某种条件下会相当强烈而导致结构物的破坏，早在 20 世纪 30 年代，人们就注意到了它的危害并开始进行研究。水流诱发水工建筑物振动的流动性质可分为内流与外流两大类。内流如水电站的压力管道、有压泄洪洞等；外流指导水墙、闸门等。国内外均有因水流诱发振动而导致工程结构失事的事例。由于水流条件和结构的复杂性，振动形式和种类也非常复

杂，因而给研究这个问题带来了相当大的困难。

流体与工程结构是相互作用的两个系统，它们间的相互作用是动态的。流体作用在结构上的力把这两个系统联结在一起，流体力使工程结构变形，而工程结构变形时又改变了流场，于是流体力又发生了变化。这种流体与固体耦联作用给研究流体诱发结构振动问题带来极大的困难。流固耦联作用可用具有单自由度的振动系统来表征：$(m+m')\ddot{x}+(c+c')\dot{x}+(k+k')x=F(t)$。其中 m'、c'、k' 分别表示振动系统的附加质量、附加阻尼、附加刚度。由于水流诱发振动的复杂性，使人们对于工程实际中各种各样振动问题的内在机制还不能彻底了解，多数问题还不能用现有的理论进行分析求解。振动方程中的 m'、c'、k' 都可能是振动位移、速度、加速度的函数。这种非线性使之获得解析解变得相当困难。

1. 附加质量

由于空气密度相对结构来说小得多，结构在气流中振动引起的附加质量可以忽略不计。附加质量是水流与结构耦联振动所特有的，也是区别于风致振动的重要物理量。而结构与液体耦联振动的附加质量可能会大到足以使结构振动特性改变的量级，并且具有随振动位移、速度、加速度变化的特点，因此使问题复杂化。国内外不少学者都曾对附加质量进行了研究，用理论分析或试验的方法导出了附加质量的近似表达式。但是，因为在结构振动过程中，系统的附加质量是变数，这种非线性问题目前还不能得到完美的解答。

2. 附加阻尼

从结构动力学的角度，如果振动系统从流体中获得的能量大于阻尼消耗的能量，则流体诱发的结构振动就会随时间而增大，直至达到新的平衡。在水流与闸门耦联振动中，表示系统的阻尼项由两部分组成：一部分是结构与材料阻尼，这一部分阻尼永远是消耗能量的；另一部分则是附加阻尼或称水动力阻尼。水动力阻尼由黏性阻尼与压力阻尼组成，黏性阻尼也总是消耗能量的。压力阻尼是由流体从结构表面分离开来并形成旋涡所产生的，如果压力阻尼力与结构振动速度具有相同的方向，就表示产生了负水动力阻尼。当负水动力阻尼大于结构与材料阻尼和黏性阻尼之和时，结构就会从流体获得"超额"能量而使振幅越来越大。然而，与附加质量一样，附加阻尼也是位移、速度、加速度的函数，这种非线性性质使人们很难从数学和流体力学上确定其值。

3. 附加刚度

附加阻尼是由流体与结构的分离而产生的压力改变而引起的，而附加刚度（也称水动力刚度）则是由振动引起的附加水头差造成的。负水动力刚度实际上是 k' 产生的水动力 $k'dy$ 与振动系统的弹性力方向相反。当负水动力刚度大于结构刚度时，将会导致系统的动力失稳。

17.2　高速水流的空化与水工建筑物的空蚀

17.2.1　水流空化与空蚀现象

1. 空化现象

人们在日常生活中都有这样的经验：将盛有凉水的锅放在火炉上后不久，锅底就出现小气泡并逐渐增大，然后上升冒出水面；打开碳酸饮料（啤酒）瓶后立刻会有大量的气泡冒出。把这种当液体的温度升高或压强降低而使含在水体内部的气核膨胀的现象称为空化（也叫气化）。水在常态下是液体，在一个标准大气压下温度升高到 100℃ 时，水就会沸腾并放出大量汽泡。但当温度一定，液面压强降低到某一定值时，水也会沸腾，放出大量汽泡。这种在一定温度下使液体汽化的压强叫做蒸汽压强。对于同一种液体而言，随着温度升高，蒸汽压强也增大。各种温度下水的蒸汽压强列于表 17.1。

表 17.1　　　　　　　　　水在不同温度下的蒸汽压强（绝对压强）

温度/℃	压强/kPa	温度/℃	压强/kPa	温度/℃	压强/kPa	温度/℃	压强/kPa	温度/℃	压强/kPa
0	0.610	10	1.228	20	2.338	30	4.243	40	7.375
1	0.657	11	1.312	21	2.489	31	4.492	42	8.374
2	0.706	12	1.402	22	2.643	32	4.755	45	9.839
3	0.758	13	1.497	23	2.809	33	5.030	48	11.323
4	0.813	14	1.598	24	2.983	34	5.319	50	12.259
5	0.872	15	1.704	25	3.167	35	5.623	60	19.810
6	0.935	16	1.817	26	3.361	36	5.941	70	31.088
7	1.002	17	1.937	27	3.564	37	6.272	80	47.270
8	1.073	18	2.063	28	3.780	38	6.622	90	70.072
9	1.148	19	2.197	29	4.006	39	6.991	100	101.325

工程上，由于水流边界的改变使得局部压强降低，压强降低到当地的蒸汽压强时，水流内部就会放出大量汽泡。这种含在水流内部的汽泡很小，以至于人的肉眼看不到它们，称为汽核，其直径约为 $10^{-5} \sim 10^{-3}$ mm。一旦水流中的压强进一步降低，汽核泡便膨胀长大，形成肉眼能看到的汽泡，即发生空化现象。

2. 空蚀现象

泄水建筑物的某些部位在泄洪运行后常出现固体表面被剥蚀的现象，水利机械的某些部件也有类似的现象。轻则造成混凝土或金属表面斑点麻面，重则形成蜂窝状的洞穴，甚至将水轮机的叶片贯穿。把这种固体表面伴随着水流空化造成剥蚀破坏的现象称为空蚀，或叫气（汽）蚀。因此，空蚀是强烈空化的结果。空蚀的发生直接影响建筑物的安全运行，甚至可能造成整个建筑物或水力机械的严重破坏。造成空蚀破坏的原因是多方面的，有建筑物的体型设计不良，有施工不平整度过大，有运用管理不当。国内外泄水建筑物发生空蚀破坏的实例很多，所以备受理论和工程界的重视。

17.2.2　空化的分类

根据空化发生的条件、空穴区的结构和水动力特性等因素，将空化分成以下四类。

（1）游移型空化。游移型空化是空泡在低压区生成后，随水流移动到高压区溃灭，空泡在整个初生、发展到溃灭的过程都随水流的运动而游移，故称游移型空化。如溢流坝面在坝顶下游附近的低压区生成的空泡随下泄水流运动到反弧附近的高压区溃灭。

（2）固定型空化。固定型空化（分离型空化）是空泡附着在边壁上由水流分离而形成固定的空腔区，空泡在空腔内看来似乎是不动的（实际上是随时变动的），故称固定型空化。由于它产生于水流分离区，因此也称为分离型空化。如施工不平整造成凸体而产生的空化。若空腔长度超过边壁，称为超空化。

（3）旋涡型空化。旋涡型空化是在液体旋涡中心发生的空化。水流形成旋涡时，旋涡中心的压强最低，如果旋涡中心压强降低至汽化压强以下就会产生空化。这种空化称为旋涡型空化。如泄水建筑物中的闸门槽、消力墩后绕流等部位。旋涡型空化可能是固定的，也可能是游移的，尤其是尾流中的旋涡空化是不稳定的。

（4）振荡型空化。振荡型空化是在静止液体中因固体振动而发生的空化。例如在静止液体中高频振荡物体振动引起液体中高频、大振幅的压强脉。若压强脉动强度大到引起瞬时压强降低到汽化压强以下时，则单个空泡瞬间产生。这种空化就是振荡型空化，在动力及机电工业领域有不少振动空化的实例，水利工程中多用此种方法在模型试验中模拟空化空蚀过程。

17.2.3 空化对水工建筑物的影响

（1）空蚀破坏。当空化达到一定的强度且持续足够的时间后，就会引起建筑物表面的剥蚀，严重者会危及安全。

（2）降低泄水建筑物的过水能力。空化的发生改变了水流的状态，大量空泡的存在使其连续性遭到破坏，减小了有效的过水断面面积，因此使泄水建筑物的泄流能力降低。

（3）引起结构的振动。空泡的初生、发展和溃灭的过程会引起水流内部压强的强烈脉动，必然导致结构的振动，但这种振动一般是微幅高频的。

（4）产生噪声。伴随空泡的溃灭会发出强烈的声波，称之为空化噪声。在不同的场合，这种噪声有时像爆竹声，有时会像雷鸣声。

17.2.4 发生空蚀的机理

关于空蚀发生的机理，目前还没有一个完美的解释，下面列举几种理论。

（1）冲击波理论。当低压区产生的空泡被高速水流带到下游的高压区时，在内外压差的作用下，空泡在极短的时间（约10^{-3}s）溃灭，周围水体以极快的速度去填充汽泡空间，因此产生了极大的冲击力，有人研究的结果可达 12000 个大气压。当汽泡在建筑物边界及其附近溃灭时，就会使固体表面造成严重的剥蚀。

（2）微射流理论。空泡在发展和运动过程中，由于空泡内外压强差的作用使得空泡形状发生变化，有的空泡由一个发展成两个新的空泡，在一个空泡变为两个空泡的瞬间，两个新空泡中间形成孔隙，高压一侧的流体穿过孔隙射出。这种射流的流速高、时间短、流量小、作用面小，故称微射流。有研究者计算出微射流的流速可高达 1000m/s，若射流方向朝着壁面，足以造成材料的破坏。

（3）电化学理论（热电偶）。伴随着空泡溃灭时的高温、高压，金属晶粒中可形成热电偶，冷热端间存在电位差，从而对金属表面可产生电解作用，形成电化学腐蚀。

（4）热作用理论。空泡溃灭时导致原来存在于其中的气体温度升高，因为溃灭过程进行得很快而在短时间内空泡内的气体来不及被周围水体冷却。有人估算其温度可高达数百摄氏度，将使金属表面局部加热到熔点，或使其局部强度降低而产生破坏。

此外还有化学腐蚀理论，认为化学腐蚀作用可以加速壁面的破坏。一般说来，化学腐蚀作用常常与机械空蚀作用互相促进，造成更为严重的壁面破坏。

目前，空蚀理论还不完善，各种成果还存在很大的分歧。随着测试技术水平的提高，冲击波理论和微射流理论已经得到一定程度的证实，两种机制均存在，是造成空蚀破坏的主要作用力，孰主孰次，视空泡溃灭过程与壁面的距离而定。

17.2.5　易发生空蚀的部位

因为空蚀是空化的后果，而空化又起因于压强的降低。所以，凡是水流边界变化的部位，流线的分离必然会导致压强降低，就有可能产生空化。泄水建筑物的深孔进水口、溢流坝顶部、闸门槽、差动式鼻坎的侧壁、泄水道分叉段、隧洞进口段收缩部分、隧洞转弯段、消力齿槛附近均容易发生空蚀，图 17.7 标出了易发生空蚀的部位。水轮机、水泵的叶片和轮船的螺旋桨等也是容易发生空蚀的部位。此外在实际工程施工中由于平整度控制不够或留有凸起物如钢筋头等，当高速水流经过这些不平整部位时，也会出现流线分离而引起很大的局部压强降低，导致空蚀的发生。

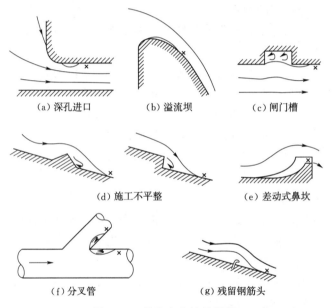

图 17.7　易发生空蚀的部位

17.2.6　空化判别指标——空化数

工程上，采用空化数作为衡量实际水流是否发生空化的指标，它是一个无量纲数，以 K 来表示，即

$$K = \frac{(p - p_v)/\rho}{v^2/2} \tag{17.13}$$

式中　p——边界的绝对压强；

　　　v——相应的断面平均流速；

　　　p_v——当地的蒸汽压强；

　　　ρ——水的密度。

影响水流中是否发生空化的主要因素是边界形状、压强和水流流速，此外还有水流本身的性质等。按式（17.13）计算可得水流空化数，且水流空化数随流速的增大而减小。实际工程中并非任何条件下水流都发生空化，只有当水流空化数 K 降低至某一数值 K_i 时

才开始发生空化，将 K_i 称为初生空化数。初生空化数随边界条件而异，对于某种水流边界，初生空化数是一个固定值，一般用试验方法来确定。

表 17.2 给出了初生空化数 K_i 的一些试验值，可供参考。对于某一水流边界来说，初生空化数 K_i 越小，空化越难发生，即抵抗空蚀的能力越强。当水流实际空化数大于初生空化数时，即 $K > K_i$ 表示在该种条件下不会发生空化。反之，当 $K \leqslant K_i$ 时，则发生空化。

表 17.2　　　　　　　　　　　　局部不平整突体及其初生空化数

序号	不平整突体示意图	不平整突体的简要特点	K_i
1		二维水流中的孤立柱体	4.5
2			4.0
3			1.5
4			2.75
5		平面上的平行六面体	3.2
6		平面上的半球体	1.2
7	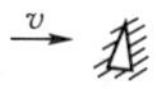	平面上的圆锥体	1.5
8		分离型绕流半圆柱体	1.6
9	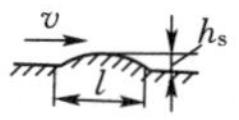	二维水流中平顺突体	4.2
10		折面	1.05
11	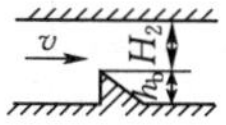		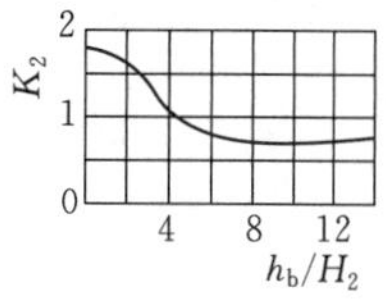 （见右图：K_2 随 h_b/H_2 变化曲线）
12		水深较大的二维水流中的升坎	2.2
13	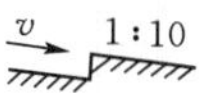	正坡升坎	2.3
14	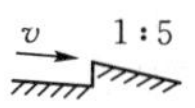	正坡升坎	2.0
15	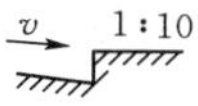	后坡升坎	2.0

序号	不平整突体示意图	不平整突体的简要特点	K_i
16	v　1:5	后坡升坎	1.8
17	v	二维水流中的跌坎	1.05
18	v	二维水流中的跌坎	1.10
19	v	二维水流中的跌坎	0.95
20	v　b		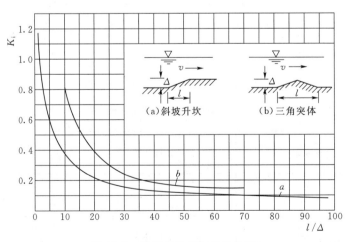

17.2.7　减免空蚀的措施

减免泄水建筑物空蚀的措施主要以下几个方面：

（1）在设计研究阶段优选出合理的水流边界（体形），尽量避免水流的急转弯和突缩或突扩，限制允许出现的最大负压和限制最小水流空化数。

（2）控制施工平整度，尽量做到平整、光洁。施工时残留的钢筋头等突起物将会增大空蚀发生的可能性，因此必须对过水边界表面的不平整度加以控制。若有不可避免的局部凸起，则尽量做成平顺的过渡坡，可显著降低初生空化数，如图 17.8 所示。

（3）采取适当的措施向低压区通气，使高速水流大量掺气，可防止空蚀的发生。有研究表明，当水中掺气浓度为 1.5%～2.5% 时，混凝土空蚀破坏显著减少，而掺气浓度达 7%～8% 时，则空蚀现象基本消失。国内外有很多工程都用向低压区通气的办法减免空蚀，如加设通气槽、掺气坎等，取得了良好的效果。图 17.9 为掺气装置的主要类型。

图 17.8　局部凸体与初生空化数

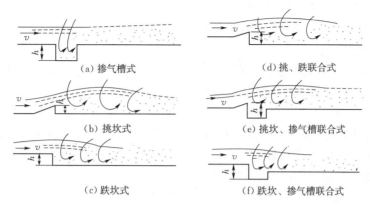

图 17.9　掺气装置的主要类型

（4）有时泄水建筑物边壁发生负压在所难免，可采用抗空蚀性能强的材料，抵抗空泡溃灭产生的冲击，如钢板、高标号混凝土、钢纤维混凝土等。

（5）采用超空化体型，使水流壁面远离空泡溃灭区，进而防止空蚀发生。从另外一个角度来讲，超空化体型就是用"躲"的"技术"达到减蚀的目的。例如将消力池中消力墩顶部做成向下游倾斜的斜面，就可有效地减免空蚀且不影响消能效果。

（6）加强运行管理，改善运用条件，避免不合理的水流流态，从而降低空蚀破坏的可能性。

17.3　高速水流的掺气

17.3.1　水流表面掺气的现象

当陡槽或较高的溢流坝泄水时，在堰顶上游及刚过堰顶的一段距离内，水面平滑，水流清澈。接着首先从侧壁开始，水面逐渐粗糙，当流速达到一定程度时，空气就会大量掺入水流中，形成泡沫状的乳白色水气混合体，水深显著加大，并有大量水滴散射至水面以上，带动附近空气流动。这种水气自动混掺的现象，称为掺气，这种水流则称为掺气水流。

掺气水流可分为三个区域：上部为水滴跃移区，中部为气泡悬移区，底部为清水区，如图 17.10（a）所示。当水深较小或高度掺气时，清水区则不存在。

17.3.2　水流掺气对水工建筑物的影响

水流掺气对水工建筑物的影响有以下几点：

（1）掺气造成水体膨胀，水深增加，使明槽边墙的设计高度增加，泄水隧洞的开挖断面面积增大，因而提高了工程造价。特别是在无压泄洪隧洞中，

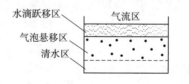

（a）掺气水流分区　　（b）掺气浓度随位置变化

图 17.10　掺气水流分区

如果对掺气的影响估计不足，洞顶空间余幅预留过小，还可能造成有压流与无压流交替，水流不断撞击洞壁，威胁洞身安全。

（2）掺气增大了水流的脉动强度，使建筑物的瞬时荷载增加，从而增大了建筑物振动

的可能性，并提高了对建筑物的强度要求。

（3）掺气既可减小水流的负压值，还能对空蚀破坏起缓冲和减免作用，因此向低压区通气可减轻或消除空蚀。

（4）因为掺气水流与空气的充分接触、摩擦，消除了很大的能量，使泄流水舌在空中的消能量增强，因而可以减小下游冲刷坑的深度。

（5）水流掺气后，水面上水花飞溅，给工程管理工作造成不便，特别是在高坝挑流下游，会形成一大片雾化区，不但工作、生活不便，还给建筑物及电气设备的布置带来困难。

（6）掺气后的水流流速分布发生变化，气泡悬移区的平均流速大于不掺气水流的平均流速，因而使鼻坎挑流挑距增大。

（7）增加水流的含气量，影响下游鱼类等生物生存。

由以上可以看出，掺气对水工建筑物的影响是有有利的一面，也有不利的一面，在设计过程中要充分利用它有利的方面，充分考虑其弊端，这样才能设计出既安全又经济的泄水建筑物。

17.3.3　掺气浓度

水流的掺气浓度用下式表示

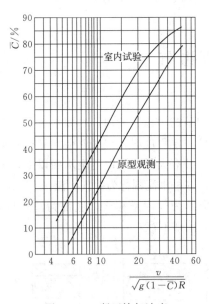

图 17.11　断面掺气浓度

$$C = \frac{Q_a - Q}{Q_a} \qquad (17.14)$$

式中　Q_a——水气混合体的流量；

Q——掺气水流的纯水流量。

也可用含水量表示掺气程度

$$\beta = \frac{Q}{Q_a} \qquad (17.15)$$

在掺气水流的过水断面上，掺气浓度 C 沿垂向的分布如图 17.10（b）所示。研究表明，掺气浓度分布曲线在水滴跃移区和气泡悬移区有明显的转折，掺气浓度约为 60%。对于断面掺气浓度，因为不同的研究者所进行试验的条件有差异，因而得出的结果不同。图 17.11 给出了断面掺气浓度与无量纲参数 $\dfrac{v}{\sqrt{g\,(1-\overline{C})R}}$ 之间的关系。式中 v 为掺气水流断面平均流速，$v = \dfrac{q}{(1-\overline{C})h_a}$；$q$ 为单宽流量；R 为水力半径；$\overline{C}$ 为平均掺气浓度。掺气后的水深为

$$h_a = \frac{h}{\beta} = \frac{h}{1-C} \qquad (17.16)$$

17.3.4　水流掺气的机理

水流掺气的原因非常复杂，从 20 世纪 20 年代开始，人们就进行掺气水流的试验研究。对于水流自由表面掺气的机理，曾出现不同观点。到目前为止，归纳起来主要有以下两种理论：

1. 表面波破碎的理论

这种理论认为水流自由表面的掺气是由表面波浪破碎引起的，两种不同密度的流体，运动速度不同，交界面上就要产生波浪。当速度差大于波浪传播速度时，波浪破碎，从而卷入了空气，形成掺气水流。波浪的发展过程如图17.12 所示。

这种理论仅解释了空气卷入的方式，但未能说明气泡为什么能保持在水中并发展到整个断面的问题。通过试验观测，这一理论与实际情况不相符：

（1）水流开始掺气时的流速与实测资料出入很大。实际工程中，有的水流流速仅达 3m/s 就开始掺气。

（2）开始掺气时并没有发现波浪，实际情况是液面像开水沸腾一样水点跳跃。

（3）溢流坝原型观测发现，随着溢流坝坝顶水头增加而坝面流速也随着增加，坝面上开始掺气的起始点并不是向上游移动，而是向下游移动。

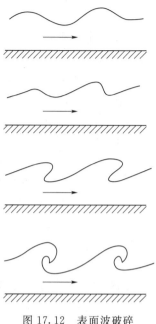

图 17.12　表面波破碎

这些与表面波破碎的理论都是矛盾的，因此这一理论至今没有得到发展。

2. 紊流边界层的理论

这种理论认为紊流边界层的厚度发展到与水深相等的地方就开始掺气。现以溢流坝水流（图 17.13）为例来说明紊流边界层的发展和掺气的发生及发展过程。当水流从水库进入溢流坝，从 A 点开始，水流受到粗糙坝面的影响，从而形成紊流边界层，当边界

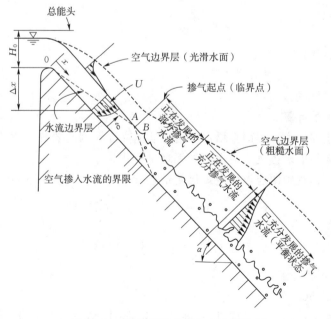

图 17.13　溢流坝面掺气的发生及发展

层厚度发展到水面 B 点时，由于水流的高度紊动，水流表面的液体质点产生横向运动，若其动能大于克服表面张力约束所做的功，就具备了发生掺气的条件：液体质点会跃出水面，在回落时，带入了空气，从而使水流掺气。显然，在 B 点以上不可能发生掺气，掺气发生点必然出现在距 B 点不远之处，因为在 B 点若液体质点横向运动的动能不够克服表面张力所做的功，则越向下游，流速越大，水流越紊动，液体质点横向运动越强烈，很快即可达到掺气，所以一般以 B 点作为掺气的起始点。这就是水流掺气的紊流边界层理论。

这一理论与实际情况比较符合：

（1）观察水流掺气现象确是水点自液面抛射而出。

（2）当坝顶水头越增加，掺气发生点越向下游移动，这符合边界层发展的理论，因为流量越大，水深越大，边界层发展到液面的位置也越往下游移动。

因此，这一理论得到广泛应用。

17.3.5　掺气发生点的确定

基于水流掺气的紊流边界层理论，图 17.13 中 B 点就是掺气发生的位置，用边界层理论就可求解。但对于溢流坝面紊流边界层的计算，目前还没有理论公式。下面给出几个计算掺气发生点位置的经验公式供参考。

（1）米切尔斯（Michels）。

$$\frac{L}{h} = \frac{129.6}{q^{1/12}} \tag{17.17}$$

（2）希可克斯（Hichox）。

$$L = 14.7 q^{0.63} \tag{17.18}$$

（3）刘宣烈。

$$L = \frac{\Delta}{6.03}\left(\frac{q}{\sqrt{g\Delta^3 i}}\right)^{0.789} \tag{17.19}$$

式中　q——溢流坝的单宽流量；

　　　h——沿溢流坝面距离 L 处的水深；

　　　Δ——当量粗糙度。

17.3.6　掺气水深的计算

水流掺气后水深加大，因而会增加明槽边墙的高度，因此要确定边墙高度必须求出掺气水流的水深，但目前求掺气水流水深尚无理论公式。

（1）美国陆军工程师团建议确定矩形明槽掺气水流的掺气量用下列经验公式

$$C = 0.38 \lg \frac{i}{q^{2/3}} + 0.509 \text{（光滑槽）} \tag{17.20}$$

$$C = 0.70 \lg \frac{i}{q^{1/5}} + 0.826 \text{（粗糙槽）} \tag{17.21}$$

式中　i——陡槽底坡；

　　　q——单宽流量。

应用上式求出 C，代入式（17.16）即可求得矩形陡槽掺气水流的水深。

（2）王俊勇认为影响掺气水流的主要因素为弗劳德数 Fr、粗糙系数 n 及宽深比 b/h，

根据国内外十三个陡槽掺气水流实测资料分析结果，给出经验公式

$$h_a = \frac{h}{0.937}\left(Fr^2\psi\frac{b}{h}\right)\times 0.088 \qquad (17.22)$$

其中

$$Fr = \frac{v}{\sqrt{gh}} \quad , \quad \psi = \frac{n\sqrt{g}}{R^{1/6}}$$

式中　Fr——清水时弗劳德数；

　　　　R——清水时水力半径；

　　　　n——粗糙系数。

17.4　急 流 冲 击 波

17.4.1　冲击波的现象及其成因

明渠水流水面线的计算方法，对于缓流及棱柱体河槽的急流是适合的，但在实际工程中，泄水建筑物的泄槽或渠道由于地形的限制或其他工程需要，需要修建一些收缩段、扩散段或弯道等。在这种情况下，泄槽中的急流对边界很敏感，渠槽侧壁的偏转对水流有扰动作用，使下游形成一系列扰动波，这种波就称为冲击波。

冲击波对工程有两个不利的影响，具体如下：

（1）冲击波使水流局部壅高，故边墙要求加高，从而增加工程造价。

（2）冲击波传到下游出口处，使水流部分集中，增加了消能的困难。

因此，工程上应尽量减免冲击波的发生。在无法避免冲击波的情况下，则须预估其水位壅高值。

对于图 17.14 所示底坡为常数的明渠对称收缩段，当急流通过收缩段时，由于惯性作用，急流遇到内偏折（即凹弯）边墙的阻碍，对边墙产生冲击。在收缩段起始断面左右两侧的折点 A 及 A' 处，形成两个局部壅高的扰动波，即形成一个正的扰动波。各自斜向冲击对岸下游边墙，随后不断斜向反射，一直向下游

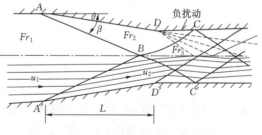

图 17.14　对称菱形扰动波

传播。而当急流遇到边墙的外偏折（即凸弯）时，在收缩段末端两侧边墙的折点 D 及 D' 处，则产生两个局部降落的扰动波，即形成一个负扰动波，也各自斜向冲击对岸下游边墙，并不断反射传播向下游。当扰动波传到对岸时，又斜向反射回来，如此不断地向下游传播。对于两岸均偏折的急流渠道，左右岸偏折点产生的扰动波同时以穿梭似地向对岸传播及反射，从而形成了有规则的冲击波现象。这样在收缩段下游的水流，可以看到在纵横断面上呈凹凸起伏，在平面上呈菱形或十字形的波动。观测表明，对于明渠急流，当边墙的一侧或两侧不成直线（局部偏转或弯曲）或渠身为非棱柱体（收缩段或扩散段）时，都会产生冲击波。因此，边界的偏折是产生冲击波的外因，急流的巨大惯性是产生冲击波的内因。对于缓流，即使边界偏折，也不致产生冲击波。

17.4.2　冲击波的水力计算

1. 大偏折角引起的冲击波

图 17.15 所示为侧壁向水流内部偏转 θ 角，水流受到阻碍后产生一个波角为 β 的冲击波。h_1、v_1 和 h_2、v_2 分别为扰动线上下游的水深和流速，v_{t1}、v_{n1} 和 v_{t2}、v_{n2} 分别为 v_1、

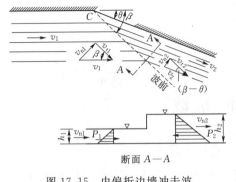

图 17.15　内偏折边墙冲击波

v_2 沿扰动线方向和垂直于扰动线方向的流速分量。由于水深只在扰动线上下游有变化，沿扰动线的方向水流不受干扰作用，因此该方向的分速不应改变，即 $v_{t1}=v_{t2}$。绘出的急流中侧壁偏转时横过流场的波前平面图和流速矢量图如图 17.15 所示。

冲击波使水深突然增加，这种现象与水跃相似。但水跃是急流过渡到缓流时才产生的，而冲击波是在急流中产生的，因此两者有着本质上的区别，可是在水力要素之间的关系上却很相似，

所以要求扰动线的位置及扰动后的水深，可应用求水跃方程时一样的方法来分析。

根据几何关系有

$$v_{t1}=\frac{v_{n1}}{\tan\beta}$$

$$v_{t2}=\frac{v_{n2}}{\tan(\beta-\theta)}$$

因为 $v_{t1}=v_{t2}$，所以有

$$\frac{v_{n1}}{v_{n2}}=\frac{\tan\beta}{\tan(\beta-\theta)}$$

根据连续方程有

$$h_1 v_{n1}=h_2 v_{n2}$$

即

$$\frac{h_2}{h_1}=\frac{v_{n1}}{v_{n2}}=\frac{\tan\beta}{\tan(\beta-\theta)} \tag{17.23}$$

由式（17.23）可以看出：当侧壁向水流内部偏转，θ 为正值，则 $h_2>h_1$，即水面壅高；当侧壁向水流外面偏转，θ 为负值，则 $h_2<h_1$，即水面跌落。

再根据几何关系有

$$v_{n1}=v_1\sin\beta$$

$$Fr_{n1}=\frac{v_{n1}}{\sqrt{gh_1}}=\frac{v_1\sin\beta}{\sqrt{gh_1}}=Fr_1\sin\beta$$

所以，参照水跃基本方程有

$$\frac{h_2}{h_1}=\frac{1}{2}\left(\sqrt{1+8Fr_{n1}^2}-1\right)=\frac{1}{2}\left(\sqrt{1+8Fr_1^2\sin^2\beta}-1\right) \tag{17.24}$$

将式（17.23）与式（17.24）联立求得

$$\tan\theta=\frac{\tan\beta\left(\sqrt{1+8Fr_1^2\sin^2\beta}-3\right)}{2\tan^2\beta+\sqrt{1+8Fr_1^2\sin^2\beta}-1} \tag{17.25}$$

此式反映了弗劳德数 Fr_1、边界折角 θ 和波角 β 之间的关系。

当已知扰动前的弗劳德数 Fr_1 和偏折角 θ 时，利用式（17.25）就可求出冲击波的波角 β。应当指出，以上各式是在忽略侧壁水压力、冲击波段摩擦力及垂直加速度等因素下导出的。试验表明，在偏折角较小（$\theta = 3° \sim 14°$）时，β 的计算值偏大；在偏折角较大（$\theta = 14° \sim 24°$）时，β 的计算值又偏小。

2. 冲击波的反射与干扰

以上分析只限于水流沿一侧偏转的侧壁流动，未考虑对岸侧壁传来的扰动影响。而实际上泄水建筑物两岸侧壁所造成的扰动是互相影响的，因为侧壁偏转所发生的冲击波传至对岸时要发生反射，这样就造成彼此干扰，使波加强或减弱，在下游形成复杂的扰动波形图。图 17.16（a）为一边侧壁在 A 点以直线向内偏转一个 θ 角，而另一边为平直的情况。扰动波以波角 β_1 自 A 点传至对岸 B 点，扰动线 AB 下游水面壅高。水流因受侧壁偏转的影响，迫使流线转向为平行于 AC 的方向。此时对水流流线来说，相当于 BD 岸偏转一个角度 θ，所以扰动线又以波角 β_2 自 B 点反射到 C 点，如此继续下去，逐步反射至 D，E，F，…，这种现象就叫做冲击波的反射。因为侧壁是向水流内部偏转的，故水深逐步壅高，即 $h_1 < h_2 < h_3$，…，从弗劳德数的变化来看，则是 $Fr_1 > Fr_2 > Fr_3 > \cdots$。随着水深逐渐增加，弗劳德数逐渐减小，波角 β 逐渐增大。若偏转的侧壁相当长，最后波角可达 $90°$，此时，波不再反射。若渠道两岸侧壁对称地向内偏转一个 θ 角，则冲击波的波形图将是以中心线为对称轴，两边都与图 17.16（a）相同的波形所组成，如图 17.16（b）所示。

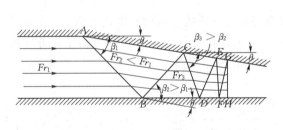 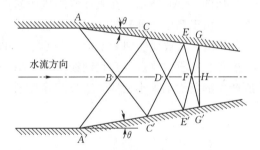

（a）渠道—侧壁向内偏转 θ 角（另一侧平直）　　　　（b）渠道两侧壁对称向内偏转 θ 角

图 17.16　收缩段的冲击波

若渠道两岸侧壁同向转折一个 θ 角，如图 17.17 所示，向外偏转的侧壁将自 A 点以波角 β_1 产生跌落波（也叫负波），用 Fr^- 表示；向内偏转的侧壁将自 B 点以波角 β_2 产生壅高波（也叫正波），用 Fr^+ 来表示。由于扰动波的反射，正负波互相干扰，使水面产生高低不平的复杂图形。如 ACD 范围内为负波，水深减小，弗劳德数增大；BCE 范围内为正波，水深增大，弗劳德数减小，$CDJE$ 范围内为正负波相互抵消，水深及弗劳德数均恢复到与未扰动前一样的数值。这样，正负波互相反射、干扰，继续向下游传播，产生如图 17.17 所示的波形图。

根据上述冲击波相互干扰的原理，可以设想，若两岸侧壁转折点 A，B 在同一扰动线上就可消除扰动波。如图 17.18 所示的渠道，侧壁在 A 点产生一个负波，以波角 β 传到 B 点，B 点反射的负波扰动线将与 B 点因侧壁向内偏转所产生的正波扰动线相重合，正负波互相抵消，所以不再有扰动发生。

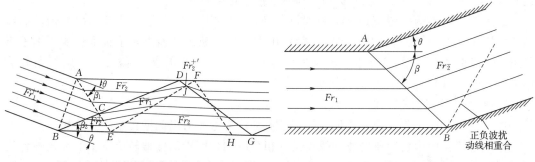

图 17.17 两侧同向偏转的冲击波   图 17.18 正负波的抵消

3. 急流收缩段的设计

在收缩段处可用不同的曲线进行连接。根据缓流的设计经验，收缩段采用渐变曲线连接时水流情况最好；但在急流时，则以直线连接比较好。这是因为冲击波的波高与侧壁的曲率无关，波高是由总偏角 θ 决定的。从理论上说，把总偏角减至最小，冲击波的高度会减至最低。如图 17.19 所示，长度相同的收缩段，直线收缩段的总偏角 θ 比单曲线渐变收缩段的总偏角 θ' 及反曲线渐变收缩段的总偏角 θ'' 都要小，因此，直线连接段应是最佳的选择。

直线收缩段的设计主要是确定收缩段的长度及侧壁的偏角 θ。

如图 17.20 所示，在直线收缩段的起点，由于侧壁向内转折，产生正扰动。在收缩段终点，由于侧壁向外转折，产生负扰动。两岸侧壁起点 A 和 A' 发生的扰动线在中心线的 B 点相遇，又被反射到侧壁的 C 及 C'。若能恰当选定直线收缩段的长度及偏角 θ，使 C 及 C' 恰在收缩段的终点，则扰动线 BC 及 BC' 所产生的正扰动与终点 C 及 C' 因侧壁向外转折所产生的负扰动大小相等，正负互相抵消，下游不再发生扰动。

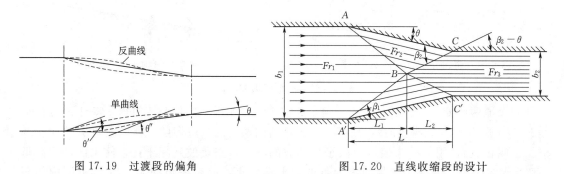

图 17.19 过渡段的偏角   图 17.20 直线收缩段的设计

此时，根据图 17.20 的几何关系，直线收缩段的长度应为

$$L = L_1 + L_2 = \frac{b_1}{2\tan\beta_1} + \frac{b_2}{2\tan(\beta_2 - \theta)} \tag{17.26}$$

和

$$L = \frac{b_1 - b_2}{2\tan\theta} \tag{17.27}$$

一般来说，设计时，Fr_1、b_1、b_2 是已知的，可先假设偏角 θ，求出 β_1，当 β_1 已知后求出 h_2，进而求出 Fr_2，再由已知的 Fr_2 及 θ 求 β_2，就可应用式（17.26）求出 L 值。若

所假设的 θ 是正确的，则应用式（17.27）所求得的 L 值应与式（17.26）所求得的 L 值相等，否则须重新假设 θ 值，直至相等为止。这样，L 及 θ 值即可确定，但此法设计的收缩段只适用于一个流量。本节只给出了求解的一般步骤，具体求解过程请参考相关水力计算手册。

本 章 知 识 点

（1）高速水流特殊的水力学问题：

1）发生强烈的压强脉动。压强的强烈脉动荷载可能会引起轻型结构物的振动。

2）发生空蚀现象。高速水流通过泄水建筑物时，在水流边界的某些部位表面常常发生剥蚀和破坏，将这种现象叫做空蚀。

3）发生掺气现象。高速水流一定的条件下，自由表面将掺入大量空气，形成"乳白色"的掺气水流，液体的连续性遭到破坏。

4）发生波浪。高速水流遇到边界的变化将产生扰动，水面不再平顺而出现波浪，将这种波浪叫做冲击波。

（2）脉动压强对水工建筑物的影响：

1）增大建筑物的瞬时荷载。压强的脉动使建筑物受到的瞬时荷载高于时均荷载。

2）引起建筑物的振动。压强脉动使其作用在结构上的荷载具有周期性的变化，可能引起轻型结构产生振动。

3）增加空蚀发生的可能性。压强的脉动使瞬时压强低于时均压强，有时甚至低很多。

（3）脉动压强的分析方法及描述脉动压强特性的参数。压强脉动是由尺度大小不同、转动方向各异的无数涡体产生的，是现代水力学中具有代表性的随机现象，因而须用概率分析方法或谱分析方法加以研究。概率分析法缺乏严格的理论依据，在数据处理过程中带有一定的任意性，这种方法逐渐被淘汰。近些年来普遍采用随机数据处理方法，即频谱分析方法。描述脉动压强特性的参数主要有：均值、方差、相关函数、功率谱密度及概率密度。

（4）空化与空蚀现象。液体温度升高或压强降低而使含在水体内部的气核膨胀的现象称为空化（也叫气化），固体表面伴随着水流空化造成剥蚀破坏的现象称为空蚀，或叫气蚀。

（5）空化的分类。根据空化发生的条件、空穴区的结构和水动力特性等因素，将空化分成四类：游移型空化、固定型空化、旋涡型空化、振荡型空化。

（6）空化对水工建筑物的影响。空蚀破坏；降低泄水建筑物的过水能力；引起结构的振动；产生噪声。

（7）水流空化数与初生空化数。空化数 K 是衡量实际水流是否发生空化的指标。当水流空化数 K 降低至某一数值 K_i 时才开始发生空化，将 K_i 称为初生空化数。对于某一水流边界来说，初生空化数 K_i 越小，抵抗空蚀的能力越强。当水流实际空化数大于初生空化数时，即 $K > K_i$ 表示在该种条件下不会发生空化。

（8）水流掺气对水工建筑物的影响。造成水体膨胀；增大了水流的脉动强度；可减小水流的负压值；可以减小下游冲刷坑的深度；会形成一大片雾化区；使鼻坎挑流挑距增大；增加水流的含气量。

（9）冲击波及其对工程的影响。渠槽侧壁的偏转对水流扰动使下游形成一系列扰动波，这种波就称为冲击波。冲击波对工程有两个不利的影响：①使水流局部壅高；②使水流部分集中，增加了消能的困难。

思 考 题

17.1 高速水流都有哪些特殊的水力学问题？

17.2 压强脉动对水工建筑物都有哪些影响？

17.3 描述脉动压强特性的参数有哪些？

17.4 空化与空蚀的概念是什么？

17.5 判别空化的指标是什么？水流空化数与初生空化数的关系是什么？

17.6 减免空蚀的措施有哪些？

17.7 水流掺气对水工建筑物的影响有哪些？

习 题

17.1 某高水头泄洪隧洞，进口段设有事故闸门，类型为平板闸门。已知流量最大时，测得断面最高点的相对压强水头为32m，闸门槽前流速为25m/s，水温为15℃。试问若采用流线型门槽是否会发生气蚀？（初生气穴数 $K_i = 0.6$）

17.2 某一用刨平木板制成的陡槽，断面为矩形，底宽 $b = 5.0$m，底坡 $i = 0.584$，粗糙系数 $n = 0.010$。已知通过流量 $Q = 6.14$m³/s 时测得掺气水深 $h_a = 0.15$m。试计算陡槽掺气水深，并与实测水深相比较。

17.3 某一矩形断面混凝土陡槽，底宽 $b = 3.6$m，底坡 $i = 0.267$，粗糙系数 $n = 0.014$。已知通过流量 $Q = 4.58$m³/s 时测得掺气水深 $h_a = 0.17$m。试计算陡槽掺气水深，并与实测水深相比较。

附录A 常用单位换算表

表A.1 基本单位表

国际单位制			工程单位制		
基本物理量	单位名称及符号	量纲	基本物理量	单位名称及符号	量纲
长度	米（m）	L	长度	米（m）	L
时间	秒（s）	T	时间	秒（s）	T
质量	千克（kg）	M	力	公斤力（kgf）	F

注 国际单位制中，长度、时间、质量构成一组基本量，其余量为导出量；工程单位制中，长度、时间、力构成一组基本量，其余量为导出量。

表A.2 单位换算关系表

物理量	国际单位制		工程单位制		换算关系
	单位名称及符号	量纲	单位名称及符号	量纲	
质量	千克（kg）	M	公斤力·秒^2/米 （kgf·s^2/m）	FT^{2}L^{-1}	1kgf·s^2/m＝9.807kg 1kg＝0.102kgf·s^2/m
力	牛顿（N）	MLT^{-2}	公斤力（kgf）	F	1kgf＝9.807N 1N＝0.102kgf
密度	千克每立方米 （kg/m^3）	ML^{-3}	公斤力·秒^2/米^4 （kgf·s^2/m^4）	FT^{2}L^{-4}	1kgf·s^2/m^4＝9.807kg/m^3 1kg/m^3＝0.102kgf·s^2/m^4
动力黏滞系数	帕斯卡秒（Pa·s） 1Pa·s＝1N·s/m^2	ML^{-1}T^{-1}	公斤力·秒/米^2 （kgf·s/m^2）	FTL^{-2}	1kgf·s/m^2＝9.807Pa·s
运动黏滞系数	平方米每秒 （m^2/s）	L^{2}T^{-1}	厘米^2/秒（cm^2/s）[①] 斯托克斯（St） 1St＝1cm^2/s	L^{2}T^{-1}	1St＝10^{-4}m^2/s
压强、应力	帕斯卡（Pa） 千帕（kPa） 1Pa＝1N/m^2	ML^{-1}T^{-2}	公斤力/厘米^2 （kgf/cm^2） 吨/米^2（t/m^2）	FL^{-2}	1kgf/cm^2＝98.07kPa 1t/m^2＝9.807kPa
功、能	焦耳（J） 1J＝1N·m	ML^{2}T^{-2}	公斤力·米（kgf·m）	FL	1J＝0.102kgf·m
功率	瓦（W） 千瓦（kW） 1W＝1J/s	ML^{2}T^{-3}	公斤力·米/秒 （kgf·m/s） 马力（hp） 1hp＝75kgf·m/s	FLT^{-1}	1kgf·m/s＝9.807W 1W＝0.102kgf·m/s 1hp＝735.5W

① 该项为cgs单位制。

附录 B 梯形及矩形渠道均匀流水深求解图

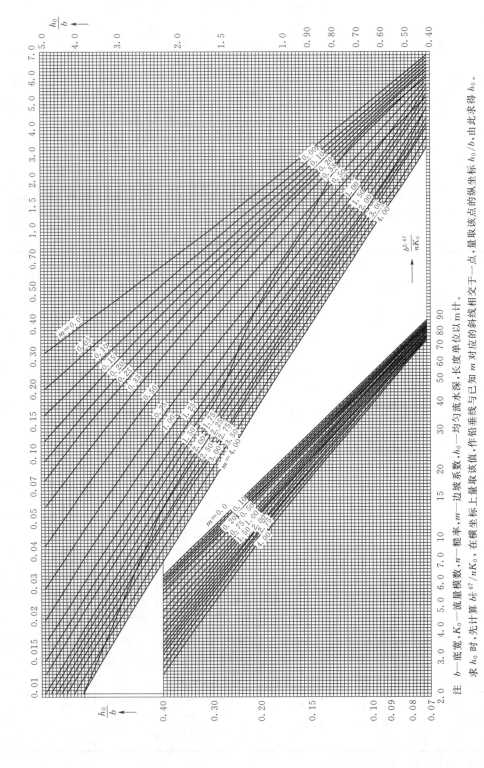

注 b—底宽，K_0—流量模数，m—糙率，m—边坡系数，h_0—均匀流水深，长度单位以 m 计。

求 h_0 时，先计算 $b^{2.67}/nK_0$，在横坐标上量取该值，作铅垂线与已知 m 对应的斜线相交于一点，量取该点的纵坐标 h_0/b，由此求得 h_0。

474

附录 C 梯形及矩形渠道均匀流底宽求解图

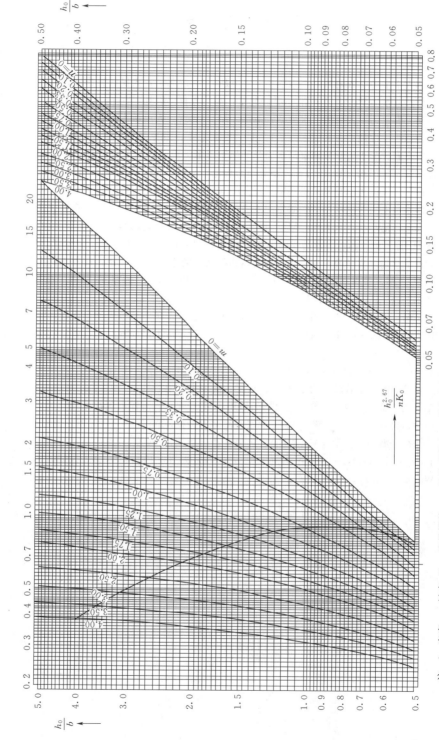

注 b—底宽，n—糙率，K₀—流量模数，m—边坡系数，h₀—均匀流水深，长度单位以 m 计。

求 b 时先计算 $\frac{h_0^{2.67}}{nK_0}$，在横坐标上量取该值，作铅垂线与已知 m 对应的斜线相交于一点，量该点的纵坐标 h_0/b，由此求得 b_0。

475

参 考 文 献

［1］ 天津大学水力学教研室. 水力学：上、下册 ［M］. 北京：人民教育出版社，1980.

［2］ 吴持恭. 水力学：上、下册 ［M］. 北京：高等教育出版社，2003.

［3］ 清华大学水力学教研组. 水力学：上册 ［M］. 北京：人民教育出版社，1982.

［4］ 闻德荪. 工程流体力学（水力学）：上、下册 ［M］. 北京：人民教育出版社，1991.

［5］ 西南交通大学水力学教研室. 水力学 ［M］. 3版. 北京：高等教育出版社，1983.

［6］ 夏震寰. 现代水力学（一）：控制流动的理论 ［M］. 北京：高等教育出版社，1990.

［7］ 周谟仁. 流体力学泵与风机 ［M］. 北京：中国建筑工业出版社，1985.

［8］ 武汉水利电力学院水力学教研室. 水力学：下册 ［M］. 北京：人民教育出版社，1987.

［9］ 李大美，杨小亭. 水力学 ［M］. 武汉：武汉大学出版社，2004.

［10］ И. И. 库可列夫斯基. 水力学习题集 ［M］. 北京：高等教育出版社，1958.

［11］ 大连工学院水力学教研室. 水力学解题指导及习题集 ［M］. 北京：高等教育出版社，1984.

［12］ 椿東一郎，荒木正夫. 水力学解题指导：下册 ［M］. 杨景芳主译. 北京：高等教育出版社，1984.

［13］ 莫乃榕，槐文信. 流体力学水力学题解 ［M］. 武汉：华中科技大学出版社，2002.

［14］ John K. Venard, Robert L. Street. Elementary Fluid Mechanics ［M］. John Wiley & Sons, Inc. , 1976.

［15］ Terry W. Sturm. Open Channel Hydraulics ［M］. McGraw‐Hill, 2001.

［16］ 竺艳蓉. 海洋工程波浪力学 ［M］. 天津：天津大学出版社，1991.

［17］ 李玉成，滕斌. 波浪对海上建筑物的作用 ［M］. 北京：海洋出版社，2002.

［18］ 严恺，梁其荀. 海岸工程 ［M］. 北京：海洋出版社，2002.

［19］ 吴宋仁. 海岸动力学 ［M］. 北京：人民交通出版社，2000.

［20］ Dean R G, Dalrymple R A. Water wave mechanics for Engineers and Scientists ［M］. Singapore：World Scientific，1991.